北大社·“十三五”普通高等教育规划教材
高等院校材料专业“互联网+”创新规划教材
高等院校材料类创新型应用人才培养规划教材

材料物理与性能学

主　编　耿桂宏
副主编　桂阳海　郝维新
参　编　罗绍华　王晓强　李洪义
　　　　杜江华　宋仁旺
主　审　杨庆祥

北京大学出版社
PEKING UNIVERSITY PRESS

内 容 简 介

本书是将材料物理的一些基本概念与材料物理性能相结合编写而成的。全书共分 10 章,内容包括材料的热学性能、缺陷物理与性能、材料的力学性能、导电物理与性能、材料的介电性能、铁电物理与性能、磁性物理与性能、非晶态物理、高分子物理、薄膜物理。本书在注重介绍基本知识、基本概念的基础上，着重介绍材料的各种物理性能及应用，并注重加入现代新材料的内容。

本书可作为材料专业本科生的专业基础课教材或低年级硕士生的教材，也可作为材料科学与工程领域相关科技工作者的参考书。

图书在版编目(CIP)数据

材料物理与性能学/耿桂宏主编．—北京：北京大学出版社，2010.1 (2019 年修订)
高等院校材料类创新型应用人才培养规划教材
ISBN 978-7-301-16321-4

Ⅰ.①材… Ⅱ.耿… Ⅲ.工程材料—物理性能—高等学校—教材 Ⅳ.TB303

中国版本图书馆 CIP 数据核字(2009)第 218568 号

书　　名　材料物理与性能学
Cailiao Wuli yu Xingnengxue
著作责任者　耿桂宏　主编
责 任 编 辑　童君鑫
标 准 书 号　ISBN 978-7-301-16321-4
出 版 发 行　北京大学出版社
地　　址　北京市海淀区成府路 205 号　100871
网　　址　http://www.pup.cn　新浪微博：@北京大学出版社
电 子 信 箱　pup_6@163.com
电　　话　邮购部 010-62752015　发行部 010-62750672　编辑部 010-62750667
印 刷 者　北京虎彩文化传播有限公司
经 销 者　新华书店
787 毫米×1092 毫米　16 开本　24.25 印张　570 千字
2010 年 1 月第 1 版　2022 年 1 月第 4 次印刷
定　　价　68.00 元

高等院校材料类专业“互联网+”创新规划教材

编审指导与建设委员会

成员名单（按拼音排序）

前　言

对于材料专业的学生来讲，化学方面的基础知识学习得较多，包括有机化学、无机化学、分析化学和物理化学等，但物理方面的基础知识却涉及得较少，只有普通物理课程，而物理本身所包含的基础知识比化学更多，如光、电、磁、热、力、辐照等。因此，给材料专业的学生补充更多的物理知识，尤其是材料物理方面的基础知识就显得很有必要。而当前材料物理教材的诸多版本多数偏重理论推导，要求学生对物理学分支的知识掌握太多，这不能完全适应现行本科生教育的需求，对研究生来说相对更适合一些。个别相对合适的材料物理教材因为有些内容太深无法讲透，而有些内容又太浅，对本科生来说，作为参考书使用较为适合，这是一个方面的原因。另一方面，大多材料专业都开设了材料物理性能课程，此课程包含的材料物理的基本概念又都比较缺乏。编写这本《材料物理与性能学》的目的一方面是给材料专业本科生增加一些有关材料物理的基础知识，另一方面是将材料物理性能方面的内容合并到一起，减少学生的课程数目。

在本书的编写过程中，注意突出了以下几方面的特色。

(1) 注重以实际应用案例讲解材料物理的一些基本概念和物理效应，使学生便于理解、掌握和记忆。

(2) 注重以实验的方法讲解各种材料的性能。

(3) 注重加入现代新材料的内容，介绍其应用与发展前沿。

(4) 内容丰富、实用，充分满足少学时教学的要求。

本书由北方民族大学耿桂宏教授主编，燕山大学杨庆祥教授主审，具体编写分工如下：第1章的第1～4节和第10章由东北大学王晓强博士编写；第1章的第5～7节和第8章由郑州轻工业学院桂阳海博士编写；第2章的第1～2节和第4章由北方民族大学耿桂宏博士编写；第2章的第3、4节和第5章由东北大学罗绍华博士编写；第3章由北京工业大学李洪义博士编写；第6章由太原科技大学宋仁旺博士编写；第7章由太原科技大学郝维新博士编写；第9章由北方民族大学杜江华博士编写。

在本书的编写过程中，我们参考了大量国内外有关教材、科技著作和学术论文，在此特向有关作者表示深切的谢意。

由于编者水平有限，疏漏和不妥之处在所难免，欢迎同行和读者指正。

编　者

2009年10月

【资源索引】

目　录

第1章 材料的热学性能

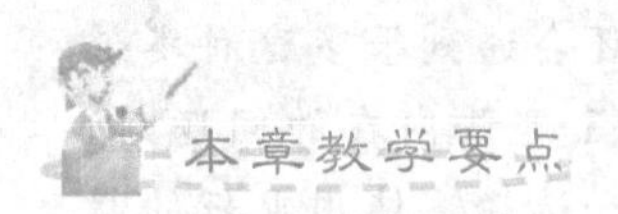

知识要点	掌握程度	相关知识	应用方向
材料热性能的物理本质	熟悉	声频支振动；光频支振动；热力学第一、第二、第三定律	理论基础
材料热容、热膨胀、热传导、热稳定性	掌握	比热容；元素的热容定律；柯普定律；热容量子理论(爱因斯坦量子热容模型，德拜比热模型)；金属和合金的热容；线、体膨胀系数；热应力断裂抵抗因子；热容、热膨胀系数、热导率及热稳定性的测定	指导实验和生产中相关参数测定
热分析技术的应用	掌握	热重(TG)分析；差热分析(DTA)；差示扫描量热法(DSC)及其联合技术	分析、解剖材料变化的有力手段
拓展阅读	了解	纳米材料；纳米材料的熔点降低、烧结温度降低及其原因	纳米材料应用

导入案例

2001年美国9·11事件造成死亡和失踪人数将近6 000人，直接经济损失1 050亿美元，给美国人民乃至世界人民都留下了梦魇般的痛苦记忆。两座世贸大厦轰然倒塌，瞬间夷为平地，除了恐怖分子的主观破坏活动外，大厦的钢架结构本身也是其帮凶之一。没有经过任何防火保护处理的钢构件的耐火极限只有0.25小时左右，在飞机撞击燃烧产生的高温作用下，钢构件热传导、热膨胀很快，强度迅速消失，当强度下降到一定程度时表现为瞬间倒塌。

纽约世贸中心姐妹双塔“告别世界”前夕

“9·11”事件中两座超高层钢结构建筑的坍塌涉及建筑材料的热传导、热膨胀甚至材料的热容等问题，在日常生活中还会遇到很多这种类似的材料破坏性问题，了解了这些内在的问题后，就可以更好的研究、开发、选择、使用更好的材料为我们的生活服务。

热学性能是材料的重要物理性能之一，材料的热学性能主要包括热容、热膨胀、热传导、热辐射、热电势、热稳定性等。由于材料在所处环境和使用过程中都会受到热影响或者产生热效应，当所处环境需要材料具有特殊的热学性能(如热隔绝性能、高的导热性能等)时，研究材料的热学性能就显得尤为重要。材料的热学性能在工程技术中占有重要的地位，如航天航空工程必须选用具有特殊热学性能的材料以达到抵抗高热、低温的目的；热交换器材料必须选用具有合适导热系数的材料等。此外，材料的组织结构在发生变化时通常会伴随一定的热效应，因此，对热性能的分析已经成为材料科学研究中重要的手段之一，在通过确定临界点来判断材料的相变特征时有着十分重要的意义。

1.1 热学性能的物理基础

材料是由晶体和非晶体组成的，也就是说，材料是由原子组成的，微观原子始终处于运动状态，我们把这种运动称为“热运动”。外界环境的变化(如温度、压力等)会影响物质的热运动。热运动规律可以用热力学与热力学统计物理进行描述。热力学与分子物理学一样，都是研究热力学系统的热现象及热运动规律的，但它不考虑物质的微观结构和过程，而是以观测和实验事实为依据，从能量的观点出发来研究物态变化过程中有关热、功的基本概念以及它们之间相互转换的关系和条件；而热力学统计物理则是从物质的微观结构出发，根据微观粒子遵守的力学规律，利用统计方法，推导出物质系统的宏观性质及其变化规律。

在热力学中，将所研究的宏观物质称为“热力学系统”。当某系统所处的外界环境条件改变时，此系统通常要经过一定的时间后才可以达到一个宏观性质不随时间变化的状态，将这种状态称为“热力学平衡状态”。在热力学统计物理中，系统的宏观性质是相应的微观量的统计平均值，当系统处于热力学平衡时，系统内的每个分子(或原子)仍处于不停的运动状态中，系统的微观状态也在不断地发生变化，只是分子(或原子)微观运动的某些统计平均值不随时间而改变，因此，热力学平衡是一种动态平衡，也称为“热动平衡”。

一个热力学系统必须同时达到下述四方面的平衡，才能处于热力学平衡状态。

(1) 热平衡。如果系统内没有隔热壁存在，则系统内各部分的温度相等；如果没有隔绝外界的影响，即在系统与环境之间没有隔热壁存在的条件下，当系统达到热平衡时，则系统与环境的温度也相等。

(2) 力学平衡。如果没有刚性壁的存在，则系统内各部分之间没有不平衡的力存在。如果忽略重力场的影响，则达到力学平衡时系统内各部分的压强应该相等；如果系统和环境之间没有刚性壁存在，则达到平衡时系统和环境之间也就没有不平衡的力存在，系统和环境的边界将不随时间而移动。

(3) 相平衡。如果系统是一个非均匀相，则达到平衡时系统中各相可以长时间共存，各相的组成和数量都不随时间而改变。

(4) 化学平衡。系统内各物质之间如果可以发生化学反应，则达到平衡时系统的化学组成及各物质的数量将不随时间而改变。

1.1.1 热力学第一定律

热力学第一定律是一条实验定律，把能量定义为物质的一种属性，表述为外界对系统传递热量的一部分使系统的内能增加，另一部分用于系统对外做功。表达式为

$$Q=\Delta E+A \tag{1-1}$$

式中，ΔE 为系统内能的变化；Q 为外界对系统传递的热量，Q 为正时表示从外界吸收热量，为负时表示向外界放出热量；A 为系统对外界做功，为正时表示系统对外界做功，为负时表示外界对系统做功。微分形式为

$$\mathrm{d}Q=\mathrm{d}E+\mathrm{d}A \tag{1-2}$$

热力学第一定律表明系统不从外界获取能量($Q=0$)而不断地对外做功($A>0$)是不可能的，也就是第一类永动机不能制成。

热力学第一定律指出能实现的热力学过程必然遵守能量守恒和能量转换定律，只说明了热、功转化的数量关系，而不能解决过程进行的方向及限度问题，解决这些问题需要利用热力学第二定律。

1.1.2 热力学第二定律

热力学第二定律是能够反映过程进行方向的规律，反映了热总是从高温传向低温这个经验事实。这一定律有两种等价的表述。

开尔文表述：不可能制成一种循环动作的热机，只从一个热源吸取热量，使它完全变为功，而使其他物体不发生任何变化。

克劳修斯表述：热量不可能自动从低温物体传到高温物体。

热力学第二定律说明第二类永动机($\eta=100\%$的单热源热机)不可能实现。

玻尔兹曼对热力学第二定律的叙述为：自然界里的一切过程都是向着状态概率增长的方向进行的，这就是热力学第二定律的统计意义。在实际应用中，热力学第二定律常

用熵(S)来表述，熵是表示系统无序度的一个量度。玻尔兹曼熵公式为

$$S=k\ln w \tag{1-3}$$

式中，S 为系统的熵，是系统的单值函数；k 为玻尔兹曼常数；w 为系统宏观态的热力学概率。

热力学第二定律用熵(S)表述也就是熵增加原理：在孤立系统中进行的自发过程总是沿着熵不减小的方向进行的，它是不可逆的。平衡态对应于熵最大的状态，即熵增加原理。

$$\Delta S\geqslant 0 \tag{1-4}$$

1.1.3 系统的自由能

一个系统的内能为 U 时，系统的吉布斯(Gibbs)自由能为

$$G=U+pV-TS \tag{1-5}$$

式中，p 为压力；V 为体积；T 为热力学温度。

由于焓 $H=U+pV$，因此

$$G=H-TS \tag{1-6}$$

吉布斯自由能 G 的微分形式为

$$\mathrm{d}G=-S\mathrm{d}T+V\mathrm{d}p+\mu\,\mathrm{d}n \tag{1-7}$$

式中，μ 为化学势，n 为组分含量。

吉布斯自由能的物理含义是在等温等压过程中，除体积变化所做的功外，从系统所能获得的最大功。换句话说，在等温等压过程中，除体积变化所做的功外，系统对外界所做的功只能等于或小于吉布斯自由能的减小，即在等温等压过程前后，吉布斯自由能不可能增加。如果发生的是不可逆过程，反应总是朝着吉布斯自由能减小的方向进行。

吉布斯自由能是一个广延量，单位摩尔物质的吉布斯自由能就是化学势 μ。

对于可逆过程有

$$\mathrm{d}G=V\mathrm{d}p-S\mathrm{d}T \tag{1-8}$$

温度一定时，焓对体积的偏微分为

$$\left(\frac{\partial H}{\partial V}\right)_T=T\left(\frac{\partial S}{\partial V}\right)_T+V\left(\frac{\partial p}{\partial V}\right)_T \tag{1-9}$$

根据麦克斯韦方程$\left(\frac{\partial S}{\partial V}\right)_T=\left(\frac{\partial p}{\partial T}\right)_V$，由于$\left(\frac{\partial p}{\partial V}\right)_V$恒大于0（体积一定时，温度增加使压力增大），因此

$$\left(\frac{\partial p}{\partial T}\right)_T>0 \tag{1-10}$$

式(1-10)说明，当温度一定时，熵(S)随体积的增大而相应的增加。

根据上述结果，当温度相同时，对于同一种金属，原子排列疏松的结构的熵将大于原子排列密集的结构的熵。而对于凝聚态，式(1-9)中的$\left(\frac{\partial p}{\partial V}\right)_T$非常小，近似为零，因此，根据式(1-9)和麦克斯韦方程可以得到

$$\left(\frac{\partial H}{\partial V}\right)_T\approx T\left(\frac{\partial p}{\partial T}\right)_V>0 \tag{1-11}$$

式(1-11)说明，当温度一定时，焓(H)随着体积的增大而增加。因此，当温度相同

时，对于同一种金属，原子排列疏松的结构的焓将大于原子排列密集的结构的焓。

在低温时，式(1-6)中 TS 项的贡献很小，所以吉布斯自由能在低温下主要取决于 H。因此，原子排列疏松的结构的自由能大于原子排列密集的结构的自由能，也就是说，在低温下，相比较而言，密排结构属于稳定相。相反，在高温时，式(1-6)中的 TS 贡献趋于很大，此时系统的吉布斯自由能主要取决于 TS，由于原子排列疏松的结构的熵大于密排结构的熵，因此，在高温下，原子排列疏松的结构的自由能小，相对原子密排结构而言属于稳定相。

1.1.4 热性能的物理本质

热性能的物理本质是晶格热振动。材料一般是由晶体和非晶体组成的。晶体点阵中的质点(原子、离子)总是围绕着平衡位置作微小振动，称为晶格热振动。晶格热振动是三维的，根据空间力系可以将其分解成3个方向的线性振动。设质点的质量为 m，在某一瞬间该质点在 x 方向的位移为 x_n，则相邻两质点的位移为 x_{n-1}，x_{n+1}。根据牛顿第二定律，该质点振动方程为

$$m\frac{\mathrm{d}^2 x_n}{\mathrm{d}t^2}=\beta(x_{n+1}+x_{n-1}-2x_n) \tag{1-12}$$

式中，β 为微观弹性模量；m 为质点质量；x_n 为质点在 x 方向上的位移。

式(1-12)为简谐振动方程，其振动频率随 β 的增大而提高。对于每个质点，β 不同，即每个质点在热振动时都有一定的频率。如果某材料内有 N 个质点，那么就会有 N 个频率的振动组合在一起。温度高时动能加大，所以振幅和频率均加大。各质点热运动时动能的总和就是该物体的热量，即

$$\sum_{i=1}^{N}(\text{动能})_i = \text{热量} \tag{1-13}$$

由于质点间有着很强的相互作用力，因此，一个质点的振动会带动邻近质点的振动。因相邻质点间的振动存在一定的相位差，使得晶格振动就以弹性波(格波)的形式在整个材料内传播，包括振动频率低的声频支和振动频率高的光频支。

如果振动着的质点中包含频率很低的格波，质点彼此之间的相位差不大，则格波类似于弹性体中的应变波，称为“声频支振动”。格波中频率很高的振动波，质点彼此之间的相位差很大，邻近质点的运动几乎相反时，频率往往在红外光区，称为“光频支振动”。

实验测得弹性波在固体中的传播速度为 $v=3\times10^3\,\mathrm{m/s}$，晶格的晶格常数 a 约为 $10^{-10}\,\mathrm{m}$ 数量级，而声频振动的最小周期为 $2a$，故它的最大振动频率为

$$\gamma_{\max}=\frac{v}{2a}=\frac{3\times10^3\,\mathrm{m/s}}{2\times10^{-10}\,\mathrm{m}}=1.5\times10^{13}\,\mathrm{Hz} \tag{1-14}$$

在图1.1所示的晶胞中，包含了两种不同的原子，各有独立的振动频率，即使它们的频率都与晶胞振动频率相同，由于两种原子的质量不同，振幅也会不同，所以两原子间会有相对运动。声频支可以看成相邻原子具有相同的振动方向，如图1.1(a)所示；光频支可以看成相邻原子振动方向相反，形成一个范围很小、频率很高的振动，如图1.1(b)所示。如果是离子型晶体，就为正、负离子间的相对振动，当异号离子间有反向位移时，便构成了一个偶极子，在振动过程中此偶极子的偶极矩是周期性变化的。根据电学、动力学理论，它会发射电磁波，其强度取决于振幅的大小。在室温下，所发射的这种电磁波是微

弱的，如果从外界辐射入相应频率的红外光，则立即被晶体强烈吸收，从而激发总体振动。该现象表明离子晶体具有很强的红外光吸收特性，这就是该支格波被称为光频支的原因。

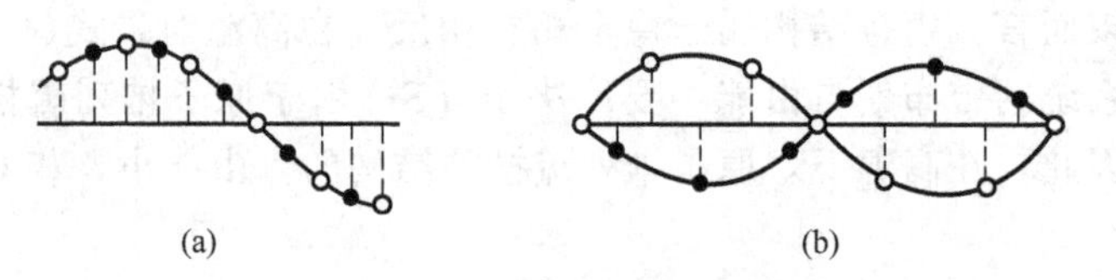

图 1.1　一维双原子点阵中的格波

(a) 声频支；(b) 光频支

1.2　材料的热容

1.2.1　热容定义

当物体处于与自身温度不同的环境中时，物体将放出或吸收热量，物体的温度也将随之变化。材料的这种热性能需要用热容来进行描述。热容是表述分子热运动的能量随温度而变化的一个重要的物理量。它是指物体温度升高 1K 所需要增加的能量。不同温度下，物体的热容不一定相同，所以在温度 T 时物体的热容定义为

$$C=\left(\frac{\partial Q}{\partial T}\right)_T (\mathrm{J/K}) \tag{1-15}$$

显然，物体的质量不同热容就不同，温度不同热容也不同。1g 物质的热容称为“比热容”，单位是 J/(K · g)，1mol 物质的热容称为“摩尔热容”，单位是 J/(K · mol)。另外，工程上所用的平均热容是指物质从温度 T_1 到 T_2 所吸收热量的平均值

$$C_{均}=\frac{Q}{T_2-T_1} \tag{1-16}$$

平均热容是一种比较粗略的计算方法，T_1-T_2 范围越大，精度越差。实际上，物体的热容还与它的热过程有关。假如加热过程是在恒压条件下进行的，所测到的热容称为比定压热容(C_p)。加热过程保持体积不变所测得的热容称为恒容热容(C_V)。由于在恒压加热过程中除物体温度升高外，还要对外界做功，所以温度每提高 1K 需要吸收更多的热量，即 $C_p>C_V$。

比定压热容　$$C_p=\left(\frac{\partial Q}{\partial T}\right)_p=\left(\frac{\partial H}{\partial T}\right)_p \tag{1-17}$$

恒容热容　$$C_V=\left(\frac{\partial Q}{\partial T}\right)_V=\left(\frac{\partial E}{\partial T}\right)_V \tag{1-18}$$

式中，Q 为热量；E 为内能；H 为热焓。根据热力学第二定律还可以导出

$$C_p-C_V=\alpha^2 V_0 T/\beta \tag{1-19}$$

式中，V_0 为摩尔容积；$\alpha=\frac{\mathrm{d}V}{V\mathrm{d}T}$ 为体膨胀系数；$\beta=\frac{-\mathrm{d}V}{V\mathrm{d}p}$ 为压缩系数。

对于固体材料，C_p与C_V差异较小，如图1.2所示。

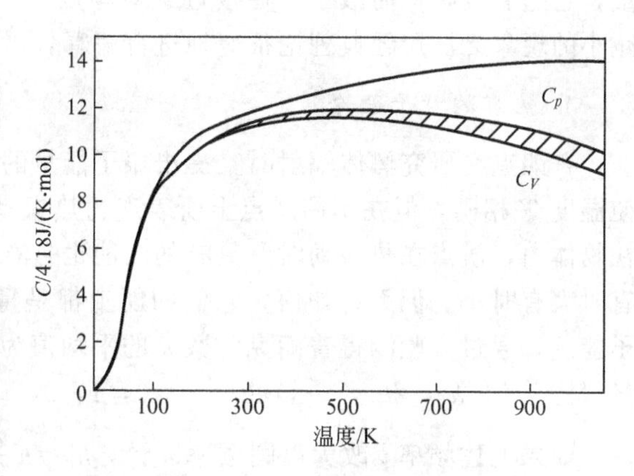

图1.2 NaCl的摩尔热容-温度曲线

1.2.2 热容的经验定律和经典理论

1. 杜隆-珀替定律

19世纪，杜隆-珀替将气体分子的热容理论直接应用于固体，从而提出了杜隆-珀替定律(元素的热容定律)：恒压下元素的原子热容为$C_p=25\text{J}/(\text{K}\cdot\text{mol})$。实际上，大部分元素的原子热容都接近该值，特别是在高温时符合得更好。但轻元素的原子热容需改用表1-1中的值。

表1-1 部分轻元素的原子热容 [单位：J/(K·mol)]

元素	H	B	C	O	F	Si	P	S	Cl
C_p	9.6	11.3	7.5	16.7	20.9	15.9	22.5	22.5	20.4

2. 柯普定律

该定律指出化合物分子热容等于构成该化合物各元素原子的热容之和，即

$$C=\sum n_i C_i \tag{1-20}$$

式中，n_i为化合物中元素i的原子数；C_i为元素i的摩尔热容。

根据晶格振动理论，在固体中可以用谐振子代表每个原子在一个自由度的振动，按照经典理论，能量按自由度均分，每一振动自由度的平均动能和平均位能都为$(1/2)kT$，一个原子有3个振动自由度，平均动能和位能的总和就等于$3kT$。1mol固体中有N个原子，总能量就为

$$E=3NkT=3RT \tag{1-21}$$

式中，N为阿佛伽德罗常数($6.023\times10^{23}/\text{mol}$)；$k$为玻尔兹曼常数$R/N$($1.381\times10^{-23}\text{J/K}$)；$R$为8.314J/(K·mol)；$T$为热力学温度(K)。

按热容定义

$$C_V=\left(\frac{\partial E}{\partial T}\right)_V=3Nk=3R\approx25\text{J}/(\text{K}\cdot\text{mol}) \tag{1-22}$$

由式(1-22)可知，热容是与温度T无关的常数，这就是杜隆-珀替定律。

对于双原子的固体化合物，1mol中的原子数为$2N$，故摩尔热容为

$$C_V=2\times25\text{J}/(\text{K}\cdot\text{mol}) \tag{1-23}$$

对于三原子的固态化合物的摩尔热容

$$C_V=3\times25\text{J}/(\text{K}\cdot\text{mol}) \tag{1-24}$$

这两个定律在实际应用中有重要价值，根据杜隆-珀替定律可以从比热推算出未知物质的原子量，而根据纽曼-柯普定律可得到原子热即摩尔热容，并进一步推算出化合物的分子热。

杜隆-珀替定律在高温时与实验结果很吻合。但在低温时，C_V的实验值并不是一个恒

量，它随温度降低而减小，在接近绝对零度时，热容值按 T^3 的规律趋于零。低温下热容减小的现象无法用经典理论很好地进行解释，需要用量子理论来解释。

3. 热容的量子理论

普朗克在研究黑体辐射时，提出振子能量的量子化理论。他认为，在某一物体内，即使温度 T 相同，但在不同质点上所表现的热振动(简谐振动)的频率 ν 也不尽相同。因此，在物体内，质点在热振动时所具有的动能也是有大有小的。即使是同一质点，其能量也是有时大有时小。但无论如何，它们的能量都是量子化的，都以 $h\nu$ 为最小单位。$h\nu$ 称为量子能阶，通过实验测得普朗克常数 h 的平均值为 6.626×10^{-34}(J·S)。所以各个质点的能量只能是 0，$h\nu$，$2h\nu$，…，$nh\nu$，$n=0$，1，2，…，称为量子数。

如果上述频率 ν 改为以圆频率 ω 计，$h\nu=h\dfrac{\omega}{2\pi}=\hbar\omega$ (1-25)

$$E=nh\nu=nh\frac{\omega}{2\pi}=n\hbar\omega \tag{1-26}$$

式中，$h=6.626\times10^{-34}$(J·S)为普朗克常数；$\hbar=\dfrac{h}{2\pi}=1.055\times10^{-34}$(J·S)也称为普朗克常数；$\omega$ 为圆频率。

根据麦克斯韦-玻尔兹曼分配定律可推导出，在温度为 T 时，一个振子的平均能量为

$$\overline{E}=\frac{\sum\limits_{n=0}^{\infty}n\hbar\omega\,\mathrm{e}^{-\frac{n\hbar\omega}{kT}}}{\sum\limits_{n=0}^{\infty}\mathrm{e}^{-\frac{n\hbar\omega}{kT}}} \tag{1-27}$$

将上式中多项式展开各取前几项，化简得

$$\overline{E}=\frac{\hbar\omega}{\mathrm{e}^{\frac{\hbar\omega}{kT}}-1} \tag{1-28}$$

当 T 很大，即在高温时，$kT\gg\hbar\omega$，所以

$$\overline{E}=\frac{\hbar\omega}{1+\frac{\hbar\omega}{kT}-1}=kT \tag{1-29}$$

即每个振子单向振动的总能量与经典理论一致。由于1mol 固体中有 N 个原子，每个原子的热振动自由度都是 3，所以 1mol 固体的振动可看作 $3N$ 个振子的合成运动，则1mol 固体的平均能量为

$$\overline{E}=\sum_{i=1}^{3N}\overline{E}_{\omega_i}=\sum_{i=1}^{3N}\frac{\hbar\omega_i}{\mathrm{e}^{\frac{\hbar\omega_i}{kT}}-1} \tag{1-30}$$

固体的摩尔热容为

$$C_V=\left(\frac{\partial E}{\partial T}\right)_V=\sum_{i=1}^{3N}k\left(\frac{\hbar\omega_i}{kT}\right)^2\frac{\mathrm{e}^{\frac{\hbar\omega_i}{kT}}}{\left(\mathrm{e}^{\frac{\hbar\omega_i}{kT}}-1\right)^2} \tag{1-31}$$

式(1-31)就是按照量子理论求得的热容表达式。但要计算 C_V 必须知道谐振子的频谱，这非常困难。实际上是采用简化的爱因斯坦模型和德拜模型。

(1) 爱因斯坦量子热容模型。

爱因斯坦提出的假设是：每个原子都是一个独立的振子，原子之间彼此无关，并且都

以相同的角频率 ω 振动。则式(1-30)和式(1-31)可变为

$$\overline{E}=3N\frac{\hbar\omega}{e^{\frac{\hbar\omega}{kT}}-1} \tag{1-32}$$

$$C_V=\left(\frac{\partial\overline{E}}{\partial T}\right)_V=3Nk\left(\frac{\hbar\omega}{kT}\right)^2\frac{e^{\frac{\hbar\omega}{kT}}}{\left(e^{\frac{\hbar\omega}{kT}}-1\right)^2}=3Nkf_e\left(\frac{\hbar\omega}{kT}\right) \tag{1-33}$$

式中，$f_e\left(\frac{\hbar\omega}{kT}\right)$为爱因斯坦比热函数；令$\frac{\hbar\omega}{k}=\theta_E$(称为爱因斯坦温度)，实验曲线与爱因斯坦曲线的对比关系如图1.3所示。

① 当温度很高时，$T\gg\theta_E$，则

$$e^{\frac{\hbar\omega}{kT}}=e^{\frac{\theta_E}{T}}=1+\frac{\theta_E}{T}+\frac{1}{2!}\left(\frac{\theta_E}{T}\right)^2+\frac{1}{3!}\left(\frac{\theta_E}{T}\right)^3+\cdots$$

$$\approx 1+\frac{\theta_E}{T} \tag{1-34}$$

则

$$C_V=3Nk\left(\frac{\theta_E}{T}\right)^2\frac{e^{\frac{\theta_E}{T}}}{\left(\frac{\theta_E}{T}\right)^2}\approx 3Nk=3R \tag{1-35}$$

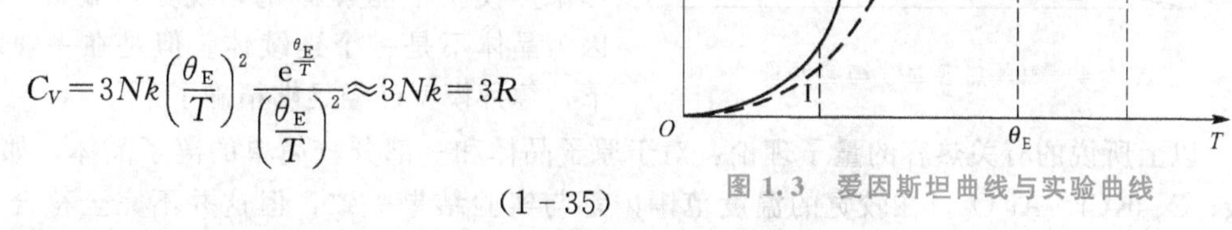

图1.3 爱因斯坦曲线与实验曲线

即在高温时，爱因斯坦的简化模型与杜隆-珀替公式相一致。

② 在低温时，即

$$T\ll\theta_E,\ e^{\frac{\theta_E}{T}}\gg 1,\ C_V=3Nk\left(\frac{\theta_E}{T}\right)^2 e^{-\frac{\theta_E}{T}} \tag{1-36}$$

式(1-36)表明，C_V随 T 变化的趋势和实验结果相符，但是比实验更快地趋近于零，如图1.3所示。

③ 当 $T\to 0$K 时，从图1.3中也可以看出 C_V也趋近于零，和实验结果相符。

因此，可以看出，之所以出现在低温情况下与实验结果有偏差的现象，是由于爱因斯坦模型存在不足之处，就是将每个原子的振动看成是独立的，并且认为以相同的频率振动。但是实际上，固体中的原子与原子之间是有联系的，原子的振动并不是彼此独立的，振动频率也有差异，尤其在低温下更明显。因此，正是由于这种假设引起了理论计算和实验结果的偏差。

(2) 德拜比热模型。

德拜考虑了晶体中原子的相互作用，把晶体近似为连续介质。由于晶格对热容的主要贡献是弹性波的振动，也就是波长较长的声频支在低温下的振动占主导地位。由于声频波的波长远大于晶体的晶格常数，可以把晶体近似看成连续介质。所以声频支的振动也可以近似地看作连续的，具有从0到 ω_{max}的谱带。高于 ω_{max}不在声频支而在光频支范围内，对热容贡献很小，可以忽略不计。ω_{max}由分子密度及声速决定。由以上假设导出了热容的表达式

$$C_V=3Nkf_D\left(\frac{\theta_D}{T}\right) \tag{1-37}$$

式中，$\theta_D=\frac{\hbar\omega_{max}}{k}=0.76\times10^{-11}\omega_{max}$为德拜特征温度；$f_D\left(\frac{\theta_D}{T}\right)=3\left(\frac{T}{\theta_D}\right)^3\int_0^{\frac{\theta_D}{T}}\frac{e^x x^4}{(e-1)^2}dx$

$\left(x=\frac{\hbar\omega}{kT}\right)$为德拜比热函数。

由式(1-37)可以得出如下结论。

① 当温度较高时，即$T \gg \theta_D$时，计算得$C_V=3Nk=3R$，即杜隆-珀替定律。

② 当温度很低时，即$T \ll \theta_D$，计算得$C_V=\frac{12\pi^4 Nk}{5}\left(\frac{T}{\theta_D}\right)^3$。

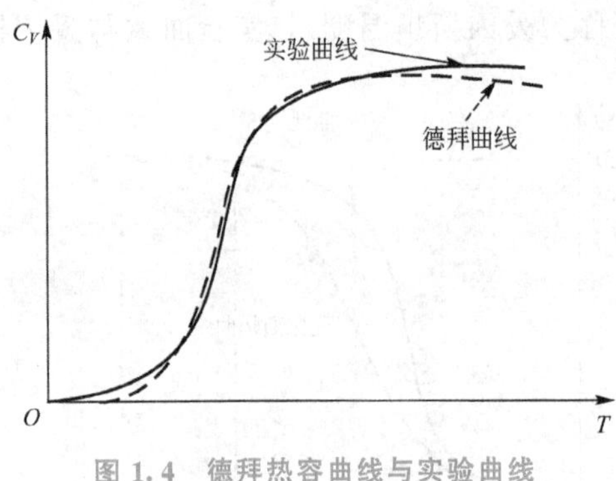

图 1.4 德拜热容曲线与实验曲线

这表明当$T \to 0$时，C_V与T^3成正比并趋于0，这就是德拜T^3定律，它与实验结果比较吻合，温度越低，近似越好。德拜热容理论曲线与实验曲线的对比关系如图1.4所示。

随着科技的不断发展和进步，人们发现德拜理论在低温下还不能完全符合事实。比如德拜模型不能解释超导现象，显然，这是因为晶体不是一个连续体。但是在一般场合下，德拜模型已经足够精确了。

以上所说的有关热容的量子理论，对于原子晶体和一部分较简单的离子晶体，如Al、Ag、C、KCl、Al_2O_3，在较宽的温度范围内都与实验结果一致，但这并不完全符合其他化合物，因为较复杂的分子结构往往会有各种高频振动耦合。而多晶、多相无机材料就更复杂了。

1.2.3 材料的热容

根据德拜热容理论，在高于德拜温度θ_D时，$C_V=25\text{J/(K·mol)}$；低于θ_D时，C_V与T^3成正比。不同材料的θ_D也不同。例如，石墨的$\theta_D=1\ 973\text{K}$，BeO的$\theta_D=1\ 173\text{K}$，Al_2O_3的$\theta_D=923\text{K}$。它取决于化学键的强度、材料的弹性模量、熔点等。

图1.5所示是几种无机材料的热容-温度曲线。这些材料的θ_D为熔点(热力学温度)的0.2～0.5。对于绝大多数氧化物、碳化物，热容都是从低温时的一个低的数值增加到1 273K左右的近似于25J/(K·mol)的数值。温度进一步增加，热容基本上没有什么变化。图中几条曲线不仅形状相似，而且数值也很接近，这就说明了这个问题。

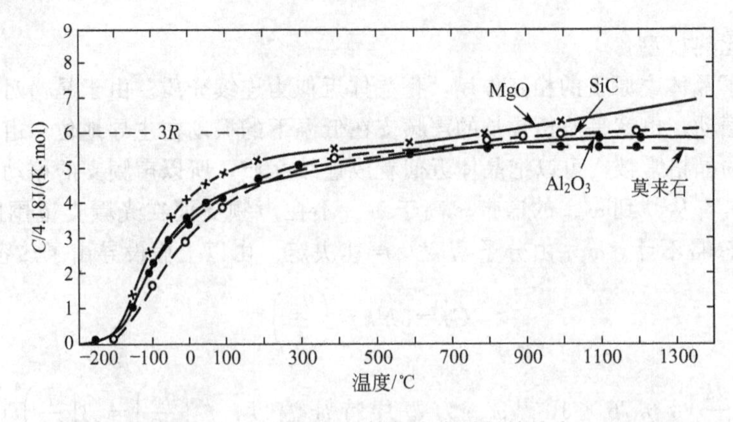

图 1.5 不同温度下某些陶瓷材料的热容

无机材料的热容与材料结构的关系不大，如图1.6所示。CaO和SiO_2的1∶1混合物与$CaSiO_3$的热容-温度曲线基本重合。相变时，由于热量的不连续变化，使热容出现了突变，如图1.6中α型石英转化为β型石英时所出现的明显变化。其他所有晶体在多晶转化、铁电转变、有序-无序转变等情况下都会发生类似的现象。虽然固体材料的摩尔热容不是结构敏感的，但是单位体积的热容却与气孔率有关。多孔材料因为质量轻，所以热容小，因此，提高轻质隔热砖的温度所需要的热量远低于致密的耐火砖，周期性加热的窑炉尽可能选用多孔的硅藻土砖、泡沫刚玉等，以达到节能的目的。

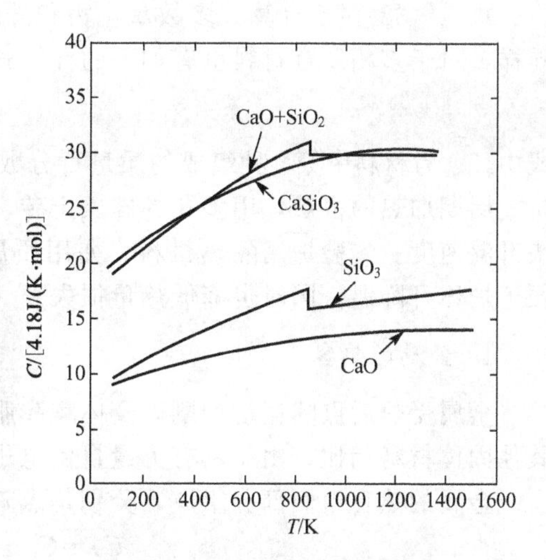

图1.6 摩尔比为1∶1的不同形式的$CaO+SiO_2$的热容

固体材料热容C_p与温度T的关系可由实验精确测定，也可由经验公式(1-38)计算

$$C_p=a+bT+cT^{-2}+L \tag{1-38}$$

式中，C_p的单位为4.18J/(K·mol)，见表1-2，该表列出了部分无机材料的a、b、c系数及其温度适用范围。

表1-2 某些无机材料的热容—温度关系经验方程式系数

名 称	a	$b\times10^3$	$c\times10^{-5}$	温度范围/K
氮化铝	5.47	7.8	—	298～900
刚玉($\alpha-Al_2O_3$)	27.43	3.06	−8.47	298～1 800
莫来石	87.55	14.96	−26.68	298～1 100
碳化硼	22.99	5.40	10.72	298～1 373
氮化硼(α-BN)	1.82	3.62	—	273～1 173
硅灰石($CaSiO_3$)	26.64	3.60	−6.52	298～1 450
钾长石	63.83	12.90	−17.05	298～1 400
氧化镁	10.18	1.74	−1.48	298～2 100
碳化硅	8.93	3.09	−3.07	298～1 700
α-石英	11.20	8.20	−2.70	298～848
β-石英	14.41	1.94	—	298～2 000
石英玻璃	13.38	3.68	−3.45	298～2 000
碳化钛	11.83	0.80	−3.58	298～1 800
金红石(TiO_2)	17.97	0.28	−4.35	298～1 800

实验证明，在较高温度下(573K以上)固体的摩尔热容约等于构成该化合物的各元素原子热容的总和

$$C=\sum n_iC_i \tag{1-39}$$

式中，n_i为化合物中元素i的原子数；C_i为化合物中元素i的摩尔热容。

式(1－38)对于计算大多数氧化物和硅酸盐化合物在573K以上的热容有较好的结果。同样，对于多相复合材料也有如下的计算式

$$C=\sum g_iC_i \tag{1-40}$$

式中，g_i为材料中第i种组成的质量百分数；C_i为材料中第i种组成的比热容。

周期加热的窑炉，用多孔的硅藻土砖、泡沫刚玉等，因为质量轻可减少热量损耗，加快升温速度。实验炉用隔热材料，如用质量小的钼片、碳毡等，可使质量降低，吸热少，便于炉体升降温，同时也降低热量损失。

1. 金属的热容

金属受热后点阵振动加剧以及体积膨胀对外做功引起热容的变化。除此以外，金属和其他固体材料相比，由于具有大量自由电子，自由电子对金属的热容也有贡献。

金属的热容由两部分组成，分别是点阵振动引起的热容C_V^l和电子热容C_V^e，可表示为

$$C_V=C_V^l+C_V^e=\alpha T^3+\gamma T \tag{1-41}$$

式中，α和γ是热容系数，可由低温热容实验测定。

一般情况下，常温时点阵振动贡献的热容远大于电子热容，只有在温度极低或极高时，电子热容才不能被忽略。对于过渡族金属，由于s层、d层、f层电子都会参与振动，对热容做出贡献，也就是说过渡族金属的电子热容贡献较大，因此，过渡族金属的热容远大于简单金属。如镍在低于5K时热容基本来源于电子热容，近似为$C_V=0.007\,3T$ [J/(mol·K)]。

此外，金属的德拜温度也反映了原子间结合力的强弱。一般来说，德拜温度越高，原子间结合力越强，金属的熔点也就越高。

2. 合金的热容

金属热容的规律也适用于合金和多相合金。合金在形成的过程中伴随着新相及组织的形成，因此必须考虑合金相的热容以及合金相的形成热。合金的热容决定组成相的性质。虽然在形成合金相时总能量有可能增加，但在高温下，合金中每个原子的热振动能几乎与该原子在纯金属中同一温度的热振动能一样。因此合金的摩尔热容C_m可以由组元的摩尔热容按比例相加而得，即

$$C_m=X_1C_1+X_2C_2+X_3C_3+\cdots+X_nC_n \tag{1-42}$$

式中，X_1，X_2，…，X_n分别是组元所占的原子分数；C_1，C_2，…，C_n分别为各组元的摩尔热容，式(1-42)称为纽曼-柯普定律。

如前所述，纽曼-柯普定律具有普遍适用性，不仅适用于金属化合物、金属以及非金属化合物，也适用于中间相和固溶体以及它们所组成的多相合金，但不适用于铁磁合金。纽曼-柯普定律对不同合金、组织状态的适用性表明，热处理虽然能改变合金的阻值，但是对于合金在高温下的热容没有明显的影响。

3. 组织转变对热容的影响

金属及合金发生相变时，会产生附加的热效应，并因此使热容(及热焓)发生异常变化。按照变化特征主要可分为一级相变、二级相变、亚稳态组织转变等情况。

(1) 一级相变。

一级相变是指在一定温度下发生的转变，特点是在转变点具有处于平衡的两个相，而

在两相之间存在分界面。如纯金属的熔化和凝固、合金的共晶与包晶转变、固态合金中的共析转变以及固态金属及合金中发生的同素异构转变等。此外，固态的多型性转变也属于一级相变。

压力恒定时，加热金属所需热量随温度的变化而变化，如图1.7所示。可以看出，当温度较低时，所需热量随温度升高而缓慢增加，之后逐渐加快。当温度到达熔点 T_m 时，上升趋势呈现陡直现象，此时熔化金属需要大量的熔化热 q_S。液态金属与固态金属相比，液态曲线斜率比固态的大，说明液态金属的热容比固态金属的热容大。

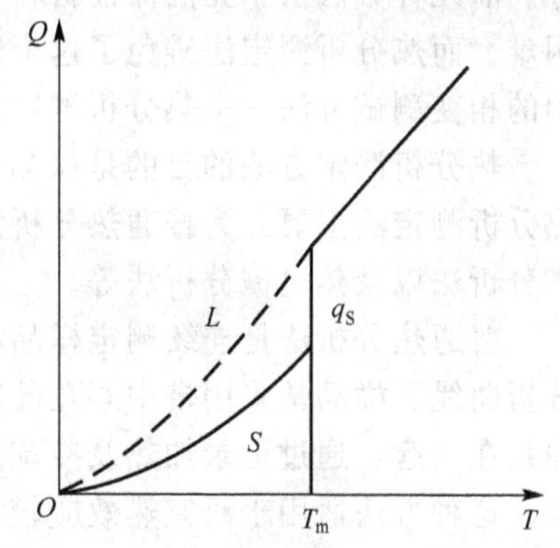

图1.7 金属熔化时热焓与温度的关系曲线

对于固态的多型性转变，如珠光体转变、铁的 $\alpha \to \gamma$ 转变等，也属于一级相变。热焓与热容随温度的变化关系如图1.8(a)所示。可以看出，当加热到临界点 T_c 时，热焓曲线出现跃变，而热容曲线发生不连续变化，这种转变的热效应就是曲线跃变所对应的热焓变化值。

(2) 二级相变。

二级相变是金属与合金中存在的另一种类型的转变，特点是转变过程是在一个温度区间逐步完成的，转变过程中只有一个相。这类相变的温度范围越窄，热容的峰越高，如图1.8(b)所示。可以看出随着温度的升高，热焓 Q 逐渐增大，当快到临界点 T_c 时，热焓显著增大并导致热容的增长陡然加快并达到最大。转变热效应等于曲线下面的面积，利用内插法求解。磁性转变以及体心立方点阵有序-无序转变都属于这一类转变。

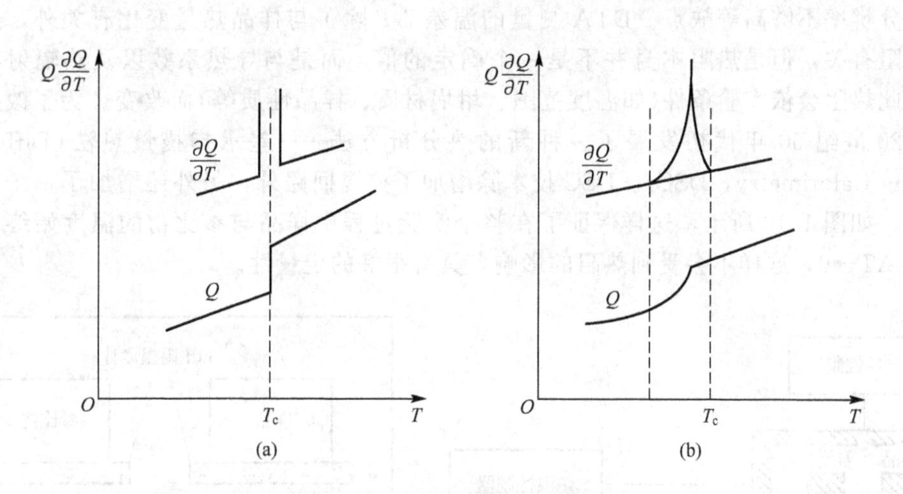

图1.8 热焓与热容和加热温度的关系曲线

(a) 一级相变；(b) 二级相变

一级相变伴随相变潜热的发生，若为恒温转变，在相变时伴随有焓的突变，同时热容趋于无穷大，但是二级相变则没有相变潜热，但热容有突变。

4. 热容的测量

热容(或热焓)的测量是研究材料相变过程的重要手段。分析热容(或热焓)与温度的关系，测量热和温度能够确定临界点，并建立合金状态图，能够获得材料中相变过程的规律。热容(或热焓)的测量方法很多，如量热计法、撒克司法、斯密特法以及热分析测定法等。前几种方法由于无法保证材料在热容测量中严格的绝热要求，因此在实际操作时比较困难，而热分析测定法避免了这个缺点，因此得到了广泛的应用。在这里介绍这种广泛应用的相变测试方法——热分析测定法。

热分析测定方法的目的是探测相变过程的热效应并测出热效应的大小和发生的温度。热分析测定法主要分为普通热分析法、差热分析法、差示扫描量热法、微分热分析法、热重分析法以及热机械分析法等。

普通热分析法是连续测定样品在加热或冷却过程中温度和时间的关系曲线，也称为热分析曲线。样品常采用带中心孔的圆棒样品，热电偶热端放置于样品的中心孔内，与样品焊接在一起，通过记录加热及冷却过程中的温度及时间，就可以得到温度-时间热分析曲线。这种方法适用于研究热效应较大的物态转变问题，如测定材料结晶、熔化的温度或温区。但是对于金属、合金等材料，其相变中伴随的热效应小，如 Fe 的 $\gamma\to\alpha$ 转变过程的热效应只有 3.6×10^{3}J/kg，普通热分析法的灵敏度就不能满足测量的要求，此时就需要利用灵敏度、准确度更高的差热分析法进行测量。

差热分析(Differential Thermal Analysis，DTA)是指在程序升(降)温过程中，由于样品的吸、放热效应，测量在样品和参比物之间形成的温度差，这种热效应是由于样品在特定温度相转变或发生反应所产生的。DTA 仪器的基本原理如图 1.9 所示，仪器由炉子、样品支持器(包括试样和参比物容器、温度敏感元件与支架等)、微伏放大器、温差检知器、炉温程序控制器、记录器以及炉子和样品支持器的气氛控制设备组成。

虽然 DTA 技术有方便、快速、样品用量少、适用范围广等优点，但 DTA 也有重复性差、分辨率不够高等缺点。DTA 测量的温差 ΔT 除了与样品热量变化有关外，还与体系的热阻有关，但是热阻本身并不是一个确定的值，而是与导热系数以及热辐射有关的量，因此热阻会依实验条件(如温度范围、坩埚材质、样品性质等)而改变。为了改善这种情况，20 世纪 60 年代初发展了一种新的热分析方法——差示扫描量热法(Differential Scanning Calorimetry，DSC)。DSC 技术除增加了控温回路外，另外还增加了一个功率补偿回路，如图 1.10 所示，这样保证了在整个实验过程中样品与参比物的温度始终保持一致，即 $\Delta T\to0$，这样不会受到热阻的影响，具有很好的定量性。

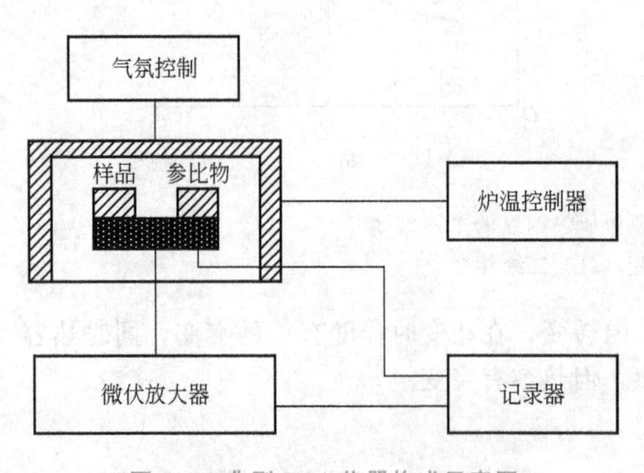

图 1.9　典型 DTA 仪器构成示意图

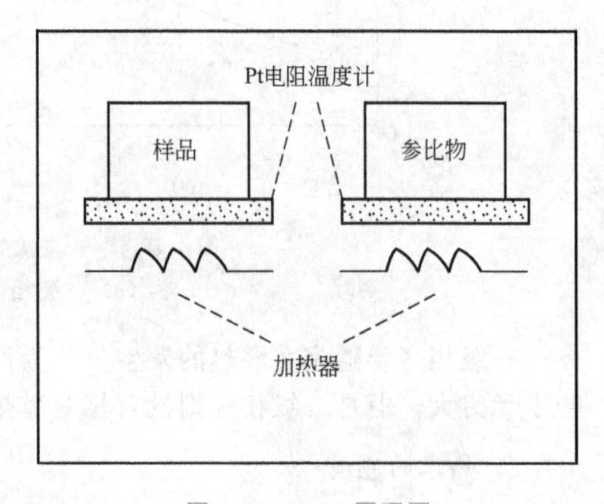

图 1.10　DSC 原理图

在DSC的平均温度控制回路中，样品、参比物支持器的铂电极温度计分别输出一个与其温度成正比的信号。两者信号经与程序温度给定信号相比较，经过放大来调节平均功率的大小以消除上述的比较偏差，以达到按程序等速升(降)温。此时，将程序温度控制器的信号作为横轴记录温度值。同样，将铂电极温度计的信号输入差示温度放大器，其差经放大后，调节样品、参比物支持器的补偿功率大小，并将补偿功率输入到相应的加热器上，消除输入的偏差信号，使两者温度始终保持相等。将与样品和参比物补偿功率之差成正比的差示温度放大器的信号进行记录，就得到了热流速率 dQ/dt。

DSC曲线下的面积即为转变的热效应。DSC既可测定相变温度又可进行相变潜热的分析，需要样品用量极少(可以是几毫克)，因此广泛用于各种无机材料的研究中。需要注意的是，DTA与DSC曲线虽然形状相似，但其物理意义是不同的。DTA曲线的纵坐标表示温度差，而DSC曲线的纵坐标表示热流率；DTA曲线的吸热峰为下凹形状，而DSC曲线的吸热峰为上凸形状；此外，DSC中的仪器常数与DTA中的仪器常数性质不同，它不是温度的函数而是定值。DTA与DSC最大的区别是，DTA只能用于定性或半定量研究，而DSC可用于定量研究。

从原则上讲，物质的所有转变和反应都应有热效应，因此也就能采用这种方法检测这些热效应，但是有时因为灵敏度等种种原因的限制，不一定都能观测到。表1-3列出了一些DTA和DSC的应用实例。

表1-3 DTA和DSC应用实例

研究对象	可观测性质	研究对象	可观测性质
聚合物	相图	金属和合金	纯度测定
配位化合物	脱水反应	非晶态物质	玻璃化转变测定
金属及非金属氧化物	聚合热	陶瓷	对比研究
煤	升华热	半导体	易燃性评价
木材	溶解反应	天然产物	固-气反应

此外，微分热分析可用于测定焊接、淬火、轧制等连续、快速冷却条件下金属材料的相变点。微分热分析方法主要用于测定样品温度随时间的变化速率 dT/dt。一般把热电偶直接焊接在样品上，将热电势场放大后输入微分器就可以得到 dT/dt。微分信号可以十分灵敏地探测变温过程中的相变过程，新近出现的快速膨胀仪已经开发出膨胀与温度兼具的微分功能，使分析的灵敏度大大提高。

1.3 材料的热膨胀

热膨胀是指物质在加热或冷却时发生的热胀冷缩现象。不同的物质其热膨胀特性是不同的。同一种材料也可能因为晶体结构的不同或发生相变等因素，而具有不同的热膨胀特性。分析热膨胀现象是材料研究中常用的方法，可以用来研究与固态相关的各种问题。

1.3.1 热膨胀系数

物体的体积或长度随温度升高而增大的现象叫作热膨胀。假设物体原来的长度为 l_0，

温度升高 ΔT 后长度的增加量为 Δl，实验得出

$$\frac{\Delta l}{l_0}=\alpha_l \Delta T \tag{1-43}$$

式中，α_l 为线膨胀系数，即温度升高 1K 时，物体的相对伸长量。则物体在温度 T 时的长度 l_T 为 $l_T=l_0+\Delta l=l_0(1+\alpha_l \Delta T)$。

无机材料的 $\alpha_l \approx 10^{-5} \sim 10^{-6} K^{-1}$，$\alpha_l$ 通常随 T 升高而增大。同理，物体体积随温度的升高可表示为

$$V_T=V_0(1+\alpha_V \Delta T) \tag{1-44}$$

式中，α_V 为体膨胀系数，相当于温度升高 1K 时物体体积相对增长量。

如果物体是立方体，有

$$V_T=l_T^3=l_0^3(1+\alpha_l \Delta T)^3=V_0(1+\alpha_l \Delta T)^3 \tag{1-45}$$

由于 α_l 值很小，可忽略 α_l^2 以上的高次项，则

$$V_T=V_0(1+3\alpha_l \Delta T) \tag{1-46}$$

比较以上两式，就有以下近似关系

$$\alpha_V \approx 3\alpha_l \tag{1-47}$$

对于各向异性的晶体，各晶轴方向的线膨胀系数不同，假设分别为 α_a、α_b、α_c，则

$$V_T=l_{aT}l_{bT}l_{cT}=l_{a_0}l_{b_0}l_{c_0}(1+\alpha_a \Delta T)(1+\alpha_b \Delta T)(1+\alpha_c \Delta T) \tag{1-48}$$

同样忽略 α 二次方以上的各项，则有

$$V_T=V_0[1+(\alpha_a+\alpha_b+\alpha_c)\Delta T] \tag{1-49}$$

所以

$$\alpha_V=\alpha_a+\alpha_b+\alpha_c \tag{1-50}$$

应该指出，由于膨胀系数实际上并不是一个恒定的值，而是随温度变化的，所以上述的 α 值都是指定温度范围内的平均值，与平均热容一样，应用时要注意适用的温度范围。一般膨胀系数的精确表达式为

$$\alpha_l=\frac{\partial l}{l\,\partial T} \tag{1-51}$$

$$\alpha_V=\frac{\partial V}{V\,\partial T} \tag{1-52}$$

一般耐火材料的线膨胀系数，常指在 20～1 000℃范围内的 α_l 平均值。热膨胀系数在无机材料中是一个重要的性能参数，例如，在玻璃陶瓷与金属之间的封接工艺上，由于电真空的要求，需要在低温和高温下两种材料的 α_l 值接近。所以高温钠蒸气灯所用的 Al_2O_3 灯管的 $\alpha_l=8\times10^{-6}K^{-1}$，选用的封接导电金属铌的 $\alpha_l=7.8\times10^{-6}K^{-1}$，两者接近。

在多晶、多相无机材料以及复合材料中，由于各相及各方向的 α_l 不同所引起的热应力问题已成为选材、用材的突出矛盾。例如，石墨垂直于 c 轴方向的 $\alpha_l=1.0\times10^{-6}K^{-1}$，平行于 c 轴方向的 $\alpha_l=27\times10^{-6}K^{-1}$，所以石墨在常温下极易因热应力较大而强度不高，但在高温时内应力消除，强度反而升高。

材料的热膨胀系数大小直接与热稳定性有关。一般 α_l 越小，材料热稳定性越好。例如，Si_3N_4 的 $\alpha_l=2.7\times10^{-6}K^{-1}$，在陶瓷材料中是偏低的，因此热稳定性较好。

1.3.2 热膨胀的物理本质

固体材料的热膨胀本质，归结为点阵结构中的质点间平均距离随温度的升高而增大。

在1.1.4节中讲到质点的热振动是简谐振动。对于简谐振动，升高温度只能增大振幅，并不会改变平衡位置。因此，质点间的平均距离不会因温度的升高而改变；热量变化不能改变晶体的大小和形状，也就不会有热膨胀。这样的结论显然是不正确的。其主要原因是，在晶格振动中相邻质点间的作用力实际上是非线性的。所谓线性振动是指质点间的作用力与距离成正比，即微观弹性模量β为常数；而非线性振动是指作用力并不简单地与位移成正比。热振动不是左右对称的线性振动而是非线性振动。有一对相邻的原子，其中左边的一个原子固定不动，右边的另一个原子振动，两个原子之间同时受到两种力的作用，一个是库仑吸引力，另一个是库仑斥力以及泡利不相容原理引起的斥力，分别是$F_{引}$、$F_{斥}$，两种力与原子间距的关系如图1.11所示。r_0为两个原子的平衡间距，在此处$F_{引}=F_{斥}$，因此合力$F_{合}=0$。当原子间距小于平衡间距时，引力大于斥力，因此两个原子相互吸引，合力的变化比较缓慢。但原子间距大于平衡间距时，引力小于斥力，因此两个原子相互排斥，合力变化比较陡峭。与合力的变化相对应，两个原子相互作用的势能呈现不对称曲线变化，如图1.12所示。可以看出，当原子振动通过平衡位置时只有动能，偏离平衡位置时，势能增加而动能减小。曲线上每一个最大势能都会对应两个距离(最远与最近)，如E_{r_3}对应的距离分别是最近距离ρ和最远距离ρ'。最大势能间对应的$\rho'-\rho$中心就是原子振动中心的位置。很明显，当温度上升、势能增加时，由于势能曲线的不对称会导致振动中心右移，即原子间距增大，产生热膨胀。

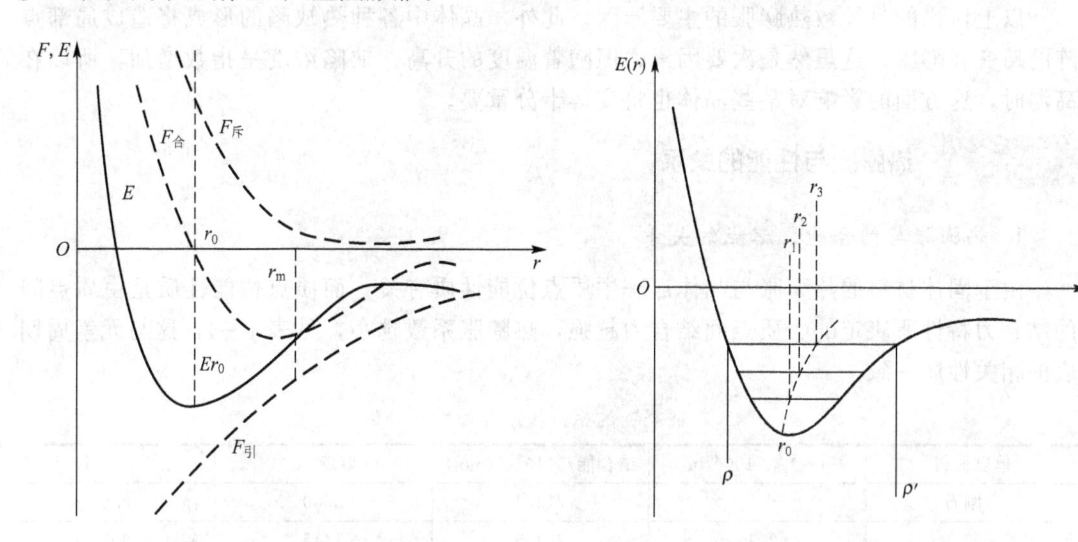

图1.11 相互作用力F及势能E与原子间距r的关系曲线

图1.12 振动中心移动示意图

在双原子模型中，如左原子视为不动，则右原子所具有的点阵能$V(r_0)$为最小值，如有伸长量δ时，点阵能变为$V(r_0+\delta)=V(r)$。将此通式展开得

$$V(r)=V(r_0+\delta)=V(r_0)+\left(\frac{\partial V}{\partial r}\right)_{r_0}\delta+\frac{1}{2!}\left(\frac{\partial^2 V}{\partial r^2}\right)_{r_0}\delta^2+\frac{1}{3!}\left(\frac{\partial^3 V}{\partial r^3}\right)_{r_0}\delta^3+\cdots \quad (1-53)$$

式中，第一项为常数；第二项为零，则

$$V(r)=V(r_0)+\frac{1}{2}\beta\delta^2-\frac{1}{3}\beta'\delta^3+\cdots \quad (1-54)$$

式中，$\beta=\left(\frac{\partial^2 V}{\partial r^2}\right)_{r_0}$；$\beta'=-\frac{1}{2}\left(\frac{\partial^3 V}{\partial r^3}\right)_{r_0}$。如果只考虑上式的前两项，则

$$V(r)=V(r_0)+\frac{1}{2}\beta\delta^2 \tag{1-55}$$

即点阵能曲线是抛物线。原子间的引力为

$$F=-\left(\frac{\partial V}{\partial r}\right)=-\beta\delta \tag{1-56}$$

式中，β是微观弹性系数，为线性简谐振动，平衡位置仍在r_0处，上式只适用于热容C_V的分析。

但对于热膨胀问题，如果只考虑前两项，就会得出所有固体物质均无热膨胀。因此必须再考虑第三项。此时点阵能曲线为3次抛物线，即固体的热振动是非线性振动。用玻尔兹曼统计法，可算出平均位移

$$\bar{\delta}=\frac{\beta' kT}{\beta^2} \tag{1-57}$$

由此得热膨胀系数

$$\alpha=\frac{\mathrm{d}\bar{\delta}}{r_0\mathrm{d}T}=\frac{1}{r_0}\cdot\frac{\beta' k}{\beta^2} \tag{1-58}$$

式中，r_0、β、β'均为常数，α也为常数。但若再多考虑δ^4，δ^5，…时，则可得到$\alpha-T$的变化规律。

以上讨论的是导致热膨胀的主要原因。此外，晶体中各种热缺陷的形成将造成局部点阵的畸变和膨胀。这虽然是次要因素，但随着温度的升高，缺陷浓度呈指数增加，所以在高温时，这方面的影响对某些晶体也将变得十分重要。

1.3.3 热膨胀与性能的关系

1. 热膨胀与结合能、熔点的关系

由于固体材料的热膨胀与晶体点阵中质点位能性质有关，而质点位能性质是由质点间的结合力特性所决定的。质点间结合力越强，热膨胀系数越小，见表1-4，这与元素周期表的相关性质一致。

表1-4 单质材料的相关性质与周期表中的一致性

单质材料	$(r_0)_{min}/10^{-10}$m	结合能/$\times10^3$(J/mol)	熔点/℃	$\alpha_l/\times10^{-6}K^{-1}$
金刚石	1.54	712.3	3500	2.5
硅	2.35	364.5	1415	3.5
锡	5.3	301.7	232	5.3

2. 热膨胀与温度、热容的关系

在晶体中质点热振动的点阵能曲线(图1.12)中，有一条由振动中心移动形成的平衡曲线。即当温度升高时，两质点的平衡距离由r_0增至r_1、r_2、r_3。图中坐标$E(r)$也可用温度代替，如图1.13所示。在AB曲线上任意一点的一阶倒数$\frac{\mathrm{d}r}{\mathrm{d}T}=\tan\theta$，与热膨胀系数$\alpha_l$同一物理意义。

$$\alpha=\frac{\mathrm{d}l}{l\mathrm{d}T}=\frac{\delta}{r_0\mathrm{d}T}=\frac{1}{r_0}\frac{\mathrm{d}r}{\mathrm{d}T}=\frac{1}{r_0}\tan\theta \tag{1-59}$$

如图1.13所示，温度 T 越低，$\tan\theta$ 越小，则 α 越小；反之，温度 T 越高，α 越大。热膨胀是固体材料受热以后由晶格振动加剧而引起的容积膨胀，而晶格振动的激化就是热运动能量的增大。升高单位温度时能量的增量也就是热容的定义，所以，热膨胀系数显然与热容密切相关并有着相似的规律。图1.14表示出了 Al_2O_3 的热膨胀系数和热容与温度的关系。可以看出，这两条曲线近似平行，变化趋势相同。其他的物质也有类似的规律：在0K时，α 与 C 都趋于零，在高温时，由于有显著的热缺陷等原因，使 α 仍连续地增加。

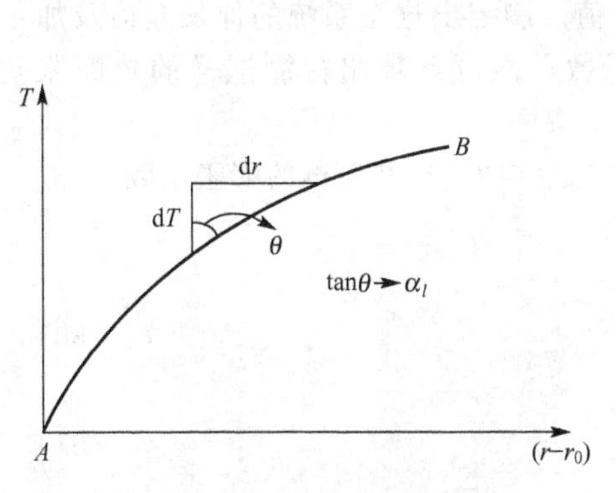

图1.13 平衡位置随温度的变化

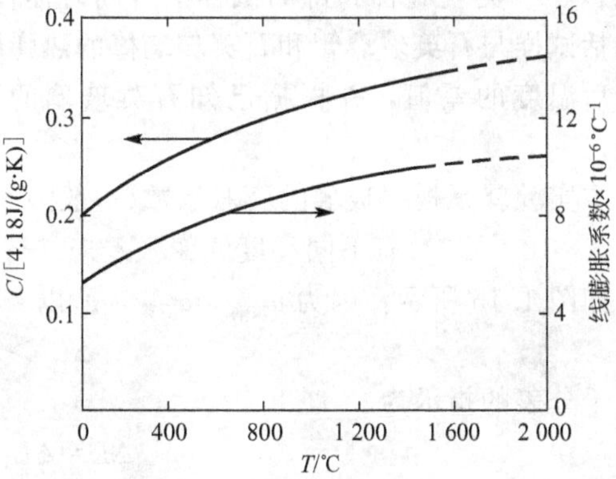

图1.14 Al_2O_3 的比热容与热膨胀系数在0～2 000℃的变化

热膨胀还与物质的结构有关，对于组成相同的物质，由于结构不同，膨胀系数也不同。通常结构紧密的晶体比非晶体的膨胀系数要大。温度变化引起的晶型变化也会引起体积的变化。

1.3.4 热膨胀系数测定

无机材料的热膨胀系数主要指陶瓷和玻璃的热膨胀系数，在这里主要介绍玻璃的热膨胀系数的测定方法。

人类在18世纪就可以测定固体的热膨胀。当时的测定装置很原始，水平放置约15cm长的试样，在下面点燃几支蜡烛加热，通过齿轮机构放大来确定试样长度的变化。

从19世纪到现在，人们创造了许多测定方法。20世纪60年代出现了激光法，还出现了采用计算机控制或记录处理测定数据的测量仪器。测定无机非金属材料热膨胀系数常用的方法有：千分表法、热机械法(光学法、电磁感应法)、示差法等。它们的共同特点是试样在加热炉中受热膨胀，通过顶杆将膨胀传递到检测系统，不同之处在于检测系统不同。

千分表法是用千分表直接测量试样的伸长量。

光学热机械法是通过顶杆的伸长量来推动光学系统内的反射镜转动，经光学放大系统而使光点在影屏上移动来测定试样的伸长量。

电磁感应热机械法是将顶杆的移动通过天平传递到差动变压器，变换成电信号，经放大转换，从而测量出试样的伸长量。根据试样的伸长量就可计算出线膨胀系数。

在所有测试方法中，示差法(或称“石英膨胀计法”)具有最广泛的实用意义。国内外示差法测试仪器很多，有工厂的定型产品，也有自制的石英膨胀计。

由前面热膨胀系数定义：$\Delta l/l_0=\alpha_l\Delta t$($\alpha_l$ 为线膨胀系数)，体膨胀系数与线膨胀系数的

大致关系为

$$\beta \approx 3\alpha_l$$

示差法的测定原理(石英膨胀仪)是采用热稳定性良好的材料石英玻璃(棒和管)。在较高的温度下，其线膨胀系数随温度改变的性质很小，当温度升高时，石英玻璃与其中的待测试样和石英玻璃棒都会发生膨胀，但是待测试样的膨胀比石英玻璃管上同样长度部分的膨胀要大。因而使得与待测试样相接触的石英玻璃棒发生移动，这个移动是石英玻璃棒、石英玻璃管和待测试样三者同时伸长和部分抵消后在千分表上所显示的 Δl 值，它包括试样与石英玻璃管和石英玻璃棒的热膨胀之差值。测定出这个系统的伸长差值及加热前后温度的差值，并根据已知石英玻璃的膨胀系数，便可计算出待测试样的热膨胀系数。

本实验就是根据玻璃的膨胀系数(一般为 $60\sim100\times10^{-7}$℃$^{-1}$)和石英的膨胀系数(一般为 5.8×10^{-7}℃$^{-1}$)有不同程度的膨胀差来进行测定的。

如图 1.15 所示，因为 $\alpha_{玻璃} > \alpha_{石英}$，所以

$$\Delta L_1 > \Delta L_2 \tag{1-60}$$

千分表的指示为

$$\Delta L = \Delta L_1 - \Delta L_2 \tag{1-61}$$

玻璃的净伸长

$$\Delta L_1 = \Delta L + \Delta L_2$$

按定义，玻璃的膨胀系数可推导出

$$\alpha = \frac{1}{L} \times \frac{\Delta L_1}{\Delta T} = \frac{1}{L} \times \frac{\Delta L + \Delta L_2}{T_2 - T_1} = \frac{1}{L} \times \frac{\Delta L}{T_2 - T_1} + \frac{1}{L} \times \frac{\Delta L_2}{T_2 - T_1} = \frac{1}{L} \times \frac{\Delta L}{T_2 - T_1} + \alpha_{石英} \tag{1-62}$$

式中，T_1 为开始测定时的温度；T_2 一般定为 300℃(需要时也可定为其他温度)；ΔL 为试样的伸长值，即对应于温度 T_2 与 T_1 时千分表读数之差值，以 mm 为单位；L 为试样的原始长度，单位也为 mm。

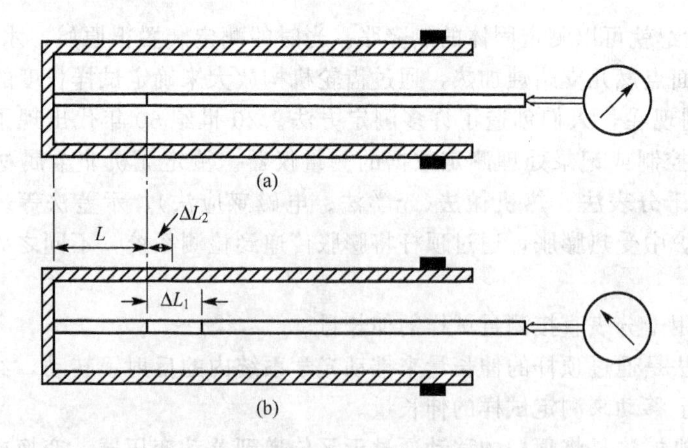

图 1.15　石英膨胀仪内部结构热膨胀分析图

(a) 加热前；(b) 加热后

从式(1-62)可以看出：对于材料的热膨胀系数小于石英的热膨胀系数的测定，如金属、无机非金属、有机材料等，都可用这种膨胀仪测定。

必须指出，由于膨胀系数实际上并不是一个恒定的值，而是随温度变化的，所以上述膨胀系数都具有在一定温度范围 Δt 内的平均值的概念，因此使用时要注意它适用的温度范围。书写材料的平均线膨胀系数时应标明温度范围，如

$$\alpha(0\sim300℃)=5.7\times10^{-7}K^{-1} \tag{1-63}$$

$$\alpha(0\sim1\ 000℃)=5.8\times10^{-7}K^{-1} \tag{1-64}$$

这样就可以在直角坐标系中以温度为横坐标，伸长量为纵坐标做出热膨胀曲线，以确定试样的线热膨胀系数，对于玻璃材料还可以得出玻璃化转变温度 T_g 和黏流温度 T_f。

图 1.16 所示为石英膨胀仪装置结构图，主要包括管式电炉、特制石英玻璃管、石英玻璃棒、千分表、热电偶、电位差计、电流 2kV/A 调压器等。实验器材主要包括待测玻璃或陶瓷试样、磨平试样端面用的小砂轮片、量试样长度用的卡尺和计时用的秒表。

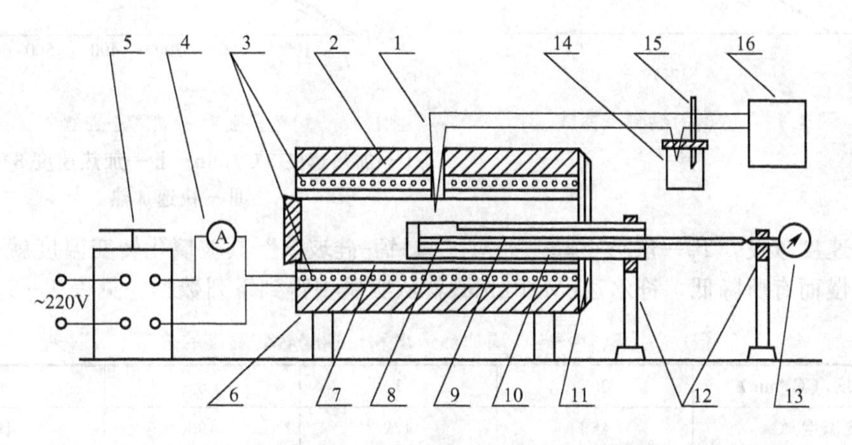

图 1.16　石英膨胀仪装置结构图

1—测温热电偶；2—膨胀仪电炉；3—电热丝；4—电流表；5—调压器；
6—电炉铁壳；7—铜柱电炉芯；8—待测试棒；9—石英玻璃棒；
10—石英玻璃管；11—遮热板；12—铁制支撑架；13—千分表；
14—水瓶；15—水银温度计；16—电位差计

实验过程很简单，先接好电路，在支架上固定好石英玻璃管，把准备好的待测试样小心地装入石英玻璃管中，然后装进石英玻璃棒中，使石英玻璃棒紧贴试样，在支架的另一端装上千分表，使千分表的顶杆轻轻压在石英玻璃棒的末端，把千分表转到零位；将卧式电炉沿滑轨移动，将管式电炉的炉芯套上石英玻璃管，使试样位于电炉的中心位置；合上电闸，接通电源，等电压稳定后，调节自偶调压器，以 3℃/min 的速度升温，每隔 2min 记一次千分表的读数和电位差计的读数，直到千分表上的读数向后退为止，记录好数据然后作图即可。

实验主要影响因素：①试样的加工与安装；②玻璃的热历史：包括淬火(玻璃成形后快速冷却)和精密退火(玻璃成形后缓慢冷却)。退火玻璃曲线往往发生曲折，这是由于温度超过 T_g 以后，玻璃转变的同时发生了结构变化，膨胀更加剧烈。至于急冷玻璃，是由于试样存在热应变，在某温度以上开始出现弛豫的结果，如图 1.17 所示。

在测定玻璃线膨胀系数时，升温速度(加热速度)是个极为重要的影响因素。柯尔纳(O. Koeyner)和沙尔芒(H. Salmang)在研究硅酸盐的玻璃时发现，只有以小于 5℃/min 的

加热速度加热试样时，才能清楚地看到 T_g。同样的试样，如果以 8℃/min 的加热速度加热试样时，T_g 根本不显现。在快速加热时，玻璃在略低于 T_g 的温度下就开始软化，在膨胀曲线上没有突变，如图 1.18 所示。

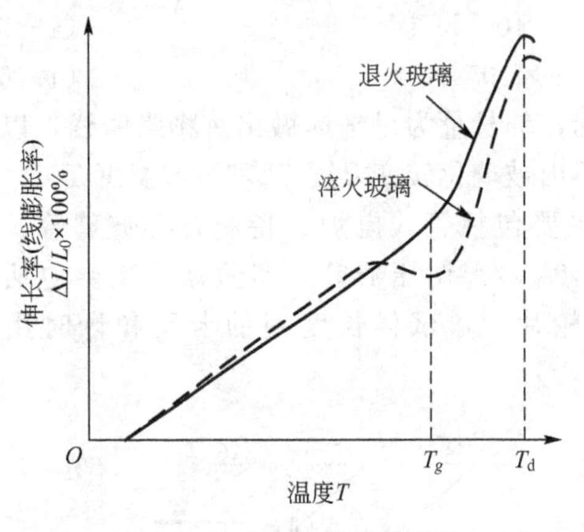

图 1.17 玻璃的热膨胀曲线

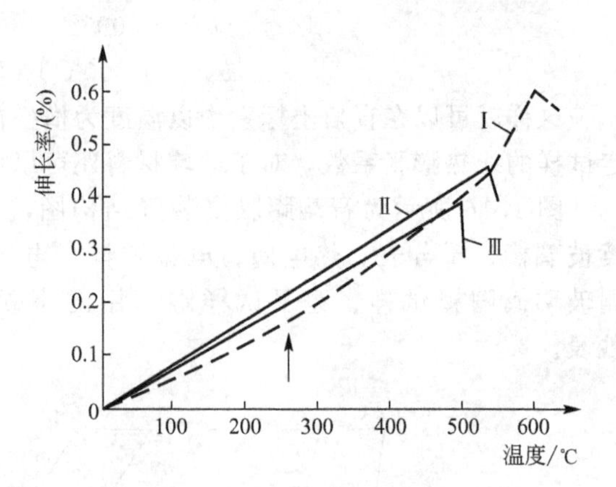

图 1.18 加热速度对玻璃膨胀曲线轨迹的影响

Ⅰ—加热速度 5℃/min；Ⅱ—加热速度 8℃/min；Ⅲ—快速加热

加热速度减慢，T_g 一般会下降。如对“碱-钙-硅玻璃”其玻璃化转变温度就会随着加热速度减慢而有所降低，符尔达(M. Fulda)就从实验中得到下列数据，见表 1-5。

表 1-5 碱-钙-硅玻璃加热速度和玻璃化转变温度的关系

加热速度/(℃/min)	0.5	1	5	9
转变温度/℃	468	479	493	499

1.4 材料的热传导

不同的无机材料在导热性能上可能存在较大的差异，所以有些陶瓷材料是很好的绝热材料，而有些却是热的良导体。用无机材料作为绝热或导热体是无机材料的主要用途之一。

1.4.1 热传导的宏观规律

当固体材料一端的温度比另一端高时，热量会从热端自动地传向冷端，这个现象称为热传导。假如固体材料垂直于 x 轴方向的截面积为 ΔS，沿 x 轴方向的温度变化率为 $\frac{dT}{dx}$，在 Δt 时间内沿 x 轴正方向传过 ΔS 截面上的热量为 ΔQ，傅里叶定律给出：

$$\Delta Q=-\lambda\frac{dT}{dx}\Delta S\Delta t \tag{1-65}$$

式中，λ 为热导率，它的物理意义是指单位温度梯度下，单位时间内通过单位垂直面积的热量，单位为 $W/(m^2\cdot K)$；$\frac{dT}{dx}$ 为 x 方向上的温度梯度。

(1) 当$\frac{dT}{dx}<0$时，$\Delta Q>0$，热量沿x轴正方向传递。

(2) 当$\frac{dT}{dx}>0$时，$\Delta Q<0$，热量沿x轴负方向传递。

傅里叶定律只适用于稳定传热的条件，即在传热过程中，材料在x方向上各处的温度T是恒定的，与时间无关，$\frac{\Delta Q}{\Delta t}$是常数。

对于非稳定传热过程，物体内部各处的温度随时间而变化。例如，一个与外界无热交换、本身存在温度梯度的物体，随着时间的推移，温度梯度趋于零的过程就存在热端温度不断降低和冷端温度不断升高的现象，最终达到一致的平衡温度。该物体内单位面积上温度随时间的变化率为

$$\frac{\partial T}{\partial t}=\frac{\lambda}{\rho C_p}\cdot\frac{\partial^2 T}{\partial x^2} \tag{1-66}$$

式中，ρ为密度；C_p为比定压热容。

1.4.2 热传导的微观机理

在固体中组成晶体的质点牢固地处在一定的位置上，相互间有一恒定的距离，质点只能在平衡位置附近做微小的振动，不能像气体分子那样杂乱无章地自由运动，也不能像气体那样依靠质点间的直接碰撞来传递热能。固体中的导热主要是通过晶格振动的格波和自由电子的运动来实现的。在金属中由于有大量的自由电子，而且电子的质量很轻，能够迅速地实现热量的传递。因此，金属一般都具有较大的热导率。虽然晶格振动对金属导热也有贡献，但这是次要的。在非金属晶体中，如一般离子晶体的晶格中，自由电子是很少的。因此，晶格振动是它们的主要导热元素。

假设晶格中一质点处于较高的温度下，它的热振动较强烈，平均振幅也较大，而其邻近质点所处的温度较低，热振动较弱。由于质点间存在相互作用力，振动较弱的质点在振动较强质点的影响下，振动加剧，热运动能量增加。这样，热量就能转移和传递，使整个晶体中热量从温度较高处传到温度较低处，实现热传导。假如系统对周围是绝热的，振动较强的质点受到邻近振动较弱的质点牵制，振动减弱下来，使整个晶体最终趋于一平衡状态。所以，固体导热是由晶格振动的格波来传递的，而格波又可分为声频支和光频支两类。

1. 声子和声子传导

根据量子理论，一个谐振子的能量是不连续的，能量的变化不能取任意值，而只能是最小能量单元——量子的整数倍。一个量子所具有的能量为$h\gamma$。晶格振动的能量同样是量子化的。

把声频支格波看成一种弹性波，这类似于在固体中传播的声波。因此，就把声频波的量子称为声子。其具有的能量为$h\gamma=\hbar\omega$。

把格波的传播看成是质点-声子的运动，就可以把格波与物质的相互作用理解为声子和物质的碰撞，把格波在晶体中传播时遇到的散射看作是声子同晶体中质点的碰撞，把理想晶体中热阻归结为声子-声子的碰撞。正因为如此，可以用气体中热传导的概念来处理声子热传导的问题。因为气体热传导是气体分子碰撞的结果，晶体热传导是声子碰撞的结

果。它们的热导率也就应该具有相似的数学表达式，即

$$\lambda=\frac{1}{3}C\bar{v}l \tag{1-67}$$

式中，C 为声子的体积热容；$\bar{v}$为声子的平均速度；l 为声子的平均自由程。

声频支声子的速度可以看作仅与晶体的密度和弹性力学性质有关，与角频率无关。但是，热容 C 和平均自由程 l 都是声子振动频率 ν 的函数，所以固体热导率的普遍形式为

$$\lambda=\frac{1}{3}\int C(v)\,\bar{v}\,l(v)\mathrm{d}v \tag{1-68}$$

下面对声子的平均自由程 l 加以说明。如果把晶格热振动看成严格的线性振动，则晶格上各质点是按各自的频率独立地作简谐振动。也就是说，格波间没有相互作用，各种频率的声子间不相互干扰，没有声子-声子的碰撞，就没有能量转移，声子在晶格中是畅通无阻的，晶体中的热阻也应该为零(仅在到达晶体表面时，受边界效应的影响)。这样，热量就以声子的速度在晶体中传递，然而这与实验结果不符。实际上，在很多晶体中热量传递速度很迟缓，这是因为晶格热振动是非线性的，格晶间有一定的耦合作用，声子间会产生碰撞，使声子的平均自由程减小。格波间相互作用越强，声子间碰撞概率越大，相应的平均自由程越小，热导率也就越低。因此，这种声子间碰撞引起的散射是晶格中热阻的主要来源。

另外，晶体中的各种缺陷、杂质以及晶粒界面都会引起格波的散射，等效于声子平均自由程的减小，从而降低了热导率。

平均自由程还与声子的振动频率有关。不同振动频率的格波，波长不同。波长长的格波容易绕过缺陷，使自由程加大。所以频率 ν 为音频时，波长长，l 大，散射小，所以热导率大。

平均自由程还与温度有关。温度升高，声子的振动能量加大，频率加快，碰撞增多，所以 l 减小。但其减小有一定限度，在高温下，最小的平均自由程等于几个晶格间距；反之，在低温时，最长的平均自由程长达晶粒的尺度。

2. 光子热导

固体中除了声子的热传导外，还有光子的热传导。这是因为固体中分子、原子和电子的振动、转动等运动状态的改变会辐射出频率较高的电磁波。这类电磁波覆盖了一较宽的频谱。其中具有较强热效应的是波长在 0.4～40μm 间的可见光和部分红外光区。这部分辐射线就称为热射线。热射线的传递过程称为热辐射。由于它们都在光频范围内，其传播过程和光在介质(透明材料、气体介质)中传播的现象类似，也有光的散射、衍射、吸收、反射和折射等。所以可以把它们的导热过程看作是光子在介质中传播的导热过程。

当温度不太高时，固体中电磁辐射能很微弱，但在高温时就明显了。因为其辐射能量与温度的 4 次方成正比。例如，在温度 T 时，黑体单位容积的辐射能为

$$E_T=4\sigma n^3T^4/v \tag{1-69}$$

式中，$\sigma=5.67\times10^{-8}\,\mathrm{W/(m^2\cdot K^4)}$(斯蒂特藩-玻尔兹曼常数)；$n$ 为折射率；$v=3\times10^{10}\,\mathrm{cm/s}$(光速)。

由于在辐射传热中，容积热容相当于提高辐射温度所需的能量，所以

$$C_R=\left(\frac{\partial E}{\partial T}\right)=\frac{16\sigma n^3T^3}{v} \tag{1-70}$$

同时辐射线在介质中的速度 $v_r=\frac{v}{n}$，则

$$\lambda_r=\frac{1}{3}C_R\bar{v}l_r=\frac{1}{3}\cdot l_r\cdot\frac{16\sigma n^3T^3}{nv_r}\cdot v_r=\frac{16}{3}\cdot\sigma n^2T^3l_r \tag{1-71}$$

式中，l_r为辐射线光子的平均自由程。

对于介质中辐射传热过程，可以定性地解释为：任何温度下的物体既能辐射出一定频率的射线，又能吸收类似的射线。在热稳定状态下，介质中任一体积元平均辐射的能量与平均吸收的能量相等。当介质中存在温度梯度时，相邻体积间温度高的体积元辐射的能量大，吸收的能量小；温度较低的体积元正好相反，吸收的能量大于辐射的能量。因此，产生能量的转移，在整个介质中热量从高温处向低温处传递。λ_r就是用来描述介质中这种辐射能的传递能力的，它取决于光子的平均自由程 l_r。对于辐射线透明的介质，热阻很小，l_r较大；对于辐射线不透明的介质，l_r很小；对于完全不透明的介质，$l_r=0$，在这种介质中，辐射传热可以忽略不计。一般，单晶和玻璃的辐射线是比较透明的，因此，在773～1 273K 辐射传热已经很明显，而大多数烧结陶瓷材料是半透明或透明度很差的，其 l_r要比单晶和玻璃的小得多。因此，一些耐火氧化物在 1 773K 高温下辐射传热才明显。

光子的平均自由程除与介质的透明度有关外，对于频率在可见光和近红外光的光子，其吸收和辐射也很重要。例如，吸收系数小的透明材料，当温度为几百度(℃)时，光辐射是主要的；吸收系数大的不透明材料，即使是在高温时光子传导也不重要。对于无机材料，主要是光子的散射问题，这使得其 l_r 比玻璃和单晶的都小。只有在 1 500℃以上时，光子传导才是主要的，因为高温下的陶瓷呈半透明的亮红色。

1.4.3 影响热导率的因素

1. 温度

图 1.19 是 Al_2O_3 的热导率与温度的关系曲线。在很低的温度下，声子的平均自由程 l 增大到晶粒的大小，达到了上限。因此，l 值基本上无多大变化。热容 C_r在低温下与温度的 3 次方成正比，因此，λ 也近似与 T^3 成比例地变化。随着温度的升高，λ 迅速增大，然而温度继续升高，l 值要减小，C_r 随温度 T 的变化也不再与 T^3 成比例，并在德拜温度以后，趋于一恒定值。而 l 值因温度升高而减小，成了主要影响因素。因此，λ 值随着温度的升高而迅速减小。这样，在某个低温处(约 40K)，λ 值出现极大值。在更高的温度，由于 C_r已基本无变化，l 值也逐渐趋于下限，所以 λ 随温度的变化又变得缓和。在达到 1 600K的高温后，λ 值又有少许回升。这就是高温时辐射传热带来的影响。

物质种类不同，导热系数随温度变化的规律也有很大不同。例如，各种气体随温度的上升其热导率增大。这是因为温度升高，气体分子的平均运动速度增大，虽然平均自由程因碰撞概率增大而有所减小，但前者的作用占主导地位，因而热导率增大；对于金属材料，在温度超过一定值后，热导率随温度的上升而缓慢下降；耐火氧化物多晶材料在实用的温度范围内，随温度的上升热导率下降，如图 1.20 所示。至于不密实的耐火材料，如黏土砖、硅藻土砖、红砖等，气孔导热占一定分量，随着温度的上升，热导率略有增大，非晶体材料的 $\lambda-T$ 曲线则呈现另外一种性质。

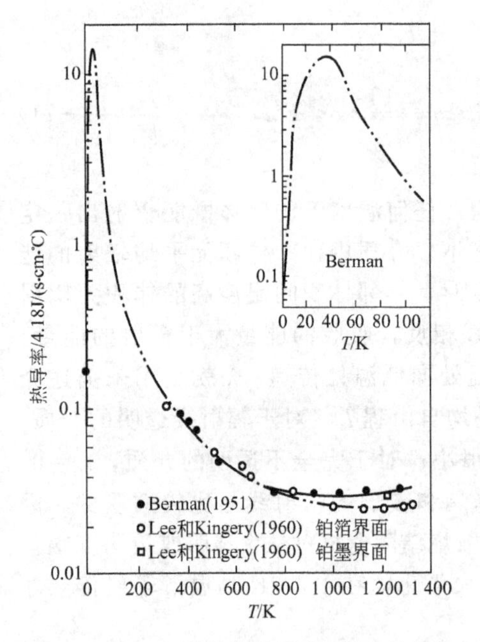

图 1.19 Al_2O_3 单晶的热导率随温度的变化

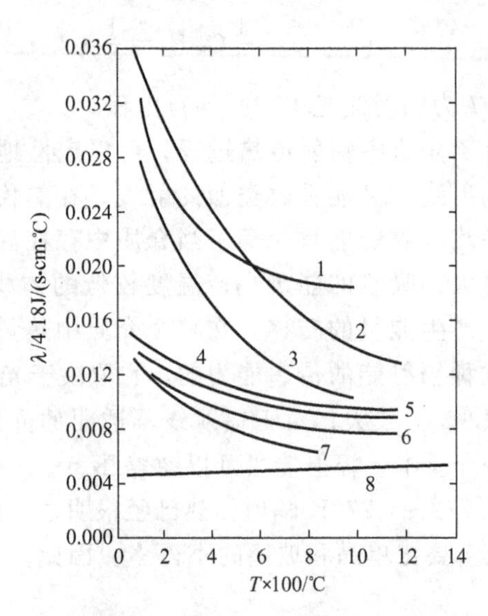

图 1.20 校正到理论密度后的多晶氧化物的热导率曲线

1—CaO；2—尖晶石；3—NiO；4—莫来石；5—锆英石；6—TiO_2；7—橄榄石；8—ZrO_2(稳定)

2. 显微结构的影响

(1) 结晶构造的影响。

声子传导与晶格振动的非谐性有关，晶体结构越复杂，晶格振动的非谐性程度越大，格波受到的散射越大，因此，声子平均自由程较小，热导率较低，如图 1.20 所示，镁铝尖晶石的热导率比 Al_2O_3 和 MgO 的热导率都低。莫来石的结构更复杂，所以其热导率比尖晶石低得多。

(2) 各向异性晶体的热导率。

非等轴晶系的晶体热导率呈各向异性。石英、金红石、石墨等都是在膨胀系数低的方向热导率最大。温度升高，不同方向的热导率差异减小。这是因为温度升高，晶体结构总是趋于更好地对称。因此，不同方向的 λ 差异变小。

(3) 多晶体与单晶体的热导率。

对于同一物质，多晶体的热导率总是比单晶的小。图 1.21 表示了几种单晶体和多晶体热导率与温度的关系。由于多晶体中晶粒尺寸小，晶界多，缺陷多，晶界处杂质也多，声子更容易受到散射，它的 l 小得多，因此，λ 小，故对于同一种物质，多晶体的热导率总是比单晶的小。另外还可以看到，低温时多晶的热导率与单晶的平均热导率一致，但随着温度的升高，差异迅速变大。这也说明了晶界、缺陷、杂质等在较高温度下对声子传导有更大的阻碍作用，同时也是单晶在温度升高后比多晶在光子传导方面有更明显的效应。

(4) 非晶体的热导率。

本部分以玻璃为例来说明无机非晶态材料的导热机理及其规律。玻璃具有远程无序、近程有序的结构特点，讨论导热机理时可以近似地把它当作由直径为几个晶格间距的极细晶粒组成的“晶体”。这样，就可以用声子导热的机制来描述玻璃的导热行为及规律。从前面晶体中声子导热机制可以知道，声子的平均自由程由低温下的晶粒直径大小变化到高温下的几个晶格间距的大小。因此，对于上述晶粒极细的玻璃来说，它的声子平均自由程在不同温度下将基本上为常数，其值近似等于几个晶格间距。

根据声子导热公式可知，在较高温度下玻璃的导热主要由热容与温度的关系决定，在较高温度以上则需考虑光子导热的贡献。

非晶体热导率曲线如图 1.22 所示。

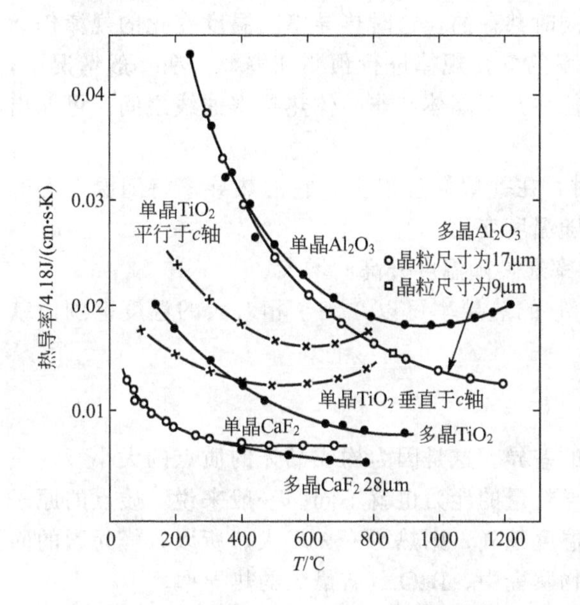

图 1.21 几种不同晶型的无机材料热导率与温度的关系

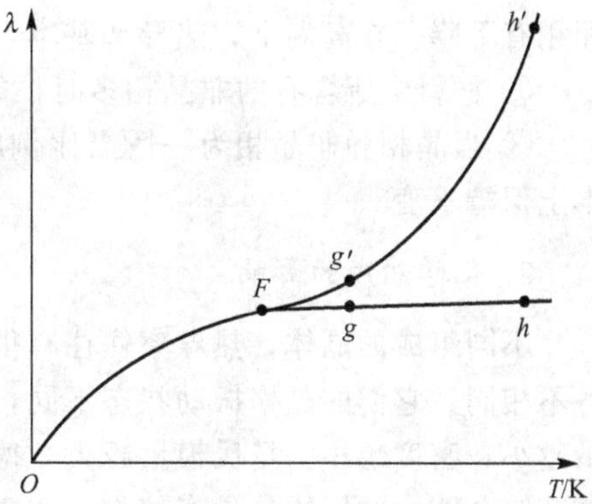

图 1.22 非晶体热导率曲线

① 在 OF 段中低温(400～600K)以下，光子导热的贡献可忽略不计。声子导热随温度的变化由声子热容随温度的变化规律决定。即随着温度的升高，热容增大，玻璃的热导率也相应地上升。

② 从 Fg 段中温到较高温度(600～900K)，随着温度的升高，声子热容趋于一常数，故声子热导率曲线出现一条近似平行于横坐标的直线。若考虑到此时光子导热的贡献，Fg 变成 Fg' 段。

③ gh 段高温以上(>900K)，随着温度的升高，声子导热变化不大，相当于 gh 段。但若考虑到光子导热的贡献，光子热导率由玻璃的吸收系数、折射率以及气孔率等因素决定，则 gh 变成 $g'h'$ 段。对于那些不透明的非晶体材料，不会出现 $g'h'$ 这一段曲线。

图 1.23 表示出了晶体与非晶体热导率曲线的差别。

① 非晶体的热导率(不考虑光子导热的贡献)在所有温度下都比晶体的小。这主要是由于玻璃等非晶体的声子平均自由程在绝大多数温度范围内都比晶体的小得多。

② 在高温下，两者比较接近，这是因为在高温时，晶体的声子平均自由程已减小

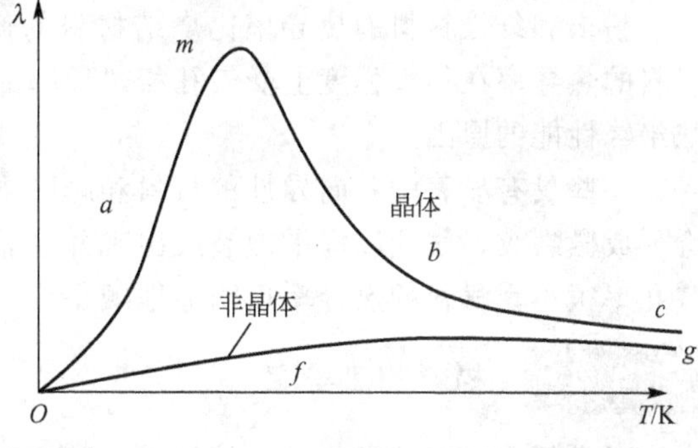

图 1.23 晶体和非晶体材料的热导率曲线的差别

到下限值，像非晶体的声子平均自由程那样，等于几个晶格间距的大小；而晶体与非晶体的声子热容在高温下都接近 $3R$；光子导热还未有明显的贡献，因此，晶体和非晶体的导热系数在较高温时就比较接近。

③ 非晶体与晶体热导率曲线的重大区别是前者没有热导率峰值点 m。这也说明非晶体物质的声子平均自由程在所有温度范围内均接近一常数。

在一般情况下，如果玻璃组分中含有较多的重金属离子(如 Pb)，将降低热导率。

在无机材料中，晶体和非晶体往往是同时共存的，这时热导率随温度变化的规律仍然可以用上面讨论的晶体和非晶体材料热导率的变化规律进行预测和解释。在一般情况下，这种晶体和非晶体共存材料的热导率曲线往往介于晶体和非晶体热导率曲线之间。可能出现以下三种情况。

① 材料中所含有的晶相比非晶相多时，在一般温度以上，它的热导率将随温度上升而稍有下降。在高温下，热导率基本上不随温度变化。

② 材料中所含有的非晶相多时，热导率通常随温度升高而增大。

③ 当晶相和非晶相为一适当比例时，它的热导率可以在一个相对大的温度范围内基本上保持不变。

3. 化学组成的影响

不同组成的晶体，热导率往往有很大的差异。这是因为构成晶体的质点的大小、性质各不相同，它们的晶格振动状态不同，传导热量的能力也就不同。一般来说，质点的原子量越小，密度越小，杨氏模量越大，德拜温度越高，则热导率 λ 越大。所以，轻元素的固体和结合能大的固体热导率较大，在氧化物陶瓷中，BeO 具有最大的热导率。

晶体中存在的各种缺陷和杂质会导致声子的散射，降低声子的平均自由程，使热导率变小。固溶体的形成同样也会降低热导率，而且取代元素的质量和大小与基质元素相差越大，取代后结合力改变越大，则对热导率的影响越大。这种影响在低温时随着温度的升高而加剧，当温度高于德拜温度的一半时，与温度无关。这是因为在极低温度下，声子传导的平均波长远大于线缺陷的线度，所以并不引起散射。随着温度的升高，平均波长减小，在接近点缺陷线度后散射达到最大值，此后温度再升高，散射效应不再变化，从而与温度无关了。

此外，材料的热导率受材料中气孔率的影响比较大，情况也很复杂。一般在不改变结构状态的情况下，气孔率的增大总是使热导率降低。这就是多孔、泡沫硅酸盐、纤维制品、粉末和空心球状轻质陶瓷制品的保温原理。从构造上看，最好是均匀分散的封闭气孔，如果是大尺寸的孔洞，且有一定贯穿性，则易发生对流传热。

粉末和纤维材料的热导率比烧结材料的低得多，这是因为在其间气孔形成了连续相。材料的热导率在很大程度上受气孔相热导率的影响。这也是粉末、多孔和纤维材料有良好热绝缘性能的原因。

一些具有显著的各向异性的材料和膨胀系数较大的多相复合物，由于存在大的内应力会形成微裂纹，气孔以扁平微裂纹出现并沿晶界发展，使热流受到严重阻碍。这样，即使气孔率很小，材料的热导率也明显地减小。

1.4.4 材料的热导率

通常低温时有较高热导率的材料，随着温度升高，热导率降低。而低热导率的材料正

相反。前者如Al_2O_3、BeO和MgO等，其经验公式为

$$\lambda=\frac{A}{T-125}+8.5\times10^{-36}T^{10} \tag{1-72}$$

式中，T为热力学温度(K)；A为常数。

例如：$A_{Al_2O_3}=16.2$，$A_{MgO}=18.8$，$A_{BeO}=55.4$。上式适用的温度范围：Al_2O_3和MgO是293～2073K、BeO是1273～2073K。

玻璃体的热导率随温度的升高而缓慢增大。高于773K时，由于辐射传热的效应使热导率有较快地上升，其经验方程式

$$\lambda=cT+d \tag{1-73}$$

式中，c、d为常数。

某些建筑材料，如黏土质耐火砖以及保温砖等，其热导率随温度升高而线性增大。方程式一般为

$$\lambda=\lambda_0(1+bt) \tag{1-74}$$

式中，λ_0是0℃时材料的热导率；b是与材料性质有关的常数。

1.4.5 热导率的测量

称热导率(又导热系数)是反映材料热性能的重要物理量。热传导是热交换的三种(热传导、对流和辐射)基本方式之一，是工程热物理、材料科学、固体物理及能源、环保等各个研究领域的课题。材料的导热机理在很大程度上取决于它的微观结构，热量的传递依靠原子、分子围绕平衡位置的振动以及自由电子的迁移。在金属中电子流起支配作用；在绝缘体和大部分半导体中则以晶格振动起主导作用。在科学实验和工程设计中，所用材料的热导率都需要用实验的方法精确测定。

1882年法国科学家傅里叶建立了热传导理论，目前各种测量热导率的方法都建立在傅里叶热传导定律的基础之上。测量的方法可以分为两大类：稳态法和瞬态法。在稳定导热系统下测定试样热导率的方法，称为稳态法；而在不稳定导热状态下测量的方法称为非稳态法(瞬态法)。稳态法测量的是单位面积上的热流速率和试样上的温度梯度；非稳态法(瞬态法)则直接测量热扩散率，因此，在实验中要测定热扰动传播一定距离所需的时间，要得到材料的密度和比热数据。

1. 稳态法

在稳定导热状态下，试样上各点温度稳定不变，温度梯度和热流密度也都稳定不变，根据所测得的温度梯度和热流密度，就可以按傅里叶定律计算材料的热导率。稳态法的关键在于控制和测量热流密度。通常的方法是建立一个稳定的、功率可测量的热源(常用电阻加热源)，令所产生的热量全部进入试样，并以一定的热流图像通过试样。这样就可以根据热功率确定热流密度，也可以方便地确定温度梯度。采取各种技术措施以形成理想的热流图像是这类方法的关键，测量的失败和误差往往来源于热流图像的破坏。由于稳态法是在稳定条件下进行测量的，直接测量(如温度等)较为精确。但达到稳定状态需要较长的时间，效率较低。为了保证温度梯度测量的精确度，要求在有效距离内有较大的温差。

理论上讲，把热源放在空心球试样的中心就没有热损失。但是，把试样做成球形很困难，球状中心热源也很难制作，且安装和测量都有一定的难度。所以，通常把试样做成圆棒、方柱和平板等形状比较简单的试样。为了保证试样只在预定的方向上产生热流，需要

在其他方向采取热防护，使旁向热流减至最小。

依照美国热物理性能研究中心(TPRC)的分类，热导率的稳态法测量可分为纵向热流法、径向热流法、直接通电加热法、福培斯(Fobes)法、热电法和热比较仪法等。

2. 非稳态法(瞬态法)

在用稳态法测量材料的热导率时，防止热损失是一个大的难题，特别是在高温情况下，要满足稳态法所要求的一维热流条件是十分困难的。所以，为了避免热损失的影响，出现了非稳态测量法。非稳态法(瞬态法)是根据试样温度场随时间变化的情况来测量材料热传导性能的方法。在非稳态法(瞬态法)的实验中无须测量试样中的热流速率，只要测量试样上某些部位温度变化的速率即可。实际上，这时所测得的是热扩散率。若需要热导率则还需知道材料的比热容和密度。

非稳态法(瞬态法)在不稳定导热状态下进行测量，试样上各点的温度处于变化之中，变化的速率取决于试样的热扩散率。实验时，令试样上各点的温度形成某种有规律的变化(单调的或是周期性的)，通过测量温度随时间的变化以获得热扩散率值，在已知比热容和密度的条件下，可求得材料的热导率。非稳态法(瞬态法)测量同样要求建立某点变温速度与热扩散率的关系。但由于测量速度快，热损失的影响较小，较易处理。非稳态法(瞬态法)测量要求记录温度时间的变化，较稳态测量要复杂一些。

由于非稳态法(瞬态法)测量热扩散率所需的时间比较短，热损失的影响要比稳态法小得多，而且，热损失系数往往可以通过实验消去。它的缺点是要有已知的比热容数据，但是，与热导率相比，材料的比热容对杂质和结构不十分敏感，而且，在德拜温度以上温度对比热容影响不大，测量比热容的方法相对比较成熟，已有的数据也齐全可靠。因此，非稳态法(瞬态法)日益为人们所重视，前景广阔。

依照试样提供热流的方式，非稳态法(瞬态法)可以分为周期热流法和瞬态热流法两大类。热流的方式可以有纵向和径向两种。瞬态热流法中可以采用线热源或移动热源，有许多具体的测量方法可供选择。

另外，在工程实际应用中，采用稳态法则无法测定含有一定水分的材料的热导率，基于稳定态原理的准稳态热导率测定方法(代表性的有准稳态平壁导热测定法)，测定所需时间短(10～20min)，可以弥补上述稳态方法的不足，且可同时测出材料的热导率、比热容，在材料热物理性能测定中也得到了广泛的应用。

1.5 材料的热稳定性

热稳定性是指材料承受温度的急剧变化而不致破坏的能力，所以又称为抗热震性。由于无机材料在加工和使用过程中，经常会受到环境温度起伏的热冲击，因此，热稳定性是无机材料的一个重要性能。

一般无机材料和其他脆性材料一样，热稳定性很差。它们的热冲击损坏主要有两种类型。一种是材料发生瞬时断裂，抵抗这类破坏的性能称为抗热冲击断裂性；另一种是在热冲击循环作用下，材料表面开裂、剥落，并不断发展，最终碎裂或变质。抵抗这类破坏的性能称为抗热冲击损伤性。

1.5.1 热稳定性的表示方法

一般采用比较直观的测定方法。例如，日用陶瓷通常是以一定规格的试样，加热到一定温度，然后立即置于室温的流动水中急冷，并逐次提高温度和重复急冷，直至观察到试样发生龟裂，则以产生龟裂的前一次加热温度来表征其热稳定性。对于普通耐火材料，常将试样的一端加热到1 123K并保温40min，然后置于283～293K的流动水中3min或在空气中5～10min，重复这样的操作，直至试样失重20%为止，以这样操作的次数来表征材料的热稳定性。某些高温陶瓷材料是以加热到一定温度后，在水中急冷，然后测其抗折强度的损失率来评定它的热稳定性。如制品具有较复杂的形状，则在可能的情况下，可直接用制品来进行测定，这样就免除了形状和尺寸带来的影响。如高压电磁的悬式绝缘子等，就是这样来考核的。测试条件应参照使用条件并更严格些，以保证实际使用过程中的可靠性。总之，对于无机材料，尤其是制品的热稳定性，尚需提出一些评定的因子。从理论上得到的一些评定热稳定性的因子，对探讨材料性能的机理显然还是很有意义的。

1.5.2 热应力

不改变外力作用状态，材料仅因热冲击造成开裂和断裂而损坏，这必然是由于材料在温度作用下产生的内应力超过了材料的力学强度极限所致。对于这种内应力的产生和计算，先从下述的简单情况来讨论。假如有一长为l的各向同性的均质杆件，当它的温度从T_0升到T'后，杆件膨胀伸长Δl，若杆件能自由膨胀，则杆件内不会因膨胀产生应力；若杆件的两端是完全刚性约束的，则热膨胀不能实现，杆件与支撑体之间就会产生很大的应力。杆件所受的抑制力等于把样品自由膨胀后的长度$(l+\Delta l)$再压缩回l时所需的压缩力。因此，杆件所承受的压应力，正比于材料的弹性模量E和相应的弹性应变$-\frac{\Delta l}{l}$，所以，材料中的内应力σ可由下式计算

$$\sigma=E\left(-\frac{\Delta l}{l}\right)=-E\alpha(T'-T_0) \tag{1-75}$$

式中，σ为内应力；E为弹性模量；α为热膨胀系数；$-\frac{\Delta l}{l}$为弹性应变。

这种由于材料热膨胀或收缩引起的内应力称为热应力。若上述情况是发生在冷却过程中，即$T_0>T'$，则材料中的内应力为张应力(正值)，这种应力才会使杆件断裂。

例如，一块玻璃平板从373K的沸水中掉入273K的冰水中，假设表面层在瞬间降到273K，则表面层趋于收缩，然而，此时内层还保持在373K，并无收缩，这样，在表面层就产生了一个张应力。而内层有一相应的压应力，其后由于内层温度不断下降，材料中热应力逐渐减小，如图1.24所示。

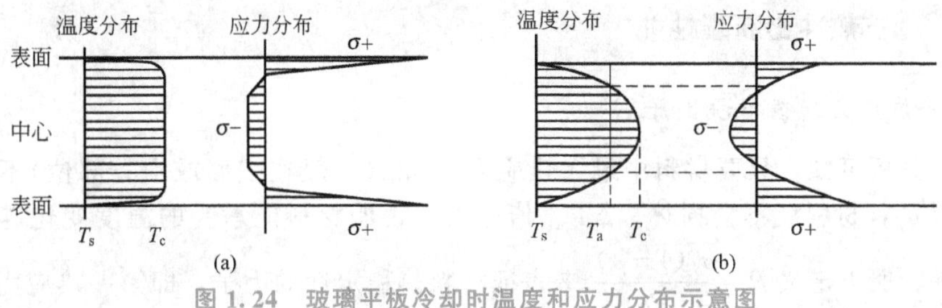

图1.24 玻璃平板冷却时温度和应力分布示意图
(a) 冷却情况；(b) 加热情况

当平板表面以恒定速率冷却时［图1.24(a)］，温度分布呈抛物线形，表面 T_s 比平均温度 T_a 低，表面产生张应力 σ_+，中心温度 T_c 比 T_a 高，所以中心是压应力 σ_-。假如样品处于加热过程［图1.24(b)］，则情况正好相反。

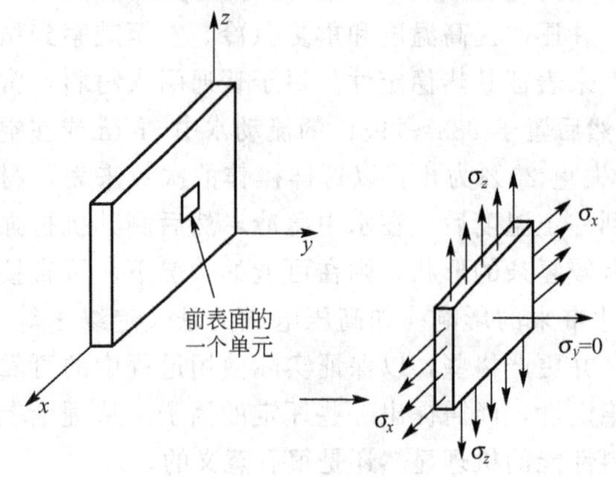

图1.25　平板的热应力示意图

实际上，无机材料受3个方向热应力，3个方向都会有涨缩，而且互相影响。下面以某陶瓷薄板为例分析其热应力状态，如图1.25所示。

此薄板 y 方向的厚度较小，在材料突然冷却的瞬间，垂直于 y 轴各平面上的温度是一致的；但在 x 轴和 z 轴方向上，瓷体表面和内部的温度有差异。外表面温度低，中间温度高，它约束前后两个表面的收缩（$\varepsilon_x=\varepsilon_z=0$），因而产生应力 $+\sigma_x$ 和 $+\sigma_z$。y 方向上由于可以自由胀缩，$+\sigma_y=0$。

根据广义胡克定律有

$$\left.\begin{aligned}\varepsilon_x&=\frac{\sigma_x}{E}-\mu\left(\frac{\sigma_y}{E}+\frac{\sigma_z}{E}\right)-\alpha\Delta T=0 \quad \text{（不允许 } x \text{ 方向胀缩）}\\ \varepsilon_z&=\frac{\sigma_z}{E}-\mu\left(\frac{\sigma_x}{E}+\frac{\sigma_y}{E}\right)-\alpha\Delta T=0 \quad \text{（不允许 } z \text{ 方向胀缩）}\\ \varepsilon_y&=\frac{\sigma_y}{E}-\mu\left(\frac{\sigma_x}{E}+\frac{\sigma_z}{E}\right)-\alpha\Delta T\end{aligned}\right\} \tag{1-76}$$

解得

$$\sigma_x=\sigma_z=\frac{\alpha E}{1-\mu}\Delta T \tag{1-77}$$

在 $t=0$ 的瞬间，$\sigma_x=\sigma_z=\sigma_{max}$，如果此时达到材料的极限抗拉强度 σ_f，则前后两表面将开裂破坏，代入上式得

$$\Delta T_{max}=\frac{\sigma_f(1-\mu)}{E\alpha} \tag{1-78}$$

对于其他非平面薄板状材料制品有

$$\Delta T_{max}=S\times\frac{\sigma_f(1-\mu)}{E\alpha} \tag{1-79}$$

式中，S 为形状因子；μ 为泊松比。

据此可以限制骤冷时的最大温差。注意此式中仅包含材料的几个本征性能参数，并不包括形状尺寸数据，因而可以推广到一般形态的陶瓷材料及制品。

1.5.3　抗热冲击断裂性能

1. 第一热应力断裂抵抗因子 R

由前面分析可知，只要材料中最大热应力值 σ_{max}（一般在表面或中心部位）不超过材料的强度极限 σ_f，材料就不会损坏。ΔT_{max} 值越大，说明材料能承受的温度变化越大，即热稳定性越好，所以定义 $R=\frac{\sigma_f(1-\mu)}{E\alpha}$ 来表征材料热稳定性的因子，即第一热应力因子或第

一热应力断裂抵抗因子。

2. 第二热应力断裂抵抗因子 R'

材料是否出现热应力断裂，固然与热应力 σ_{max} 密切相关，但还与材料中应力的分布、产生的速率和持续时间、材料的特性(塑性、均匀性、弛豫性)以及原先存在的裂纹、缺陷等有关。因此，R 虽然在一定程度上反映了材料抗热冲击性的优劣，但并不能简单地认为就是材料允许承受的最大温度差，R 只是与 ΔT_{max} 有一定的关系。

热应力引起的材料断裂破坏，还涉及材料的散热问题，散热使热应力得以缓解。与此有关的影响因素主要有以下几方面。

(1) 材料的热导率 λ 越大，传热越快，热应力持续一定时间后很快缓解，所以对热稳定性有利。

(2) 传热的途径，即材料或制品的厚薄，薄的传热通道短，容易很快使温度均匀。

(3) 材料表面散热速率。如果材料表面向外散热速度快(如吹风等)，材料内、外温差变大，热应力也大，如窑内进风会使降温的制品炸裂，所以引入表面热传递系数 h。

另外，令 $\beta = hr_m/\lambda$，式中，β 为毕奥模数，且 β 无单位；h 定义为如果材料表面温度比周围环境温度高 1K，在单位表面积上，单位时间带走的热量；λ 为热导率；r_m 为材料的半厚(cm)。显然，β 大对热稳定性不利。

在无机材料的实际应用中，不会像理想的骤冷那样，瞬时产生最大应力 σ_{max}，而是由于散热等因素，使 σ_{max} 滞后发生，且数值也折减。设折减后实测应力为 σ，令 $\sigma^* = \dfrac{\sigma}{\sigma_{max}}$，其中 σ^* 又称为无因次表面应力，其随时间的变化关系如图 1.26 所示。由图可见，不同 β 值下最大应力的折减程度也不一样，β 值越小折减越多，即可能达到的实际最大应力要小得多，且随 β 值的减小，实际最大应力的滞后也增加。

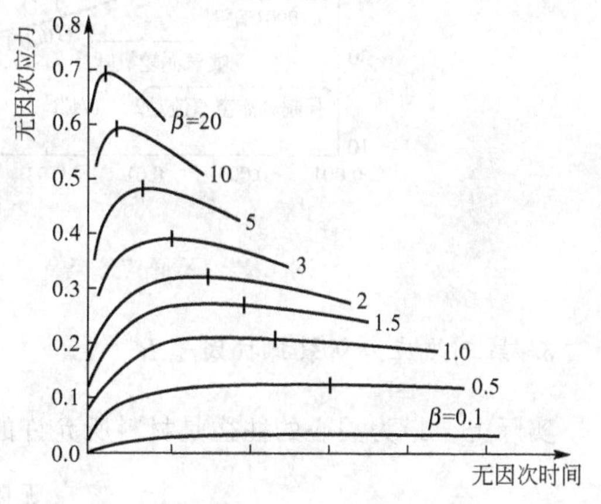

图 1.26 具有不同 β 值无限平板的无因次表面应力随时间的变化曲线

对于通常在对流及辐射传热条件下观察到得比较低的表面传热系数，S. S. Manson 发现 $[\sigma^*]_{max} = 0.31\beta$。即 $[\sigma^*]_{max} = 0.31\dfrac{r_m h}{\lambda}$。另

$$[\sigma^*]_{max} = \frac{\sigma_f}{\dfrac{E\alpha}{(1-\mu)} \cdot \Delta T_{max}} = 0.31\frac{r_m h}{\lambda} \tag{1-80}$$

$$\Delta T_{max} = \frac{\lambda \sigma_f (1-\mu)}{E\alpha} \times \frac{1}{0.31 r_m h} \tag{1-81}$$

令 $\dfrac{\lambda \sigma_f (1-\mu)}{E\alpha} = R'$，称为第二热应力因子 [J/(cm·s)]。

上面的推导是按无限平板计算的，$S=1$。其他形状的试样，应该乘以 S，即 $\Delta T_{max}=R'S\cdot\frac{1}{0.31r_mh}$，$S$ 值可查阅相关文献。图 1.27 表示某些材料在 673K(其中 Al_2O_3 分别按 373K 和 1 273K 计算)时，$\Delta T_{max}-r_mh$ 的计算曲线。图中显示，一般材料在 r_mh 较小时，ΔT_{max} 与 r_mh 成反比；当 r_mh 值较大时，ΔT_{max} 趋于一恒定值。要特别注意的是，图中几种材料的曲线是交叉的，BeO 最突出。它在 r_mh 很小时具有很大的 ΔT_{max}，即热稳定性很好，仅次于石英玻璃和 TiC 金属陶瓷；而在 r_mh 很大时(如>1)，抗热震性就很差，仅优于 MgO。因此，很难简单地排列出各种材料抗热冲击断裂性能的顺序。

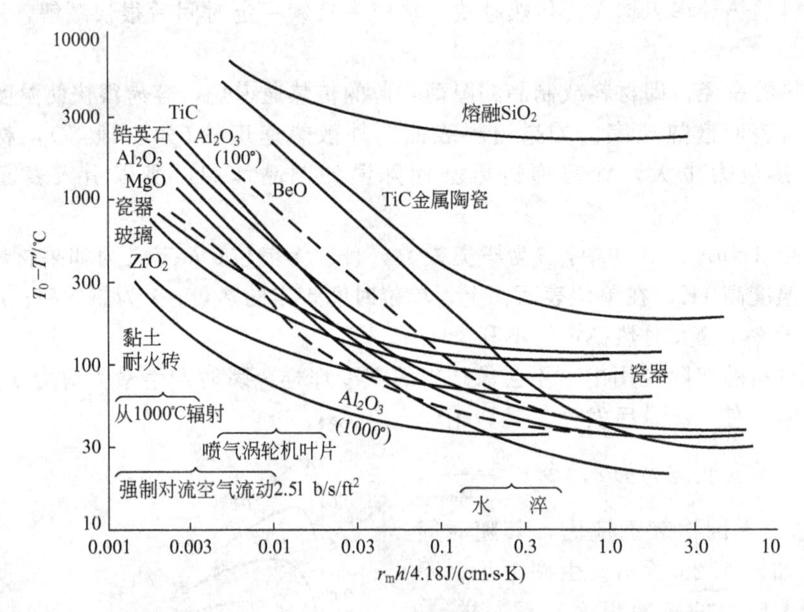

图 1.27　不同传热条件下，材料淬冷断裂的最大温差

3. 第三热应力断裂抵抗因子 R''

实际上，最为关心的往往是材料所允许的最大冷却(或加热)率 $\frac{dT}{dt}$。对于厚度为 $2r_m$ 的无限平板，内外温度的变化如图 1.28 所示，其温度分布呈抛物线形。

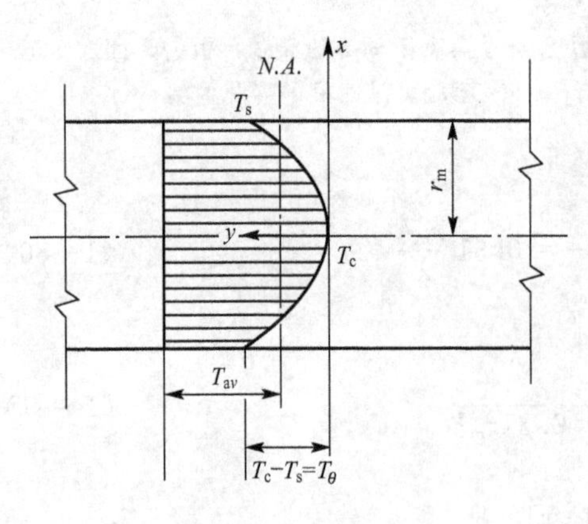

图 1.28　无限平板剖面上的温度分布图

$$T_c-T=kx^2,\quad -\frac{dT}{dx}=2kx,\quad -\frac{d^2T}{dx^2}=2k \tag{1-82}$$

在平板表面，$T_c-T_s=kr_m^2=T_0$，则 $-\frac{d^2T}{dx^2}=2\cdot\frac{T_0}{r_m^2}$，对于不稳定传热 $\frac{\partial T}{\partial t}=\frac{\lambda}{\rho C_p}\times\frac{\partial^2T}{\partial x^2}$，所以

$$\frac{\partial T}{\partial t}=\frac{\lambda}{\rho C_p}\times\frac{-2T_0}{r_m^2} \tag{1-83}$$

即

$$T_0=T_c-T_s=\frac{-\frac{dT}{dt}r_m^2\cdot\frac{1}{2}}{\lambda/\rho C_p}=\frac{-0.5\cdot r_m^2\frac{dT}{dt}}{\lambda/\rho C_p} \tag{1-84}$$

式中，$\lambda/\rho C_p$为导温系数；0.5为形状因子系数(平板)。

另外，由图1.28可以看出，$T_{av}-T_s=\frac{2}{3}(T_c-T_s)=\frac{2}{3}T_0$，$T_{av}$为平均温度。

由$\Delta T_{max}=\frac{\sigma_f(1-\mu)}{E\alpha}$，则在临界温差时$T_{av}-T_s=\frac{\sigma_f(1-\mu)}{E\alpha}$

$$T_0=\frac{-0.5\cdot r_m^2\frac{dT}{dt}}{\lambda/\rho C_p}=\frac{3}{2}\left(\frac{\sigma_f(1-\mu)}{E\alpha}\right) \tag{1-85}$$

$$-\left(\frac{dT}{dt}\right)_{max}=\frac{\lambda}{\rho C_p}\cdot\frac{\sigma_f(1-\mu)}{E\alpha}\cdot\frac{3}{r_m^2} \tag{1-86}$$

式中，ρ为材料密度(kg/m^3)；C_p为热容。

定义

$$R''=\frac{\sigma_f(1-\mu)}{E\alpha}\cdot\frac{\lambda}{\rho C_p}=\frac{R'}{\rho C_p} \tag{1-87}$$

R''称为第三热应力因子。则$-\left(\frac{dT}{dt}\right)_{max}=R''\times\frac{3}{r_m^2}$，这就是材料所能经受的最大降温速率。陶瓷在烧成冷却时不得超过此值，否则会出现制品炸裂现象。

提高抗热冲击断裂性能的具体措施：①减小产品的有效厚度r_m；②提高材料强度σ，减小弹性模量E，使σ/E提高；③提高材料的热导率λ，使R'提高，λ大的材料传递热量快，使材料内外温差较快地得到缓解、平衡，因而降低了短时期热应力的聚集，金属的λ一般较大，所以比无机材料的热稳定性好。在无机材料中只有BeO瓷可以与金属类比；④减小材料的热膨胀系数α，α小的材料，在同样的温差下，产生的热应力小，如石英玻璃的σ并不高，仅为109MPa，其σ/E比陶瓷稍高一些，但α只有$0.5\times10^{-6}K^{-1}$，比一般陶瓷低一个数量级，所以热应力因子R高达3 000，其R'在陶瓷类中也是较高的，故石英玻璃的热稳定性好；⑤减小表面热传递系数h，为了降低材料的表面散热速率，周围环境的散热条件特别重要，如在烧成冷却工艺阶段，维持一定的炉内降温速率，制品表面不吹风，保持缓慢地散热降温是提高产品质量及成品率的重要措施。

1.5.4 抗热冲击损伤性

前面提到的抗热冲击断裂性，是以强度—应力理论为判据的，认为材料中热应力达到抗张强度极限后，材料产生开裂、破坏，这适用于玻璃、陶瓷等无机材料。但对于一些含有微孔的材料(如黏土质耐火制品建筑砖等)和非均质的金属陶瓷等却不适用。实验发现这些材料在热冲击下产生裂纹时，即使裂纹是从表面开始的，在裂纹的瞬时扩张过程中也可能被微孔、晶界或金属相所阻止，而不致引起材料的完全断裂。明显的例子就是在一些筑炉用的耐火砖中，往往含有10%～20%的气孔率反而具有最好的抗热冲击损伤性，而气孔的存在会降低材料的强度和热导率。因此，R和R'值都会减小。这一现象按强度-应力理论就不能解释。实际上，凡是以热冲击损伤为主的热冲击破坏都是如此。因此，对抗热振性问题就发展了第二种处理方式，就是以断裂力学为出发点，以应变能-断裂能为判据的理论。

在强度-应力理论中，计算热应力时认为材料外形是完全受刚性约束的。因此，整个坯体中各处的内应力都处于最大热应力状态。这实际上只是一个非常苛刻的条件假设。它认为材料完全是刚性的，任何应力释放(如位错运动或黏滞流动等)都是不存在的，裂纹产生和扩展过程中的应力释放也不予考虑。因此，计算的热应力破坏会比实际情况更严重。按照断裂力学的观点，对于材料的损坏，不仅要考虑材料中裂纹的产生情况(包括材料中原有的裂纹情况)，还要考虑在应力作用下裂纹的扩展、蔓延。如果裂纹的扩展、蔓延能够抑制在一个很小的范围内，也可能不会造成材料完全破坏。

抗热冲击损伤性，以应变能—断裂能为判据，认为在热应力作用下，裂纹产生、扩展以及蔓延的程度与材料积存的弹性应变能和裂纹扩展的断裂表面能有关。

当材料中积存的弹性应变能较小，则裂纹扩展的可能性就小，裂纹蔓延时断裂表面能需要小，则裂纹蔓延程度小，材料热稳定性就好。因此，抗热应力损伤正比于断裂表面能，反比于应变释放能。这样就提出了两个抗热应力损伤因子 R''' 和 R''''。

$$R'''=E/\sigma^2(1-\mu) \tag{1-88}$$

$$R''''=E\times 2r_{eff}/\sigma^2(1-\mu) \tag{1-89}$$

式中，$2r_{eff}$ 为断裂表面能(J/m^2)(形成两个断裂表面)；R''' 用来比较具有相同断裂表面能的材料；R'''' 用来比较具有不同断裂表面能的材料。

因此，R''' 或 R'''' 值高的材料抗热应力损伤性好。根据 R''' 和 R''''，热稳定性好的材料有低的 σ 和高的 E，这与 R 和 R' 的情况正好相反，原因在于两者的判据不同。在抗热应力损伤性中，认为强度高的材料，原有裂纹在热应力作用下容易扩展、蔓延，对热稳定性不利，尤其在一些晶粒较大的样品中经常会遇到这种情况。

1.5.5 材料热稳定性的测定

本部分主要讲无机材料热稳定性。无机材料热稳定性的测定主要有陶瓷材料热稳定性的测定、玻璃材料热稳定性的测定和耐火材料热稳定性的测定。下面主要介绍陶瓷材料和玻璃的热稳定性的测定。

1. 陶瓷热稳定性的测定

普通陶瓷材料由多种晶体和玻璃相组成，因此在室温下具有脆性，在外应力作用下会突然断裂。当温度急剧变化时，陶瓷材料也会出现裂纹或损坏。测定陶瓷的热稳定性可以控制产品的质量，为合理应用提供依据。

陶瓷的热稳定性取决于坯釉料的化学成分、矿物组成、相组成、显微结构、制备方法、成形条件及烧成制度等因素以及外界环境的影响。由于陶瓷内外层受热不均匀、坯釉的热膨胀系数差异而引起陶瓷内部产生应力，导致机械强度降低，甚至发生开裂现象。

一般陶瓷的热稳定性与抗张强度成正比，与弹性模量、热膨胀系数成反比。而热导率数、热容、密度也在不同程度上影响着热稳定性。

釉的热稳定性在较大程度上取决于釉的膨胀系数。要提高陶瓷的热稳定性首先要提高釉的热稳定性。陶坯的热稳定性则取决于玻璃相、莫来石、石英及气孔的相对含量、粒径大小及其分布状况等。

陶瓷制品的热稳定性在很大程度上取决于坯釉的适应性，所以它也是带釉陶瓷抗后期龟裂性的一种反映。

陶瓷热稳定性测定方法一般是把试样加热到一定的温度，接着放入适当温度的水中，判定方法如下：①根据试样出现裂纹或损坏到一定程度时所经受的热变换次数来决定热稳定性；②根据经过一定次数的热冷变换后机械强度降低的程度来决定热稳定性；③根据试样出现裂纹时经受的热冷最大温差来表示试样的热稳定性，温差越大，热稳定性越好。

2. 玻璃热稳定性的测定

普通玻璃是热的不良导体，在迅速加热或冷却时会因产生过大的应力而炸裂。日常使用的保温瓶、水杯等玻璃制品经常受到沸水的热冲击，如果玻璃的热稳定性不好就会炸裂。罐头瓶、医用玻璃器皿等也需要有较好的热稳定性，否则在高温灭菌过程中就可能破损。因此，测定这些玻璃制品的热稳定性对生产和使用都十分重要。

玻璃材料热稳定性是一系列物理性质的综合表现。例如，热膨胀系数α、弹性模量E、热导率λ、抗张强度R等。因此，热稳定性是玻璃的一个重要性质，也是一种复杂的工艺性质。温克尔曼和肖特对无限长的厚玻璃板在突然冷却时表面所产生的应力进行分析，导出玻璃热稳定性的表达式如下

$$K=\frac{R}{\alpha E}\sqrt{\frac{\lambda}{cd}}=\beta\cdot(t_2-t_1)=\beta\cdot\Delta t \tag{1-90}$$

式中，K为玻璃的热稳定性系数；R为玻璃的抗张强度极限；E为玻璃的弹性系数；α为玻璃的热膨胀系数；λ为玻璃的热导率；c为玻璃的比热容；d为玻璃的密度；β为常数；Δt为引起破裂时的温差；$\beta=2b\Delta t$，$2b$为玻璃厚度。

在玻璃材料中，R与E常以同位数量改变，故R/E值改变不大，λ/cd一项也改变不大，所以，玻璃的热稳定性首要和基本的变化取决于玻璃的热膨胀系数α，而α值随玻璃组成的改变有很大的差别。比如，石英玻璃具有很小的热膨胀系数($\alpha=5.2\times10^{-7}\sim6.2\times10^{-7}\,K^{-1}$)，热稳定性极好，把它加热到炽热状态后投入冷水中也不会破裂。那些结构松弛和热膨胀系数大的玻璃，具有很低的耐热性。由此说明，膨胀系数大的玻璃热稳定性差；膨胀系数小的玻璃热稳定性好。其次，若玻璃中存在不均匀的内应力或有某些夹杂物，热稳定性能也差。另外，玻璃表面不同程度的擦伤或裂纹以及各种缺陷，都会使其热稳定性降低。

实验中常将一定数量的玻璃试样在立式管状电炉中加热，使样品内外的温度均匀，然后使之骤冷，用放大镜观察，看试样不破裂时所能承受的最大温差。对相同组成的各块样品，最大温差并不是固定不变的，所以测定一种玻璃的稳定性，必须取多个试样，并进行平行实验，用下述公式计算玻璃热稳定性平均温度差值(ΔT)。

$$\Delta T=\frac{\Delta T_1N_1+\Delta T_2N_2+\cdots+\Delta T_iN_i}{N_1+N_2+\cdots+N_i} \tag{1-91}$$

式中，ΔT_1，ΔT_2，…，ΔT_i为每次淬冷时加热温度与冷水温度之差值；N_1，N_2，…，N_i为在相应温度下碎裂的块数。

1.6 热分析技术及其在材料物理中的应用

国际热分析协会(International Confederation for Thermal Analysis，ICTA)定义：热

分析是在程序控制温度下，测量物质的物理性质与温度关系的一类技术。所谓“程序控制温度”是指用固定的速率加热或冷却；所谓“物理性质”则包括物质的质量、温度、热焓、尺寸、力学性能、电学及磁学性质等。

判定某种有关热学方面的技术是否属于热分析技术应该具备以下三个条件。

(1) 测量的参数必须是一种“物理性质”，包括质量、温度、热焓变化、尺寸、机械特性、声学特性、电学及磁学特性等。

(2) 测量参数必须直接或者间接表示成温度的函数关系。

(3) 测量必须在程序控制的温度下进行，程序控制温度一般指线性升温或者线性降温，也包括恒温、非线性升、降温。

上面所说的“物质”是指试样本身和(或)试样的反应产物，包括中间产物。

热分析起始于1887年，德国人H. Lechatelier将一个热电偶插入受热黏土试样中，测量黏土的热变化；当时所记录的数据并不是试样和参比物之间的温度差。

1899年，英国人Roberts和Austen改良了Lechatelier装置，采用两个热电偶反相连接，采用差热分析的方法研究钢铁等金属材料。直接记录样品和参比物之间的温差随时间的变化规律，首次采用示差热电偶记录试样与参比物间产生的温度差，这就是目前广泛应用的差热分析法的原始模型。

1915年日本的本多光太郎提出了“热天平”概念并设计出了世界上第一台热天平(热重分析)；测定了$MnSO_4 \cdot 4H_2O$等无机化合物的热分解反应。

20世纪20年代，差热分析在黏土、矿物和硅酸盐的研究中使用得比较普遍。从热分析总的发展来看，20世纪40年代以前是比较缓慢的。例如，热天平直到20世纪40年代后期才用于无机重量分析和广泛应用于煤炭高温裂解反应。

20世纪40年代末，商业化电子管式差热分析仪问世，20世纪60年代又实现了微量化。1964年，Watson和O'Neill等人提出了“差示扫描量热”的概念，进而发展成为差示扫描量热技术，使得热分析技术不断发展和壮大。

热分析方法是多种多样的。根据ICTA的归纳和分类，目前热分析方法共分为9类17种。本部分主要介绍热重(TG)、差热分析(DTA)和差示扫描量热法(DSC)3种。

1.6.1 热重测量法

热重测量法是指在温度程序控制下，测量物质的质量随温度变化的一种技术。这里值得一提的是，定义为质量的变化而不是重量变化是因为在磁场作用下，强磁性材料在达到居里点时，虽然无质量变化，却有表观失重。而热重法则指观测试样在受热过程中实质上的质量变化。热重法的数学表达式为：$m=f(T)$。热重法得到的是在温度程序控制下物质质量与温度关系的曲线，即热重曲线(TG曲线)，如图1.29所示。

曲线的纵坐标m为质量，横坐标T为温度。m以mg或剩余百分数(%)表示。温度单位用K(热力学温度)或℃(摄氏温度)。T_i表示起始温度，即累积质量变化到达热天平可以检测时的温度。T_f表示终止温度，即累积质量变化到达最大值时的温度。T_fT_i表示反应区间，即起始温度与终止温度的温度间隔。曲线中的ab和cd，即质量保持基本不变的部分叫作平台，bc部分可称为台阶。

图1.30为$CuSO_4 \cdot 5H_2O$的TG曲线，实验条件为：试样质量为10.8mg，升温速率为10℃/min，在静态空气条件下，在铝坩埚中进行。

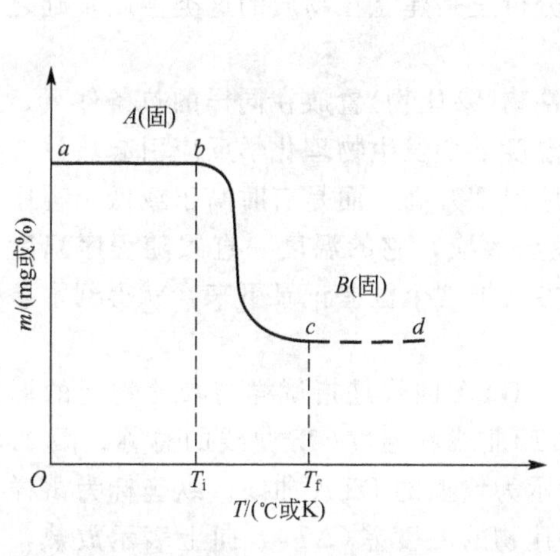

图 1.29 TG 曲线示意图

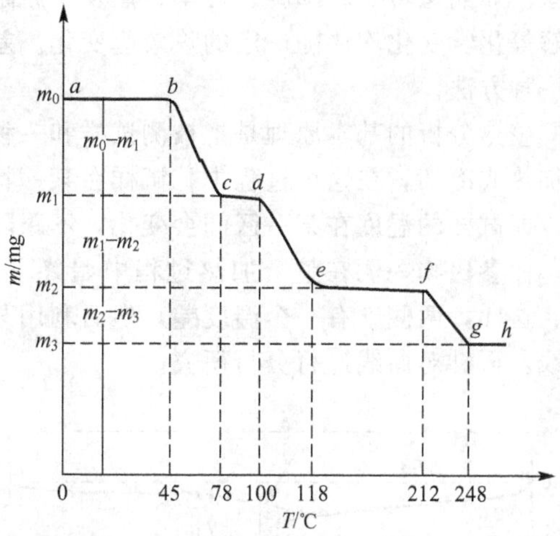

图 1.30 $CuSO_4 \cdot 5H_2O$ 的 TG 曲线

曲线 ab 段为一平台，表示试样在室温至 45℃间无失重。故 $m_0=10.8$mg。曲线 bc 为第一台阶，失重为 $m_0-m_1=1.55$mg，求得质量损失率$=\dfrac{m_0-m_1}{m_0}\times 100\%=14.35\%$，曲线 cd 段又是一平台，相应质量为 m_1；曲线 de 为第二台阶，质量损失为 1.6mg，求得质量损失率$=\dfrac{m_1-m_2}{m_1}\times 100\%=14.8\%$；曲线 ef 段也是一平台，相应质量为 m_2；曲线 fg 为第三台阶，质量损失为 0.8mg，可求得质量损失率$=\dfrac{m_2-m_3}{m_2}\times 100\%=7.4\%$，据此可以推导出 $CuSO_4 \cdot 5H_2O$ 的脱水方程如下。

$$CuSO_4 \cdot 5H_2O = CuSO_4 \cdot 3H_2O + 2H_2O\uparrow \tag{1-92}$$

$$CuSO_4 \cdot 3H_2O = CuSO_4 \cdot H_2O + 2H_2O\uparrow \tag{1-93}$$

$$CuSO_4 \cdot H_2O = CuSO_4 + H_2O\uparrow \tag{1-94}$$

根据方程，可计算出 $CuSO_4 \cdot 5H_2O$ 的理论质量损失率。计算结果表明第一次理论质量损失率为

$$\frac{2\times H_2O}{CuSO_4 \cdot 5H_2O}\times 100\%=14.4\% \tag{1-95}$$

第二次理论质量损失率也是 14.4%；第三次质量损失率为 7.2%；固体剩余质量理论计算值为 63.9%，总失水量为 36.1%。结果显示，理论计算的质量损失率和 TG 实验测得的值基本一致。

任何一种分析测量技术都必须考虑到测定结果的准确可靠性和重复性。为了得到准确性和复现性好的热重测定曲线，就必须对能影响其测定结果的各种因素仔细分析。影响热重法测定结果的因素大致有仪器、实验条件和参数的选择、试样的影响等几个因素。

1.6.2 差热分析

DTA 是在温度程序控制下，测量物质与参比物之间的温度差随温度变化的一种技术。差热分析反映的是物质在受热或冷却过程中发生的物理变化和化学变化伴随着吸热和放热

现象。如晶型转变、沸腾、升华、蒸发、熔融等物理变化，以及氧化还原、分解、脱水和离解等化学变化均伴随一定的热效应变化。差热分析正是建立在物质的这类性质基础之上的一种方法。

差热分析的基本原理是把被测试样和一种中性物(参比物)置放在同样的热条件下，进行加热或冷却，在这个过程中，试样在某一特定温度下会发生物理化学反应引起热效应变化，即试样的温度在某一区间会变化，不跟随程序温度升高，而是有时高于或低于程序温度，而参比物一侧在整个加热过程中始终不发生热效应，它的温度一直跟随程序温度升高，这样，两侧就有一个温度差，然后利用某种方法把这个温差记录下来，就得到了差热曲线，再针对曲线进行分析研究。

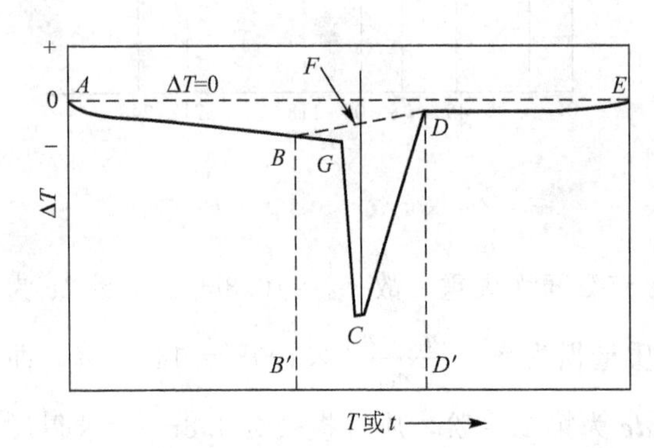

图 1.31　典型的 DTA 曲线

DTA 曲线是指试样与参比物间的温差(ΔT)曲线和温度(T)曲线的总称。图 1.31 所示为典型的 DTA 曲线。纵坐标为试样与参比物的温度差(ΔT)，向上表示放热，向下表示吸热。横坐标为 T 或 t，从左到右为增长方向。

DTA 曲线的几何要素(图 1.31)如下。

(1) 零线：理想状态 $\Delta T=0$ 的线，图中 AE。

(2) 基线：实际条件下试样无热效应时的曲线部分，图中 AB 和 DE。

(3) 吸热峰：$T_s<T_r$，$\Delta T<0$ 时的曲线部分。

(4) 放热峰：$T_s>T_r$，$\Delta T>0$ 时的曲线部分。

(5) 起始温度(T_i)：热效应发生时曲线开始偏离基线的温度。

(6) 终止温度(T_f)：曲线开始回到基线的温度。

(7) 峰顶温度(T_p)：吸、放热峰的峰形顶部的温度，该点瞬间 $d(\Delta T)/dt=0$。

(8) 峰高：内插基线与峰顶之间的距离，如 CF。

(9) 峰面积：峰形与内插基线所围面积，如 $BCDB$。

(10) 外推起始点：是指峰的起始边斜率最大处所作切线与外推基线的交点，如图中的 G 点，其对应的温度称为外推起始温度(T_{eo})；根据 ICTA 共同试样的测定结果，以外推起始温度(T_{eo})最为接近热力学平衡温度。

DTA 曲线方程为

$$C_s d(\Delta T)/dt = d(\Delta H)/dt - K(\Delta T - \Delta T_a) \tag{1-96}$$

基线方程为

$$\Delta T_a = 1/K \cdot [\delta\alpha(T_p - T_r) + \delta\gamma(T_0 - T_r) - \delta C dT_r/dt] \tag{1-97}$$

影响差热分析的因素主要有 3 个方面：仪器因素、实验条件和试样。主要体现在升温速度、试样与参比物的对称度、仪器因素、气氛和走纸速度等几个方面。

不同气氛如氧化气氛、还原气氛或惰性气氛对 DTA 测定有较大的影响。气氛对 DTA 测定的影响主要由气氛对试样的影响来决定。如果试样在受热反应过程中放出气体能与气氛组分发生作用，那么气氛对 DTA 测定的影响就显著。气氛对 DTA 测定的影响主要针对那些可逆的固体热分解反应，而对不可逆的固体热分解反应则影响不大。

对于任何单元的二相平衡，如蒸发、升华、熔化及晶型转变过程，转变温度与压力之间的关系可用 Clapeyron－Clausius 方程(克拉珀龙-克劳修斯方程)表示

$$\frac{dp}{dT}=\frac{\Delta H}{T\Delta V} \tag{1-98}$$

式中，p 为蒸气压；ΔH 是转变热或称相变热焓；ΔV 是相变引起的系统体积的变化。

对于不涉及气相的物理变化，如晶型转变、熔融、结晶等变化，转变前后体积基本不变或变化不大，那么压力对转变温度的影响很小，DTA 峰温基本不变；但对于有些化学反应或物理变化要放出或消耗气体，则压力对平衡温度有明显的影响，从而对 DTA 的峰温也有较大的影响，如热分解、升华、汽化、氧化等。其峰温移动的程度与过程的热效应有关。

DTA 差热分析可以用于物质的定性和定量分析，下面分别论述。

1. 定性分析

DTA 定性分析是指通过实验获得 DTA 曲线，根据曲线上吸、放热峰的形状、数量、特征温度点的温度值，即曲线上的特定形态来鉴定分析试样及其热特性。所以，获得 DTA 曲线后，要清楚有关热效应与物理化学变化的联系，再掌握一些纯的或典型物质的 DTA 曲线，便可进行定性分析。比如陶瓷原材料常见热效应的实质主要体现在：①含水化合物；②高温下有气体放出的物质；③矿物中含有变价元素；④非晶态物质的重结晶；⑤晶型转变；⑥有机物质的燃烧等几个方面。其重量变化、体积变化与物理化学变化的联系见表 1－6。

表 1－6 热量、重量、体积变化与物理化学变化的联系

热量、重量、体积变化	对应的物理化学变化
$Q_{吸}+W_{失}$	脱水、分解
$Q_{放}+W_{失}$	有机物、杂质氧化、燃烧
$Q_{吸}+\Delta V$，W 不变	多晶转变
$Q_{放}+V_{缩}$，W 不变	新物质生成
$\Delta W+V_{缩}$，$V_{胀}\to V_{缩}$，无明显热变化	开始烧结

2. 定量分析

定量分析一般是采用精确测定峰面积或峰高的办法，然后以各种形式确定矿物在混合物中的含量。如单矿物标准法和面积比法等。

差热曲线中峰的数目、位置、方向、高度、宽度和面积等均具有一定的意义。比如，峰的数目表示在测温范围内试样发生变化的次数；峰的位置对应于试样发生变化的温度；峰的方向则指示变化是吸热还是放热；峰的面积表示热效应的大小等。因此，根据差热曲线的情况就可以对试样进行具体分析，得出有关信息。

1.6.3 差示扫描量热法

差示扫描量热法是指在温度程序控制下，测量加入物质与参比物之间的能量差随温度变化的一种技术。

DTA 技术具有快速简便等优点，但其缺点是重复性较差，分辨率不够高，其热量的定量也较为复杂。1964 年，美国的 Waston 和 O'Neill 在分析化学杂志上首次提出了差示扫描量热法(DSC)的概念，并自制了 DSC 仪器。不久，美国 Perkin－Elmer 公司研制生产的 DSC－I 型商品仪器问世。随后，DSC 技术得到迅速发展，到 1976 年，DSC 方法的使用比例已达 13.3%，而在 1984 年已超过 20%(当时 DTA 为 18.2%)，到 1986 年已超过 1/3。到目前为止，DSC 堪称热分析三大技术(TG，DTA，DSC)中的主要技术之一。近些年来，DSC 技术又取得了突破性进展，其标志是，几十年来被认为难以突破的最高试验温度——700℃，已被提高到 1 650℃，从而极大地拓宽了它的应用前景。

差示扫描量热法(DSC)是在温度程序控制下，测量输给物质和参比物的功率差与温度关系的一种技术。根据测量方法，这种技术可分为功率补偿式差示扫描量热法和热流式差示扫描量热法。对于功率补偿式，DSC 技术要求试样和参比物温度，无论试样吸热还是放热都要处于动态零位平衡状态，使 $\Delta T=0$，这是 DSC 和 DTA 技术最本质的区别。而实现 $\Delta T=0$，其办法就是通过功率补偿。对于热流式，DSC 技术则要求试样和参比物温差 ΔT 与试样和参比物间热流量差成正比关系。

功率补偿式 DSC(图 1.10)的主要特点是试样和参比物分别具有独立的加热器和传感器，整个仪器由两个控制系统进行监控。其中一个控制温度，使试样和参比物在预定的速率下升温或降温；另一个用于补偿试样和参比物之间所产生的温差。这个温差是由试样的放热或吸热效应产生的。通过功率补偿使试样和参比物的温度保持相同，这样就可以通过补偿的功率直接求算热流率。

1.6.4 热分析技术的应用

1. 测定并建立合金相图

测定和建立相图的主要方法之一是热分析。热分析方法的测定温度范围较宽，能达到 2 000℃以上，能够测量任何转变的热效应，也包括液↔固相变、固↔固相变，从而建立合金相图。其中差热分析方法测量方便、精度较高，应用广泛。建立相图首先需要确定合金的液相线、固相线、共晶线和包晶线等，之后再确定相区。按规定测定相图所用的升温和降温速率需小于 5℃/min，同时一般需要在惰性气体气氛中进行测量。为消除过冷现象的影响，常常采用在升温过程中测量 DTA 曲线，曲线的特征与冷却测量曲线相似，但是拐点方向相反。利用热分析法确定相图之后，再利用金相法进行验证以保证测量的准确性。

2. 热弹性马氏体相变的研究

形状记忆合金和伪弹性合金具有可逆的热弹性马氏体相变。但是这种相变由于界面共格及自协调效应，在未经冷加工之前所发生的体积效应很小，应用广泛的膨胀法往往难以进行探测。虽然电阻法探测这一相变过程具有很高的灵敏度，但是在马氏体点的判断上存在较大的人为误差。而差示扫描量热法(DSC)则具有高准确度的优势，能够准确获得相变温度等信息，因此是一种有效的马氏体相变的研究测试方法。

3. 有序—无序转变的研究

Ni_3Fe 合金既存在有序—无序转变，也存在铁磁—顺磁转变，这两种转变都会出现热容峰。图 1.32 所示为 Ni_3Fe 合金加热过程中质量热容的变化。图 1.32(a)表示合金加热前是无序状态，当加热到 350～470℃温度区间时，合金发生部分有序化的同时，放出潜热使热容 C_p 降低，这个热效应的大小正比于虚线下阴影部分的面积。进一步加热到 470℃以上，合金发生了吸热的无序转变，热效应的大小可以按虚线上部面积定量。图 1.32(b)表示加热前是有序态，质量热容显著增高表示从完全有序到完全无序过程的吸热效应。在 590℃被有序化热效应掩盖的热容峰为磁性转变。如果不存在有序—无序转变，则质量热容将按虚线表示的热容变化。显然，完全无序的 Ni_3Fe 合金更难发现磁性转变的热容峰。

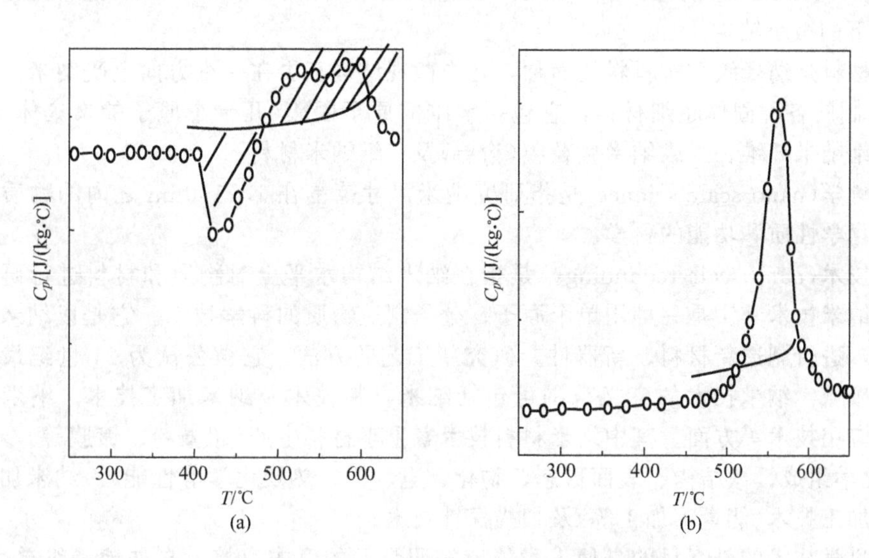

图 1.32 Ni_3Fe 合金加热时比热的变化

(a) 无序；(b) 有序

4. 钢中临界点分析

图 1.33 所示为碳钢中各临界点的热效应数值与碳含量的关系。A_0 表示渗碳体从铁磁状态过渡到顺磁状态的临界点，即 Fe_3C 的居里点(210℃)。从图 1.33 中可以看出，A_0 点的存在是以钢中有渗碳体为先决条件的，所以在钢中渗碳体(碳含量)越多，在 A_0 点每克钢的热效应就越大。由于在 $w_C=0$ 时没有渗碳体，因此在 210℃时也就没有转变，所以 A_0 点的连线通过坐标原点。

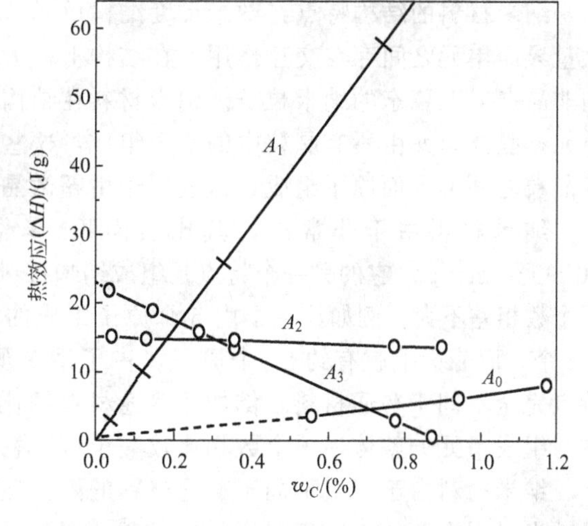

图 1.33 碳钢中相变的热效应

显然，在 A_1 点的热效应比 A_0 点的大很多，表示在 A_1 点的热效应与碳含量关系的连线也通过原点。这是因为珠光体转变也是以碳的存在为先决条件的。此外，在原始组织中珠光体量越多，该转变的热效应越强烈。

此外，热分析方法还可以用于非晶态

合金晶化过程的研究、液晶相变的研究、高聚物研究等领域。

*1.7 拓展阅读 纳米材料及其热学性能

纳米是一种长度的量度单位，1 纳米(nm)等于 10^{-9} m，1nm 的长度为 4～5 个原子排列起来的长度，或者说 1nm 相当于头发丝直径的 10 万分之一。在英语中纳米用 nano 表示，nano 一词源自拉丁前缀，为“矮小”之意。纳米结构(nanostructure)通常是指尺寸在 100nm 以下的微小结构。

纳米材料是纳米级结构材料的简称，是指微观结构至少在一维方向上受纳米尺度(1～100nm)限制的各种固体超细材料，它包括零维的原子团簇(几十个原子的聚集体)和纳米微粒、一维纳米纤维、二维纳米微粒膜(涂层)及三维纳米材料。

纳米科学(nano-scale science)是指研究纳米尺寸范围在 1～100nm 之内的物质所具有的物理、化学性质和功能的科学。

纳米技术(nano-scale technology)是指在纳米结构水平上对物质和材料进行研究处理的技术。纳米技术其实是一种用单个原子、分子制造物质的科学技术。它是以纳米科学为理论基础，进行制造新材料、新器件，研究新工艺的方法。它被公认为 21 世纪最具有前途的科研领域。纳米技术的广义范围可包括纳米材料技术及纳米加工技术、纳米测量技术、纳米应用技术等方面。其中纳米材料技术着重于材料生产(超微粉、镀膜等)，性能检测技术(化学组成、微结构、表面形态、物化、电、磁、热及化学等性能)。纳米加工技术包含精密加工技术(能量束加工等)及扫描探针技术。

纳米科学技术的最终目的是使人类能够按照自己的意志直接、自如地操纵单个原子，制造具有特定功能的产品。

材料科学研究认为，材料的结构决定材料的性能，同时材料的性能反映材料的结构。纳米材料也同样如此。

对于纳米材料，其特性既不同于原子，又不同于结晶体，可以说它是一种不同于本体材料的新材料，其物理化学性质与块体材料有明显的差异。

纳米材料的结构特点：纳米尺度结构单元，大量的界面或自由表面，以及结构单元与大量界面单元之间存在交互作用。在结构上，大多数纳米粒子呈现为理想单晶，也有呈现为非晶态或亚稳态的纳米粒子。纳米材料在结构上存在两种结构单元，即晶体单元和界面单元。晶体单元由所有晶粒中的原子组成，这些原子严格位于晶格位置；界面单元由处于各晶粒之间的界面原子组成，这些原子由超微晶粒的表面原子转化而来。

纳米材料由于非常小，其比表面积(单位质量材料的表面积)都很大，一般在 $10\sim10^4 m^2/g$。它的另一个特点是组成纳米材料的单元表面上的原子个数与单元中所有原子个数相差不大。例如，一个由 5 个原子组成的正方体纳米颗粒，总共有原子个数为 $5^3=125$ 个，而表面上就有约 89 个原子，占了纳米颗粒材料整体原子个数的 71%以上。这些特点完全不同于普通材料。例如，普通材料的比表面积在 $10m^2/g$ 以下，其表面原子的个数与组成单元的整体原子个数相比较完全可以忽略不计。

纳米材料由于以上不同于普通材料的两大显著几何特点，从物理学的观点来看，就使得纳米材料有两个不同于普通材料的物理效应表现出来，这是一个由量变到质变的过程。

一个效应被称为“量子尺寸效应”，另一个被称为“表面效应”。量子尺寸效应是指在材料的维度不断缩小时，描述它的物理规律完全不同于宏观(普通材料)的规律，不但要用描述微观领域的量子力学来描述，同时还要考虑到有限边界的实际问题。关于量子尺寸效应的处理问题，到目前为止，还没有一个较成熟的方法。表面效应是由于纳米材料表面的原子个数不可忽略，而表面上的原子又受到来自体内一侧原子的作用，因此它很容易与外界的物质发生反应。也就是说，它们十分活泼。表1-7给出了纳米微粒尺寸与表面原子数的关系。表面原子数占全部原子数的比例和粒径之间的关系如图1.34所示。

表1-7 纳米微粒尺寸与表面原子数的关系

纳米微粒尺寸/nm	包含总原子数	表面原子所占比例/(%)
10	3×10^4	20
4	4×10^3	40
2	2.5×10^2	80
1	30	99

表1-7和图1.34说明，随着粒径的减小，表面原子数迅速增加。这是由于粒径小，表面积急剧变大所导致的。随着粒径的变小，其比表面积和表面能都将成数量级的增加。

表面原子数增多、原子配位不足及高的表面能，使这些表面原子具有很高的活性，极不稳定，很容易与其他原子结合。例如，金属的纳米粒子在空气中会燃烧，无机的纳米粒子暴露在空气中会吸附气体，并且与气体进行反应。图1.35是一立方结构晶粒的二维平面图，用以说明纳米粒子表面活性高的原因。假定颗粒为圆形，实心圆代表位于表面的原子，空心圆代表位于内部的原子，颗粒尺寸为3nm，原子间距约为0.3nm，很明显，实心圆的原子近邻配位不完全，缺少一个近邻的“E”原子，缺少两个近邻的“D”原子和缺少3个近邻配位的“A”原子。像“A”这样的表面原子极不稳定，很快就会跑到“B”位置上，这些表面原子一遇见其他原子，很快与其结合，使其稳定化，这就是活性高的原因。这种表面原子的活性不但引起纳米粒子表面原子的变化，同时也引起表面电子自旋构象和电子能谱的变化。

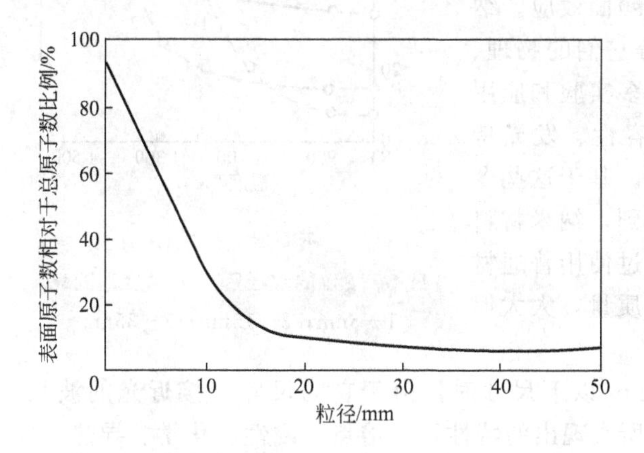

图1.34 表面原子数占全部原子数的比例和粒径之间的关系

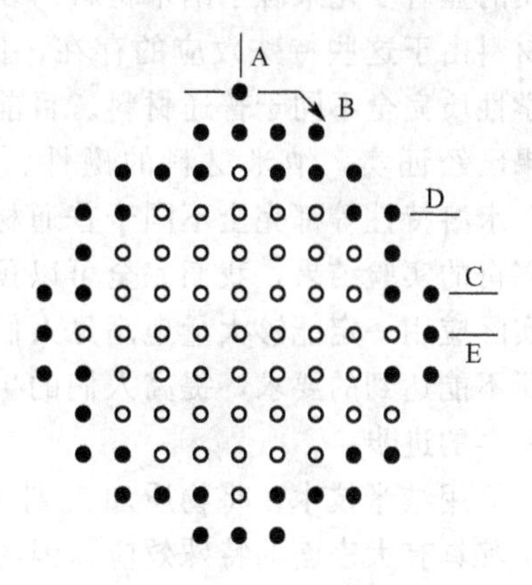

图1.35 单一立方晶格结构的原子尽可能以接近圆(或球)形形式进行配置的超微粒模式图

正是由于纳米材料与常规粉体材料相比，纳米粒子的表面能高，表面原子数多，这些表面原子近邻配位不全，活性大，因此，其熔化时所需增加的内能就小得多，这就使得纳米粒子的熔点急剧下降。如块体金的熔点为 1 064℃，而粒径为 2nm 的金粒子的熔点为 327℃；块体银的熔点为 960℃，而银纳米粒子在低于 100℃就开始熔化；铅的熔点为 327℃，而 20nm 的球形铅粒子的熔点降低至 39℃；铜的熔点为 1 053℃，而平均粒径为 40nm 的铜纳米粒子则为 750℃等。纳米粒子的熔点较常规材料都显著降低。图 1.36 展示了 Au 纳米微粒的粒径与熔点的关系。

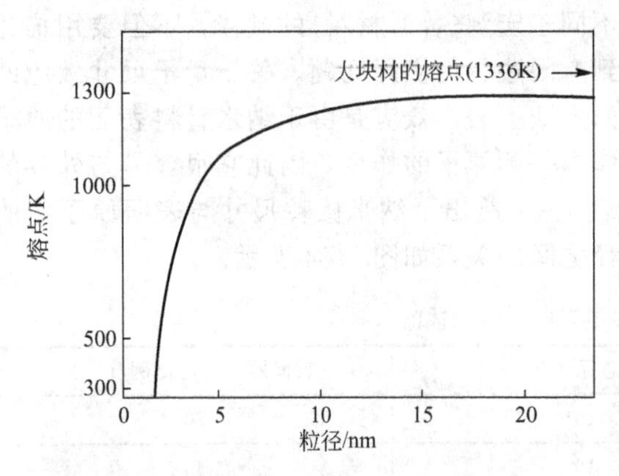

图 1.36　Au 纳米微粒的粒径与熔点的关系

纳米材料在热学上的另外一个特点是粉体的烧结温度较常规材料显著降低。所谓烧结温度是指把粉末先用高压压制成形，然后在低于熔点的温度下使这些粉末互相结合成块，并使密度接近常规材料的最低加热温度。纳米粒子尺寸小，表面能高，压制成块材后的界面具有高能量，在烧结中高的界面能成为原子运动的驱动力，有利于界面附近的原子扩散。因此，在较低温度下烧结就能达到致密化的目的。常规 Al_2O_3 的烧结温度为 2 073～2 173K，在一定条件下，纳米 Al_2O_3 可在 1 423～1 773K 烧结，致密度达 99.7%。常规 Si_3N_4 的烧结温度高于 2 273K，纳米 Si_3N_4 的烧结温度降低至 673～773K。

非晶纳米粒子的晶化温度低于常规粉体。例如，传统非晶 Si_3N_4 在 1 793K 晶化成 α 相，而纳米非晶 Si_3N_4 粒子在 1 673K 加热 4 小时全部转变成 α 相。图 1.37 表示随纳米 Al_2O_3 原始粒径的减小，纳米粒子在加热时开始长大的温度降低。

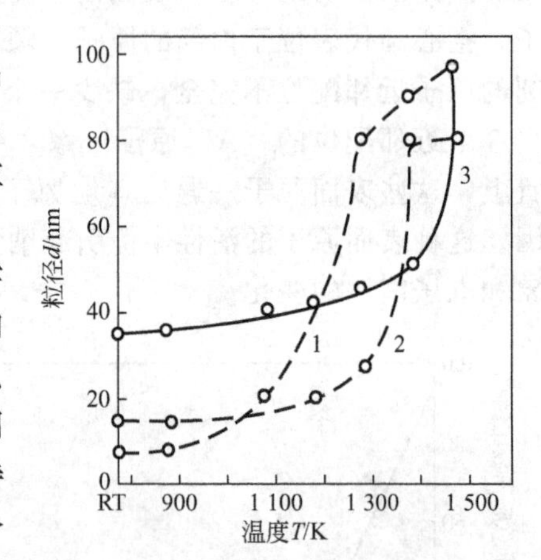

图 1.37　不同原始粒径(d_0)的纳米 Al_2O_3 颗粒的粒径随退火温度的变化

1—8nm；2—15nm；3—35nm

熔点降低、烧结温度降低、晶化温度降低等热学性质的显著变化来源于纳米材料的表(界)面效应。纳米材料由于这些特殊效应的存在，使得它们的物理、化学性质完全不同于普通材料。目前许多实验和应用结果已经证实，纳米材料的磁性、电容性、发光特性、水溶特性等都完全不同于普通材料。基于这些令人兴奋的实验结果，我们完全可以预感到，纳米材料的实际应用一定能够大量地满足人们通过使用普通材料所不能达到的要求，提高人们的生活质量，大大促进社会的进步。

运用纳米技术，将物质加工到 100nm 以下尺寸时，由于它的尺寸已接近光的波长，加上其具有大表面的特殊效应，因此其所表现出的特性，如熔点、磁性、化学、导热、导电特性等，往往既不同于微观原子、分子，也不同于该物质在整体状态时所表现出的宏观性质，即纳米材料表现出物质的超常规特性。

由于纳米材料界面原子排列比较混乱、原子密度低、界面原子耦合作用变弱，因此纳米材料的比热和膨胀系数都大于同类粗晶和非晶材料的值。如金属银界面热膨胀系数是晶内热膨胀系数的2.1倍；纳米铅的比热比多晶态铅增加25%～50%；纳米铜的热膨胀系数比普通铜大好几倍；晶粒尺寸为8nm的纳米铜的自扩散系数比普通铜大1 019倍。

由于在纳米结构材料中有大量的界面，这些界面为原子提供了短程扩散途径。因此，与单晶材料相比，纳米结构材料具有较高的扩散率。较高的扩散率对于蠕变、超塑性等力学性能有显著的影响，同时，可以在较低的温度下对材料进行有效的掺杂，可以在较低温度下使不混溶金属形成新的合金相。纳米材料的高扩散率，可使其在较低的温度下被烧结。如12nmTiO_2在不添加任何烧结剂的情况下，可以在低于常规烧结温度400～600℃下烧结；普通钨粉需3 000℃高温才能烧结，而掺入0.1%～0.5%的纳米镍粉后，烧结温度可降到1 200～1 311℃；纳米SiC的烧结温度从2 000℃降到1 300℃。很多研究表明，使烧结温度降低是纳米材料的共性。在纳米材料中由于每一粒子组成的原子少，表面原子处于不稳定状态，使其表面晶格振动的振幅较大，所以具有较高的表面能量，造成超微粒子特有的热性质，即熔点下降。同时纳米粉末也比传统粉末更容易在较低温度下烧结，从而成为良好的烧结促进材料。

本章小结

本章简要阐述了无机固体材料的物理基础，进一步介绍了无机固体材料的热容、热传导、热膨胀和热稳定性等相关知识，最后还介绍了纳米材料的概念、相关性能；纳米材料部分着重介绍了纳米材料的一些相关热学性能以及与常规材料不一样的地方，并进行了相关解释。

本章还简要介绍了热重(TG)、差热分析(DTA)和差示扫描量热法(DSC)等热分析技术在材料物理中的实际应用。

1.1　试阐述经典热容理论、爱因斯坦量子热容理论及德拜热容理论，并说出它们的不同之处。

1.2　阐述金属热容与合金热容的特点。

1.3　证明理想固体线膨胀系数和体膨胀系数间的关系。

1.4　简述影响膨胀系数的因素。

1.5　为什么导电性好的材料一般其导热性也好？

1.6　一级相变、二级相变对热容有什么影响？

1.7　何谓热应力？它是如何产生的？以平面陶瓷薄板为例说明热应力的计算方法。

1.8　何谓差热分析(DTA)法？差热分析法与普通热分析法有何不同？在DTA基础上发展起来的差示扫描量热(DSC)法与DTA有何不同？

1.9　简述纳米材料在热学性能上与常规材料的不同之处，并解释其原因。

第2章 缺陷物理与性能

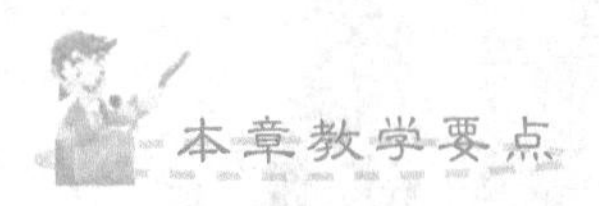

本章教学要点

知识要点	掌握程度	相关知识	应用方向
点缺陷	重点掌握	点缺陷的基本概念和主要类型；点缺陷对材料物理性能的影响	材料性能研究与应用
	熟悉	平衡态空位浓度的理论推导；几种获得过饱和点缺陷的方法；辐照损伤实验	缺陷理论和实际应用
线缺陷	重点掌握	位错的主要类型和运动方式；缺陷对材料力学、光学、电学和热学等性能的影响	材料性能研究
	熟悉	位错的应力场、弹性能和线张力	缺陷理论
面缺陷	掌握	表面、晶界、相界的基本概念和类型	材料性能研究
拓展阅读	了解	固体材料内耗的测量方法与应用	材料性能研究的应用

导入案例

古典的科学家都梦想过理想的世界。从理想气体到理想晶体，他们试图得到精美至极的世界：没有杂质，毫无缺陷，绝对真空。近代的科学家，尤其物理学家，为了理想世界，他们用科学的方法创造这样的境界。比如：最高的真空，最低的温度，最纯的材料，最完美无瑕的晶体。

为什么科学家如此热衷于理想境界呢？这是因为在理想条件下，可以探寻物质世界的真正奥妙。比如：在研究金属的导电性质时，物理学家提出晶体点阵的热振动和晶体缺陷对电子的散射机制，正是由于电子的散射才造成了所谓的电阻现象。那么，如何从晶体内部去除所有的缺陷就成为解决问题的关键。晶体学家利用各种方法，企图得到绝对纯净、毫无缺陷的金属晶体。在采取了所有可能的措施之后，由于热扰动和缺陷都控制在最小范围之内，他们在近绝对零度的温度下得到了近乎没有电阻的金属。以同样的思路出发，科学家可以在极端条件下对物质世界做十分基础的研究，从而探知自然的本原。

因此，在传统的基础研究中，人们一般都希望尽量地去除杂质而得到完美的晶体。但是，在21世纪的纳米科学研究中表明：纳米材料几乎完全是缺陷！为什么这么说呢？试想：如果把氧化铝的块材，变成直径为5纳米的颗粒，那么纳米粒子的比表面积会大大地增加。我们完全可以把纳米颗粒的表面考虑成为一种面缺陷。可以估算一下，在一克重的氧化铝纳米粉末中(假定颗粒直径为5纳米)，几乎大部分的材料都是缺陷了。这正是纳米材料的主要特征：晶体缺陷是材料的主体。但是，我们已经建立的物质性质，比如压电性、铁电性、导电性、导热性、超导性都是建立在具有晶体点阵结构的块材基础上的。这些块材的主体是有序的晶体点阵与数量有限的缺陷。与纳米材料相比，块材的晶体性十分显著。更重要的是，块材的物理性质完全依赖与它们的晶体性。比如对于压电晶体，它表面电荷的产生与晶体在压力下的非对称性有直接的关联。失去了晶体性，也就失去了与其相对应的物理性质。还有许多固体性质，比如光学性质，塑性形变，导电机制都在物质成为纳米时会发生质的变化。因此，纳米的许多性质，可能都是面缺陷的性质，而晶体本身的性质会大大地弱化。

翅膀上的纳米结构造就蝴蝶之美

氧化锡纳米线的扫描电镜照片

在研究晶体结构时，常常假设晶体中原子或分子的空间排列绝对规则，即理想晶体。而实际晶体中原子或分子总是或多或少地存在偏离理想结构的区域，这便是晶体结构缺陷，以下简称晶体缺陷。晶体中缺陷的种类很多，影响着晶体的力学、热学、电学、光学等方面的性质。因此，本章将较系统地讨论缺陷与材料性能的关系。

根据晶体缺陷的几何形态特征，可将它们分为以下3类。

(1) 点缺陷。特征是在三维方向上的尺寸都很小，约一个或几个原子间距，也称为零维缺陷，如空位、填隙原子、杂质原子等。

(2) 线缺陷。特征是在两维方向上的尺寸很小，仅在另一维方向上的尺寸较大，也称为一维缺陷，如位错。

(3) 面缺陷。特征是在两维方向上的尺寸较大，只在另一维方向上的尺寸很小，也称为二维缺陷，如晶体表面、晶界、相界和堆垛层错等。

2.1 点 缺 陷

2.1.1 点缺陷的主要类型

根据点缺陷的形成机理，晶体中的点缺陷可以分为热缺陷、杂质缺陷和离子晶体缺陷三种。

1. 热缺陷

在晶体中，位于点阵结点上的原子并不是静止不动的，而是以其平衡位置为中心做热振动。在一定温度下，原子的热振动处于平衡状态。但是在受到温度或辐照等外界因素影响时，就会有一些原子获得足够的能量克服周围原子对它的束缚而脱离平衡位置迁移到别处，形成填隙原子，同时在原来的位置上出现空位。由于热涨落，所产生的空位和填隙原子有可能再获得能量，或者返回到原来的位置填补空位，或者跳到更远的间隙处，当空位和填隙原子相距足够远时，它们就可以较长期地存在于晶体内部，从而产生热缺陷。

常见的热缺陷有以下3种。

(1) 原子脱离正常格点位置后，形成填隙原子，称为弗伦克尔缺陷。如图2.1所示，形成弗伦克尔缺陷的空位和填隙原子的数目相等。

(2) 原子脱离格点后，并不在晶体内部构成填隙原子，而跑到晶体表面上正常格点的位置，构成新的一层，如图2.2所示。在一定温度下，晶体内部的空位和表面上的原子处于平衡状态。这时晶体的内部只有空位，这样的热缺陷称为肖脱基缺陷。

(3) 晶体表面上的原子跑到晶体内部的间隙位置，如图2.3所示。在一定温度下，这些填隙原子和晶体表面上的原子处于平衡状态。这时晶体内部只有填隙原子。

【三种点缺陷的形成演示】

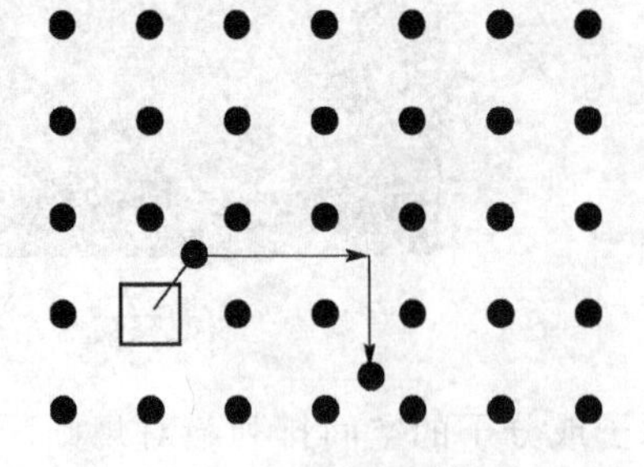

图2.1 弗伦克尔缺陷

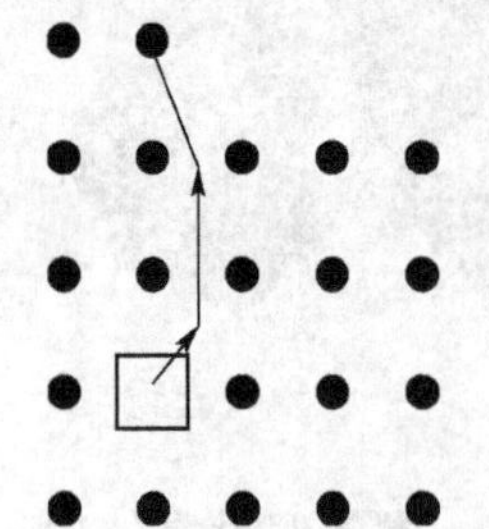

图2.2 肖脱基缺陷

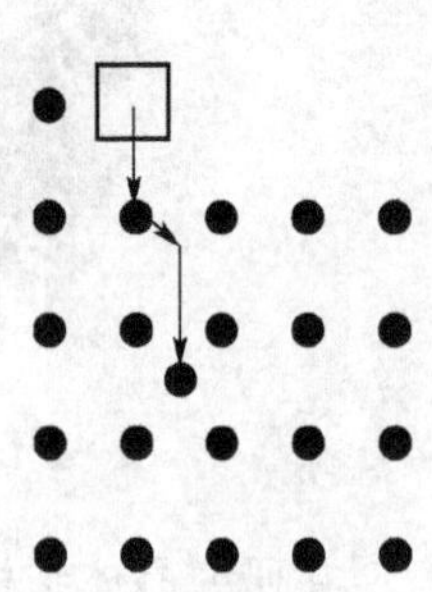

图2.3 只有填隙原子

在通常情况下，由于形成填隙原子缺陷时，必须使原子挤入晶格的间隙位置，这所需的能量要比造成空位的能量大，所以肖脱基缺陷存在的可能性要比弗伦克尔缺陷存在的可能性大。

2. 杂质缺陷

组成晶体的主体原子称为基质原子。掺入到晶体中的异种原子或同位素称为杂质。

(1) 杂质占据基质原子的位置，称为替位杂质缺陷。

在半导体的制备过程中，常常有控制地在晶体中引进某些外来原子，形成替位式杂质，以改变半导体性能。

(2) 杂质原子进入晶格间隙位置，称为间隙杂质缺陷。

原子半径小的杂质原子常以这种方式出现在晶体中。例如，碳原子进入面心立方的铁晶体的间隙位置形成奥氏体钢，就是典型的间隙杂质缺陷。

3. 离子晶体缺陷

离子晶体的结构特点是正、负离子相间排列在格点上，尺寸较小的离子一般是正离子。在离子晶体中也存在弗伦克尔缺陷和肖脱基缺陷，如图 2.4 所示。无论是弗伦克尔缺陷形成的空位，还是肖脱基缺陷形成的空位，由于要维持电中性，肖脱基空位必须是同样数量的正离子空位(形成正电中心)和负离子空位(形成负电中心)；而弗伦克尔空位则是正离子挤进邻近同号离子的位置，形成正离子空位(负电中心)，同时使得邻近的一对正离子占据同一结点位置(形成正电中心)。当离子晶体中出现以上两种缺陷时，电导率会增加。

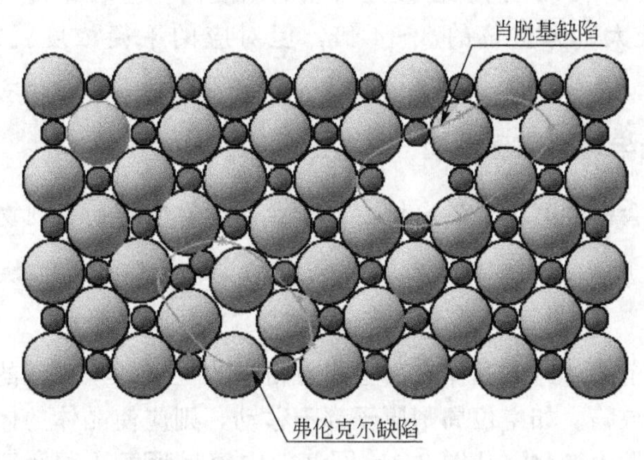

图 2.4 离子晶体中的弗伦克尔缺陷和肖脱基缺陷示意图

例如，在 NaCl 晶体中掺入适量 $CaCl_2$，Ca^{2+} 离子以替位的方式占据格点位置，而被替代的 Na^+ 离子则以填隙方式存在，形成正电中心。为了保持晶体的电中性，必将出现一些正离子空位以形成负电中心，这就导致了晶体电导率的变化。

2.1.2 热平衡态的点缺陷

点缺陷的存在使晶体的内能增加；同时，由于混乱程度的增加，也使晶体的熵加大。由自由能表达式 $F=U-TS$(式中，F 为晶体的自由能，J；U 为晶体的内能，J；T 为绝对温度，K；S 为熵，J/K)可以看出，一定量的点缺陷会使晶体的自由能下降。根据自由能极小的条件，可以求出在热力学平衡状态下的点缺陷浓度。

假设晶体中有 N 个原子，形成 n 个空位，可以有 $\frac{N!}{(N-n)!n!}$ 种不同的方式，因此组态熵的增加为

$$\Delta S = k_B \ln \frac{N!}{(N-n)!n!} = k_B[N\ln N-(N-n)\ln(N-n)-n\ln n] \tag{2-1}$$

晶体的自由能即可表示为

$$F = n(U_f - TS_f) - k_B T[N\ln N-(N-n)\ln(N-n)-n\ln n] \tag{2-2}$$

式中，U_f 为形成一个空位的能量；S_f 为形成一个空位、改变了周围的原子振动所引起的振动熵。在平衡态时自由能为极小值，即

$$\frac{\partial F}{\partial n}=0$$

就可求出(考虑到 $N \gg n$)平衡态的空位浓度

$$C \approx \frac{n}{N-n} = \exp\left(-\frac{U_f - TS_f}{k_B T}\right) = A\exp\left(-\frac{U_f}{k_B T}\right) \tag{2-3}$$

式中，$A=\exp(S_f/k_B)$。

用类似的方法可以求出填隙原子的浓度表达式。平衡浓度随温度的上升而增加，其数值和点缺陷形成能的关系很大。在一般金属中，U_f 的数值约为 1eV，而 S_f 尚无可靠的计算值，估计 A 一般在 1～10 之间。在接近熔点的温度时，空位浓度可高达 10^{-4}～10^{-3}。填隙原子的形成能较大，为空位的 3～4 倍，但对应的平衡浓度就非常小，通常忽略不计。

2.1.3 点缺陷与材料物理性能

晶体中的点缺陷会引起密度、导电性、光学及热学性能等一系列物理性能的变化。

1. 填隙原子和肖脱基缺陷可以引起晶体密度的变化，弗伦克尔缺陷不会引起晶体密度的变化

如果点阵中的一个原子跑到晶体表面上正常格点的位置，构成新的一层，点阵就形成一个空位，即肖脱基缺陷。如空位周围原子都不移动，则应使晶体的体积增加一个原子体积，同时点阵参数也发生变化，从图 2.1～图 2.3 中容易理解这种密度的变化。理论计算结果表明，填隙原子引起的体膨胀为 1～2 个原子体积，而空位引起的体膨胀则约为 0.5 个原子体积。金属晶体中出现空位，将使其体积膨胀、密度下降。

2. 点缺陷可以引起晶体电导性能的变化

点缺陷对材料物理性能的影响对晶体电阻和密度最明显。在金属材料中，点缺陷引起的电阻升高可达 10%～15%。因此电阻率是研究点缺陷的一个简单灵敏的方法。点缺陷的存在还使晶体体积膨胀、密度减小。由于点缺陷破坏了原子的规则排列，使传导电子受到散射，产生附加电阻。附加电阻的大小与点缺陷浓度成正比，因此可用来表示点缺陷浓度。从附加电阻和温度的关系可以确定空位的形成能。有两种测量方法：一种是直接在高

温下测量电阻与温度的关系曲线，曲线上的异常部分就是由于空位的影响造成的；另一种方法是将样品淬火，使金属快速冷却，过饱和的空位就被冻结，这时就可以在室温下对不同淬火温度后的样品进行电阻的测量，测量结果也可以求出空位的形成能。

对点缺陷电阻的理论计算，一般采用夫里德耳的合金理论，将点缺陷看作零价或一价的杂质原子。但是由于填隙原子引起的畸变较大，效应不易估计，所以各种计算方法的结果差异较大，见表 2－1。

表 2－1　点缺陷产生的附加电阻(μΩ－cm%)

空　位	填隙原子	计　算　者
0.4	0.6	德克斯特(Dexter)
1.3	4.5～5.5	琼根伯格(Jongenburger)
1.28	—	阿培耳
1.28	1.41	布拉特(Blatt)
1.5	10.5	奥佛好塞(Overhauser)等
1.67	—	塞格
—	2(1.16～2.90)	颇特(Potter)

对于离子晶体的点缺陷来说，理想的离子晶体是典型的绝缘体，但实际上离子晶体也都有一定的导电性，其电阻明显依赖于温度和晶体的纯度。因为温度升高和掺杂都可能在晶体中产生缺陷。从能带理论可以理解离子晶体的导电性：离子晶体中带电的点缺陷可以是电子或空穴，它的能级处于满带和空带的能隙中，且离空带的带底或满带的带顶较近，从而可以通过热激发向空带提供电子或接受满带电子，使离子晶体表现出类似于半导体的导电特性。例如，在高纯的硅单晶体中有控制地掺入微量的 3 价杂质硼，硅的电学性能就有很大的改变。当在 10^5 个硅原子中有 1 个硼原子时，可以使硅的电导增加 10^3 倍。

3. *点缺陷能加速与扩散有关的相变*

由于高温时点缺陷的平衡浓度急剧增加，点缺陷无疑会对高温下进行的过程，如扩散、高温塑性变形和断裂、表面氧化、腐蚀等产生重要的影响。

点缺陷是不断运动着的，下面以空位为例说明其运动过程。空位周围原子的热振动给空位的运动创造了条件，空位就是通过与周围原子不断地换位来实现其运动的。空位运动时，必然会引起晶格点阵发生畸变，因而要克服能垒。空位在运动过程中如遇到间隙原子，空位便消失，这种现象称为复合。空位运动到位错、晶界及外表面等晶体缺陷处也将消失。这样点缺陷在能量起伏的支配下，不断地产生、运动和消亡。点缺陷的运动实际上是原子迁移的结果，而这种点缺陷的运动所造成的原子迁移正是扩散现象的基础。空位扩散机制是原子扩散的一个主要机制。

以各种目的进行的金属材料热处理就是利用了金属中原子的扩散。对加工后的金属进行退火，加工导致大量位错产生，原子扩散引起攀移、正负位错相互抵消；为时效硬化进行热处理，通过扩散在母晶体中析出过饱和固溶状态的固溶原子等，都是点缺陷空位扩散的结果。

如果给出晶体中的空位浓度和原子跳动频率，根据空位机制，可求出某个原子经历时

间 t 后的距离。设原子间距为 a，根据随机功原理，n 次跳动后的平均移动距离 r，可用 $r=a\sqrt{n/3}$ 给出。设原子的跳动频率为 f，经过时间 t 后 $r=a\sqrt{ft/3}$。f 是所研究的原子邻接位置上空位的存在概率和原子跳向空位的频率之积，因此 $f=Cz\nu$。式中，C 为平衡态的空位浓度；z 为邻接阵点数；ν 为空位迁移到邻接位置上的频率；则 $z\nu$ 就是空位跳动频率。但是，由于原子一次跳向空位再回到同样位置上的概率比移动到其他方向上的概率大，因此空位机制产生的原子扩散不是完整的随机功，设修正因子为 F，则

$$r=a\sqrt{Fz(C\nu t/3)} \tag{2-4}$$

F 在 fcc(面心立方晶格的金属)金属中为 0.78，在 bcc(体心立方晶格的金属)金属中为 0.72。另一方面，由于扩散系数 D 被定义为

$$r=\sqrt{2Dt} \tag{2-5}$$

根据式(2-4)和式(2-5)，得到

$$D=a^2FzC\nu/6 \tag{2-6}$$

将 C 的式(2-3)和 ν 的式(2-4)代入式(2-5)，最终可得到

$$D=D_0\exp^{-U_s/k_BT} \tag{2-7}$$

式中，D_0 为扩散系数的熵项；U_s 为自扩散的激活能。

该结果的最大特征是金属的自扩散激活能等于空位的形成能与移动能之和。自扩散系数的测定可以这样进行：把放射性同位素放在金属表面上蒸发，研究随着时间的增加同位素进入金属内部的情形，然后利用各种金属的自扩散激活能值 U_s 做出曲线。实际上对于各种金属，都近似地满足 $U_s=U_f+U_m$(U_m 为空位的迁移能)关系。

空位如果在位错线上，则容易沿位错线移动，沿位错线自扩散的激活能约为普通值的1/2，沿晶界扩散也有同样的情形。

4. 点缺陷可以引起晶体光学性能的变化

由于离子晶体的价带与导带之间有很宽的禁带，禁带宽度大于光子能量，用可见光照射晶体时，价带电子吸收光子获得的能量不足以使它跃迁到导带，因而不能吸收可见光，表现为无色透明晶体。但是如果设法在离子晶体中引入点缺陷，这些电荷中心可以束缚电子或者空穴在其周围形成束缚态，这样，通过光吸收可使被束缚的电子或空穴在束缚态之间跃迁，使原来透明的晶体呈现颜色。这类能吸收可见光的点缺陷称为色心，最常见的色心是 F 心。

利用点缺陷可以引起晶体光学性能变化这一原理，可以为透明材料和无机非金属材料进行着色和增色，用来制作红宝石、彩色玻璃、彩色水泥、彩釉、色料等。例如，蓝宝石是 Al_2O_3 单晶，呈无色，而红宝石是在这种单晶氧化物中加入少量的 Cr_2O_3。这样，在单晶氧化铝禁带中引进了 Cr^{3+} 的杂质能级，造成了不同于蓝宝石的选择性吸收，故显红色。在增色过程中，把碱卤晶体在碱金属蒸气中加热一段时间，然后急冷到室温，晶体就会出现颜色。将 NaCl 晶体在 Na 蒸气中加热，晶体变为黄色，KCl 晶体在 K 蒸气中加热后变成了紫色。

在增色过程中，大量的碱金属原子扩散进入晶体，以一价正离子的形式占据正常格点位置，因为没有供给相应数量的负离子，于是在晶体中出现等量的负离子空位。这可由着色晶体密度比纯晶体密度小的事实得到证实。带正电的负离子空位与其所束缚的原碱金属上的一个电子形成的吸收中心就是 F 心，如图 2.5 所示。

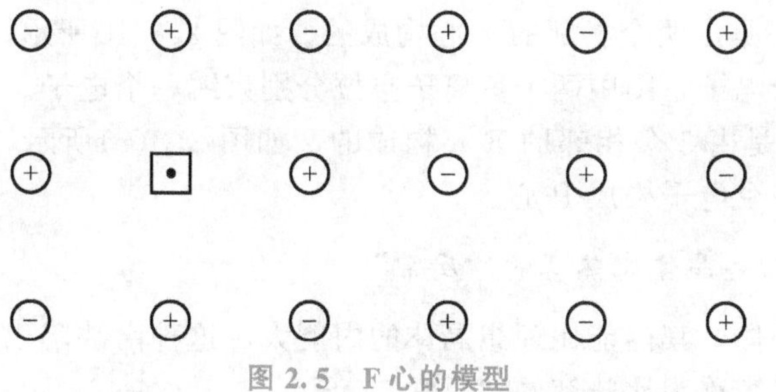

图 2.5 F 心的模型

离子晶体在可见光区各有一个吸收带，称为 F 带。图 2.6 列出了几种碱卤晶体的 F 带，可用类氢模型来描述 F 心的束缚能级。F 吸收带可以看成电子从类氢基态 1s 态到第一激发态 2p 态的跃迁，如图 2.7 所示。吸收带的宽度与温度有关，温度愈低，吸收带就愈窄。这个吸收带实际上对应一根吸收谱线，该谱线变成吸收带是由于晶格的振动而引起的。温度越高，晶格振动越剧烈，吸收带就越宽。

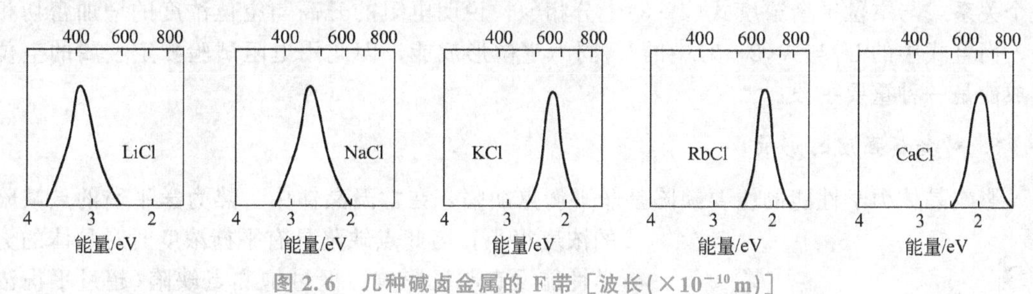

图 2.6 几种碱卤金属的 F 带［波长(×10^{-10}m)］

(1) F 心。F 心是色心中最简单的一种，也可以说是碱卤晶体中最简单的一种缺陷。如果 F 心的 6 个最近邻离子中的某一个被另一个碱金属离子所取代，就成为 F_A 心，如图 2.8(a)所示。图中空位处的黑点表示负离子空位束缚的一个电子。

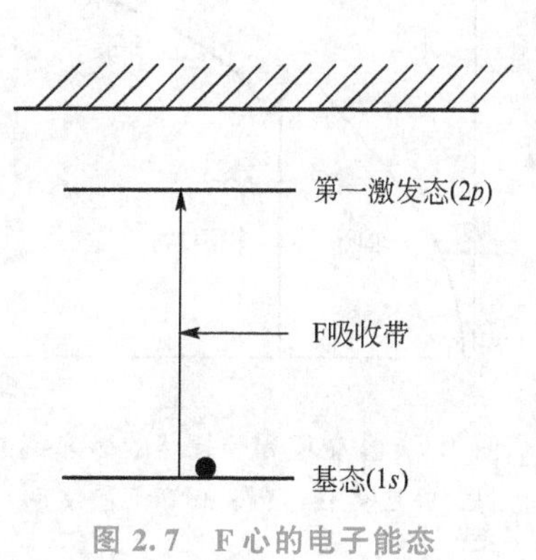

图 2.7 F 心的电子能态

(2) V 心。如果将碱卤晶体(如溴化钾或碘化钾)在卤素蒸气中加热，然后骤冷至室温，造成卤素原子的过剩，在晶体中出现正离子的空位，形成负电中心。它将束缚临近负离子所共有的空穴。这样的系统称为 V 心，含过量卤素原子的碱卤晶体在紫外区出现 V 带。

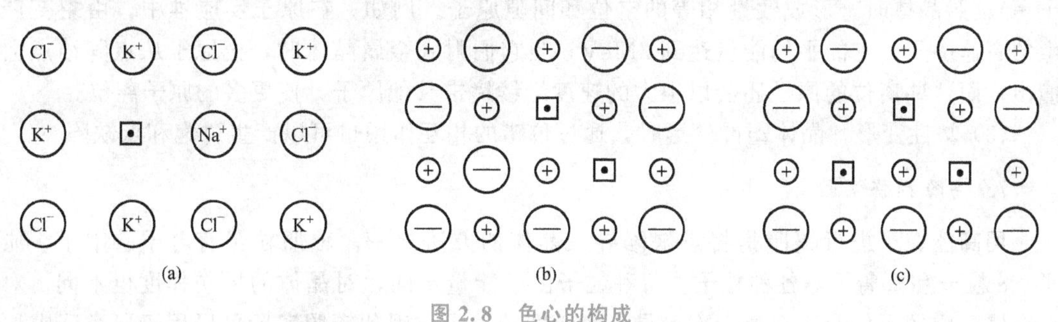

图 2.8 色心的构成

(a) F_A 心；(b) M 心；(c) R 心

(3) M心。M心是由两个相邻的F心构成的，如图2.8(b)所示，(100)面两个相邻负离子空位各俘获一个电子，图中两个负离子空位分别束缚一个电子。

(4) R心。R心是由3个相邻的F心构成的，如图2.8(c)所示，(111)面3个相邻的负离子空位各俘获一个电子构成R心。

5. 点缺陷可以引起晶体比热容的“反常”

含有点缺陷的晶体，其内能比理想晶体的内能大，这种由缺陷引起的在定容比热容基础上增加的附加比热容称为比热容的“反常”。

纯金属电阻随淬火温度变化的实验曲线表明，电阻增量的对数值随淬火温度倒数的增大而下降，并呈线性关系。由这些实验结果得出关系式

$$\Delta\rho=\rho_0\exp\left(-\frac{U_f}{k_\mathrm{B}T}\right) \tag{2-8}$$

式中，$\Delta\rho$为淬火产生的电阻率增量；ρ_0为常数；U_f为空位的形成能；k_B为玻尔兹曼常数。这个关系式与空位平衡浓度式(2-3)十分相似，说明电阻的升高与空位浓度的增加密切相关，而且式中的U_f与式(2-3)中的U_f同为空位形成能，因此用电阻试验测定金属的空位形成能是一种重要手段。

6. 对金属强度的影响

影响晶体力学性能的主要缺陷是非平衡点缺陷，在常温晶体中，热力学平衡的点缺陷的浓度很小，因此点缺陷具有平衡浓度时对晶体的力学性能没有明显影响。但过饱和点缺陷(超过平衡浓度的点缺陷)可以提高金属的屈服强度。如图2.9所示，通过辐照提高晶体的屈服应力。但是这些过饱和点缺陷是非平衡点缺陷，是不稳定的。在加热过程中它们将通过运动而消失，最后又趋于平衡浓度。

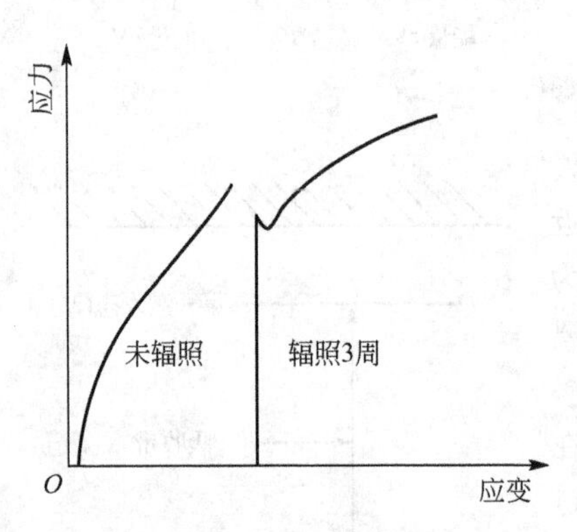

图2.9　未辐照和受辐照的多晶铜的应力-应变曲线(在20℃下的实验)

下面是几种获得过饱和点缺陷的方法。

(1) 淬火法。将晶体加热到高温，晶体中便形成较多的空位，然后从高温快速冷却到低温(称淬火)使空位在冷却过程中来不及消失，在低温时形成过饱和空位。

(2) 辐照法。高能粒子(如快中子、重粒子、电子等)辐照晶体时，形成数量相等的空位和间隙原子。例如，在原子反应堆中，由裂变产生的高速中子，它的平均能量达到2MeV，当它们射入金属晶体时，把原子从点阵结点上撞出，而这些离位的原子还会以很大的速度继续撞击其他原子，使更多的原子离位。

(3) 塑性变形。晶体塑性变形时，通过位错的相互作用也可以产生过饱和点缺陷。

7. 辐照损伤实验

用高能粒子进行辐照是将点缺陷导入晶体的方法之一。辐照粒子有电子、中子、质子、α粒子和重离子等各种粒子。每种粒子由于能量不同，对晶体的损伤程度也不同。对于金属，辐照不仅导入空位，而且导入大量间隙原子，因此辐照实验可以用于研究间隙原子。但辐照损伤研究的最大目的是了解原子反应堆材料的损伤机制，为未来核反应堆的第

一壁材料开发奠定基础。

高能粒子射入晶体时，为了把原子从阵点轰出，必须有大于某个值的能量提供给原子。这个能量称为位移能 E_m，E_m 值根据粒子射入晶体的方向不同而产生差异，金属的平均 E_m 值为10～30eV。

粒子碰撞形成的最小单位缺陷是一个原子空位和一个被弹出的间隙原子。空位和间隙原子对称为弗兰克对，弗兰克对自身的能量是5eV。如果产生的弗兰克对是一个非常接近的对时，能完全回复到原来的状态，必须反复碰撞，才能形成距离较远的弗兰克对，因此弹出粒子的能量一定比弗兰克对自身的能量大，在碰撞过程中，被周围原子碰撞的能量有相当一部分以热的形式逸散掉了。

粒子入射能量达到 E_m 值并不意味着必然会发生损伤，因为一部分入射能量不能提供给碰撞的原子。设入射粒子的质量为 m，晶体的原子质量为 M，入射粒子的能量为 E_m，入射粒子正面碰撞晶体中的某个原子时给予这个原子的动能为 E_d，假定为弹性碰撞，则

$$E_d=\frac{4Mm}{(M+m)^2}E_m \tag{2-9}$$

当入射粒子为高速电子时，考虑到 $M\gg m$ 和相对论效应，可得

$$E_d=\frac{2(E_m+2m_ec^2)}{Mc^2} \tag{2-10}$$

式中，c 为光速；m_e 为电子质量，当 $E_d>E_m$ 时发生损伤。用重离子辐照时，即使入射粒子能量较小也可能发生损伤。对于中子和质子，$M\gg m$，容易由式(2-9)导出入射能很大时也不发生损伤，特别是电子束照射时，即使能量达到几十万电子伏也不会发生损伤。

为原子提供的能量 E_d 值比 E_m 值大的不多时，照射产生的缺陷只是单纯的弗兰克对；如果 $E_d\gg E_m$，一个入射粒子可以在很宽的范围内产生缺陷。碰撞弹出的原子在晶体内又弹出其他的原子造成连锁反应，形成逐级损伤。但是，由于入射到晶体中的粒子和原子碰撞，粒子不能进入晶体深处，所以，辐照损伤只在离晶体表面某个深度处集中形成。

辐照缺陷在晶体中大量形成后，除非晶体保持在极低的温度下，否则一部分缺陷会移动，空位和间隙原子相互抵消，另一部分集合形成新的缺陷，称为二次缺陷。特别是间隙原子容易移动，即使在低温下也可能形成间隙原子集合体或间隙型的位错环。以前，有人认为辐照形成的空位和间隙原子数量相等，如果升温退火相互对消，结果恢复到未辐照状态。但实际上间隙原子和空位的聚集处，不一定是各自的点缺陷，最终应该残留各种各样的二次缺陷。在α粒子照射的情况下，进入的α粒子(氦离子)聚集在空腔中和晶界处，形成高压氦气，晶体中含有的空穴称作气泡，空腔和气泡长大则使晶体体积膨胀，最终导致晶体点阵被破坏。

2.2 位　　错

除了原子之间的键合类型和结合力外，对材料强度影响最大的是位错。改变键合类型和结合力采用的方法是形成新的相，因为新相中的原子键合类型和结合力不同，这种方法常用于材料的制备。对于某一种材料来说，很难改变其键合类型和结合力而保持其成分、组织和结构等不变。但是，有很多方法来影响材料中的位错，通过影响位错的运动来达到

强化材料的目的。所以可以说，近代金属物理领域中的最大成果就是关于材料中位错的研究。

2.2.1 位错的主要类型

当晶体中原子的排列偏离理想周期结构的情况发生在晶体内部一条线的附近时，就形成了线缺陷，也称为一维缺陷。位错就是这样一种缺陷。位错种类很多，如楔型位错、扭型位错等，如图 2.10 所示。但最简单、最基本的类型有两种：一种是刃型位错；另一种是螺型位错。位错是一种极为重要的晶体缺陷，对金属的强度、塑性变形、扩散、相变等影响显著。

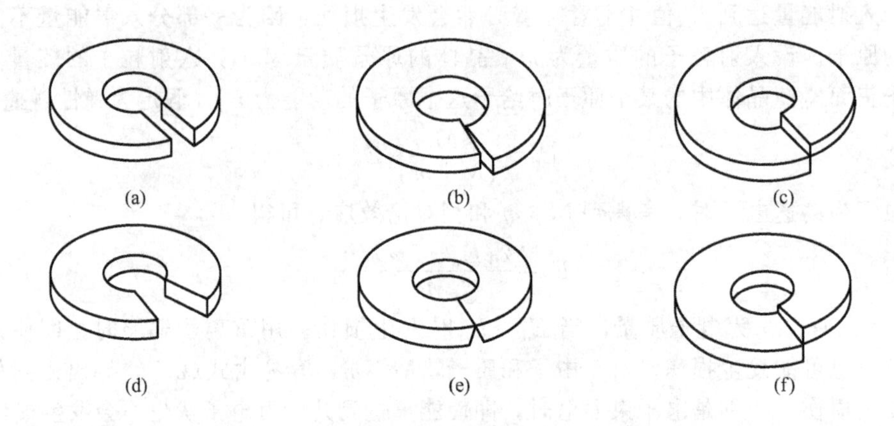

图 2.10 线缺陷类型

(a)、(b) 刃型位错；(c) 螺型位错；(d) 楔型位错；(e)、(f) 扭型位错

假设晶体内有一个原子平面在晶体内部中断，其中断处的边沿就是一个刃型位错，如图 2.11(b)所示。而螺型位错则是原子面沿一根轴线盘旋上升，每绕轴线盘旋一周上升一个晶面间距。在中央轴线处就是一个螺型位错，如图 2.11(c)所示。

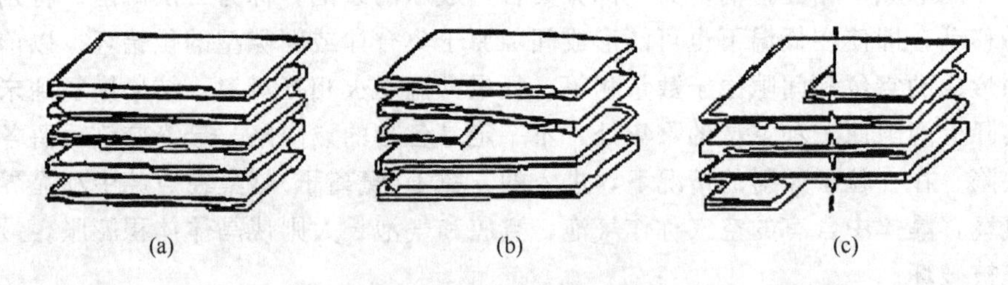

图 2.11 晶体中原子面的示意图

(a) 完整晶体；(b) 含有刃型位错的晶体；(c) 含有螺型位错的晶体

刃型位错和螺型位错都使得晶体中原子的排列在一条直线上偏离理想晶体的晶格周期性，这条直线称为位错线。

在图 2.12 中分别绘出了简单立方晶体中沿 z 轴的刃型位错和螺型位错附近原子的排列情况。在离位错线较远的地方，原子的排列接近完整晶体，但是在离位错线较近的地方，原子的排列有比较大的错乱。

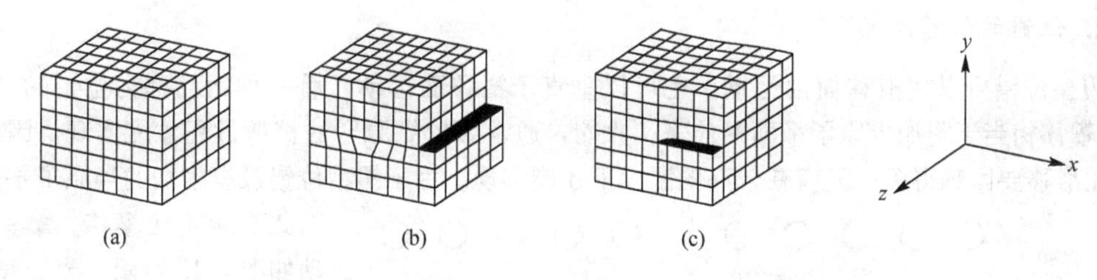

图 2.12 刃型位错与螺型位错的原子组态

(a) 完整晶体；(b) 含有刃型位错的晶体；(c) 含有螺型位错的晶体

2.2.2 位错的运动方式

位错的运动形式有滑移和攀移两种。

1. 位错的滑移运动

图 2.13(a)给出了正刃型位错(附加的半原子平面在上部，以符号⊥表示)在切应力作用下的运动。图 2.13(b)给出了在同样的切应力作用下负刃型位错(附加的半原子平面在下部，以符号⊤表示)的运动。其运动方式就像海浪，一浪推一浪地从局部移动到整体，两种情形的运动方向正好相反，但产生完全相同的形变。

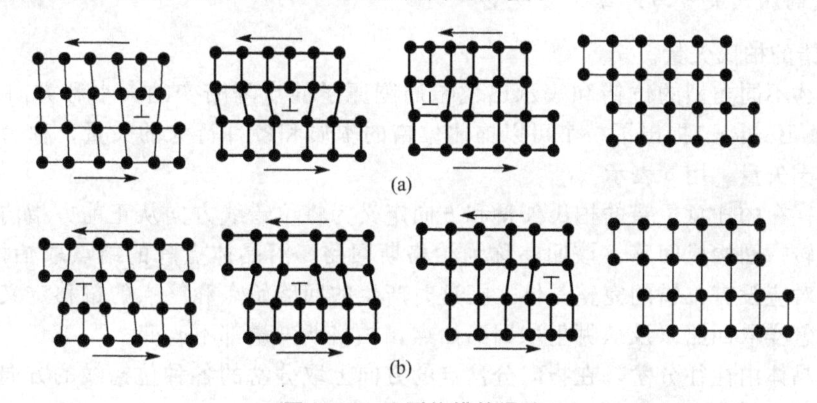

图 2.13 刃型位错的滑移

(a) 正刃型位错；(b) 负刃型位错

图 2.14 给出了螺型位错在切应力下的滑移过程。位错滑移对于刃型位错和螺型位错的不同之处在于，在刃型位错的滑移过程中，原子的滑移方向、位错线的运动方向和外加应力方向三者是平行的；而在螺型位错的滑移过程中，原子滑移方向与外加应力方向相同，而与位错线运动方向垂直。

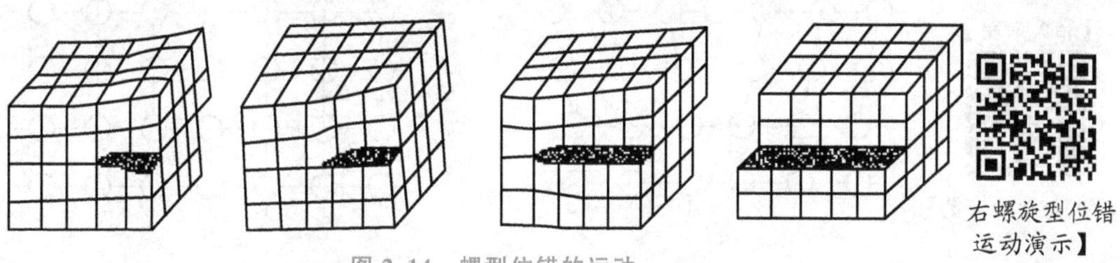

图 2.14 螺型位错的运动

右螺旋型位错运动演示】

2. 位错的攀移运动

刃型位错可以在滑移面内运动，也可以垂直于滑移面运动，后一种运动称为位错的“攀移”。攀移相当于附加半原子平面的伸张和收缩，通常要依靠原子的扩散过程才能实现，因此，攀移比滑移要困难得多，只有在较高的温度下才能实现。由于螺型位错没有附加的半原子平面，因此不能直接攀移。攀移运动如图 2.15 所示。当刃型位错向下攀移时，半原子平面被延长，结果在刃型位错处增加了一列原子，由于原子总数不变，所以在晶格中就产生了空位。相反，若位错向上攀移，相当于在位错处减少了一列原子，这些攀移时释放出来的原子就会变成填隙原子，或者用来填充原来存在的空位。

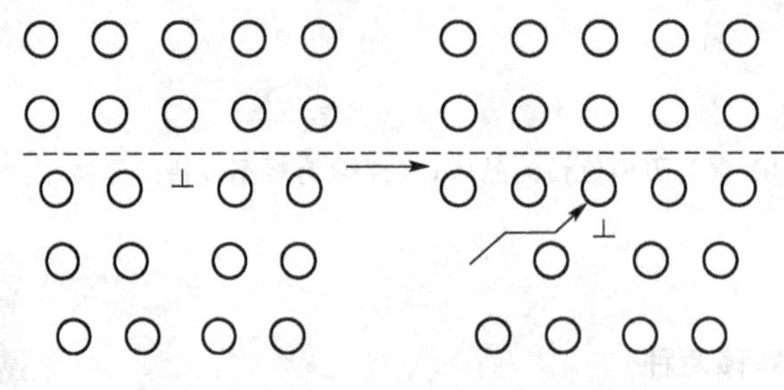

图 2.15　位错的攀移

【刃位错攀移演示】

2.2.3　位错的应力场、弹性能和线张力

1. 位错的柏氏矢量与连续介质模型

(1) 位错的柏氏矢量。

为了描述不同类型的位错和表示出位错周围原子的点阵畸变的大小和方向，1939 年柏格斯(J. M. Burgers)提出了一个可以描述位错的本质和各种行为的矢量，称为柏格斯矢量，简称柏氏矢量，用 b 表示。

晶体中存在的任意位错的柏氏矢量和方向定义为将位错线方向从正前方指向侧面，围绕位错向右转一圈构成回路，该回路称为柏格斯回路。沿晶体点阵的结点取柏格斯回路，使这个回路对应没有位错的完整晶体，把这时产生的回路始点和终点的偏移定义成柏格斯矢量。无论怎样取回路以及从哪里取回路始点，柏格斯矢量都不改变。

位错在晶体内往往分岔，在指向分岔点的方向上取分岔的各种位错线的方向，由此定义柏格斯矢量为 $\sum b_i = 0$，这种关系称为柏格斯矢量守恒定律。

以一简单立方晶体中的刃型位错为例，确定位错的柏氏矢量如下：首先在含有位错的实际晶体中作一闭合回路，从晶体中任一原子出发，沿逆时针方向围绕位错，但必须避开

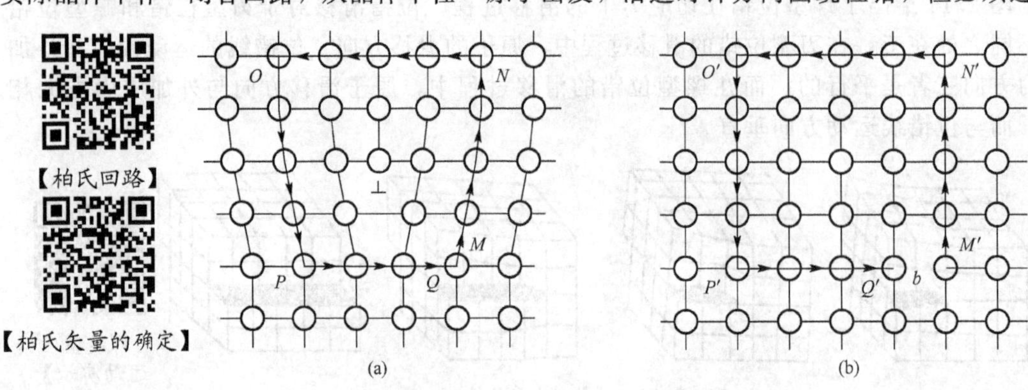

图 2.16　刃型位错柏氏矢量的确定

位错线，回路中也不能包含其他缺陷，如图2.16(a)所示，$MNOPQ$回路称为柏氏回路。再在假定的理想晶体中作一步数相等、方向相同的回路，如图2.16(b)所示的$M'N'O'P'Q'$回路，显然该回路不能闭合。为了使假定的理想晶体中的回路闭合，必须从终点向起点引一矢量b，使回路闭合。则矢量b就是实际晶体中的柏氏矢量。利用同样的方法也可以确定螺型位错的柏氏矢量，只不过作出的回路为三维回路。

从图2.16中可以看出刃型位错的柏氏矢量垂直于位错线，螺型位错的柏氏矢量平行于位错线。柏氏矢量是区别位错与其他晶体缺陷的特征，因此可以把位错定义为柏氏矢量不为零的晶体缺陷。

(2) 位错的连续介质模型。

1907年伏特拉(Volterra，V.)等人在研究弹性体变形时，提出了连续介质模型。位错理论提出后，人们就借用它来处理位错的弹性性质问题。

位错弹性连续介质模型的一些简化假设如下。

① 用连续的弹性介质代替实际晶体，由于是弹性体，所以符合胡克定律。

② 近似地认为晶体内部由连续介质组成，晶体中没有其他缺陷，因此晶体中的应力、应变和位移等都是连续的，可用连续函数表示。

③ 将晶体看作各向同性的，这样晶体的弹性常数(弹性模量、泊松比等)不随方向的改变而改变。

有了以上假设后，就可以应用经典的弹性理论来计算应力场。

2. 位错的应力场

(1) 应力与应变的表示方法。

① 应力分量。物体中任意一点都可以抽象为一个小立方体。其应力状态可用9个应力分量来描述。它们分别是：σ_{xx}、τ_{xy}、τ_{xz}、τ_{yx}、σ_{yy}、τ_{yz}、τ_{zx}、τ_{zy}和σ_{zz}。其中，第一个下标符号表示应力作用面的外法线方向，第二个下标符号表示该应力的指向，如图2.17所示。如τ_{xy}表示作用在与yOz坐标面平行的小平面上、指向y方向的力，显然它表示的是切应力分量。

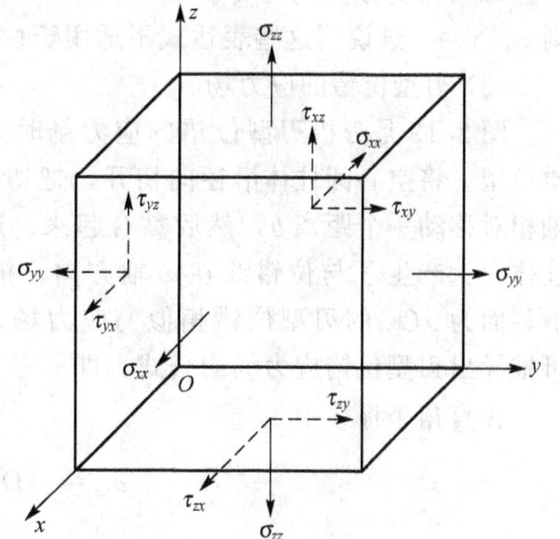

图2.17 表示应力分量的示意图

同样的分析可以知道：σ_{xx}、σ_{yy}、σ_{zz} 3个分量表示正应力分量，而其余6个分量全部表示切应力分量。平衡状态时，为了保持受力物体的刚性，作用力分量中只有6个是独立的，它们是σ_{xx}、σ_{yy}、σ_{zz}、τ_{xy}、τ_{yz}和τ_{zx}，而$\tau_{xy}=\tau_{yx}$、$\tau_{xz}=\tau_{zx}$，$\tau_{yz}=\tau_{zy}$。

同样，在柱坐标系中，也有6个独立的应力分量：σ_{rr}、$\sigma_{\theta\theta}$、σ_{zz}、$\tau_{r\theta}$、τ_{rz}和$\tau_{\theta z}$。

② 应变分量。与6个独立的应力分量对应，也有6个独立的应变分量。在直角坐标系中，独立的应变分量为3个正应变分量ε_{xx}、ε_{yy}、ε_{zz}和3个切应变分量γ_{xy}、γ_{yz}和γ_{zx}；在柱坐标系中，独立的应变分量为ε_{rr}、$\varepsilon_{\theta\theta}$、$\varepsilon_{zz}$、$\gamma_{r\theta}$、$\gamma_{rz}$和$\gamma_{\theta z}$。

(2) 螺型位错的应力场。

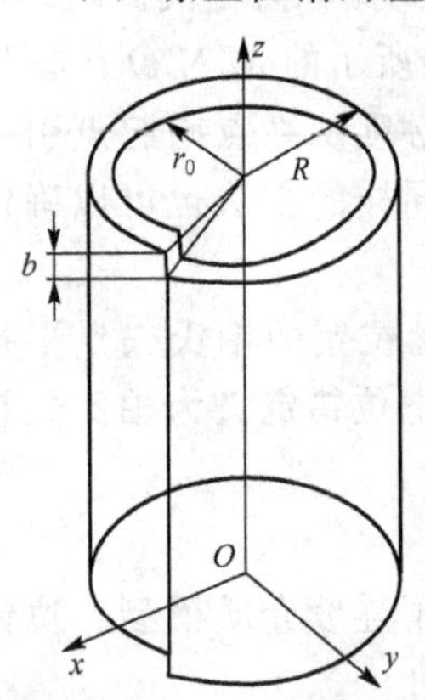

图 2.18 螺型位错的连续介质模型

将一个轴心与 z 轴重合、内径为 r_0、外径为 R 的空心圆柱体沿径向切开，把切开的两侧沿 z 轴相对移动一个距离 b，然后黏合起来，如图 2.18 所示。该空心圆柱的畸变情况与一个螺型位错的畸变较小区情况相似。该位错的位错线与 z 轴方向相同，柏氏矢量就是圆柱体的滑移距离 b。

由于圆柱体只有沿 z 轴方向的变形(柱坐标系)，因此位错产生的切应变为

$$\left.\begin{aligned}&\varepsilon_{\theta z}=\varepsilon_{z\theta}=\frac{b}{2\pi r}\\&\varepsilon_{\theta r}=\varepsilon_{r\theta}=\varepsilon_{zr}=\varepsilon_{rz}=0\\&\varepsilon_{rr}=\varepsilon_{\theta\theta}=\varepsilon_{zz}=0\end{aligned}\right\}\qquad(2-11)$$

由胡克定律 $\tau=G\varepsilon$(G 为切变模量)，可知其相应的切应力为

$$\left.\begin{aligned}&\tau_{\theta z}=G\varepsilon_{\theta z}=\frac{Gb}{2\pi r}\\&\tau_{\theta r}=\tau_{r\theta}=\tau_{zr}=\tau_{rz}=0\\&\sigma_{rr}=\sigma_{\theta\theta}=\sigma_{zz}=0\end{aligned}\right\}\qquad(2-12)$$

从以上分析看出，螺型位错的应力场中没有正应力分量，只有两个切应力分量，并且切应力分量的大小仅与 r 有关，而与 θ、z 无关。即螺型位错的应力场是轴对称的。

由于圆柱体在 x 轴和 y 轴方向没有位移，所以其余的应力和应变分量均为零。若令式(2-12)中的 $r\to 0$，则 $\tau_{\theta z}\to\infty$，这说明这些表达式不适用于位错中心处。

(3) 刃型位错的应力场。

图 2.19 是分析刃型位错的应力场时采用的连续介质模型。将空心圆柱体沿径向切开，把切开的两侧沿 x 轴相对移动一个距离 b，然后黏合起来。这样，在该圆柱体内就产生了与位错线在 z 轴方向、柏氏矢量为 b、滑移面为 xOz 的刃型位错相似的应力场。用弹性理论可推导出刃型位错应力场的公式，即

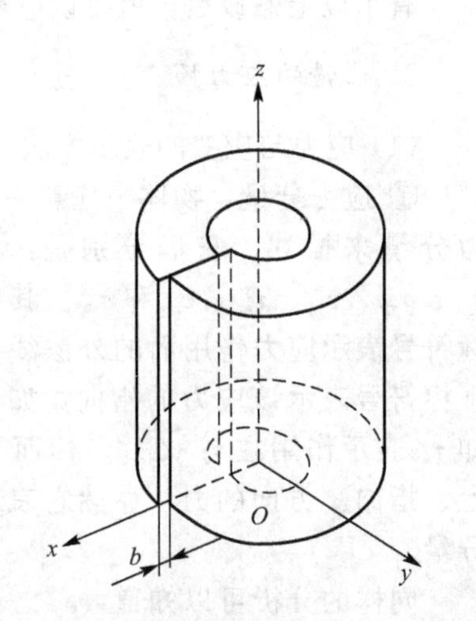

图 2.19 刃型位错的连续介质模型

在直角坐标系中

$$\left.\begin{aligned}&\sigma_{xx}=-D\frac{y(3x^2+y^2)}{(x^2+y^2)^2}\\&\sigma_{yy}=D\frac{y(x^2-y^2)}{(x^2+y^2)^2}\\&\sigma_{zz}=\upsilon(\sigma_{xx}+\sigma_{yy})\\&\tau_{xy}=\tau_{yx}=D\frac{x(x^2-y^2)}{(x^2+y^2)^2}\\&\tau_{yz}=\tau_{zy}=\tau_{zx}=\tau_{xz}=0\end{aligned}\right\}\qquad(2-13)$$

若用柱坐标系表示，则为

$$\left.\begin{aligned}&\sigma_{rr}=\sigma_{\theta\theta}=-\frac{D\sin\theta}{r}\\&\sigma_{zz}=\upsilon(\sigma_{rr}+\sigma_{\theta\theta})=-\frac{2\upsilon D\sin\theta}{r}\\&\tau_{r\theta}=\tau_{\theta r}=\frac{D\cos\theta}{r}\\&\tau_{rz}=\tau_{zr}=\tau_{\theta z}=\tau_{z\theta}=0\end{aligned}\right\}\tag{2-14}$$

式(2-13)和式(2-14)中，$D=\dfrac{Gb}{2\pi(1-\upsilon)}$；$\upsilon$ 为泊松比。

根据上述公式，可以看出刃型位错的应力场有以下特点。

① 刃型位错的应力场中既有正应力分量，又有切应力分量，因此比较复杂。

② 各种应力分量的大小与距位错线的距离 r 成反比，离位错线越远应力分量越小。

③ 与螺型位错的应力场一样，表达式不适用于位错中心处。

④ 在滑移面上，即 $y=0$ 时，$\sigma_{xx}=\sigma_{yy}=\sigma_{zz}=0$，说明滑移面上无正应力，只有切应力，而且在该面上切应力 τ_{xy} 和 τ_{yx} 值最大。

⑤ 除滑移面外，其他位置的 $|\sigma_{xx}|$ 总是大于 $|\sigma_{yy}|$，这与刃型位错的结构特点是一致的。当 $y>0$ 时，$\sigma_{xx}<0$，说明滑移面以上的多余半原子面使 x 方向产生压应力；当 $y<0$ 时，$\sigma_{xx}>0$，说明滑移面以下的多余半原子面使 x 方向产生拉应力。

⑥ $|x|=|y|$ 时，σ_{yy}、τ_{xy} 及 τ_{yx} 都为零，表明在与 x 轴成45°的两条线上只有 σ_{xx}。

⑦ $x=0$ 时，τ_{xy} 和 τ_{yx} 为零，应力场中 yOz 面上切应力为零。

根据以上规律可绘制出位错的应力场示意图，如图 2.20 所示。

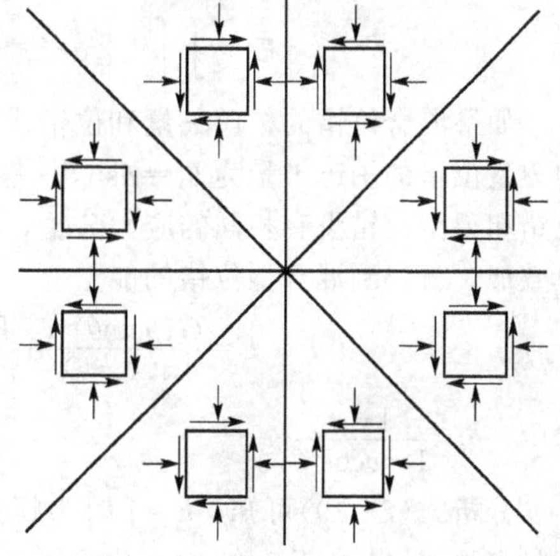

图 2.20 刃型位错的应力场示意图

3. 位错的弹性应变能

晶体发生形变时，在形变区域附近就会存在应力场，说明位错能使晶体的能量提高。把由于位错的存在而引起的能量的增量称为位错的弹性应变能，或称为位错能。位错的许多特性都是由位错在其周围材料中产生的应力场和弹性能所决定的。位错引起的畸变区域分为处于位错中心的严重畸变区和远离位错中心的较小畸变区，严重畸变区一般为 0.5～1nm，约占位错总能量的 10%，与位错的柏氏矢量具有相同的数量级，在研究该区域的应变场和弹性能时，由于要考虑晶体结构和原子间的相互作用，计算复杂，通常忽略不计。所以下面重点讨论位错周围较小畸变区的弹性应变能。

只要知道形成位错时所要做的功就能知道位错的弹性应变能。因为位错形成以后，此功留存在弹性体内，并转变为位错能。同样采用连续介质模型计算形成位错所要做的功。这种计算方法较其他方法简单。

为计算形成刃型位错所做的功，参看图 2.19，并设想如下过程。沿 xOz 面剖开，令两个切面作相对位移 x，在位错形成过程中 x 从 0 增到 b。在切开面上取微小面积元 ds，ds=1dr，即在位错线方向上取单位长度，沿 r 方向取 dr。作用在 ds 面上的切应力设为 $\tau'_{\theta r}$(1dr)，$\tau'_{\theta r}$应等于柏氏矢量为 x 的位错的分切应力，即

$$\tau'_{\theta r}=\frac{Gx}{2\pi(1-\upsilon)}\frac{\cos\theta}{r}$$

因为面积元 ds 所在切开面的 $\theta=0$，所以

$$\tau'_{\theta r}=\frac{Gx}{2\pi(1-\upsilon)}\frac{1}{r} \tag{2-15}$$

当位移为 dx 时，此应力在 r_0 到 R 的整个切开面上所做的功为

$$\mathrm{d}W=\int_{r_0}^{R}\tau'_{\theta r}\mathrm{d}r\mathrm{d}x \tag{2-16}$$

位移 x 从 0 增到 b 的全过程所做的功即为刃型位错的能量 E

$$E=\int_0^b\int_{r_0}^{R}\frac{Gx}{2\pi(1-\upsilon)}\frac{1}{r}\mathrm{d}r\mathrm{d}x=\frac{Gb^2}{4\pi(1-\upsilon)}\ln\frac{R}{r_0} \tag{2-17}$$

式(2-17)为单位长度刃型位错线的畸变能。用相同的方法也可以求出螺型位错的单位长度位错线能量为

$$E=\int_0^b\int_{r_0}^{R}\tau'_{\theta z}\mathrm{d}r\mathrm{d}z=\int_0^b\int_{r_0}^{R}\frac{Gz}{2\pi}\frac{1}{r}\mathrm{d}r\mathrm{d}z=\frac{Gb^2}{4\pi}\ln\frac{R}{r_0} \tag{2-18}$$

如果混合位错的柏氏矢量和位错线的夹角为 θ，可视为刃型位错和螺型位错的和。其中刃型位错的柏氏矢量为 $b_1=b\sin\theta$；螺型位错的柏氏矢量为 $b_2=b\cos\theta$。由于平行的螺型位错和刃型位错没有相同的应力分量，它们之间没有相互作用力，所以它们的能量可以简单叠加，就得到混合型位错的能量

$$E=\frac{G(b\sin\theta)^2}{4\pi(1-\upsilon)}\ln\frac{R}{r_0}+\frac{G(b\cos\theta)^2}{4\pi}\ln\frac{R}{r_0}=\frac{Gb^2}{4\pi k}\ln\frac{R}{r_0} \tag{2-19}$$

式中，$k=\dfrac{1-\upsilon}{1-\upsilon\cos^2\theta}$。

分析式(2-19)可知，$k=1$ 时为螺型位错的能量表达式；$k=1-\upsilon$ 时，为刃型位错的能量表达式；k 介于 1 和 $1-\upsilon$ 之间时，为混合型位错的弹性应变能的表达式。

根据位错的应变能表达式，当 $r_0\to0$ 时，位错的能量将无限大，显然不合理。但实际晶体中，R 的数值为亚晶界尺寸，约为 10^{-4} cm，而 r_0 的数值接近于 b，约为 10^{-8} cm，因此单位长度位错的能量约为

$$E\approx\frac{Gb^2}{4\pi k}\ln10^4=\alpha Gb^2 \tag{2-20}$$

式中，α 为与几何因素有关的系数，为 0.5～1。由式(2-20)可以看出，位错的弹性能与柏氏矢量的平方成正比，说明柏氏矢量越小的位错，能量越低，在晶体中越稳定。

与位错有关的应变能有两个重要结论：第一，由于位错线附近的晶格畸变，在其周围产生弹性应变和应力场，单位位错线上就存在附加的弹性能量。如果把这段位错看作一个变了形的弹簧，为了减小其弹性能，位错线有尽量缩短的趋势。因此形成环状的位错将倾向于缩小面积而最终消失，其他形状的位错将尽可能地变成一条直线，所以位错线呈直线状态的应变能比弯曲状态的应变能小。弯曲位错能增加的程度与位错长度的增加近似地成正比，因此，可看作位错具有一定的线张力；第二，尽管在晶体内位错引起位形熵增加，可是位错线还是使晶体的自由能增加，增加的数量几乎等于应变能，由于应变能非常大，

自由能的增加也非常大，所以固体中的位错不能在热平衡状态下存在。

4. 位错的线张力

前面计算出的弹性应变能是单位长度位错线的应变能，因此，位错的总能量正比于它的长度，所以位错有尽量缩短其长度的趋势。如同液体为缩小其表面能而产生表面张力一样，位错也存在为缩短位错线长度而产生的线张力 C。

如果使位错的长度增加 $\mathrm{d}s$，则对线张力 C 做功为 $C\mathrm{d}s$，此功等于位错能量的增加值 $E\mathrm{d}s$，即

$$C\mathrm{d}s=E\mathrm{d}s$$

因此

$$C=E=\alpha Gb^2$$

位错的线张力的数值等于单位长度位错的能量。对于直线位错，可按式(2-20)计算；对于弯曲的位错线，由于远处的应力场可能相互抵消，使其线张力小于直线位错，故 α 值可近似地取 0.5，这样，位错的线张力 $C\approx\frac{1}{2}Gb^2$。

2.2.4 位错与材料物理性能

1. 位错的滑移与晶体的范性形变

晶体受到的应力超过弹性限度后，将产生永久形变，这种形变称为范性形变。晶体的这种性质称为它的范性。晶体的范性可以用位错的滑移来解释。

显微镜观察表明，当晶体发生范性变形时，变形是由于一个原子平面相对于另一个原子平面滑移而产生的。对于每种具有某种结构的材料，都有其特定的容易发生滑移的晶面和晶向。比如在立方晶格中具有最重要意义的 3 种晶面为(100)、(110)、(111)；具有最重要意义的 3 种晶向为 [100]、[110]、[111]。

滑移通常在密排面(如面心立方结构中的 {111} 晶面族)上沿这一平面上原子最密集的方向(如面心立方结构中的 〈110〉 晶向)上发生。在金相显微镜下观察，发生范性变形的金属表面可以看到一些条纹，称为滑移带。晶体中那些容易发生滑移的特定晶面称为滑移面，那些容易发生滑移的晶向称为滑移向。

晶体的范性形变可以通过位错的运动来实现。因为位错相当于晶体中已经滑移的区域与未滑移区域的界线，位错线沿滑移面运动相当于晶体中滑移的逐步发展。

如果晶体的范性形变不是通过位错的运动来实现的，而是依靠两半晶体作刚性的相对位移来实现的，那是十分困难的，因为晶体沿晶面作刚性滑移时，晶面上的所有原子要同时克服原子势垒。其临界应力的计算值比实验值大很多，大 $10^3\sim10^4$ 倍。

而采用位错的滑移机制，晶体的范性形变，都是由晶面中位错线附近的一部分原子发生位移，然后推动相邻的原子发生位移，循序渐进，最后使上方的晶面相对于下方的晶面完成滑移来实现的。按照这样的模型进行滑移时所需要的临界应力就很小，理论计算值和实验值具有相同的数量级。因此，用位错模型来解释滑移过程是非常成功的。

晶体范性形变的滑移机制也被实验所证明。利用电子显微镜衍衬法对金属薄膜进行分析，观察到了位错在切应力作用下产生滑移的过程，也看到了位错在应力作用下滑移后，滑移到晶体表面，在表面形成的台阶，相当于金相观察中看到的滑移线。

2. 位错对金属强度的影响

材料在塑性变形时，位错密度大大增加，从而使材料出现加工硬化现象。一般情况下，未经历冷加工的金属材料中位错密度约为10^6 cm/cm^3。相对来说，这样的位错密度还是很小的。如图2.21所示，当外加应力超过屈服强度时，位错开始滑移。如果位错在滑移面上遇到障碍物，就会被障碍物钉住而难以继续滑移。

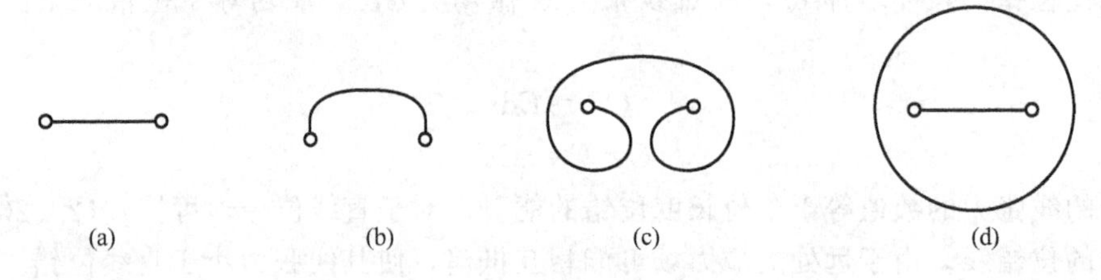

图2.21　位错增殖示意图

图2.21(a)表示的就是一段位错线的两端被障碍物钉住的情况。继续增大的应力使位错线不断弯曲［图2.21(b)、图2.21(c)］并扩展，以求滑移。最后，相互接近的两段位错因为具有相反的性质(柏氏矢量相同，位错线方向相反)，它们会相互靠近，以致消失。这样的结果使原来的一段位错线仍然被钉在障碍物上，但在这段位错线的外围却多出来一个位错环［图2.21(d)］。这就是Frank－Reed位错源的机理。经过了冷加工的金属材料位错密度可增至10^{12} cm/cm^3，比初始的位错密度大近百万倍。位错密度越大，位错之间的相互作用也越大，对位错进行滑移的阻力也越大。这就是加工硬化的原理。

加工硬化发生时，材料的屈服强度增加了，但材料的抗拉强度一般不会变化。

陶瓷中也会有一些位错，所以也会出现很小程度的加工硬化。但是陶瓷很脆，在低温时不可能发生明显的塑性变形，只有在高温时才会有塑性变形。同样，像硅这样共价键结合的材料都是脆性材料，不会出现加工硬化现象。有时，热弹性高分子会出现硬化现象，但它的变形机制与金属塑性形变完全不同。

热弹性高分子材料在塑性变形时的硬化现象，其原因不是加工硬化，而是长链分子发生了重新排列甚至晶化。当所加应力超过热弹性高分子材料如聚乙烯的屈服强度时，分子链之间的极化键发生断裂，分子链被拉长，并沿拉伸方向重新排列。所以经过冷加工后的高分子材料的强度，尤其是沿着拉伸方向的强度会增加。

3. 位错对材料的电学、光学性质的影响

因为位错的周围有应力场，从而杂质原子会聚集到位错的近邻，使晶体的性质发生改变，例如一个正的刃型位错，滑移面上部有晶格被压缩，原子所受到的是压力，而在其下部，晶格受到伸张，作用在原子上的是张力。如果在一个正的刃型位错的上部，晶体的原子由较小的杂质原子代替，在下部用较大的杂质原子替代，则都可以在一定程度上减弱晶体中的形变和应力，从而降低晶体的形变能。对于替位式杂质，较大的杂质原子将集结到受伸张的区域，而较小的杂质原子则集结到受压缩的区域。因此位错对杂质原子有聚集作用。

在半导体材料中，由于杂质向位错周围聚集，就可能形成复杂的电荷中心，从而影响半导体的电学、光学以及其他性质。

4. 位错对扩散过程的影响

由于位错和杂质原子的相互作用，位错的存在影响杂质在晶格中的扩散过程。位错可以通过把晶体腐蚀后在光学显微镜下观察到，这就是由于化学腐蚀剂的原子向位错附近运动，而使位错的周围受到腐蚀，然后从位错腐蚀坑的金相图来检验位错。图 2.22 和图 2.23 是 TeO_2 晶体(110)面和(001)面位错腐蚀坑的形貌。

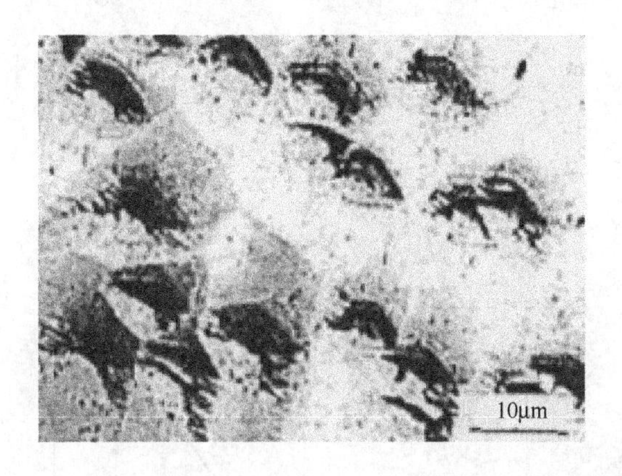

图 2.22　TeO_2 晶体(110)面位错腐蚀坑

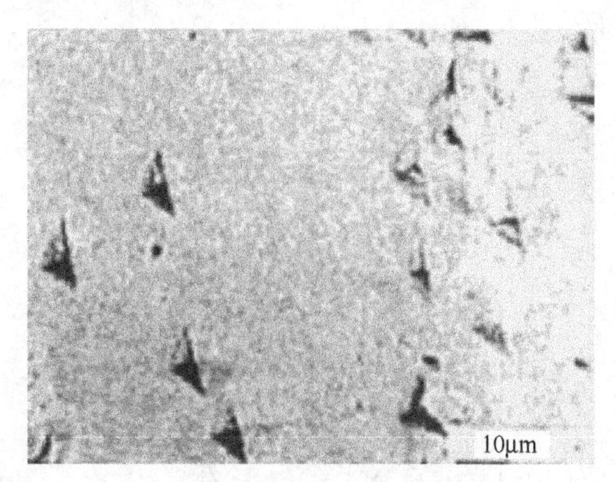

图 2.23　TeO_2 晶体(001)面位错腐蚀坑

5. 位错与晶体生长

晶体生长的主要过程：首先，由于热起伏形成固态的核心，然后，原子、离子及其集团逐步堆积扩大，形成一层新的晶面。如果晶体是完整的，即没有缺陷的作用，则为了要在完整的光滑晶面上生长出一层新的晶面，就必须要靠热涨落在这一光滑晶面上形成一个小核心。一般来说，这种光滑晶面上小核心的形成是比较困难的，因为落在那里的粒子是很不稳定的而且容易逃逸掉。但是，如果晶面上存在螺型位错的台阶，如图 2.24(a)所示，对外来原子台阶处比平面处有更强的束缚作用，落在那里的粒子不容易逃逸掉，位错台阶就起到了凝聚核的作用。位错台阶的存在使粒子落到晶体上的概率增加，使晶体生长变得容易。由于螺型位错随着原子沿台阶的集结生长并不会消灭台阶，而只会使台阶向前移动，又由于越靠近位错线，台阶移动的角速度(晶体生长的速度)越大，因此，原来的螺型位错台阶逐渐形成螺旋状的台阶，图 2.24 表示出了位错台阶在不同时间的发展过程。

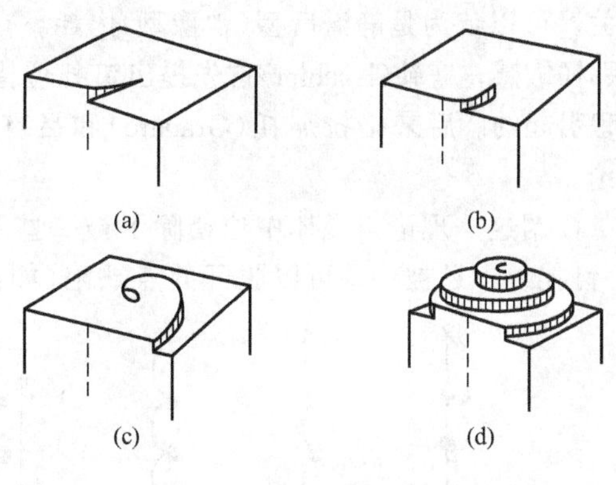

图 2.24　螺型位错台阶在晶体生长过程中的发展

6. 位错与固体内耗

位错是固体材料中一种普遍而重要的内耗源。位错内耗的特征是它强烈地依赖于冷加工的程度，因而可以与其他的内耗源进行区分。热处理后的金属，即使轻微的变形也可使其内耗增加数倍。而退火工艺可使金属内耗显著下降。另外，中子辐照所产生的点缺陷扩散到位错线附近，将阻碍位错运动，也可明显减少内耗。位错运动有不同的形式，因而产生内耗的机制也有多种。

某些金属单晶体的内耗-应变振幅曲线如图 2.25 和图 2.26 所示。其内耗可以分为两部分，即低振幅下与振幅无关的内耗 δ_1（也称背景内耗）和高振幅下与振幅有关的内耗 δ_H，总内耗为

$$\delta=\delta_1+\delta_H \tag{2-21}$$

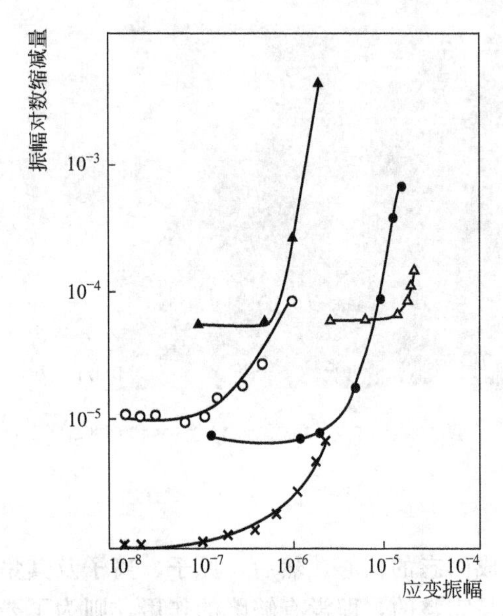

图 2.25　单晶体 Sn(5)和 Cu(1～4)的内耗与应变振幅的关系曲线

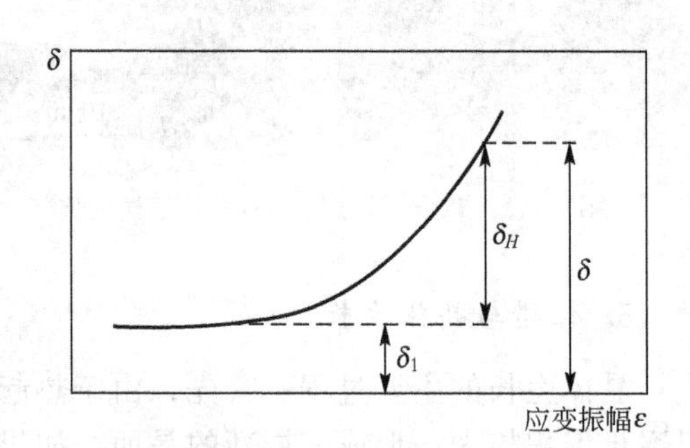

图 2.26　应变振幅-内耗曲线示意图

若内耗对冷加工敏感，就可以肯定这种内耗与位错有关。δ_H 部分与振幅有关而与频率无关，可以认为是静滞后型（弛豫型）内耗。δ_1 与振幅无关而与频率有关，但温度影响不如内耗那样敏感，寇勒(Koehler)首先提出钉扎位错弦的阻尼共振模型，并认为 δ_H 是由位错脱钉过程引起的。后来格拉那托(Granato)和吕克(Lucke)完善了这一模型，并称为 K-G-L 理论。

根据这一理论，晶体中位错除了被一些不可动的点缺陷（一般为位错网节点或沉淀粒子）钉扎外，还被一些可以脱开的点缺陷（如杂质原子、空位等）钉扎着，如图 2.27 所示。

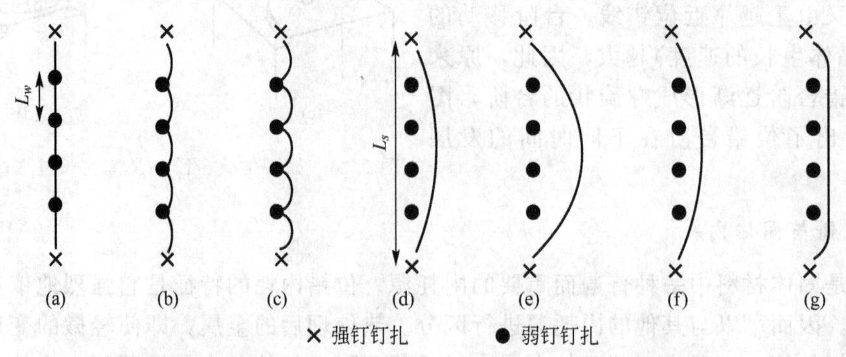

图 2.27　在外加交变应力下位错弦的弓出、脱钉、缩回及再钉扎过程示意图

前者称为强钉，后者称为弱钉。用L_s表示强钉间距，L_w表示弱钉间距。在外加交变应力σ不太大时，位错段L_w像弦一样作“弓出”的往复运动，如图 2.27(a)～图 2.27(c)所示，由于在运动过程中要克服阻尼力，因而引起内耗。当外加应力增加到脱钉应力σ_0时，弱钉可被位错抛脱，即发生雪崩式的脱钉过程，如图 2.27(d)所示。继续增加应力，位错段L_s继续弓出，如图 2.27(e)所示。当应力去除时位错段L_s作弹性收缩，如图 2.27(f)、图 2.27(g)所示，最后重新被钉扎。在脱钉与缩回的过程中，位错的运动情况不同，对应的应力-应变曲线应当包含一个滞后回线，因而产生内耗，如图 2.28 所示。显然，由于位错段L_w做强迫阻尼振动所引起的内耗应当是阻尼共振型的，内耗与振幅无关，但与频率有关。

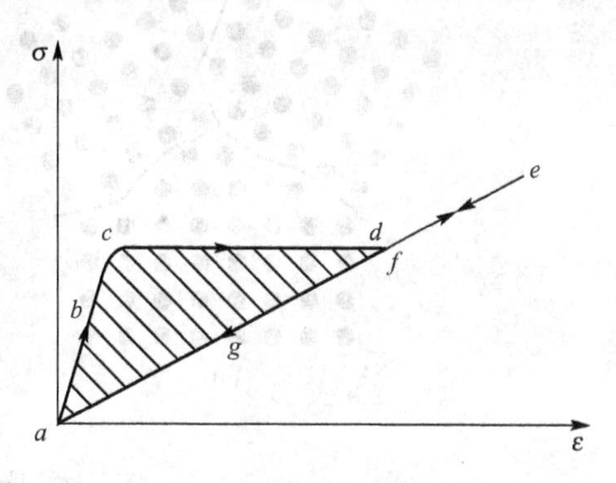

图 2.28 位错脱钉与再钉扎过程的应力-应变曲线

2.3 面 缺 陷

晶体偏离周期性点阵结构的二维缺陷称为面缺陷。晶体的面缺陷包括两类：晶体外表面缺陷和晶体内部界面缺陷，界面包括晶界、亚晶界、孪晶界、相界、堆垛层错等。面缺陷的特征是在一个方向上的尺寸很小，而在另两个方向上的尺寸很大，对材料的力学、物理、化学性能都有重要的影响。

2.3.1 表面

晶体的表面是指晶体与气体或液体等外部介质相接触的界面。处于表面上的原子同时受到内部原子和外部介质原子或分子的作用力，这两种作用力不平衡，造成表面层的点阵畸变，能量升高。表面的存在对晶体的物理化学性质有重要的影响，材料的许多性能，诸如摩擦、磨损、腐蚀、氧化、吸附、光的吸收与反射等都受到表面特点的影响。

2.3.2 界面

1. 晶界

在材料学中把晶体结构和空间取向都相同的晶体称为单晶体。例如，在电子信息领域使用的硅材料多数为硅单晶体。由多个单晶体组成的晶体称为多晶体。组成多晶体的小单晶体称为晶粒。在多晶体中，结构、成分相同而相位不同的相邻晶粒之间的界面称为晶界，如图 2.29(a)所示。普通金属合金通常都是多晶体，因此它是晶体中最常见且对材料力学性能影响最大的面缺陷。在每个晶粒内原子排列总体上是规整的，但并不是理想的单晶体，除含有空位、位错以外，每个晶粒又可分为若干个更小的亚晶粒。晶粒的平均直径通常在 0.015～0.25mm，而亚晶粒的平均直径一般在 0.001mm 左右，亚晶粒比较接近于理想的单晶体。相邻亚晶粒之间也具有一定的相位差，它们之间的界面叫作亚晶界，如图 2.29(b)所示。

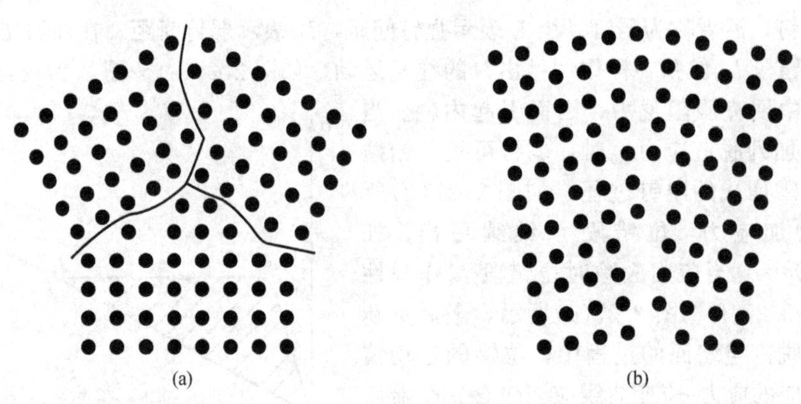

图 2.29 晶界与亚晶界
(a) 晶界；(b) 亚晶界

(1) 小角晶界。

晶界有小角与大角之分。当相邻晶粒的相位差小于 10°时，称为小角晶界。亚晶界一般都是小角晶界。小角晶界又可分为倾侧晶界和扭转晶界，如图 2.30 所示。图 2.30(a)是与 z 轴相互平行的两个具有简单立方点阵的晶粒，它们各自相互倾侧 $\theta/2$ 角，称为对称倾侧晶界，界面接近(100)面。图 2.30(b)中的小角倾侧晶界不是接近(100)面，而是任意的(hkl)面，界面两侧的原子不处于对称的位置上，称为不对称倾侧晶界。如果将晶体切开为两部分，并绕垂直于此切开面的轴使它们相对旋转一个角度，再把它们黏合起来，就可得到扭转晶界，如图 2.31 所示。

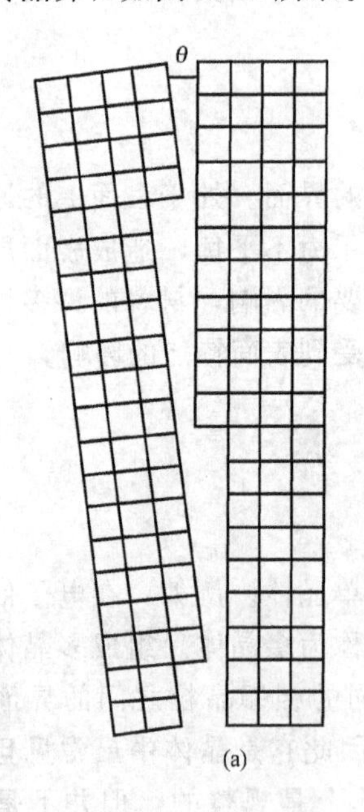

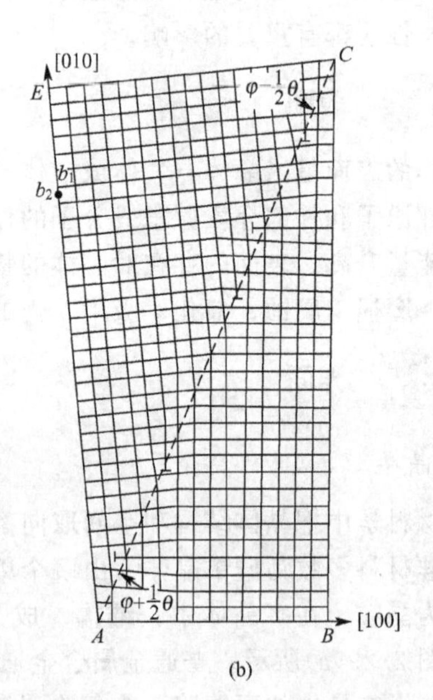

图 2.30 倾侧晶界

对称倾侧晶界可以用一组平行的刃形位错模型来描述。而不对称倾侧晶界则需加入另一组与前一组垂直的平行刃形位错来描述。而扭转晶界实质上是由两组交叉的螺型位错构成的网络。

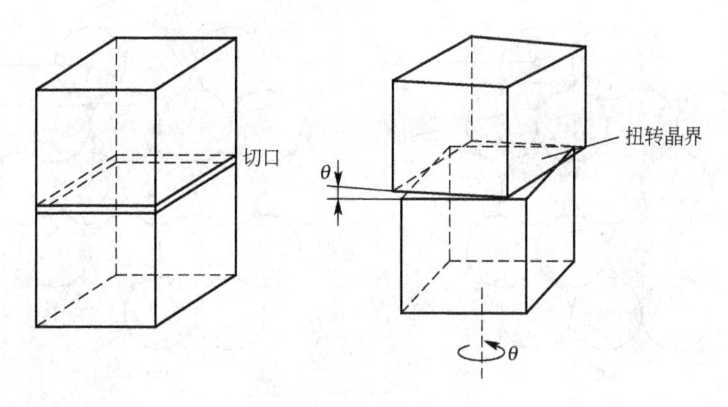

图 2.31 扭转晶界

(2) 大角晶界。

当相邻晶粒的相位差大于10°～15°时，晶粒间的界面称为大角晶界。一般的大角晶界约为几个原子间距的薄层，层中的原子排列较疏松杂乱，结构比较复杂。但是并非所有大角晶界都具有松散紊乱的原子组态。当相邻两个晶粒具有某些特定的相位关系时，晶界上可以有较多的原子与两个晶粒的点阵结点都吻合得相当好。

一个特殊的例子是共格孪晶界。孪晶界是指一个晶体的两部分沿一个公共晶面构成镜面对称的取向关系，此公共面称为孪晶面(孪生面)。共格孪晶界与孪晶面重合，孪晶界上的每个原子都位于两个晶体点阵的共同结点上。当孪晶界与孪生面不重合时，孪晶界的结构相当于普通的大角晶界，叫作非共格孪晶界。共格孪晶界和非共格孪晶界的示意图如图2.32所示。

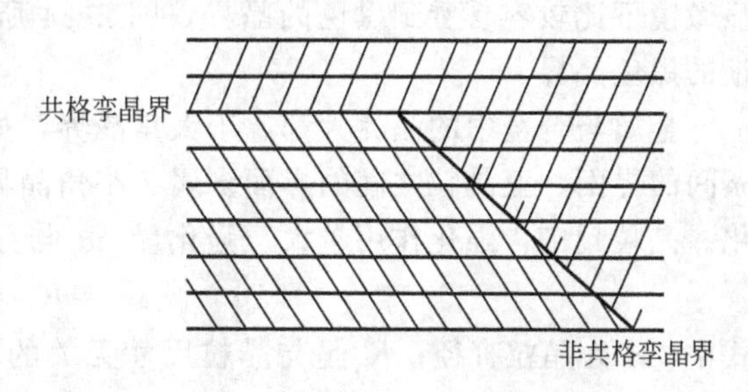

图 2.32 共格孪晶界和非共格孪晶界

孪晶可在形变中产生，也可以在再结晶中形成。前者称为形变孪晶(也称机械孪晶)，后者称为退火孪晶。在多晶金属中，只有退火孪晶才具有完全共格的平直孪晶界。

另一个特殊的例子是堆垛层错。如果晶体由一种粒子组成，而粒子被看作小圆球，则这些小圆球最紧密的堆积称为密堆积。面心立方结构和密排六方结构就是两种密堆积结构。它们的堆积次序可用图2.33表示，图中A位置为一层密排原子面，B和C分别表示在该原子面上进行堆垛的位置，则面心立方的堆垛次序为ABCABC…，而密排六方的次序为ABABAB…。

堆垛层错(简称层错)表示相对于正常堆垛次序的差异。例如，面心立方结构中，正常堆垛次序为ABCABC…。如果从正常堆垛的面心立方晶体中抽出一层或插入一层密排的晶面，局部区域内堆垛层次便会发生变化。假定抽掉一个A层，堆垛层次便成为ABCBCA…(称为抽出型层错)，假定插入一个A层，堆垛层次便成为ABCABACABC…(称为插入型层错)。一个插入型层错等于两层抽出型层错。而面心立方结构中的层错也相当于嵌入了薄层的密排六方结构。出现层错的区间，密排面上原子排列特点未变，但相邻晶面间原子的相对位置发生了变化，因而有一定的晶格畸变。

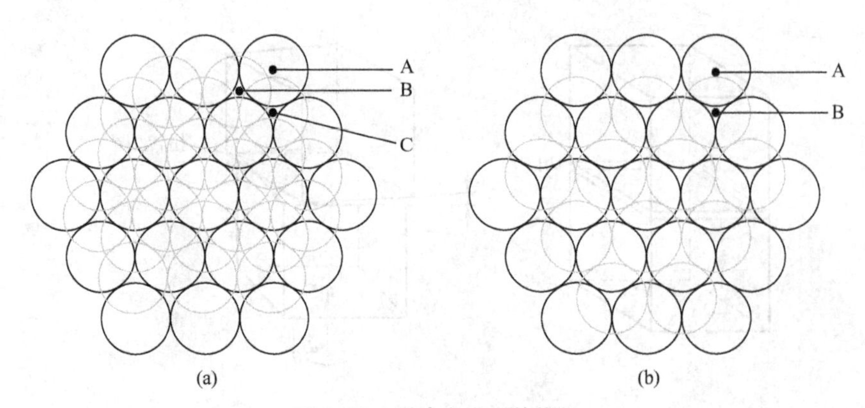

图 2.33 刚球密排面的堆垛

(a) 面心立方堆垛次序；(b) 密排六方堆垛次序

晶界上原子排列不规则使其处于较高的能量状态，因此材料在晶界处表现出许多特性。晶界内的原子排列结构比较疏松，原子在晶界的扩散速度远远高于晶内；杂质或溶质原子容易在晶界处偏聚；晶界处的原子处于不稳定状态，其腐蚀速度一般也比晶内快，在制作光学金相试样时，抛光后再用腐蚀剂浸蚀试样时，晶界因受浸蚀而很快形成沟槽，在显微镜下比较容易看到黑色的晶界，图 2.34 所示为钢中的奥氏体晶粒，其中可以看到清晰的黑色晶界。

金属与合金中的晶界大都属于大角晶界，如奥氏体、铁素体的晶粒边界等；马氏体板条间的界面、亚晶粒之间的界面多属于小角晶界。晶界能有效地阻碍位错运动，使金属强化。晶粒越细，强化作用越大。强化量 $\Delta\sigma_g$ 与晶粒度有以下关系

$$\Delta\sigma_g = K_g \cdot d^{-1/2} \tag{2-22}$$

式中，d 为晶粒直径；K_g 是与晶粒尺寸无关的比例系数。测量表明，奥氏体钢的 K_g 值为铁素体钢的 1/2。即奥氏体晶界的强化作用比铁素体晶界小。大角晶界的 K_g 值较大，而小角晶界的 K_g 值较小，说明前者比后者强化作用大。图 2.35 为纯铁和低碳钢的屈服强度与晶粒尺寸的关系，由图可以看出，随着晶粒尺寸的减小，即 $d^{-1/2}$ 的增大，纯铁和低碳钢的屈服强度呈直线上升。钢中常用的细化晶粒的合金元素有 Nb、V、Al、Ti 等。细化晶粒在提高合金强度的同时也改善了韧性，这是其他强化机制无法做到的。

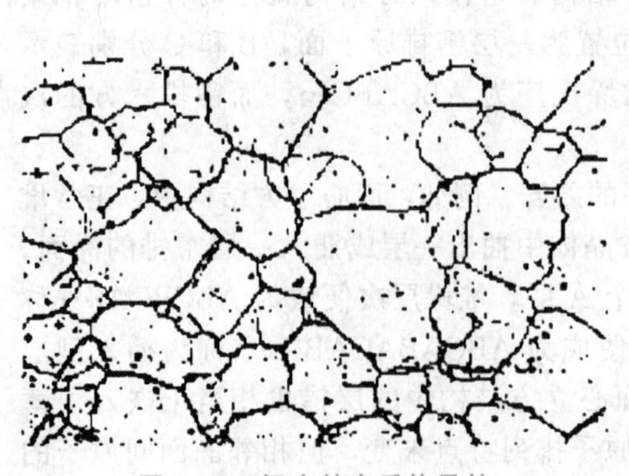

图 2.34 钢中的奥氏体晶粒

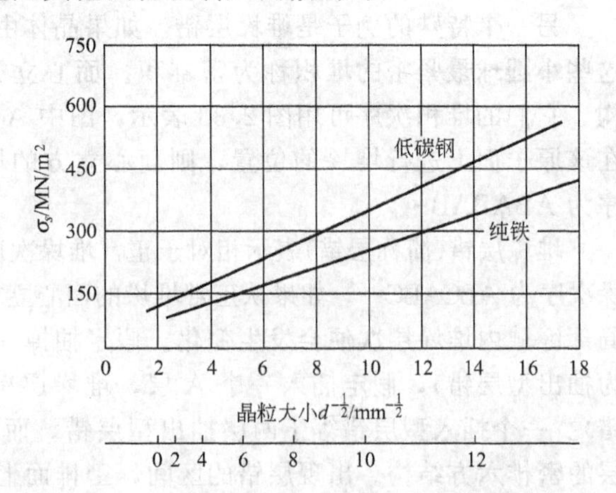

图 2.35 纯铁和低碳钢的屈服强度与晶粒尺寸的关系

2. 相界

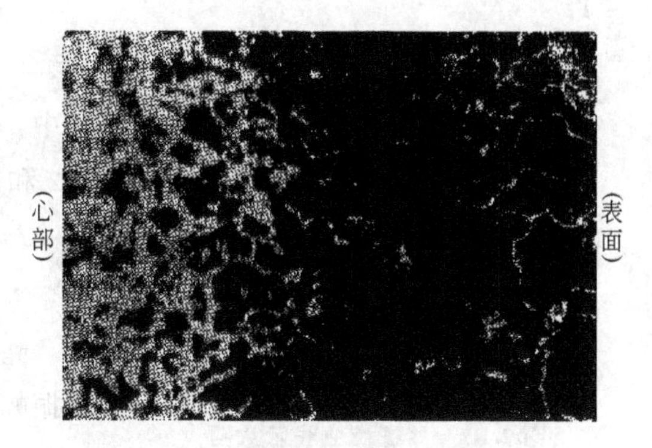

图 2.36 低碳钢渗碳缓冷后的组织

合金的组织往往由两个或更多的相组成。一般情况下，不同的相具有不同的晶体结构与(或)不同的化学成分。在某种情况下两个相的晶体结构可能相同，但这时它们的点阵常数总有一定的差别。这样，相邻两个相之间便由界面隔开。这种界面叫作相界或相界面。钢中的铁素体与渗碳体之间的界面就是常见的相界，如图 2.36 所示。

表层为珠光体与二次渗碳体混合的过共析组织，心部为珠光体与铁素体混合的亚共析原始组织，愈靠近表面层铁素体愈少，铁素体与渗碳体之间存在界面。

实际金属材料中存在大量的界面。界面是金属材料组织与结构的重要组成部分。无论是因相位不同形成的晶界和亚晶界，或是因结构、成分不同形成的相界，界面上的原子排列组态都与晶内有所不同。因此界面的存在对材料的力学、物理、化学性能都有重要影响。

*2.4 拓展阅读 内耗的测量方法与应用

2.4.1 内耗的量度

根据内耗测量方法或振动形式的不同而有不同的量度方法，但它们之间可以相互转换。

1. 计算振幅对数缩减量

内耗大小常用振幅对数缩减量(对数衰减率)δ 来量度，δ 表示相邻两次振动振幅比的自然对数，即

$$\delta=\ln\frac{A_n}{A_{n+1}} \tag{2-23}$$

式中，A_n为第 n 次振动的振幅；A_{n+1}为第 $n+1$ 次振动的振幅。如果内耗与振幅无关，则振幅的对数与振动次数的关系图应为一直线，其斜率即为 δ 值；如内耗与振幅有关，则应得到一曲线，曲线各点的斜率即代表该振幅下的 δ 值。

当 δ 很小时，它亦近似地等于振幅分数的减小，即

$$\delta=\ln A_n-\ln A_{n+1}\approx\frac{A_n^2-A_{n+1}^2}{A_n^2}\approx\frac{1}{2}\frac{\Delta W}{W}$$

式中，ΔW 为测定样品振动一周期损耗的能量；W 为样品在一周期内的振动能量。后一等式来源于振幅能量正比于振幅的平方。再根据内耗的量值 Q^{-1} 的定义 $Q^{-1}=\frac{\Delta W}{2\pi W}$，得到

$$Q^{-1}=\frac{\delta}{\pi}=\frac{1}{\pi}\ln\frac{A_n}{A_{n+1}} \tag{2-24}$$

2. 建立共振曲线求内耗值

根据电子电工学谐振回路共振峰计算公式求 Q^{-1}，即

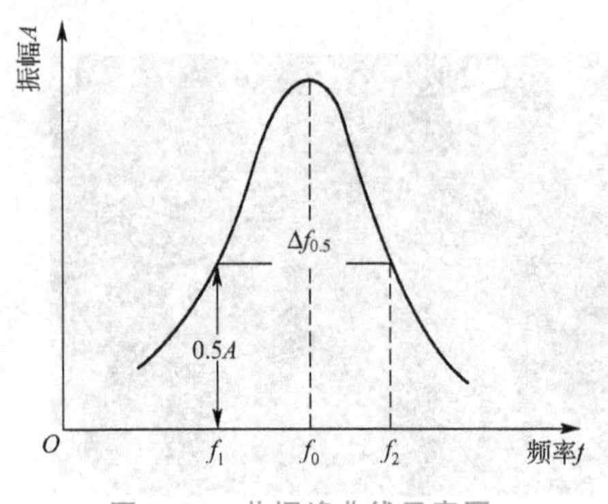

图 2.37 共振峰曲线示意图

$$Q^{-1}=\frac{\Delta f_{0.5}}{\sqrt{3}f_0}=\frac{\Delta f_{0.7}}{f_0} \tag{2-25}$$

式中，$\Delta f_{0.5}$和$\Delta f_{0.7}$分别为振幅下降至最大值的1/2和$1/\sqrt{2}$所对应的共振峰宽。在图 2.37 中绘制了$\Delta f_{0.5}$的峰宽(图 2.37 中 $f_2-f_1=\Delta f_{0.5}$)。

3. 超声波在固体中的衰减系数

超声波在固体中传播时由于能量损失，超声波振幅按以下公式衰减

$$A(x)=A_0\exp(1-\alpha x) \tag{2-26}$$

由此可得超声波衰减系数α，即

$$\alpha=\frac{\ln(A_1/A_2)}{(x_2-x_1)} \tag{2-27}$$

式中，A_1和A_2分别为在x_1和x_2处的振幅。

4. 阻尼系数或阻尼比

对于高阻尼合金，常用阻尼系数ψ或阻尼比 SDC(Specific Damping Capacity)表示内耗

$$\psi\%=\mathrm{SDC}\%=\frac{\Delta W}{W} \tag{2-28}$$

根据内耗量度之间的转换

$$\psi=2\delta=2\pi Q^{-1}=2\pi\tan\varphi=2\alpha\lambda \tag{2-29}$$

式中，λ为超声波波长。

对于高阻尼合金($\psi\geqslant40\%$)，对式(2-29)加以修正写成

$$\psi=\mathrm{SDC}=1-\exp(-2\delta) \tag{2-30}$$

2.4.2 内耗的测量方法

1. 低频下内耗的测量——扭摆法

低频扭摆法是我国物理学家葛庭燧在 20 世纪 40 年代首次建立的，将其用于研究金属中的非弹性现象。国际上通常把这种方法命名为葛氏扭摆法。扭摆法测内耗的装置原理如图 2.38 所示。所用试样一般为：丝材($\phi=0.5\sim1.0$mm，$l=100\sim300$mm)或片材(断面 1.5mm×2mm，长度 150～200mm)、扭摆摆动频率 0.5～15Hz、试样扭转变形振幅 $10^{-7}\sim10^{-4}$。

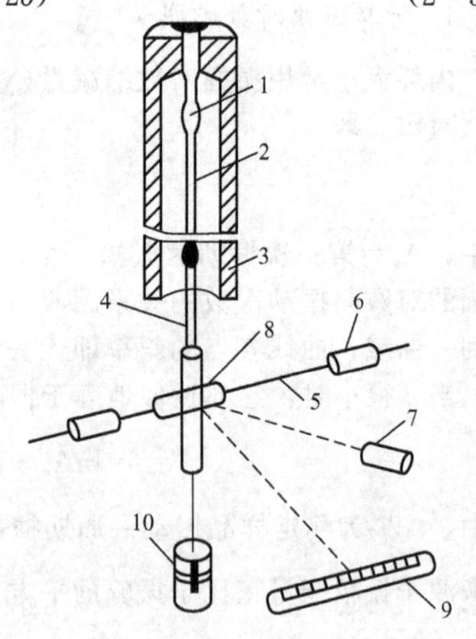

图 2.38 扭摆仪装置示意图

1—夹头；2—丝状试杆；3—管状炉；4—竖杆；5—横杆；6—重块；7—光源；8—小镜子；9—标尺；10—容器

在葛氏扭摆仪中，丝状试样 2 借助于夹头 1 悬挂着，在试样的下端附加一个惯性元件，它是由竖杆 4、横杆 5 和横杆两端的重块 6 组成的。重块沿横杆的移动可以在一定范围内调整摆的固有频率。为了消除试样横向运动对实验的影响，把摆的下端

置于一个盛有阻尼油的容器10中。为了进行不同温度下的内耗测量，把试样安装在可以加热到500℃的管状炉3中。具体测量时，先激发扭摆使其处于自由振动状态，并借助于光源7、小镜子8和标尺9将振幅(由 A_0 衰减到 A_n)及试样摆动的次数 n 记录下来。

根据式(2-23)和式(2-24)，在自由振动衰减法中，由于与振幅无关的振幅对数值与振动次数呈线性关系，所以振幅对数的缩减量 δ 可以写成

$$\delta=\frac{1}{n}\ln\frac{A_0}{A_n} \tag{2-31}$$

则

$$Q^{-1}=\frac{\delta}{\pi}=\frac{1}{\pi n}\ln\frac{A_0}{A_n} \tag{2-32}$$

式中，A_0 为开始计算的某一初始振幅值。按式(2-31)进行缩减量的测量有利于减少偶然误差。

为了测得温度-内耗曲线，应将铁磁金属试样置于无磁场的加热炉中，要求加热炉在试样加热范围内温度分布均匀。测量出不同温度下的内耗，即可获得 $Q^{-1}-T$ 关系曲线。这种仪器的缺点是摆动部分有一定的质量，它使试样除受扭转应力外，还承受一定的轴向拉力。在低温测量时，金属的强度较高，拉应力的影响不大，但高温测量时，由于丝材易产生蠕变现象，所以影响测量精度。后来出现了一种倒摆扭摆仪，如图2.39所示。这种结构与正扭摆的不同之处是把摆动部分装在试样的上端，用对重把摆动部分的质量平衡掉。一般摆锤可稍重一些，以保证摆动的平稳性。采用这种结构可以把轴向应力减小到 $7N/cm^2$。

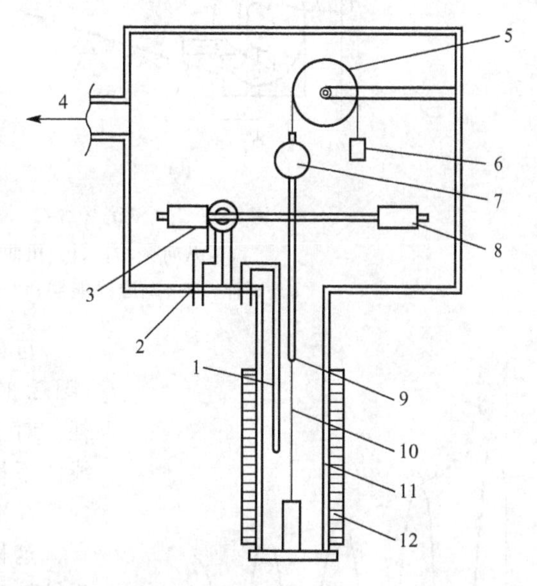

图2.39 倒摆扭摆仪装置示意图

1—测量热电偶；2—导线抽头；3—电磁铁；4—抽真空系统；5—滑轮；6—平衡砝码；7—反射镜；8—摆锤；9—夹头；10—试样；11—加热炉；12—炉壳

2. 中频下内耗的测量——共振棒法

共振棒法的基本原理和装置，如图2.40所示。

当试样在受迫振动时，若外加的应力变化频率与试样的固有振动频率相同，则可产生共振。以纵向振动为例，截面均匀的棒状试样1中间被固定，两端处自由。试样两端安放换能器2，其中一个用于激发振动，另一个用于接收试样的振动。激发(或接收)换能器的种类较多，常见的有电磁式、静电式、磁致伸缩式、压电晶体(石英、钛酸钡等)式。以电磁式换能器为例，当磁化线圈通上声频交流电，则铁心磁化，并以声频频率吸引和放松试样(如试样是非铁磁的，需要在试样两端粘贴一小块铁磁性金属薄片)，此时试样内产生声频交变应力，试样发生振动，即一个纵向弹性波沿试样轴向传播，最后由接收换能器接收。在切断信号源的同时，把反映试样振幅衰减的信号提供给示波器，记录衰减曲线(采用自由振动衰减法)或记录在不同频率信号下所得到的强迫振动幅值，绘出共振曲线(采用强迫振动法)。内耗的量度与扭摆法完全相同。

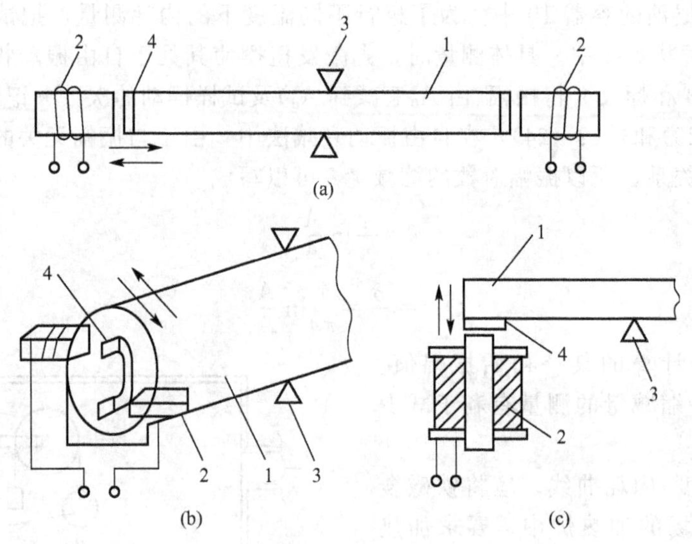

图 2.40　激发试样纵向、扭转和弯曲振动原理图

(a) 纵向振动；(b) 扭曲振动；(c) 弯曲振动

1—试样；2—电磁换能器；3—支点；4—铁磁性金属片

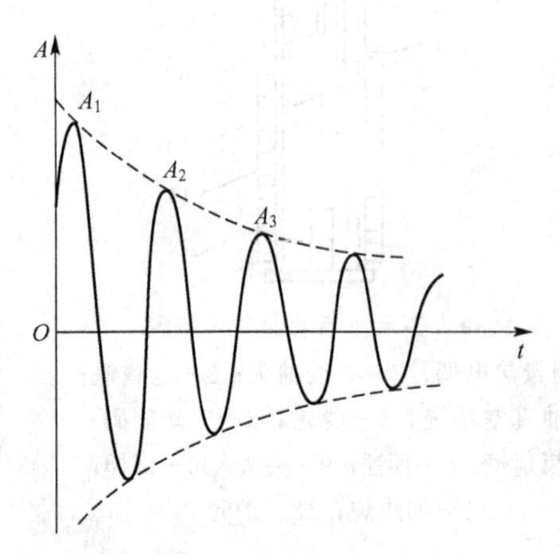

图 2.41　振幅衰减曲线示意图

目前，共振棒法测内耗多用建立共振曲线(图 2.37)或记录振幅衰减曲线(图 2.41)来计算内耗。对于内耗值小的试样，由于峰宽窄，用共振曲线法不易测准，而用记录振幅衰减曲线的方法计算内耗，准确且速度快。

这种方法的优点是没有辅助的惯性元件，如果系统被抽成真空，且支点在波节处，其外部损耗会降低至 2×10^{-6} 数量级，因此可研究内耗值更低的阻尼效应。

3. 高频下内耗的测量——超声脉冲回波法

超声脉冲回波法可测量兆频范围内材料的内耗。这种方法是利用压电晶片在试样的一端产生超声短脉冲，测量穿过试样到达第二个晶片或反射回到脉冲源晶片时脉冲振幅在试样中的衰减。

与激发驻波的共振法不同，脉冲法采用往复波。一般由高频发生器在共振频率下把脉冲发给石英晶片，作为发射器的晶片把它们转换成机械振动，通过一个过渡层传给试样，如图 2.42 所示。过渡层的物质与压电石英和待研究材料的声阻相匹配，结果在试样中就发生了往复的超声波，这种超声波在试样的端面经过多次反射直至完全消耗。接收这些信号可以利用同一个电压传感器，信号经过一定的放大后进行记录。如果让超声波穿透试样，也可以采用具有同一个共振频率的第二个晶片作为接收器，将它贴在试样的对面。超声脉冲装置功能示意图如图 2.43 所示。在示波器屏幕上放大了的那些回波信号和发送脉冲同步，这些回波信号提供了一系列随时间衰减的可见脉冲，如图 2.44 所示。回波信号振幅的相对降低，表征在研究介质(试样材料)中存在超声波阻尼。

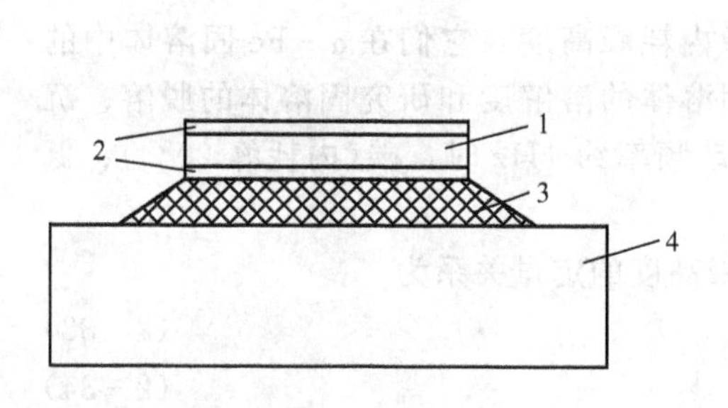

图 2.42　传感器在试样上的位置

1—石英传感器；2—镀银平面；
3—过渡层；4—试样

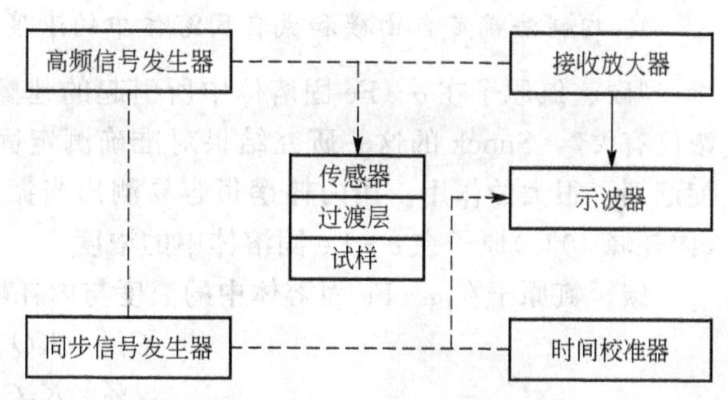

图 2.43　超声脉冲装置方框图

由于超声脉冲回波法工作频率范围很宽，测量的敏感性很高，且实验安排灵活，所以有可能获得使用其他方法所得不到的新结果，从而能成功地解决那些与晶体缺陷及其相互作用有关的材料科学课题。特别是在相当宽的频率范围内测量阻尼与频率的关系，以及研究低温下与电子行为有关的效应是很有效的。但由于超声脉冲法的应变振幅很小，所以不能用来测量与振幅有关的效应。

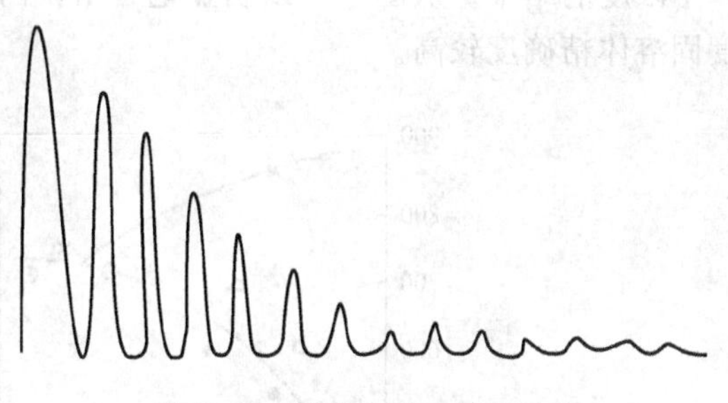

图 2.44　典型的回波信号图像

值得注意的是，由于采用了短的波长，测到的超声衰减有可能因缺陷的散射而不能完全吸收，因此，在解释衰减结果时需考虑这方面的因素。另外，由于缺乏标准的超声装置和脉冲回波法的理论，实验结果处理还不完善，故有必要设计和制造先进的超声仪，进行该方法所固有的附加动力损耗的理论和实验研究。

2.4.3　内耗分析的应用

从产生内耗的机制和影响因素可以看出，内耗分析可用于分析固溶体中溶质原子浓度的变化、分析晶界的行为、研究相变动力学、分析位错与溶质原子的相互作用等。内耗的应用研究已在以下五个方面取得显著成效。

(1) 测定钢中的自由碳和氮。目的是避免因出现明显屈服点而导致钢材在轧制钢板时的不均匀变形，应用的内耗现象是斯诺克(Snoek)峰。

(2) 确定稀土元素在钢中的存在方式。稀土元素的固溶状态引起 Snoek 峰；聚集在位错周围引起 Koster 峰；偏析到晶界会改变葛峰的高度或改变峰温。

(3) 研究钢的氢脆和回火脆性。应用 Koster 峰和 Gorsky 弛豫(宏观应力导致的氢扩散)来测定氢的存在状态；磷在晶界的偏析引起钢的回火脆性。

(4) 高阻尼材料和形状记忆合金的开发与应用。应用的根据是热弹性马氏体相变内耗。

(5) 高强度时效铝合金的开发。根据的内耗现象就是在热处理时效过程中发生的扩散相变和沉淀时所引起的内耗。

1. 内耗法确定自由碳和氮在固溶体中的浓度

“碳、氮原子在 α－Fe 固溶体中所引起的弛豫内耗峰高度与它们在 α－Fe 固溶体中的浓度有关”，Snoek 的这一研究结果对准确测定固溶体的溶解度和研究固溶体的脱溶、沉淀起到了很大的作用。用内耗摆很容易测出当振动频率约 1Hz 时，碳(内耗峰 20℃)、氮(内耗峰 40℃)原子在 α－Fe 固溶体中的浓度。

碳、氮原子在 α－Fe 固溶体中的浓度与内耗峰高度的定量关系为

$$C\% = KQ^{-1}_{40℃} \tag{2-33}$$

$$N\% = K_1 Q^{-1}_{20℃} \tag{2-34}$$

式中，K、K_1 为常数；$K=1.33$；$K_1=1.28$。

在进行定量分析时，要注意晶界能牵制一定数量的间隙原子，故晶粒大小对固溶体中的间隙原子浓度有影响。图 2.45 表示用几种不同物理方法测定碳、氮原子在 α－Fe 固溶体中浓度的结果。从图中可以明显地看出，内耗法测得的固溶体的溶解度，尤其是对低浓度固溶体精确度较高。

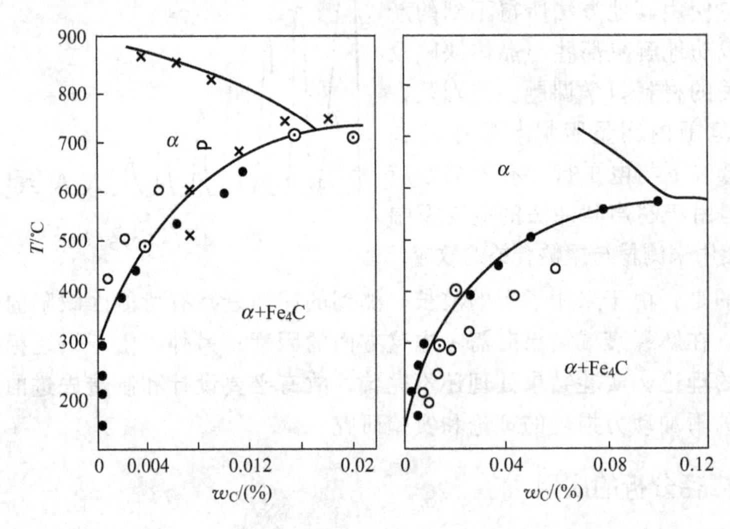

图 2.45　几种物理方法测定 C、N 在 α－Fe 固溶体中固溶极限

○—微量热计法；●—内耗法；⊙—电阻法；×—扩散法

2. 内耗法测量扩散系数和扩散激活能

由于扩散过程在低温下进行极其缓慢，故通常研究扩散都是在高温下获得扩散层，由此测定的扩散系数只能代表高温范围内的扩散情况，无法研究低温下空位和位错等对扩散的影响。内耗法的优点是能有效地研究低温范围内的扩散，它与其他方法配合便可在较宽的温度范围内确定扩散系数和扩散激活能等，用来研究与扩散有关的金属学问题。

(1) 确定碳在 α－Fe 中的扩散系数。

内耗法确定间隙原子的扩散系数 D 是根据间隙原子在周期应力作用下的微扩散与点阵类型、弛豫时间 τ 的关系。体心立方点阵的铁的扩散系数为

$$D=\frac{a^2}{36\tau} \tag{2-35}$$

式中，D 为峰温下碳原子在 $\alpha-Fe$ 中的扩散系数；a 为点阵常数。

由于内耗峰所对应的 $\omega\tau=1$，所以式(2-35)可以写成

$$D=\frac{\omega a^2}{36} \tag{2-36}$$

根据式(2-36)，只要测量出 $Q^{-1}-T$ 关系曲线，确定出 Snoek 峰所对应的频率 ω，即可求得该峰温下的扩散系数。

(2) 测定碳在 $\alpha-Fe$ 中的扩散激活能。

弛豫时间 τ 可以理解为材料从一个平衡状态过渡到另一个新的平衡状态时，内部原子调整所需要的时间。它与温度的关系为

$$\tau=\tau_0\exp\frac{H}{RT} \tag{2-37}$$

式中，H 为扩散激活能；R 为气体常数；T 为热力学温度；τ_0 为材料常数。

当出现内耗峰时 $\omega\tau=1$，也即

$$\tau=\tau_0\exp\frac{H}{RT}=\frac{1}{\omega} \tag{2-38}$$

如选用两个频率测量 $Q^{-1}-T$ 关系曲线，则在内耗峰出现的时候，$\omega_1\tau_1=\omega_2\tau_2=1$。

即
$$\omega_1\exp\frac{H}{RT_1}=\omega_2\exp\frac{H}{RT_2}$$

由此得到

$$H=\frac{R\ln f_1/f_2}{1/T_2-1/T_1} \tag{2-39}$$

式中，T_1 和 T_2 为 Snoek 峰所对应的温度，频率越高，峰出现的温度就越高；f_1 和 f_2 为内耗峰对应的频率，不同频率所得到的内耗曲线形状相似，峰高相同，只是频率较高时，峰出现在较高的温度，如图 2.46 所示。从图中曲线确定出 T_1 和 T_2，代入式(2-39)就可确定出扩散激活能。

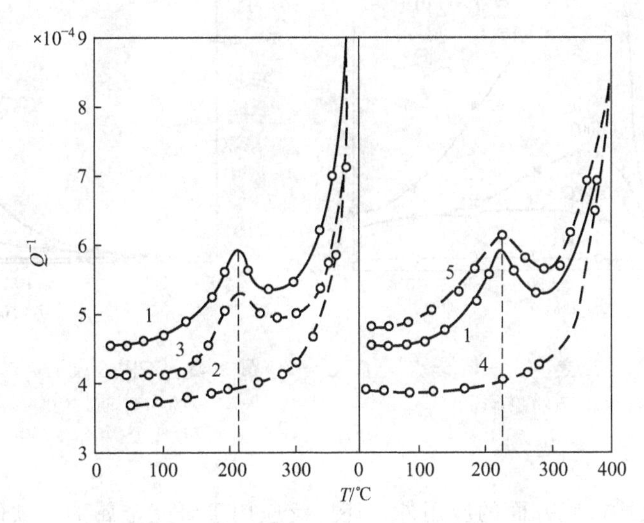

图 2.46 不同频率测得的内耗-温度关系曲线

1—650℃回火 2h，水冷；2—规程 1+500℃50h；3—规程 2+650℃2h，水冷；
4—规程 1+500h；5—规程 4+650℃2h，水冷

将内耗测量和其他方法测量所得到的结果综合起来，便可得到扩散系数从35～800℃的变化，这个变化可达14个数量级。用作图法确定碳在α－Fe中的扩散常数，其值为$0.02cm^2/s$，而扩散激活能为83.6kJ/mol。

3. Fe－Cr系合金阻尼性能研究

目前，一系列高阻尼合金(又称减振合金或无声合金)在现代工程技术中有着重要的意义，特别是在航空、造船、机械和仪器仪表工业方面，例如，飞机发动机叶片，舰船的螺旋桨以及其他高速运转的机械部件，大的桥梁用的金属材料都要求具有高阻尼性能。这是因为随着机器部件运转速度的加快，不可避免地给整机系统带来有害的振动和噪声，由于整机系统的共振，降低了机器零部件的使用寿命，甚至导致零部件损坏和断裂，造成严重事故，而且严重污染了环境。因此，在现代工程技术中，减振、降噪已成为一个重要的性能指标，解决办法除采用合理的机械系统设计方案外，选用具有高阻尼性能的合金也是有效的途径之一。用内耗法研究合金的阻尼性能，对考核材料在实际工程使用条件下的阻尼特性极为重要。

图2.47表示在一定最大起始扭应力振幅($\gamma_m=80\times10^{-6}$)的作用下，不同的退火温度和合金成分对内耗的影响。可以看出，Fe－15%Cr合金具有高的内耗值，且随退火温度升高内耗值也增大。Fe－Cr合金是铁磁性合金，它的高阻尼性能是基于磁机械滞后型内耗。这类内耗与应力振幅有强烈的依赖关系，而与频率无关。实验结果表明，随退火温度升高，这种依赖关系更明显，如图2.48所示。

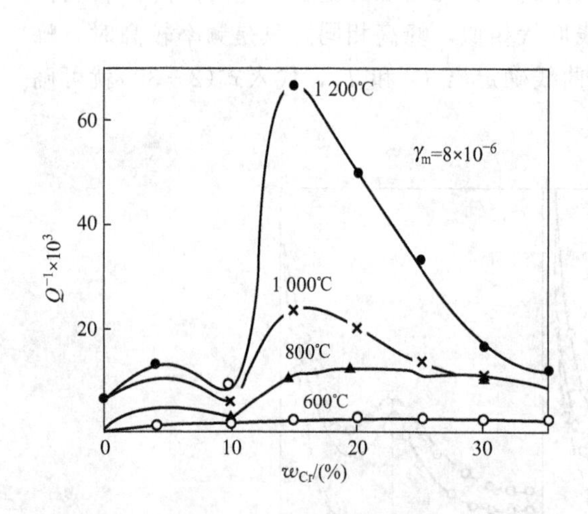

图2.47 不同退火温度下Fe－Cr合金成分对合金内耗的影响(扭应力振幅$\gamma_m=80\times10^{-6}$)

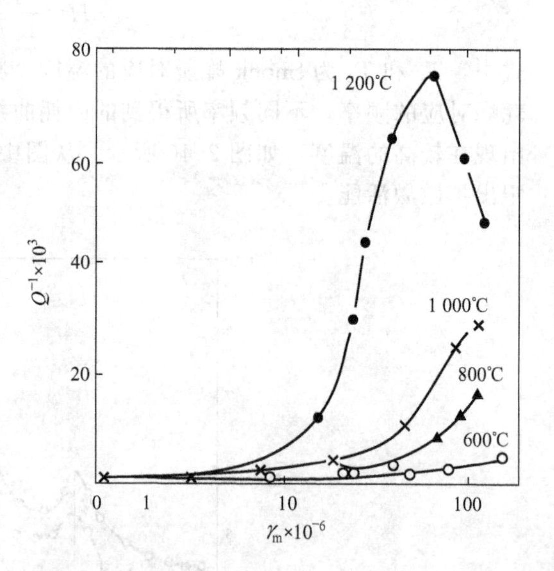

图2.48 不同退火温度对Fe－15%Cr合金的内耗-应力振幅曲线的影响

内耗分析除上述一些方面的应用外，还广泛应用于研究金属的点缺陷、塑性变形、回复与再结晶以及相变等问题。

本章小结

晶体缺陷是指实际晶体结构中与理想点阵结构发生偏差的区域，按照缺陷的空间分布分为点缺陷、线缺陷、面缺陷三类。晶体中的点缺陷会引起材料密度、力学性能、导电性能、光学性能及热学性能等一系列物理性能的变化。平衡态时点缺陷的空位浓度和间隙原子浓度可以用热力学方法求出，而影响晶体力学性能的主要缺陷是非平衡的过饱和点缺陷，获得过饱和点缺陷的方法主要有淬火法、辐照法和塑性变形法，本章主要介绍了辐照损伤实验。离子晶体的点缺陷带有一定的电荷，从而形成电荷中心，并束缚电子或空穴形成束缚态，通过光吸收可使被束缚的电子或空穴在束缚态之间跃迁，使原来透明的晶体呈现颜色，称为色心。离子晶体的导电现象是由带电点缺陷在外电场作用下运动产生的。

位错是一种线缺陷，刃型位错和螺型位错是两种最简单的位错组态。滑移和攀移是位错最基本的运动方式。由于位错周围存在应变场，使位错对固体的性质产生很大影响。位错的应力场使杂质在原子周围聚集，位错促进晶体生长，位错在固体中产生内耗可以用钉扎位错弦的阻尼共振模型来解释。

界面是晶体中的二维面缺陷。在晶界处晶体的取向、成分、结构与(或)点阵常数不连续。晶体中的界面又分为晶界和相界两类。金属或合金中相邻的同相晶粒因取向不同(相位差)而形成晶界。小角晶界可以用位错模型加以描述，而孪晶界和堆垛层错是大角晶界的两个特例。

2.1 纯金属晶体中主要点缺陷类型是什么？这些点缺陷对金属的结构和性能有何影响？

2.2 什么叫作色心？它有哪些种类？

2.3 试比较刃型位错和螺型位错的异同点。

2.4 举出一个实例说明位错对材料物理性能的影响。

2.5 金属淬火后为什么会变硬？

第3章 材料的力学性能

知识要点	掌握程度	相关知识	应用方向
金属材料的力学性能指标	重点掌握	强度指标、塑性指标、耐磨性和抗冲击韧性	工程结构材料的选择
金属力学实验	重点掌握	拉伸实验、弯曲实验、硬度实验和冲击实验	材料力学性能检测
材料的强化	掌握	影响材料屈服强度的因素及提高材料强度的方法	材料改性
聚合物材料的力学性能	了解	聚合物材料的结构特点及力学性能特点	聚合物的应用
拓展阅读	了解	陶瓷材料的结构特点及力学性能特点	陶瓷材料的应用

导入案例

材料在常温、静载作用下的宏观力学性能是确定各种工程设计参数的主要依据。这些力学性能均需用标准试样在材料试验机上按照规定的试验方法和程序测定，并可同时测定材料的应力—应变曲线。随着工农业的迅速发展，如何有效的利用有限的资源成为当今材料界关注的重点，其中，利用材料的力学性能设计构件不但能够保证安全使用，同时还能提高资源的利用效率。

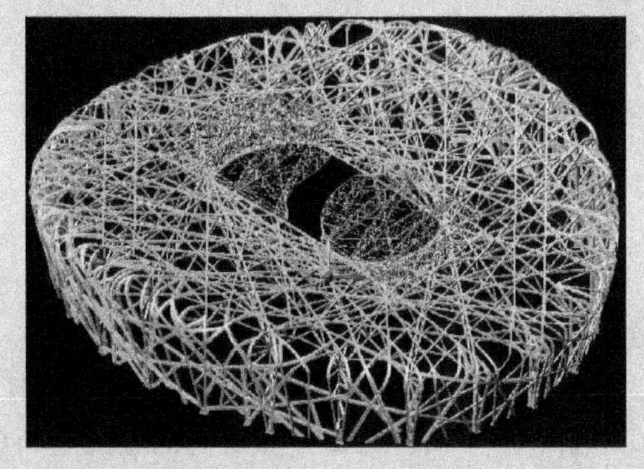

案例："鸟巢"所用钢材强度是普通钢的两倍，是由我国自主创新研发的特种钢材，集刚强、柔韧于一体，从而保证了"鸟巢"在承受最大460MPa的外力后，依然可以恢复到原有形状，也就是说能抵抗1976年唐山大地震那样的地震波。托起"鸟巢"最关键的是"肩部"结构，这一部分所用的钢材——Q460钢板厚度达到了10mm，具有良好的抗震性、抗低温性和可焊性等点。为满足抗震要求，钢构件的节点部位还特别作了加厚处理，杆件的联结方式一律为焊接，以增加结构整体的刚度和强度。"鸟巢"凌空的屋顶气势不凡，支撑它的24根巨大钢柱脚更是壮观雄伟。为保证建造在8度抗震设防的高烈度地震区的"鸟巢"能站稳脚跟，科研设计人员克服"鸟巢"柱脚集合尺寸大且构造复杂、我国现行规范的计算假定与设计方法难以适用等情况，为这些钢柱脚增加了底座和铆钉，将柱脚牢牢铆在了混凝土中。柱脚下的承台厚度高达4～6m，24根巨大钢柱分别与24个巨大的钢筋混凝土墩子牢固地连在一起，共同擎起巨大的"鸟巢"。鸟巢的设计是综合考虑了材料的强度、韧性以及材料的利用效率的实例。

本章主要介绍屈服强度、抗拉强度、断后伸长率和断面收缩率、硬度、冲击韧性和断裂韧性等最基本的力学性能指标的物理概念。结合拉伸、弯曲、硬度以及冲击等实验，介绍上述力学性能指标的实用意义。分析材料在各种工作状态下力学性能变化的规律以及失效特点，以便在此基础上探讨提高上述性能指标的途径和方向。

3.1 金属在单向静拉伸载荷下的力学性能

本节主要以单向拉伸实验为基础，介绍金属材料在静载荷作用下常见的3种失效形式，即过量弹性变形、塑性变形和断裂；还可以标定出金属材料最基本的力学性能指标，如屈服强度、抗拉强度、断后伸长率和断面收缩率等，并对其物理概念与实用意义进行解释。

3.1.1 力-伸长曲线和应力应变曲线

力-伸长曲线是在拉伸试验中记录的拉伸力与伸长的关系曲线。图3.1为常见的退火低碳钢拉伸力-伸长(力-伸长)曲线。

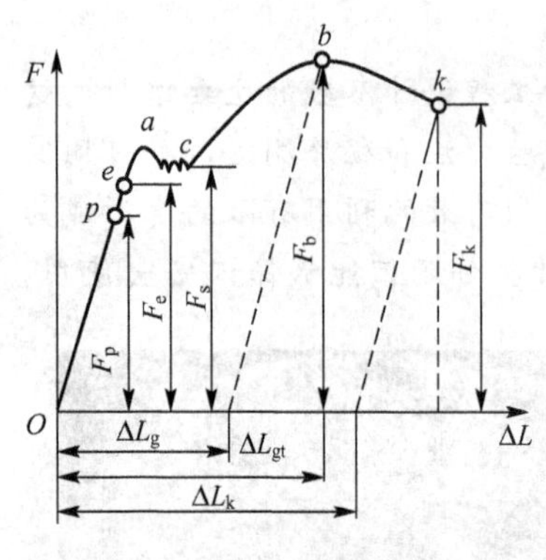

图 3.1 低碳钢的力-伸长曲线

图 3.1 中的纵坐标为拉伸力 F，横坐标是绝对伸长 ΔL。由图可知，当拉伸力比较小时，试样伸长随力的增加而增加。当拉伸力超过 F_p 后，力-伸长曲线开始偏离直线。拉伸力在 F_e 以下阶段，试样在受力时发生变形，撤除拉伸力后变形能完全恢复，该过程为弹性变形阶段。当所加的拉伸力达到 F_a 后，试样便产生塑性变形，即发生不可逆的永久变形，力-伸长曲线上出现平台或者锯齿，直至 C 点结束。继而，进入均匀塑性变形阶段。当达到最大拉伸力 F_b 时，试样再次产生不均匀的塑性变形，在局部区域产生缩颈。最后，在拉伸力 F_k 处，试样发生断裂。

由此可知，退火低碳钢在拉伸力作用下的变形过程可分为：弹性变形、不均匀屈服塑性变形、均匀塑性变形、不均匀集中塑性变形 4 个阶段。不仅退火低碳钢如此，正火、退火、调质的各种碳素结构钢和一般合金结构钢均具有类似的力-伸长曲线，只是力的大小和变形量有所不同。但是并非所有的金属材料(或同一材料在不同条件下)都具有这种类型的力-伸长曲线，即不同材料以及同种材料但环境不同时，具有不同的力学行为，反映在力-伸长曲线上也有所区别。例如，退火低碳钢在低温条件下拉伸，普通灰铸铁或淬火高碳钢在室温下拉伸，它们的力-伸长曲线上只有弹性变形阶段；冷拉钢只有弹性变形和不均匀集中塑性变形阶段；面心立方金属在低温和高应变速率下拉伸时，其力-伸长曲线上只看到弹性变形和不均匀屈服塑性变形两个阶段等。

将图 3.1 力-伸长曲线的纵、横坐标分别除以拉伸试样的原始截面积 A_0 和原始标距长度 L_0，即可得到应力应变曲线，如图 3.2 所示。由于横、纵坐标均除以一常数，因此曲线的形状不变。这样的曲线称为工程应力应变曲线。以曲线为基础，便可建立金属材料在静拉伸条件下的力学性能指标。

如果用真实的应力 S 和应变 e 绘制出曲线，则可得到真实的应力应变曲线，如图 3.3 中的 OBK 曲线所示。

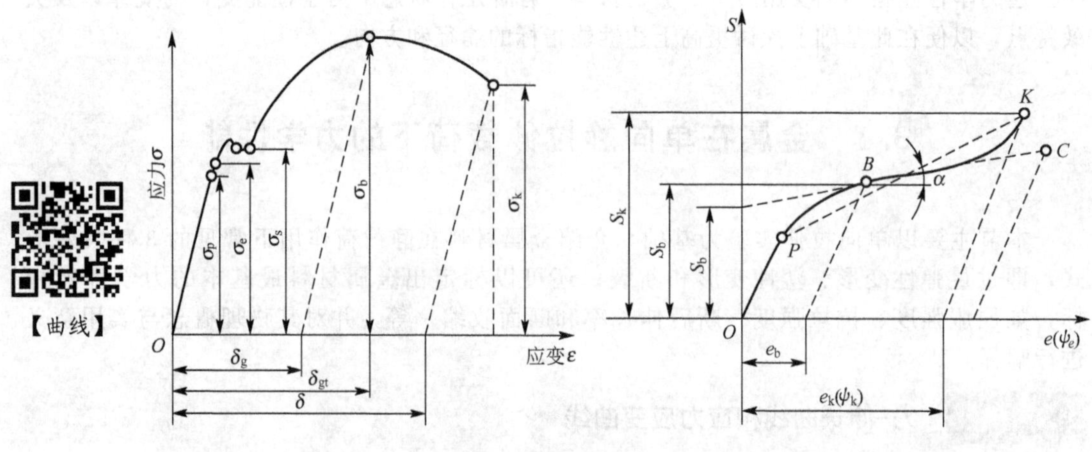

图 3.2 低碳钢的应力-应变曲线

图 3.3 真实应力-应变曲线

3.1.2 弹性变形

1. 弹性变形及其实质

金属弹性变形是一种可逆性变形。金属在一定外力作用下，先产生弹性变形，当外力去除后，变形随即消失而恢复原状，表现为弹性变形可逆性特点。在弹性变形过程中，不论是在加载期还是卸载期，应力应变之间都保持单值线性关系，且弹性变形量比较小，一般不超过1%。

金属的弹性变形是其晶格中的原子在自平衡位置产生可逆位移的反映，原子弹性位移量只相当于原子间距的几分之一，所以弹性变形量小于1%。

金属材料的弹性变形过程可以用双原子模型进行解释。在没有外加载荷作用时，金属中的原子在其平衡位置附近产生振动。相邻原子之间的作用力由引力与斥力叠加而成。一般认为，引力是由金属正离子和自由电子间的库仑力所产生，而斥力是因离子之间的电子壳层产生应变所致。引力与斥力均为原子间距的函数，如图3.4所示。从图3.4中可以看出，当原子因受力而接近时，斥力开始缓慢增加，而后，当电子壳层重叠时，斥力迅速增加。引力则随原子间距的增加而逐渐减小。合力曲线在原子平衡位置处为零。当原子间相互平衡力因受外力作用而受到破坏时，原子的位置必须做相应的调整，即产生位移，最终使外力、引力和斥力三者达到新的平衡。原子位移的总和在宏观上就表现为变形。外力去除后，原子依靠彼此之间的作用力又回到原来的平衡位置；位移小时，宏观上的变形也就消失了，从而表现出弹性变形的可逆性。

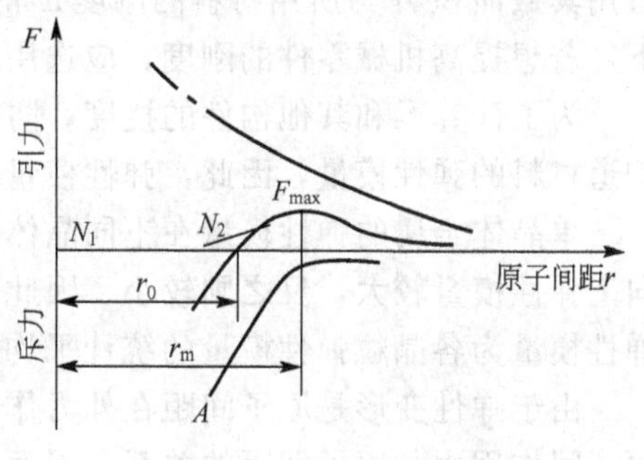

图3.4 双原子模型

原子间相互作用力 F 与原子间距 r 之间的关系为

$$F=\frac{A}{r^2}-\frac{Ar_0^2}{r^4} \tag{3-1}$$

式中，A 和 r_0 为与原子本性或晶体、晶格类型有关的常数。

式(3-1)中的第一项为引力，第二项为斥力。由式(3-1)可知，原子间相互作用力与原子间距的关系并非胡克定律所述的直线关系，而是抛物线关系。但在外力较小时，由于原子偏离平衡位置不远，合力曲线的起始阶段可视为直线，胡克定律表示外力-位移线性关系是近似正确的。

由图3.4可知，当 $r=r_m$ 时，斥力接近为零，与外力平衡的原子间作用力只有引力，合力曲线上出现极大值 F_{max}，F_{max} 是拉伸时两原子间的最大结合力。若外力达到 F_{max}，就可以克服原子间的引力而使它们分开。因此，F_{max} 也就是金属材料在弹性状态下的断裂载荷(断裂抗力)，相应的原子位移量为 r_m-r_0，即弹性变形量也最大，接近23%。实际上，它们都是理论值，因为实际金属材料中不可避免地存在各种缺陷甚至裂纹，因而断裂载荷不可能达到 F_{max}，而且也不可能产生这么大的弹性变形，因为在未达到最大理论弹性变形量之前，金属就可能已产生塑性变形或者断裂了。

2. 弹性模量

在弹性变形阶段，大多数金属的应力与应变之间符合胡克定律所表示的正比关系，如拉伸时$\sigma=E\cdot\varepsilon$，剪切时$\tau=G\cdot\gamma$，E和G分别为弹性模量和切变模量。由此可见，当应变为一个单位时，弹性模量即等于弹性应力，即弹性模量是产生100%弹性变形所需的应力。这个定义对于金属而言是没有任何意义的，因为金属材料所能产生的弹性变形量是很小的。表3-1给出了一些材料在常温下的弹性模量。

表3-1 几种金属材料在常温下的弹性极限

金属材料	$E/(\times10^{-5}\mathrm{MPa})$	金属材料	$E/(\times10^{-5}\mathrm{MPa})$
铁	2.17	铸铁	1.7～1.9
铜	1.25	低合金钢	2.0～2.1
铝	0.72	奥氏体不锈钢	1.9～2.0
低碳钢	2.0	—	—

工程上弹性模量被称为材料的刚度，表征金属材料对弹性变形的抗力，其数值越大，则在相同应力作用下产生的弹性变形就越小。机械零件或构件的刚度与材料刚度不同，前者用其截面积A与所用材料的刚度E的乘积(AE)表示。可见，在不能增大截面积的情况下，若想提高机械零件的刚度，应选用E值高的材料，如钢铁材料等。

为了计算梁和其他构件的挠度，防止机械零件因过量弹性变形而造成失效，我们需要知道材料的弹性模量，因此，弹性模量是金属材料重要的力学性能指标之一。

单晶体金属的弹性模量在不同晶体学方向上是不一致的，在原子间距较小的晶体学方向上弹性模量较大，反之则较小。因此，单晶体金属表现为弹性各向异性。多晶体金属的弹性模量为各晶粒弹性模量的统计平均值，表现为各向同性。

由于弹性变形是原子间距在外力作用下可逆变化的结果，应力与应变关系实际上就是原子间作用力与原子间距的关系，因而弹性模量与原子间作用力有关，与原子间距也有一定的关系。原子间作用力决定于金属原子本性和晶格类型，因此弹性模量也主要取决于金属原子本性与晶格类型。

溶质元素虽然可以改变合金的晶格常数，但对于常用的钢铁材料而言，合金元素对其晶格常数改变不大，因而对弹性模量影响很小。合金钢和碳钢的弹性模量数值相当接近，相差不大于12%。所以若仅考虑机件刚度要求，选用碳钢即可。

热处理(显微组织)对弹性模量的影响不大，第二相大小和分布对E值影响也很小，淬火后E值虽稍有下降，但回火后又恢复到退火状态的数值。灰铸铁例外，其E值与组织有关，如具有片状石墨的灰铸铁，$E\approx1.35\times10^5\mathrm{MPa}$。球墨铸铁由于石墨紧密度增加，因此其$E$值较高，约为$1.75\times10^5\mathrm{MPa}$。原因是片状石墨边缘会产生应力集中，并且局部会发生苏醒变形，在石墨紧密度增加时其影响将有所减弱。

冷塑性变形使E值稍有降低，一般降低4%～6%，这与出现残余应力有关。当塑性变形量很大时，因产生形变织构而使E值呈现各向异性，沿变形方向E值最大。

温度升高原子间距增大，E值降低。碳钢加热时每升高100℃，E值下降3%～5%。但在－50℃～50℃，钢的E值变化不大，可以不考虑温度的影响。

弹性变形的速度与声速一样快，远超过实际加载速度，因此加载速度对弹性模量的影响很小。

综上所述，金属材料的弹性模量是一个对组织不敏感的力学性能指标，外在因素的变化对它的影响也比较小，主要取决于材料的本性与晶格类型。

3. 比例极限与弹性极限

比例极限与弹性极限有明确的物理意义。

比例极限σ_p是应力与应变成正比关系的最大应力，即在拉伸应力-应变曲线上开始偏离直线时的应力。

$$\sigma_p=\frac{F_p}{A_0} \tag{3-2}$$

式中，F_p与A_0分别为比例极限对应的试验力与试样的原始截面积。

弹性极限σ_e是材料由弹性变形过渡到塑性变形时的应力，应力超过弹性极限以后，材料将开始发生塑性变形。

$$\sigma_e=\frac{F_e}{A_0} \tag{3-3}$$

式中，F_e与A_0分别为弹性极限对应的试验力与试样的原始截面积。

σ_p和σ_e的实际意义为：对于要求在服役时其应力应变曲线关系维持严格的直线关系的构件，如测力计弹簧是依靠弹性变形的应力-应变的关系显示载荷大小，此时选择制造这类构件的材料应以比例极限为依据；若服役条件要求构件不允许产生微量塑性变形，则设计时应按弹性极限进行选材。

需要指出的是，上述两个力学性能指标虽然有明确的物理意义，但对于多晶体金属材料来说，由于晶粒具有各向异性，且各晶粒在外力作用下开始产生塑性变形的不同时性，一般用试样产生规定的微量塑性伸长时的应力进行表征。从这个意义来说，比例极限和弹性极限与下面将要介绍的屈服强度的概念是一致的，都表示材料对微量塑性变形的抗力，且影响金属比例极限与弹性极限的因素和影响屈服强度的因素也相同，这将在屈服强度部分进行讨论。

4. 弹性比功

弹性比功又称为弹性比能、应变比能，表示金属材料吸收弹性变形功的能力，一般可用金属开始塑性变形前单位体积吸收的最大弹性变形功来表示。金属拉伸时的弹性比功用图 3.5 中应力-应变曲线下的影线面积表示，且

$$\alpha_e=\frac{1}{2}\sigma_e\varepsilon_e=\frac{\sigma_e^2}{2E} \tag{3-4}$$

式中，α_e为弹性比功；σ_e为弹性极限；ε_e为最大弹性应变。

由式(3-4)可知，金属材料的弹性比功与其弹性模量和弹性极限有关。由于弹性模量是组织不敏感性能，因此，对于一般的金属材料，只有用提高弹性极限的方法才能提高弹性比功。因为弹性比功是用单位体积材料吸收的最大弹性变形功表示的，因此试样或者实际的机械零件的体积越大，则其可吸收的弹性比功就越大，也就是说可储备的弹性能就越大。此点对于研究或理解大件的脆性断裂问题很有意义。

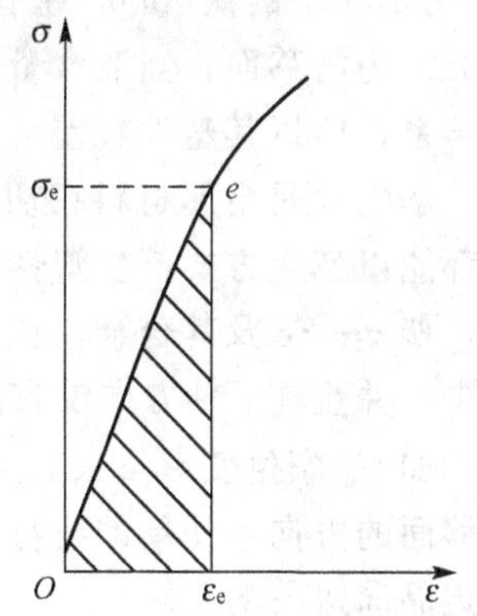

图 3.5 金属拉伸应力-应变曲线(弹性阶段)

几种典型金属材料的弹性比功见表 3-2。

表 3-2 几种金属材料的弹性比功

材料	E/MPa	σ_e/MPa	α_e/MPa
中碳钢	210 000	310	0.228
高碳弹簧钢	210 000	965	2.217
铜	110 000	27.5	3.438×10^{-3}
铍青铜	120 000	588	1.441
磷青铜	101 000	450	1.002
硬铝	72 400	125	0.108

作为典型的弹性零件，弹簧的重要作用是减振和储能驱动。因此，弹簧材料应具有较高的弹性比功。生产上选用碳含量较高的钢，再加入 Si、Mn 等合金以强化铁素体型基体，并经淬火加中温回火获得回火索氏体组织，然后采取冷变形强化等措施，可以有效地提高弹性极限，使弹性比功增加。仪表弹簧因要求无磁性，常用铍青铜或磷青铜等软弹簧材料制造。这类材料的 E 值较低而σ_e较高，故其弹性比功也比较大。

3.1.3 塑性变形

1. 塑性变形方式及特点

【滑移过程演示】

【孪生过程演示】

滑移和孪生是金属塑性变形的两种常见方式。其中滑移是金属材料在切应力作用下，沿滑移面和滑移方向进行的切变过程。通常，滑移面是原子最密排的晶面，而滑移方向是原子最密排的方向。滑移面和滑移方向的组合称为滑移系。滑移系越多，金属的塑性就越好，但滑移系的数目不是决定金属塑性的唯一因素。例如，面心立方结构(fcc)金属(如Cu，Al 等)的滑移系的数目虽然比体心立方结构(bcc)金属(如 α-Fe)的少，但因前者晶格阻力小，位错容易运动，因此其塑性优于后者。

实验观察到，滑移面受温度、金属成分和预先塑性变形程度等因素的影响，而滑移方向则比较稳定。例如，温度升高时，bcc 金属可能沿 {112} 及 {123} 滑移，这是由于高指数晶面上的位错源容易被激活；而轴比(c 与 a 的比值)为 1.587 的钛(hcp-密排六方结构)中含有氧和氮等杂质时，若氧含量为 0.1%，则(1010)为滑移面；当氧含量为 0.01%时，滑移面又改变为(0001)。由于 hcp 金属只有 3 个滑移系，所以其塑性较差，并且这类金属的塑性变形程度与外加应力的方向有很大关系。

孪生也是金属材料在切应力作用下的一种塑性变形方式。fcc、bcc 和 hcp 三种金属材料都能以孪生方式产生塑性变形。fcc 金属只有在很低的温度下才能产生孪生变形；bcc 金属，如 α-Fe 及其合金，在冲击载荷或低温下也常发生孪生变形；hcp 金属及其合金滑移系少，并且在 c 轴方向没有滑移矢量，因而更易产生孪生变形。孪生本身提供的变形量很小，如 C_d 孪生变形量只有 7.4%的变形度，而滑移变形度可达 300%。孪生变形可以调整滑移面的方向，使新的滑移系开动，间接对塑性变形有贡献。孪生变形也是沿特定晶面和特定晶向进行的。

在多晶体金属中，每一晶粒滑移变形的规律都与单晶体金属相同。但由于多晶体金属存在晶界，各晶粒的取向也不相同，因而其塑性变形具有如下一些特点。

(1) 各晶粒变形的不同时性和不均匀性。

各晶粒变形的不同时性和不均匀性常常是相互联系的。多晶体由于各晶粒的取向不同，在受外力时，某些取向有利的晶粒先开始滑移变形，而那些取向不利的晶粒可能仍处于弹性变形状态，只有继续增加外力才能使滑移从某些晶粒传播到另一些晶粒，并不断传播下去，从而产生宏观可见的塑性变形。如果金属材料是多相合金，那么由于各晶粒的取向及应力状态的不同，那些位向有利或产生应力集中的晶粒必将首先产生塑性变形，导致金属材料塑性变形的不同时性。这种不均匀性不仅存在于各晶粒之间、基体金属晶粒与第二相之间，即使是同一晶粒内部，各处的塑性变形也往往不同。这是由于晶粒取向及应力状态不同，基体与第二相各自性质不同，以及第二相的形态、分布不同而引起的。结果造成当宏观上塑性变形量还不大的时候，个别晶粒或晶粒局部地区的塑性变形量可能已达到极限值。由于塑性耗竭，加上变形不均匀产生较大的应力，就有可能在这些晶粒中形成裂纹，从而导致金属材料的早期断裂。

(2) 各晶粒变形的相互协调性。

多晶体金属作为一个连续的整体，不允许各个晶粒在任一滑移系中自由变形，否则必将造成晶界开裂，这就要求各晶粒之间能协调变形。为此，每个晶粒必须能同时沿几个滑移系进行滑移，即能进行多系滑移，或在滑移的同时进行孪生变形。米赛斯指出，每个晶粒至少必须有5个独立的滑移系开动，才能保证产生任何方向都不受约束的塑性变形，并维持体积不变。由于多晶体金属的塑性变形需要进行多系滑移，因而多晶体金属的应变硬化速度比相同的单晶体金属要高，两者之间以hcp类金属最大，fcc及bcc金属次之。但hcp金属滑移系少，变形不易协调，故其塑性极差。金属化合物的滑移系更少，变形更不易协调，因此其性质更脆。

金属材料在塑性变形时，除引起应变硬化，产生内应力外，还导致一些物理性能和化学性能的变化，如密度降低、电阻和矫顽力增加、化学活性增大以及抗腐蚀性能降低等。

2. 屈服强度

金属材料在拉伸时产生的屈服现象是开始产生宏观塑性变形的一种标志。在介绍退火低碳钢的拉伸力-伸长曲线时曾经指出，这类材料从弹性变形阶段向塑性变形阶段的过渡是很明显的，表现在试验过程中，外力不增加(保持恒定)试样仍能继续伸长，或外力增加到一定数值时突然下降，随后，在外力不增加或上下波动的情况下，试样继续伸长变形(图3.6中曲线1)，这就是屈服现象。

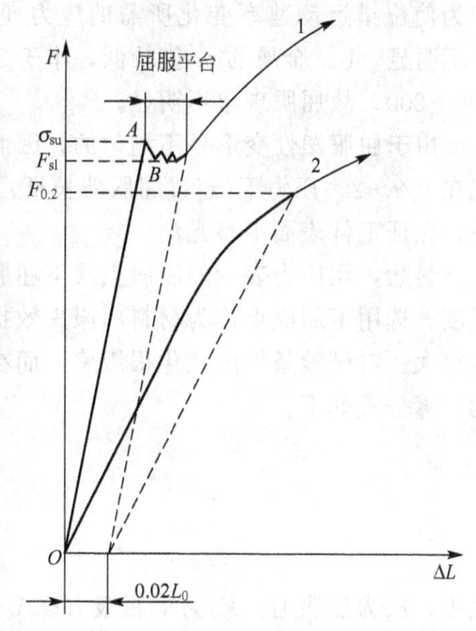

图3.6 两种不同的拉伸力-伸长曲线

1—低碳钢；2—钢

呈现屈服现象的金属材料在拉伸时，试样在外力不增加仍能继续伸长时的应力成为屈服点σ_s；试样发生屈服，且应力首次下降前的最大应力成为上屈服点，记为σ_{su}(图3.6中曲线1上A点对应的应力)；当不计初始瞬时效应(指在屈服过程中试验力第一次发生下降)时，屈服阶段中的最小应力称为下屈服点，记为σ_{sl}(图3.6中曲线1上B点对应的应力)。在屈服过程中产生的伸长叫作屈服伸长。屈服伸长对应的水平线段或曲折线段称为屈服平台或屈服齿。屈服伸长变形是不均匀的,外力从上屈服点下降到下屈服点时,在试样局部区域开始形成与拉伸轴约成45°的吕德斯(Lüders)带或屈服线,随后再沿试样长度方向逐渐扩展,当屈服线布满整个试样长度时,屈服伸长结束,试样开始进入均匀塑性变形阶段。

屈服现象在退火、正火、调质的中、低碳钢和低合金钢中最常见。

近年来,研究指出,屈服现象与以下三个因素有关:材料在变形前可动位错密度很小(或虽有大量位错但被钉扎住,如钢中的位错由杂质原子或第二相质点所钉扎);随着塑性变形的发生,位错能快速增殖;位错运动速率与外加应力有强烈的依存关系。

金属材料塑性变形的应变速度与位错密度、位错运动速率及柏氏矢量成正比。

$$\dot{\varepsilon}=b\rho\bar{v} \tag{3-5}$$

式中,$\dot{\varepsilon}$ 为塑性变形应变速率;b 为柏氏矢量的模;ρ 为可动位错密度;$\bar{v}$ 为位错运动平均速率。

根据式(3-5),由于变形前可动位错极少(ρ 值极小),为了满足一定的塑性变形应变速率(拉伸试验机夹头移动的速率)的要求,必须增大位错运动速率。但位错运动速率取决于应力的大小,它们之间的数值关系为

$$\bar{v}=\left(\frac{\tau}{\tau_0}\right)^{m'} \tag{3-6}$$

式中,τ 为沿滑移面上的切应力;τ_0为位错以单位速率运动所需的切应力;m'为位错运动速率应力敏感指数。

由式(3-6)可知,若想提高位错运动的平均速率就需要有较高的应力,这就是我们在实验中看到的上屈服点。一旦塑性变形产生,位错大量增殖,可动位错密度增加,则位错运动速率必然下降,相应的应力也就突然降低,从而产生了屈服现象。m'值越小,则为使位错运动速率变化所需的应力变化就越大,屈服现象就越明显,反之,屈服现象就不明显。bcc金属的m'值较低,小于20,故具有明显的屈服现象,而fcc金属的m'大于100～200,故屈服现象不明显。

由于屈服塑性变形是不均匀的,因而易使低碳钢冲压件表面产生皱褶现象。若将钢板先在1%～2%压力下(超过屈服伸长量)下预轧一次,而后再进行冲压变形,可消除屈服现象,保证工件表面平整光洁。

显然,用应力表示的屈服点或下屈服点就是表征材料对微量塑性变形的抗力,即屈服强度。选用下屈服点作为材料屈服失效抗力(力学性能指标之一)的理由是,上屈服点波动性很大,对试验条件的变化很敏感,而在正常试验条件下,下屈服点再现性较好。σ_s和σ_{sl}的计算公式如下。

$$\sigma_s=\frac{F_s}{A_0} \tag{3-7}$$

$$\sigma_{sl}=\frac{F_{sl}}{A_0} \tag{3-8}$$

式中,F_s为屈服力;F_{sl}为下屈服力;A_0为试样标距部分原始截面积。

金属材料在拉伸试验时如果出现屈服平台,或出现拉伸力陡降的现象,那么测定屈服点或下屈服点就非常方便。但是许多金属材料在拉伸试验时看不到明显的屈服现象,对于

这类材料，用规定微量塑性伸长应力来表征材料对微量塑性变形的抗力。规定微量塑性拉应力是人为规定的在拉伸试样标距部分产生一定的微量塑性伸长率(如0.01%、0.05%和0.2%等)时的应力。根据测定的方法不同，又可分为3种指标。

(1) 规定非比例伸长应力(σ_p)。试样在加载过程中，标距部分的非比例伸长达到规定的原始标距百分比时的应力。例如$\sigma_{p0.01}$、$\sigma_{p0.05}$和$\sigma_{p0.2}$等。

(2) 规定残余伸长应力(σ_r)。试样卸除拉伸力后，其标距部分的残余伸长达到规定的原始标距百分比时的应力。常用的为$\sigma_{r0.2}$，表示规定残余伸率为0.2%时的应力。

在规定塑性伸长率相同的条件下，用以上两种方法测出的σ_p和σ_r的数值略有差别。但在不规定测定方法的情况下，可用$\sigma_{0.01}$、$\sigma_{0.05}$和$\sigma_{0.2}$等表示。一般可将$\sigma_{0.01}$称为条件比例极限，而将$\sigma_{0.2}$称为屈服强度。

(3) 规定总伸长应力(σ_t)。试样标距部分的总伸长(弹性伸长加塑性伸长)达到规定原始标距百分比时的应力。常用的规定总伸长率为0.5%，$\sigma_{0.5}$表示规定总伸长率为0.5%时的应力。

σ_p、σ_r、σ_t的计算公式分别为

$$\sigma_p = \frac{F_p}{A_0} \tag{3-9}$$

$$\sigma_r = \frac{F_r}{A_0} \tag{3-10}$$

$$\sigma_t = \frac{F_t}{A_0} \tag{3-11}$$

式中，F_p、F_r、F_t分别为规定的非比例伸长力、规定的残余伸长力和规定的总伸长力；A_0为试样标距部分的原始截面积。

在使用σ_p、σ_r、σ_t应力符号时，其脚注应加以标注，以表明规定的非比例伸长率、规定的残余伸长率和规定的总伸长率的数值。

上述力学性能指标σ_p、σ_r、σ_t和σ_s、σ_{sl}一样，都可以表征材料的屈服强度，其中σ_p和σ_t是在加载过程中测定的，试验效率较用卸力法测σ_r高，且易于实现测量自动化。工业纯铜及灰铸铁等常用$\sigma_{0.5}$表示其屈服强度。在规定的非比例伸长率较小时，常用σ_p表示材料的条件比例极限或弹性极限。

屈服强度的实际意义十分明显。提高金属材料对起始塑性变形的抗力，可以减轻机件的重量，并不易产生塑性变形失效。但提高金属材料的屈服强度，使屈服强度与抗拉强度的比值(屈强比)增大，又不利于某些应力集中部位的应力重新分布，极易引起脆性断裂。对于具体的机件，应选择多大数值的屈服强度的材料为最佳，原则上应根据机件的形状及其所受的应力状态、应变速率等决定。若机件截面形状变化较大，所受应力状态较硬，应变速率较高，则金属材料的屈服强度应取较低数值，以防止发生脆性断裂。

3. 影响屈服强度的因素

金属材料一般是多晶体合金，往往具有多相组织，因此，讨论影响屈服强度的因素，必须注意以下3点：①金属材料的屈服变形是位错增殖和运动的结果，凡影响位错增殖和运动的各种因素，必然要影响金属的屈服强度；②实际金属材料中单个晶粒的力学行为并不能决定整个材料的力学行为，要考虑晶界、相邻晶粒的约束、材料的化学成分以及第二相的影响；③各种外界因素通过影响位错运动而影响屈服强度。下面将从内因和外因两个方面对影响屈服强度的因素进行阐述。

(1) 影响屈服强度的内在因素。

① 金属本性及晶格类型。一般多相合金的塑性变形主要沿基体相进行，这表明位错主要分布在基体相中。如果不计合金成分的影响，那么一个基体相就相当于纯金属单晶体。纯金属单晶体的屈服强度从理论上来说是使位错开始运动的临界切应力，其值由位错运动所受的各种阻力决定。这些阻力有晶格阻力、位错间交互作用产生的阻力等。不同的金属及晶格类型，位错运动所受的各种阻力并不相同。

晶格阻力及派纳力 τ_{p-n}，是在理想晶体中，仅存在一个位错运动时所需克服的阻力。τ_{p-n} 与位错宽度及柏氏矢量有关，两者又都与晶体结构有关。

$$\tau_{p-n}=\frac{2G}{1-\nu}e^{-\frac{2\pi\cdot a}{b(1-\nu)}}=\frac{2G}{1-\nu}e^{-\frac{2\pi\cdot\omega}{b}} \tag{3-12}$$

式中，G 为切变模量；ν 为泊松比；a 为滑移面的晶面间距；b 为柏氏矢量的模；ω 为位错宽度；$\omega=\frac{a}{1-\nu}$，为滑移面内原子位移大于 $50\%b$ 区域的宽度。

由式(3-12)可见，位错宽度大时，因位错周围的原子偏离平衡位置不大，晶格畸变小，位错易于移动，故 τ_{p-n} 小，如 fcc 金属，ω 小，则 τ_{p-n} 较大。式(3-12)也说明，τ_{p-n} 还受晶面和晶向原子间距的影响。滑移面的面间距最大，滑移方向上原子间距最小，所以其 τ_{p-n} 小，位错最易运动。不同的金属材料，其滑移面的晶面间距与滑移方向上的原子间距是不同的，所以 τ_{p-n} 不同。此外，τ_{p-n} 还与切变模量 G 有关。

位错间交互作用产生的阻力有两种类型：一种是平行位错交互作用产生的阻力；另一种是运动位错与林位错间交互作用产生的阻力。两者都正比于 Gb 而反比于位错间距 L，可表示为

$$\tau=\frac{\alpha Gb}{L} \tag{3-13}$$

式中，α 为比例系数。

由于位错密度 ρ 正比于 $1/L^2$，故式(3-13)又可写为

$$\tau=\alpha Gb\rho^{\frac{1}{2}} \tag{3-14}$$

在平行位错情况下，ρ 为主滑移面中位错的密度；在林位错情况下，ρ 为林位错密度。α 值与晶体本性、位错结构及分布有关，如 fcc 金属，$\alpha\approx0.2$；bcc 金属，$\alpha\approx0.4$。

由式(3-14)可见，ρ 增加，τ 也增加，所以屈服强度也随之提高。

② 晶粒大小和亚结构。晶粒大小的影响是晶界影响的反映，因为晶界是位错运动的障碍，在一个晶粒内部，必须塞积足够数量的位错才能提供必要的应力，使相邻晶粒中的位错源开动，并产生宏观可见的塑性变形。因而，减小晶粒尺寸将增加位错运动障碍的数目，减小晶粒内部位错塞积群的长度，使屈服强度提高。许多金属及合金的屈服强度与晶粒大小的关系均符合霍尔-派奇(Hall-Petch)公式，即

$$\sigma_s=\sigma_i-\frac{k_y}{\sqrt{d}} \tag{3-15}$$

式中，σ_i 为位错在基体金属中运动的总阻力，亦称摩擦阻力，决定于晶体结构和位错密度；k_y 为度量晶界对强化贡献大小的钉扎常数，或表示滑移带端部的应力集中系数；d 为晶粒的平均直径。

式(3-15)中的 σ_i 和 k_y，在一定的试验温度和应变速率下均为材料常数。

对于以铁素体为基的钢而言，晶粒大小在0.3～400μm之间都符合这一关系。奥氏体钢也适用于这一关系，但其k_y值较铁素体的小1/2，这是因为在奥氏体中位错的钉扎作用较小。

由于bcc金属的k_y值比fcc和hcp金属的k_y值都高，所以bcc金属细晶强化效果最好，而fcc和hcp金属则较差。

用细化晶粒提高金属屈服强度的方法叫作细晶强化，它不仅可以提高强度，还可以提高脆断抗力以及塑性和韧性，所以细化晶粒是金属强韧化一种有效的手段。

亚晶界的作用与晶界类似，也阻碍位错运动。实验发现，霍尔-派奇公式也完全适用于亚晶粒，但式(3-15)中的k_y值不同，将有亚晶粒的多晶材料与无亚晶粒的同一材料相比，其k_y值低1/2～4/5，且d为亚晶粒的直径。此外，在亚晶界上产生屈服变形所需的应力对亚晶间的取向差不是很敏感。

相界也阻碍位错运动，因为相界两侧的材料具有不同的取向和不同的柏氏矢量，还可能具有不同的晶体结构和不同的性能。因此，多相合金中第二相的大小将影响屈服强度，同时第二相的分布、形状等因素也对其有重要的影响，此点将在以后作进一步阐述。

③ 溶质元素。在纯金属中加入溶质原子(间隙型或置换型)形成固溶合金(或多相合金中的基体相)，将显著提高屈服强度，此即为固溶强化。通常，间隙固溶体的强化效果大于置换固溶体，如图3.7所示。图中横坐标为元素的质量分数。

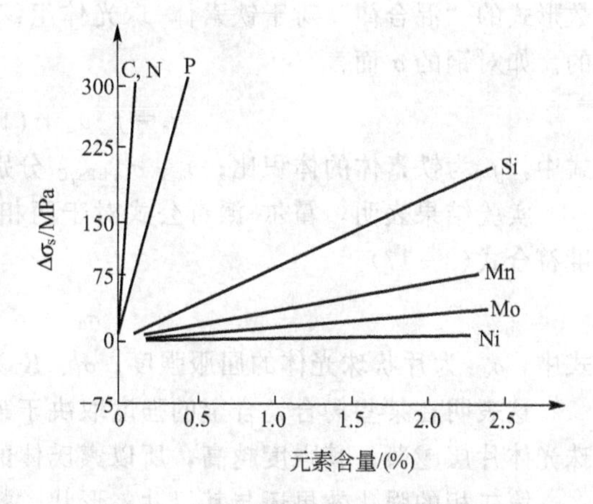

图3.7 低碳铁素体中固溶强化效果

在固溶合金中，由于溶质原子和溶剂原子直径不同，在溶质周围形成了晶格畸变应力场，该应力场和位错应力场产生交互作用，使位错运动受阻，从而使屈服强度提高。固溶强化的效果是溶质原子与位错交互作用能及溶质浓度的函数，因而它受单相固溶合金(或多相合金中的基体相)中溶质的量所限制。

溶质原子与位错弹性交互作用只是固溶强化的原因之一，它们之间的电学交互作用、化学交互作用和有序化作用对其也有影响。

固溶合金的屈服强度高于纯金属，其流变曲线也高于纯金属。这表明，溶质原子不仅提高了位错在晶格中运动的摩擦阻力，而且增强了对位错的钉扎作用。

④ 第二相。工程上的金属材料，特别是高强度合金，其显微组织一般是多相的。除了基体产生固溶强化外，第二相对屈服强度也有影响。现在已经确认，第二相质点的强化效果与质点在金属材料屈服变形过程中能否变形有很大关系。据此可将第二相质点分为不可变形的(如钢中的碳化物和氮化物等)和可变形的(如时效铝合金中GP区的共格析出物θ''相及粗大的碳化物等)两类。这些第二相质点都比较小，有的可用粉末冶金法获得(由此产生的强化叫作弥散强化)，有的则可用固溶处理和随后的沉淀处理析出获得(由此产生的强化叫作沉淀强化)。

根据位错理论，位错线只能绕过不可变形的第二相质点，为此，必须克服弯曲位错的线张力。弯曲位错的线张力与相邻质点间的间距有关，故含有不可变形第二相质点的金属材料，其屈服强度与流变应力(即屈服后继续塑性变形并随之升高的抗力)就取决于第二相质点之间的间距。绕过质点的位错线在质点周围留下一个位错环。随着绕过质点的位错数量增加，留下的位错环增多，相当于质点的间距减小，流变应力就越高。

对于可变形第二相质点，位错可以切过，使之同基体一起产生变形，由此也能提高屈服强度。这是由质点与基体间晶格错排及位错切过第二相质点产生新的界面需要做功等原因造成的。这类质点的强化效果与粒子本身的性质及与基体的结合情况有关。

以上是第二相质点以弥散形式分布(弥散型)的情况。第二相还可能呈现与基体晶粒尺寸同一数量级的块状(聚合型)，如奥氏体不锈钢中的δ相、碳钢及低合金钢中的珠光体、$\alpha+\beta$两相黄铜中的β相等。对这类两相组织的强化原因研究的还不够，一般认为，块状第二相阻碍滑移使基体产生不均匀的塑性变形，由于局部塑性约束而导致强化。有一些经验公式可以估测这类两相组织的强度，如“混合律”或霍尔-派奇公式等。但因“混合律”的形式往往是两相体积比的幂函数，这样便突出了占有较大体积比的相的作用。这种幂指数形式的“混合律”对于铁素体-珠光体组织(0～100%)的屈服强度和抗拉强度都是合适的。如对钢的σ_s而言

$$\sigma_s=f_\alpha^{\frac{1}{3}}\sigma_\alpha+(1-f_\alpha^{\frac{1}{3}})\sigma_{(\alpha+Fe_3C)} \tag{3-16}$$

式中，f_α为铁素体的体积比；σ_α、$\sigma_{(\alpha+Fe_3C)}$分别为铁素体和珠光体的屈服强度。

实验结果表明，霍尔-派奇公式对于两相混合物的强度也是成立的。珠光体的屈服强度符合式(3－17)

$$\sigma_{0.2}=\sigma_i+KS_p^{-\frac{1}{2}} \tag{3-17}$$

式中，$\sigma_{0.2}$为片状珠光体的屈服强度；σ_i、K为材料常数；S_p为珠光体片层间距。

这表明在某些场合，合金的强度取决于第二相对位错运动的阻力。由式(3－17)可知，珠光体片层越薄，其强度越高，所以索氏体的屈服强度高于珠光体。

第二相的强化效果还与其尺寸、形状、数量以及第二相与基体的强度、塑性和应变硬化特性、两相之间的晶体学配合以及界面能等因素有关。在第二相体积比相同的情况下，长形质点显著影响位错运动，因而具有此种组织的金属材料，其屈服强度就比具有球状的高，如在钢中Fe_3C体积比相同的条件下，片状珠光体比球状珠光体屈服强度高。

通常，第二相都是硬脆相(如钢中的碳化物和氮化物等)，它们的分布对金属材料的力学性能也有很大影响。当第二相沿晶界呈网状分布时，材料比较脆；若第二相沿晶界呈不连续网状分布，脆性有时会稍有下降。为了得到最好的强度和塑性，以第二相以弥散形式均匀分布于较软的基体上为最佳，钢一般需经调质处理得到回火索氏体就是这样的情况。

实际上，金属材料的屈服强度是多种强化机理共同作用的结果，如经热处理的40CrNiMo钢，其屈服强度可达1 380MPa，就是固溶强化、晶界与亚晶界共同作用的结果；而经热处理的18Ni马氏体时效钢的屈服强度可达2 000MPa，则是沉淀强化、晶界与亚晶界强化的共同贡献。

综上所述，表征金属微量塑性变形抗力的屈服强度是一个对成分、组织极为敏感的力学性能指标，受许多内在因素的影响，改变合金成分或热处理工艺都可以使屈服强度产生明显变化。

(2) 影响屈服强度的外在因素。

影响屈服强度外在因素有温度、应变速率和应力状态。

一般，升高温度，金属材料的屈服强度降低，但是金属晶体结构不同，其变化趋势并不一样，如图 3.8 所示。

由图 3.8 中所示可知，bcc 金属的屈服强度具有强烈的温度效应。温度下降，屈服强度急剧升高，如 Fe 由室温降到－196℃，屈服强度提高 4 倍；而 fcc 金属的屈服强度温度效应则较小，如 Ni 由室温下降到－196℃，屈服强度只提高 40％；hcp 金属屈服强度的温度效应与 fcc 金属类似。前面已指出，纯金属单晶体的屈服强度是由位错运动时所受的各种阻力决定的。bcc 金属的 τ_{p-n} 较 fcc 金属的高很多，τ_{p-n} 在屈服强度中占有较大比例，而 τ_{p-n} 属短程力，对温度十分敏感。因此，bcc 金属的屈服强度之所以具有强烈的温度效应可能是因为 τ_{p-n} 起主要作用。

绝大多数常用结构钢均是 bcc 结构的 Fe－C 合金，因此，其屈服强度也有强烈的温度效应(图 3.9)，这就是此类钢低温变脆的原因。

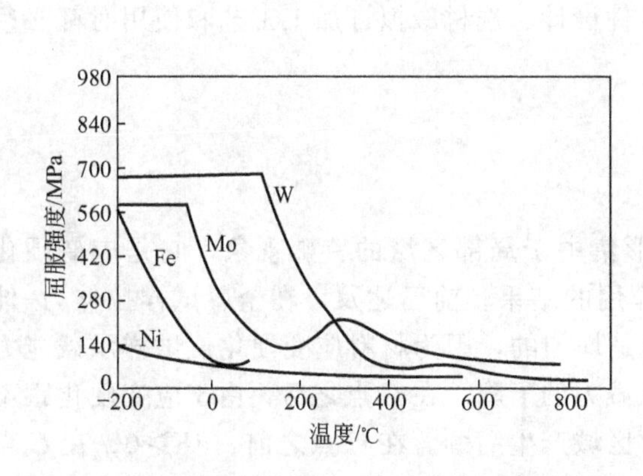

图 3.8 W、Wo、Fe、Ni 的屈服强度和温度的关系

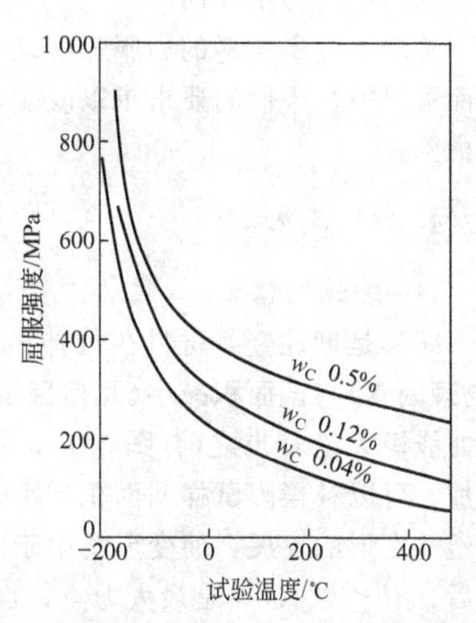

图 3.9 温度对碳钢屈服强度的影响

应变速率增大，金属材料的强度增加(图 3.10)。

由图 3.10 可知，屈服强度随应变速率的变化较抗拉强度的变化要剧烈得多。通常静拉伸试验使用的应变速率约为 $10^{-3}\ s^{-1}$。对于多种工程金属材料，应变速率按此值变化一个数量级，它们的应力-应变曲线不发生明显的变化。但当应变速率过高时，如冷轧、拉丝，应变速率可达 $10^3 s^{-1}$。此时，材料的屈服强度和抗拉强度将明显增加。所以，在测定金属材料屈服强度时，应按照国家标准规定的伸长率进行试验，才能得到可资比较的屈服强度。

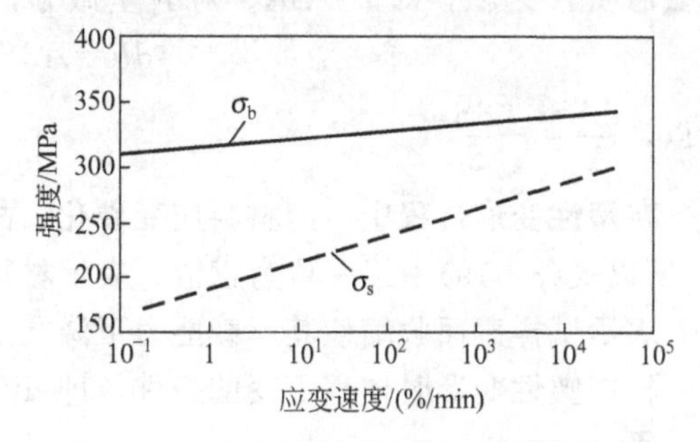

图 3.10 应变速率对低碳钢强度的影响

在应变量与温度一定时，流变应力与应变速率之间的关系为

$$\sigma_{\varepsilon,t}=C_1(\dot{\varepsilon})^m \tag{3-18}$$

式中，$\dot{\varepsilon}$ 为塑性变形应变速率；$\sigma_{\varepsilon,t}$ 为应变量与温度一定时的流变应力；C_1 为在一定应力状

态下的常数；m 为应变速率敏感指数。

C_1和 m 与试验温度及晶粒大小有关。金属材料的室温 m 值很低(<0.1)；对于一般钢材，$m=0.2$；对超塑性的金属，m 值则较高($m>2$)(超塑性是指一些金属在特定组织状态下、特定温度范围内和一定应变速率下表现出极高塑性的现象，其伸长率可达百分之几甚至百分之几千。特定的组织状态主要是超细晶)。金属材料拉伸试验时能否产生缩颈与 m 值有关。

应力状态也影响屈服强度，切应力分量越大，越有利于塑性变形，屈服强度则越低。所以扭转比拉伸的屈服强度低，拉伸要比弯曲的屈服强度低，但以三向不等拉伸下的屈服强度为最高(关于应力状态对金属材料力学性能的影响可参阅相关参考书)。要注意，不同应力状态下材料屈服强度不同，这并非是因为材料性质变化，而是因为材料在不同条件下表现的力学行为不同而已。

总之，金属材料的屈服强度既受各种内在因素的影响，又随外在条件的不同而变化，因而可以根据人们的要求予以改变，这在机件设计、选材、拟订加工工艺和使用时都必须考虑到。

4. 缩颈现象

(1) 缩颈的意义。

缩颈是韧性金属材料在拉伸试验时变形集中于局部区域的特殊现象，它是应变硬化(物理因素)与截面积减小(几何因素)共同作用的结果。前已述及，在金属试样拉伸力-伸长曲线极大值 C 点之前(图 3.1)，塑性变形是均匀的，因为材料应变硬化使试样承载能力增加，可以补偿因试样截面积减小引起的承载力的下降。在 C 点之后，由于应变硬化跟不上塑性变形的发展，使变形集中于试样局部区域产生缩颈。在 C 点之前，$dF>0$；在 C 点以后，$dF<0$。C 点是最大力点，也是局部塑性变形的开始点，亦称拉伸失稳点或塑性失稳点。由于 C 点后试样的断裂是瞬时发生的，所以找出拉伸失稳的临界条件，即缩颈判据，对于机件设计来说无疑是有益的。

(2) 缩颈的判据。

拉伸失稳或缩颈的判据应为 $dF=0$。在任一瞬间，拉伸力 F 为真实应力 S 与试样瞬时横截面积 A 之积，即 $F=SA$。对 F 全微分，并令其等于零

$$dF=AdS+SdA=0 \tag{3-19}$$

所以，$\frac{dA}{A}=-\frac{dS}{S}$

在塑性变形过程中，因材料应变硬化，故 dS 恒大于 0，dA 因试样截面减小则恒小于 0。所以式(3-19)中第一项为正值，表示材料应变硬化使试样承载能力增加，第二项为负值，表示试样截面收缩使其承载能力下降。

根据塑性变形时体积不变的条件，即 $dV=0$

因
$$V=AL$$

故
$$AdL+LdA=0$$

$$-\frac{dA}{A}=\frac{dL}{L}=de=\frac{d\varepsilon}{1+\varepsilon} \tag{3-20}$$

联立解式(3-19)、式(3-20)得

$$S=\frac{dS}{de} \tag{3-21}$$

或

$$\frac{dS}{d\varepsilon}=\frac{S}{1+\varepsilon} \tag{3-22}$$

式(3-22)即为缩颈判据。可见，当真实应力-应变曲线上某点的斜率(应变硬化速率)等于该点的真实应力时，缩颈产生，如图 3.11 所示，其中 e 为真实应变，图中 e_B 为试样在均匀塑性变形阶段的最大真实应变。

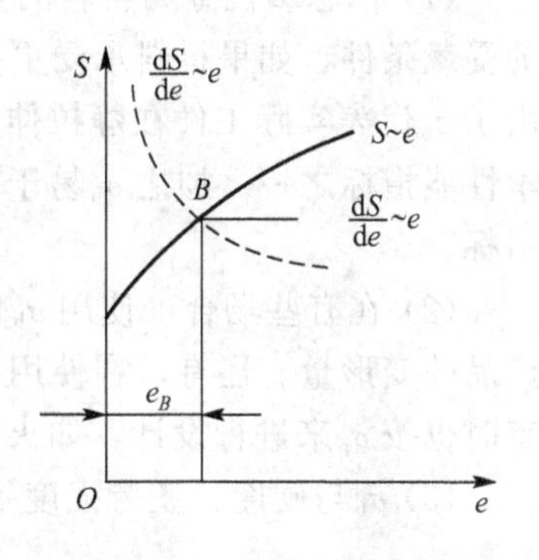

图 3.11 缩颈判据图解

(3) 确定缩颈点及颈部应力的修正。

根据式(3-21)及式(3-22)，可用几何作图法分别在 $S-e$ 曲线和 $S-\varepsilon$ 曲线上确定缩颈点(拉伸失稳点)。

用分析方法也可确定拉伸失稳点。在拉伸失稳点处，Hollomon 关系成立，$S_B=Ke_B^n$(S_B 为试样的真实抗拉强度，n 为加工硬化指数，详见 3.3)，$dS_B=Kne_B^{n-1}$。

所以，$Ke_B^n=Kne_B^{n-1}$

$$e_B=n \tag{3-23}$$

这表明，当金属材料的应变硬化指数等于最大真实均匀塑性应变量时，缩颈便会产生。

金属材料在拉伸时，是否产生缩颈与其应变速率敏感指数 m 有关。若 m 值低，则在一定温度和应变下的流变流力就比较低，致使 $dS/de>S$，故不能有效阻止缩颈形成；反之，m 值高时，缩颈处应力急剧升高，$dS/de<S$，可推迟缩颈产生。

缩颈一旦产生，拉伸试样原来所受的单向应力状态就被破坏，而在缩颈区出现三向应力状态，这是由于缩颈区中心部分拉伸变形的横向收缩受到约束而致。在三向应力状态下，材料塑性变形比较困难。为了继续发展塑性变形，就必须提高轴向应力，因而缩颈处的轴向真实应力高于单向受力下的轴向真实应力，并且随着颈部进一步变细，真实应力还要不断增加。颈部三向应力状态如图 3.12 所示。

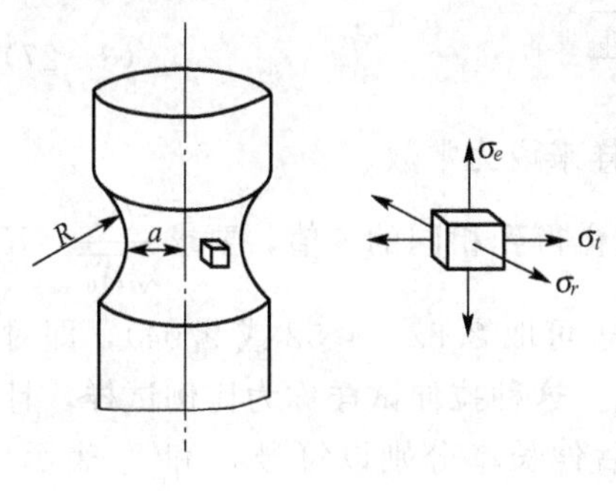

图 3.12 颈部三向应力状态

为了补偿颈部横向应力、切向应力对轴向应力的影响，求得仍然是均匀轴向应力状态下的真实应力，以得到真正的真实应力应变曲线，就必须对颈部应力进行修正。为此，可利用 Bridgmen 关系式进行计算

$$S'=\frac{S}{\left(1+\frac{2R}{a}\right)\ln\left(1+\frac{a}{2R}\right)} \tag{3-24}$$

式中，S 为颈部轴向真实应力(等于拉伸力除以缩颈部最小横截面积)；S' 为修正后的真实应力，为颈部轮廓线曲率半径；a 为颈部最小截面半径。

5. 抗拉强度

抗拉强度是拉伸试验时在试样拉断过程中最大试验力所对应的应力，其值等于最大力除以试样原始横截面积

$$\sigma_b=\frac{F_b}{A_0} \tag{3-25}$$

根据拉伸试验求得的σ_b只代表金属材料所能承受的最大拉伸应力。

抗拉强度的实际意义如下。

(1) 标志塑性金属材料的实际承载能力，但这种承载能力也仅限于光滑试样单向拉伸的受载条件。如果材料承受更复杂的应力状态，则σ_b并不代表材料的实际有用强度。正是由于σ_b代表实际工件在静拉伸条件下的最大承载能力，所以σ_b是工程上金属材料的重要力学性能指标之一。加之σ_b易于测定，重现性好，所以被广泛用作产品规格说明或质量控制指标。

(2) 在有些场合，使用σ_b作为设计依据。如对变形要求不高的机件，无需靠σ_s来控制产品的变形量。还有，在使用中对重量限制很严而服役时间不长的构件，为了减轻自重，有时也按σ_b来进行设计，如火箭上的某些构件就是这样。

(3) σ_b与硬度、疲劳强度等之间有一定的经验关系。

6. 塑性

(1) 塑性指标。

塑性是指金属材料断裂前发生塑性变形的能力。金属材料断裂前所产生的塑性变形由均匀塑性变形和集中塑性变形两部分构成。大多数在拉伸时形成缩颈的韧性金属材料，其均匀塑性变形量比集中塑性变形量小，一般均不超过集中变形量的50%。许多钢材(尤其是高强度钢)均匀塑变量仅占塑变量的5%～10%，铝和硬铝占18%～20%，黄铜占35%～45%。这就是说，拉伸缩颈形成后，塑性变形主要集中于试样缩颈附近。

金属材料常用的塑性指标为断后伸长率和断面收缩率。

断后伸长率是试样拉断后标距的伸长与原始标距的百分比，用δ表示

$$\delta=\frac{L_1-L_0}{L_0}\times 100\% \tag{3-26}$$

式中，L_0为试样原始标距长度；L_1为试样断裂后的标距长度。

实验结果证明，$L_1-L_0=\beta L_0+\gamma\sqrt{A_0}$，故

$$\delta=\frac{L_1-L_0}{L_0}=\beta+\gamma\frac{\sqrt{A_0}}{L_0} \tag{3-27}$$

式中，β和γ对同一金属材料制成的几何形状相似的试样来说为常数。

因此，为了使同一金属材料制成的不同尺寸拉伸试样得到相同的δ值，要求$\frac{L_0}{\sqrt{A_0}}=K$(常数)。通常取K为5.65或11.3(在特殊情况下，K也可取2.82、4.52或9.04)，即对于圆柱形拉伸试样，相应的尺寸为$L_0=5d_0$或$L_0=10d_0$。这种拉伸试样称为比例试样，且前者为短比例试样，后者为长比例试样，所得到的断后伸长率分别以符号δ_5和δ_{10}表示。由于大多数韧性金属材料的集中塑性变形量大于均匀塑性变形量，因此，比例试样的尺寸越短，其断后伸长率就越大，反映在δ_5和δ_{10}的关系上是$\delta_5>\delta_{10}$。

除了用断后伸长率表示金属材料的塑性性能外，还可用最大力下的总伸长率表示材料的塑性。最大力下的总伸长率指试样拉至最大力时产生的最大均匀塑性变形(工程应变)量。用它表示材料的塑性与塑性性能本身的含义并不一致。之所以引入这个塑性指标，是

因为 δ_{gt} 与 e_B 之间存在关系 $e_B=\ln(1+\delta_{gt})$。对于退火、正火或调质态的低、中碳钢来说，在拉伸试验时，测出材料的 δ_{gt}，再换算成 e_B，就可方便地按式(3-23)求出材料的应变硬化指数 n。因此，δ_{gt} 对于评定冲压用板材的成型能力是很有用的。

断面收缩率是试样拉断后，缩颈处横截面积的最大缩减量与原始横截面积的百分比，用符号 Ψ 表示

$$\Psi=\frac{A_0-A_1}{A_0}\times 100\% \tag{3-28}$$

式中，A_0 为试样原始横截面积；A_1 为试样断裂后的横截面积。

根据 δ 和 Ψ 的相对大小，可以判断金属材料拉伸时是否形成缩颈。如果 $\Psi>\delta$，金属拉伸形成缩颈，且 Ψ 与 δ 之差越大，缩颈越严重；如果 $\Psi=\delta$，或 $\Psi<\delta$，则金属材料不形成缩颈。

上述塑性指标的具体选用原则是，对于在单一拉伸条件下工作的长形零件，无论其是否产生缩颈，都用 δ 或 δ_{gt} 评定材料的塑性，因为产生缩颈时局部区域的塑性变形量对总伸长实际上没有什么影响。如果金属材料机件是非长形零件，在拉伸时形成缩颈(包括因试样标距部分截面的微小不均匀或结构不均匀导致过早形成的缩颈)，则用 Ψ 作为塑性指标。因为 Ψ 反映了材料断裂前的最大塑性变形量，而此时 δ 则不能显示材料的最大塑性。Ψ 是在复杂应力状态下形成的，冶金因素的变化对材料塑性的影响在 Ψ 上更突出，所以 Ψ 比 δ 对组织变化更敏感。

(2) 塑性的意义和影响因素。

虽然金属的塑性指标通常并不能直接用于机件的设计，因为塑性与材料服役行为之间并无直接联系，但对静载下工作的机件，都要求材料具有一定的塑性，以防止机件在偶然过载时，产生突然破坏。这是因为塑性变形有缓和应力集中、消减应力峰的作用。从这个意义上来说，金属材料的塑性指标是安全力学性能指标；塑性对金属压力加工很有意义，金属有了塑性才能通过轧制、挤压等冷热变形工序生产出合格产品；为使机器装配、修复工序顺利完成，也需要材料有一定的塑性；塑性的大小还能反映材料冶金质量的好坏，故可以评定材料质量。

溶质元素可降低铁素体的塑性。间隙型溶质原子降低塑性的作用比置换型溶质元素大。

钢的塑性受碳化物体积比及其形状的影响。碳化物体积比增加，钢的塑性降低。具有球状碳化物的钢，其塑性优于具有片状碳化物的钢(图 3.13)。钢中硫化物含量增加，其塑性会降低。与类似形态的碳化物相比，硫化物使钢的塑性降低的更多。

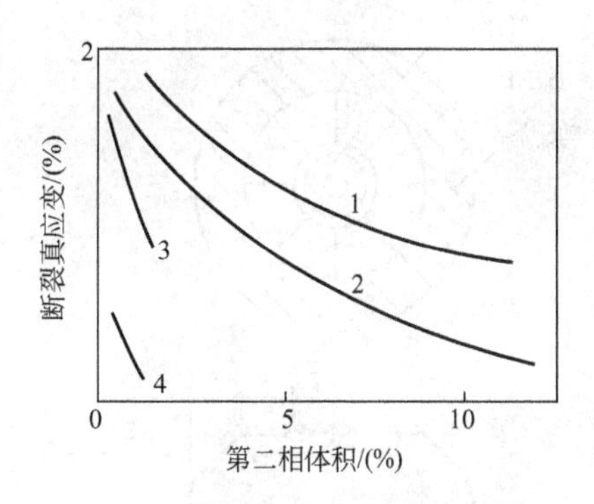

图 3.13 钢中第二相对塑性的影响

1—球状碳化物；2—片状碳化物；3—拉长硫化物；4—片状硫化物

有实验证明，在奥氏体不锈钢中，细化晶粒使塑性增加，且与 $d^{-1/2}$ 呈线性关系，但由于影响塑性的因素很多，这一关系尚不能确切地反映出来。

人们已经熟知，金属材料的塑性常常与其强度性能有关。当材料的断后伸长率与断面收缩率的数值较高时 [δ、$\Psi>(10\%\sim20\%)$]，则材料的塑性越高，其强度一般较低。屈

服强度与抗拉强度的比值(屈强比)也与断后伸长率有关。通常，材料的塑性越高，其屈强比就越小。如高塑性的退火铝合金，$\delta=15\%\sim35\%$，$\sigma_{0.2}/\sigma_b=0.38\sim0.45$；人工时效铝合金，$\delta<5\%$，$\sigma_{0.2}/\sigma_b=0.77\sim0.96$。

3.1.4 金属的断裂

磨损、腐蚀和断裂是机件的3种主要失效形式，其中以断裂的危害最大。在应力作用下(有时还兼有热及介质的共同作用)，金属材料被分成两个或几个部分，称为完全断裂；内部存在裂纹，则为不完全断裂。研究金属材料完全断裂(简称断裂)的宏观、微观特征、断裂机理(在无裂纹存在时，裂纹是如何形成与扩散的)以及断裂的力学条件，讨论影响金属断裂的内外因素，对于设计工作者和材料工作者进行机件安全设计与选材、分析机件断裂失效事故都是十分必要的。

实践证明，大多数金属材料的断裂过程都包括裂纹形成与扩散两个阶段。对于不同的断裂类型，这两个阶段的机理与特性并不相同。本节主要介绍断裂的类型及分类依据。断裂机理不再赘述，感兴趣的读者可参阅相关书籍。

1. 韧性断裂与脆性断裂

韧性断裂是金属材料在断裂前产生明显宏观塑性变形的断裂，这种断裂有一个缓慢的撕裂过程，在裂纹扩张过程中不断地消耗能量。韧性断裂的断裂面一般平行于最大切应力方向并与主应力呈45°角。用肉眼或放大镜观察，断口呈纤维状，灰暗色。纤维状是由塑性变形过程中微裂纹不断扩展和相互连接造成的，而灰暗色则是由纤维断口表面对光反射能力很弱所致。

中、低强度钢的光滑圆柱试样在室温下的静拉伸断裂是典型的韧性断裂，掌握其断口宏观形貌特征对于机件断裂失效分析是很有意义的。

光滑圆柱拉伸试样的宏观韧性断口呈杯锥形，由纤维区、放射区和剪切唇三个区域组成(图3.14)，此即所谓的断口特征三要素。这种断口的形成过程如图3.15所示。

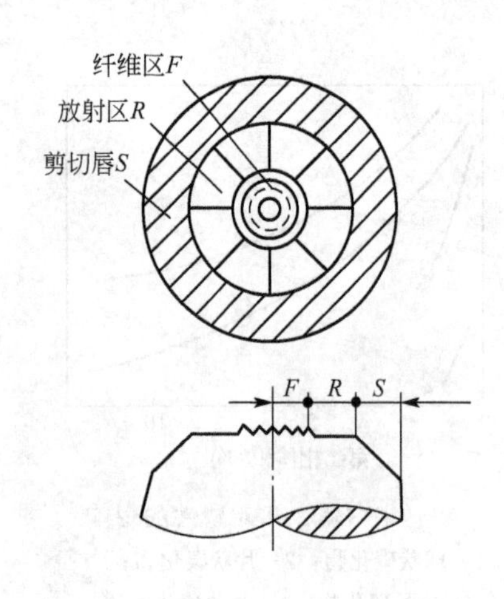

图3.14 拉伸断口三个区域的示意图

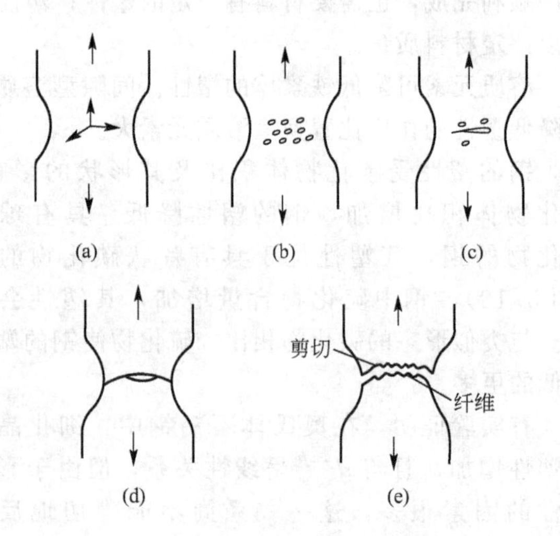

图3.15 杯椎状断口形成示意图

(a) 缩颈导致三向应力；(b) 微孔形成；(c) 微孔长大；(d) 微孔连接形成锯齿状；(e) 边缘剪切断裂

如前所述，当光滑圆柱拉伸试样受拉力作用时，在力达到拉伸力-伸长曲线最高点时，便在试样局部产生缩颈，同时试样的应力状态也由单向变为三向，且中心轴向最大。在中心三向应力的作用下，塑性变形难以进行，致使试样中心部分的夹杂物或第二相质点本身破碎，或使夹杂物质点与基体界面脱离而形成微孔。微孔不断长大和聚合就形成显微裂纹。早期形成的显微裂纹，其端部产生较大塑性变形，且集中于极窄的高变形带内。这些剪切应变带从宏观上看大致与径向呈50°～60°角。新的微孔就在变形带内成核、长大和聚合，当其与裂纹连接时，裂纹便向前扩展了一段距离。这样的过程重复进行就形成了锯齿形的纤维区。纤维区所在平面(即裂纹扩展的宏观平面)垂直于拉伸应力方向。

纤维区中裂纹扩展的速率是很慢的，当其达到临界尺寸后就快速扩展而形成放射区。放射区是由裂纹作快速低能量撕裂形成的。放射区有放射线花样特征。放射线平行于裂纹扩展方向而垂直于裂纹前端(每一瞬间)的轮廓线，并逆指向裂纹源。撕裂时塑性变形量越大，则放射线越粗。对于几乎不产生塑性变形的极脆材料，放射线消失。温度降低或材料强度增加时，由于塑性降低，放射线由粗变细乃至消失。

在试样拉伸断裂的最后阶段形成杯状或锥状的剪切唇。剪切唇表面光滑，与拉伸轴呈45°角，是典型的切断型断裂。

韧性断裂的宏观断口同时具有上述三个区域，而脆性断口纤维区很小，剪切唇几乎没有。上述断口三个区域的形态、大小和相对位置，因试样形状、尺寸和金属材料的性能以及试验温度、加载速率和受力状态不同而变化。一般来说，材料强度提高，塑性降低，则放射区比例增大；试样尺寸加大，放射区增大明显，而纤维区变化不大。

金属材料的韧性断裂不及脆性断裂危险，在生产实践中也较少出现(因为许多机件，在材料产生较大塑性变形后就已经失效了)。但是研究韧性断裂对于正确制订金属压力加工工艺(如挤压、拉伸等)规范还是很重要的，因为在这些加工工艺中材料要产生较大的塑性变形，并且不允许产生断裂。

脆性断裂是突然发生的断裂，断裂前基本上不发生塑性变形，没有明显征兆，因而危害性很大。脆性断裂的断裂面一般与正应力垂直，断口平齐而光亮，常呈放射状或结晶状。板状矩形拉伸试样断口中的人字纹花样如图3.16所示。人字纹花样的放射方向也与裂纹扩展方向平行，但其尖顶指向裂纹源。实际上多晶体金属断裂时主裂纹向前扩展，其前沿可能形成一些次生裂纹，这些裂纹向后扩展借低能量撕裂与主裂纹连续便形成人字纹。

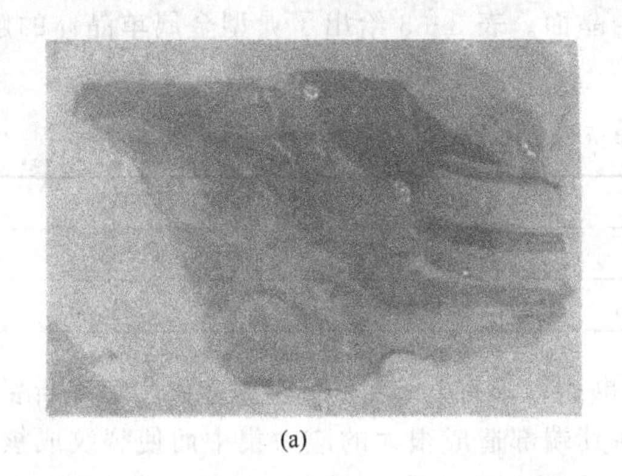
(a)

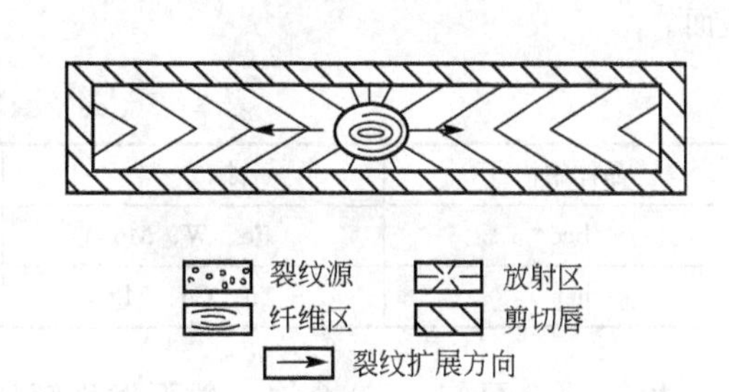

(b)

图3.16 人字纹花样

(a) 柴油机活塞气缸断口；(b) 脆性断裂示意图

通常，断裂前将产生微量塑性变形。一般规定光滑拉伸试样的断面收缩率小于5%为脆性断裂；反之，大于5%为韧性断裂。由此可见，金属材料的韧性和脆性是根据一定条件下的塑性变形量来规定的。因此，随着条件的改变，材料的韧性与脆性行为也将随之变化。

2. 穿晶断裂与沿晶断裂

多晶体金属断裂时，裂纹扩展的路径可能是不同的，如图 3.17 所示。穿晶断裂的裂纹穿过晶体内部，而沿晶断裂的裂纹则沿晶界扩展。

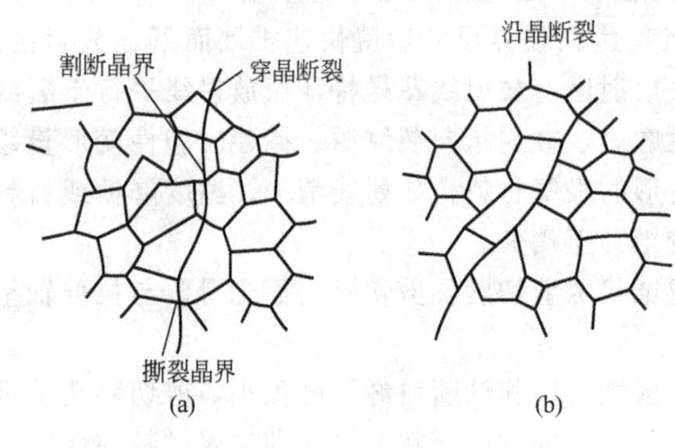

图 3.17 穿晶和沿晶断裂示意图

从宏观上看，穿晶断裂可以是脆性断裂(如低温下的穿晶断裂)，也可以是韧性断裂(如室温下的穿晶断裂)，而沿晶断裂一般都是脆性断裂。沿晶断裂是晶界上的一薄层连续或不连续的脆性第二相、夹杂物，破坏了晶界的连续性所造成的断裂，也可能是由杂质元素向晶界偏聚引起的。应力腐蚀、氢脆、回火脆性、淬火裂纹与磨削裂纹等均是沿晶断裂。此外，沿晶断裂和穿晶断裂有时可混合发生。

3. 纯剪切断裂、微孔聚集型断裂与解理断裂

剪切断裂是金属材料在剪切应力作用下，沿滑移面分离而造成的滑移面分离断裂，包括纯剪切断裂和微孔聚集型断裂两种类型。纯金属尤其是单晶体金属常产生纯剪切断裂，单晶体金属的断口呈楔形，而多晶体金属完全韧性断裂的断口则呈刀剪型。这是纯粹由滑移流变所造成的断裂。微孔聚集型断裂则是通过微孔形核、长大聚合而导致材料分离的。由于实际材料中常同时形成许多微孔，通过微孔长大互相连接而最终导致断裂，故常用的金属材料一般均产生此类断裂，如低碳钢室温下的拉伸断裂。

解理断裂是金属材料在一定条件下，当外加正应力达到一定数值后，以极快的速率沿一定晶体学平面产生的穿晶断裂。由于与大理石断裂类似，故称此种晶体学平面为解理面。解理面一般为低指数晶面或表面能最低的晶面。表 3-3 给出了典型金属单晶体的解理面。

表 3-3 典型金属单晶体的解理面

晶体结构	材 料	主要解理面	次要解理面
bcc	Fe、W、Mo	{001}	{112}
hcp	Zn、Cd、Mg	(0001)，{$\bar{1}$100}	{11$\bar{2}$4}

由表 3-3 可知，fcc 金属一般不发生解理断裂，只有 bcc 和 hcp 金属才发生解理断裂。原因是只有当滑移带很窄时，塞积位错才能在其端部造成很大的应力集中而使裂纹成核，而 fcc 金属易产生多系滑移使滑移带破碎，尖端钝化，应力集中下降。因此，从理论上讲，fcc 金属不存在解理断裂。但 fcc 金属在非常苛刻的环境条件下也可能产生解理破坏。

一般情况下，解理断裂总是脆性断裂，但有时在解理断裂前也显示一定的塑性变形，所以解理断裂与脆性断裂并非同义词，前者是指断裂机理，而后者则是指断裂的宏观形态。

断裂除了上述分类方法外，还有其他分类方法，在这里不再赘述。

4. 理论断裂强度与真实断裂强度

金属材料之所以有广泛的工业价值，是因为它们具有较高的强度，同时又具有一定的塑性。决定材料强度的最基本的因素是原子间结合力，原子间结合力越高，则弹性模量、熔点就越高。人们将晶体的两个原子面沿垂直于外力的方向拉断所需的应力，称为理论断裂强度。粗略计算表明，理论断裂强度与杨氏模量差一定数量级。

真实断裂强度由静拉伸时的实际断裂拉伸力除以试样最终断裂截面积而得，之所以冠以“真实”二字是因为该应力不是以力除以试样原始截面积。真实断裂强度与试样拉断后的实际情况有关，感兴趣的读者可参阅相关书籍，本书不做详细论述。

3.2 力学试验

材料力学性能的试验方法主要有拉伸、弯曲、硬度以及冲击韧性等。其中拉伸试验请参阅3.1节，本节主要介绍后3种试验方法。

3.2.1 弯曲试验

1. 弯曲试验的特点

弯曲试验作为一种试验方法，具有以下两个方面的特点。

(1) 弯曲试验的试样形状简单、操作方便，不存在拉伸试验时的试样偏斜(力的作用线不能准确通过拉伸试样的轴线而产生附加弯曲应力)对试验结果的影响，并可用试样弯曲的挠度显示材料的塑性。因此，弯曲试验方法常用于测定铸铁、铸造合金、工具钢及硬质合金等脆性、低塑性材料的强度和显示塑性的差别。

(2) 弯曲试验时，试样表面应力最大，可较灵敏地反映材料表面缺陷。因此，常用来比较和鉴别渗碳层和表面淬火层等表面热处理机件的质量和性能。

2. 弯曲试验

做弯曲试验时，将圆柱形或矩形试样放置在有一定跨距 L_s 的支座上，进行3点弯曲[图3.18(a)]或4点弯曲[图3.18(b)]加载，通过记录弯曲力 F 和试样挠度 f 之间的关系曲线(图3.19)，确定金属在弯曲力作用下的力学性能。

试样在弹性范围内弯曲时，受拉侧表面的最大弯曲应力 σ 按式(3-29)计算

$$\sigma=\frac{M}{W} \tag{3-29}$$

式中，M 为最大弯矩。对于3点弯曲加载

$$M=\frac{FL_s}{4} \tag{3-30}$$

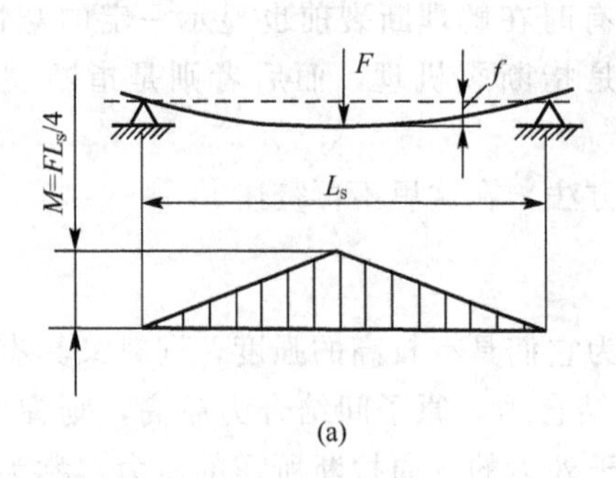

(a)

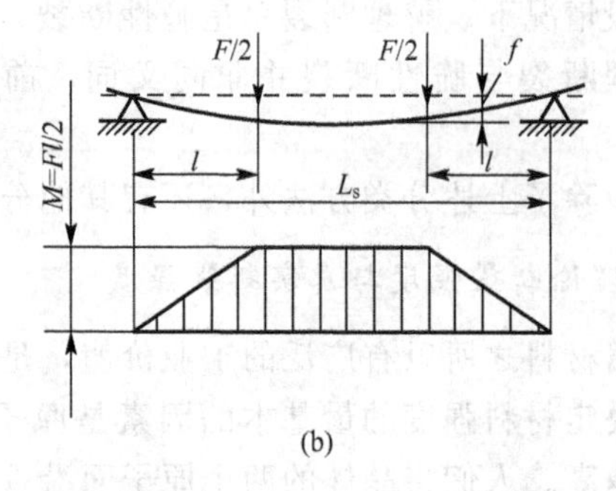

(b)

图 3.18　弯曲实验加载方式

(a) 3 点弯曲加载；(b) 4 点弯曲加载

对于 4 点弯曲加载

$$M=\frac{Fl}{2} \tag{3-31}$$

W 为试样抗弯截面系数。对于直径为 d 的圆柱试样，$W=\frac{\pi d^2}{32}$；对于宽度为 b、高度为 h 的矩形试样，$W=\frac{bh^2}{6}$。

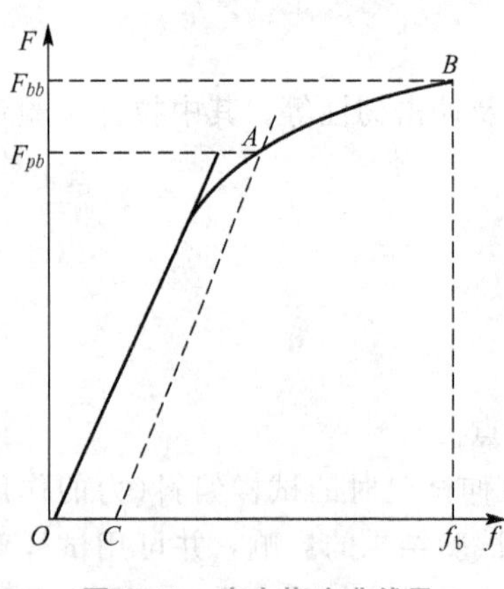

图 3.19　应力挠度曲线及 F_{pb} 和 F_{bb} 的确定方法

脆性或低塑性金属材料的弯曲试验可测定以下主要性能指标。

(1) 规定非比例弯曲应力 σ_{ph}。试样弯曲时，当外侧表面上的非比例弯曲应变 ε_{ph} 达到规定值时，按弹性弯曲应力公式计算的最大弯曲应力，称为规定非比例弯曲应力。例如，规定非比例弯曲应变 ε_{ph} 为 0.01%或 0.2%时的弯曲应力，分别记为 $\sigma_{ph0.01}$ 或 $\sigma_{ph0.2}$。

在如图 3.19 所示的弯曲力-挠度曲线上，过 O 点截取相应于规定非比例弯曲应变的线段 OC，其长度按式(3－32)计算

对于 3 点弯曲加载

$$OC=\frac{nL_s^2}{12Y}\varepsilon_{ph} \tag{3-32}$$

对于 4 点弯曲加载

$$OC=\frac{n(3L_s^2-4l^2)}{24Y}\varepsilon_{ph} \tag{3-33}$$

式中，n 为挠度放大系数，Y 为圆形试样的半径($d/2$)或矩形试样的半高度($h/2$)。

过 C 点作弹性直线段的平行线 CA 交曲线于 A 点，A 点所对应的力的大小为所测得规定非比例弯曲力 F_{ph}，然后按式(3－30)或式(3－31)计算出最大弯矩 M，再按式(3－29)计算出规定非比例弯曲应力。

(2) 抗弯曲强度 σ_{bb}。试样弯曲至断裂前达到最大弯曲力，按弹性弯曲公式计算的最大弯曲应力，称为抗弯强度。从如图 3.19 所示的曲线上 B 点读取相应的最大弯曲力 F_{bb}，或从试验机测力度盘上直接读出 F_{bb}，然后按式(3－30)或(3－31)计算出断裂前的最大弯曲

力，再按式(3-29)计算出弯曲强度。

此外，从弯曲力-挠度曲线上还可测出弯曲弹性模量 E_b、断裂挠度 f_b 及断裂能量 U(曲线下所包围的面积)等性能指标。

弯曲试样所用圆形截面试样的直径 d 为 5～45mm，矩形截面试样的 $h\times b$ 为 5mm×7.5mm(或 5mm×5mm)至 30mm×40mm(或 30mm×30mm)。试样的跨距 L_s 为直径 d 或高度 h 的 10 倍。要求试样有一定的加工精度，但对铸件进行弯曲试验的铸造试样表面可不加工。

3.2.2 硬度试验

金属硬度试验与轴向拉伸试验一样，也是应用最广泛的力学性能试验方法。硬度试验的方法很多，大体上可分为弹性回跳法(如肖氏硬度)、压入法(如布氏硬度、洛氏硬度、维氏硬度等)和划痕法(如莫氏硬度)3 类。所谓“肖氏”“布氏”“维氏”等是以首先提出这种硬度试验方法的人的姓氏或以首先产生这种硬度计的厂名来命名的。

硬度试验一般仅在金属表面的局部体积内产生很小的压痕，因而很多机件可在成品上试验，而无需专门加工试样。采用硬度试验也易于检查金属表面层的质量(如脱碳)、表面淬火和化学热处理后的表面性能等。

硬度试验由于设备简单、操作方便迅速，同时又能敏感地反映出金属材料的化学成分和组织结构的差异，因而被广泛用于检查金属材料的性能、加工工艺的质量或研究金属组织结构的变化。因此，硬度试验特别是压入硬度试验在生产及科学研究中得到了广泛的应用。现对几种常见的硬度试验分述如下。

1. 布氏硬度试验

布氏硬度试验的原理是用一定直径 D(mm)的钢球或硬质合金球为压头，施以一定的试验力 F(kgf 或 N)，将其压入试样表面［图 3.20(a)］，经规定保持时间 t(s)后卸除试验力，试验表面将残留压痕［图 3.20(b)］。测量压痕平均直径 d(mm)，求得压痕球形面积 A(mm^2)。布氏硬度值(HB)就是试验力 F 除以压痕球形表面积 A 所得的商，其计算公式为

$$\mathrm{HB}=\frac{0.102F}{A}=\frac{0.204F}{\pi D\left(D-\sqrt{D^2-d^2}\right)} \tag{3-34}$$

通常，布氏硬度值不标注单位。

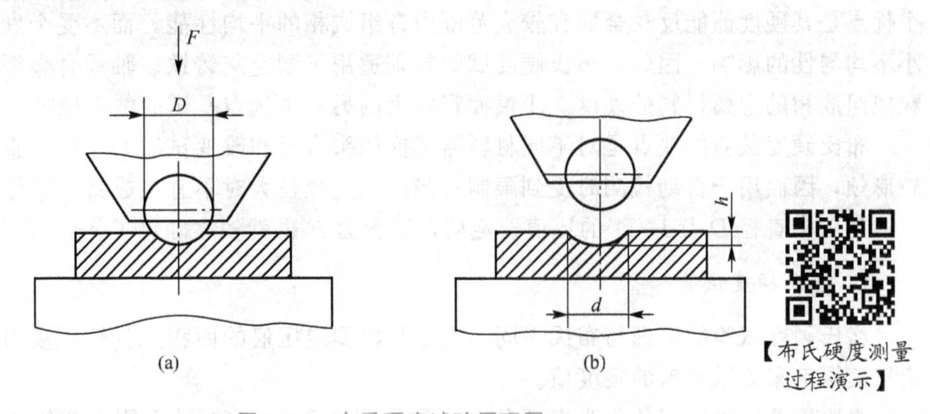

图 3.20 布氏硬度试验原理图

(a) 压头压入试样表面；(b) 实验表面残留压痕

由于压头的材料不同，因此布氏硬度值用不同的符号表示，以示区别。当压头为淬火钢球时，其符号为HBS(适用于布氏硬度值在450以下的材料)；当压头为硬质合金时，其符号为HBW(适用于布氏硬度值在450～650以上的材料)。

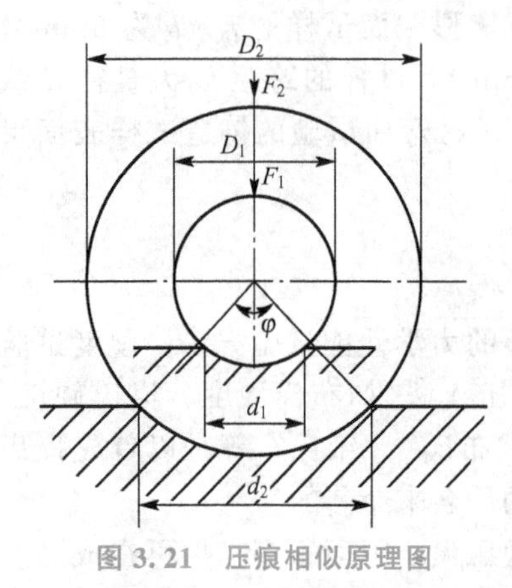

图3.21　压痕相似原理图

对于材料相同而厚度不同的工件，要测得相同的布氏硬度值，在选配压头直径D及试验力F时，应保证得到几何相似的压痕(即压痕的压入角φ保持不变)，如图3.21所示。为此，应使

$$\frac{F_1}{D_1^2}=\frac{F_2}{D_2^2}=\cdots=\frac{F}{D^2}=\text{常数}$$

对于软硬不同的材料，为了测得统一的、可比较的硬度值，应选用不同的F/D^2比值，以便将压入角φ限制在28°～74°(实践表明，当在这一范围内时，试验力的变化对布氏硬度值不会产生太大的影响)，与此相应的压痕直径d应控制在$(0.24～0.6)D$之间。

布氏硬度试验用的压头直径有30、15、10、5、2.5、1.25和1七种，其中30、10、2.5三种最常用。表3-4为$0.102F/D^2$比值的选择规定。

表3-4　布氏硬度试验的F/D^2比值的选择

材　料	布氏硬度范围	F/D^2	材　料	布氏硬度范围	F/D^2
轻金属及其合金	<35	2.5(1.5)	铜及其合金	<35	5
	38～80	10(5或15)		35～130	10
	>80	10(15)		>130	30
钢及铸铁	<140	10	铅、锡		1.25(1)
	≥140	30			

注：尽量选用无括号的F/D^2值。

对于黑色金属，试验力的保持时间为10～15s，对于有色金属为30s，对于小于35HBS的材料为60s。

布氏硬度试验一般采用直径较大的压头，因而所得压痕面积较大。压痕面积较大的一个优点是其硬度值能反映金属在较大范围内各组成相的平均性能，而不受个别组成相及微小不均匀性的影响。因此，布氏硬度试验特别适用于测定灰铸铁、轴承合金等具有粗大晶粒或组成相的金属材料的硬度。压痕面积较大的另一个优点是试验数据稳定，重复性强。

布氏硬度试验的缺点是对不同材料需更换压头直径和改变试验力，压痕直径的测量也较麻烦，因而用于自动检测时受到限制；当压痕直径较大时不宜在成品上进行试验。

当压头直径D及F/D^2的比值选定后，试验力F也就随之确定了。

2. 洛氏硬度试验

洛氏硬度试验的原理与布氏不同。它不是以测定压痕的面积来计算硬度值，而是以测定压痕深度来表示材料的硬度值。

洛氏硬度试验所用的压头有两种。一种是圆锥角$\alpha=120°$的金刚石圆锥体；另一种是一定直径的小淬火钢球。图3.22为用金刚石圆锥体测定硬度的过程示意图。为保证压头与试样表面接触良好，试验时先加初始试验力 F_0，在试验表面得一压痕，深度为 h_0。此时，测量压痕深度的指针在表盘上指示为零［图 3.22(a)］。然后加上主试验力 F_1，压头压入深度为 h_1。表盘上指针以逆时针方向转动到相应刻度位置［图 3.22(b)］。试样在 F_1 作用下产生的总变形 h_1 中包括弹性变形与塑性变形。当将 F_1 卸除后，总变形量中的弹性变形恢复，使压头回升一段距离 (h_1-h)［图 3.22(c)］。这时试样表面残留的塑性变形深度 h 即为压痕深度。随着弹性变形的恢复，指针顺时针方向转动，转动停止时所指的数值就是压痕深度 h。

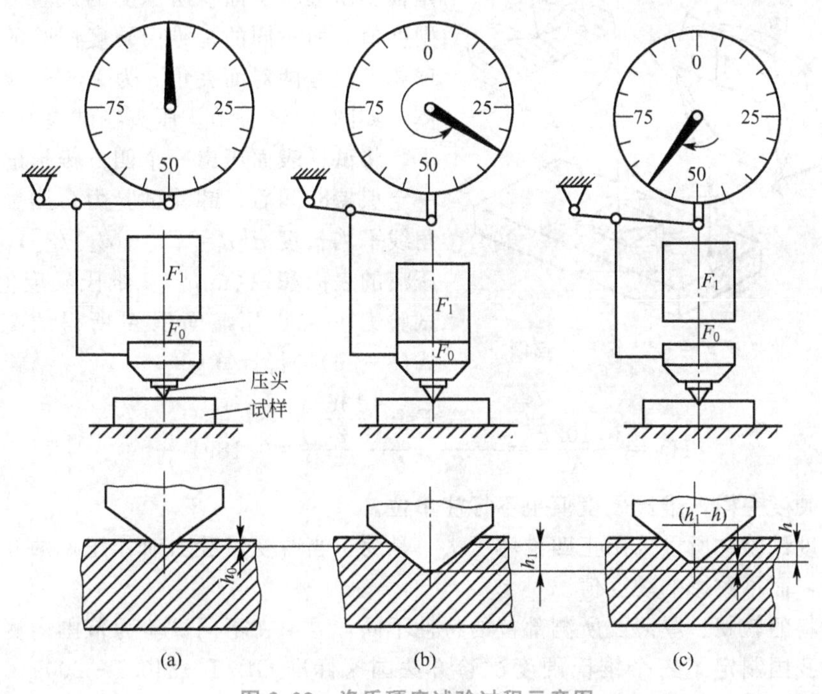

图 3.22 洛氏硬度试验过程示意图

(a) 加初始试验力；(b) 加主试验力；(c) 卸除试验力

洛氏硬度值就是以压痕深度 h 来计算的。h 越大，硬度值就越低，反之则越高。为了照顾习惯上数值越大硬度越高的概念，一般用常数 k 减去 h 来计算硬度值，并规定每 0.002mm 为一个洛氏硬度单位。于是洛氏硬度值的计算式为

$$\mathrm{HR}=\frac{k-h}{0.002} \tag{3-35}$$

式中，HR 为洛氏硬度的符号。

当使用金刚石圆锥压头时，k 取 0.2mm；当使用小淬火钢球压头时，k 取 0.26mm。

实际测定洛氏硬度时，由于硬度及上方测量压痕深度的百分表表盘上的刻度已按式(3-35)换算为相应的硬度值，因此可直接从表盘上指针的指示值读出硬度值。

为了能在一台硬度计上测定不同软、硬或厚、薄试样的硬度，可采用不同的压头和试验力，组合成几种不同的洛氏硬度标尺，以字母 A、B、C 等表示。用不同标尺测定的洛氏硬度符号用在 HR 后面加标尺字母来表示。我国规定的洛氏硬度标尺有 9 种，其中以 HRA、HRB 及 HRC 3 种洛氏硬度最为常用。

洛氏硬度试验的优点是操作简便迅速，硬度值可直接读出，压痕较小，可在工件上进

行试验，采用不同标尺可测定各种软硬不同的金属和厚薄不一试样的硬度，因而广泛用于热处理质量的检验。其缺点是压痕较小，代表性差，由于材料中有偏析及组织不均匀等缺陷，致使所测硬度值重复性差，分散度大。此外，用不同标尺测得的硬度值彼此之间没有联系，不能直接进行比较。

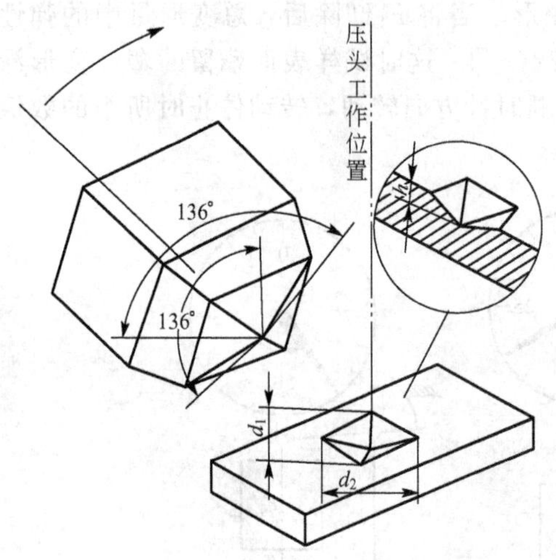

图 3.23 维氏硬度试验压头及压痕图

3. 维氏硬度试验

维氏硬度的试验原理与布氏硬度相同，也是根据压痕单位面积所承受的试验力进行计算硬度值。所不同的是维氏硬度试验的压头不是球体，而是两对面夹角 α 为 136°的金刚石四锥体，如图 3.23 所示。压头在试验力 F(N)作用下，将试样表面压出一个四方锥形的压痕，经一定保持时间后，卸除试验力，测量出压痕对角线平均长度 $d[d=(d_1+d_2)/2]$，用以计算压痕的表面积 A(mm^2)。维氏硬度值(HV)为试验力 F 除以压痕面积 A 所得的商值，并按式(3-36)进行计算

$$HV=\frac{0.102F}{A}=\frac{0.204F\sin\left(\frac{136^\circ}{2}\right)}{d^2}=0.1891\frac{F}{d^2} \tag{3-36}$$

与布氏硬度一样，维氏硬度值也不标注单位。

维氏硬度试验之所以采用正四锥体压头，是为了当改变试验力时，压痕的几何形状总是保持相似，而不致影响硬度值。

根据材料的软硬、厚薄及所测部位的特性不同，需要在不同试验力范围内测定维氏硬度。为此，我国制定了三个维氏硬度试验方法国家标准 GB/T 4340.1—2009《金属材料 维氏硬度试验 第 1 部分：试验方法》。

(1) 金属维氏硬度试验，试验力范围为 49.03～980.7N，共分 6 级。主要用于测定较大工件和较深表面层的硬度。

(2) 金属小负荷维氏硬度试验，实验力范围为 1.961～49.03N，共分 7 级。主要用于测定较薄工件和工具的表面层或镀层的硬度，也可测定试样截面的硬度梯度。

(3) 金属显微维氏硬度试验，实验力范围为 98.07×10^{-3}～1.961N，共分 7 级。主要用于测定金属箔、极薄的表面层的硬度和合金各种组成相的硬度。

维氏硬度试验的优点是不存在布氏硬度试验时要求试验力 F 与压头直径 D 之间所规定的条件约束，也不存在洛氏硬度试验时不同标尺的硬度值无法统一的弊端。维氏硬度试验时不仅试验力可任意选取，而且压痕测量的精度较高，硬度值较为精确。唯一的缺点是硬度值需通过测定压痕对角线长度后才能进行计算或查表，因此，工作效率比洛氏硬度法低很多。

除了上述 3 种常用的硬度试验方法外，还有金属努氏硬度试验以及肖氏硬度试验等，本书不做叙述，感兴趣的读者可查阅相关书籍。

3.2.3 冲击试验

工程中许多构件除承受静载荷外，往往还要承受冲击载荷，如内燃机的活塞和连杆，汽轮发电机的轴、锻锤等。材料在冲击载荷作用下，其变形和破坏过程一般仍可分为弹性变形、塑性变形和断裂 3 个阶段。在冲击载荷作用下，材料的机械性能与静载荷时有明显的差异，由于弹性变形是以声速在介质中传播的，因而弹性变形随着外加载荷的变化而变化，所以加载速度对金属材料的弹性行为及相应的机械性能没有影响。塑性变形的传播则比较缓慢，若加载速度太快，塑性变形就来不及充分进行，在宏观上表现为屈服强度，与静载时相比有较大的提高，但塑性却明显下降，材料会产生明显的脆化倾向。

冲击载荷作用从开始到结束的时间极短，测量载荷的变化和构件的变形都很困难，但是构件受冲击载荷作用而破坏所消耗的能量比较容易测量，因此，一般就测定这个消耗的能量值，将其与面积相除，称之为冲击韧性。

冲击试验的方法很多，但在国际上大多数国家使用的常规冲击试验只有两种，一种是简支梁式冲击弯曲试验，如图 3.24(a)所示，试验时，试样处于三点弯曲受力状态；另一种是悬管式冲击弯曲试验，如图 3.24(b)所示，试验时试样处于悬臂弯曲状态。国际上，通常把前者称为“夏比（Charpy)冲击试验”，后者称为“艾佐(Izod)冲击试验”。

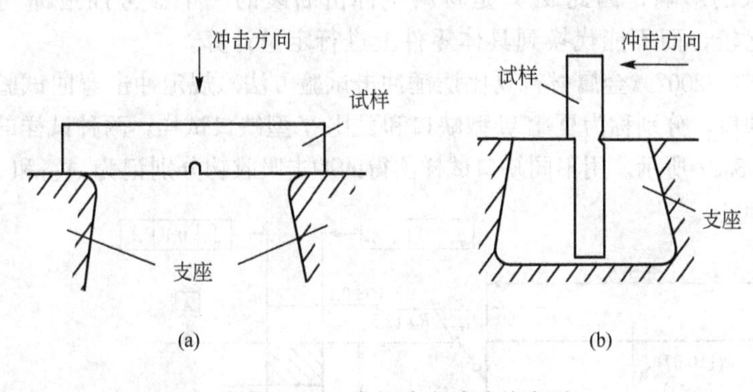

图 3.24 常规冲击试验的类型

(a) 简支梁式冲击弯曲试验(夏比冲击试验)；(b) 悬臂梁式冲击弯曲试验(艾佐冲击试验)

【冲击试验过程演示】

在上述两种冲击弯曲试验中，艾佐冲击试验对试样的夹紧有较高的技术要求，故其应用受到一定限制。而夏比冲击试验因其较为简便且可在不同温度下进行，同时可以根据测试材料的试验目的不同，采用带有不同几何形状和深度的缺口试样，因此，应用较广泛。

夏比冲击试验是将具有规定形状和尺寸的试样，放在冲击试验机的试样支座上，使之处于简支梁状态。然后使在规定高度的摆锤下落，产生冲击载荷将试样折断，如图 3.25 所示。夏比冲击试验实质上就是通过能量转换过程，测定试样在这种冲击载荷作用下折断时所吸收的功。

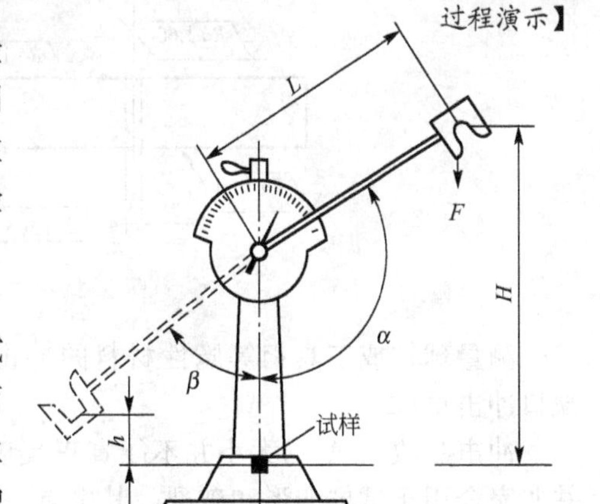

图 3.25 夏比冲击试验原理图

设摆锤的重力为 F(kg)，摆锤旋转轴线到摆锤重心的距离为 L（m），将其抬起的高度为 H(m)。则此时摆锤所具有的能量为

$$E_1=F\cdot H=FL(1-\cos\alpha) \tag{3-37}$$

若摆锤下落折断试样后摆锤的高度变为 h，则摆锤的剩余能量为

$$E_2=F\cdot h=FL(1-\cos\beta) \tag{3-38}$$

这两部分能量之差，即为金属试样在冲击载荷作用下折断时所吸收的功 A_k

$$A_k=F\cdot H-F\cdot h=FL(\cos\beta-\cos\alpha) \tag{3-39}$$

A_k的单位为 N·m，通常用 J 表示(1J = 1N·m)。

式中，α 和 β 分别为试样折断前后摆锤扬起的最大角度。若 α 为固定值，则试样的冲击吸收功 A_k就决定于摆锤折断试样后所扬起的角度 β。由 β 值换算的冲击吸收功可直接从试验机的示值度盘上读出。

冲击韧性 a_k(J/m^2)为

$$a_k=\frac{A_k}{A_0} \tag{3-40}$$

式中，A_0为试样缺口处的初始面积。

a_k作为材料的冲击抗力指标，不仅与材料的性质有关，试样的形状、尺寸、缺口形式等都会对 a_k值产生很大的影响，因此 a_k只是材料抗冲击断裂的一个参考性指标。只能在规定条件下进行相对比较，而不能代换到具体零件上进行定量计算。

国家标准(GB/T 229—2007《金属材料夏比摆锤冲击试验方法》)规定冲击弯曲试验标准试样为 U 型缺口或 V 型缺口，分别称为夏比 U 型缺口和夏比 V 型缺口试样，两种试样的尺寸及加工要求如图 3.26、图 3.27 所示。用不同缺口试样测得的冲击吸收功分别记为 A_{kU}和 A_{kV}。

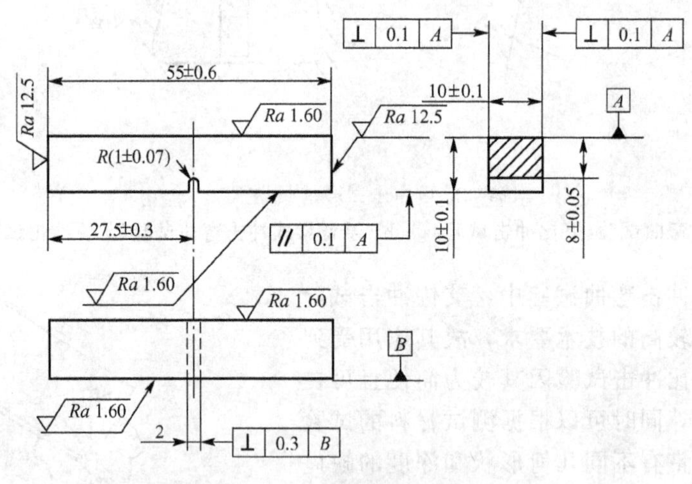

图 3.26　夏比 U 型缺口冲击试样

测量球铁或工具钢等脆性材料的冲击吸收功时，常采用 10mm×10mm×55mm 的无缺口冲击试样。

冲击吸收功 A_k的大小并不能真正反映材料的韧脆程度，因为缺口试样冲击吸收的功并非完全用于试样变形和破裂，其中有一部分功消耗于试样掷出、机身振动、空气阻力以及轴承与测量机构中的摩擦消耗等。金属材料在一般摆锤冲击试验机上试验时，这些功是忽略不计的。但当摆锤线与缺口中心线不一致时，上述功耗比较大。所以，在不同试验机

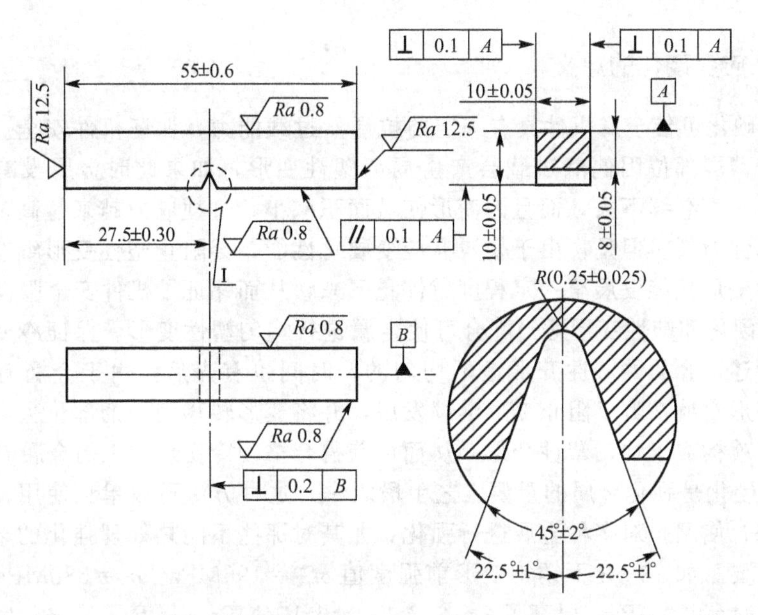

图 3.27　夏比 V 型缺口冲击试样

上测得的 A_k 值彼此可能相差10%～30%。此外，根据断裂理论，断裂类型取决于裂纹扩展过程中所消耗的功，消耗功大，则断裂表现为韧性，否则，则为脆性。但 A_k 值相同的材料，断裂功并不一定相同。

虽然冲击吸收功并不能真正代表材料的韧脆程度，但由于它们对材料内部组织变化十分敏感，而且冲击弯曲试验方法简便易行，所以仍被广泛采用。冲击弯曲试验的主要用途有以下几点。

(1) 反映原材料的冶金质量和热加工后的产品质量。通过测量冲击吸收功和对冲击试样进行断口分析，可揭示原材料中的夹渣、气泡、严重分层、偏析等冶金缺陷；检查过热、过烧、回火脆性等锻造或热处理缺陷。

在检查上述缺陷时，实验应选在材料呈半脆性状态温度范围内进行。但由于室温试验最方便，因而所选择的试样尺寸及缺口形式，应使材料在室温下恰处于半脆性状态。实践证明，对一般钢材，U 型缺口试样可以满足上述要求。

(2) 根据系列冲击试验可得 A_k 与温度之间的关系曲线，测定材料的韧脆转变温度。据此可以评定材料的低温脆性倾向，供选材时参考或用于抗脆断设计。设计时，要求机件的服役温度高于材料的韧脆转变温度。

(3) 对于屈服强度大致相同的材料，根据 A_k 值可以评定材料对大能量冲击破坏的缺口敏感性。

3.3　加工硬化性能

在金属整个变形过程中，当外力超过屈服强度后，塑性变形并不是像屈服平台那样连续流变下去，而是需要不断增加外力才能继续进行。这说明金属有一种能阻止继续塑性变形的抗力，这种抗力就是应变硬化性能，它在生产中具有十分重要的意义。

3.3.1 应变硬化的意义

(1) 应变硬化可使金属机件具有一定的抗偶然过载能力，保证机件安全。机件在使用过程中，某些薄弱部位因偶然过载会产生局部塑性变形，如果此时金属没有应变硬化能力，则变形会一直继续下去，而且因变形使截面积减小，过载应力越来越高，最后会导致缩颈而产生韧性断裂。但是，由于金属有应变硬化性能，会阻止塑性变形继续发展，使过载部位的塑性变形只能发展至一定程度就停止下来，从而保证了机件安全服役。

(2) 应变硬化和塑性变形适当配合可使金属进行均匀塑性变形，保证冷变形工艺顺利实施。如前所述，金属的塑性变形是不均匀的，时间也有先后。由于金属有应变硬化性能，哪里有变形它就在哪里阻止变形继续发展，并将变形转移到别的部位去，这样变形和硬化交替重复就构成了均匀塑性变形，从而可获得合格的冷变形加工的金属制品。

(3) 应变硬化是强化金属的重要工艺手段之一。这种方法可以单独使用，也可以和其他强化方法联合使用，对多种金属进行强化，尤其对那些不能热处理强化的金属材料，这种方法更为重要。如 18－8 不锈钢变形前强度值 $\sigma_{0.2}=196\text{MPa}$，$\sigma_b=588\text{MPa}$；经 40%轧制后，$\sigma_{0.2}=784\sim980\text{MPa}$，提高了 3～4 倍，$\sigma_b=1\ 174\text{MPa}$，提高了一倍。喷丸与表面滚压属于金属表面硬化工艺，可以有效地提高强度和疲劳抗力。

(4) 应变硬化还可以降低塑性、改善低碳钢的切削加工性能。低碳钢在切削时易产生粘刀现象，表面加工质量差。此时可以利用冷变形降低塑性，使切削容易脱离，改善切削加工性能。

3.3.2 应变硬化机理

图 3.28 为 3 种不同单晶体金属屈服后的 $\tau-\gamma$ 曲线，曲线的斜率称为应变硬化速率。

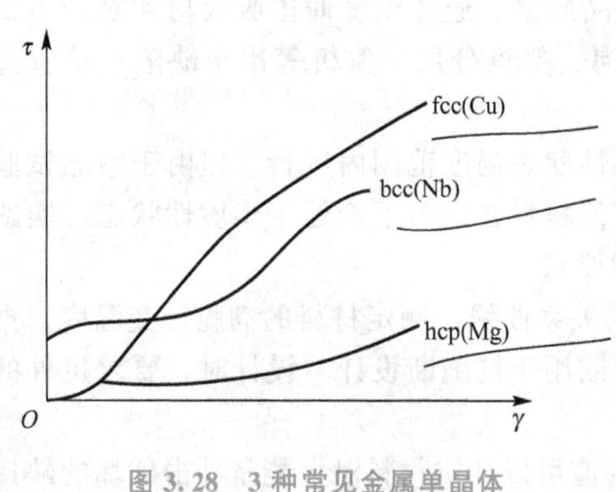

图 3.28　3 种常见金属单晶体金属的应力-应变曲线

由图 3.28 可见，fcc 单晶体金属的硬化曲线可以分为 3 个阶段，即易滑移阶段、线性硬化阶段及抛物线硬化阶段。在易滑移阶段，$d\tau/d\gamma$ 很低，大约等于百分之几，是 $10^{-4}G$ 的数量级；在线性硬化阶段，$d\tau/d\gamma$ 很大，且等于常数；抛物线硬化阶段，$d\tau/d\gamma$ 随形变增加而逐渐减小。这 3 个阶段对应于不同的塑性变形机理与硬化机理。易滑移阶段的塑性变形是单系滑移的贡献，此时，金属晶体中不均匀地分布着低密度位错，它们的运动不受其他位错的阻碍，故 $d\tau/d\gamma$ 很低。hcp 金属如 Mg、Zn 等，由于不能产生多系滑移，所以易滑移阶段很长。在线性硬化阶段，$d\tau/d\gamma=G/300$，多系滑移是这一阶段的塑性变形机理。由于位错交互作用，形成割阶、Lomer－Cottrell 位错锁和胞状结构等障碍，使位错运动阻力增大，故 $d\tau/d\gamma$ 升高。抛物线硬化阶段的塑性变形是通过交滑移来实现的。在第二阶段受阻的螺型位错在应力作用下产生交滑移，并有可能通过双交滑移而返回原始滑移面。由此，受阻位错在其滑移面内可以躲开障碍，彼此不能产生强交互作用，从而增加滑移距离，降低 $d\tau/d\gamma$。在此阶段中，硬化是由于原滑移面中刃型位错所引起的，因为刃型位错不能产生交滑移，故随应变的增加，刃型位错密度也增加，遂产生硬化。

由于交滑移在第三阶段中起主要作用，所以对于那些易于交滑移的金属晶体，如 bcc 金属和层错能较高的 fcc 金属(如 Al 等)，其线性硬化阶段就很短。

多晶体金属一开始就是多系滑移，所以在其应力应变曲线上没有易滑移阶段，主要是第三阶段，且其 $d\tau/d\gamma$ 比单晶体的要大。

3.3.3 应变硬化指数

在金属材料拉伸真实应力应变曲线上的均匀塑性变形阶段，应力与应变之间符合 Hollomon 关系式

$$S=Ke^{n} \tag{3-41}$$

式中，S 为真实应力；e 为真实应变；K 为硬化指数，是真实应变等于 1.0 时的真实应力；n 为应变硬化指数。

应变硬化指数 n 反映了金属材料抵抗继续塑性变形的能力，是表征金属材料应变硬化的性能指标。在极限情况下，$n=1$，表示材料为完全理想的弹性体，S 与 e 成正比关系；$n=0$ 时，$S=K=$常数，表示材料没有应变硬化能力，如室温下产生再结晶的软金属及已受强烈应变硬化的材料。大多数金属的 n 值在 0.1～0.5 之间，见表 3-5。

表 3-5　几种金属材料在室温下的 n 值

材　料	状　态	n	材　料	状　态	n
碳钢(w_C0.05%)	退火	0.26	铜	退火	0.30～0.35
碳钢(w_C0.6%)	淬火，540℃回火	0.10	H70 黄铜	退火	0.35～0.40
碳钢(w_C0.6%)	淬火，540℃回火	0.19	40CrNiMo 钢	退火	0.15

应变硬化指数 n 和层错能有关。当材料层错能较低时，不易交滑移，位错在障碍附近产生的应力集中水平要高于层错能高的材料，这表明，层错能低的材料应变硬化程度大。

n 值除与金属材料的层错能有关外，对冷热变形也十分敏感。通常，退火态金属 n 值比较大，而冷加工状态时则比较小，且随金属材料强度等级降低而增加。实验得知，n 和材料的屈服点 σ_s 大致呈反比关系，即 $n\sigma_s=$常数；在某些合金中，n 也随着溶质原子含量的增加而下降；晶粒变粗，n 值提高。

3.4 蠕　变

本节将阐述金属材料在高温长时载荷作用下的蠕变现象，讨论蠕变变形和断裂的机理，介绍高温力学性能指标及影响因素，为正确选用高温金属材料和合理制定其热处理工艺提供基础知识。

3.4.1 金属的蠕变现象

蠕变是高温下金属力学行为的一个重要特点。所谓蠕变就是金属在长时间的恒温、恒载荷作用下缓慢地产生塑性变形的现象。由于这种变形而最后导致金属材料的断裂称为蠕

变断裂。蠕变在较低温度下也会产生，但只有当约比温度大于 0.3 时才比较显著。如当碳钢温度超过 300℃、合金钢温度超过 400℃时，就必须考虑蠕变的影响。

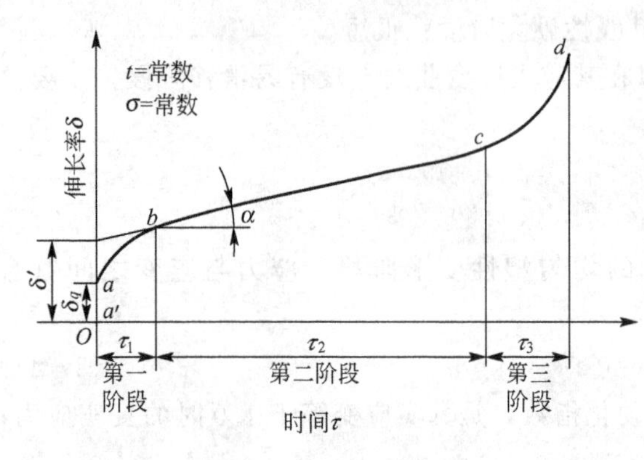

图 3.29　典型蠕变曲线

金属的蠕变可用蠕变曲线来表示。典型的蠕变曲线如图 3.29 所示。

在图 3.29 中，Oa 线段是试样在 t 温度下承受恒定应力 σ 时所产生的起始伸长率 δ_q。如果应力超过金属在该温度下的屈服强度，则包括弹性伸长率 Oa 和塑性伸长率 $a'a$ 两部分。这一应变还不算蠕变，而是由外载荷引起的一般变形过程。从 a 点开始随时间 τ 的增长而产生的应变属于蠕变。图中 $abcd$ 曲线即为蠕变曲线。

蠕变曲线上任一点的斜率，表示该点的蠕变速率($\dot{\varepsilon}=\mathrm{d}\delta/\mathrm{d}\tau$)。按照蠕变速率的变化情况，可将蠕变过程分为三个阶段。

第一阶段 ab 是减速蠕变阶段(又称过渡蠕变阶段)，这一阶段开始的蠕变速率很大，随着时间的延长，蠕变速率逐渐减小。到 b 点，蠕变速率则达到最小值。

第二阶段 bc 是恒速蠕变阶段(又称稳态蠕变阶段)，这一阶段的特点是蠕变速率几乎保持不变。一般所指的金属蠕变速率，就是以这一阶段的蠕变速率 $\dot{\varepsilon}$ 表示的。

第三阶段 cd 是加速蠕变阶段。随着时间的延长，蠕变速率逐渐增大，到 d 点产生蠕变断裂。

同一材料的蠕变曲线随应力的大小和温度的高低而不同。在恒定温度下改变应力，或在恒定应力下改变温度，蠕变曲线的变化如图 3.30(a)、图 3.30(b)所示。由图可知，当应力较小或温度较低时，蠕变第二阶段持续时间较长，甚至不产生第三阶段。相反，当应力较大或温度较高时，蠕变第二阶段很短，甚至完全消失，试样在很短时间内断裂。

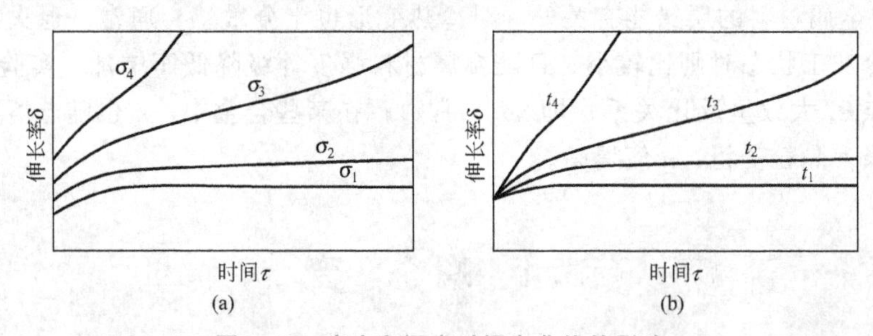

图 3.30　应力和温度对蠕变曲线的影响

(a) 恒定温度下改变应力($\sigma_4>\sigma_3>\sigma_2>\sigma_1$)；(b) 恒定应力下改变温度($t_4>t_3>t_2>t_1$)

由于金属在长时、高温、载荷作用下会产生蠕变，因此，对于在高温下工作并依靠原始弹性变形获得工作应力的机件，如高温管道法兰接头的紧固螺栓、用压紧配合固定于轴上的汽轮机叶轮等，就可能随着时间的延长，在总变形量不变的情况下，弹性变形不断地转变为塑性变形，从而使工作应力逐渐降低，以致消失。这种在规定温度和初始应力条件下，金属材料中的应力随时间的增加而减小的现象称为应力松弛。可以将应力松弛现象看作在应力不断降低条件下的蠕变过程，因此，蠕变与应力既有区别又有联系。

3.4.2 蠕变的形成机理

1. 位错滑移蠕变

金属的蠕变变形主要是通过位错滑移、原子扩散以及晶界滑动等机理进行的。各种机理对蠕变的贡献随温度及应力的变化而有所不同，现分述如下。

在蠕变过程中，位错滑移仍然是一种重要的变形机理。在常温下，若滑移面上的位错运动受阻产生塞积，滑移便不能继续进行，只有在更大的切应力作用下，才能使位错重新运动和增殖。但在高温下，位错可借助于外界提供的热激活能和空位扩散来克服某些短程阻碍，从而不断产生变形。位错热激活的方式有多种，高温下的热激活过程主要是刃型位错的攀移。图3.31为刃型位错攀移克服障碍的几种类型。由此可见，塞积在某种障碍前的位错通过热激活可以在新的滑移面上运动，或者与异号位错相遇而对消，或者形成亚晶界，或者被晶界所吸收。当塞积群中某一个位错被激活而发生攀移时，位错源便可能再次开动而放出一个位错，从而形成动态回复过程。这一过程不断进行，蠕变得以不断发展。

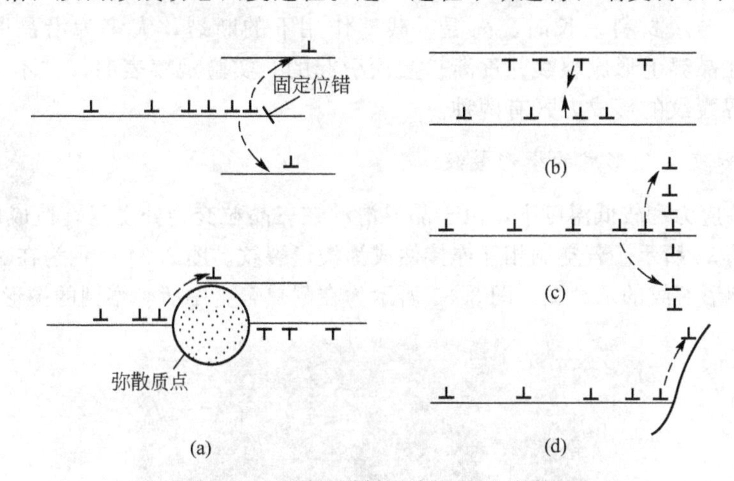

图3.31 刃型位错攀移克服障碍的类型

(a) 越过固定位错与弥散质点在新滑移面上运动；(b) 与邻近滑移面上异号位错相消；(c) 形成小角度晶界；(d) 消失于大角度晶界

在蠕变第一阶段，由于蠕变变形逐渐产生应变硬化，使位错源开动的阻力及位错滑移的阻力逐渐增大，致使蠕变速率不断降低。

在蠕变第二阶段，由于应变硬化的发展，促进了动态回复的进行，使金属不断软化。当应变硬化与回复软化两个过程达到平衡时，蠕变速率就变成一个常数。

2. 扩散蠕变

扩散蠕变是在较高温度(约比温度大大超过0.5)下的一种蠕变变形机理。它是在高温条件下由于大量原子和空位作定向移动造成的。在不受外力的情况下，原子和空位的移动没有方向性，因而宏观上不显示塑性变形。但当金属两端有拉应力作用时，在多晶体内产生不均匀的应力场，如图3.32所示。对于承受拉应力的晶界(如A、B晶界)，空位浓度增加；对于承受压应力的晶界(如C、D晶界)，空位浓度减小。因而在晶体内空位将从受拉晶界向受压晶界迁移，原子则反向流动，致使晶体逐渐产生伸长的蠕变。这种现

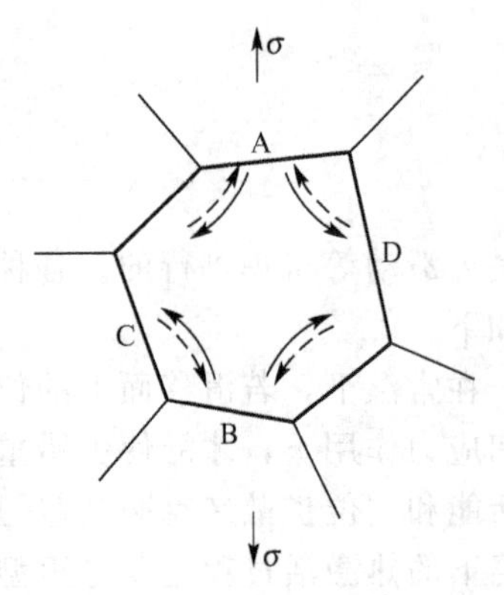

图 3.32　晶粒内部扩散蠕变示意图→空位移动方向→原子移动方向

象称为扩散蠕变。

3. 晶界滑动蠕变

在常温下，晶界的滑动变形是极不明显的，可以忽略不计。但在较高温度条件下，由于晶界上的原子易于扩散，受力后易产生滑动，故促进蠕变进行。随着温度的升高，应力降低，晶粒度减小，晶界滑动对蠕变的作用越来越大。但总的来说，它在总蠕变量中所占的比例并不大，一般约为10%。

金属蠕变过程中，晶界的滑动易于在晶界上形成裂纹。在蠕变的第三阶段，裂纹迅速扩展，使蠕变速率增大，当裂纹达到临界尺寸后便产生蠕变断裂。

3.4.3　蠕变断裂机理

前已述及，金属材料在长时、高温、载荷作用下的断裂，大多为沿晶断裂。一般认为，这是由于在晶界上形成裂纹并逐渐扩展而引起的。实验观察表明，在不同的应力与温度条件下，晶界裂纹的形成方式有两种。

1. 在三晶粒交会处形成的楔形裂纹

这是在较高应力和较低温度下，由于晶界滑动在三晶粒交会处受阻，造成应力集中而形成空洞，如图 3.33 所示。若空洞相互连接便成为楔形裂纹。图 3.34 所示为在 A、B、C 三晶粒交会处形成楔形裂纹的示意图。图 3.35 所示为在耐热合金中所观察到的楔形裂纹的照片。

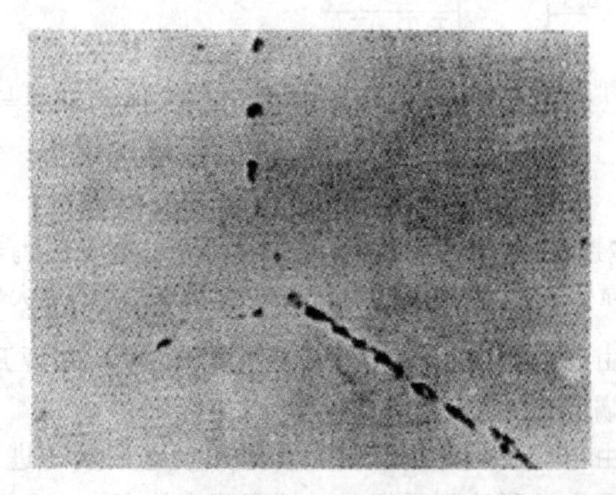

图 3.33　耐热合金中晶界上形成的空洞

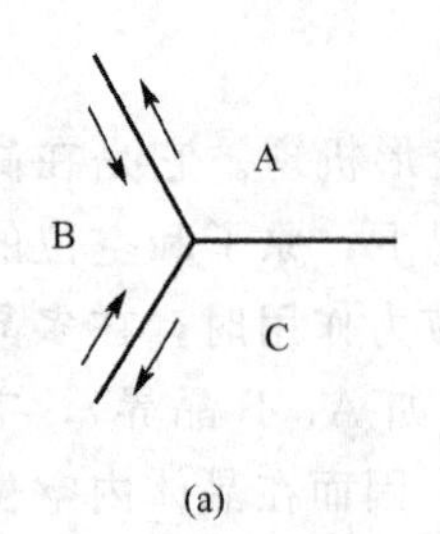

图 3.34　楔形裂纹形成示意图

图 3.35　耐热合金中的楔形裂纹

2. 在晶界上由空洞形成的晶界裂纹

这是在较低应力和较高温度下产生的裂纹。这种裂纹出现在晶界上的突起部位和细小的第二相质点附近，由于晶界滑动而产生空洞，如图 3.36 所示。图 3.36(a)所示为晶界滑动与晶内滑动带在晶界上交割时形成的空洞；图 3.36(b)所示为晶界上存在第二相质点时，当晶界滑动受阻而形成的空洞。最终导致沿晶断裂。

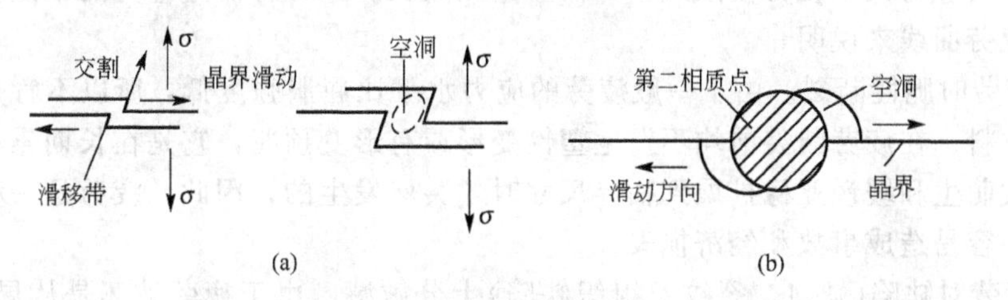

图 3.36 晶界滑动形成空洞示意图

(a) 晶界滑动与晶内滑移带交割；(b) 晶界上存在第二相质点

由于蠕变断裂主要在晶界上产生，因此，晶界的形态、晶界上的析出物和杂质偏聚、晶粒大小及晶粒度的均匀性对蠕变断裂均会产生很大的影响。

蠕变断裂断口的宏观特征是在断口附近产生塑性变形，在变形区域附近有很多裂纹，使裂纹机件表面出现龟裂现象；另一个特征是由于高温氧化，断口表面往往被一层氧化膜所覆盖。图 3.37 所示为某锅炉中 12Cr1MoV 钢过热器长时超温而爆破的宏观照片，由照片可看到上述两个特征。

图 3.37 锅炉过热管长时超温爆破的宏观断口形貌

蠕变断裂的微观断口特征，主要为冰糖状花样的沿晶断裂形貌。

3.5 疲 劳

工程中很多机件和构件都是在变动载荷下工作的，如曲轴、连杆、齿轮、弹簧、辊子、叶片及桥梁等，其失效形式主要是疲劳断裂。

3.5.1 疲劳现象

金属机件或构件在变动载荷和应变的长期作用下，由于累积损伤而引起的断裂现象称为疲劳。

疲劳可以按照不同方法进行分类：按照应力状态不同，疲劳可分为弯曲疲劳、扭转疲劳、拉伸疲劳以及复合疲劳等；按照环境和接触情况不同，疲劳可分为大气疲劳、腐蚀疲劳、高温疲劳、接触疲劳、热疲劳等；按照断裂寿命和应力高低不同，疲劳可分为高周疲劳和低周疲劳，这是最基本的分类方法。高周疲劳的断裂寿命较长，$N_f > 10^5$，断裂应力水平较低，$\sigma < \sigma_s$，也称低应力疲劳，一般常见的疲劳多属于此类疲劳。低周疲劳的断裂寿命较短，$N_f = (10^2 \sim 10^5)$，断裂应力水平较高，往往有塑性应变发生，也称为高应力疲劳或应变疲劳。

3.5.2 疲劳的特点

疲劳断裂和静载荷或一次冲击加载断裂相比，具有如下特点。

(1) 疲劳是应力循环延时断裂，即具有寿命的断裂。其断裂应力水平往往低于材料的抗拉强度，甚至屈服强度。断裂寿命随应力的不同而发生变化，应力高则寿命短，应力低则寿命长，当应力低于疲劳极限时，寿命可达无限长。这种寿命随应力的不同而变化的关系，可用疲劳曲线来说明。

(2) 疲劳时脆性断裂。由于一般疲劳的应力水平比屈服强度低，所以不管是韧性材料还是脆性材料，在疲劳断裂前均不发生塑性变形或有形变预兆，它是在长期累积损伤过程中，经裂纹萌生和缓慢亚稳扩展到临界尺寸时才突然发生的，因此，疲劳是一种潜在的突发性断裂，容易造成事故和经济损失。

(3) 疲劳对缺陷(缺口、裂纹及组织缺陷)十分敏感。由于疲劳破坏是从局部开始的，所以它对缺陷具有高度的选择性。缺口和裂纹因应力集中增大了对材料的损伤作用，组织缺陷(夹杂、疏松、白点、脱碳等)降低了材料的局部强度，但两者都会加快疲劳破坏的开始和发展。

(4) 疲劳断裂也是裂纹萌生和扩展的过程，但因应力水平低，故具有明显的裂纹萌生和缓慢亚稳扩散阶段，相应的断口上有明显的疲劳源和疲劳扩散区，这是疲劳断裂的主要断口特征。只是裂纹在最后失稳扩展时才形成了瞬时断裂区，具有一般脆性断口的放射线、人字纹或结晶状形貌特征。

3.6 磨　　损

机件表面相接触并作相对运动，表面逐渐有微小颗粒分离出来形成磨屑(松散的尺寸与形状不相同的碎屑)，使表面材料逐渐损失(导致机件尺寸变化和质量损失)、造成表面损伤的现象即为磨损。磨损主要是由力学作用引起的，但磨损并非单一的力学过程。引起磨损的原因既有力学作用，也有物理化学作用，因此，摩擦副材料、润滑条件、加载方式和大小、相对运动特性(方式和速度)以及工作温度等诸多因素均影响磨损量的大小，所以，磨损是一个复杂的系统过程。

在磨损过程中，磨屑的形成也是一个变形和断裂的过程。静强度中的基本理论和概念也可用来分析磨损过程，只不过磨损是发生在机件表面的过程，而不是机件的整体变形和断裂。在整体加载时，塑性变形集中在材料一定体积内，在这些部位产生应力集中并导致裂纹产生。而在表面加载时，塑性变形和断裂发生在表面，由于接触区应力分布比较复杂，沿接触表面上任何一点都有可能参加塑性变形和断裂，反而使应力集中降低。在磨损过程中，塑性变形和断裂是反复进行的，一旦磨屑形成后就又开始下一循环，所以过程具有动态特征。这种动态特征标志着表层组织变化也具有动态特征，即每次循环材料总要转变到新的状态，加上磨损本身的一些特点，所以普通力学性能实验所得到的材料力学性能数据不一定能反映材料耐磨性的优劣。

机件正常运行的磨损过程一般分为 3 个阶段，如图 3.38 所示。

(1) 跑合阶段(磨合阶段)。如图 3.38 中的 Oa 线段。在此阶段内，无论摩擦副双方硬度如何，摩擦表面逐渐被磨平，实际接触面积增大，故磨损速率减小。跑合阶段磨损速率减小还和表面应变硬化以及表面形成牢固的氧化膜有关。电子衍射证实，铸铁活塞环和气缸的跑合表面有氧化层存在。

(2) 稳定磨损阶段。如图 3.38 中的 ab 线段。这是磨损速率稳定的阶段，线段的斜率就是磨损速率。大多数机器零件均在此阶段内服役，实验室磨损试验也需要进行到这一阶段。通常根据这一阶段的时间、磨损速率或磨损质量来评定不同材料或不同工艺的耐磨性能。在跑合阶段跑合得越好，稳定磨损阶段的磨损速率就越低。

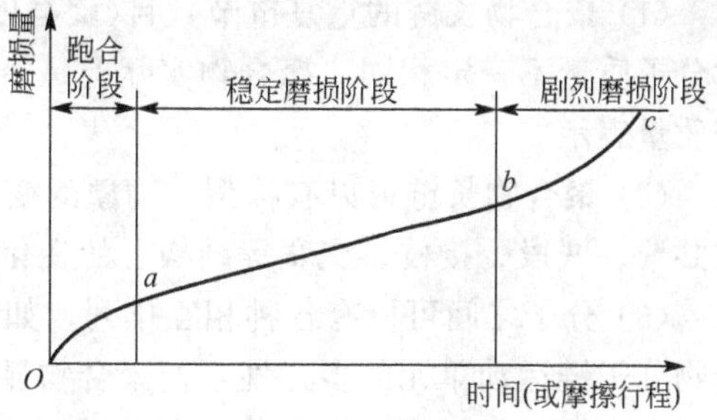

图 3.38　磨损量与时间的关系示意图

(3) 剧烈磨损阶段。如图 3.38 中的 bc 阶段。随着机器工作时间的增加，摩擦副接触表面之间的间隙增大，机件表面质量下降，润滑膜被破坏，引起剧烈振动，磨损重新加剧，此时机件很快失效。

上述磨损曲线因工作条件不同可能会有很大差异，如摩擦条件恶劣、跑合不良，则在跑合过程中就产生强烈黏着，而使机件无法正常运行，此时只有剧烈磨损阶段；反之，如跑合很好，则稳定磨损期很长，且磨损质量也比较小。

耐磨性是材料抵抗磨损的性能，这是一个系统性质。迄今为止，还没有一个统一的、意义明确的耐磨性指标。通常是用磨损量来表示材料的耐磨性，磨损量越小，耐磨性就越高。磨损量既可用试样摩擦表面沿法线方向的尺寸减小来表示，也可用试样体积或质量损失来表示。前者称为线磨损，后者称为体积磨损或质量磨损。若测量单位摩擦距离、单位压力下的磨损量等，则称为比磨损量，为了和通常的概念一致，有时还用磨损量的倒数关系来表征材料的耐磨性。此外，还广泛使用相对耐磨性的概念，相对耐磨性 ε 用下式表示

$$\varepsilon=\frac{\text{标准试样的磨损量}}{\text{被测试样的磨损量}}$$

相对耐磨性的倒数也称为磨损系数。

3.7　聚合物及陶瓷材料的力学性能

一般材料可分为金属材料、高分子材料、陶瓷材料。以上介绍的是金属材料的力学性能，本节将对聚合物材料、陶瓷材料以及复合材料的力学性能进行简单介绍。

3.7.1　聚合物材料的力学性能

相对分子量大于 10 000 以上的有机化合物称为高分子材料，它是由许多小分子聚合而得到的，故又称为聚合物或高聚物。

1. 聚合物的结构与性能特点

聚合物的结构是多层次的，包括高分子链的近程结构(构型)、远程结构(构象)、聚集态结构、织态结构和液晶结构。限于篇幅，本书只对聚合物的主要结构特征、力学性能特

点以及其塑性、强度、硬度等进行简单的介绍。归纳起来，聚合物的结构特征主要有以下几点。

(1) 聚合物长链的重复链节数目(聚合度)可以不一样，因而聚合物中各个巨分子的相对分子质量不一定相同。聚合物实际上是一个复合物。其相对分子质量只能用平均相对分子质量表示。

(2) 聚合物长链可以有构型、构象的变化，加之可以是几种单体的聚合，从而可以形成共聚、嵌段、接枝、交联等结构上的变化。

(3) 分子之间可以有各种相互排列，如取向、结晶等。这种结构上的多重性，以及聚合物分子链运动单元的多样性，使聚合物显示出各种特殊的性能。

与金属材料相比，聚合物在外力或能量载荷作用下受温度和载荷作用时间的影响很大，因此，其力学性能变化幅度较大。聚合物材料的主要物理、力学性能特点有以下几点。

(1) 密度小。聚合物是密度最小的工程材料，其密度一般在 1.0～2.0g/cm³ 之间，仅为钢的 1/8～1/4，为工程陶瓷的 1/2 以下。质量轻、强度比大是聚合物的突出特点。

(2) 高弹性。高弹态的聚合物其弹性变形量可达到 100%～1 000%，一般金属材料只有 0.1%～1.0%。

(3) 弹性模量小。聚合物的弹性模量为 0.4～4.0GPa，一般金属材料则为 50～300GPa，因此聚合物的刚度差。

(4) 黏弹性明显。聚合物的高弹性对时间有强烈的依赖性，应变落后于应力，室温下即会产生明显的蠕变变形及应力松弛。

2. 聚合物的黏弹性

聚合物在外力作用下，黏性和弹性两种变形机理同时存在的力学行为称为黏弹性。聚合物的黏弹性分静态黏弹性和动态黏弹性两类。

当应力或应变完全恒定，不是时间的函数时，聚合物所表现的黏弹性称为静态黏弹性。一般有两种表现形式：蠕变与应力松弛。聚合物的蠕变变形不同于前面介绍的金属的蠕变。聚合物的蠕变变形是指在室温下，聚合物承受力的长期作用时，产生的不可回复的塑性变形。它是分子间黏性阻力使应变和应力不能瞬间达到平衡的结果。聚合物的蠕变变形除不可回复的黏性变形外，还包含普弹性变形和高弹性变形。在外力去除后，普弹性变形迅速回复，而高弹性变形则缓慢地部分回复，这是聚合物蠕变与金属蠕变的明显区别。

蠕变模量和应力松弛模量是表征聚合物黏弹性的力学性能指标。蠕变模量是指在给定温度与给定时间 τ 下施加的应力与蠕变应变量之比，表示为 $E_c(\tau)$；应力松弛模量是指在一定时间 τ 后，瞬时应力与应变之比，表示为 $E_r(\tau)$。

聚合物材料所受应力(交变应力)为时间的函数。且应变随时间的变化始终落后于应力的变化，这一滞后效应称为动态黏弹性现象。

3. 聚合物的强度与断裂

聚合物的抗拉强度与抗压强度比金属低得多，但其比强度较金属的高。聚合物的抗拉强度一般为 20～80MPa，表 3-6 给出了几种聚合物材料的抗拉强度值。

表 3-6 几种聚合物材料的抗拉强度值

名　称	抗拉强度/MPa	名　称	抗拉强度/MPa
低压聚乙烯（PE）	20	聚对苯二甲酸乙二醇酯	—
聚氯乙烯(PVC)	50	PET	80
尼龙-610	60	聚苯醚(PPO)	85
尼龙-66	83	聚砜(PSU)	85
芳香尼龙	120	聚碳酸酯 PC	67

聚合物具有一定的强度，是由分子间范德华键、原子间共价键及分子间氢键决定的。但聚合物的实际强度仅为其理论值的1/200。这与其结构缺陷(如裂纹、杂质、气泡、表面划痕和空洞等)和分子链断裂不同时性有关。

影响聚合物实际强度的因素仍然是其自身的结构。主要的结构因素有以下几点。

(1) 高分子链极性大或形成氢键能显著提高强度，如聚氯乙烯极性比聚乙烯大，所以前者强度高。尼龙有氢键，其强度又比聚氯乙烯高。

(2) 主链刚度大，强度高，但是如果链刚性太大，会使材料变脆。

(3) 分子链支化程度增加，降低抗拉强度。

(4) 分子间适度进行交联，提高抗拉强度，如辐射交联的低压聚乙烯(PE)比未交联PE的抗拉强度提高一倍；但交联过多，因影响分子链取向，反而会降低强度。

在拉应力的作用下，非晶态聚合物的某些薄弱地区，因应力集中产生局部塑性变形，结果在其表面和内部会出现闪亮的、细长形的“类裂纹”，称为银纹。银纹是非晶态聚合物塑性变形的一种特殊形式，它实际上是垂直于外加主应力的椭圆形空楔，这表明银纹实质上就是已发生了取向的高分子链束。

银纹的形成能增加聚合物的韧性，因为它使聚合物的应力得到松弛；同时，银纹中的微纤维表面积大，可吸收能量，对增加韧性也有作用。在外力作用下，银纹因其内部存在非均匀性而产生开裂并逐渐发展成微裂纹。因此，在工程上，非晶态聚合物的断裂过程，包括外力作用下银纹和非均匀区的形成、银纹质的断裂、微裂纹的形成、裂纹扩展和最后断裂等几个阶段。与金属材料相比，聚合物形成的银纹类似于金属韧性断裂前产生的微孔。

聚合物的疲劳强度低于金属。多数聚合物的疲劳强度为其抗拉强度的20%～30%。但增强热固性聚合物的疲劳强度与抗拉强度的比值较高，如聚甲醛(POM)和聚四氟乙烯(PTFE)的比值为0.4～0.5。聚合物的疲劳强度随相对分子质量的增大而提高，随结晶度的增加而降低。

聚合物的硬度与其强度一样，也比金属低得多。测定聚合物的硬度选用专用的洛氏硬度标尺。与金属材料洛氏硬度试验相比，测定聚合物洛氏硬度所用钢球直径比较小。而且由于聚合物具有黏弹性，其与时间有关的变形部分比金属材料大得多，所以硬度试验时要有足够的保持时间。常用热固性树脂，如酚醛、聚酯、环氧树脂的洛氏硬度分别为120、115和100。

由于聚合物具有较大的柔性和弹性，故在不少场合下都显示出较高的抗划伤能力。聚合物的化学组成和结构与金属相差很大，因此两者的黏着倾向很小。

3.7.2 陶瓷材料的力学性能

陶瓷材料在人类生活和社会建设中是不可缺少的材料，它和金属材料、高分子材料并列为当代三大固体材料之一。它们之间的主要区别在于化学键不同，因而在性能上存在很大差异。本书主要介绍新型工程结构陶瓷(以下简称工程陶瓷)材料的力学性能。

工程陶瓷材料的塑性、韧性值比金属材料低得多，对缺陷很敏感，强度可靠性较差。工程陶瓷材料的制备技术、气孔、夹杂物、界面、晶粒结构均匀性等因素对其力学性能有显著的影响。限于篇幅，本书不做详细介绍。

陶瓷材料通常是金属与非金属元素组成的化合物。当含有一个以上的化合物时，其晶体结构可能变得很复杂。陶瓷晶体以离子键和共价键为主要结合键，一般为两种或者两种以上不同键的混合形式。

1. 陶瓷材料的变形与断裂

绝大多数陶瓷材料在室温下拉伸或弯曲，均不产生塑性变形，而呈脆性断裂特征。陶瓷材料与金属材料相比，其弹性变形具有如下特点。

(1) 弹性模量大，这是由其共价键和离子键的键合结构所决定的。共价键具有方向性，使晶体具有较高的抗晶格畸变、阻碍位错运动的能力。离子键晶体结构的键方向性虽不明显，但滑移系受原子密排面与原子密排方向的限制，还受静电作用力的限制，其实际可动滑移系较少。

(2) 陶瓷材料的弹性模量不仅与结合键有关，还与其组成相的种类、分布比例及气孔率有关。因此，陶瓷的成型和烧结工艺对其弹性模量有重要的影响，气孔率较小时，弹性模量随气孔率增加呈线性降低。

(3) 通常，陶瓷材料的压缩弹性模量高于拉伸弹性模量。由于材料中的缺陷对拉应力十分敏感，所以陶瓷材料的抗压强度值比抗拉强度值大得多。在工程应用中，选用陶瓷材料时应充分注意这一点。

室温下，绝大多数陶瓷材料不产生塑性变形。在1 000℃以上的高温条件下，大多数陶瓷材料会出现由主滑移系运动引起的塑性变形。

陶瓷材料的断裂过程都是以其内部或表面存在的缺陷为起点而发生的。解理是陶瓷材料的主要断裂机理，而且很容易从穿晶解理转变成沿晶断裂。陶瓷材料断裂时以各种缺陷为裂纹源，在一定拉伸应力作用下，其最薄弱环节处的微小裂纹扩展，当裂纹尺寸达到临界值时陶瓷瞬时脆断。

2. 陶瓷材料的强度与断裂韧度

如同金属材料一样，强度是工程陶瓷最基本的性能。大量试验结果表明，陶瓷的实际强度比其理论值小1～2个数量级，只有晶须和纤维的实际强度才较接近理论值。

工程陶瓷的断裂韧度值比金属的低1～2个数量级。但它具有优良的高温力学性能、耐磨、耐蚀、电绝缘性好等优点，因此陶瓷材料的增韧一直是材料科学界研究的热点之一。陶瓷增韧有多种途径，现简单介绍其中3种。

(1) 改善材料显微结构。使材料达到细、密、匀、纯，是陶瓷材料增韧增强的有效途径之一。

(2) 相变增韧。是ZrO_2陶瓷的典型增韧机理，它是通过四方相($t-ZrO_2$)转变成单斜相($m-ZrO_2$)来实现的。但相变增韧受使用温度的限制，如当温度超过800℃时，$t-ZrO_2$由亚稳态变成稳定态，$t-ZrO_2 \rightarrow m-ZrO_2$相变不再发生，故相变增韧失去作用。

(3) 微裂纹增韧。陶瓷材料中的微裂纹是在相变体积膨胀($t-ZrO_2 \rightarrow m-ZrO_2$相变)时产生的；或是由温度变化致使基体相与分散相之间热膨胀性能不同所引起的；还可能是材料中原本就已经存在的。当主裂纹扩展遇到这些微裂纹时会发生分叉转向前进，增加扩展过程中的表面能；同时，主裂纹尖端应力集中被松弛，致使扩展速度减慢。这些因素都使材料韧性增加。

3. 陶瓷材料的硬度与耐磨性

工程陶瓷材料硬度高是其优点之一，常用洛氏硬度HRA、HR45N、维氏硬度HV或努氏硬度HK表示。在测量陶瓷材料的维氏或努氏硬度时，试样表面必须研抛至镜面，表面粗糙度必须在100nm以下。

工程陶瓷硬度高，所以其耐磨性也比较高。陶瓷材料用于耐磨材料还是在20世纪80年代中期。陶瓷材料的耐磨性不仅优于金属材料，而且在高温、腐蚀环境条件下更显示出其独特的优越性。最重要的耐磨陶瓷材料有Al_2O_3、SiC、ZrO_2、Si_3N_4和Sialon(赛隆陶瓷)等。

4. 陶瓷材料的疲劳

陶瓷材料的疲劳，除已证实在循环载荷作用下也存在机械疲劳效应外，其含义比金属材料的要广。在静载荷作用下，陶瓷承载能力随时间延长而下降的断裂现象，以及在恒加载速率下，陶瓷断裂对加载速率敏感性的研究，均被纳入陶瓷疲劳范畴。前者为陶瓷的静态疲劳，后者为动态疲劳。因此，陶瓷的疲劳包括循环(应力)疲劳、静态疲劳和动态疲劳。研究陶瓷疲劳对于扩大陶瓷材料的应用具有重要的意义。

*3.8 拓展阅读 碳纳米管力学性能的应用

碳纳米管又称巴基管，1991年，日本筑波NEC实验室的饭岛澄男(S. Iijima)在高分辨电子显微镜下观察到多壁碳纳米管，随后NEC公司的Ebbesen和Ajayan找到大量制备多壁碳纳米管的方法。1993年，S. Iijima和IBM公司的研究小组同时报道他们已观察到单壁碳纳米管的消息，而后展开了对单壁碳纳米管物理性质的研究。最近，墨西哥物理化学家采用高温化学反应方法制成了一种新型双层碳纳米管，这种碳纳米管内侧由一对同心圆柱体组成。碳纳米管从被发现至今，因其独特的结构和优良的性能而引起了人们的密切关注，并在力学、化学和光学等领域得到了广泛的应用。

3.8.1 复合材料的增强材料

碳纳米管的端面由于碳五元环的存在，反应活性增强，在外界高温和其他反应物质存在的条件下，端面很容易被打开，形成一根管子，易被金属浸润和金属形成金属基复合材料。这种材料具有高比强度、高比模量、耐高温、热膨胀系数小和抵抗热变性能强等一系列优良性能。马仁志等采用直接熔化方法合成了碳纳米管/铁基复合材料，其硬度可达到HRC65，比普通铁碳合金的硬度高5～10HRC。董树荣等制备的碳纳米管/铜基复合材料具有良好的减摩、耐磨性能。Kuzumaki 等用热压-热挤工艺制备的碳纳米管/铝基复合材料，强度比纯铝具有更好的热稳定性。

在碳纳米管/高分子复合材料方面，贾志杰等采用碳纳米管参与聚合反应的原位复合法制备了尼龙 6/碳纳米管、碳纳米管/聚甲基丙烯酸甲酯复合材料，由于大大提高了聚合物平均分子量，并且与碳纳米管形成牢固的结合界面，所以其机械性能大幅度提高。美国科学家用一层碳纳米管、一层聚合物层层交迭出“夹心饼干式碳纳米管”，该材料具有超强硬度，可与工程中使用的超硬陶瓷材料媲美，这种新的超硬材料是完全有机的，而且很轻，适用于制造植入人体并长期发挥作用的医疗器件。在碳纳米管增强聚合物方法中一个重要的问题就是要使碳纳米管在聚合物基体中分散均匀，美国宾夕法尼亚大学的科学家将碳纳米管加入到环氧树脂中生成的复合材料，硬度可增加 3 倍，室温下的热导率可增加 125%，环氧树脂经此复合后，一些性能得到优化，他们的成功之处就是使纳米管分散更均匀。

碳纳米管/陶瓷复合材料强度较高，机械冲击性能、热冲击性能也都得以改善，断裂韧性也大幅度提高。吴德海等用高温热压技术制备了纳米陶瓷复合材料，弯曲强度和韧性比原来增加了 10%。美国戴维斯加利福尼亚大学的科学家制成的碳纳米管强化陶瓷材料，断裂韧度是常规氧化铝的 5 倍，导电性能达到以前用纳米管制造的陶瓷的 7 倍。

3.8.2 微机械

碳纳米管的纳米尺度、高强度和高韧性特征，使得它可以广泛应用于微米甚至纳米机械。美国 NASA Ames 研究中心的研究人员利用碳纳米管制造出了纳米级的齿轮。科学家们还利用单壁碳纳米管制造出了微机械执行器。美国佐治亚工学院王中林教授等利用碳纳米管在高频场下的振动现象，发明了世界上最小、最灵敏的秤——纳米管秤，该秤可以称量一些大生物分子和生化颗粒(如病毒)。

3.8.3 碳纳米管针尖

由于碳纳米管具有很大的长径比和很好的柔韧性，因此可用作扫描隧道显微镜(STM)和原子力显微镜(AFM)的针尖。1996 年，美国莱斯大学 Smalley 研究小组首先成功地制备出用于 AFM 的碳纳米管针尖，它是在常用的 AFM 微悬臂针尖上吸附一小段多壁碳纳米管。这种针尖可以避免损害被观察的样件。此外，在装甲和防弹材料及航空航天等领域，碳纳米管也具有广阔的应用前景。

本章小结

本章主要介绍了屈服强度、抗拉强度、断后伸长率和断面收缩率、硬度、冲击韧性和断裂韧性等最基本的力学性能指标的物理概念。结合拉伸、弯曲、硬度以及冲击等试验，介绍了上述力学性能指标的实用意义。分析材料在各种工作状态下力学性能变化的规律以及失效特点，以便在此基础上探讨提高上述性能指标的途径和方向。为了拓宽读者的知识面，本章最后简单介绍了碳纳米管的基本知识及其应用。

3.1 解释下列名词。

(1)弹性比功；(2)塑性、脆性和韧性；(3)穿晶断裂和沿晶断裂；(4)布氏硬度、洛氏硬度及维氏硬度；(5)疲劳、磨损及蠕变；(6)聚合物的黏弹性。

3.2 说明下列力学性能指标和意义。

(1)$E(G)$；(2)σ_b、σ_r、σ_s、$\sigma_{0.2}$；(3)δ、δ_{gt}、ψ；(4)HB、HR、HV；(5)A_k、a_k。

3.3 金属的弹性模量主要取决于什么因素？为什么说它是一个对组织不敏感的力学性能指标？

3.4 决定金属屈服强度的因素有哪些？

3.5 试列举出能显著强化金属而不降低其塑性的方法。

3.6 试说明高温下金属蠕变变形的机理与常温下金属塑性变形的机理有何不同。

3.7 试述聚合物材料的结构力学性能特点。

3.8 断裂强度 σ_c 与抗拉强度 σ_b 有何区别？

第4章

导电物理与性能

知识要点	掌握程度	相关知识	应用方向
电阻与导电的基本概念	掌握	电阻、电阻率、电导率的基本概念及其之间的关系	材料的导电性
材料的导电机理	重点掌握	经典自由电子理论、量子自由电子理论和能带理论对于材料导电性的解释	导电理论的应用
	熟悉	无机非金属的导电机理	
材料的导电性	熟悉	导电材料和电阻材料的特性	材料的电性能
超导电性	重点掌握	超导电性的微观解释；超导体的3个性能指标	超导研究与应用
	了解	超导体的应用	
导电性的测量与应用	掌握	电阻的测量方法及各种方法的适用范围；电阻分析的应用	材料成分、结构和组织的研究
半导体与p-n结	掌握	p-n结的基本概念；p-n结的特性	半导体
半导体的物理效应	重点掌握	敏感效应、光致发光效应、电致发光效应、光伏特效应及应用	
拓展阅读	了解	超导材料的发展、研究与应用	超导研究

导入案例

太阳能发电分为光热发电和光伏发电。通常说的太阳能发电指的是太阳能光伏发电，简称“光电”。光伏发电是利用半导体界面的光生伏特效应而将光能直接转变为电能的一种技术。这种技术的关键元件是太阳电池。太阳电池经过串联后进行封装保护可形成大面积的太阳电池组件，再配合上功率控制器等部件就形成了光伏发电装置。

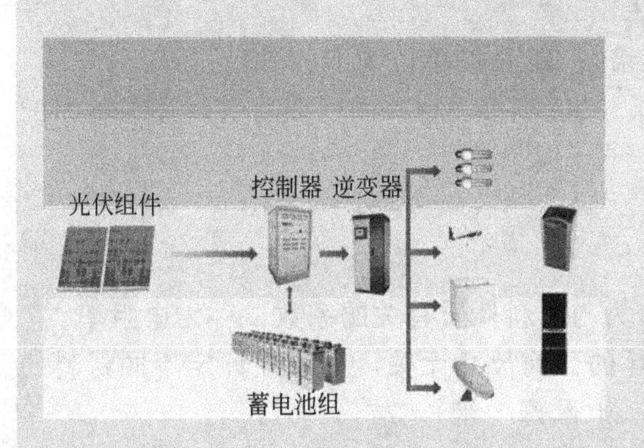

理论上讲，光伏发电技术可以用于任何需要电源的场合，上至航天器，下至家用电源，大到兆瓦级电站，小到玩具，光伏电源无处不在。

光伏发电产品主要用于三方面：一是为无电场合提供电源；二是太阳能日用电子产品，如各类太阳能充电器、太阳能路灯和太阳能草地各种灯具等；三是并网发电，这在发达国家已经大面积推广实施。到2009年，中国并网发电还未开始全面推广，不过，2008年北京奥运会部分用电是由太阳能发电和风力发电提供的。

据预测，太阳能光伏发电在21世纪会占据世界能源消费的重要席位，不但要替代部分常规能源，而且将成为世界能源供应的主体。预计到2030年，可再生能源在总能源结构中将占到30%以上，而太阳能光伏发电在世界总电力供应中的比例也将达到10%以上；到2040年，可再生能源将占总能耗的50%以上，太阳能光伏发电将占总电力的20%以上；到21世纪末，可再生能源在能源结构中将占到80%以上，太阳能发电将占到60%以上。这些数字足以显示出太阳能光伏产业的发展前景及其在能源领域重要的战略地位。

在材料的物理性能中，电学性能是一个重要的组成部分，在许多情况下，它甚至比力学性能更重要。电能、电信、电器等的开发和发展已经深入到机械、运输、建筑、能源、医疗、通信、计算机以及家庭生活的每一个角落。从大功率发电机、变压器、长距离的电力传输到微电子线路的各种元件，都应用着材料的不同电学性能。导电材料、电阻材料、电热材料、半导体材料、超导材料和绝缘材料等，都是以导电性能为基础的。例如，长距离传输电力的金属导线应具有很高的导电性，以减少由于发热造成的电力损失。陶瓷和高分子的绝缘材料必须具有不导电性，以防止产生短路或电弧。作为太阳电池的半导体对其导电性能要求更高，以追求尽可能高的太阳能利用效率。

4.1 电阻与导电的基本概念

当在材料两端施加电压U时，材料中有电流I通过，这种现象称为导电现象。由欧姆定律可知材料的电阻大小为

$$R=\frac{U}{I} \tag{4-1}$$

式中，U的单位为V(伏特)；I的单位为A(安培)；则R的单位为Ω(欧姆)。

用电阻R的大小可以评价材料的导电性能，其值不仅与材料的性能有关，还与材料的尺寸有关，因此

$$R=\rho\frac{L}{S} \tag{4-2}$$

式中，L为材料的长度；S为材料的截面积；ρ为与材料性质有关的系数，称为电阻率。

由于ρ只与材料本身的性质有关，而与导体的几何尺寸无关，因此在评定不同材料的导电性能时，用ρ比R更确切。ρ的单位为Ω·m(欧姆·米)。

在研究材料的导电性能时，还常用电导率σ，其与ρ的关系为

$$\sigma=\frac{1}{\rho} \tag{4-3}$$

σ的单位为$\Omega^{-1}\cdot m^{-1}$或S/m(西门子/米)，显然，σ值越大，ρ值越小，说明材料的导电性能越好。

工程中也可用相对电导率(IACS%)来表征导体材料的导电性能。把国际标准软纯铜(在室温20℃下电阻率$\rho=0.017\ 24\Omega\cdot m$)的电导率作为100%，其他导体材料的电导率与之相比的百分数即为该导体材料的相对电导率。例如，Fe的电导率为17%，Al的电导率为65%。

根据材料导电性的好坏，按照ρ值的大小把材料分为导体、半导体、绝缘体和超导体。ρ值小于$10^{-5}\Omega\cdot m$为导体材料，其中纯金属的ρ值为$10^{-8}\sim10^{-7}\Omega\cdot m$，合金的$\rho$值为$10^{-7}\sim10^{-5}\Omega\cdot m$；$\rho$值在$10^{-3}\sim10^{9}\Omega\cdot m$之间为半导体材料；$\rho$值大于$10^{9}\Omega\cdot m$为绝缘材料；而超导体的$\rho$值小于$10^{-27}\Omega\cdot m$。

虽然物质都是由基本粒子构成的，但导电性的差异却非常显著，同是金属，Ag的ρ值为$1.46\times10^{-8}\Omega\cdot m$，而Mn的$\rho$值为$260\times10^{-8}\Omega\cdot m$。导电性最好的材料(如Ag和Cu)和导电性最差的材料(如聚苯乙烯和金刚石)之间的ρ值差别达23个数量级，这些差异与材料的结构、组织、成分等因素有关。

4.2 材料的导电机理

人们对材料导电性物理本质的认识是从金属开始的，首先提出了经典自由电子导电理论，后来随着量子力学的发展，又提出了量子自由电子理论和能带理论。

4.2.1 金属及半导体的导电机理

【经典自由电子理论图像】

1. 经典自由电子理论

经典自由电子理论认为，在金属晶体中，离子构成了晶格点阵，并形成一个均匀电场，价电子是完全自由的，可以在整个金属中自由运动，就像气体分子充满整个容器一样，因此，可以把价电子看成“电子气”。它们的运动遵循经典力学气体分子的运动规律。在没有外加电场作用时，金属中的自由电子沿各方向运动的概率相同，因此不产生电流。当对金属施加外电场时，自由电子将沿电场的反方向运动，从而形成了电流。在自由电子做定向运动的过程中，不断会与正离子发生碰撞妨碍电子继续加速，形成电阻。从这种认识出发，设电子两次碰撞之间运动的平均距离(自由程)为l，电子平均运动的速度为$\bar{v}$，单位体积内的自由电子数为n，则电导率为

$$\sigma=\frac{ne^2 l}{2m\bar{v}}=\frac{ne^2}{2m}\bar{t} \tag{4-4}$$

式中，m是电子质量；e是电子电荷；$\bar{t}$为两次碰撞之间的平均时间。

从式(4-4)中可以看出，自由电子数量越多导电性越好。二、三价金属的价电子比一价金属的多，似乎二、三价金属的导电性比一价金属好，但实际情况却是一价金属的导电性比二、三价金属好，见表4-1。另外，按照气体动力学的关系，ρ应与热力学温度T的平方根成正比，但实验结果却是ρ与T成反比。还有电子比热的问题，按照经典自由电子理论的计算结果比实验测得的热容约大100倍。此外，这一理论也不能解释超导现象的产生。

表4-1 部分材料的电导率

材 料	电子结构	电导率$\sigma/(\Omega^{-1}\cdot m^{-1})$
Al	$1s^2 2s^2 2p^6 3s^2 3p^1$	3.77×10^7
Ga	$1s^2 2s^2 2p^6 3s^2 3p^6 4s^2 4p^1$	0.66×10^7
Mg	$1s^2 2s^2 2p^6 3s^2$	2.25×10^7
Ca	$1s^2 2s^2 2p^6 3s^2 3p^6 4s^2$	3.16×10^7
Ag	……………$4d^{10} 5s^1$	6.80×10^7
Cu	……………$3d^{10} 4s^1$	5.98×10^7

经典自由电子理论的问题根源在于它忽略了电子之间的排斥作用和正离子点阵周期场的作用，是立足于牛顿力学的宏观运动，而对于微观粒子的运动问题，需要利用量子力学的概念来解决。

2. 量子自由电子理论

量子自由电子理论同样认为金属中正离子形成的电场是均匀的，价电子与离子间没有相互作用，且为整个金属所有，可以在整个金属中自由运动。但这一理论认为，金属中每个原子的芯电子基本保持着单个原子时的能量状态，而所有价电子按量子化规律具有不同的能量状态，即具有不同的能级。

这一理论认为，电子具有波粒二象性。运动着的电子作为物质波，其频率和波长与电

子的运动速率或动量之间的关系为

$$\lambda=\frac{h}{mv}=\frac{h}{p}$$

$$\frac{2\pi}{\lambda}=\frac{2\pi mv}{h}=\frac{2\pi p}{h} \tag{4-5}$$

式中，m 为电子质量；v 为电子速度；λ 为波长；p 为电子的动量；h 为普朗克常数。

在一价金属中，自由电子的动能 $E=\frac{1}{2}mv^2$，由式(4-5)可得到

$$E=\frac{h^2}{8\pi^2 m}K^2 \tag{4-6}$$

式中，$\frac{h^2}{8\pi^2 m}$为常数；$K=\frac{2\pi}{\lambda}$，称为波数频率，它是表征金属中自由电子可能具有的能量状态的参数。

式(4-6)说明，E-K 关系曲线为抛物线，如图 4.1 所示。图中的“+”和“-”表示自由电子运动的方向。从粒子的观点看，曲线表示自由电子的能量与速度(或动量)之间的关系；从波动的观点看，E-K 关系曲线表示电子的能量和波数之间的关系。电子的波数越大，则能量越高。曲线清楚地表明金属中的价电子具有不同的能量状态，有的处于低能态，有的处于高能态。根据泡利不相容原理，每一个能态只能存在沿正反方向运动的一对电子，自由电子从低能态一直排到高能态，在 0K 时电子所具有的最高能态称费米能 E_F，同种金属的费米能是一个定值，不同金属的费米能不同。

图 4.1 所示为没有外加电场时金属中自由电子的能量状态，曲线对称分布说明沿正、反方向运动的电子数量相同，没有电流产生。在外加电场的作用下，外电场使向着其正向运动的电子能量降低，反向运动的电子能量升高，如图 4.2 所示。可以看出，由于能量的变化，使部分能量较高的电子转向电场正向运动的能级，从而使正反向运动的电子数不相等，使金属导电。也就是说，不是所有的自由电子都参与了导电，而是只有处于较高能态的自由电子参与了导电。

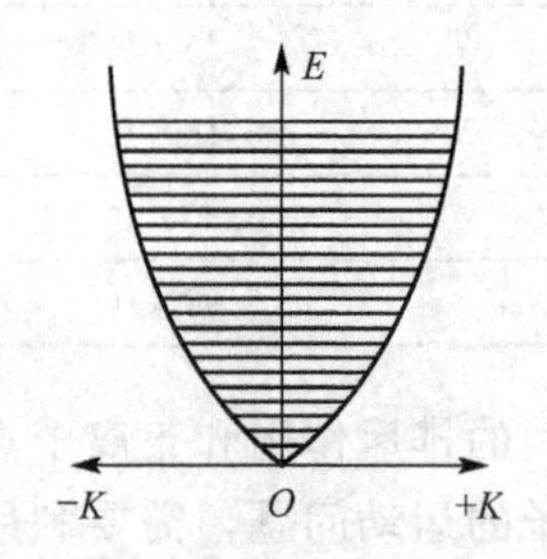

图 4.1　自由电子的 $E-K$ 曲线

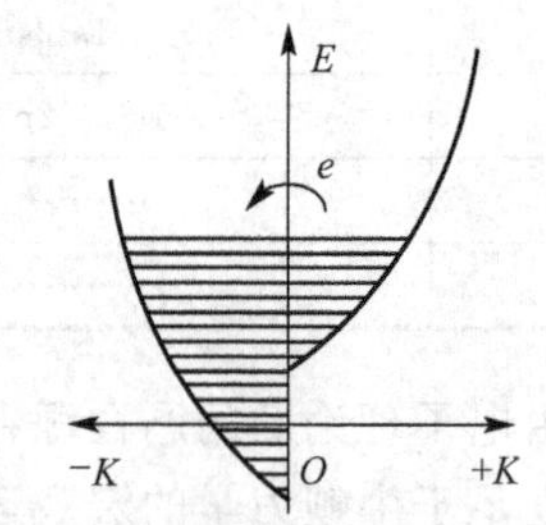

图 4.2　电场对 $E-K$ 曲线的影响

此外，电磁波在传播过程中被离子点阵散射，然后相互干涉而形成电阻。量子力学证明，当电子波在绝对零度下通过一个理想的晶体点阵时，它将不会受到散射而无阻碍地传播，此时的材料是一个理想的导体，即所谓的超导体。而只有在由于晶体点阵离子的热振动以及晶体中的异类原子、位错和点缺陷等使晶体点阵的周期性遭到破坏的地方，电子波才会受到散射，从而产生了阻碍作用，降低了导电性，这就是材料产生电阻的本质所在。由此导出的电导率为

$$\sigma=\frac{n_{ef}e^2}{2m}t=\frac{n_{ef}e^2}{2mp} \tag{4-7}$$

从式(4－7)看，与经典自由电子理论所得到的公式差不多，但 n 和 t 的含义不同。式中，n_{ef} 为单位体积内参与导电的电子数，称为有效自由电子数；t 为两次反射之间的平均时间；p 为单位时间内散射的次数，称为散射概率。不同材料 n_{ef} 不同，一价金属的 n_{ef} 比二价、三价金属多，因此一价金属比二价、三价金属导电性好。

对金属来说，温度升高离子热振动的振幅就大，电子就容易受到散射，故可认为 p 与温度成正比，则 σ 就与温度成反比[(因为式(4－7)中其他的量均与温度无关]，这就是金属的导电性随温度升高而降低的原因，而半导体的导电性却正好相反。另外，由于在量子自由电子中，电子的能级是分立不连续的，只有那些处于高能级的电子才能够跳到没有别的电子占据的更高能级上去，那些处于低能级的电子不能跳到较高的能级上去，因为那些较高能级已经有别的电子占据了。这样，热激发的电子的数量远远少于总的价电子数，所以，用量子自由电子理论推导出的比热可以解释实验结果。

量子自由电子理论较好地解释了金属导电的本质，但它假定金属中离子所产生的势场是均匀的，因此还是不能很好地解释诸如铁磁性、相结构以及结合力等一些问题。能带理论则在量子自由电子论的基础上，考虑了离子所造成的周期性势场的存在，从而导出了电子在金属中的分布特点，并建立了禁带的概念。

3. 能带理论

(1) 能带的形成。

根据原子结构理论，每个电子都占有一个分立的能级。由泡利不相容原理可知，每个能级只能容纳 2 个电子。例如，一个原子的 2s 轨道只能有一个能级，可以容纳 2 个电子；2p 轨道有 3 个能级，一共可以容纳 6 个电子。

【能带的形成】

泡利不相容原理适用于所有固体，当固体中有 N 个原子，这 N 个原子的 2s 轨道的电子会相互影响，这时就必须有 N 个不同的分立的能级来安排所有这些 2s 轨道的电子(这些电子共有 $2N$ 个)。2s 轨道的 N 个分立的能级组合在一起，就成为 2s 的能带。同样，2p 轨道的 $3N$ 个分立的能级组合在一起，成为 2p 能带，可以容纳 $6N$ 个电子，如图 4.3 所示，表示这种能级的分布。

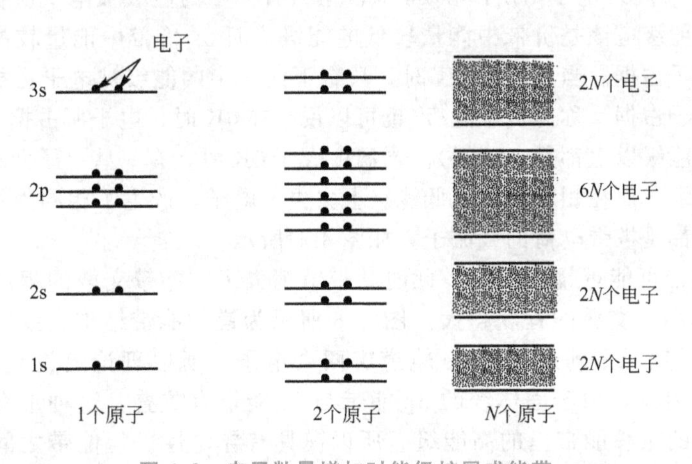

图 4.3 电子数量增加时能级扩展成能带

(2) 能带结构中的有关概念。

① 满带。电子填充能带的方式与原子的情况相似，都服从能量最小原理和泡利不相容原理。正常情况下，总是优先填满能量较低的能级。在能带结构中，如果一个能带中的各能级都被电子填满，这样的能带称为满带。

② 价带。由价电子能级分裂而形成的能带称为价带，通常情况下，价带为能量最高的能带。价带可能被电子填满，成为满带，也可能未被电子填满，形成不满带或半满带。

③ 空带。同各个原子的激发能级相对应的能带，在未被激发的情况下没有电子填入，这样的能带称为空带。

④ 导带。由于某种原因，一些被充满的价带顶部的电子受到激发而进入空带，此时，价带和空带均表现为不满带，在外加电场的作用下形成电流，对于这样的固体，能带结构中的空带又称为导带。一般而言，未被填满的能带(不满带)均是价带，在未被激发时价电子处于价带的底部，受到激发后电子会跃迁到价带的顶部，在外加电场的作用下形成电流，对于这样的固体，不满的价带的顶部，也称为导带。

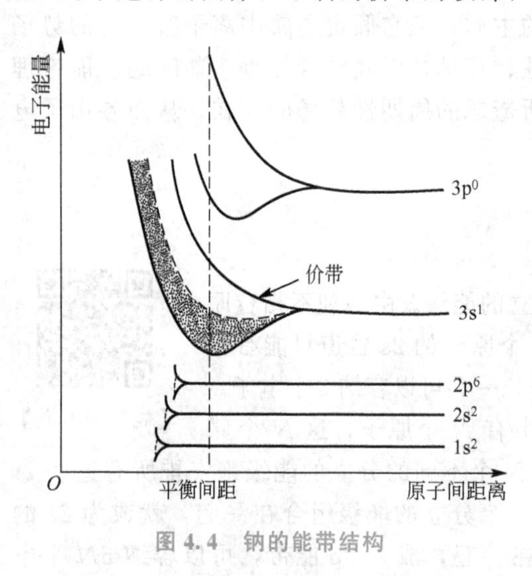

图 4.4 钠的能带结构

⑤ 禁带。有些固体在价带与空带之间存在一段能量间隔，在这个区域永远不可能有电子，这个能量区域称为禁带或带隙。

如图 4.4 表示了钠的能带结构。钠原子的核外电子结构为 $1s^2 2s^2 2p^6 3s^1$，对于钠来说，3s 电子是价电子，所以 3s 能级组成的能带就成为价带，并处于价带的底部(服从能量最小原理)。3p 能带则是空带。如果电子受到外来能量的激发，可能跃迁到价带的顶部，甚至到空带上去，这时这个价带的顶部或空带就成为导带。而在 3s(价带)能带和 3p(导带)能带之间，可能有一个能量间隔，这个能量间隔就是禁带(带隙)。

(3) 能带理论对固体导电性的解释。

由于钠只有一个 3s 电子，所以在 3s 价带上只有一半的能级被电子所占据。因此，这些被电子占据的能级应该是价带中能量较低的能级，而 3s 价带中能量较高的处于上方的能级很少有被电子占据。当温度为 0K 时，只有下面一半的能级被电子占据，而上面一半的能级没有被电子占据，称为费米能级(也可以说，在 0K 时，电子所占据的最高能级称为费米能级，费米能级以上都是空能级)。当温度大于 0K 时，有一些电子获得了能量，跳到价带里的较高能级，而在相对应的较低能级上失去了电子，产生了相同数量的空穴，这些激发电子和空穴都是携带电荷的载流子，如图 4.5 所示。

两个相邻能带可能重叠(交叠)，此时禁带就消失了。能带交叠的程度与原子间距有关，原子间距越小，交叠的程度越大。图 4.6 所示为镁的能带结构。镁的核外电子结构为 $1s^2 2s^2 2p^6 3s^2$。镁元素的最外层 3s 轨道有两个电子，所以理论上说它的 3s 能带应被电子全部占满。但是，由于固体镁的 3p 能带与 3s 能带有重叠，这种重叠使得电子能够激发到 3s 和 3p 的重叠能带里的高能级，所以镁具有导电性。但能带之间复杂的相互作用使得这类二价金属的导电性不如一价金属好。

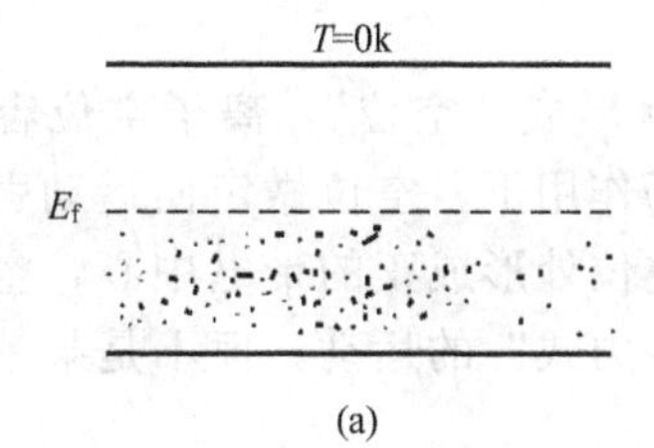

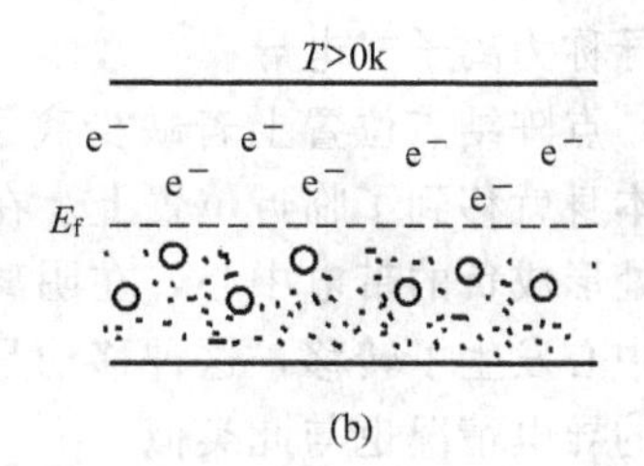

图 4.5 能带中电子随温度升高而进行能级跃迁

(a) 0K 时，所有外层电子占据尽可能低的能级；

(b) 温度升高时，部分电子被激发到原来未被填充的能级

能带理论不仅能够很好地解释金属导电性，还能很好地解释其他物质如绝缘体、半导体等的导电性。如果价带内的能级未被填满，价带与导带之间没有禁带，或者相互重叠，在外电场作用下电子很容易从一个能级跃迁到另一个高能级而产生电流，有这种能带结构的材料就是导体，几乎所有金属都属于导体。如果价带是满带，且满带上面相邻的是一个较宽的禁带，由于满带中的电子没有活动的空间，即使禁带上面的能带完全是空的，在外电场作用下电子也很难跳过禁带。也就是说，电子不能趋向一个择优方向运动，即不能产生电流，有这种能带结构的材料是绝缘体。半导体的能带结构与绝缘体类似，所不同的是它的禁带宽度比较窄，电子跳过禁带不像绝缘体那样困难，如果存在外界作用(如热、光辐射等)，则价带中的电子获得能量就可能跃迁到导带上去，在价带中出现电子留下的空穴，从而具有导电性。

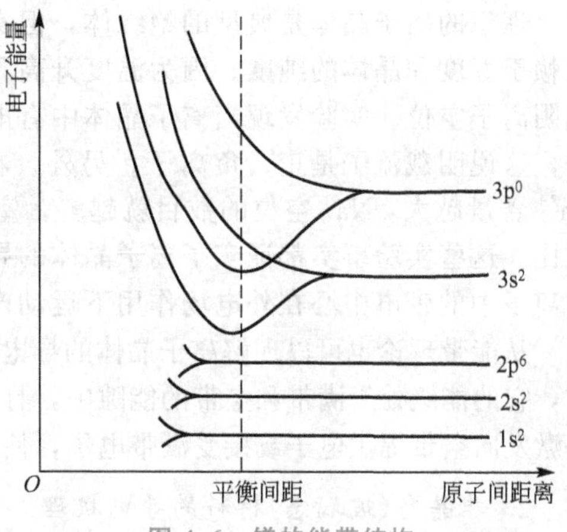

图 4.6 镁的能带结构

通过分析研究电子在能带中的填充情况，可以解释铁磁性、结合力等问题。如结合能、热容、电阻率、铁磁性及磁性反常等都与电子能带结构有关。

综上所述，可以看到，连续能量分布的价电子在均匀势场中的运动、不连续能量分布的价电子在均匀势场中的运动、不连续能量分布的价电子在周期性势场中的运动，分别是经典自由电子理论、量子自由电子理论和能带理论这 3 种分析材料导电性理论的主要特征。

4.2.2 无机非金属的导电机理

【导体半导体和绝缘体的能带模型示意图】

能带理论可以很好地解释金属和半导体材料的导电现象，但对像陶瓷、玻璃及高分子材料等非金属材料却难以解释。无机非金属的种类很多，导电性及导电机制相差很大，它们中大多数是绝缘体，也有些是导体或半导体。即使是绝缘体，在电场作用下也会产生漏电电流，或称为电导。对材料来说，只要有电流通过就意味着有带电粒子的定向运动，这些带电粒子称为“载流子”。金属材料电导的载流子是自由电子，而无机非金属材料的载流子可以是电子、空穴，或离子、离子空位。载流子是电子或空穴的电导称为电子式电导，载流子是离子或

离子空位的电导称为离子式电导。

不难理解，点阵结点位置上若缺少离子，就形成“空位”，离子空位容易容纳临近的离子，而空位本身就移到了临近位置上。在电场作用下，空位做定向运动引起电流。这时在阳离子空位处形成负的带电中心，在阴离子空位处形成正的带电中心，空位的移动实际上是这些带电中心发生了转移，这种移动是“接力式”的运动，而不是某一离子连续的运动。电子空穴的导电情况也与此类似。

非金属材料按其结构状态可以分为离子晶体材料与非晶态(玻璃态)材料，它们的导电机理有所不同，下面将分别讨论。

1. 离子晶体的导电机理

理想的离子晶体是典型的绝缘体，但实际上离子晶体都有一定的导电性，其电阻明显依赖于温度和晶体的纯度。因为温度升高和掺杂都可能在晶体中产生缺陷，即阳离子空位或阴离子空位。实验发现当离子晶体中有电流通过时，会在电极上沉淀出相应的离子的原子，这说明载流子是正、负离子。另外，在 NaCl 晶体中掺入 Ca^{2+} 后，可产生 Na^+ 空位，Ca^{2+} 含量越大，Na^+ 空位的数目就越多，室温下 NaCl 晶体的电导率与杂质 Ca^{2+} 的浓度成正比。这些实验事实都证实了离子晶体的导电性与离子中的离子空位有关。其导电现象是由离子中的带电中心在外电场作用下运动产生的。

从能带理论也可以理解离子晶体的导电性：离子晶体中存在的带电中心可以是电子或空穴，它的能级处于满带和空带的能隙中，且离空带的带底或满带的带顶较近，从而可以通过热激发向空带提供电子或接受满带电子，使离子晶体表现出类似于半导体的导电特性。

2. 非晶态(玻璃态)材料的导电机理

玻璃在通常情况下是绝缘体。但是在高温下玻璃的电阻率可能会大大降低，因此在高温下有些玻璃材料就成为导体材料。

玻璃的导电是由某些离子在结构中的可动性所导致的，玻璃材料与离子晶体材料一样，也是一种电介质导体。例如，在钠玻璃中，钠离子在二氧化硅网络中从一个间隙跳到另一个间隙，造成电流流动。这与离子晶体中离子空位的移动类似。

玻璃的组成对玻璃的电阻影响很大，影响方式也很复杂。例如，电阻率是硅酸盐玻璃的物理参数之一，它明显地随玻璃的组成而变化，玻璃工艺师能够控制组成，使制成的玻璃电阻率在室温下处于 $10^{15}\sim10^{17}\Omega\cdot m$ 范围内，但这一过程在很大程度上是依据经验或通过试探法来达到的。

目前，一些新型的半导体玻璃，室温电阻率在 $10^{2}\sim10^{6}\Omega\cdot m$ 范围内，其中存在电子导电，但这些玻璃不是以二氧化硅为基础的氧化物玻璃。

4.3 材料的导电性

4.3.1 导电材料与电阻材料

1. 导电材料

导电材料是以传送电流为主要目的的材料，主要以电力工业用的电线、电缆为代表，在性能上要求具有高的电导率，高的力学性能，良好的抗腐蚀性能，良好的工艺性能以及价格便宜等。导电性能好的纯金属有 Ag、Cu、Au、Al 等。

(1) 银及其合金。

在所有金属中，银具有最好的导电性、导热性，并有良好的延展性。一般应用于电子工业作为接点材料。

银合金主要指银-氧化镉、银-氧化铜、银-氧化锌、银-铜、银-铁等。许多继电器的接点用银合金，主要是因为银合金的化学稳定性远高于纯银，熔点也比纯银高得多。接点在动作时，产生的电火花会烧蚀接点，银合金接点的寿命要远高于银接点，特别是在工作电流较大时。

(2) 铜及其合金。

铜是电力和电子工业中应用最广的导电材料之一，其导电性比金、铝好，比银差。铜作为导电材料大都是电解铜，其 Cu 含量为 99.97%～99.98%，并含有少量金属杂质和氧。铜中杂质使电导率降低，冷加工也导致电导率下降。而铜中含有的氧使产品性能大大降低。因此，可在保护气氛下重熔出无氧铜，无氧铜性能稳定、抗腐蚀、延展性好，可拉制成很细的丝，适于做海底同轴电缆的外部软线。

在力学性能要求高的情况下可使用铜合金，如铍青铜可用作导电弹簧、电刷、插头等。

(3) 金及其合金。

在集成电路中常用金膜或金的合金膜，金具有很好的导电性，极强的抗腐蚀能力，但价格较贵。金及其合金也可作电接点材料。

(4) 铝及其合金。

铝的导电性仅次于银、铜和金，居第四位。但其质量只有铜的 30%，并且在地壳内的资源也极其丰富，价格便宜，所以应用最广。杂质会使铝的电导率下降，但冷加工对电导率影响不大。铝的缺点是强度低，可焊性差。如果需要提高强度，可使用铝合金，例如 Al-Si-Mg 三元铝合金既有高强度，又有好的电导率。

2. 电阻材料

电子线路设计需要使用电阻材料给电路提供一定的电阻。电阻材料包括精密电阻材料和电阻敏感材料。

精密电阻材料要求具有恒定的高电阻率，电阻率随温度的变化小，即电阻温度系数小，并且电阻随时间的变化小。因此常用作标准电阻器，在仪器仪表及控制系统中有广泛的应用。精密电阻材料以铜镍合金为代表，如康铜(Cu-40%Ni-1.5%Mn)，其电阻率随着成分的变化而变化，在含镍 40Wt%左右时具有最大的电阻率、最小的温度系数和最大的热电势。

电阻敏感材料是指制作通过电阻变化来获取系统中所需信息的元器件材料，如应变电阻、热敏电阻、光敏电阻、气敏电阻等。

作为电热合金的电阻材料不能使用铜镍合金，因为电热合金的使用温度非常高，一般在 900～1 350℃，此时需要采用镍铬合金和铁铬铝合金作电阻材料。当使用温度更高时，一般的电热合金会发生熔化或氧化，此时需要使用陶瓷电热材料。常见的陶瓷电热材料有碳化硅(SiC)、二硅化钼($MoSi_2$)、铬酸镧($LaCrO_3$)和二氧化锡

(SnO_2)等。

4.3.2 其他材料的导电性能

大多数的陶瓷和高分子材料的导电性都很低，但有些特殊的材料却具有较好的导电性。

离子材料的导电需要通过离子的迁移来实现，因为这类材料的禁带宽度较大，电子难以跃迁到导带。所以大多数离子材料都是绝缘体。在材料中引入杂质或空位，能够促进离子的扩散，从而改善材料的导电性。当然，高温也能促进离子扩散，达到改善导电性的目的。

高分子材料中的电子都是共价键结合的，所以高分子材料的禁带宽度都非常大，电导率也非常低，因此，高分子材料常用作绝缘体。有时，低电导率也会对材料造成损害。例如电子设备的外壳会积累静电，使电磁辐射穿透高分子材料，损害内部的固体器件。解决办法有两种：一是在高分子材料中加入添加剂，改善材料的导电性；二是开发本身具有导电性的高分子材料。例如，将导电硅橡胶材料涂敷在金属或塑料电子器件的外壳上，能起到很好的电磁屏蔽作用。

添加离子化合物可以减小高分子材料的电阻。这些离子会迁移到高分子材料的表面吸附潮气，进而消除静电。也可以通过添加炭黑等导电性填充物来减小高分子材料的静电。

有机导体和有机超导体的发现，扩展了导电材料的范围。导电塑料的发现还获得了2000年诺贝尔化学奖。

4.4 超导电性

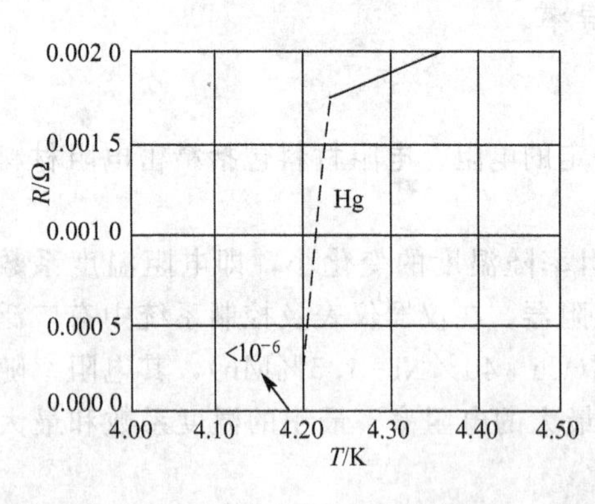

图 4.7 汞的电阻-温度曲线

1908年，在荷兰 Leiden 大学，卡茂林·昂内斯(Kamerlingh Onnes)在实验室获得液氦，并得到1K的低温。1911年，他发现在4.2K附近水银的电阻突然降低到无法检测的程度，如图4.7所示。这种在一定的低温条件下，金属突然失去电阻的现象叫超导电性。发生这种现象的温度称为临界温度(T_c)。金属失去电阻的状态称为超导态，具有超导态的材料称为超导体。超导态的电阻率小于目前所能检测的最小电阻率$10^{-27}\Omega\cdot m$，可以认为是零电阻。

超导电性不仅出现在元素周期表的许多(大约28种)金属元素中(表4-2)，还出现在合金、化合物(约几千种)中，甚至在一些半导体和氧化物陶瓷中也存在超导电性。

表 4-2 元素的超导电性参数

Li	Be											B	C	N	O	F	Ne
Na	Mg											Al 1.140 105	Si*	P*	S	Cl	Ar
K	Ca	Sc	Ti 0.39 100	V	Cr*	Mn	Fe	Co	Ni	Cu	Zn 0.875 53	Ga 1.091 51	Ge*	As*	Se*	Br	Kr
Rb	Sr	Y*	Zr 0.546 47	Nb 9.50 1980	Mo 0.92 95	Tc 7.77 1410	Ru 0.51 70	Rh	Pd	Ag	Cd 0.56 30	In 3.4035 293	Sn(W) 3.722 309	Sb*	Te*	I	Xe
Cs*	Ba*	Lafcc 6.00 1100	Hf 0.12	Ta 4.483 830	W 0.012 1.07	Re 1.4 198	Os 0.655 65	Ir 0.14 19	Pt	Au	Hg(*a*) 4.153 412	Tl 2.39 803	Pb 7.193 803	Bi*	Po	At	Rn
Fr	Ra	Ac															

Ce*	Pr	Nd	Pm	Sm	Eu	Gd	Tb	Dy	Ho	Er	Tm	Yb	Lu 0.1
Th 1.36 1.62	Pa 1.4	U*(*a*)	Np	Pu	Am	Cm	Bk	Cf	Es	Fm	Md	No	Lr

* 元素仅在薄膜或高压下的某种晶体变态是超导的，而这种变态在正常情况下是不稳定的。

4.4.1 超导电性的微观解释

发现超导现象后，科学家对金属及其化合物进行了大量的研究，并提出不少超导理论模型。其中以1957年，巴丁(Bardeen)、库珀(Cooper)和施里弗(Schrieffer)根据电子的相互作用提出“库珀电子对”理论最为著名，即BCS理论。

BCS理论认为，超导现象来源于电子与声子相互作用所产生的电子对，处于超导状态时，电子对的运动是相关联的，致使杂质原子和缺陷对其不能进行有效的散射。当瞬时结合的电子对之中的某一个电子被散射时，另一个与其相关的电子会发生同样的反应，此时将继续保持电子运动的非对称性分布，电子对将不损耗能量，从而导致超导电性的出现。

根据金属导电机理，当晶格处于理想的周期结构，并忽略电子间库仑斥力的作用时，在金属中作共有化运动的价电子能自由地通过晶格而不损失任何能量。这种理论导出金属准连续能带结构，能够很好地解释金属处于常导态下的许多性质，如金属的热容等。如果再考虑金属原子热振动对电子产生的散射，还能很好地解释金属的电导率。

但是，大量的超导电性实验表明，超导态所具有的一些特殊性质是常导态所不具有的。首先，热容测量和辐射吸收实验表明，在 $T<T_c$ 时，粒子存在最小激发能，即超导系统的基态与准粒子的激发态之间存在能隙，这与金属常导态的能带结构有很大不同。其次，许多实验结果都证实了超导电子具有某种长程有序。这些特殊的性质意味着超导体处于超导态时，其内部存在某种相互作用，这种相互作用使电子发生凝聚，形成高度有序的长程相干的状态。

BCS理论认为，两个电子形成库柏对(束缚对)的相互吸引力源于电子与声子的相互作用。当某个电子A经过晶格时，由于电子与离子的库仑吸引作用，使得正离子局部发生聚集，造成正电荷密度局部增加；在A电子运动到其他地方后，正离子来不及回到原来的位置，所形成的正电荷区域对另一个电子B产生吸引作用。这种物理图像还可以进一步从声子的角度分析，当电子通过晶格某处时，与晶格发生相互作用，引起晶格某个振动模式的激发，由于晶格振动能是量子化的，所以也可以说，在相互作用的过程中，电子发射了一个声子。这个声子可以被另一个电子立即吸收。这种发射和吸收声子的过程，在满足一定的条件下，可以在这两个电子之间产生吸引作用。当这种吸引作用超过电子之间的库仑斥力作用时，两个电子就形成了束缚的电子对，也即库珀电子对。形成库珀电子对的两个电子动量大小相等，方向相反，自旋取向也相反，所以束缚对的总动量在没有电流时为零。所有的电子对在运动过程中都具有共同的动量，且保持一致。理论计算给出，只有在费米面附近动量的球壳内的电子可以参与声子的相互作用过程而形成库珀对，费米球内其余的电子仍与正常态电子一样。由于形成的库珀电子对其总动量和总自旋为零，它们不再受泡利不相容原理的限制。因此，所有的电子对可以聚集在比费米面低的同一能级的单一状态上，从而出现最低能量状态(基态)，这种状态也称为凝聚态。于是在费米面附近就留下空隙，形成能隙。能隙中没有电子态，因而不存在电子对。

4.4.2 超导态特性与超导体的三个性能指标

1. 完全导电性

温度对材料的导电性有很大的影响。温度升高时，原子的振动幅度增大，对载流子的阻碍作用也增加。电阻率ρ与温度之间一般存在如下关系

$$\rho_T=\rho_r(1+\alpha\Delta T) \tag{4-8}$$

式中，ρ_T为温度为T时的电阻率；ρ_r为室温时的电阻率；ΔT为温度T与室温之间的温度差；α为材料的温度电阻系数。

从式(4-8)可知，随着温度的降低电阻率会逐渐降低。有些材料在冷却到某一低温T_c以下时会呈现超导状态，在这个临界温度T_c以下时，材料的电阻变为零，电流可以在材料中无限制地流动。而一般常导体材料，不管导电性如何好，总存在一定电阻，电流流经这一电阻时就会产生热量，因而消耗一部分电力。卡茂林·昂内斯(Kamerlingh Onnes)等人曾进行过下列实验：先将超导体做成的圆环放入磁场中，此时$T>T_c$，环中无电流，再将环冷却至T_c以下，使环变成超导态，此时环中仍无电流；但若突然去掉磁场，则环内有感应电流产生。这是由于电磁感应作用的结果，如果此环的电阻确实为零，那么这个电流就应长期无损地存在。事实上经过长达几年的观察，发现电流没有任何衰减，这就有力地证明了超导体的电阻确实为零，是完全导电性的。有报道称，用$Nb_{0.75}Zr_{0.25}$合金超导线制成的超导螺管磁体，估计其超导电流衰减时间不小于10万年。

2. 完全抗磁性

处于超导状态的材料能够将磁力线排斥开来，也就是说磁力线不能穿过超导材料。如图4.8所示，如果将磁性材料放在超导体的上方，磁性材料就会悬浮起来，这是迈斯纳(Meissner)效应。说明超导体具有完全的抗磁性。

超导体为什么会出现完全的抗磁性呢？这是由于外磁场在试样表面感应产生一个感应电流，如图4.9(b)所示。此电流由于所经路径电阻为零，故它所产生的附加磁场总是与外磁场大小相等、方向相反，因而使超导体内的合成磁场为零。由于此感应电流能将外磁场从超导体内挤出，如图4.9(c)所示，故称抗磁感应电流，又因其能起着屏蔽磁场的作用，又称屏蔽电流。

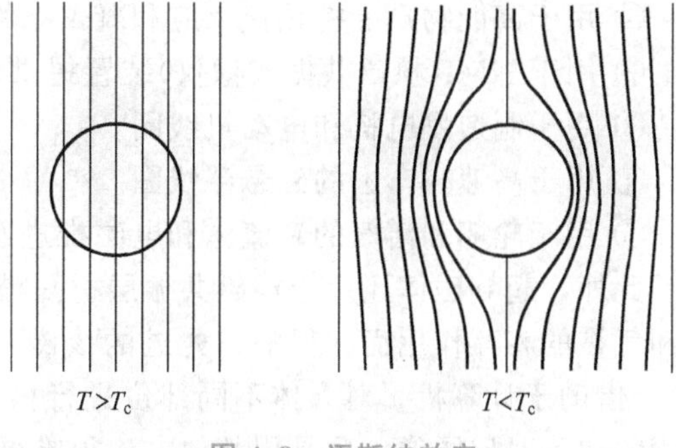

图4.8 迈斯纳效应

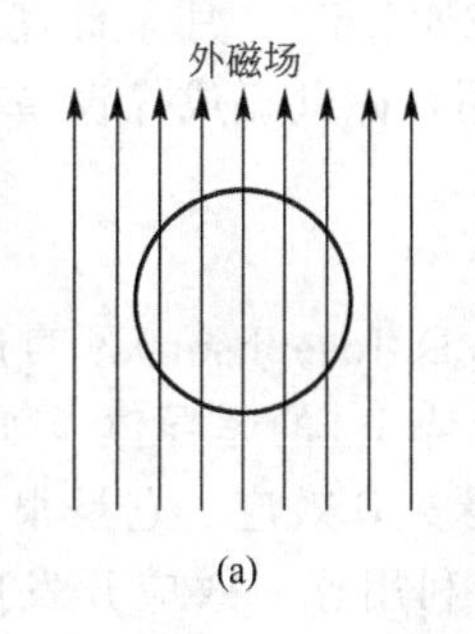

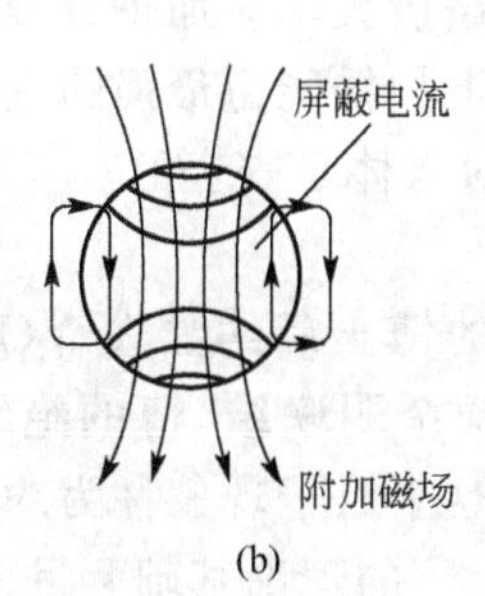

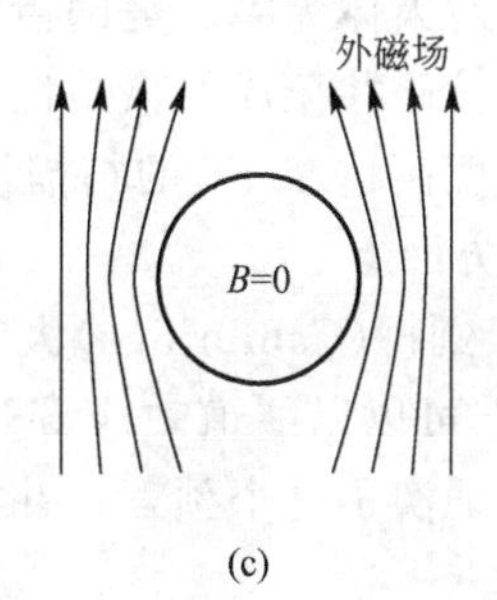

图4.9 超导体中磁场为零的示意图

(a) $T>T_c$；(b) $T<T_c$；(c) $T<T_c$

3. 临界电流密度

除磁场影响超导转变温度外，通过的电流密度也会对超导态起到影响作用。它们相互依存、相互影响。如果把温度T从超导转变温度下降，则超导体的临界磁场也随之增加。如果输入电流所产生的磁场与外加磁场之和超过超导体的临界磁场H_c时，则超导态就被破坏，此时通过的电流密度称为临界电流密度J_c。随着外磁场的增加，J_c必须相应减小，才能保持超导态。

4.4.3 超导体的应用

【迈斯纳效应】

1. 低温超导材料

(1) 强电方面。

在超导电性被发现后，首先得到应用的是用来作导线，因为它能承受很强的磁场。目前最常用的用于制造超导导线的传统超导体是NbTi与Nb_3Sn合金。NbTi合金具有极好的塑性，可以用一般难熔金属的加工方法加工成合金，再用多芯复合加工法加工成以铜(或铝)为基体的多芯复合超导线，最后用冶金方法使其由β单相变为$(\alpha+\beta)$的双相合金，以获得较高的临界电流密度。每年世界按这一工艺生产的数百吨NbTi合金，产值可达数百亿美元。Nb_3Sn线材是按照青铜法制备的：将Nb棒插入含Sn的青铜基体中加工，经固态扩散处理，在Nb芯丝与青铜界面上形成Nb_3Sn层。在强磁场下，输送电流密度达$10^3A/mm^2$以上，而截面积为$1mm^2$的普通导线，为了避免熔化，电流不能超过1～2A。超导线圈的主要应用如下。

① 用于高能物理受控热核反应和凝聚态物理研究的强场磁体。

② 用于NMI(核磁共振成像仪)装置提供均匀性较强的主磁场。

③ 用于制造发电机和电动机线圈。

④ 用于高速列车上的磁悬浮线圈。

⑤ 用于轮船和潜艇的磁流体和电磁推进系统。

此外，超导磁体还用于核磁共振层析扫描，磁共振成像(MRI)是根据在强磁场中放射波和氢核的相互作用而获得的，先进的核磁共振扫描装置内的磁场可以达到1～2T(特斯拉)，借助于计算机，对人体不同部位进行核磁共振分析，可以得到人体各种组织包括软组织的切片对比图像，这是用其他方法很难得到的。核磁共振比X射线技术不仅更加有效和精确，而且对人体无害。美国伊利诺伊大学芝加哥分校2007年12月4日宣布，该校研制的高强度的核磁共振成像仪是世界上扫描能力最强的医用核磁共振成像设备，通过测试证明，这种强度高达9.4T的扫描仪对人体是安全的。

(2) 弱电方面。

1962年，剑桥(Cambridge)大学的博士后约瑟夫森(B. D. Josephson)预言超导体中的“库珀电子对”可以以隧道效应穿过两个弱联结(薄的绝缘势垒)的超导体，如图4.10所示。后来实验证实了这个预言，并把这个量子现象称为约瑟夫森效应。它是很多超导器件的理论基础。目前利用这一效应开发成功的电子仪器是超导量子干涉仪，可用于地球物理勘探、航空探潜等，其灵敏度极高，理论上可以探测磁通量10^{-15}T的变化。约瑟夫森结的开关速度在10^{-12}s量级，能量损耗在皮瓦(10^{-15}W)范围，利用这一特性可以开发新的电子器件，如制作高速开关，为速度更快的计算机建造逻辑电路和存储器等。

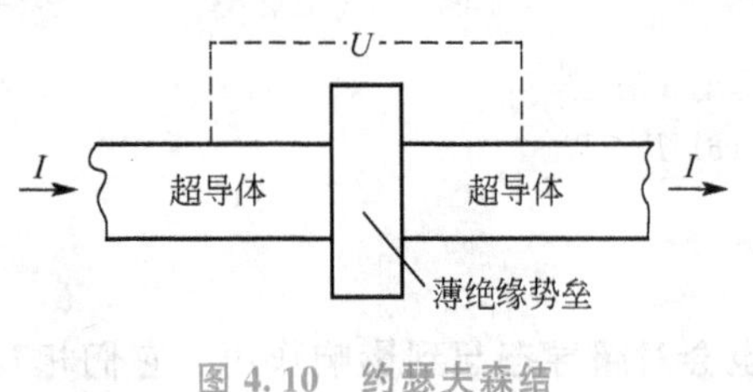

图4.10 约瑟夫森结

2. 高温超导材料

由于常规超导电子器件工作在液氦温区(4.2K以下)，或制冷机所能达到的温度(10～20K)以下，这个温区的获得与维持成本相当高，技术也复杂，因而使常规超导电子器件的应用范围受到很大的限制。例如，由于保持20K以下的温度需要重量较大的制冷机，因此到目前为止，卫星与航天飞机的设计者们仍不愿意采用性能优越的常规超导器件。

为了寻找T_c更高的超导体，人们自20世纪60年代开始就在氧化物中寻找超导体，并取得了很大成绩。1986年，J. G. Bednorz和K. A. Muller发现了T_c为35K的Ba-La-Cu系氧化物超导体，并因此获得了诺贝尔奖。1987年，中国科学家赵忠贤等人得到T_c在液氮以上温度(77K)的Y-Ba-Cu-O系超导体，即所谓的123材料。目前已发现了超导温度达133K以上的超导氧化物。欧、美、日等发达国家和地区非常重视高温超导材料的应用研究，并在变压器、输电电缆、限流器、交流引线等方面都取得了实质性的进展。

4.5 导电性的测量与应用

材料导电性的测量实际上就是对试样电阻的测量，因为根据试样的电阻值和它的几何

尺寸就可以由公式 $R=\rho L/S$ 计算出电阻率。跟踪测量试样在变温或变压装置中的电阻，就可以建立电阻与温度或电阻与压力的关系，从而用来研究金属与合金组织结构等的变化。

4.5.1 电阻测量方法

电阻的测量方法有很多，通常都是按测量的电阻范围或测量的准确度来分类的：一般，对 $10^7\Omega$ 以上的较大的电阻(如材料的绝缘电阻)，要求不严格的测量(粗测)时，可选用兆欧表(俗称摇表)；要求精测时，可选用冲击检流计测量。对 $10^2\sim10^6\Omega$ 的中值电阻粗测时，可选用万用表Ω挡、数字式欧姆表或伏安法测量；精测时可选用单电桥法测量。对 $10^{-6}\sim10^{-2}\Omega$ 范围内的电阻进行测量时(如金属及其合金的电阻)，必须采用较精确的测量，可选用双电桥法或直流电位差计法测量。对半导体电阻的测量一般用直流四探针法。

1. *冲击检流计法*

冲击检流计法用于测量绝缘体的电阻，测量原理如图 4.11 所示。由图可见，待测电阻 Rx 与一电容 C 串联，C 上的电量可通过冲击检流计来测量。当转换开关 K 合向 1 位时启动秒表计，经过 t 时间 C 上的电压 $U_x=U_0(1-e^{-\frac{t}{R_xC}})$，$C$ 上的电量 $Q=UC(1-e^{-\frac{t}{R_xC}})$。将 Q 按级数展开取第一项，则有 $Q=\frac{Ut}{R_x}$，即

$$R_x=\frac{Ut}{Q} \tag{4-9}$$

式中，U 为直流电源电压，可测出；t 为充电时间，可测出；而 Q 可用冲击检流计测出。当转换开关 K 合向 2 位时，有 $Q=C_b\alpha_m$，式中，α_m 为检流计的最大偏移量，可直接读出。故可得

$$R_x=\frac{Ut}{C_b\alpha_m} \tag{4-10}$$

用冲击检流计可测得的绝缘电阻高达 $10^{16}\Omega$。

2. *伏安法(安培-伏特计法)*

伏安法的测量原理如图 4.12 所示，图中 E 是电源电势，R_x 是待测电阻。当开关 S 接通后，在回路产生一个电流 I。由于毫伏计的电阻很高，因此通过毫伏计的电流很小，通过 R_x 的电流实际上等于 I。从毫伏计和毫安表分别读出 U 和 I 值，代入欧姆定律 $R=U/I$，即可计算出试样的电阻值 R_x。

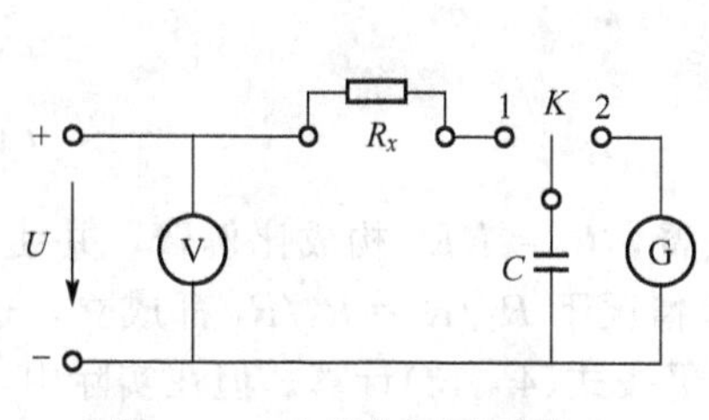

图 4.11 绝缘电阻测量原理

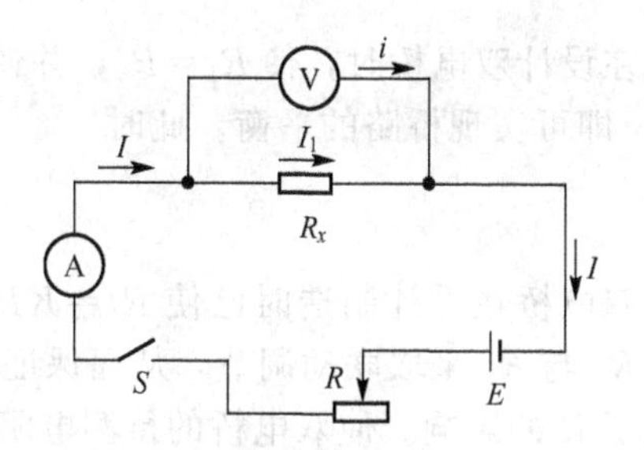

图 4.12 安培-伏特计法测电阻原理

这种测量方法方便、快速，并可以连续进行测量和自动记录，适用于快速测量小电阻的连续变化，例如用电阻法研究过冷奥氏体的转变曲线等。

3. 单电桥(惠斯通电桥)法

单电桥法的测量原理如图 4.13 所示，其中 R_x 为待测电阻，R_n 为已知的标准电阻，R_1 和 R_2 为已知的可调电阻。当调节这些已知电阻达某一值时，可使检流计 G 中的电流为零，电桥处于平衡状态，此时由电势平衡可得

$$R_x = R_n \frac{R_1}{R_2} \tag{4-11}$$

为减小误差提高测量精度，通常在测量时选用的标准电阻应与待测电阻具有同一数量级，因为当电桥的 4 个电阻接近相等时，桥路的灵敏度最大。

用单电桥法测量的电阻中，不仅包括待测电阻本身，而且包括了连接导线的电阻和各接点的接触电阻等附加电阻。当附加电阻足够大时(大于 $10^2\Omega$)，连线电阻和附加电阻可忽略不计，测量结果还比较准确。但当待测电阻较小时，尤其是当它的数量级接近于附加电阻时，将出现不允许的测量误差。所以单电桥只适合于测量 $10^2 \sim 10^6\Omega$ 的中值电阻，而对于小电阻的测量应采用能够克服或清除附加电阻影响的双电桥法或直流电位差计法。

4. 双电桥法

双电桥法的测量原理如图 4.14 所示，图中 R_x 为待测电阻，R_n 为已知的标准电阻。R_1、R_2、R_3、R_4 为已知的可调电阻。当调节这些已知电阻达某一值时，使检流计 G 中的电流为零，电桥处于平衡状态，此时由电势平衡可得

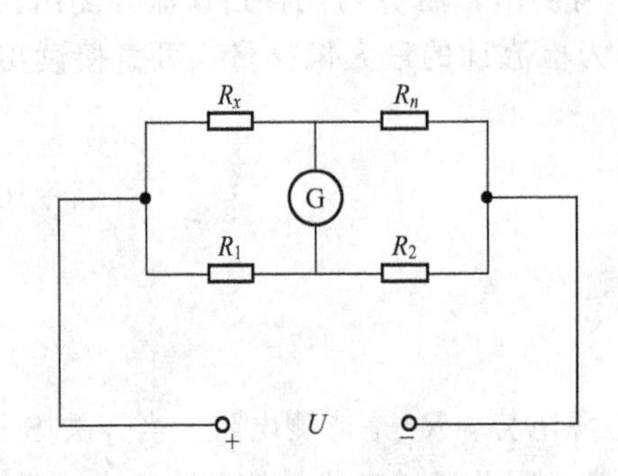

图 4.13 单电桥测电阻原理

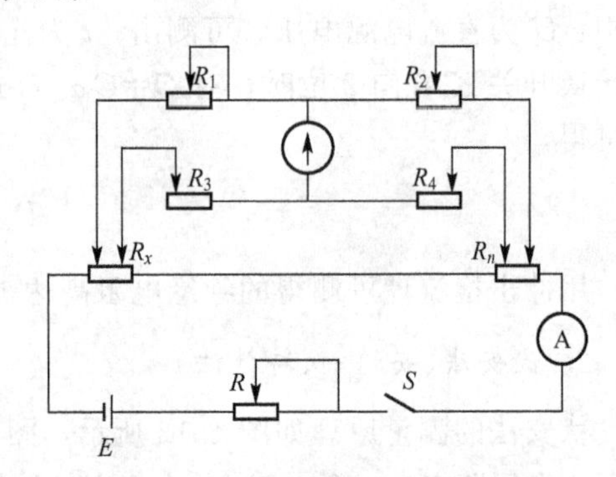

图 4.14 双电桥测电阻原理

$$R_x = R_n \frac{I_1 R_1 - I_2 R_3}{I_1 R_2 - I_2 R_4} \tag{4-12}$$

在设计双电桥时，使 $R_1 = R_3$，并使 R_3 和 R_4 可同步调整，保持 $R_2 = R_4$。通过调整 R_3 和 R_4 即可实现桥路的平衡。此时

$$R_x = R_n \frac{R_1}{R_2} \tag{4-13}$$

双电桥在设计制造时已使 $R_1 = KR_3$ 构成测量臂，$R_2 = KR_4$ 构成比例臂，并使 R_1 与 R_3，R_2 与 R_4 采取联动调节，从而保证在任何调节情况下 $R_1/R_2 = R_3/R_4$ 都成立，这样就消除了 R 的影响。使双电桥的待测电阻 R_x 的阻值仍按式(4-13)计算。但在实际中，两臂电阻调节时不可避免地存在一些偏差，因此仍需采取一些措施(如使 R_1、R_2、R_3、R_4 4 个

臂的连线等长，使 R_n 与 R_x 阻值相近，用粗而短的铜线来连接 R_n 与 R_x 等)以减小误差。

国产的 QJ360 型单双两用电桥将单电桥和双电桥合而为一做成一个单双臂两用电桥，通过不同的接法，既可用作单电桥，测 $10^2 \sim 10^6\Omega$ 的中值电阻，又可用作双电桥，测 $10^{-6} \sim 10^{-2}\Omega$ 的小电阻，其精度可达 0.02 级。

5. 电位差计法

电位差计法的测量原理如图 4.15 所示，为了测量被测试样的电阻 R_x，选择一个标准电阻 R_n 与 R_x 组成一个串联回路，测量时先调整好回路中的工作电流，然后接通开关 S，用电位差计分别测出 R_x 和 R_n 所引起的电压降 U_x 和 U_n，由于通过 R_x 和 R_n 的电流相同，因此

$$R_x = \frac{U_x}{U_n} R_n \tag{4-14}$$

电位差计法是一种采用比较法进行测量的仪器，当欲测金属电阻随温度变化时，用电位差计法比双电桥法精度高。这是因为双电桥法在测高温与低温电阻时，较长的引线和接触电阻很难消除，而电位差计法的优点在于引线电阻不影响电位差计对电势 U_x 和 U_n 的测量。

6. 直流四探针法

对于具有中等电导率的半导体材料，为消除电极非欧姆接触对测量结果的影响，通常采用直流四探针法测量样品的电导率，测量原理如图 4.16 所示。4 根探针直线排列，并以一定的载荷压附于样品表面。若流经 1、4 探针间的电流为 I，探针 2、3 间的测量电压为 V，探针间的距离分别为 l_1、l_2、l_3，则样品电导率为

$$\sigma = \frac{I}{2\pi V}\left(\frac{1}{l_1} + \frac{1}{l_3} - \frac{1}{l_1 + l_2} - \frac{1}{l_2 + l_3}\right) \tag{4-15}$$

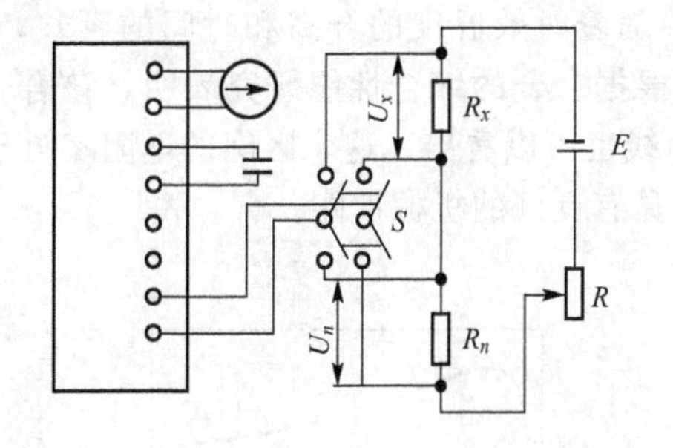

图 4.15 电位差计测电阻原理

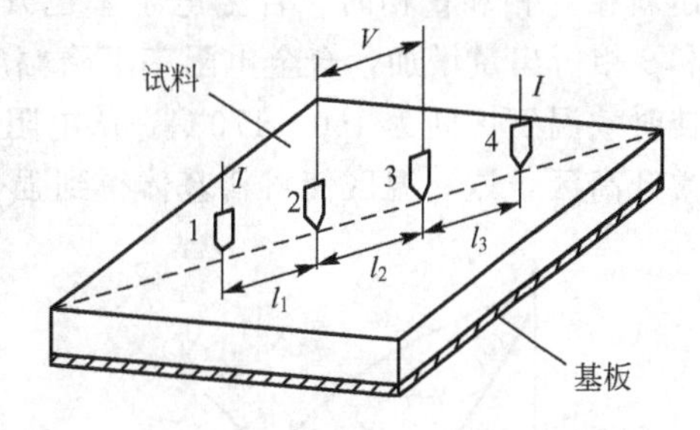

图 4.16 四探针法

如果 $l_1 = l_2 = l_3$，则

$$\sigma = \frac{I}{2\pi l V} \tag{4-16}$$

为减小测量区域以观察电阻率的不均匀性，四探针不一定都得排成一直线，也可排成正方形或矩形，采用这些排法只需改变公式中的系数。例如，正方形四探针法的电导率为

$$\sigma = \frac{2-\sqrt{2}}{2\pi l}\frac{I}{V} \tag{4-17}$$

4.5.2 电阻分析的应用

通过测量材料电阻率的变化，可以研究材料的成分、结构和组织的变化。例如，研究

固溶体的溶解度曲线，研究合金的时效，研究材料的相变以及疲劳等。

1. 测量固溶体的溶解度曲线

相图是研究材料的重要工具，而相图的建立需要确定溶解度曲线，利用测量电阻的方法绘制溶解度曲线是一种简便、实用的方法。例如，金属中常用的简单二元相图，B在A中只能是有限溶解，且溶解度随温度的升高不断增加，如图4.17所示。图中曲线ab即为要测量的曲线，若B全部溶于A中，则可获得单相的α固溶体，在形成过程中电阻率ρ将沿曲线变化。若B不能全部溶于A中，就要形成新相β和α相组成的两相机械混合物。ρ将沿直线变化。这样在曲线上便出现了转折点，这个转折点即代表了某温度下的溶解度。

据此，可将不同成分的合金加工成试样，将试样加热到低于其共晶温度t_0的温度，将其成分均匀后再淬火。如果要测定t_1温度下的溶解度，可将试样再加热到t_1温度，保温足够时间后再淬火(目的是把高温下的组织状态固定下来)，然后测量ρ，做出ρ-w_B的关系曲线，定出转折点，即找出了t_1温度的最大溶解度。同理，测t_2、t_3等温度下的溶解度时重复上述过程，然后做出温度和成分的关系曲线，即可得到合金的溶解度曲线。

2. 研究合金的时效

由固溶体电阻变化特性可知，随温度升高，固溶体溶解度增加。如果进行高温淬火，便得到过饱和固溶体，其电阻也将升高。当进行时效处理时，从过饱和固溶体中析出新相，此时合金电阻率下降。这样便可根据电阻率变化特性来研究合金时效过程，建立合金的时效动力学曲线。

从图4.18中可见，铝-硅-铜-镁合金的时效初期电阻率反常升高，当固溶体开始脱溶析出新相θ相和β相时，合金电阻率也开始下降。随着时效温度的升高和时间的延长，θ相和β相析出量增加，合金电阻率下降幅度更大。根据合金的综合性能研究表明，该合金最佳时效温度区间为160～170℃。从电阻率变化曲线也可以看出，这个区间的电阻率处于反常升高区，这一温区使材料基体得到强化，从而具有良好的机械性能。

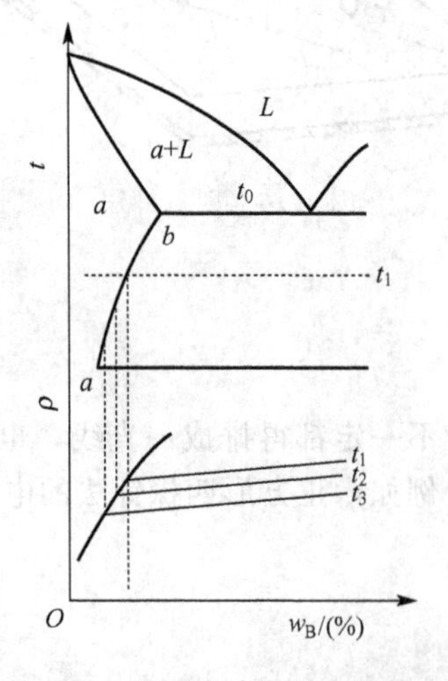

图4.17 经不同温度淬火后合金的电阻率

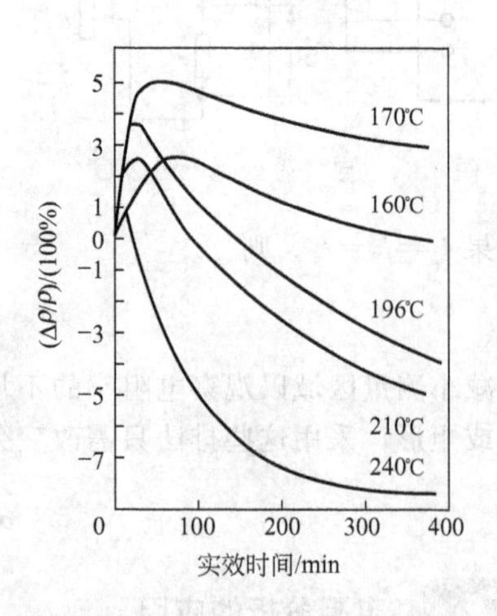

图4.18 铝-硅-铜-镁铸造合金时效电阻率变化
(原始状态490℃，8h+520℃，8h水淬)

3. 研究马氏体转变

对热弹马氏体相变的研究表明，在降温进行正马氏体相变及升温进行反马氏体相变的过程中，电阻有反常变化。一般来说，形成马氏体时，合金电阻急剧增加，马氏体消失，电阻下降。因此从电阻变化的特点可以确定热弹马氏体相变的温度范围。例如测量形状记忆合金的马氏体开始转变温度 M_s 和终了转变温度 M_f。

测试时，将形状记忆合金试样连续加热和冷却，同时测量其电阻随温度变化的曲线。曲线如图 4.19 所示，室温时合金为马氏体，随着加热温度的升高，试样电阻随温度线性增大。当达到 A_s 点时马氏体开始向母相转变，电阻向下偏离直线变化，随着温度的继续升高，转变量增多，电阻继续下降，当转变结束时电阻恢复随温度的线形增加，这就是 A_f 点。冷却时与加热相反，电阻先随温度线形下降，当母相向马氏体转变时上升，转变终了时继续下降，由此可得 M_s 和 M_f 点。

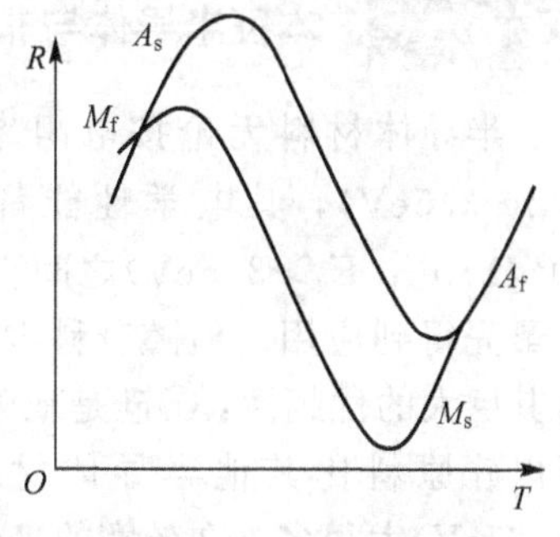

图 4.19 形状记忆合金电阻-温度曲线

4. 研究材料的疲劳和裂纹扩展

材料的应力疲劳是内部位错的增殖、裂纹的扩展等缺陷的发展过程。可将开好缺口的试样置于可使试样通过稳恒电流的试验机上，并施以周期性载荷。例如，金属镍在低周期应力疲劳过程中，电阻变化曲线如图 4.20 所示，周期为每分钟一个应力循环。在疲劳过程中，电阻变化可分为 4 个阶段，第 1、2 阶段电阻变化不大，即疲劳开始阶段，试样内部缺陷无明显变化；第 3 阶段电阻值随疲劳应力次数的增加开始逐渐增大，表明试样内部缺陷的密度不断增加；第 4 阶段电阻变化幅度最大，原因之一是内部缺陷密度急剧增长，而且原有的内部微裂纹已扩展到试样表面，所以引起电阻大幅度增大。

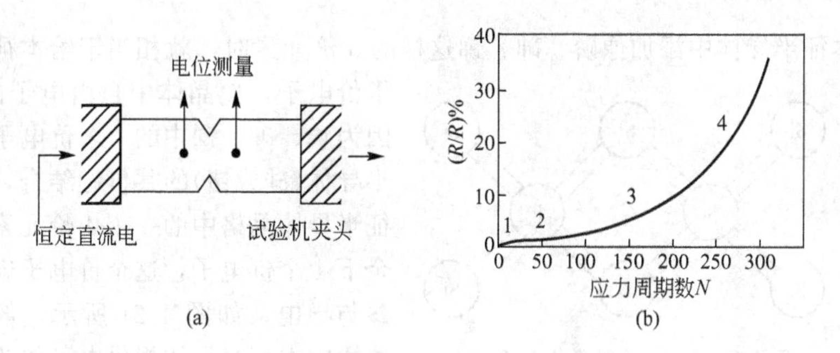

图 4.20 镍在低周期应力疲劳时的电阻变化

(a) 试样示意图；(b) 电阻变化曲线

在这种探测法中，探测点之间的电位变化和裂纹的长度之间存在函数关系，故利用电阻的变化检查试样中裂纹的缓慢生长是一个有效的方法。

电阻分析还可以用来研究钢的过冷奥氏体等温转变曲线、回火转变、回复和再结晶、有序无序转变等。凡是转变前后或在转变过程中有电阻变化现象的，都可利用电阻分析方法进行研究。

4.6 半导体与 P-N 结

4.6.1 本征半导体与非本征半导体

半导体材料无论按电阻率($\rho=10^{-3}\sim10^{9}\Omega\cdot m$)还是按能带理论(禁带宽度 $E_g=0.2\sim3.5eV$),其电学性能都介于金属导体($\rho<10^{-5}\Omega\cdot m$,$E_g=0$)与绝缘体($\rho>10^{9}\Omega\cdot m$,$E_g>3.5eV$)之间。半导体一般以硅或锗为主体材料,由于锗易于提纯,所以最先得到应用。但随着科学技术的进步,提纯技术已不存在任何困难,这时硅就显示出其巨大的优越性:①硅是地壳外层含量仅次于氧的普通元素,在地球上储量非常丰富,所以硅原料比其他半导体材料都便宜;②硅的禁带宽度(1.11eV)比锗的禁带宽度(0.67eV)大很多,在较宽的禁带中可以有效地设置杂质能级;③硅器件的功率比锗大,器件的工作温度较高,可达150~200℃,而锗只能达到75.9℃;④硅的表面能够形成一层极薄的 SiO_2 绝缘膜,从而能够制备 MOSFET 场效应管。当前95%以上的半导体器件都是使用硅材料制作的。

所谓本征半导体是指纯净的无结构缺陷的半导体单晶,在温度为0K和无外界影响的条件下,半导体的导带中无电子,所以很纯的单晶硅基本不导电。但当温度升高或受光照射时,电子占据导带能级的可能性增加了,半导体的导电性也随之增加。在实际应用中,由于本征半导体中电子和空穴两种载流子数量相等,而且载流子较少,因此,导电性能主要靠半导体的掺杂特性来解决。在半导体材料的实际制备过程中常常人为地引入一定数量的杂质和缺陷。当杂质和缺陷所形成的电导超过本征电导时,就称为非本征半导体。

1. N 型半导体

如果向本征半导体中添加像磷、砷、锑这样的5价元素时,就相当于给本征半导体注入了价电子,使晶体中自由电子的浓度增加。因为磷、砷、锑中的4个价电子会参与本征半导体(硅或锗)的共价键结合,当它顶替本征半导体晶格中的一个4价元素原子时,还余下1个价电子,这个价电子就会进入导带参与导电,如图4.21所示。像磷、砷、锑这样向本征半导体提供电子作为载流子的杂质元素称为施主。掺入了施主杂质的非本征半导体以负电荷(电子)作为载流子,称为N型半导体(Negative,表示负电荷)。

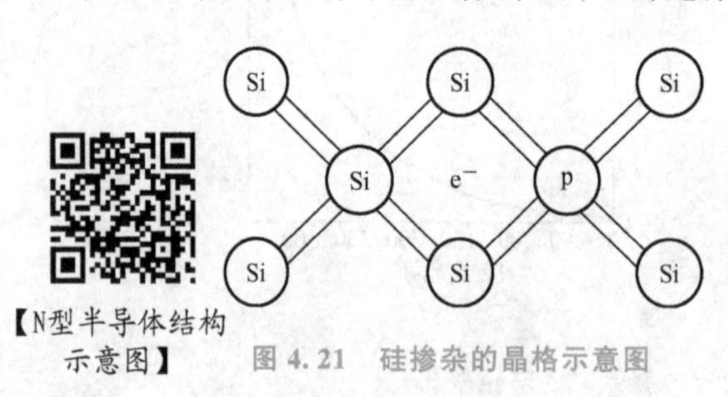

图 4.21 硅掺杂的晶格示意图

理论计算和实验结果表明,施主的富余价电子所处的能级 E_d(施主能级)非常靠近导带底(E_c 为导带能级),只要有一个很小的能量($E_c\sim E_d$)就可以使这个电子进入导带。($E_c\sim E_d$)的值在锗中掺磷为0.012eV,在硅中掺砷为0.049eV,在硅中掺锑为0.039eV,在常温下,每个掺入的5价元素原子的价电子都具有大于($E_c\sim E_d$)的能量,所以都可以进入导带成为自由电子,因而导带中的自由电子数比本征半导体显著增多。

2. P型半导体

如果向本征半导体中添加像硼、铝、镓、铟这样的3价元素时，因为没有足够的电子参与共价键的结合，当它顶替本征半导体晶格中的一个4价元素的原子时，必然缺少一个价电子，形成一个空位，如图4.22所示。在价电子共有化运动中，相邻的4价元素原子上的价电子很容易来填补这个空位，从而产生一个空穴。像硼、铝、镓、铟这样向本征半导体提供空穴作为载流子的杂质元素称为受主。掺入了受主杂质的非本征半导体以正电荷(空穴)作为载流子，称为P型半导体(Positive，表示正电荷)。

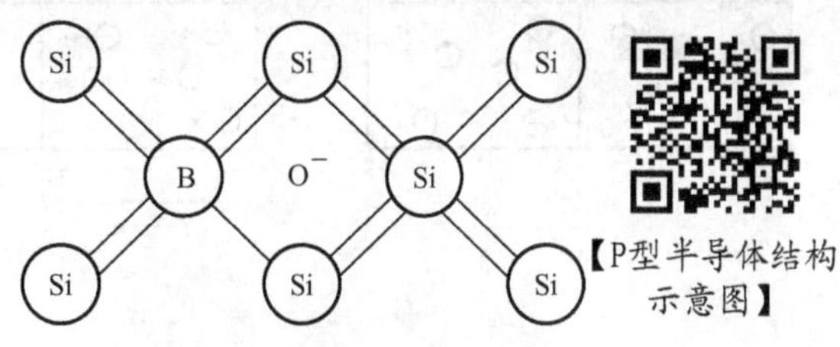

图4.22 硅掺杂Ⅲ族元素的晶格示意图

理论计算和实验结果表明，3价元素形成的允许价电子占有的能级 E_a 与本征半导体的价带能级 E_v 非常接近，$(E_a \sim E_v)$的值在锗中掺硼、铝为0.01eV，在硅中掺镓为0.065eV，在硅中掺铟为0.16eV。在常温下，处于价带中的价电子都具有大于$(E_a \sim E_v)$的能量，都可以进入 E_a 能级，所以每一个3价杂质元素的原子都能接受一个价电子，而在价带中产生一个空穴，价带上的空穴可以移动，传导电流。

非本征半导体与本征半导体相比具有如下特性。

(1) 掺杂浓度与原子密度相比虽然微小，但却极大地提高了载流子浓度，导电能力因而也显著增强。掺杂浓度越高，其导电能力也越强。

(2) 虽然非本征半导体中掺入的杂质原子数量与本征半导体中原子数量相比只是少数，但非本征半导体由于杂质原子而形成的载流子称为多数载流子，而本征半导体由于热激发所产生的载流子称为少数载流子。

(3) 本征半导体中电子载流子和空穴载流子数量相等，而非本征半导体中电子载流子和空穴载流子数量不相等。

(4) 掺杂只是使一种载流子的浓度增加，因此非本征半导体主要依靠多数载流子导电。当掺入5价元素(施主)时，主要靠电子导电；当掺入3价元素(受主)时，主要靠空穴导电。

4.6.2 P-N结

【PN结的形成演示】

使P型半导体和N型半导体相接触，在它们相接触的区域就形成了P-N结。P-N结具有整流、击穿、电容等一系列特性，是半导体器件的基础部分。普通半导体二极管就是一个P-N结，半导体三极管(或晶体管)和场效应晶体管则是由两个P-N结构成的。将诸多二极、三极管及 L、R、C 等元件做在同一块半导体晶片上就成了半导体集成电路。

1. P-N结的整流特性

整流器就是将N型和P型两种半导体连接成为一个P-N结而制成的。其作用是将交流电变为直流电。在一个P-N结中，一个P型半导体和一个N型半导体结合，N型半导体中电子浓度大，P型半导体中空穴浓度大。这种电荷的不平衡在P-N结两端产生一个电势，如图4.23(a)所示。如果外加一个电压，使负极与N型半导体连接，正极与P型半导体连接，电子和空穴都向P-N结移动，最后相互结合。这些电子和空穴的移动产生电流，如图 4.23(b)所示，此时所加的外电压称为正偏压。

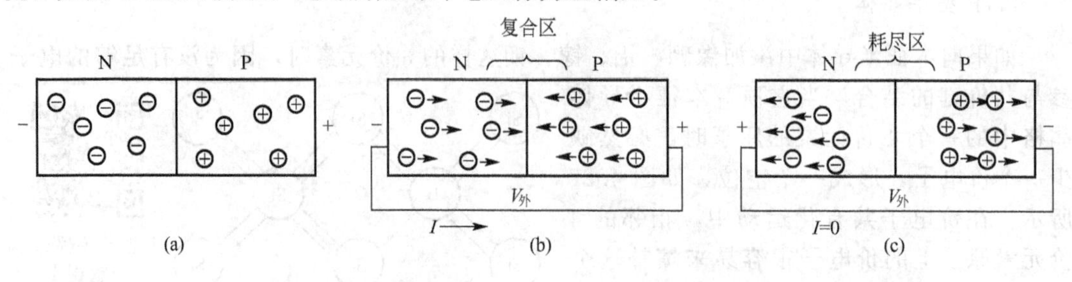

图 4.23　P－N 结的导电行为

随着正偏压的增加，电流同时增大。如果外加的电压相反，即处于反偏压时，电子和空穴都会离开 P－N 结，在 P－N 附近出现一个没有载流子的耗尽区，就像绝缘体一样，没有电流流过，如图 4.23(c)所示。由于 P－N 结只允许电流沿一个方向流过，它可以只让交流电中的正向电流流过，而将反向电流阻挡住，所以 P－N 结能够将交流电转变成直流电，如图 4.24 所示。P－N 结的这种单向导电特性称为整流特性，这种 P－N 结又称整流二极管。

2. P－N 结的伏安特性与击穿特性

P－N 结的伏安特性是指通过 P－N 结的电流与外加电压的关系。如图 4.25 所示，在正偏压作用下，电流随偏压呈指数上升，每平方厘米可达几十至几千安；在反偏压作用下，电流很小，且很快趋于饱和，这是由于热激发的少量电子和空穴引起的漏电电流，一般每平方厘米仅几微安；如果反偏压大到一定程度，反向电流会突然猛增，P－N 结会发生击穿，这时的外加电压称为击穿电压。利用 P－N 结的反向击穿特性制作的电子器件称为稳压二极管，或齐纳(Zener)二极管，可以用来保护电路不受突然出现的过高电压的危害。

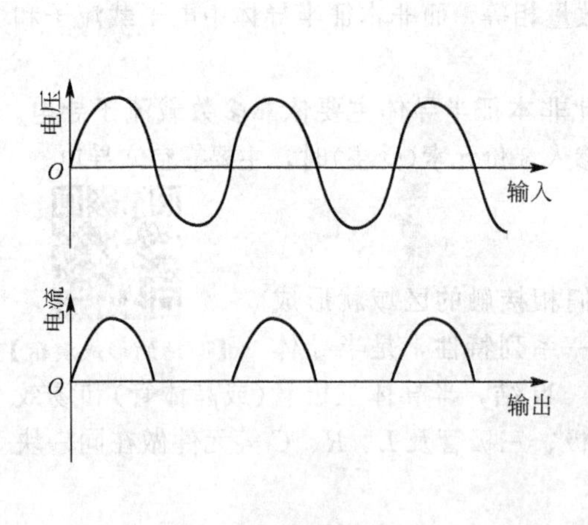

图 4.24　P－N 结的整流效应

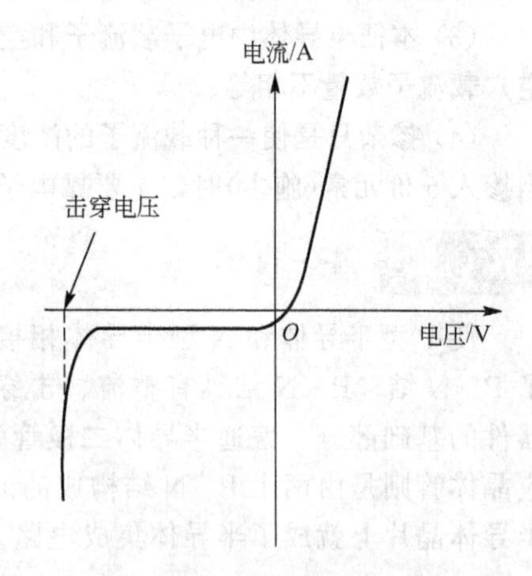

图 4.25　P－N 结的伏安特性

3. 晶体(半导体三极)管的放大特性

(1) 双结晶体管。

双结晶体管由两个 P－N 结组成。按这两个 P－N 结的组成方式，可分为 P－N－P 型和 N－P－N 型。这种晶体管广泛应用于各种开关、放大器电路。特别是计算机的中心处理器(CPU)，就是由成千上万个晶体管组成的。

双结晶体管的主要功能是放大，工作原理在电子技术课中已有分析。在P－N－P型和N－P－N型双结晶体管中，中部都是基极区，很薄，而且相对于发射极区的掺杂浓度也很低。其工作状态取决于多数载流子和少数载流子的相互作用。图4.26所示为N－P－N型晶体管，请根据图中正、反向偏压的设置，用载流子的流动情况说明其具有放大功能的原因。

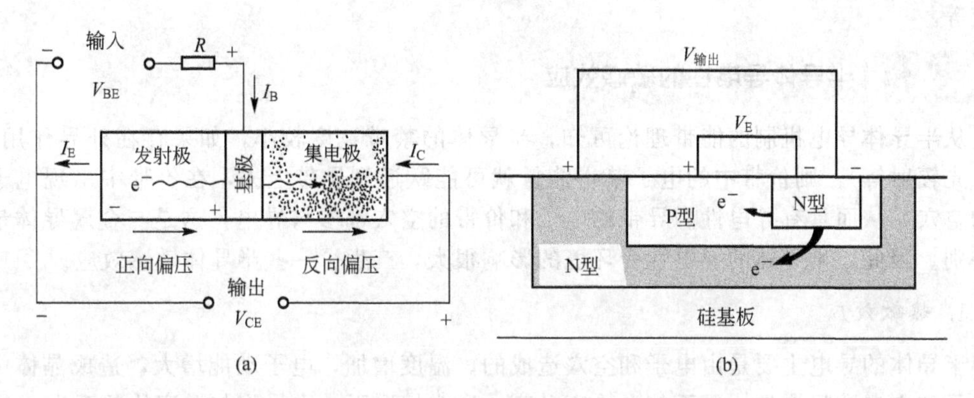

图4.26 N－P－N型晶体管电路及其结构

(2) 场效应晶体管。

常用作计算机中存储数据的内存器件。场效应晶体管的工作原理与双结晶体管有所不同。图4.27所示为一个金属氧化物半导体(Metal Oxide Semiconductor，MOS)场效应晶体管。在这种晶体管中，P型半导体基体上形成有两个N型半导体区域，其中一个N型区域称为源极，另一个N型区域称为漏极。该晶体管的第3个极由导体组成，称为栅极。栅极与半导体之间有一层薄的SiO_2绝缘层。在栅极和源极之间加有一个电压，栅极与正电压相连。这个电压使得电子流向栅极附近，但是由于有SiO_2绝缘层的存在而不能进入栅极。栅极下方的电子富集增加了这个区域的导电性，所以加在源极和漏极之间的大电压使得电子能够从源极流向漏极，从而产生一个放大信号。改变栅极和源极之间的电压，可以改变导电区域的电子数，从而改变输出信号。

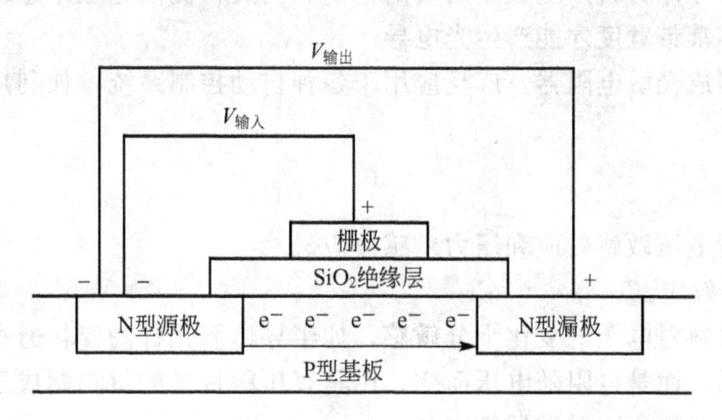

图4.27 N－P－N型MOS场效应管

一般来说，场效应晶体管的生产成本低于双结晶体管，而且场效应晶体管所占的空间也小，所以在集成电路中更多地采用场效应晶体管。

4.7 半导体的物理效应

在半导体的物理效应中，最重要的是导电性和光学性。这些效应包括：半导体材料的敏感效应、光致发光效应(荧光效应)、电致发光效应(发光二极管、激光二极管)和光伏特效应等。

4.7.1 半导体导电性的敏感效应

从半导体导电机制的能带理论可知，半导体的禁带宽度较小，如果存在外界作用(如热、光辐射等)，则价带中的电子获得能量就可能跃迁到导带上去，在价带中出现电子留下的空穴，从而具有导电性。导带的电子和价带的空穴都参与导电，这是与金属导体最大的差别。因此，半导体的导电性受环境的影响很大，产生了一些半导体敏感效应。

1. 热敏效应

半导体的导电主要是由电子和空穴造成的。温度增加，电子动能增大，造成晶体中自由电子和空穴数目增加，因而使电导率升高。通常情况下，电导率与温度的关系为

$$\sigma=\sigma_0 e^{-\frac{B}{T}} \tag{4-18}$$

式中，B 为与材料有关的常数，表示材料的电导活化能。某些材料的 B 值很大，它在感受微弱温度变化时电阻率的变化十分明显。

还有一些半导体材料，在某些特定温度附近电阻率变化显著。如“掺杂”的 $BaTiO_3$(添加稀土金属氧化物)在其居里点附近，当发生相变时电阻率剧增 $10^3\sim10^6$ 数量级。

具有热敏特性的半导体可以制成各种热敏温度计、无触点开关、火灾报警器等。

2. 光敏效应

光的照射使某些半导体材料的电阻明显下降，这种用光的照射使电阻率下降的现象称为光电导。光电导是由于具有一定能量的光子照射到半导体时把能量传给它，在这种外来能量的激发下，半导体材料产生大量的自由电子和空穴，促使电阻率急剧下降。光子的能量必须大于半导体禁带宽度才能产生光电导。

把光敏材料制成光敏电阻器，广泛应用于各种自动控制系统，如利用光敏电阻可以实现照明自动化等。

3. 压敏效应

压敏效应包括电压敏感效应和压力敏感效应。

(1) 电压敏感效应。

某些半导体材料对电压的变化十分敏感，如半导体氧化锌陶瓷，通过它的电流和电压之间不成线性关系，而是电阻随电压而变。用具有压敏特征的材料制成压敏电阻器，可用于过电压吸收、高压稳压、避雷器等。

(2) 压力敏感效应。

能带结构和禁带结构与材料中的原子间距有关。处于高压下的半导体材料，其原子间距变小，禁带也随之变小，电导率增大。所以通过测量电导率的变化，就可以测量压力。

利用这种特性可以制作压力传感器。

4. 其他敏感效应

除上述半导体的敏感效应之外，在半导体中还存在次敏效应、气敏效应、光磁效应、热磁效应、热电效应等。

4.7.2 光致发光效应

如图4.28所示，价带的电子受到入射光子的激发后，会越过禁带进入导带。如果导带上的这些被激发的电子又跃迁回价带时，就会以放出光子的形式来释放能量，这就是光致发光效应，也称为荧光效应。

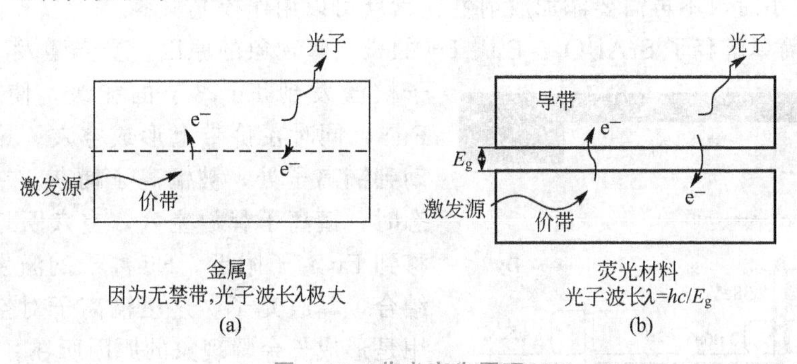

图4.28 荧光产生原理

(a) 没有禁带的金属；(b) 有禁带的半导体

光致发光现象不会在金属中产生。因为在金属中，价带没有充满电子，低能级的电子只会激发到同一价带的高能级。在同一价带内，电子从高能级跃迁回低能级，所释放的能量太小，产生的光子的波长太长，远远超过可见光的波长。

在某些陶瓷和半导体中，价带和导带之间的禁带宽度不大不小，所以被激发的电子从导带回到价带时释放的光子波长刚好在可见光波段，这样的材料称为荧光材料。

日光灯管的内壁涂有荧光物质。管内的汞蒸气在电场作用下发出紫外线，这些紫外线轰击在荧光物质上使其发光。关掉电源后荧光物质便不再发光。

如果荧光材料中含有一些微量杂质，且这些杂质的能级位于禁带内，相当于陷阱能级(E_d)，如图4.29所示。

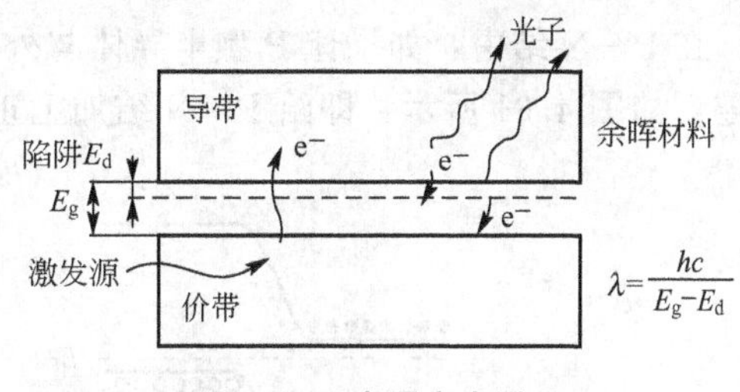

图4.29 余晖产生原理

从价带被激发的电子进入导带后，又会掉入这些陷阱能级。因为这些被陷阱能级所捕获的激发电子必须首先脱离陷阱能级进入导带后才能跃迁回价带，所以它们被入射光子激发后，需要延迟一段时间才会发光，出现了所谓的余晖现象。余晖时间取决于这些陷阱能级与导带之间的能级差，即陷阱能级深度。因为在一定温度下，处于较深的陷阱能级上的电子被重新激发到导带的概率较小，或者电子进入导带后又落入其他陷阱能级(发生多次捕获)，这些情况都使余晖时间变长，也就是使发光的衰减很慢。

电视机显示屏所用的荧光材料的弛豫时间不能太长，否则图像就会重叠。通过选择适当的能级跃迁宽度，可以得到红色、绿色和蓝色彩色显示屏用的三基色的磷光材料。

通过研究光致发光材料中陷阱能级的规律，可以制造出具有长余晖效应的发光材料。余晖时间特别长的荧光材料可以用作夜光材料，可以将白天受到的光储存起来用于夜晚显示。

过去曾得到广泛应用的夜光材料是在硫化锌中添加杂质铜而得到的 ZnS：Cu。由于 ZnS：Cu 的余晖时间只有 3h 左右，不足以在整个晚上发光，也就是说不能成为真正意义上的夜光材料。所以在 ZnS：Cu 中添加放射性元素，放射性元素放出的射线可以使 ZnS：Cu 长时间发光。但是因为环保问题，现在这种具有放射性的夜光材料的使用受到严格的限制。

最近发现的一种发绿光的长余晖材料 $SrAl_2O_4$：Eu，Dy(铝酸锶：铕，镝)，它的余晖时间可达十几小时，不再需要添加放射性元素就可以用作夜光材料。

图 4.30 简单解释了 $SrAl_2O_4$：Eu，Dy 的长余晖现象的原因。受光激发时，价带的电子被激发到 Eu 离子的能级，使 Eu^{2+} 变成了 Eu^{+}，同时在价带上形成空穴。这些空穴会移动到镝离子处，被镝离子捕获。在余晖发光状态时，镝离子释放空穴，空穴跃迁至价带后迁移到 Eu 离子附近。Eu 离子的激发电子与空穴结合，释放光子。这里镝离子对空穴的陷阱作用是形成长余晖现象的原因所在。

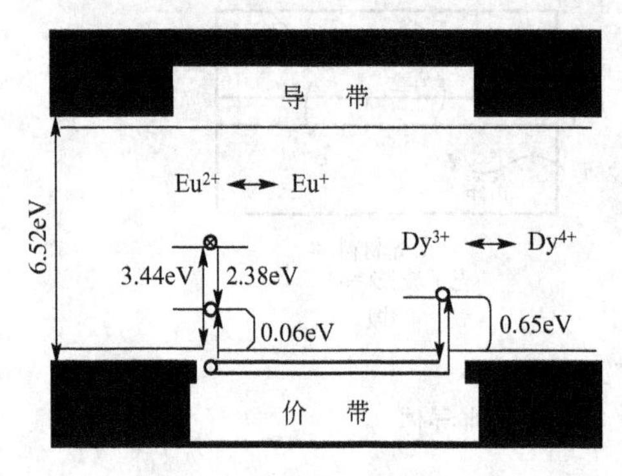

图 4.30　$SrAl_2O_4$：Eu，Dy 长余晖材料的发光原理

除了 $SrAl_2O_4$：Eu，Dy 外，现在还发现了发蓝光的 $CaAl_2O_4$：Eu，Nd（铝酸钙：铕，钕）。但是寻找能够发红光的长余晖效应材料是当前亟待解决的问题。

4.7.3　电致发光效应

1. 发光二极管

余晖效应是入射光引起的半导体发光现象，而发光二极管则是由电场引起的半导体发光现象。

在 P－N 结中，如果让 P 型半导体与外电场的正极相连，N 型半导体与外电场的负极相连，如图 4.31 所示，即给 P－N 结加上正偏压。

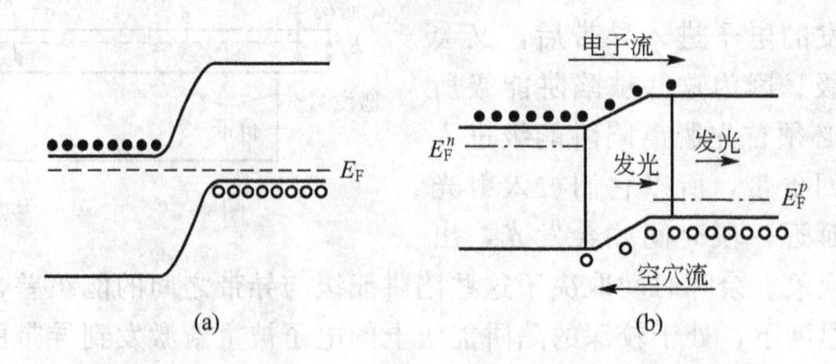

图 4.31　注入发光能带图

(a) 平衡 P－N 结；(b) 正偏注入发光

载流子在正向偏压作用下发生扩散。N 型半导体区内的多数载流子(电子)扩散到 P 型半导体区，同时 P 型半导体区内的多数载流子(空穴)扩散到 P 型半导体区。这些注入 P 区的电子和注入 N 区的空穴都是非平衡的少数载流子。这些非平衡的少数载流子不断与多数载流子进行复合而发光，这就是半导体 P－N 结发光的原理。几乎所有的 P－N 结都会出现这种发光现象，而发光强度较大的那些 P－N 结则用来制成发光二极管。

常用的发光二极管材料有：用于红光的 GaP：ZnO 和 GaAsP 系材料；用于绿光的 GaP：N 材料；用于橙、黄光的 InGaAlP 系材料；用于蓝光的 GaN 系材料和用于 640～900nm 波段的 GaAlAs 系材料。发光二极管最突出的优点是低电压(0～2V)、低电流(20～50mA)、高效长寿和小型化，因此被广泛应用于广告、家用电器等场合。

2. 激光二极管

处于低能级的电子在吸收一个入射光子后被激发，从价带跃迁到导带。在短时间以内，导带中的电子下降到导带的低能级上，而靠近价带顶部的电子也下降到最低的还未被电子占据的价带能级上，从而使价带顶部充满空穴。当导带电子跃迁回价带时与价带顶部空穴复合，形成受激辐射。在受激辐射过程中，处于高能级的电子跃迁回低能级时辐射放出一个与入射光在频率、位相、传播方向、偏振状态等完全相同的光子。

处于导带的电子跃迁回价带有两个途径：①直接从导带跃迁回价带的底部(基态能级)，同时发出光子，由此产生的不是激光，因为其产生的光子虽然与入射光子相同，但光子的传播方向和相位却不相同，这种辐射称为自发辐射；②导带上的电子跃迁回价带时与价带顶部(亚稳态能级)空穴复合，停留 3ns 后返回到基态，并放出光子，在电子运动过程中 3ns 是一个很长的时间，由于导带上的电子数量大于在价带顶部留下空穴的价带上的电子数量，因此在亚稳态能级上集聚了许多电子，当有几个电子自发地返回到基态能级时，就会带动更多的电子以“雪崩”的形式返回到基态能级，从而发射出愈来愈多的光子，形成激光。

在高浓度掺杂的半导体 P－N 结制成的激光二极管中，受激辐射的激发方式有 3 种：光辐照、电子轰击、向 P－N 结注入电子。其中依靠向 P－N 结注入电子是半导体产生激光的最重要的方式。其方法如上所述，将电子注入 P－N 结的 P 结一侧，引起过剩的局部粒子。这也就意味着，为了产生激光，必须有很大的起始电流。

4.7.4 光伏特效应

光激发伏特效应是另一个重要的半导体物理效应，是太阳电池的理论基础。目前常用的硅太阳电池就是利用 P－N 结制成的。

当太阳光射入到 P－N 结时，P 型区域和 N 型区域都有可能出现电子激发现象，如图 4.32 所示。N 型区域的价电子被激发到导带上后，就停留在 N 型的导带上，而在 N 型价带上同时形成的空穴会迁移到能量更稳定的 P 型价带上去。P 型区域的价电子被激发到导带上后，将迁移到能量更稳定的 N 型的导带上，而在 P 型区域价带上同时形成的空穴则停留

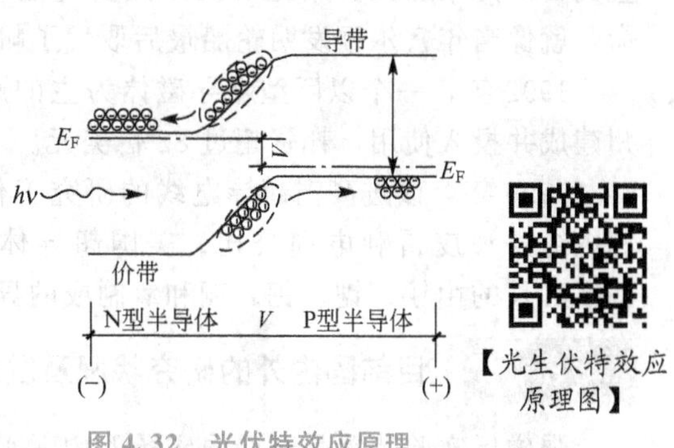

图 4.32 光伏特效应原理

在该价带上。这样一来，P-N结不仅能将光子能量转变为电荷能量，更重要的是能够在空间位置(P型和N型区域)上将正负电荷分离开来。如果在P-N结的外部接上回路，这些被分离的正负电荷就可以通过回路相互结合，这就是太阳能电池的原理。

*4.8 拓展阅读 超导材料的发展、研究与应用

4.8.1 超导材料发展历史

1962年，年仅20多岁的剑桥大学实验物理研究生约瑟夫森在著名科学家安德森的指导下研究超导体能隙性质，他提出：在超导结中，电子对可以通过氧化层形成无阻的超导电流，这个现象称作直流约瑟夫森效应。当外加直流电压为V时，除直流超导电流之外，还存在交流电流，这个现象称作交流约瑟夫森效应。将超导体放在磁场中，磁场透入氧化层，这时超导结的最大超导电流随外磁场大小作有规律的变化。约瑟夫森的这一重要发现为超导体中的电子对运动提供了证据，使对超导现象本质的认识更加深入。约瑟夫森效应成为微弱电磁信号探测和其他电子学应用的基础。

20世纪70年代超导列车成功地进行了载人可行性试验。超导列车是在车上安装强大的超导磁体，在地上安放一系列金属环状线圈。当车辆行进时，车上的磁体在地上的线圈中感应起相反的磁极，使两者的斥力将车子浮起。车辆在电动机的牵引下无摩擦地前进，时速可高达500km/h。

1987年3月12日，北京大学成功地用液氮进行了超导磁悬浮实验。

1987年，日本铁道综合技术研究所的“MLU002”号磁悬浮实验车开始试运行。

1991年3月，日本住友电气工业公司展示了世界上第一个超导磁体。

1991年10月，日本原子能研究所和东芝公司共同研制成核聚变反应堆用的新型超导线圈。该线圈电流密度达到$40A/mm^2$，为过去的3倍多，达到世界最高水准。该研究所把这个线圈大型化后提供给国际热核聚变反应堆使用。这个新型磁体使用的超导材料是铌和锡的化合物。

1992年1月27日，第一艘由日本船舶和海洋基金会建造的超导船“大和1号”在日本神户下水试航。超导船由船上的超导磁体产生强磁场，船两侧的正负电极使水中电流从船的一侧向另一侧流动，磁场和电流之间的洛伦兹力驱动船舶高速前进。这种高速超导船直到目前尚未进入实用化阶段，但实验证明，这种船舶有可能引发船舶工业爆发一次革命，就像当年富尔顿发明轮船最后取代了帆船那样。

1992年，一个以巨型超导磁体为主的超导超级对撞机特大型设备，在美国得克萨斯州建成并投入使用，耗资超过82亿美元。

1996年，改进高温超导电线的研究工作取得进展，制成了第一条地下输电电缆。欧洲电缆巨头皮雷利电缆公司、美国超导体公司和旧金山的电力研究所的工人，共同把6000m长的由铋、锶、钙、铜和氧制成的导线缠绕到一根保持超导温度的液氮空管子上。

4.8.2 目前国内外的研究状况及发展趋势

强磁场实验装置是开展强磁场下物理实验的最基本条件。建立20T以上的稳态强磁场

装置是非常复杂的，涉及多学科和高难度的大型综合性科学工程，其建设费用高，磁体装置的运行费用也很高。正因为如此，目前国际上拥有20T以上的稳态磁体的强磁场实验中心仅分布在主要的工业大国。世界上第一个强磁场实验室于1960年建于美国的MIT。随后，英国、荷兰、法国和德国以及东欧一些国家和苏联相继在20世纪70年代建立了强磁场实验室。日本的强磁场实验室建于20世纪80年代初。磁场水平由20世纪60年代的20T，提高到20世纪80年代的30T。20世纪90年代初，美国政府决定在佛罗里达州建立新的国家强磁场实验室，日本在筑波建立了新的强磁场实验室，使强场磁体技术有了长足的进步和发展，稳态磁场水平近期可望达到40～50T。

伴随着强磁场实验室的建立，强磁场下的物理研究也在不断深入。量子霍尔效应的发现获得了1985年诺贝尔物理学奖，它是在20T稳态强磁场中研究金属-氧化物-半导体场效应晶体管输运过程时观测到的。近年来，有关强磁场下物理工作的文章对每个强磁场实验室来说平均每年都有上百篇，其中有很多重要的科学发现。目前的发展趋势普遍是将凝聚态物理学领域中前沿的研究对象如高温超导材料、纳米材料、低维系统等同强磁场极端条件相结合加以研究。在Grenoble强磁场实验室，半导体材料、半导体超晶格中的光电特性以及元激发及其相互作用等是其主要的研究内容，而在美国、日本等强磁场实验室，则侧重高温超导材料、低维系统、强关联电子系统、人造超晶格以及新材料等方面。同时，强磁场下的化学反应过程、生物效应等方面的研究也逐渐为人们所重视。

在中国虽有一些6～12T的超导磁体实验室分散在全国各地，但尚未形成一个全国性的强磁场实验中心，我国在10T以上稳态强磁场下的系统科学研究工作尚属空白。为满足国内强磁场研究工作的需要，早在1984年中国科学院数理学部就组织论证，决策在等离子体物理研究所建立以20T稳态强磁场装置为主体的强磁场实验室。该装置于1992年建成并投入运行。与此同时，实验室相继建成了多个能满足不同物理实验、场强在15T左右的稳态强磁场装置，配备了相应的输运和磁化测量系统以及低温系统。中国科学院院士、著名物理学家冯端先生在了解了合肥强磁场实验室的情况后，非常感慨地说："过去中国没有强磁场条件，对有关强磁场下的物理工作想都不敢想，现在有了强磁场条件，我们应该好好地考虑考虑这方面的问题了。"

4.8.3 超导科学研究

1．非常规超导体磁通动力学和超导机理

非常规超导体磁通动力学和超导机理主要研究混合态区域的磁通线运动的机理，不可逆线性质、起因及其与磁场和温度的关系，临界电流密度与磁场温度的依赖关系及各向异性。超导机理研究侧重于研究正常态在强磁场下的磁阻、霍尔效应、涨落效应、费米面的性质以及$T<T_c$时用强磁场破坏超导达到正常态时的输运性质等。对有望表现出高温超导电性的体系，像有机超导体，以及在强电方面具有广阔应用前景的低温超导体等，也将开展其在强磁场下的性质研究。

2．强磁场下的低维凝聚态特性研究

低维性使得低维体系表现出三维体系所没有的特性。低维不稳定性导致了多种有序相。强磁场是揭示低维凝聚态特性的有效手段。强磁场下的低维凝聚态特性研究的主要内容包括：有机铁磁性的结构和来源；有机(包括富勒烯)超导体的机理和磁性；强磁场下二维电子气中非线性元激发的特异属性；低维磁性材料的相变和磁相互作用；有机导体在磁场中的输运和载流子特性；磁场中的能带结构和费米面特征等。

3. 强磁场下的半导体材料的光、电等特性

强磁场技术对半导体科学的发展日益重要，因为在各种物理因素中，外磁场是唯一在保持晶体结构不变的情况下改变动量空间对称性的物理因素，因而在半导体能带结构研究以及元激发及其相互作用研究中，磁场有着特别重要的作用。通过对强磁场下半导体材料的光、电等特性开展实验研究，可进一步理解和把握半导体的光学、电学等物理性质，从而为制造具有各种功能的半导体器件并发展高科技做基础性探索。

4. 强磁场下极微细尺度中的物理问题

极微细尺度体系中出现了许多常规材料所不具备的新现象和奇异特性，这与这类材料的微结构特别是电子结构密切相关。强磁场为研究极微细尺度体系的电子态和输运特性提供了强有力的手段，不但能进一步揭示这类材料在常规条件下难以出现的奇异现象，而且能为在更深层次下认识其物理特性提供丰富的科学信息。强磁场下极微细尺度中的物理问题主要研究强磁场下极微细尺度金属、半导体等的电子输运、电子局域和关联特性；量子尺寸效应、量子限域效应、小尺寸效应和表面、界面效应以及极微细尺度氧化物、碳化物和氮化物的光学特性及能隙精细结构等。

5. 强磁场化学

强磁场对化学反应电子自旋和核自旋的作用，可导致相应化学键的松弛，造成新键生成，诱发在一般条件下无法实现的物理化学变化，获得原来无法制备的新材料和新化合物。强磁场化学是应用基础性很强的新领域，有一系列理论课题和广泛应用前景。近期可开展水和有机溶剂的磁化及机理研究以及强磁场诱发新化学反应研究等。

4.8.4 磁体科学和技术

强磁场的价值在于对物理学知识有重要的贡献。20 世纪 80 年代，一个概念上的重要进展是量子霍尔效应和分数量子霍尔效应的发现。这是在强磁场下研究二维电子气的输运现象时发现的(获 1985 年诺贝尔奖)。量子霍尔效应和分数量子霍尔效应的发现激起物理学家探索其起源的热情，并在建立电阻的自然基准，精确测定基本物理常数和精细结构常数等应用方面，已显示出了巨大的意义。高温超导电性机理的最终揭示在很大程度上也将依赖于人们在强磁场下对高温超导体性能的探索。

熟悉物理学史的人都清楚，由固体物理学演化为凝聚态物理学，其重要标志就在于其研究对象的日益扩大，从周期结构延伸到非周期结构，从三维晶体拓宽到低维和高维，乃至分数维体系。这些新对象展示了大量新的特性和物理现象，物理机理与传统的也大不相同。这些新对象的产生以及对新效应、新现象的解释使得凝聚态物理学得以不断地丰富和发展。在此过程中，极端条件一直起着至关重要的作用，因为极端条件往往使得某些因素突出出来而同时又抑制了其他因素，从而使原本很复杂的过程变得较简单，有利于直接了解物理本质。

相对于其他极端条件，强磁场有其自身的特色。强磁场的作用是改变一个系统的物理状态，即改变角动量(自旋)和带电粒子的轨道运动，因此，也就改变了物理系统的状态。正是在这点上，强磁场不同于物理学的其他一些比较昂贵的手段，如中子源和同步加速器，

它们没有改变所研究系统的物理状态。磁场可以产生新的物理环境，并导致新的特性，而这种新的物理环境和新的物理特性在没有磁场时是不存在的。低温也能导致新的物理状态，如超导电性和相变，但强磁场与低温有极大不同，它比低温更有效，这是因为磁场使带电的磁性粒子的运动和能量量子化，并破坏时间反演对称性，使它们具有更独特的性质。

强磁场可以在保持晶体结构不变的情况下改变动量空间的对称性，这对固体的能带结构以及元激发及其相互作用等研究是非常重要的。固体复杂的费米面结构正是利用强磁场使得电子和空穴在特定方向上的自由运动，导致磁化和磁阻的振荡这一原理而得以证实的。固体中的费米面结构及特征研究，一直是凝聚态物理学领域中的前沿课题。当今凝聚态物理基础研究的许多重大热点都离不开强磁场这一极端条件，甚至很多是以强磁场下的研究作为基础的。如玻色子凝聚态只发生在动量空间，要在真实空间中观察到此现象，必须在非均匀的强磁场中才有可能。又如高温超导的机理问题、量子霍尔效应研究、纳米材料中的物理问题、巨磁阻效应的物理起因、有机铁磁性的结构和来源、有机(包括富勒烯)超导体的机理和磁性、低维磁性材料的相变和磁相互作用、固体中的能带结构和费米面特征以及元激发及其相互作用研究等。强磁场下的研究工作将有助于对这些问题的正确认识和揭示，从而促进凝聚态物理学的进一步发展和完善。

带电粒子像电子、离子等，以及某些极性分子的运动在磁场特别是在强磁场中会产生根本性的变化。因此，研究强磁场对化学反应过程、表面催化过程、特别是磁性材料的生成过程、生物效应以及液晶的生成过程等的影响，有可能取得新的发现，产生交叉学科的新课题。强磁场应用于材料科学为新的功能材料的开发另辟新径，这方面的工作在国外备受重视，在国内也开始有所要求。高温超导体也正是因为在未来的强电领域中蕴藏着不可估量的应用前景，才引起科技界乃至各国政府的高度重视。因此，强磁场下的物理、化学等研究，无论是从基础研究的角度，还是从应用角度考虑都具有非常重要的意义，通过这一研究，不仅有助于将当代的基础性研究向更深层次拓展，而且会对国民经济的发展起着重要的推动作用。

本章小结

材料中的电子是材料导电的根本。但材料中的电子在导电过程中所起的作用并不是一样的。且不说原子的芯电子被原子核紧紧束缚，不能对材料的导电性能有所贡献，就是原子的最外层的价电子也不是都能促进材料的导电能力。最能反映这一特点的就是能带理论。载流子和电子虽然有密切的关系，但是在材料中更多的电子是不能成为载流子的。

能带结构的详细计算和分析非常复杂，然而利用能带结构来分析材料的导电物理特性却是材料物理基础中最基本的知识。

半导体材料是运用能带理论最多的一个领域。本章利用能带结构理论的基本知识介绍了半导体P－N结的特性和半导体的各种物理效应。

材料的光学行为也取决于材料的能带结构。从这个意义上来说，材料光和电的行为是难以分离的。

4.1　试说明经典自由电子论、量子自由电子论和能带理论的区别。

4.2　为什么金属的电阻因温度的升高而增大，而半导体的电阻却因温度的升高而减小?

4.3　表征超导体性能的3个主要指标是什么?

4.4　简述电阻测量在金属研究中的应用。

4.5　为什么锗半导体材料最先得到应用，而现在的半导体材料却大都采用硅半导体?

4.6　怎样通过实验区别N型半导体和P型半导体?

4.7　半导体有哪些物理效应?

第5章 材料的介电性能

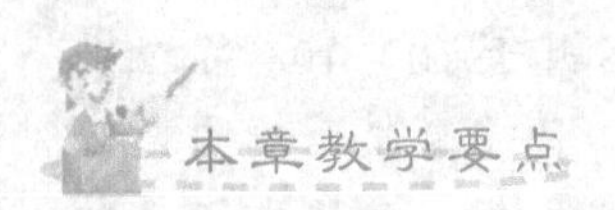

知识要点	掌握程度	相关知识	应用方向
介质极化和静态介电系数	重点掌握	电介质极化的现象及其表征、电介质极化的微观机制	材料性能研究与应用
	熟悉	宏观极化强度与微观极化率的关系、影响介电常数的因素	电介质介电性能理论
交变电场中的电介质	重点掌握	复介电常数、介电弛豫现象的物理意义、德拜弛豫方程、谐振吸收和色散；介质损耗及其影响因素、材料的介质损耗	材料性能研究与应用
固体电介质的电导与击穿	重点掌握	固体电介质在电场中的破坏，各种击穿的产生机理，介电强度及其影响因素	材料性能研究与应用
	熟悉	固体电介质的电子电导、离子电导、表面电导的产生机理和影响因素	电介质理论
电介质的实验测量研究	掌握	介电常数和损耗的测量，电介质介电强度的测定	材料性能研究与应用
拓展阅读	了解	多层陶瓷电容器，渗流型电容器，边界层电容器	材料性能研究的应用

导入案例

随着科学技术日新月异的发展，通信信息量的迅猛增加，以及人们对无线通信的要求，使用卫星通信和卫星直播电视等微波通信系统成为当前通信技术发展的必然趋势。这就使得微波材料在民用方而的需求逐渐增多，如手机、汽车电话、蜂窝无绳电话等移动通信和卫星直播电视等新的应用装置。以手机为例，2004 年中国的手机年销售量为 6 400万部，而且中国手机市场将以每年 20%的速度增长，在两三年内销售量将达到 1 亿部。

微波介电陶瓷是应用于微波频段(主要是 UHF、SHF 频段，300MHz～300GHz)电路中作为介质材料并完成一种或多种功能的陶瓷。与金属空腔谐振器相比，微波介质陶瓷具有小型化(高介电常数 ε_r)、高稳定性(接近于零的频率温度系数 Tf 不大于 $10\times10^{-6}℃^{-1}$)、低损耗(高品质因子 Q)。目前微波介质陶瓷已在便携式移动电话、汽车电话、无绳电话、电视卫星接收器、军事雷达等方面被用来广泛制造谐振器、滤波器、介质天线、介质导波回路等微波元器件，在现代通信工具的小型化、集成化过程中正发挥着越来越大的作用。

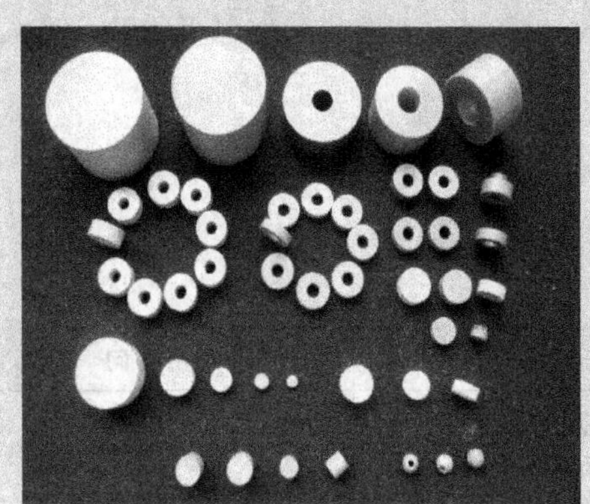

在外电场作用下，材料发生两种响应，一种是电传导，另一种是电感应。与导电材料相伴而生，主要应用材料介电性能的这一类材料总称为电介质(材料)。早期的电介质材料指的是电路中起分隔电流作用的绝缘材料。随着电子技术、激光、红外、声学以及其他新技术的出现和发展，电介质材料的应用领域早已超出了仅仅作为电绝缘介质的应用范畴，绝缘体都是典型的电介质，电介质不必一定是绝缘体。然而表征材料介电性能的基本参数仍然是早期研究材料的绝缘性能时提出来的 4 大参数，即介电系数、介电损耗、电导率和击穿强度。随着电介质理论的不断深入和发展，对固体材料介电性能的研究已经发展成为以上述四大参数为基础，研究物质内部的电极化过程的一门学科。电介质材料主要的应用领域是电绝缘和各种电路中起满足电容作用的器件，所涉及的材料主要包括无机非金属材料和高分子材料。

5.1 介质极化和静态介电常数

介质的电极化是介电材料性能的基础。本节通过引入基本概念电偶极矩来定义电介质的极化强度，进而建立电介质的极化强度与宏观电场之间的关系以及电介质的极化强度与局部电场之间的关系。

5.1.1 电介质极化及其表征

电介质内部没有自由电子，它是由中性分子构成的，是电的绝缘体。所谓中性，是指分子中所有电荷的代数和为零，但是从微观角度来看，分子中各微观带电粒子在位置上并不重合，因而电荷的代数和为零并不意味着分子在电场作用下没有响应。由于分子内在力的约束，电介质分子中的带电粒子不能发生宏观的位移，被称作束缚电荷，也叫极化电荷。与外电场强度相垂直的电介质表面分别出现的正、负电荷，这些电荷不能自由移动，也不能离开，总值保持中性，如图 5.1 所示，平板电容器中电介质表面的电荷就是这种状态。在外电场的作用下，这些带电粒子可以有微观的位移，这种微观位移将激发附加的电场，从而使总电场变化。电介质就是指在电场作用下能建立极化的一切物质。

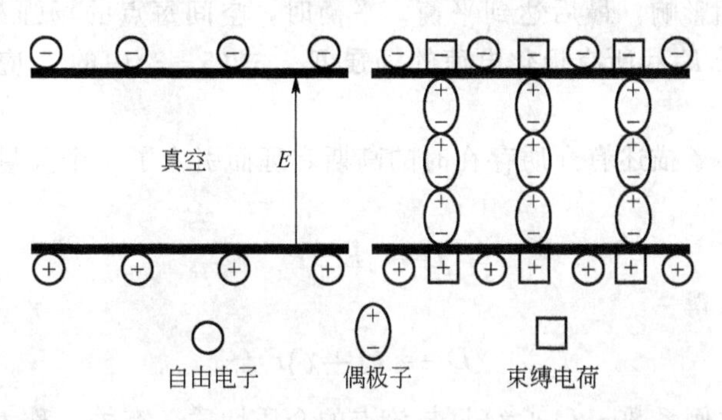

图 5.1 电介质的极化现象

一个正电荷 q 和另一个符号相反、数量相等的负电荷 $-q$ 由于某种原因而坚固地互相束缚于不等于零的距离上，便组成一个电偶极子。若从负电荷到正电荷作一矢量 $\bar{l}$，则这个粒子具有的电偶极矩可表示为矢量

【电偶极子示意图】

$$\bar{\mu}=q\bar{l} \tag{5-1}$$

电偶极矩的单位为 C·m(库仑·米)。当观察到的空间范围的距离比两个点电荷之间的距离 l 大很多时，可以将电偶极子看成一个点偶极子，并习惯地规定用负电荷的所在位置代表点偶极子的空间位置。

根据分子的电结构，电介质可分为两大类：极性分子电介质和非极性分子电介质。它们结构的主要区别是在外电场不存在时，分子正、负电荷的重心是否重合，即是否具有电偶极子。如图 5.1 所示的极性分子存在电偶极矩，而非极性分子只有在外场的作用下，分子结构中正、负电荷重心才产生分离。为了定量描述电介质的这种性质，引入极化强度、介电常数等参数。

单位体积 ΔV 中电偶极矩的矢量和 $\sum\bar{\mu}$ 是用来衡量电介质极化强弱的一个参数，该参数被称为极化强度 P，表示为

$$P=\frac{\sum\bar{\mu}}{\Delta V} \tag{5-2}$$

极化强度是一个矢量，它是一个具有平均意义的物理量，其单位为 C/m^2。可以证明，电极化强度的值等于介质表面的电荷密度。

极化既然是由电场引起的，极化强度就应与场强有关，这一关系由电介质的内在结构决定。电介质分为各向同性介质和各向异性介质(绝大多数的晶体)两种，均可以用统一的式子描述极化强度 P 和电场强度 E 之间的关系

$$P=\alpha E=\varepsilon_0\chi E \tag{5-3}$$

所不同的是，各向同性介质中各点的极化率 χ 只用一个标量描写，每一点的极化强度 P 与该点的场强 E 方向相同且大小成正比；而对于各向异性介质中每点的极化率 χ 必须用一个张量描述，P 与 E 的关系与场强方向有关，同一大小的场强如果方向不同，引起的极化强度也会不同。这里 χ 和 α 一样都取决于电介质的性质，称为电介质的极化率。

电场是电介质极化的原因，极化也反过来对电场产生影响，即出现由极化电荷激发的附加电场。如此互相影响，最后达到平衡。平衡时，空间每点的场强都可以分为两部分：自由电荷激发的场强 E_0 和所有极化电荷的场强 E'。式(5-3)中的 E 应理解为总场强，即两者之和。

在静电学中，为了描述有介质存在时的高斯定理而引入了一个矢量，称为电位移或电感应 D，其定义为

$$D=\varepsilon_0 E+P \tag{5-4}$$

将式(5-3)代入得

$$D=\varepsilon_0(1+\chi)E \tag{5-5}$$

式(5-5)中，比例系数 $\varepsilon_0(1+\chi)$ 只与该点的介质性质 χ 有关，称为介质的绝对介电常数，记作 ε，即

$$\varepsilon=\varepsilon_0(1+\chi) \tag{5-6}$$

把真空看作电介质的特例，其 P 在任何电场强度 E 下均为零，故其 $\chi=0$，$\varepsilon=\varepsilon_0$。可见，$\varepsilon_0$ 是真空的绝对介电常数。为了衡量不同电介质的介电常数，将其与真空作比较，某种电介质的绝对介电常数 ε 与真空的绝对介电常数 ε_0 之比，称为该电介质的相对介电常数，记作 ε_r，即

$$\varepsilon_r=\frac{\varepsilon}{\varepsilon_0}=1+\chi \tag{5-7}$$

相对介电常数 ε_r 是无量纲的纯数，任何电介质的 $\varepsilon_r>1$。式(5-7)表明，用相对介电常数 ε_r 和用宏观电极化率 χ 来描述物质的介电性质是等价的。

介电常数是综合反映介质内部电极化行为的一个主要的宏观物理量。一般电介质的 ε_r 值都在 10 以下，金红石可达 110，而铁电材料的 ε_r 值可达 10^4 数量级。高介电材料是制造电容器的主要材料，可大大缩小电容器的体积。陶瓷、玻璃、聚合物都是常用的电介质，表 5-1 中列出了一些玻璃、陶瓷和聚合物在室温下的相对介电常数。需要说明的是，外加电场的频率对一些电介质的介电常数是有影响的，特别是陶瓷类电介质。

表 5-1　一些玻璃、陶瓷和聚合物在室温下的相对介电常数 ε_r

材　料	ε_r(频率范围/Hz)	材　料	ε_r(频率范围/Hz)
二氧化硅玻璃	3.78(10^2～10^{10})	刚玉	9(6.5)［60(10^6)］
金刚石	6.6(直流)	云母晶体	5.4～6.2
α-SiC	9.7(直流)	氧化铝陶瓷	9.5～11.2
多晶 ZnS	8.7(直流)	食盐晶体	6.12
钛酸钡	3 000(10^6)	LiF 晶体	9.27

（续）

材　料	ε_r(频率范围/Hz)	材　料	ε_r(频率范围/Hz)
聚苯乙烯泡沫塑料	1.02～1.06(60)	聚苯乙烯	2.45～3.10(60)
石蜡	2.0～2.5	高抗冲聚苯乙烯	2.45～4.75(60)
聚乙烯	2.26	聚苯醚	2.58(60)
天然橡胶	2.6～2.9	聚碳酸酯	2.97～3.71(60)
聚乙烯泡沫塑料	1.1(60)	聚砜	3.14(60)
ABS泡沫塑料	1.63(60)	聚氯乙烯	3.2～3.6(60)
聚四氟乙烯	2.0(60)	聚甲基苯烯酸甲酯	3.3～3.9(60)
四氟乙烯-六氟丙烯共聚物	2.1(60)	聚甲醛	3.7(60)
聚丙烯	2.2(60)	尼龙-6	3.8(60)
聚三氟氯乙烯	2.24(60)	尼龙-66	4.0(60)
低密度聚乙烯	2.25～2.35(60)	酚醛树脂	5.0～6.5(60)
高密度聚乙烯	2.30～2.35(60)	硝化纤维	7.0～7.5(60)
ABS树脂	2.4～5.0(60)	聚偏氟乙烯	8.4(60)

5.1.2 电介质极化的微观机制

如果按作用质点的性质分，介质的极化一般包括三部分：电子极化、离子极化和偶极子转向极化。通常意义上，电介质极化是由外加电场作用于这些质点产生的，还有一种极化与质点的热运动有关。因此，极化的基本形式又可分为两种：一种是位移式极化，这是一种弹性的、瞬时完成的极化，不消耗能量。电子位移极化、离子位移极化属这种情况；第二种是松弛极化，这种极化与热运动有关，完成这种极化需要一定的时间，并且是非弹性的，因而消耗一定的能量。电子松弛极化、离子松弛极化属这种类型。

在一些实际的电介质材料中，特别是在一些微观不均匀的凝聚态物质中(如聚合物高分子、陶瓷材料、非晶态固体等)，存在多种微观极化机制。下面分别介绍一下各种极化微观过程，并阐述其微观极化机制。

1. 电子位移极化

在没有外电场作用的时候，组成电介质的分子或原子所带正负电荷的中心重合，即电矩等于零，对外呈中性。在电场作用下，正、负电荷重心产生相对位移(电子云发生了变化而使正、负电荷中心分离的物理过程)，中性分子则转化为偶极子，从而产生了电子位移极化或电子形变极化，如图5.2所示。

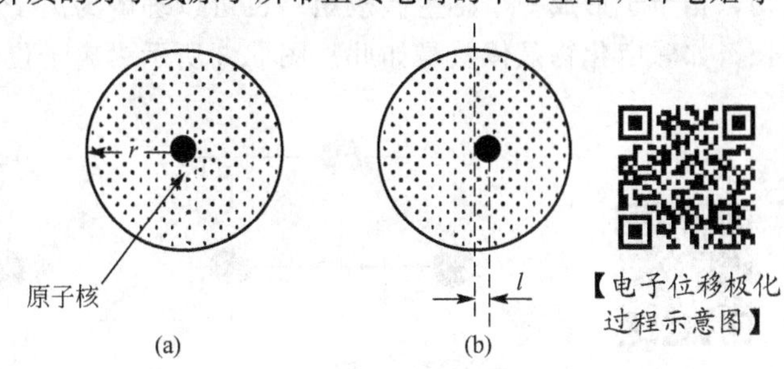

图5.2　电子云位移极化示意图

(a) $E=0$；(b) $E\neq0$

电子位移极化的性质具有一个弹性束缚电荷在强迫振动中表现出来的特征。依据经典弹性振动理论可以计算出电子在交变电场中的极化率为

$$\alpha_e = \frac{e^2}{m}\left(\frac{1}{\omega_0^2 - \omega^2}\right) \tag{5-8}$$

当 ω 趋近于零时，可得到静态极化率

$$\alpha_e = \frac{e^2}{m\omega_0^2} \tag{5-9}$$

由式(5－8)和式(5－9)可见，电子的极化率依赖于交变电场的频率，极化率与交变电场的频率的关系反映了极化惯性。静态极化率可由共振吸收光频(紫光)测出。在光频范围内，电子对极化的贡献总是存在的，而其他极化机构由于惯性跟不上电场的变化，因而此时的介电常数几乎完全来自电子极化率的贡献。

利用玻尔原子模型，可具体估算出 α_e 的大小

$$\alpha_e = \frac{4}{3}\pi\varepsilon_0 R^3 \tag{5-10}$$

式中，ε_0 为真空介电常数；R 为原子(离子)的半径。

可见，电子极化率的大小与原子(离子)的半径有关。以最简单的氢原子为例，氢原子的电子极化率为 $7.52\times10^{-41}\,\mathrm{F\cdot m^2}$。式(5－10)不适用于较复杂的原子，但是可以肯定，当电子轨道半径增大时，电子位移极化率会随之很快增大。在元素周期表中，对于同一族的原子，电子位移极化率自上而下依次增大；同一周期中的元素，原子的电子位移极化率自左向右可以增大也可以减少，这是因为虽然轨道上电子数目增多，但是轨道半径却可能减小，结果要看哪个效应更占优势。

电子位移极化存在于一切气体、液体及固体介质中，具有如下特点：①形成极化所需的时间极短(因电子质量极小)，约 10^{-15} s，故其 ε_r 不随频率变化；②具有弹性，撤去外场，正负电荷中心重合，没有能量损耗；③温度对其影响不大，温度升高，ε_r 略微下降，具有不大的负温度系数。

2. 离子位移极化

在离子晶体中，无电场作用时，离子处在正常结点位置并对外保持电中性，但在电场作用下，正、负离子产生相对位移，破坏了原先呈电中性分布的状态，电荷重新分布，相当于从中性分子转变为偶极子产生离子位移极化。离子在电场作用下偏移平衡位置的移动，相当于形成一个感生偶极矩；也可以理解为离子晶体在电场作用下离子间的键合被拉长，如碱卤化物晶体就是如此。图 5.3 所示为离子位移极化的模型。

【离子位移极化过程示意图】

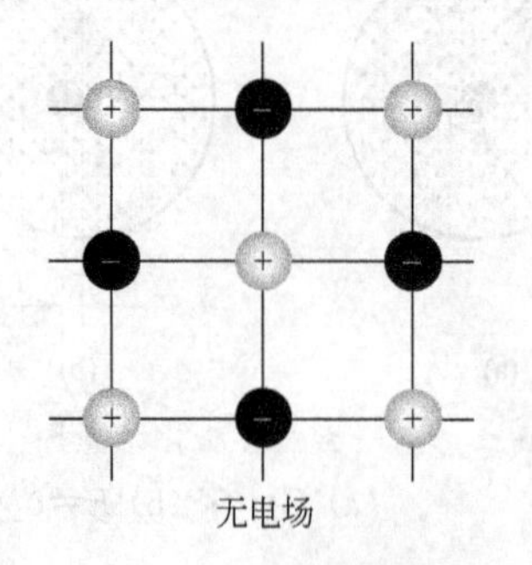

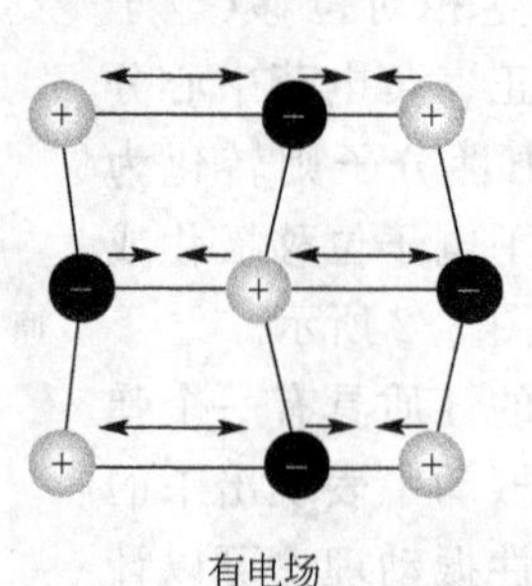

图 5.3　离子位移极化示意图

与电子位移极化类似，根据经典弹性振动理论可以估计出离子位移极化率在交变电场作用下，由正、负离子的位移可导出离子位移极化率

$$\alpha_i = \frac{q^2}{M}\left(\frac{1}{\omega_0^2 - \omega^2}\right) \tag{5-11}$$

可见，离子位移极化和电子位移极化的表达式类似，都具有弹性偶极子的极化性质。ω_0可由晶格振动红外吸收频率测量出来。这里两种离子的相对运动，就是晶格振动的光学波。以离子晶体的极化为例，每对离子的平均位移极化率 α_i 为

$$\alpha_i = \frac{12\pi\varepsilon_0 a^3}{A(n-1)} \tag{5-12}$$

式中，a 为晶格常数；A 为马德隆常数；n 为电子层斥力指数，对于离子晶体 $n=7\sim11$，因此离子位移极化率的数量级约为 $10^{-40}\,\mathrm{F\cdot m^2}$。

离子位移极化主要存在于离子晶体中，如云母、陶瓷材料等，它具有如下特点：①形成极化所需的时间极短，约 10^{-13} s，故一般可以认为 ε_r 与频率无关；②属弹性极化，几乎没有能量损耗；③温度升高时离子间的结合力降低，使极化程度增加，但离子的密度随温度升高而减小，使极化程度降低，通常前一种因素影响较大，故 ε_r 一般具有正的温度系数。即温度升高，极化程度有增强的趋势。

3. 固有电矩的取向极化

电介质中电偶极子的产生有两种机制：一是产生于感应电矩；二是产生于固有电矩。前者是在电场的作用下才会产生，如电子位移极化和离子位移极化；后者存在于极性电介质中，本身分子中存在不对称性，具有非零的恒定偶极矩 p_0。在没有外电场作用时，电偶极子在固体中杂乱无章地排列，宏观上显示不出它的带电特征；如果将该系统放入外电场中，固有电矩将沿电场方向取向，其固有的电偶极矩沿外电场方向有序化，这个过程被称为取向极化或转向极化，如图 5.4 所示。

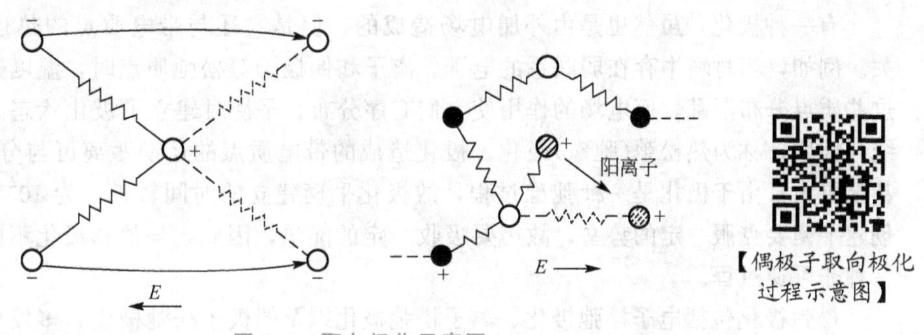

图 5.4 取向极化示意图

在取向极化过程中，热运动(温度作用)和外电场是使偶极子运动的两个矛盾方面，偶极子沿外电场方向有序化将降低系统能量，但热运动破坏这种有序化，在两者平衡条件下，可以得到偶极子取向极化率为

$$\alpha_d = \frac{p_0^2}{3k_B T} \tag{5-13}$$

式中，p_0为无电场时偶极子固有电矩；k_B 为玻尔兹曼常数；T 为热力学温度。

对于一个典型的偶极子，$p_0 = e\times10^{-10}\,\mathrm{C\cdot m}$，因此取向极化率 α_d约为 $2\times10^{-38}\,\mathrm{F\cdot m^2}$，

比电子位移极化率要高两个数量级。固有电矩的取向极化具有如下特点：①极化是非弹性的；②形成极化需要的时间较长，为$10^{-10}\sim10^{-2}$s，故其ε_r与频率有较大关系，频率很高时，偶极子来不及转动，因而其ε_r减小；③温度对极性介质的ε_r有很大影响，温度高时，分子热运动剧烈，妨碍它们沿电场方向取向，使极化减弱，故极性气体介质常具有负的温度系数，但极性液体、固体的ε_r在低温下先随温度的升高而增加，当热运动变得较强烈时，ε_r又随温度的上升而减小。

取向极化的机理可以应用于离子晶体的介质中，带有正、负电荷的成对的晶格缺陷所组成的离子晶体中的“偶极子”，在外电场作用下也可能发生取向极化。图 5.5 所示的极化是由杂质离子(通常是带大电荷的阳离子)在阴离子空位周围跳跃引起的，有时也称为离子跃迁极化，其极化机构相当于偶极子的转动。

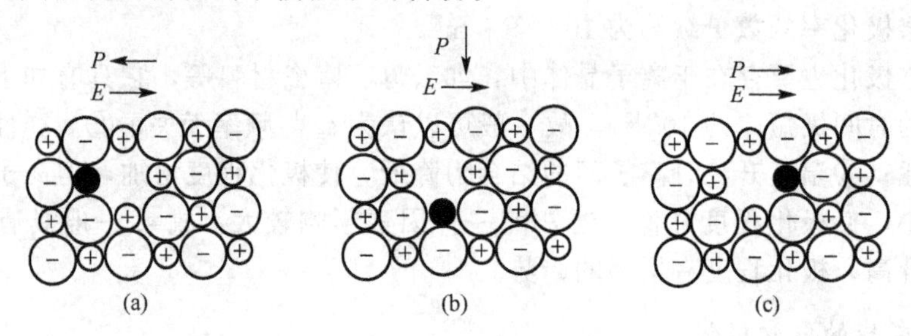

图 5.5　离子跃迁极化示意图

在气体、液体和理想的完整晶体中，经常存在的微观极化机制是电子位移极化、离子位移极化和固有电矩的取向极化。在非晶态固体、聚合物高分子、陶瓷以及不完整的晶体中，还会存在其他更为复杂的微观极化机制。在此，简要介绍 3 种常见的极化机制，即松弛极化、空间电荷极化和自发极化。

4. 松弛极化

有一种极化，虽然也是由外加电场造成的，但是它还与带电质点的热运动状态密切相关。例如，当材料中存在弱联系的电子、离子和偶极子等松弛质点时，温度造成的热运动使这些质点分布混乱，而电场的作用使它们有序分布，平衡时建立了极化状态。这种极化具有统计性质，称为热松弛(弛豫)极化。极化造成的带电质点的运动距离可与分子大小相比拟，甚至更大。由于极化是一种弛豫过程，故极化平衡建立的时间较长，为$10^{-9}\sim10^{-2}$s，并且创建平衡要克服一定的势垒，故需要吸收一定的能量，因此，与位移极化不同，松弛极化是一种非可逆过程。

松弛极化包括电子松弛极化、离子松弛极化以及偶极子松弛极化，多发生在晶体缺陷区或玻璃体内，有些极性分子物质也会发生。

(1) 电子松弛极化α_T^e。

电子松弛极化是由弱束缚电子引起的极化。晶格的热振动、晶格缺陷、杂质引入、化学成分局部改变等因素都能使电子能态发生改变，出现位于禁带中的局部能级，形成所谓的弱束缚电子。例如，色心点缺陷之一的“F-心”就是由一个负离子空位俘获一个电子所形成的。“F-心”的弱束缚电子为周围结点上的阳离子所共有，在晶格热振动下，可以吸收一定能量由较低的局部能级跃迁到较高的能级而处于激发态，连续地由一个阳离子结点转移到另一个阳离子结点，类似于弱联系离子的迁移。外加电场力使弱束缚电子的运动具有方向性，这就形成了极化状态，称之为电子弛豫极化。它与电子位移极化不同，是一种不可逆过程。

由于这些电子是弱束缚状态，因此，电子可做短距离运动，不能远程迁移。电子松弛极化和导电不同，只有当弱束缚电子获得更高的能量时，受激发跃迁到导带成为自由电子才形成导电。由此可知，具有电子弛豫极化的介质往往具有电子电导特性。

电子弛豫极化主要出现在折射率大、结构紧密、内电场大和电子电导率大的电介质中，一般以 TiO_2 为基础的电容器陶瓷很容易出现弱束缚电子，形成电子松弛极化。含 Nb^{5+}、Ca^{2+}、Ba^{2+} 杂质的钛质瓷和以 Bi、Nb 氧化物为基的陶瓷介质，也具有电子松弛极化。

这种极化建立的时间为 $10^{-9}\sim10^{-2}$ s，当频率高于 10^9 Hz 时，这种极化形式就不存在了。因此，具有电子松弛极化的材料，其介电常数随频率的升高而减小，在介电常数随温度的变化关系中具有极大值，可能出现异常高的介电常数。

(2) 离子松弛极化 α_T^{i}。

在完整的离子晶体中，离子处于正常结点(即平衡位置)时，能量最低、最稳定，离子牢固地束缚在结点上，称为强联系离子。它们在电场作用下，只能产生弹性位移极化，极化质点仍束缚于原平衡位置附近。但是在玻璃态物质、结构松散的离子晶体中以及在晶体的杂质和缺陷区域内，离子本身能量较高，易被活化迁移，称为弱联系离子。弱联系离子的极化可以从一个平衡位置到另一个平衡位置，当去掉外电场时，弱联系离子的极化可以从一平衡位置到另一平衡位置，离子不能回到原来的平衡位置，这种迁移是不可逆的。这种迁移的距离可达到晶格常数的数量级，比离子位移极化时产生的弹性位移要大得多。

但是，弱离子弛豫极化的迁移又和离子电导不同，后者迁移距离属远程运动，而前者运动距离是有限的，它只能在结构松散或缺陷区附近运动，越过势垒 $U_{松}$ 到新的平衡位置，如图 5.6 所示，这个势垒小于离子导电势垒 $U_{电导}$，所以离子参加极化的概率远大于参加导电的概率。

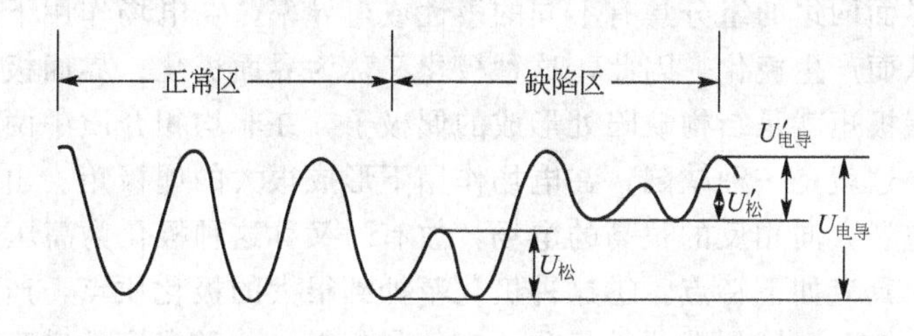

图 5.6 离子松弛极化与离子电导势垒

U—结点上离子迁移需克服的势垒；U'—填隙离子迁移需克服的势垒

根据弱联系离子在有效电场作用下的运动，以及对弱离子运动势垒计算，可以得到离子热弛豫极化率的大小为

$$\alpha_T^{\mathrm{i}}=\frac{q^2\delta^2}{12k_{\mathrm{B}}T} \tag{5-14}$$

式中，q 为离子荷电量；δ 为弱联系离子在电场作用下的迁移。由式(5-14)可见，温度越高，热运动对弱联系离子规则运动阻碍越大，因此 α_T^{i} 减小。离子弛豫极化率比位移极化率大一个数量级，因而导致较大的介电常数。

松弛极化的介电常数与温度的关系往往出现极大值。这是由温度对松弛极化过程的双重影响作用所决定的：一方面，温度升高，则松弛时间减小，松弛过程加快，减小了极化建立所需要的时间，极化建立更充分，从而介电常数升高；另一方面，温度升高，则极化

率 α_T^i 下降，使介电常数降低。所以在适当温度下，介电常数有极大值。

离子弛豫极化的松弛时间长达 $10^{-5}\sim10^{-2}$s，所以电场频率在无线电频率 10^6Hz 以下时，离子松弛极化来不及建立，因而介电常数随频率的升高而明显下降。当频率很高时，则无离子弛豫极化对电极化强度的贡献。

5. 空间电荷极化

【空间电荷极化】

空间电荷极化是不均匀电介质(或者说是复合电介质)在电场的作用下的一种重要的极化机制。在不均匀电介质中的自由电荷载流子(正、负离子或电子)可以在晶格缺陷、晶界、相界等区域积聚，形成空间电荷的局部积累，使电介质中的电荷分布不均匀。在电场的作用下，这些混乱分布的空间电荷趋向于有序化，即空间电荷的正、负电荷质点分别向外电场的正、负极方向移动，其表现类似于一个宏观的电矩群从无序取向向有序取向的转化过程，这种极化称为空间电荷极化，如图 5.7 所示。

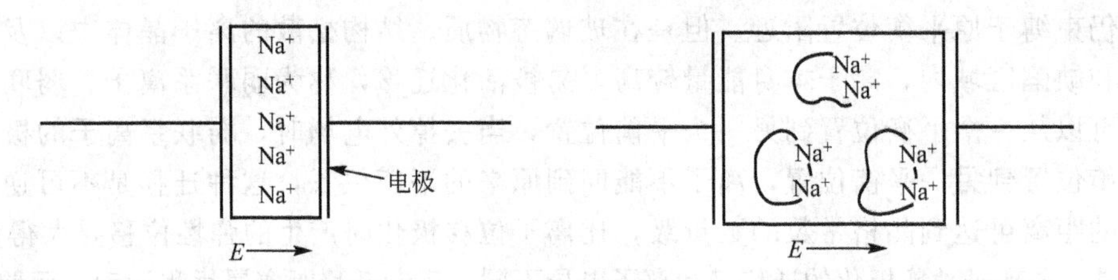

图 5.7　离子松弛极化与离子电导势垒

宏观的不均匀性，例如夹层、气泡等也可形成空间电荷极化，特别是产生于非均相介质界面处，由于界面两边的组分具有不同的极性或电导率，在电场作用下将引起电荷在两相界面处聚集，从而产生极化，因此，这种极化又称为界面极化。界面极化是由缺陷偶极矩形成的，缺陷偶极矩就是结构缺陷处形成的偶极子，在非均相介质中两种物质的交界面结构是不均一的，这就是一种缺陷，在电场作用下形成很大的偶极矩。由于空间电荷的积聚，可形成与外电场方向相反的很高的电场，故有时又称这种极化为高压式极化。

空间电荷极化具有如下特点：①这种极化牵扯到很大的极化质点，产生极化所需的时间较长，为 $10^{-4}\sim10^4$s；②属非弹性极化，有能量损耗；③随温度的升高而下降；④主要存在于直流和低频下，高频时因空间电荷来不及移动，没有或很少有这种极化现象。

6. 自发极化

【自发极化示意图】

以上介绍的极化是介质在外加电场作用下引起的，没有外加电场时，这些介质的极化强度等于零。还有一种极化叫自发极化，这是一种特殊的极化形式。这种极化状态并非由外电场引起，而是由晶体的内部结构造成的。在这类晶体中，每一个晶胞里都存在固有电偶极矩，即使外加电场除去，仍存在极化，而且其自发极化方向可随外电场方向的不同而反转，这类材料称为铁电体。

【电滞回线】

铁电体的极化强度 P 和电场强度 E 的关系类似于铁磁材料的磁化特性，称其为电滞现象。自发极化的发生机理有“位移型”和“有序-无序型”两类。自发极化在某一温度下急剧消失，称此温度为“居里温度”，并用 T_c 表示。

位移型自发极化是由于晶体内离子的位移而产生了极化偶极矩，形成了自发极化。典型代表是钛酸钡($BaTiO_3$)，它的晶胞结构是在 Ba^{2+} 离子的立方晶格的6个面心上各有一个 O^{2-} 离子，这些 O^{2-} 离子形成的正八面体的中心处又有一个 Ti^{4+} 离子。这种立方晶体存在于温度120℃以上，当温度低于120℃时，正、负离子发生0.1Å左右的相对位移，使立方晶体变为正方晶体，从而产生电偶极矩，形成了位移型自发极化。

有序-无序型自发极化是由于永久偶极子正旋转排列与反旋转排列而形成的自发极化。磷酸二氢钾(KH_2PO_4)在其结构中H是处在最相邻的两个 PO_4 之间并以O—H…O形式进行结合，但H同时又可取得像O…H—O这样与O—H…O相反的平衡位置，从而产生了由$(H_2PO_4)^{-1}$与 K^+ 排列方向不同的偶极子。在低于 T_c 时，H的结合偏于一方，偶极子取有序排列，偶极子相互作用的能量大于由热引起的无序化的能量；在 T_c 以上，则情况相反。

对于铁电体，当温度靠近 T_c 时，有

$$\varepsilon=\frac{C}{T-\theta} \tag{5-15}$$

式中，C 为居里常数；θ 为由材料决定的特性温度；T 为绝对温度。式(5-15)称为“居里-外斯定律”。

各种极化形式的综合比较见表5-2及如图5.8所示。

表5-2 各种极化形式的比较

极化形式	电介质种类	发生极化的频率范围	和温度的关系	能量消耗
电子位移极化	一切电介质	直流-光频	无关	没有
离子位移极化	离子结构介质	直流-红外	温度升高极化增强	很微弱
离子松弛极化	离子结构的玻璃、结构不紧密的晶体及陶瓷	直流-超高频	随温度变化有极大值	有
电子松弛极化	钛质瓷、高价金属氧化物基陶瓷	直流-超高频	随温度变化有极大值	有
转向极化	有机材料	直流-超高频	随温度变化有极大值	有
空间电荷极化	结构不均匀的陶瓷介质	直流-低频 10^3 Hz	随温度升高而减弱	有
自发极化	温度低于居里点的铁电材料	与频率无关	随温度变化有显著极大值	很大

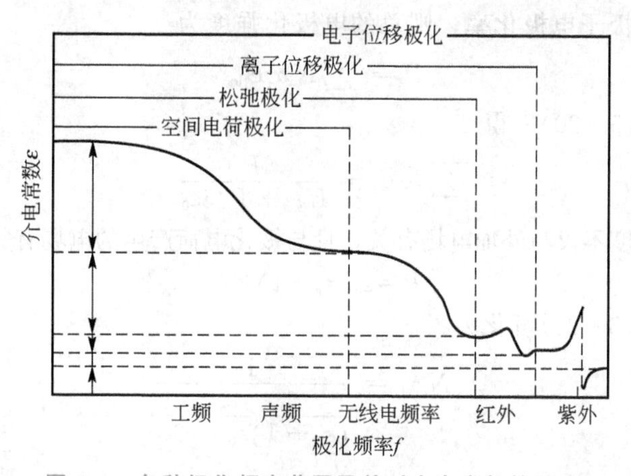

图5.8 各种极化频率范围及其对介电常数的贡献

5.1.3 宏观极化强度与微观极化率

对于一个分子来说，它总是与除它自身以外的其他分子相隔开，同时又总与其周围的分子相互作用，即使没有外部电场作用，介质中每一个分子也都处于周围分子的作用之中。当外部施加电场时，由于感应作用，分子发生极化，并产生感应偶极矩，从而成为偶极分子，它们又转而作用于被考察分子，从而改变了原来分子间的相互作用。因此，作用在被考察分子上的有效电场就与宏观电场不同，它是外加宏观电场与周围极化了的分子对被考察分子相互作用电场之和。即与分子、原子上的有效电场、外加电场 E_o、电介质极化形成的退极化场 E_d，还有分子或原子周围的带电质点的相互作用有关。克劳修斯-莫索堤方程表述了宏观点极化强度与微观分子(原子)极化率的关系。

1. *有效电场*

当电介质极化后，在其表面形成了束缚电荷。这些束缚电荷形成一个新的电场，由于与极化电场方向相反，故称为退极化场 E_d，如图 5.9所示。根据静电学原理，由均匀极化所产生的电场等于分布在物体表面上的束缚电荷在真空中产生的电场，一个椭圆形样品可形成均匀极化并产生一个退极化场。因此，外加电场 E_o和退极化场 E_d 的共同作用才是宏观电场 $E_宏$，即

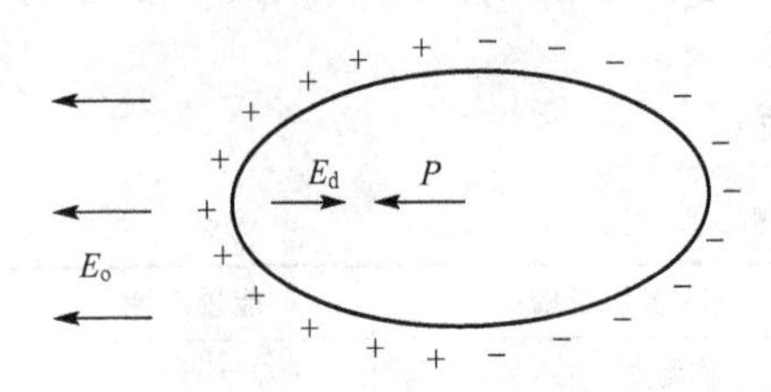

图 5.9　退极化场 E_d

$$E_{宏}=E_o+E_d \tag{5-16}$$

莫索堤导出了极化的球形腔内局部电场 E_{loc}表达式

$$E_{loc}=E_{宏}+P/3\varepsilon_0 \tag{5-17}$$

2. *克劳修斯-莫索堤方程*

电极化强度 P 可以表示为单位体积电介质在实际电场的作用下所有偶极矩的总和，即

$$P=\sum N_i\bar{\mu}_i \tag{5-18}$$

式中，N_i为第 i 种偶极子数目；$\bar{\mu}_i$为第 i 种偶极子平均偶极矩。

带电质点的平均偶极矩正比于作用在质点上的局部电场 E_{loc}，即

$$\bar{\mu}_i=\alpha_i E_{loc} \tag{5-19}$$

式中，α_i是第 i 种偶极子电极化率，则总的电极化强度为

$$P=\sum N_i\alpha_i E_{loc} \tag{5-20}$$

将式(5-17)代入式(5-20)中得

$$\sum N_i\alpha_i=\frac{P}{E_{宏}+P/3\varepsilon_0} \tag{5-21}$$

已经证明，电极化强度不仅与外加电场有关，且与极化电荷产生的电场有关，可以表示为

$$P=\varepsilon_0(\varepsilon_r-1)E_{宏} \tag{5-22}$$

考虑式(5-22)，式(5-21)可化为

$$\sum N_i\alpha_i=\frac{1}{\dfrac{1}{(\varepsilon_r-1)\varepsilon_0}+\dfrac{1}{3\varepsilon_0}} \tag{5-23}$$

整理得

$$\frac{\varepsilon_r-1}{\varepsilon_r+2}=\frac{1}{3\varepsilon_0}\sum_i N_i\alpha_i \tag{5-24}$$

式(5-24)描述了电介质的相对介电常数ε_r与偶极子种类、数目和极化率之间的关系。它提示人们，研制高介电常数的介电材料的方向是获得高介电常数，因此，应选择大的极化率的离子，此外还应选择单位体积内极化质点多的电介质。

5.1.4 影响介电常数的因素

由式(5-22)可以看出，材料的介电常数与它的电极化强度有关，因此影响电极化的因素对它都有影响。

首先是极化类型的影响，电介质极化过程是非常复杂的，其极化形式也是多种多样的，介质材料以哪种形式极化，与它们的结构紧密程度相关。

环境对介电常数的影响，首先是温度的影响，根据介电常数与温度的关系，电介质可分为两大类：一类是介电常数与温度呈强烈非线性关系的电介质，对这一类材料很难用介电常数的温度系数来描述其温度特性；另一类是介电常数与温度呈线性关系，这类材料可以用介电常数的温度系数 TKε 来描述其介电常数与温度的关系。介电常数温度系数是温度变动时介电常数 ε 的相对变化率，即

$$\mathrm{TK}\varepsilon=\frac{1}{\varepsilon}\frac{\mathrm{d}\varepsilon}{\mathrm{d}T} \tag{5-25}$$

因此，可以直接根据 ε 与温度的关系进行计算。由于绝大部分电介质的介电常数与温度的关系本身并不精确，因此这种计算是不精确的，实际工作中常采用实验的方法来确定，通常用 TKε 的平均值来表示

$$\mathrm{TK}\varepsilon=\frac{\Delta\varepsilon}{\varepsilon_0\Delta t}=\frac{\varepsilon_t-\varepsilon_0}{\varepsilon_0(t-t_0)} \tag{5-26}$$

式中，t_0为初始温度，一般为室温；t为改变后的温度或元件的工作温度；ε_0和ε_t分别为介质在t_0和t时的介电常数。

有些材料的 TKε 为正值，有些却为负值。经验表明，一般介电常数 ε 很大的材料，其 TKε 为负值，介电常数较小的材料，其 TKε 为正值。对于用介电材料制成的电子产品，材料介电常数温度系数是一个十分重要的参量。此外，介质的介电常数还与频率、电场强度有关。

5.2 交变电场中的电介质

5.2.1 复介电常数

在变动的电场下，5.1 节的静态介电常数不再适用，而出现动态介电常数——复介电常数，下面以平板电容器为例说明复介电常数。

一个在真空中的容量为$C_0=\dfrac{\varepsilon_0 S}{d}$的平行平板电容器，如果在其两个极板上施加角频率为$\omega$的正弦交变电压$V=V_0\mathrm{e}^{\mathrm{i}\omega t}$，则在电极上出现电荷$Q=C_0V$，并且与外电压同相位。该电容上的电流为

$$I=\dot{Q}=\mathrm{i}\omega C_0 V=\omega C_0 V_0 \exp\left[\mathrm{i}\left(\omega t+\frac{\pi}{2}\right)\right] \tag{5-27}$$

式中，虚因子 $\mathrm{i}=\sqrt{-1}$，表示 I 与 V 有 90°的相位差，如图 5.10 所示。

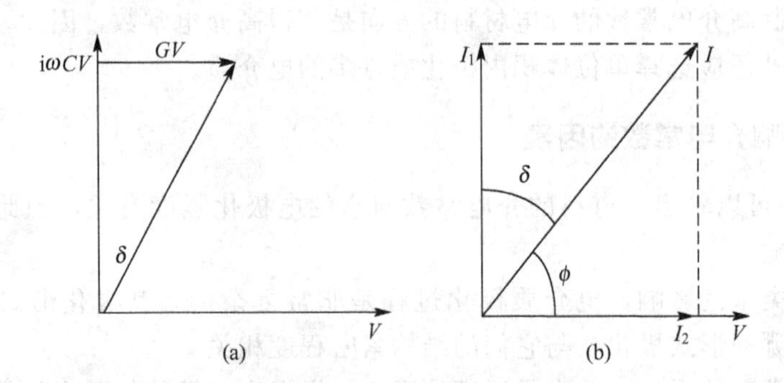

图 5.10　充满电介质的电容器的电流和电压之间的相位关系

当两极间充以非极性的完全绝缘的材料时，$C=\varepsilon_r C_0>C_0$，则电流变为

$$I=\dot{Q}=\mathrm{i}\omega CV=\varepsilon_r I_0 \tag{5-28}$$

它比 I_0 大，但与外电压仍相差 90°相位。

如果试样材料是弱导电性的，或是极性的，或兼有此两种特性，那么电容器不再是理想的，电流与电压的相位不恰好相差 90°。这是由于存在一个与电压相相位同的很小的电导分量 GV，它来源于电荷的运动。如果这些电荷是自由的，则电导 G 实际上与外电压频率无关；如果这些电荷是被符号相反的电荷所束缚，如振动偶极子的情况，则 G 为频率的函数。

这时，可以把实际电容器的电流 I 分解为两个电流分量 I_1 和 I_2，如图 5.10(b)所示，其中，I_1 的相位角超前电压 90°，这部分电流不损耗功率，称为无功电流；I_2 与电压同相位，该电流是损耗功率的，故称为有功电流。这两个电流分量与电压之间的关系可以用下面的式子表示为

$$I=I_1+I_2=(\mathrm{i}\omega C+G)V \tag{5-29}$$

式中，G 称为介质的电导，这个电导并不一定代表由于载流子的迁移而产生的直流电导，而是代表介质中存在有损耗机制，使电容器上的能量部分地消耗为热的物理过程。

把 $G=\sigma\dfrac{S}{d}$，$C=\dfrac{\varepsilon_r\varepsilon_0 S}{d}$(式中，$S$ 为极板面积；d 为介质厚度；σ 为电导率)代入式(5-29)，即可求得电流密度与材料的电导率 σ、介电系数 ε 之间的关系

$$j=(\mathrm{i}\omega\varepsilon_r\varepsilon_0+\sigma)E \tag{5-30}$$

式中，第一项 $\mathrm{i}\omega\varepsilon_r\varepsilon_0 E$ 称为位移电流密度；第二项 σE 称为传导电流密度。

由 $j=\mathrm{i}\omega\varepsilon^* E$ 定义复介电常数 ε^*，即

$$\varepsilon^*=\frac{\mathrm{i}\omega\varepsilon_r\varepsilon_0+\sigma}{\mathrm{i}\omega}=\varepsilon_r\varepsilon_0-\mathrm{i}\frac{\sigma}{\omega}=\varepsilon-\mathrm{i}\frac{\sigma}{\omega} \tag{5-31}$$

式中，ε 为绝对介电常数。由于电导(或损耗)不完全由自由电荷产生，也由束缚电荷产生，那么电导率 σ 本身就是一个依赖于频率的复变量，所以 ε^* 的实部不是严格地等于 ε，虚部也不是精确地等于 $\dfrac{|\sigma|}{\omega}$。

复介电常数最普遍地表示式是

$$\varepsilon^* = \varepsilon' - i\varepsilon'' \tag{5-32}$$

这里ε'和ε''是依赖于频率的量。

损耗角(图5.10中的δ)由下式定义

$$\tan\delta = \frac{\text{损耗项}\ \varepsilon''}{\text{电容项}\ \varepsilon'} = \frac{\sigma}{\omega\varepsilon} \tag{5-33}$$

则电导率为

$$\sigma = \omega\varepsilon\tan\delta \tag{5-34}$$

式中，$\varepsilon\tan\delta$仅与介质有关，称为介质的损耗因子，其大小可以作为绝缘材料的判据。

5.2.2 介电弛豫的物理意义

介质在交变电场中通常发生弛豫现象。在一个实际介质的样品上突然加一电场所产生的极化过程不是瞬间完成的，有一定的滞后，这种在外电场施加或移去后，介质系统弛滞达到平衡状态的过程叫作介质弛豫。弛豫这个概念是从宏观的热力学唯象理论抽象出来的。一个宏观系统，由于周围环境的变化，或它经受了一个外界的作用，而变成非热平衡状态，这个系统经过一定时间由非热平衡状态过渡到新的热平衡状态的整个过程就称为弛豫。

介电体在恒定电场作用下，从开始极化到稳定状态需要一定的时间，其中有的极化形式，如电子位移极化和离子位移极化，到达稳态所需的时间非常短(一般在$10^{-16}\sim10^{-12}$ s)，相对于无线电频率(小于5×10^{12} Hz)仍可认为是极短的，因此这类极化又称为“瞬间位移极化”，这类极化建立的时间可以忽略不计；而另外一些极化需要的时间较长，例如偶极子转向极化和热转化极化，到达极化稳定状态的时间较长(10^{-8} s以上)，同时去掉电场，极化强度也不会马上消失，这类极化称为“松弛极化”，在外加电场频率较高时，就有可能来不及跟随电场的变化，表现出极化的滞后性。如果电介质中同时存在两类极化形式，那么表征电介质极化强度的参数P可以写成如下形式

$$P(t) = P_0 + P_r(t) \tag{5-35}$$

式中，P_0为快极化或瞬间极化强度；$P_r(t)$为缓慢极化或松弛极化强度。极化强度建立的过程如图5.11所示。

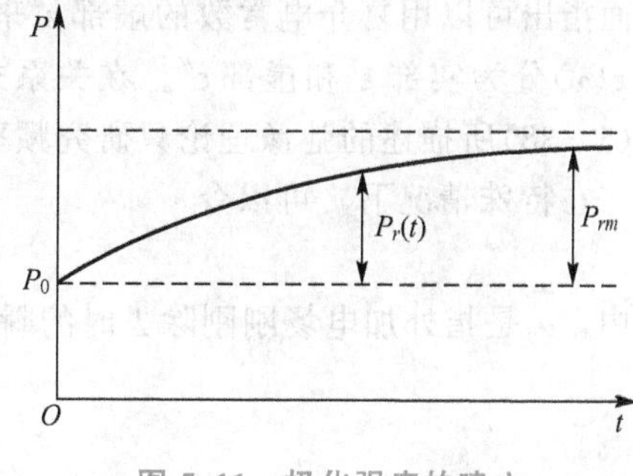

图5.11 极化强度的建立

从图5.11中可以看出，位移极化强度P_0是瞬时建立的，与时间无关。松弛极化强度$P_r(t)$与时间的关系比较复杂。

当介质中只有一种松弛极化时，若$t=0$，$P_r=0$，并在此瞬时施加一个恒定电场，松弛极化强度与时间的关系可近似地表示为

$$P_r(t) = P_{rm}(1 - e^{-\frac{t}{\tau}}) \tag{5-36}$$

图5.12(a)中的曲线描述了式(5-36)的弛豫规律，P_{rm}为稳态(即$t\rightarrow\infty$)时的松弛极化强度，t为电场加上以后经过的时间，τ为松弛时间常数(也称为弛豫时间)，它与时间无关，但与温度有关。

当极化强度达到稳态以后，移去电场，$P_r(t)$将随时间的增加而呈指数式下降，经过

相当长的时间之后，$P_r(t)$实际上降低至零。

$$P_r(t)=P_{rm}\mathrm{e}^{-\frac{t}{\tau}} \tag{5-37}$$

图 5.12(b)中的曲线描述了式(5-37)的弛豫规律，弛豫时间 τ 是松弛极化强度 $P_r(t)$ 减小至稳态时的极化强度 P_{rm} 的 1/e 倍所需的时间。

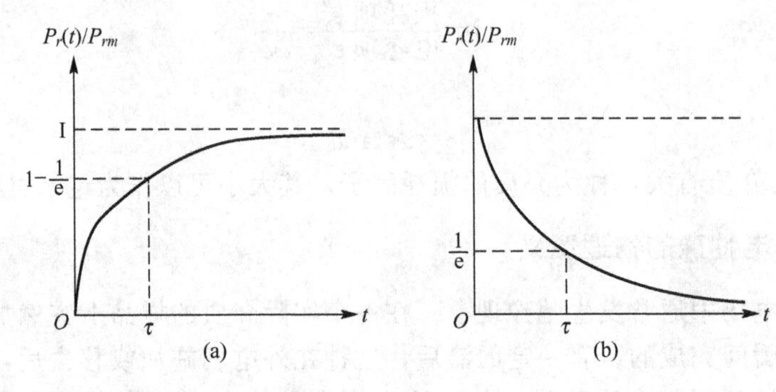

图 5.12 弛豫规律

简单地用一个时间常数来表征的弛豫规律[式(5-36)和式(5-37)]，在介电弛豫现象中还远远不够，下面将从这种基本的规律开始进行论述。

5.2.3 德拜弛豫方程

总的介电响应宏观效果可用相对介电常数 ε 来描述。在频率为 ω 的正弦波交变电场作用下，电介质的极化弛豫现象一般可用如下的 ε 与 ω 的普遍关系来描述

$$\varepsilon(\omega)=\varepsilon_\infty+\int_0^\infty \alpha(t)\mathrm{e}^{\mathrm{i}\omega t}\,\mathrm{d}t \tag{5-38}$$

式中，$\alpha(t)$为衰减因子，它描述了突然除去外电场后，介质极化衰减的规律，以及迅速加上恒定外电场时，介质极化趋向于平衡态的规律。这一弛豫的过程宏观表现为一种损耗，前面指出可以用复介电常数的虚部 ε''来描述介电损耗。因此，衰减因子将使式(5-38)中的 $\varepsilon(\omega)$分为实部 ε'和虚部 ε''。在关系式(5-38)中，当 $\omega\to\infty$时，必有 $\varepsilon(\infty)=\varepsilon_\infty$，因此式(5-38)所描述的弛豫理论只研究频率较低的现象，光频弛豫效应被省略。

在特殊情况下，可以令

$$\alpha(t)=\alpha_0\mathrm{e}^{-t/\tau} \tag{5-39}$$

式中，α_0是指外加电场刚刚除去时的瞬间衰减，将式(5-39)代入式(5-38)，积分得到

$$\varepsilon(\omega)=\varepsilon_\infty+\frac{\alpha_0}{\frac{1}{\tau}-\mathrm{i}\omega} \tag{5-40}$$

记作
$$\varepsilon(0)=\varepsilon_s \tag{5-41}$$
则
$$\varepsilon_s=\varepsilon_\infty+\tau\alpha_0 \tag{5-42}$$

ε_s为静态相对介电常数，于是式(5-39)可写为

$$\alpha(t)=\frac{\varepsilon_s-\varepsilon_\infty}{\tau}\mathrm{e}^{-t/\tau} \tag{5-43}$$

而
$$\varepsilon(\omega)=\varepsilon'-\mathrm{i}\varepsilon''=\varepsilon_\infty+\frac{\varepsilon_s-\varepsilon_\infty}{1-\mathrm{i}\omega\tau} \tag{5-44}$$

由式(5－44)可以得到复介电常数 ε 的实部 ε'、虚部 ε'' 和损耗角正切 $\tan\delta$ 的表示式为

$$\left.\begin{aligned}\varepsilon'&=\varepsilon_\infty+\frac{\varepsilon_s-\varepsilon_\infty}{1+\omega^2\tau^2}\\ \varepsilon''&=\frac{(\varepsilon_s-\varepsilon_\infty)\omega\tau}{1+\omega^2\tau^2}\\ \tan\delta&=\frac{\varepsilon''}{\varepsilon'}=\frac{(\varepsilon_s-\varepsilon_\infty)\omega\tau}{\varepsilon_s+\varepsilon_\infty\omega^2\tau^2}\end{aligned}\right\}\tag{5-45}$$

式(5－45)常被称为德拜方程。

图5.13是根据德拜方程画出的 ε'、ε''、$\tan\delta$ 与 $\omega\tau$ 的关系曲线示意图。

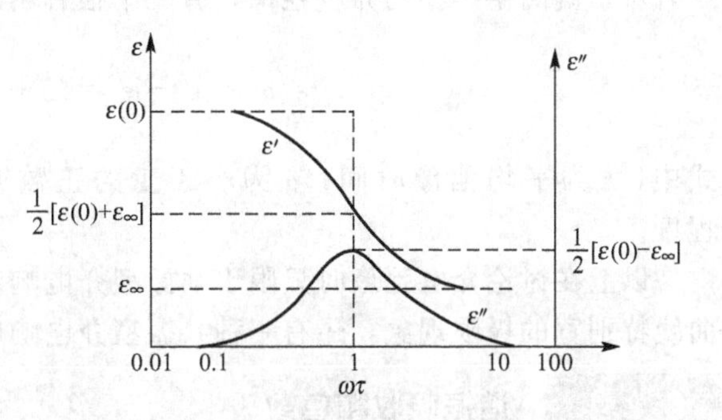

图5.13 ε'、ε'' 和 $\tan\delta$ 与 $\omega\tau$ 的关系

当 $\omega\tau=1$ 时，ε'' 具有极大值，$\tan\delta$ 在略大于该频率值时也将达到最大值；当 $\omega\tau$ 大于或小于1时，ε'' 都小，即当弛豫时间和所加电场的频率相比较大时，偶极子来不及转移定向，ε'' 就小，$\omega\to\infty$ 时，$\varepsilon''\to 0$，当弛豫时间比所加电场的频率还要迅速时，ε'' 也小。

当频率 ω 趋于零时，ε' 趋于静态介电系数 ε_s；当交变电场频率很高时，如当 $\omega\to\infty$ 时，由德拜方程可以得到 $\varepsilon'\to\varepsilon_\infty$，$\varepsilon_\infty$ 对应的是光频介电系数，此时的极化机制只有电子位移极化的贡献。

事实上，光频电场使介质极化时也有损耗，表现为介质对光的吸收。此时，光频介电常数也可表示为复数。光频损耗在德拜弛豫理论中被省略。在较低频率下电介质的弛豫现象比光频的要复杂很多，德拜弛豫理论在实验和技术工作中有十分重要的应用。

在德拜方程(5－45)中消去 $\omega\tau$，得到

$$\left[\varepsilon'-\frac{1}{2}(\varepsilon_s+\varepsilon_\infty)\right]^2+(\varepsilon'')^2=\frac{1}{4}(\varepsilon_s-\varepsilon_\infty)^2\tag{5-46}$$

如果以 ε' 为横坐标，ε'' 为纵坐标作图，则方程(5－46)给出了一条半圆周曲线，如图5.14所示，称这样的图为Cole-Cole图。德拜方程(5－45)在数学意义上就是图中半圆周曲线的参数方程，参数就是 ω。$\omega=0$ 和 $\omega\to\infty$ 给出的两点在横坐标轴上，$\omega=\frac{1}{\tau}$ 给出的点恰好是半圆的最高点。当 ω 由零连续增大至无穷大时，曲线上的点按图中箭头方向扫过半圆周。遵从式(5－45)规律的弛豫现象属于德拜型。有许多电介质的介电弛豫并不属于德拜型。

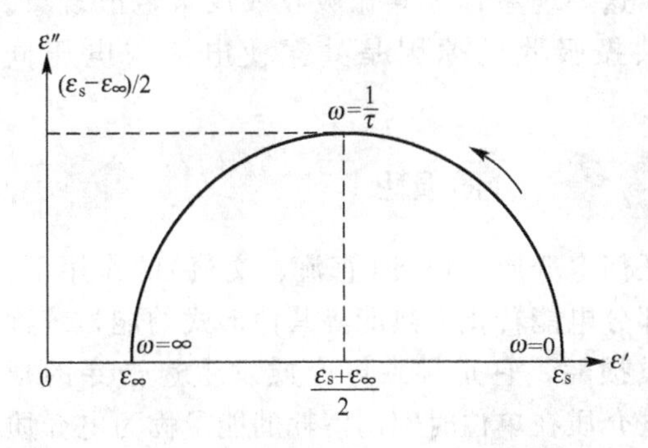

图5.14 Cole-Cole图

Cole-Cole图在处理实验数据时很有用。在不同的频率下，测出复介电常数的实部和虚部，将测量点标在复平面上，若实验点组成一个半圆弧，则属于德拜型弛豫；同时，个别实

验点对圆弧的偏离程度表明了这些实验点的精确程度。

如果是德拜型介电弛豫，则由德拜方程可以得到

$$\varepsilon'=\frac{\varepsilon''}{\omega\tau}+\varepsilon_\infty \tag{5-47}$$

或

$$\varepsilon'=-\omega\tau\varepsilon''+\varepsilon_s \tag{5-48}$$

此式表明，若将测量结果分别按(ε'，ε''/ω)和(ε'，$\omega\varepsilon''$)作图，则可得到两条直线。由直线的斜率和截距可以得到德拜方程中出现的各个参数τ，ε_∞和ε_s。

对于偏离德拜型的介电弛豫，有一个很有用的经验公式，把复介电常数写成

$$\varepsilon(\omega)=\varepsilon'-i\varepsilon''=\varepsilon_\infty+\frac{\varepsilon_s-\varepsilon_\infty}{1-(i\omega\tau_\alpha)^{(1-\alpha)}} \tag{5-49}$$

式中，τ_α为平均弛豫时间；α为小于1的正数或零，参数α可以衡量德拜方程的适用程度。

以上在讨论介电弛豫时只限于弛豫型介电响应，这是一种微观相互作用特别强、响应曲线特别宽的极限现象，还有一种共振型介电响应也反映弛豫过程。

5.2.4 谐振吸收和色散

谐振型介电响应通常出现于红外或更高频率的范围内。离子位移极化和电子位移极化被想象为用弹性力联结在一起的正负电荷，即弹性振子，具有系统本身的固有振动频率ω_0，在低频以下其弹性是瞬间完成的，不消耗能量。但当外加电场的频率ω大于ω_0时，则这样的振子来不及跟随电场变化，根据物理学经典振动理论得出相对复介电常数$\varepsilon(\omega)$的实部ε'和虚部ε''

$$\varepsilon'=1+\frac{Nq^2}{\varepsilon_0 m}\cdot\frac{\omega_0^2-\omega^2}{(\omega_0^2-\omega^2)^2+4\eta^2\omega^2} \tag{5-50}$$

$$\varepsilon''=\frac{Nq^2}{\varepsilon_0 m}\cdot\frac{2\eta\omega}{(\omega_0^2-\omega^2)^2+4\eta^2\omega^2} \tag{5-51}$$

式中，N为单位体积电介质中含有的结构粒子数；m为粒子的质量；η为阻尼系数；ω_0为振子的固有频率。式(5-50)和式(5-51)给出了谐振型色散和吸收曲线，如图5.15所示。通常，相对介电常数的实部ε'随频率增高而略微增大，这种现象称为正常色散现象。但是在共振频率ω_0附近，ε'随ω增高而迅速下降，这一现象称为共振吸收或反常色散现象。产生共振吸收的原因是共振使电流与电压同相位。

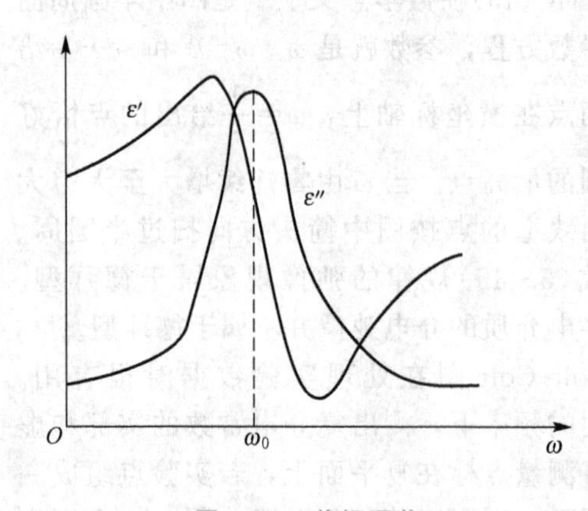

图5.15 共振吸收

5.2.5 介质损耗

任何电介质在电场(直流、交流)的作用下，总有部分电能转化为热能等其他形式的能，统称为介质损耗，它是导致电介质发生热击穿的根源。电介质在单位时间内消耗的能量称为电介质损耗功率，简称电介质损耗。

1. 介质损耗的形式和微观机理

电介质在恒定电场的作用下所损耗的能量与通过其内部的电流有关。加上电场后通过介质的全部电流包括以下3部分。

(1) 由样品几何电容的充电所造成的位移电流或电容电流，这部分电流不损耗能量。

(2) 由各种介质极化的建立引起的电流，此电流与松弛极化或惯性极化、共振等有关，引起的损耗称为极化损耗。

(3) 由介质的电导(漏导)造成的电流，电流与自由电荷有关，引起的损耗称为电导损耗。

由电介质极化机理可知，电介质损耗主要有电导(漏导)损耗、极化损耗、共振吸收损耗。其他形式的损耗还有电离损耗(游离损耗)、结构损耗和宏观结构不均匀的介质损耗，这部分内容将在下面材料的介质损耗一节中具体介绍。

1) 电导(或漏导)损耗

电介质由于缺陷的存在，或多或少存在一些束缚较弱的带电质点(载流子，包括空位)。这些带电质点在外电场的作用下沿着与电场平行的方向做贯穿电极之间的运动，结果产生了漏导电流，使能量直接损耗。这种由于电介质中的带电质点的宏观运动引起的能量损耗称为“漏导损耗”。实质相当于交流、直流电流流过电阻做功，一切实用工程介质材料不论是在直流还是在交流电场的作用下，都会发生漏导损耗。

2) 极化损耗

由于各种电介质极化的建立所造成的电流引起的损耗称为极化损耗，这里的极化一般是指弛豫型的。极化损耗主要与极化的弛豫(松弛)过程有关，是缓慢极化过程引起的能量损耗，在交变电场作用下，电偶极矩的取向跟不上电场变化，产生电介质损耗。这种损耗和频率、温度密切相关。在某个温度或某个频率下，损耗达到最大值。德拜研究了电介质的介电常数 ε 及反映介电损耗的 $\varepsilon\tan\delta$ 与所施加的外电场的角频率 ω、弛豫时间 τ 的关系，得到式(5-45)的德拜方程。由此可得到以下结论。

(1) 当外电场频率很低，即 $\omega\to 0$ 时，各种极化都能跟上电场的变化，即所有极化都能完全建立，介电常数达到最大，而不造成损耗。

(2) 当外电场频率逐渐升高时，松弛极化从某一频率开始跟不上外电场变化，此时松弛极化对介电常数的贡献减小，使 ε 随频率升高而显著下降，同时产生介质损耗，当 $\omega=1/\tau$ 时，损耗达到最大。

(3) 当外电场频率达到很高时，松弛极化来不及建立，对介电常数无贡献，介电常数仅由位移极化决定，$\omega\to\infty$ 时，$\tan\delta\to\infty$，此时无极化损耗。

不同情况下引起介电损耗的机制是不同的。当外加电场频率很低，即 $\omega\to 0$ 时，电介质的各种极化都能跟上外加电场的变化，此时不存在极化损耗，介电常数达到最大值，介电损耗主要由漏导引起。气体的电导损耗很小，而液体、固体中的电导损耗则与它们的结构有关。非极性的液体的电介质、无机晶体和非极性有机电介质的介质损耗主要是电导损耗。而在极性电介质及结构不紧密的离子固体电介质中，则主要由极化损耗和电导损耗组成，它们的介质损耗较大，并在一定温度和频率上出现峰值。

3) 共振吸收损耗

对于离子晶体，晶格振动的光频波代表原胞内离子的相对运动，若外电场的频率等于晶格振动光频波的频率，则发生共振吸收。带电质点吸收外电场能量，振幅越来越大，电介质极化强度逐渐增加，最后通过质点间的碰撞和电磁波的辐射把能量耗散掉，并一直进行到从电场中吸收的能量与耗散掉的能量相等时，达到平衡。室温下，共振吸收损耗在频率 10^8 Hz 以上时发生。由于介电常数和折射率有关，因此这种损失就是光学材料的光吸收的本质。

2. 介质损耗的表示法

在直流电压下，介质损耗仅由电导引起，损耗功率为

$$W=IU=GU^2 \tag{5-52}$$

式中，G 为介质的电导，单位为 S(西门子)。

定义单位体积的介质损耗为介质损耗率 P，则

$$P=\frac{W}{V}=\frac{GU^2}{V}=\sigma E^2 \tag{5-53}$$

式中，V 为介质体积；σ 为纯自由电荷产生的电导率(S/m)。由此可见，在一定的直流电场下，介质损耗率取决于材料的电导率。

在交变电场下，除电导损耗外，还有因介质极化(尤其是取向极化)而引起的能耗。这里，介质损耗是电介质在交变电场下很重要的品质指标之一。因为电介质在电工或电子工业上的重要职能是隔直流绝缘和储存能量，所以介质损耗不但消耗了能量，而且由于温度上升可能影响元器件的正常工作。用于谐振回路中的电容器，其介质损耗过大时，将影响整个回路的调节锐度，从而影响整机的灵敏度和选择性。介质损耗严重时甚至会引起介质的过热而破坏绝缘，从这种意义上，对于电子瓷，电介质损耗越小越好。

根据电工学原理，交变电压产生电流的功率 $W=UI\cos\phi$，其中，U 和 I 为交变电压和电流的幅值，ϕ 为两者的相位差。这一功率对介电材料而言是功率损失。对于理想电介质，电流相位超前电压相位 $\pi/2$(即 $\phi=\pi/2$)，因此 $W=0$，不产生电介质损耗；但对于实际电介质，相位角都略小于 $\pi/2$，即 $\phi=(\pi/2)-\delta$，两者之差为 δ。当 δ 很小时，有

$$W=UI\cos(\pi/2-\delta)=UI\sin\delta\approx UI\tan\delta \tag{5-54}$$

上式右边用 $\tan\delta$ 代替 $\sin\delta$ 的意义在于：电流可分解为垂直于电压和平行于电压的两部分，垂直于电压的部分(无功电流)不消耗能量，而平行于电压的部分(有功电流)要消耗能量，即产生介质损耗。$\tan\delta$ 就是有功电流密度和无功电流密度之比。

记 ω 为角频率，C 为电容，K 为电容器形状系数，A 为电容器极板面积，d 为电介质厚度。由于 $U=I/(\omega C)$，$C=K\varepsilon A/d$，电场强度 $E=U/d$，根据式(5-53)，单位体积电介质的功率损耗可表示为

$$P=W/(Ad)=\omega K\cdot\varepsilon\tan\delta\cdot E^2 \tag{5-55}$$

当外界条件(外加电压)一定时，介质损耗只与 $\varepsilon\tan\delta$ 有关。$\varepsilon\tan\delta$ 是反映电介质本身性质影响功率损失的因素，其大小直接影响电介质损失的大小，也是判断电介质是否可作为绝缘材料的初步标准，故称 $\varepsilon\tan\delta$ 为损耗因素。$\tan\delta$ 的倒数称为“品质因素”，或称为 Q 值。显然 Q 值大，电介质损耗小，表示电介质品质好。Q 值可直接用实验测定，它是材料的一个本征性质。

已经证明，综合电导损耗和极化损耗两部分，可得到介质损耗为

$$W=\frac{A}{d}\left[\sigma+\frac{\varepsilon_0(\varepsilon_s-\varepsilon_\infty)}{1+\omega^2\tau^2}\cdot\omega^2\tau\right]\cdot U^2 \tag{5-56}$$

介质损耗率 P 为

$$P=\left[\sigma+\frac{\varepsilon_0(\varepsilon_s-\varepsilon_\infty)}{1+\omega^2\tau^2}\cdot\omega^2\tau\right]\cdot E^2 \tag{5-57}$$

5.2.6 影响介质损耗的因素

影响材料介质损耗的因素可分为两类，一类是材料结构本身的影响，如不同材料的漏导电流不同，由此引起的损耗也各不相同，不同材料的极化机制不同，也使极化损耗各不相同，对此这里不详加讨论。这里主要讨论第二类情况，也就是外界环境或试验条件对材料介电损耗的影响。

1. 介质损耗与频率的关系

由式(5－55)、式(5－56)和式(5－57)可以看出介质损耗是 ω 和 τ 的函数，当松弛时间一定时，介质损耗与 ω 的关系如下。

(1) 当 $\omega\to 0$。

类似恒定电场作用时，松弛极化经过一定时间还是能够充分完成而达到稳定状态，极化损耗可以忽略，介质损耗只有电导损耗。

$$\left.\begin{aligned}&\varepsilon'=\varepsilon_s\\&W=\sigma\frac{A}{d}U^2\quad P=\sigma E^2\\&\tan\delta\to\infty\end{aligned}\right\} \tag{5-58}$$

(2) 低频区。

当 $\omega\tau\ll 1$ 时，由于交变电场的频率升高，开始出现极化滞后电场变化的情况，松弛极化已开始不能充分建立，ε' 将要下降；松弛极化产生的损耗开始出现，$W(P)$ 开始上升；$\tan\delta$ 则因无功电流正比于 ω 而增加，所以与 ω 成反比例关系而急剧下降，则有

$$\left.\begin{aligned}&\varepsilon'=\varepsilon_\infty+\frac{\varepsilon_s-\varepsilon_\infty}{1+\omega^2\tau^2}\\&W\approx\frac{A}{d}\cdot[\sigma+\varepsilon_0(\varepsilon_s-\varepsilon_\infty)\omega^2\tau]\cdot U^2\\&P\approx[\sigma+\varepsilon_0(\varepsilon_s-\varepsilon_\infty)\omega^2\tau]\cdot E^2\\&\tan\delta\approx\frac{\sigma}{\omega\varepsilon_0\varepsilon_s}\end{aligned}\right\} \tag{5-59}$$

(3) 反常弥散区。

当 $\omega\tau=1$ 时，交变电场的变化周期与松弛时间 τ 相接近，松弛极化随电场频率的变化最敏感，因此，ε' 随频率变化很快，变化最显著的位置是当 $\frac{d\varepsilon'}{d\omega}$ 值最大时；根据 $\frac{d^2\varepsilon'}{d\omega^2}=0$ 可得到 $\omega\tau=\frac{1}{\sqrt{3}}\approx 1$ 时，ε' 随频率 ω 变化最快；而由于极化损耗显著上升，因此 $W(P)$ 也在此处增加得最快；极化损耗的增加使得有功电流增长的速度超过无功电流增长的速度，所以

$\tan\delta$ 随 ω 增加而上升；当 $\omega > \frac{1}{\tau\sqrt{3}}$ 以后，极化损耗上升的速度减慢，无功电流仍然基本上随 ω 增加而呈正比例增加；当有功电流的增长速度开始比无功电流增长的速度慢时，$\tan\delta$ 达最大值，此最大值出现的位置可根据 $\frac{d(\tan\delta)}{d\omega}=0$ 求出，在 $\omega\tau=\sqrt{\frac{\varepsilon_s}{\varepsilon_\infty}}$ 时，$\tan\delta$ 出现最大值。

这种由于极化滞后于电场的变化引起 ε'、$W(P)$ 随 ω 的迅速变化以及 $\tan\delta$ 最大值的出现，是具有松弛极化的电介质的明显特征，它可以作为极性电介质的判断依据。发生这种变化的位置是在 $\omega\tau\approx 1$ 处，此区域称为“介质反常弥散区”。

(4) 高频区。

当 $\omega\tau\gg 1$ 时，松弛极化远远滞后于电场的变化，以至于松弛极化等慢极化形式完全来不及建立，只有位移极化，$\varepsilon'\to\varepsilon_\infty$。$W\to\frac{A}{d}\cdot\left[\sigma+\frac{\varepsilon_0(\varepsilon_s-\varepsilon_\infty)}{\tau}\right]\cdot U^2$，若以等效电导率 $g=\varepsilon_0(\varepsilon_s-\varepsilon_\infty)/\tau$ 代入的话，可改写成 $P\to(\sigma+g)\cdot E^2$。一般情况下，$g\gg\sigma$，故 $P\approx gE^2$ 亦趋于一定值，而且这电导率损耗要大。因为在高频下，缓慢式极化虽然来不及进行，每周期的损耗比极化能充分建立时要小，但由于单位时间内周期数增加，故损耗 P 还是比极化能够充分建立时要大。当 P 逐渐趋于定值时，快极化造成的纯电容电流仍不断地正比于频率增加，所以 $\tan\delta\to 0$，因此

$$\left.\begin{aligned}&\varepsilon'\to\varepsilon_\infty\\&W\to\frac{A}{d}\cdot\left[\sigma+\frac{\varepsilon_0(\varepsilon_s-\varepsilon_\infty)}{\tau}\right]\cdot U^2\\&P\to(\sigma+g)\cdot E^2\approx gE^2\\&\tan\delta\to 0\end{aligned}\right\}\qquad(5-60)$$

具有松弛极化的介质的 ε'、W、$\tan\delta$ 的频率特征曲线如图 5.16 所示。

对同一介质，当温度增加时，松弛时间 τ 减小，极化建立的速度更快，因此，温度越高，对应出现反常弥散区的频率也越高，$\tan\delta$ 最大值出现时的频率也相应向高频方向移动，如图 5.17 所示。

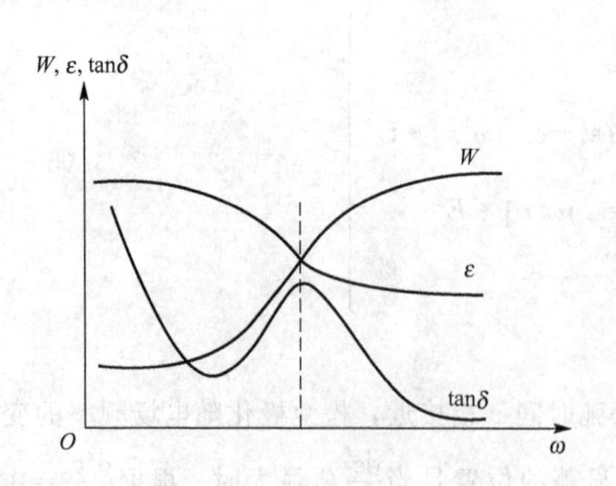

图 5.16 具有松弛极化和贯穿电导时介质的频率特性

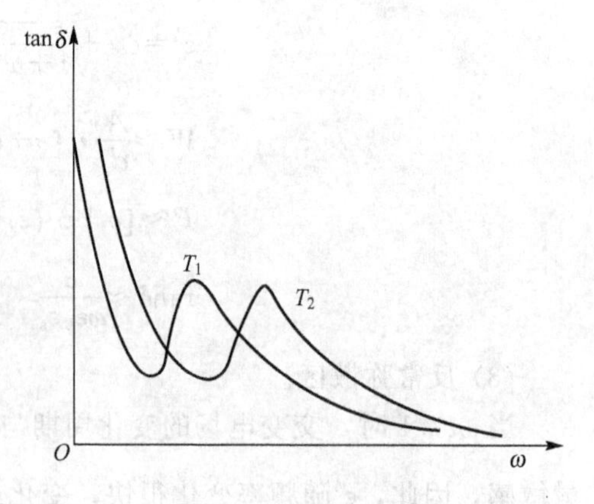

图 5.17 不同温度下 tanδ 的频率特性

2. 介质损耗与温度的关系

在德拜公式、式(5-56)、式(5-57)中虽未直接表明介质损耗与温度的关系，但是在

式中，ε'、W、$\tan\delta$ 都与松弛时间 τ 有关。注意到

$$\tau=\frac{1}{2v}e^{U/kT} \tag{5-61}$$

松弛时间 τ 与温度成指数式关系，随温度的上升呈指数式下降。

(1) 低温区。

即 τ 很大，$\omega\tau\gg1$，此时由于分子热运动很弱，与热运动有关的松弛极化建立的速度很慢，以致在相应的频率下，松弛极化远远滞后于电场的变化，松弛极化对介电系数的贡献很小，ε 主要由快极化提供。在低温区，虽然单位体积中的极化粒子数 N 少，使 ε_∞ 减少，但随着温度的上升，松弛时间 τ 缩短，又有使松弛极化增加的趋势。所以总的来说，ε 的变化不大。低温时，电导损耗很小，与松弛极化损耗相比可以忽略，介质损耗主要由松弛极化损耗来决定。而松弛极化损耗与 g(即 $e^{-V/kT}$)成正比，随着温度的增加，介质损耗呈指数规律上升。由于 ε 随温度变化不大，故 $\tan\delta$ 亦正比于等效电导率 g 随温度呈指数式上升。若不考虑电导损耗，根据德拜公式、式(5-56)、式(5-57)可得

$$\left.\begin{aligned}
&\varepsilon\approx\varepsilon_\infty+\frac{\varepsilon_s-\varepsilon_\infty}{1+\omega^2\tau^2}\\
&W\approx\frac{gA}{d}V^2=\frac{\varepsilon_0(\varepsilon_s-\varepsilon_\infty)A}{\tau d}U^2\\
&P\approx gE^2=\frac{\varepsilon_0(\varepsilon_s-\varepsilon_\infty)}{\tau}E^2\\
&\tan\delta\approx\frac{g}{\omega\varepsilon_0\varepsilon}=\frac{\varepsilon_s-\varepsilon_\infty}{\omega\tau\varepsilon}
\end{aligned}\right\} \tag{5-62}$$

(2) 反常分散区。

温度继续升高，当 τ 下降到 $\omega\tau=1$ 时，松弛极化时间与电场变化周期相接近，松弛极化处于最敏感的位置，所以介电系数 ε 随温度 T 的变化而迅速上升，同时在 $\omega\tau=\frac{1}{\sqrt{3}}\approx1$ 附近 $\frac{d\varepsilon}{d\tau}$ 最大，出现 ε 随温度变化很快的情形。这时介电损耗 W、P 仍随温度的增加呈指数规律上升，直至极化已无滞后于电场的变化时，极化损耗开始减小。根据 $\frac{dW}{d\tau}\left(或\frac{dP}{d\tau}\right)=0$，可求得当 $\omega\tau=1$ 时，W、P 出现一最大值。$\tan\delta$ 也与 W 的变化规律相似，出现一最大值。这时 ε 迅速上升，无功电流也增加，则 $\tan\delta$ 的最大值比 W 的最大值出现得要早一些，也就是说出现在温度较低一点的位置。根据 $\frac{d(\tan\delta)}{d\tau}=0$，可得到这点在 $\omega\tau=\sqrt{\frac{\varepsilon_s}{\varepsilon_\infty}}\approx1$ 处。值得指出的是，$\tan\delta$ 的峰值出现在 ε 随 T 变化很快的温度，而不是在 ε 达到最大值时的温度。因为极化建立的速度最快并不表示极化已经完全建立，只有当温度升高到使极化完全建立时，ε 才能达到最大值。P 峰值出现的温度在 $\tan\delta$ 和 ε 两者之间，3个峰值所对应的温度是不一样的。

(3) 高温区。

温度继续升高，使 τ 很小，即 $\omega\tau\ll1$ 时，极化已无滞后于电场变化的现象，极化全部能充分地建立。所以 ε 随温度的升高而增加，直到最大值 ε_s。但另一方面，温度的升高将使得分子的热运动加剧，定向极化发生困难。同时，温度升高也使得单位体积中的粒子数减小，因此在 ε 升到最大值以后又缓慢下降。在极化不滞后于电场的变化时，极化损耗小到可以忽略。相反，高温下的电导损耗却大大地增加，这时的介质损耗主要由电导损耗决

定，P、$\tan\delta$ 随温度的升高呈指数规律上升。另外，$\tan\delta$ 还由于 ε 的降低使无功电流减小，比 P 上升得还要快一些。

$$\left.\begin{aligned}P&=\sigma E^2=A\mathrm{e}^{-B/T}\cdot E^2\\ \tan\delta&=\frac{\sigma}{\omega\varepsilon_0\varepsilon_r}=\frac{A}{\omega\varepsilon_0\varepsilon_r}\mathrm{e}^{-B/T}\cdot E^2\end{aligned}\right\}\qquad(5-63)$$

式中，$\sigma=A\mathrm{e}^{-B/T}$ 为电介质的电导率与温度的关系式；A、B 为常数。

具有松弛极化的介质其温度特性曲线如图 5.18 所示。

对于同一介质，工作频率越高，则对应的反常分散区的温度也越高，ε、P、$\tan\delta$ 的最大值随频率的升高向高温方向移动。不同频率下 $\tan\delta$ 的温度特性如图 5.19 所示。如果介质中电导损耗比较大，松弛极化损耗相对来说比较小，以致松弛极化的特征可能被电导损耗的特性所掩盖。随着电导损耗的增加，$\tan\delta$ 的频率、温度特性曲线中的峰值将变得平缓，甚至看不到有峰值出现，如图 5.20 所示。如图 5.18 所示，W 出现一最大值，$\tan\delta$ 也与 W 的变化规律相似，也出现一最大值。这时 ε 迅速上升，无功电流也增加时，则 $\tan\delta$ 的最大值比 W 的最大值出现得要早一些，也就是说出现在温度较低一点的位置。

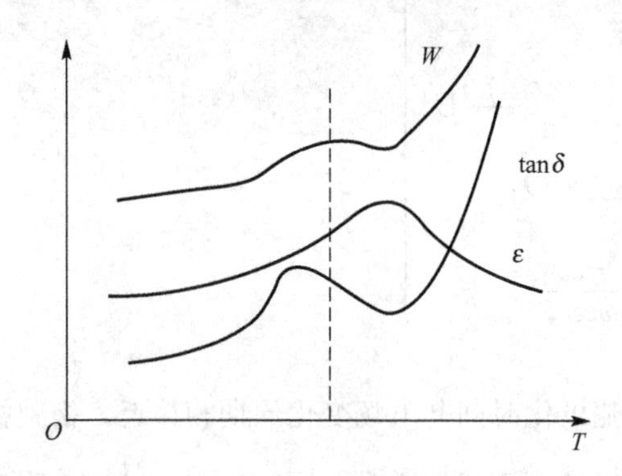

图 5.18　具有松弛极化和贯穿电导时介质的温度特性

图 5.19　不同频率下 $\tan\delta$ 的温度特性

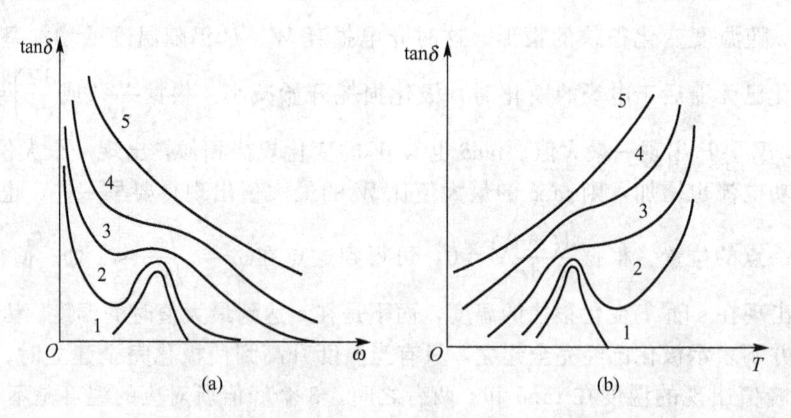

图 5.20　电导率不同的介质的 $\tan\delta$ 和 ω、T 的关系

曲线 1—电导率很小的介质；曲线 5—电导率较高的介质

3. 介质损耗与湿度的关系

介质吸潮后，介电常数会增加，但电导率的增加要慢，由于电导损耗增大以及松弛极化损耗增加，而使 $\tan\delta$ 增大。对于极性电介质或多孔材料来说，这种影响特别突出，如

纸内水分含量从4%增加到10%时，其 $\tan\delta$ 可增加100倍。

5.2.7 材料的介质损耗

以上介绍的介质损耗所针对的是单相的材料，而实际的材料往往是显微结构不均匀的多相体，尤为突出的是应用广泛的固体无机材料，这些材料损耗的主要形式是电导损耗和松弛极化损耗，但还有两种其他损耗形式：电离损耗和结构损耗。

1. 无机材料中的两种损耗形式

(1) 电离损耗。

又称游离损耗，主要发生在含有气相的材料中。它们在外电场的强度超过了气孔内气体电离所需要的电场强度时，由于气体电离而吸收能量，造成损耗，即电离损耗。其损耗功率可以用下式近似计算

$$P=A\omega(U-U_0) \tag{5-64}$$

式中，A 为常数；ω 为频率；U 为外施电压；U_0 为气体的电离电压。该式只有在 $U>U_0$ 时才适用，此时 $\tan\delta$ 剧烈增大。

当固态绝缘物中含有气孔时，由于在正常条件下气体的耐受电压能力一般比固态绝缘物的低，而且电容率也比固态小，气孔中的气体往往容易产生游离。由于电介质损耗发热膨胀，可能导致整个固态介质的热破坏和促使介质的化学性破坏而造成老化，因此必须尽量减小介质中的气孔。

(2) 结构损耗。

结构损耗是指在高频、低温下，与介质内部结构的紧密程度密切相关的介质损耗。结构损耗与温度的关系很小，损耗功率随频率升高而增大，但 $\tan\delta$ 和频率无关。实验表明，结构紧密的晶体或玻璃体的结构损耗都是很小的，但是当某些原因(如杂质的掺入、试样经淬火急冷的热处理等)使它的内部结构变松散了，会使结构损耗大大提高。

一般材料，在高温、低频下，主要为电导损耗；在常温、高频下，主要为松弛极化损耗；在高频、低温下，主要为结构损耗。

工程介质材料大多数是不均匀的介质，如陶瓷材料，它通常包含晶相、玻璃相和气相，各相在介质中是统计分布的。由于各相的介电性质不同，有可能在两相间积聚较多的自由电荷，使介质的电场分布不均匀，造成局部有较高的电场强度而引起较高的损耗。但作为电介质整体来看，整个电介质的介质损耗必然介于损耗最大的一相和损耗最小的一相之间。

2. 无机材料的损耗

(1) 离子晶体的损耗。

各种离子晶体根据其内部结构的紧密程度，可以分为两类：一类是结构紧密的晶体；另一类是结构不紧密的离子晶体。前一类晶体的内部，离子都堆积得十分紧密，排列很规则，离子键强度比较大，如 α-Al_2O_3、镁橄榄石晶体，在外电场作用下很难发生离子松弛极化(除非有严重的点缺陷存在)，只有电子式和离子式的弹性位移极化，所以无极化损耗，仅有的一点损耗是由漏导引起的(包括本征电导和少量杂质引起的杂质电导)。在常温下热缺陷很少，因而损耗也很少。这类晶体的介质损耗功率与频率无关。$\tan\delta$ 随频率的升高而降低。因此以这类晶体为主晶相的陶瓷往往用在高频的场合。如刚玉瓷、滑石瓷、金红石瓷、镁橄榄石瓷等，它们的 $\tan\delta$ 随温度的变化呈现出电导损耗的特征。

另一类是结构不紧密的离子晶体，如电瓷中的莫来石、耐热性瓷中的堇青石等，这类晶体的内部有较大的空隙或晶格畸变，含有缺陷或较多的杂质，离子的活动范围扩大了。在外电场作用下，晶体中的弱联系离子有可能贯穿电极运动(包括接力式的运动)，产生电导损耗。弱联系离子也可能在一定范围内来回运动，形成热离子松弛，出现损耗。所以这类晶体的损耗较大，由这类晶体作主晶相的陶瓷材料不适用于高频，只能应用于低频。

另外，如果两种晶体生成固溶体，则或多或少带来各种点阵畸变和结构缺陷，这通常有较大的损耗，并且有可能在某一比例时达到很大的数值，远远超过两种原始组分的损耗。例如 ZrO_2 和 MgO 的原始性能都很好，但将两者混合烧结，MgO 溶进 ZrO_2 中生成氧离子不足的缺位固溶体后，使损耗大大增加，当含量约为 25mol%时，损耗有极大值。

(2) 玻璃的损耗。

无机材料中除了结晶相外，还有含量不等的玻璃，一般可含 20%～40%，有的甚至可达 60%(如电工陶瓷)，通常电子陶瓷含的玻璃相不多。无机材料的玻璃相是造成介质损耗的一个重要原因。复杂玻璃中的介质损耗主要包括 3 个部分：电导损耗、松弛损耗和结构损耗。哪种损耗占优势，取决于外界因素——温度和外加电压的频率。在工程频率和很高的温度下，电导损耗占优势；在高频下，主要是由联系弱的离子在有限范围内的移动造成的松弛损耗；在高频和低温下，主要是结构损耗。

一般简单纯玻璃的损耗都是很小的，如石英玻璃在 $50\sim10^6$ Hz 时，$\tan\delta$ 为 $(2\sim3)\times10^{-4}$，硼玻璃的损耗也相当低。这是因为简单玻璃中“分子”接近规则的排列，结构紧密，没有联系弱的松弛离子。在纯玻璃中加入碱金属氧化物后，介质损耗大大增加，并且损耗随碱性氧化物浓度的增大呈指数增大。这是因为碱性氧化物进入玻璃的点阵结构后，使离子所在处点阵受到破坏。因此，玻璃中碱性氧化物浓度愈大，玻璃结构就愈疏松，离子就有可能发生移动，造成电导损耗和松弛损耗，使总的损耗增大。

在玻璃的介质损耗方面出现“双碱效应”(中和效应)，即当碱离子的总浓度不变时，由两种碱性氧化物组成的玻璃，$\tan\delta$ 大大降低，而且有一最佳的比值。如 $Na_2O-K_2O-B_2O_3$ 系玻璃中，B_2O_3 含量为 62.5%，Na^+ 离子和 K^+ 离子等摩尔比时，$\tan\delta$ 降为最低。同时，在含碱玻璃中加入二价金属氧化物，特别是重金属氧化物时，“压碱效应”(压抑效应)特别明显。因为二价离子有两个键能使松弛的碱金属的结构网巩固起来，减少松弛极化作用，因而使 $\tan\delta$ 降低。例如含有大量 PbO 及 BaO 和少量碱的电容器玻璃，在 10^6 Hz 时，$\tan\delta$ 为 $(6\sim9)\times10^{-4}$。制造玻璃釉电容器的玻璃含有大量 PbO 和 BaO，$\tan\delta$ 可降低到 4×10^{-4}，并且可使用高达 250℃的高温。

(3) 陶瓷材料的损耗。

陶瓷材料的损耗主要来源于电导损耗、松弛损耗和结构损耗。此外表面气孔吸附水分、油污及灰尘等造成表面电导也会引起较大的损耗。

以结构紧密的离子晶体为主晶相的陶瓷材料，损耗主要来源于玻璃相。为了改善某些陶瓷的工艺性能，往往在配方中引入一些易熔物质(如黏土)，形成玻璃相，这样就使损耗增大。如滑石瓷、尖晶石瓷随黏土含量的增大，其损耗也增大。因此一般高频瓷，如氧化铝瓷、金红石瓷等很少含有玻璃相。大多数电工陶瓷的离子松弛极化损耗较大，主要是因为主晶相结构松散、生成了缺陷固溶体、多晶型转变等。如果陶瓷材料中含有可变价离子，如含钛陶瓷，往往具有显著的电子松弛极化损耗。

因此，陶瓷材料的介质损耗是不能只按照瓷料成分中纯化合物的性能来推测的。在陶瓷烧结过程中，除了基本物理化学过程外，还会形成玻璃相和各种固溶体。固溶体的电性能可能不亚于、也可能不如各组成成分，这是在估计陶瓷材料的损耗时必须考虑的。降低材料的介质损耗应从考虑降低材料的电导损耗和极化损耗入手。首先，选择结构紧密的晶体作为主晶相；在改善主晶相性能时，尽量避免产生缺位固溶体或填隙固溶体，最好形成连续固溶体，这样弱联系离子少，可避免损耗显著增大；尽量减少玻璃相，如为了改善工艺性能，应采用“中和效应”和“压抑效应”，以降低玻璃相的损耗；防止产生多晶转变，因为多晶转变时晶格缺陷多，损耗增加；注意焙烧气氛；控制好最终烧结温度；在工艺过程中应防止杂质的混入，坯体要致密。

表5-3～表5-5列出了一些常用瓷料的损耗数据。

表5-3 常用装置瓷的 $\tan\delta$ 值($f=10^6$ Hz)

瓷料		莫来石($\times10^{-4}$)	刚玉瓷($\times10^{-4}$)	纯刚玉瓷($\times10^{-4}$)	钡长石瓷($\times10^{-4}$)	滑石瓷($\times10^{-4}$)	镁橄榄石瓷($\times10^{-4}$)
$\tan\delta$	(293±5)K	30～40	3～5	1.0～1.5	2～4	7～8	3～4
	(353±5)K	50～60	4～8	1.0～1.5	4～6	8～10	5

表5-4 电容器的 $\tan\delta$ 值[$f=10^6$ Hz，$T=(293\pm5)$ K]

瓷料	金红石瓷	钛酸钙瓷	钛酸锶瓷	钛酸镁瓷	钛酸锆瓷	锡酸钙瓷
$\tan\delta(\times10^{-4})$	4～5	3～4	3	1.7～2.7	3～4	3～4

表5-5 电工陶瓷介质损耗的分类

损耗的主要机构	损耗的种类	引起该类损耗的条件
极化介质损耗	离子松弛损耗	① 具有松散晶格的单体化合物晶体，如堇青石、绿宝石； ② 缺陷固溶体； ③ 玻璃相中，存在氧化物，特别是存在碱性氧化物
	电子松弛损耗	破坏了化学组成的电子半导体晶格
	共振损耗	频率接近离子(或电子)固有振动频率
	自发极化损耗	温度低于居里点的铁电晶体
漏导介质损耗	表面电导损耗	制品表面污秽，空气湿度高
	体积电导损耗	材料受热温度高，毛细管吸湿
不均匀结构介质损耗	电离损耗	存在闭口孔隙和高电场强度
	由杂质引起的极化和漏导损耗	存在吸附水分、开口孔隙吸潮以及半导体杂质等

3. 高聚物材料的介电性能与损耗

高聚物在电子、电工领域最常见的用途是作为电绝缘材料。由于它们不仅具有优异的介电性能，又具有良好的力学性能、耐化学品性能及易成型加工性能，使它们比其他绝缘材料具有更大的使用价值，迄今已成为电气工业不可缺少的材料。

高聚物在外电场作用下出现的对电能的储存和损耗的性质，称为高聚物的介电性，其介电性都是由分子在外场中极化引起的，产生极化的方式主要包括电子极化、原子极化和取向极化，这与前面的介绍类似。高聚物的介电损耗是指在交流电场中电介质会损耗部分能量而发热，产生介电损耗的原因有两个：一是电介质所含的微量导电载流子在电场作用下流动时，由于克服内摩擦力需要消耗部分电能，称为电导损耗，对非极性高聚物来说，电导损耗可能是主要的；二是偶极的取向极化，取向极化有一个松弛的过程，电场使偶极子转向时，一部分电能损耗于克服介质的内黏性力上，这种损耗是极性高聚物介电损耗的主要部分。当高聚物作为电工绝缘材料或电容器材料使用时，其介电损耗越小越好，否则，不仅会消耗较多的电能，还会引起材料本身发热，加速材料老化。反之，在高聚物的高频干燥、塑料薄膜高频焊接以及大型高聚物制件的高频热处理时，则要求有较大的 $\tan\delta$ 值。

介电性是分子极化的宏观反映，在 3 种形式的极化中，偶极取向极化对介电性的影响最大，因此，介电性与高分子的极性有密切的关系。高聚物按单体单元偶极矩的大小可划分为极性和非极性两类，偶极矩在 0～0.5D(德拜)范围内是非极性的，偶极矩在 0.5D 以上是极性的。分子的偶极矩为组成分子的各个化学键的偶极矩(亦称键矩)的向量和。聚乙烯分子中 C—H 键的偶极短，为 0.4D，因分子是对称的，键矩的向量和为零，故聚乙烯是非极性的。聚四氟乙烯中虽然有 C—F 键，其偶极矩较大(1.83D)，但 C—F 是对称分布的，键矩的向量和也为零，整个分子还是非极性的。聚氯乙烯中的 C—Cl(2.05D)和 C—H 键矩不同，不能互相抵消，故分子是极性的。

非极性高聚物具有较低的介电系数和介电损耗，ε 约为 2，$\tan\delta$ 小于 10^{-4}。极性高聚物具有较高的介电常数和介电损耗，极性越大这两项越高。表 5-1 和表 5-6 列出了一些高聚物的介电常数和介电损耗。

表 5-6　常见高聚物的介电损耗 $\tan\delta$(20℃，50Hz)

高聚物	$\tan\delta(\times10^{-4})$	高聚物	$\tan\delta(\times10^{-4})$
聚四氟乙烯	<2	环氧树脂	20～100
聚乙烯	2	硅橡胶	40～100
聚丙烯	2～3	氯化聚醚	100
四氟乙烯-六氟乙烯共聚物	<3	聚酰亚胺	40～150
聚苯乙烯	1～3	聚氯乙烯	70～200
交联聚乙烯	5	聚氨酯	150～200
聚砜	6～8	ABS 树脂	40～300
聚碳酸酯	9	氯丁橡胶	300
聚三氟氯乙烯	12	尼龙-6	100～400
聚对苯二甲酸乙二酯	10～20	氟橡胶	300～400
聚苯醚	20	尼龙-66	140～600
天然橡胶	20～30	醋酸纤维素	100～600
丁苯橡胶	30	聚甲基丙烯酸甲酯	400～600
丁基橡胶	30	丁腈橡胶	500～800
聚甲醚	40	酚醛树脂	600～1 000
聚邻苯二甲酸二丙烯酯	80	硝化纤维素	900～1 200

极性高聚物在外场作用下偶极取向的过程也是分子运动的过程。分子的活动性将影响其偶极取向程度，从而影响高聚物的介电性能。例如，高聚物交联会妨碍极性基团取向，因而使其介电常数降低。典型的例子是酚醛树脂，虽然这种高聚物的极性很强，但介电系

数和介电损耗并不很高。相反，支化会使高聚物分子间作用力减弱，分子链活动性增加，因而使介电常数增大。

高聚物的聚集态结构和物理状态也影响偶极的取向程度。在玻璃态下，链运动被冻结，结构单元上的极性基团的取向受链段的牵制。但在高弹态下，极性基团的取向受链段牵制较小，所以，同一高聚物在高弹态下的介电损耗要比玻璃态下的大。例如，聚氯乙烯的介电系数从玻璃态的3.5，到高弹态增加到约15，聚酰胺从玻璃态的4.0，到高弹态增加到近50。

分子结构的对称性对介电系数也有很大的影响，对称性越高，介电常数越小，对同一高聚物来说，全同立构介电系数高，间同立构介电系数低，无规立构介于两者之间。此外，具有复合结构(泡沫结构)的高聚物较之常态结构有较低的介电常数。

5.3 固体电介质的电导与击穿

5.3.1 固体电介质的电导

1. 概述

理想的电介质，在外电场作用下应该是没有传导电流的。但是任何实际的电介质，或多或少都具有一定数量的弱联系的带电质点。在没有外电场作用时，这些弱联系的带电质点(正、负离子和离子空位、电子和空穴等载流子)做不规则的热运动。加上外电场以后，弱联系的带电质点便会受到电场力的作用，在不规则的热运动上增加了沿外电场方向的定向漂移。正电荷顺电场方向移动，负电荷逆电场方向移动，形成贯穿介质的传导电流。

这种弱联系的带电质点在电场的作用下做定向漂移从而构成传导电流的过程，称为电介质的电导，这个电流称泄漏电流。构成电介质传导电流的弱联系的带电质点称为导电载流子。由导电载流子的漂移构成的传导电流密度是与弱联系的带电质点(导电载流子)的浓度有关的。

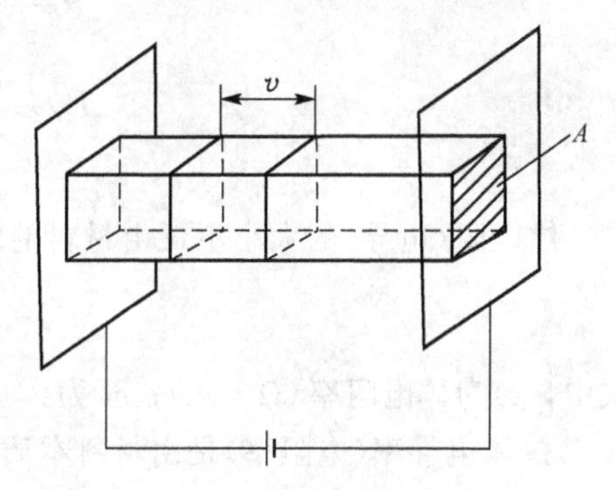

图5.21 载流子的导电图

假设单位体积电介质内导电载流子的数目为N，每个载流子所带电荷为q，载流子沿电场方向漂移的平均速度为$\bar{v}$，则单位时间内通过垂直于电场方向、面积为A(图5.21)的平面的电荷，即电流强度为

$$I=Nq\bar{v}A \tag{5-65}$$

单位时间内通过$1m^2$面积的电荷，即电流密度为

$$J=\frac{I}{A}=Nq\bar{v} \tag{5-66}$$

当电场不是很强时，电流密度J与电场强度成正比，电介质的电导服从欧姆定律，即

$$J=\sigma E \tag{5-67}$$

式中，σ为电介质的体积电导率。

对于电介质材料来说，通常用体积电导率的倒数来表征材料绝缘性能的好坏，即体积电阻率为

$$\rho=\frac{1}{\sigma} \tag{5-68}$$

其单位为Ω·m。对于理想的绝缘体，$\rho=\infty$，而实际上，一般认为$\rho=10^8\,\Omega\cdot m$以上的电介质就是绝缘体了。

单位电场作用下的载流子沿电场方向的平均漂移速度称为载流子的迁移率，即

$$\mu=\frac{\bar{v}}{E} \tag{5-69}$$

结合式(5-66)、式(5-67)和式(5-68)，可以得到电导率的普遍表述式为

$$\sigma=Nq\mu \tag{5-70}$$

上式表示了电介质的宏观参数电导率σ与微观参数——电介质单位体积内载流子数N、载流子电荷q、载流子的迁移率μ之间的关系。根据物质的结构得出N、q、μ，就可以求得电介质的电导率。同时可以看出，提高电介质的绝缘性能可以从两个方面着手：一是减少电介质单位体积的载流子数；二是降低迁移率。对于固体电介质，要尽量减少杂质、热缺陷的数目。

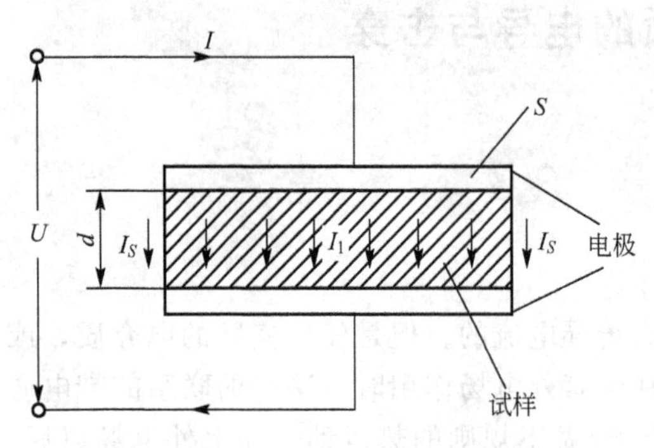

图5.22 体电阻和表面电阻测量线路图

当固体电介质加上电压后，电流一部分将从介质的表面流过，称为表面电流I_S；一部分从介质的体内流过，称为体电流I_V。相应的电导(电阻)又称为表面电导G_S(表面电阻R_S)和体电导G_V(体电阻R_V)，如图5.22所示，有

$$R_S=\frac{U}{I_S}\quad G_S=\frac{1}{R_S}=\frac{I_S}{U} \tag{5-71}$$

$$R_V=\frac{U}{I_V}\quad G_V=\frac{1}{R_V}=\frac{I_V}{U} \tag{5-72}$$

$$I=I_S+I_V \tag{5-73}$$

体电阻(电导)的大小不仅由材料的本质决定，而且与试样尺寸有关，即

$$R_V=\rho_V\frac{d}{S}\quad G_V=\sigma_V\frac{S}{d} \tag{5-74}$$

式中，ρ_V为体电阻率(Ω·m)；σ_V为体电导率(S/m)；d为试样厚度(m)；S为试样面积(m^2)。体电导率(电阻率)是由材料本质决定的，与试样尺寸无关，它表示介质抵抗体积漏电的性能。

表面电阻(电导)与电极的距离d成正比，与电极长度L成反比，即

$$R_S=\rho_S\frac{d}{L}\quad G_S=\sigma_S\frac{L}{d} \tag{5-75}$$

式中，ρ_S为表面电阻率；σ_S为表面电导率；它们表示介质抵抗沿表面漏电的性能。因此它们与材料的表面状况以及周围环境的关系很大，若环境潮湿，则因材料表面湿度大而使表面电导变大，易漏电。

材料的体电阻率是最重要的电学性质之一，绝缘体的体电阻率ρ_V为$10^8\sim10^{18}\,\Omega\cdot cm$(或大于$10^{18}\,\Omega\cdot cm$)。依据形成固体电导的载流子不同，固体电介质的电导可以分为两种：电子电导和离子电导。

2. 固体电介质的电子电导

电子电导其载流子是电子和空穴，在电介质中，价电子将能带填满成满带后，仍然还有完全空着的导带，满带与导带之间由禁带隔开。外电场的作用只能使电子从能带中的一个能级跃迁到另一个能级，不足以使它越过禁带到导带，所以这种形式的电导表现得比较微弱，只有在一定的条件下才明显。

如在某一温度下，由于电子的热运动，可将一部分电子由满带激发到导带上去，同时出现空穴载流子。这样在外电场作用下，就使得晶体电介质具有一定的电导。然而，在常温下激发到导带上去的电子是极其微弱的，特别是在固体电介质中，从满带激发到导带上去的电子微乎其微，可以忽略不计。

但在实际晶体电介质中，由于杂质的存在，以及晶体中存在的缺陷、位错等，在禁带中将引入中间能级——杂质能级，接近于导带，如图5.23所示。它们在热激发的作用下，容易产生导电的载流子。

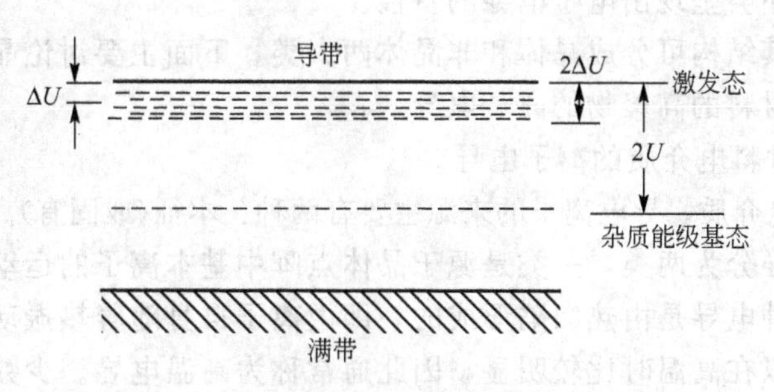

图5.23 含杂电介质的能带结构

又如含钛陶瓷以银作电极时，高温下将发生以下反应

$$Ag+Ti^{+4}\rightarrow Ag^{+1}+Ti^{+3} \tag{5-76}$$

$$Ti^{+3}\rightarrow Ti^{+4}+e^{-1} \tag{5-77}$$

高温时，银将失去电子变成银离子，四价钛离子还原成三价钛离子，三价钛离子是不稳定的，容易失去一个电子又变回四价钛离子。在电场作用下，银离子顺电场方向移动，电子沿逆电场方向移动，在电介质中形成电子电导。

另外，当电子的能量低于阻碍它运动的势垒高度不是很大，而势垒厚度又比较薄(几十纳米)时，在强电场作用下，电子就可能因隧道效应而穿过势垒到达导带或阳极，构成隧道电流。电介质可能存在的几种隧道效应，如图5.24所示。金属电极中具有大量电子，也可能向电介质中发射(或注入)电子，如热电子发射，也可以为电介质提供导电载流子。

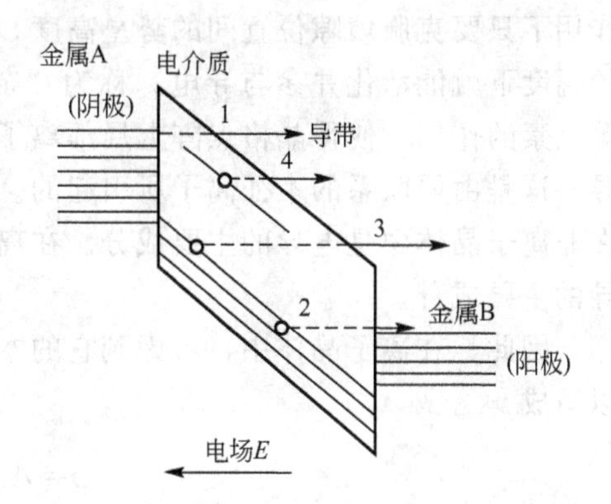

图5.24 固体电介质中可能存在的几种隧道效应
1—阴极→导带；2—电介质价带→阳极；
3—电介质价带→导带；4—杂质能级→导带

但是以上各种机构提供的电子，在电场不太强时，数量极少，固体电介质的电子电流是极其微弱的。随着外加电场的增加，杂质能级上的电子、隧道效应以及热电子发射等因素的

作用加大了，电子电流才相应地增加。所以固体电介质中的电子电导比离子电导要复杂得多。大部分固体电介质的电子电导率与温度的关系遵循指数规律

$$\sigma=A_e e^{-\frac{U_e}{kT}} \tag{5-78}$$

因为导电的电子(或空穴)也是从各种不同的电离中心经过热激发而产生的，并且，对于过渡元素金属氧化物，通常它的活化能都比较小，载流子数又多，所以，在低温和室温下，电子电导常起主要作用，许多金属氧化物实际上是氧化物半导体，其原因也在于此，这类金属氧化物在传感器方面的应用就是很好的例子。

3. 固体电介质的离子电导

离子电导其载流子是正、负离子或离子空位，这是固体电介质中最主要的导电形式。它与电子电导的机理有质的不同，传递的不单是电荷，而是构成物质的粒子。在弱电场中主要是离子电导，但是对于某些材料，如钛酸钡、钛酸钙和钛酸锶等钛酸盐类，在常温下除了离子电导以外还会呈现出电子电导的特性。

固体电介质按其结构可分成晶体和非晶体两大类，下面主要讨论晶体、非晶体无机电介质和高分子非晶材料的高聚物的离子电导。

(1) 无机晶体材料电介质的离子电导。

对于无机材料电介质，导电离子的来源主要有两种：本征(或固有)离子和弱联系离子。

晶体的离子电导分为两类，一类是源于晶体点阵中基本离子的运动，称为离子固有电导或本征电导，这种电导是由热缺陷形成的，即由离子自身随着热振动的加剧而离开晶格阵点所形成的，所以在高温时比较明显，因此通常称为高温电导。少数离子热运动离开原来的位置，如果进入点阵间形成填隙离子，同时产生空位，这种缺陷称为弗伦克尔缺陷；如果到达晶体表面，晶体内部只留下离子空穴，这种缺陷称为肖脱基缺陷。显然，离子晶体本征电导的载流子浓度与晶体结构的紧密程度和离子半径的大小有关。离子晶体的电导率与温度的变化规律与电子电导的类似，满足指数规律。

另一类称为弱联系离子电导，是与晶格点阵联系较弱的离子活化而形成导电载流子，主要是由杂质离子和晶体位错与宏观缺陷处的离子引起的电导，它往往决定了晶体的低温电导。在实际晶体中，总会含有一些杂质，当外来杂质进入填隙位置时，它们在外电场的作用下只要克服填隙位置间的势垒高度U即可，也就是说它们所需的活化能较小，在较低的温度下就能活化并参与导电，称为“杂质离子电导”。在离子晶体中还由于有晶格位错等因素的作用，使得晶格点阵上局部离子的活化能下降，这部分离子也易于活化而参与电导，这是由弱联系的本征离子所引起的。以上两种电导统称为弱联系离子电导。这种电导在非离子晶体中是电导的主要成分。在离子晶体中低温热缺陷数目很少的情况下是低温电导的主要成分。

因此，在离子晶体中，考虑到它的本征电导和弱联系电导，σ随温度变化的关系式可以写成

$$\sigma=A_1 e^{-\frac{U_1}{kT}}+A_2 e^{-\frac{U_2}{kT}} \tag{5-79}$$

第一项表示本征离子电导，第二项表示弱联系离子电导。由于弱联系离子浓度比本征离子浓度小很多，一般$A_1>A_2$，$B_1>B_2$(A、B为常数，其中$B=U/k$)。求对数后，由$\ln\sigma$-$(1/T)$作图，可以求得势垒U。因此，在很宽的温度范围内，实验所得到的$\ln\sigma-f(1/T)$

的关系是两条具有不同斜率的直线，如图 5.25 所示。斜率较小的直线 1 对应于弱联系离子电导，斜率较大的直线 2 对应于本征离子电导。

(2) 无机玻璃态电介质的离子电导。

纯净玻璃的电导一般较小，但如果含有少量的碱金属离子，碱金属离子不能与两个氧原子联系以延长点阵网络，从而造成弱联系离子，因而电导大大增加，基本上表现为离子电导。玻璃体的结构比晶体疏松，碱金属离子能够穿过大于其原子大小的距离而迁移，同时克服一些位垒。玻璃与晶体不同，玻璃中碱金属离子的能阱不是单一的数值，有高有低，如图 5.26 所示。这些位垒的体积平均值就是载流子的活化能。

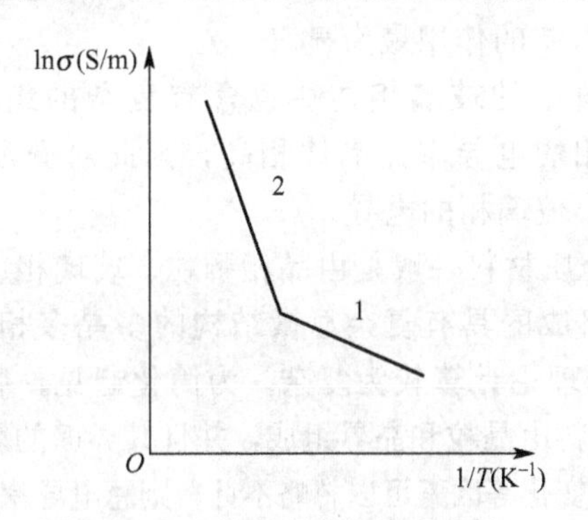

图 5.25 晶体电导率与温度的关系

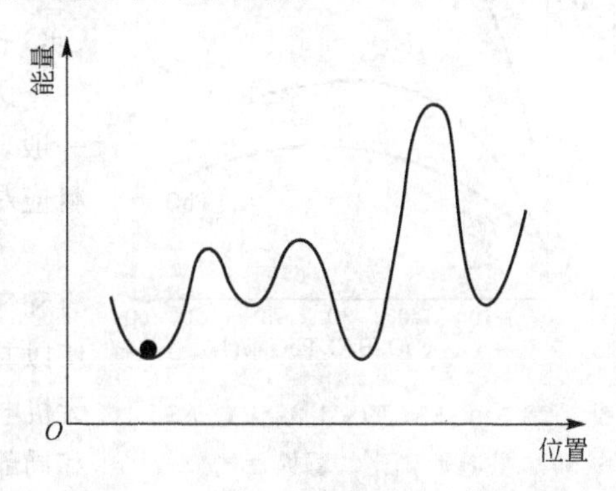

图 5.26 一价正离子在玻璃中的位垒

在碱金属氧化物含量不多的情况下，电导率 σ 与碱金属离子浓度有直线关系。到一定限度时，电导率呈指数增长。这是因为碱金属离子首先填充在玻璃结构的松散处，此时碱金属离子的增加只是增加电导载流子数。当孔隙被填满之后继续增加碱金属离子，就开始破坏原来结构紧密的部位，使整个玻璃体结构进一步松散，因而活化能降低，电导率呈指数式上升。

在实际生产中发现，利用双碱效应和压碱效应可以减少玻璃的电导率，甚至可以使玻璃的电导率降低 4～5 个数量级。

双碱效应是指当玻璃中碱金属离子总浓度较大时(占玻璃组成的 25%～30%)，在碱金属离子总浓度相同的情况下，含两种碱金属离子的玻璃比含一种碱金属离子的玻璃电导率要小。当两种碱金属浓度比例适当时，电导率可以降到很低(图 5.27)。这种现象的解释如下：在 K_2O、Li_2O 氧化物中，K^+ 和 Li^+ 占据的空间与其半径有关。因为 $r_{K+}>r_{Li+}$，在外电场作用下，一价金属离子移动时，Li^+ 离子留下的空位比 K^+ 留下的空位小，这样 K^+ 只能通过本身的空位。Li^+ 进入体积大的 K^+ 空位中，产生应力，不稳定，因为进入同种离子空位较为稳定。这样互相干扰的结果使电导率大大下降。此外由于大离子 K^+ 不能进入小空位，使通路堵塞，妨碍小离子的运动，迁移率也降低。

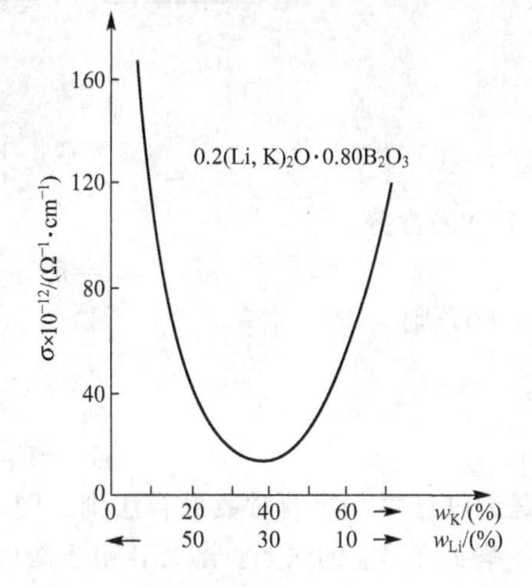

图 5.27 硼钾锂玻璃电导率与锂、钾含量的关系

压碱效应是指在含碱玻璃中加入二价金属氧化物，特别是重金属氧化物，使玻璃的电导率降低。相应的阳离子半径越大，这种效应越强。这是因为二价离子与玻璃中氧离子结合比较牢固，能嵌入玻璃网络结构，以致堵住了迁移通道，使碱金属离子移动困难，因而电导率降低。当然，如用二价离子取代碱金属离子，也能得到同样的效果。图 5.28 所示为在 $0.18Na_2O-0.82SiO_2$ 玻璃中 SiO_2 被各种氧化物置换后其电阻率的变化情况，这表明 CaO 提高电阻率的作用最为显著。

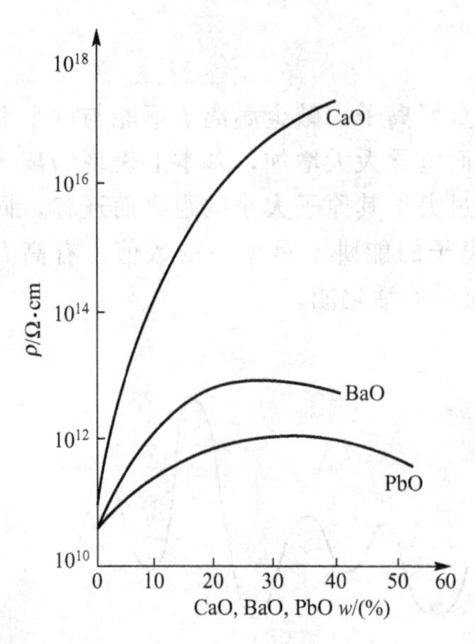

图 5.28 $0.18Na_2O-0.82SiO_2$ 玻璃中 SiO_2 被其他氧化物置换后的效应

无机材料中的玻璃相往往也含有复杂的组成，一般，玻璃相的电导率比晶体相高，因此对介质材料应尽量减小玻璃相的电导。

无机电介质材料一般是由晶相颗粒、玻璃相、晶界和气孔等组成的具有复杂显微结构的多晶多相体，所以其电导的理论计算较为复杂。为简化起见，假设无机电介质材料由晶粒和晶界组成，并且其界面的影响和局部电场的变化等因素可以忽略不计，则总电导率为

$$\sigma_T^n = V_G\sigma_G^n + V_B\sigma_B^n \tag{5-80}$$

式中，σ_G、σ_B 分别为晶粒、晶界的电导率；V_G、V_B 分别为晶粒、晶界的体积分数。$n=-1$，相当于如图 5.29(a)所示的串联状态；$n=1$ 为如图 5.29(b)所示的并联状态；图 5.29(c)所示为晶粒均匀分散在晶界中的混合状态，可以认为 n 趋近于零。

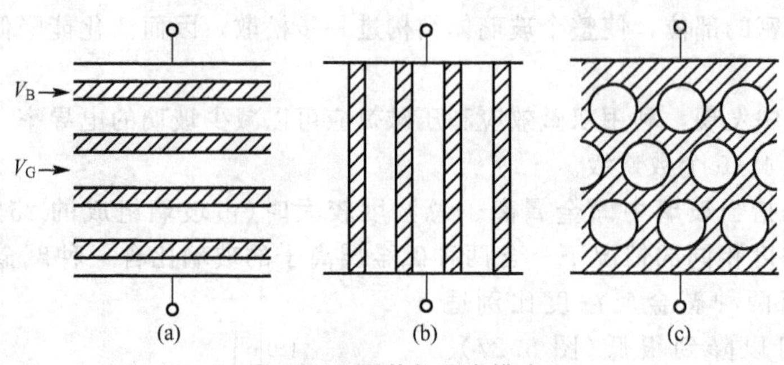

图 5.29 层状与混合模式

(a) 串联；(b) 并联；(c) 混合

将式(5-80)微分。

$$n\sigma_T^{n-1}\,d\sigma_T = nV_G\sigma_G^{n-1}\,d\sigma_G + nV_B\sigma_B^{n-1}\,d\sigma_B \tag{5-81}$$

因为 $n\to 0$，则

$$\frac{d\sigma_T}{\sigma_T} = V_G\frac{d\sigma_G}{\sigma_G} + V_B\frac{d\sigma_B}{\sigma_B} \tag{5-82}$$

即

$$\ln\sigma_T = V_G\ln\sigma_G + V_B\ln\sigma_B \tag{5-83}$$

这就是无机材料电导的对数混合法则。图 5.30 所示为当 $\sigma_B/\sigma_G=0.1$ 及 $\sigma_B/\sigma_G=0.01$ 时，总电导率 σ_T 和 V_B 的关系。通常，由于陶瓷烧结体中 V_B 的值非常小，所以电导率 σ_T 随 σ_B 和 V_B 值的变化较大。

但是，在实际无机电介质材料中，当各相之间的电导率、介电常数、多数载流子差异很大时，各组成相之间往往产生相互作用，引起特殊的物理效应。特别是晶粒和晶界之间的相互作用使各种陶瓷材料具有特有的晶界效应。例如 $ZnO-Bi_2O_3$ 系陶瓷的压敏效应、半导体 $BaTiO_3$ 的 PTC 效应、晶界层电容器的高介电特性等。

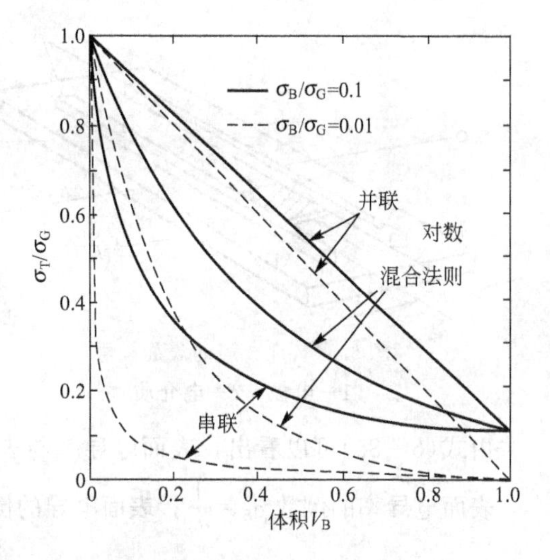

图 5.30 各种模式的 σ_T/σ_G 和 V_B 的关系

(3) 高分子高聚物电介质的离子电导。

在高聚物的分子结构中，原子的最外层电子是以共价键与相邻原子键接的。因此，完整结构的纯高聚物材料在弱电场作用下理应没有电流通过(具有特定结构的高聚物例外)。理论计算结果表明，作为绝缘体的高聚物，其电导率仅为 $10^{-25}\Omega^{-1}\cdot cm^{-1}$，而实际高聚物的电导率往往比它大几个数量级。因此，高聚物绝缘体中的载流子主要来自材料的外部，是由高聚物中的杂质引起的。这些杂质是在高聚物合成和加工的过程中产生的，包括少量没有反应的单体、残留的引发剂和其他各种助剂以及高聚物吸附的微量水分。例如，在电场作用下电离的水，$H_2O\leftrightarrow H^+ + OH^-$ 就为高聚物提供了离子型载流子。水对高聚物的导电性影响最大，特别是当高聚物材料是多孔状或有极性时，吸水量较多，复合材料的电导率在大多数情况下取决于填料的亲水程度。例如，以橡胶填充的聚苯乙烯材料在水中浸渍前后电导率相差两个数量级，而用木屑填充的聚苯乙烯材料在同样情况下其电导率可猛增8个数量级。

在一些特殊的情况下，某些外部因素也能引起高聚物非离子型的电导。例如，当测试电压较高时，从电极中可以发射出电子注入高聚物而成为载流子。

高聚物的电导也与温度、分子结构有关，研究表明，在高聚物中载流子的浓度和迁移率均随温度的升高而增加。电导率与绝对温度之间有如下关系

$$\sigma=\sigma_0 e^{-\frac{E_C}{RT}} \tag{5-84}$$

式中，σ_0是常数；E_C是电导活化能。当高聚物出现玻璃化转变时，电导率或电阻率曲线将发生突然的转折，利用这一原理可测定高聚物的玻璃化温度。

结晶、取向以及交联，均会使绝缘高聚物的电导率下降，因为在这些高聚物中，主要是离子电导。结晶、取向和交联会使分子紧密堆砌，并降低分子链段的活动性，这就减少了自由体积，使离子迁移率下降，因而电导率下降。例如，聚三氟氯乙烯结晶度从10%增加至50%时，电导率下降10～1 000倍。

4. 固体电介质的表面电导

以上所讨论的电导，都是指电介质的体积电导，它是电介质的一个物理特性参数，主要取决于电介质本身的组成、结构、杂质含量及电介质所处的工作条件(如温度、气压、辐射等)。这种体积电导的电流流经整个电介质，同时流经固体电介质表面的还有表面电导电流，如图5.31所示。

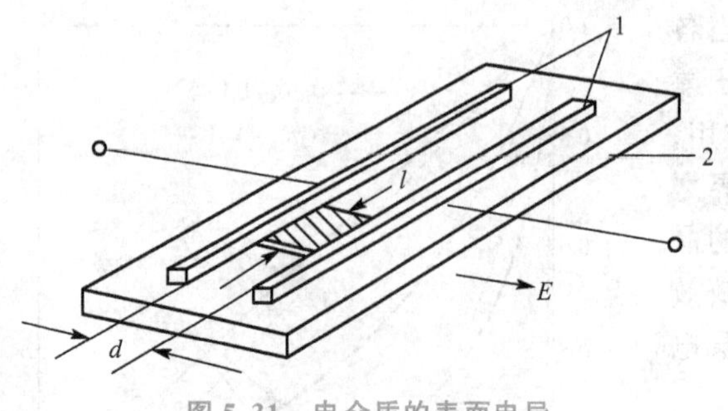

图 5.31 电介质的表面电导

1—电极；2—电介质

假设两电极之间的距离为 d，所加电压为 V，与电流方向垂直的电介质表面宽度为 l。由实验得出，流经该电介质表面的电流 I_S 与 l、V 成正比，与 d 成反比，即

$$I_S=\sigma_S\frac{l}{d}V=G_SV \tag{5-85}$$

式中，σ_S 为电介质的表面电导率；G_S 为电介质的表面电导，$G_S=\sigma_S\frac{l}{d}$。

由式(5-85)可以看出，表面电导率与表面电导具有相同的单位——S(西门子)。表面电导率的倒数 $\rho_S=\frac{1}{\sigma_S}$；表面电导的倒数 $R_S=\frac{1}{G_S}$，分别称为表面电阻率和表面电阻。

如果令 $\frac{I_S}{l}=J_S$，J_S 称为表面电流密度，则式(5-85)可改写成

$$J_S=\sigma_SE \tag{5-86}$$

电介质的表面电导不仅与电介质本身的性质有关，而且与周围的环境温度、湿度、表面结构以及形状、表面沾污等情况密切相关。

(1) 空气湿度对表面电导的影响。

电介质的表面电导受空气湿度的影响极大，而且，电介质表面吸附空气中的水蒸气的现象亦最为常见。任何电介质，当处于相对湿度为 0 的干燥空气中时，电介质表面的电导率 σ_S 很小，但是当电介质在潮湿的环境中受潮以后，其 σ_S 将明显上升，如图 5.32所示。因为水本身就为半导体($\rho_S=10^5\Omega\cdot m$)，电介质吸附水分以后，在其表面形成一层很薄的水膜，引起较大的表面电流，因此，σ_S 明显地增加。

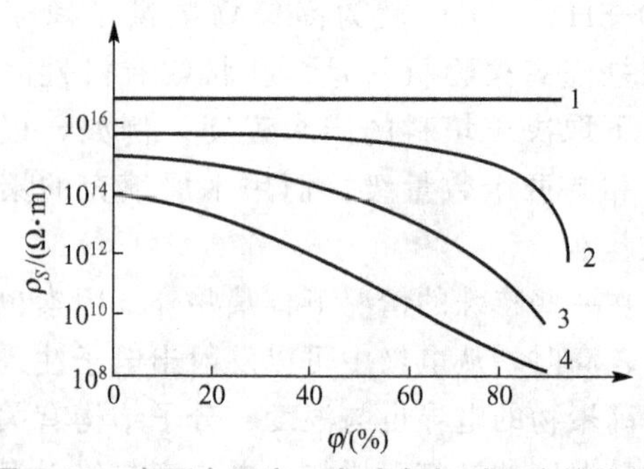

图 5.32 表面电阻率 ρ_S 与空气相对湿度的关系

1—石蜡；2—琥珀；3—虫胶；4—陶瓷上的珐琅层

(2) 电介质表面的分子结构。

电介质表面不同的分子结构使水在其表面的分布状态有着明显的区别，如图 5.33 所示。

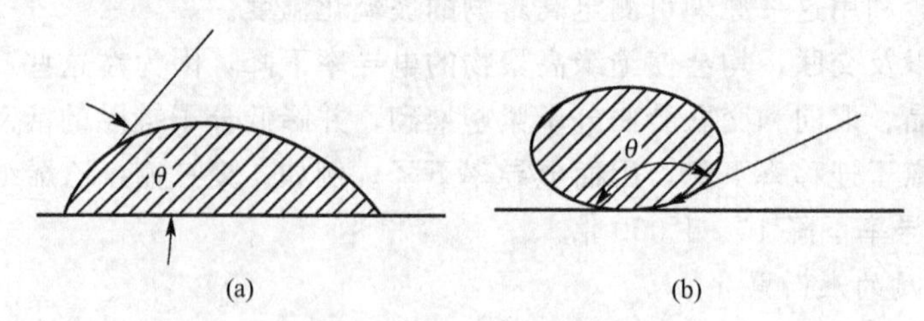

图 5.33 水在电介质表面的分布

(a) 亲水性电介质；(b) 疏水性电介质

依据水在其表面分布状态的明显区别，电介质可分为亲水性和疏水性电介质。

① 亲水性电介质。亲水性电介质包括离子晶体、含碱玻璃以及由极性分子构成的电

介质等，如有机玻璃、聚氯乙烯、碱玻璃、陶瓷和云母。其中含碱金属离子的电介质(碱卤晶体、含碱玻璃等)中的碱金属离子还会进入水膜，降低水的电阻率，使表面电导进一步升高，甚至丧失绝缘性能。亲水性电介质对水分子的吸附力大于水分子的内聚力，水在电介质的表面上将弥散开来，形成连续的水膜，其与电介质表面所成的润湿角 $\theta<90°$，如图5.33(a)所示。所以，电介质的电导率特别大。

② 疏水性电介质。这类电介质由非极性分子所组成，它们对水的吸附力小于水分子的内聚力，水在电介质表面上不能形成连续的水膜而只能凝聚成水珠，其润湿角 $\theta>90°$，如图5.33(b)所示。因此，这类电介质的电导率很小，大气湿度对它的影响也较小。

(3) 电介质表面的状况。

电介质表面的电导率 σ_S 不仅与空气的湿度有关，而且其表面清洁度和光洁度对其都有影响。表面粘有杂质、污染物，特别是还黏附有半导体性质的杂质，即使是在干燥的环境中表面电导也会增加。所以，要降低固体电介质的表面电导，除了尽可能地采用疏水性电介质外，还要保持电介质表面的清洁、平滑无孔。对于亲水性电介质，则可在其表面涂覆疏水性电介质层，如硅、有机树脂、石蜡，使固体电介质表面不能形成水膜，提高表面电阻率。对于多孔性电介质，可用电容油、凡士林、沥青、石蜡浸渍，以填充孔隙。

当外加电场增加到相当强时，电介质的电导就不服从欧姆定律了。当场强继续增加到某一临界值时，电导率突然剧增，电介质丧失其固有的绝缘性能。

5.3.2 固体电介质的介电强度与击穿

1. 介质在电场中的破坏和介电强度

当施加于电介质上的电场强度或电压增大到一定程度时，电介质就由介电状态变为导电状态，这一突变现象称为介电强度的破坏，或叫电介质的击穿。相应的电场强度称为介电强度，或叫击穿电场强度，用 $E_{穿}$ 表示，此时所加电压称为击穿电压，用 $V_{穿}$ 表示。在均匀电场下有

$$E_{穿}=\frac{V_{穿}}{d} \tag{5-87}$$

式中，d 为击穿处试样的厚度。

电介质击穿强度受许多因素的影响，因此变化很大。这些影响因素有材料厚度、环境温度和气氛、电极形状、材料表面状态、电场频率和波形、材料成分和孔隙度、晶体各向异性、非晶态结构等。在电极板之间填充电介质的目的就是要使极板间可承受的电位差比空气介质承受的电位差更高些。表5-7列出了一些电介质材料的介电强度。

表5-7 一些材料的介电强度

材　料	介电强度/(kV/m)	材　料	介电强度/(kV/m)
真空	∞	派热克斯玻璃	1.3
空气	0.08	电木	1.2
水	—	聚乙烯	5.0
纸	1.4	聚苯乙烯	2.5
红宝石云母	16	特氟隆	6.0

（续）

材　料	介电强度/(kV/m)	材　料	介电强度/(kV/m)
琥珀	9	氯丁橡胶	1.2
瓷器	0.4	吡喃油	1.2
熔融石英	0.8	二氧化钛	0.6

对于凝聚态绝缘体，通常所观测到的击穿电场范围为($10^5 \sim 5\times10^6$)V/cm。从宏观的尺度看，这些电场属于高电场，但从原子的尺度看，这些电场是非常低的，10^6V/cm可表示为10^{-2}V/Å。这清楚地表明，除了在非常特殊的实验条件下，击穿绝不是由于电场对原子或分子的直接作用而导致的。

根据电介质绝缘性能破坏的原因，电介质击穿的形式可以分为3类，即热击穿、电击穿和电化学击穿。对于任何一种材料，这3种形式的击穿都有可能发生，主要取决于试样的缺陷情况及电场的特性(交流和直流、高频和低频、脉冲电场等)以及器件的工作条件。介质在电场中的击穿现象相当复杂，一个器件的击穿可能有多种击穿形式，但往往有一种是主要的、决定的形式。

2. 固体电介质的击穿

(1) 电击穿。

【电击穿】

材料的电击穿是一个“电过程”，即仅有电子参加。在强电场的作用下原来处于热运动状态的少数“自由电子”将沿电场反方向做定向运动。在其运动过程中不断撞击介质内的离子，同时将其部分能量传给这些离子。当外加电压足够高时，自由电子定向运动的速度超过一定临界值(即获得一定电场能)可使介质内的离子电离出一些新的电子——次级电子。无论是失去部分能量的电子还是刚冲击出的次级电子都会从电场中吸取能量而加速，有了一定的速度后又撞击第三级电子。这样的连锁反应，将造成大量自由电子形成“电子潮”，这个现象也叫“雪崩”。它使贯穿介质的电流迅速增大，导致介质的击穿。所以固体电介质发生电击穿的判据是电子从电场获得的能量速率大于电子与晶格碰撞消耗的能量速率。这个过程大概只需要$10^{-8} \sim 10^{-7}$s的时间，因此电击穿往往是瞬息完成的。

从能带理论出发，可以认为：电场强度增大，电子能量增加，当有足够的电子获得能量而能够越过禁带进入上层导带时，绝缘材料就会被击穿而导电。

(2) 热击穿。

电介质在电场的作用下工作时由于各种形式的损耗，部分电能转变为热能，使介质发热，若外加电压足够高，将出现器件内部产生的热量大于器件散发出去的热量这种不平衡状态，热量就在器件内部积聚，使器件温度升高。升温的结构又进一步增大损耗，使发热量进一步增多。这样的恶性循环使器件温度不断上升。当温度超过一定限度时介质会出现烧裂、熔融等现象，形成永久性的破坏而完全丧失绝缘能力，这就是电介质的热击穿。

【热击穿】

此外，电介质的环境条件，如周围媒质的温度、散热条件等对热击穿场强具有重要的影响，因此，热击穿场强并不是电介质的本征性质，但在实际工作中，热击穿往往是最常见的介质击穿形式。

(3) 化学击穿。

长期运行在高温、潮湿、高电压或腐蚀性气体环境下的电介质往往会发生化学击穿。它与材料内部的电解、腐蚀、氧化、还原、气孔中气体电离等一系列不可逆变化有很大的关系，并且需要相当长的时间，工程上常把属于这一类的电击穿现象称为老化，亦称为电化学击穿。

高聚物绝缘体在高压下长期工作后会出现化学击穿，这是由于高电压的作用能在高聚物表面或缺陷、小孔处引起局部的空气碰撞电离，从而生成 O_3 或 NO_2 等氧化物，这些化合物都能使高聚物老化，引起电导的增加直至发生击穿。在电场长期作用下，有机电介质发生的变硬、变黏等都是化学性质变化的宏观表现。

陶瓷介质材料的化学性质比较稳定，但是对于以银作为电极的含钛陶瓷，如果长期在直流电场下使用，也将产生不可逆的变化。因为阳极上的银原子容易失去电子变成银离子，银离子进入电介质沿电场方向从阳极移到阴极，然后在阴极上获得电子而沉积在阴极附近，如果直流电场作用的时间很长，沉积的银越来越多，形成枝蔓状向电介质内部延伸，这相当于缩短了电极之间的距离，使电介质的击穿电压下降。

3. 影响固体电介质介电强度的因素

以上介绍的几种击穿机理远不能概括电介质所有的实际击穿过程。在实际工作中，由于受电介质本身的结构因素和环境因素的影响，使得电介质的介电击穿过程异常复杂，迄今为止，还没有一种理论能够准确、清晰地阐明所有的电击穿过程。对电介质材料电击穿破坏的失效分析，可以从两个方面进行考虑，一方面是物质结构的影响，另一方面是环境和测试条件的影响。

(1) 结构因素。

固体介质的击穿理论适用于宏观、均匀的单一介质的击穿现象，但在实际应用中，经常遇到复合介质，即使是单一材料也会因材料不均匀、含有杂质、有气隙等原因而不能看作单一均匀的介质，因此研究复合介质的击穿具有重要的实际意义。

下面以无机材料为例来研究材料组织结构的不均匀性对击穿强度的影响。无机材料的组织结构往往是不均匀的，有晶相、玻璃相和少量的气孔等。这些结构因素都具有不同的介电性能，因此这种不均匀性在电击穿过程中产生非常显著的影响。这里仅以双层介质这种最简单的情况为例，来分析结构的不均匀性对介质的电击穿特性的影响。

设某一平板状电介质由两层具有不同介电参数的材料组成，ε_1、σ_1、d_1 和 ε_2、σ_2、d_2 分别代表第一层和第二层的介电常数、电导率和厚度。若在此系统上施加直流电场 E，则各层内的电场强度可以通过下式计算出来

$$\left.\begin{aligned} E_1 &= \frac{\sigma_2(d_1+d_2)}{\sigma_1 d_2+\sigma_2 d_1}\cdot E \\ E_2 &= \frac{\sigma_1(d_1+d_2)}{\sigma_1 d_2+\sigma_2 d_1}\cdot E \end{aligned}\right\} \tag{5-88}$$

$$\sigma_1 E_1 = \sigma_2 E_2 \tag{5-89}$$

式(5-88)和式(5-89)表明，由于电导率的不同，各层所承受的电场强度也是不同的，电导率较小的介质承受的场强较高，电导率较大的介质承受的场强较低。在交流电场的作用下也有类似的关系。如果电导率 σ_1 和 σ_2 相差很大，则必然使其中一层的场强远大于平均电场强度，从而可能导致这一层优先击穿，其后另一层也将击穿。也就是说，材料的组织结构的不均匀性将会引起击穿强度的下降。这也是通常不均匀介质的电击穿场强随着厚度的

增加而下降的原因之一。

事实上，气泡也是介质结构的组成成分之一，材料中气泡的介电常数和电导率都很小，在受到电压作用时，其所承受的电场强度很高，而气泡本身的抗电强度远低于固体介质。因此，在电场的作用下，气泡首先击穿，引起气体放电(内电离)。这种内电离过程产生大量的热，使气孔附近的局部区域强烈过热，因而在材料内部形成相当高的内应力，当这种热应力超过一定限度时，材料丧失机械强度而发生破坏，表现为电击穿现象。这种击穿现象常被称为电-机械-热击穿。气泡对于在高频、高压条件下使用的电容器陶瓷介质或者电容器聚合物介质都是十分严重的问题，因为实际上气泡的放电是不连续的。理论分析表明，在交流频率为50Hz的情况下，介质中的气泡放电次数可达每秒200次。可见，在高频高压条件下，介质中的气泡产生的内电离是何等的严重。由于内电离在介质内引起不可逆的物理化学变化，从而造成介质击穿电压下降。

材料的表面状态包括介质自身的表面加工情况、表面的清洁程度、表面周围的介质及其之间的接触情况。固体介质的表面，尤其是附有电极的表面，在电场的作用下常常发生介质的表面击穿，这种击穿通常属于气体放电。固体电介质常处于周围气体媒质中，击穿时常常发现固体介质并未破坏失效，只是火花掠过介质的表面，这种现象称为固体介质的表面放电。固体介质表面放电电压常低于没有固体介质时的空气击穿电压，其降低的情况常决定于以下三个条件：①固体介质不同，表面放电电压也不同，铁电陶瓷介质由于介电常数较大，再加上表面吸湿等原因，存在空间电荷极化机制，使表面电场发生畸变，降低了表面放电电压；②固体介质与电极接触不好，则表面放电电压降低，原因是空气孔隙的介电系数低，根据夹层介质原理，电场发生畸变，孔隙容易放电。介质的介电常数越大，影响越显著；③电场频率不同，表面放电电压也不同，一般情况下，随着频率的升高，表面放电电压降低。

在此要特别提出的是，因为电极边缘常发生电场畸变，即所谓边缘电场，使电极边缘的局部电场强度升高，导致此处的击穿场强下降。发生边缘击穿主要与以下因素有关：电极周围媒质的性质；电极的形状、相互位置；材料的介电参数和抗电强度等。

表面放电和边缘击穿电压并不能表征材料本身的抗电强度，因为通过对介质周围媒质的选择和对电极边缘形状的合理设计，这两个指标都能够得到提高。为了防止表面放电和边缘击穿现象的发生，以发挥材料抗电强度的作用，可以选取电导率和介电常数较高的媒质，并且媒质自身应有较高的抗电强度。例如，在介质抗电强度测试的实验中，常选用硅油或变压器油作为媒质。另外，对于在高频高压条件下使用的陶瓷电介质来说，根据额定工作电压的不同，通常采用浸渍、灌注、包封、涂覆以及在电极边缘施以半导体釉等方法，提高电极边缘电场的均匀性，消除由于空气的存在而产生的表面放电的因素，从而提高表面的放电电压。

总之，对于在高频、高压条件下工作的电介质材料来说，除了注重提高材料本身的抗电强度以外，加强对其结构和电极的合理设计也是至关重要的。

(2) 外部条件因素。

首先，是温度的影响，温度对电击穿影响不大，因为在电击穿过程中，电子的运动速度、粒子的电离能力等均与温度无关。但温度对热击穿影响较大，温度的升高使材料的漏导电流增大，这使材料的损耗增大，发热量增加，促进了热击穿的产生。此外，环境的温度升高使元器件内部的热量不容易散发，进一步加大了热击穿的倾向。另外，温度的升高使材料的化学反应加速，促使材料老化，从而加快了化学击穿的过程。

从前面对介质损耗的讨论可知，频率对介质的损耗有很大的影响。而介质损耗是热击穿产生的主要原因，因此，频率对热击穿有很大的影响。在一般情况下，如果其他条件不变，则 $E_{穿}$ 与频率 ω 的平方根成反比，即

$$E_{穿}=\frac{A}{\sqrt{\omega}} \tag{5-90}$$

式中，A 是取决于试样形状、大小、散热条件及 ε 等因素的常数。

5.4 电介质的实验测量研究

从上述讨论中可以了解到，在描述非磁性电介质在电场下的性能时，通常可用以下物理量。

电介质的相对介电常数 ε_r，它是 ω 的函数，如果介质材料有损耗(包括漏电)，ε_r 就需要用复数来表示，即

$$\varepsilon_r^*(\omega)=\varepsilon'(\omega)+i\varepsilon''(\omega)$$

式中，$\varepsilon'(\omega)$ 为介电常数的实部；$\varepsilon''(\omega)$ 为介电常数的虚部，代表介质损耗。在工程上通常使用介电损耗角 $\delta(\omega)$ 的正切 $\tan\delta$。

$$\tan\delta=\frac{\varepsilon''}{\varepsilon'}$$

电介质的电导率 σ，即

$$\sigma(\omega)=\omega\varepsilon_0\varepsilon''(\omega)$$

$\sigma(\omega)$ 概括了电介质的全部损耗机构的总和。因此，对于任何频率，用 ε'，另外再加上 ε''、$\tan\delta$ 和 σ 3个量中的任何一个量与 ε' 相配，便可以完整地描述电介质在电场中的介电行为。它们可以在强电场下(测试时，加在样品上的电场强度接近于击穿场强 $E_{穿}$)或弱电场下(测试时的电场强度远低于击穿场强)进行测量。前者涉及电介质的另一基本参数——击穿电场强度 $E_{穿}$，而本节讨论的介电常数、损耗角正切 $\tan\delta$ 和电导率 σ 仅限于弱电场下的测量。

5.4.1 介电常数和损耗的测量

1. 测量准备与影响因素

(1) 测试频率的选择。

只有少数材料，如聚苯乙烯、聚丙烯、聚四氟乙烯等，在很宽的频率范围内介电常数是基本恒定的，而不同的电介质材料被极化的主要机构都互不相同，一般的电介质材料必须在它所使用的频率下测量介电参数。同时，不同的测试方法所适用的测量范围是不同的，采用仪器测量时，这一点必须注意。

(2) 温度。

损耗因数在某一频率下可以出现最大值，这个频率值与绝缘材料的温度有关。介质损耗因数和相对介电常数的温度系数可以是正的也可以是负的，这由测量温度下的损耗因数与其最大值的相对位置来决定。

(3) 湿度。

极化的程度随水分的吸收量或绝缘材料表面水膜的形成而增加，其结果使相对介电常数、介质损耗因数和直流电导率增大。

(4) 电场强度。

存在界面极化时，自由离子的数目随电场强度的增加而增加，其损耗指数最大值的大小和位置也随电场强度而变化。在较高的频率下，只要绝缘材料不出现局部放电现象，相对介电常数和介质损耗因数与电场强度无关。

(5) 测试试样。

为了得到可靠的数据，测量材料的介电参数必须采用安放介质样品的电极系统。在更高频率下，被研究的介质则成为整个装置的有机部分，它们是一个有条件性的概念。

样品形状的选择应考虑到能够方便地计算出它的真空电容。最好的形状是两面平行的圆片或方片，也可以采用管状试样。当要求高精度测量介电常数时，最大误差来自试样尺寸的误差，尤其是厚度的误差。对于1%的精度来说，1.5mm的厚度就足够了，对于更高的精度要求则试样应更厚些。测定 $\tan\delta$ 时，导线的串联电阻与试样电容的乘积应尽可能地小，同时，又要求试样电容在总电容中的比值尽可能地大。试样的大小应适合所采用的电极系统。

(6) 测试电极。

上述样品与测试仪器电极之间存在空气间隙，相当于在试样上串联一个空气电容器，它既降低了被测试样的电容值，也降低了测出的介质损耗。这个误差反比于样品的厚度，对于薄膜样品来说，可达到很大值。所以为了准确测量介电参数，在把样品放到测量电极系统中之前，必须在它的表面施以某些类型的薄金属电极。对于表面电导率很低的试样可以不用电极材料而将它直接插入电极系统。

电极型式有三电极系统和两电极系统两种。当使用两电极系统使上下两个电极对准有困难时，则下电极应比上电极稍大些，金属电极应稍小或等于试样上的电极。三电极系统如图5.34所示，其中，1为被保护电极或测量电极，2为保护电极或保护环，3为不保护电极或高压电极。为避免边缘效应引起相对介电常数的测量误差，电极系统应加进一个保护电极，保护电极的宽度必须至少两倍于样品厚度，不保护电极的直径必须达到保护电极的外径。而保护电极和测量电极间的间隙应小于试样厚度。

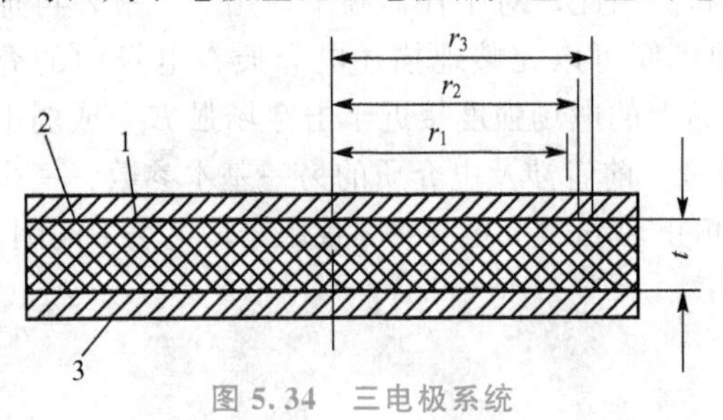

图5.34 三电极系统

1—被保护电极(测量电极)；2—保护电极(保护环)；3—不保护电极(高压电极)

电极材料的选择对于获得可靠的测量结果极为重要，它必须满足下列要求：①电极应该与样品表面有良好的接触，其间无空气间隙或气泡；②电极材料在试验条件下不起变化，而且不影响被测介质的性能，更不能与介质起化学作用；③电极材料应具有良好的导电性；④制造容易、安装方便，且工作安全。常用的电极材料有金属箔、导电涂料、沉积金属和水银等。表5-8为常见的电极材料。

表5-8 常用电极材料

电极材料	规格要求	适用范围
锡箔、铅箔、铝箔和金箔	铝箔和锡箔应退火，厚度为0.01～0.1mm，用低损耗胶状油如凡士林、变压器油、硅油等作为黏结剂无气隙地粘贴在样品表面	不适用于高介电常数的材料和薄膜样品
导电银膏	在空气中干燥或低温烘干	适用于较低频率测量

（续）

电极材料	规格要求	适用范围
银浆、铂浆、金浆	通过“烧电极”处理，金属浆料中的金属烧在(沉积)测试样品的表面，烧银的温度取决于银浆的配方，铂浆适用于极高温度下测量的样品，金浆比较稳定，在烧电极过程中不向样品内部迁移	陶瓷、玻璃、云母等耐高温材料
真空镀膜电极	在真空下将银或铝或其他金属喷镀到试样表面形成的电极，金属喷镀电极是低熔点的金属喷镀到试样表面形成的电极；在制作电极时，真空和喷镀温度对材料性能应不产生永久性的损害。这些电极是多孔的，因此可以在加上电极后进行预处理和条件处理	特别适用于潮湿条件下的测试

测量复介电常数有多种方法。如何选择测量方法，要取决于以下因素：①频率范围；②材料性能(ε'与ε''的大小)；③材料样品的加工、尺寸等。图5.35所示为复介电常数的一般测量方法及其频率范围。目前能够进行测量各种条件下的范围：频率可自直流至光频；温度可自接近0K到1 923K；ε'的值可自1到10^4；$\tan\delta$可由10^{-5}到1。

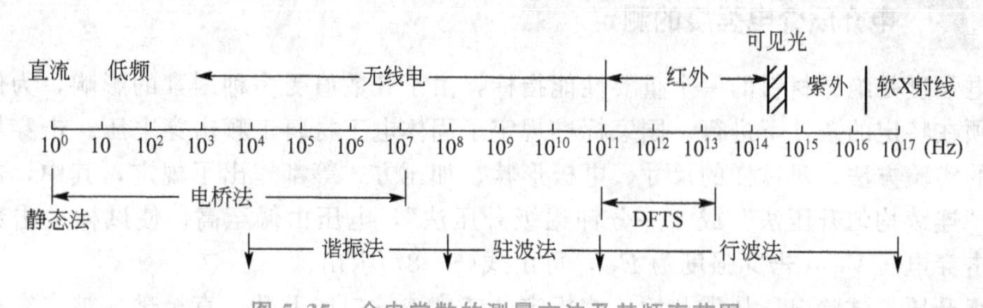

图5.35 介电常数的测量方法及其频率范围

2. 各种测量实验方法

(1) 直流法。

在低频段内采用加保护电极的平行板电容法，分别测量一个平行板电容器在有固体电介质存在时和无介质存在时通过一个标准电阻放电的时间常数，从而求出介电常数的实部ε'，虚部则用介质的电阻率(或电导率)来表示。

(2) 电桥法。

电桥法是测量ε'、$\tan\delta$使用最为广泛的方法之一。其主要优点是测量电容和损耗的范围广、精度高、频带宽，以及还可以采用三电极系统来消除表面电导和边缘效应所带来的测量误差。用各种不同结构的电桥，覆盖频率范围可以从0.01Hz～150MHz。按频率范围可以分为超低频电桥(0.01Hz～200Hz)、音频电桥(20～3MHz)和双T电桥(1MHz以上)等。音频电桥最典型的电路是施林电桥，用施林电桥测量可以同时读出电容量C和$\tan\delta$，由此而计算出ε'和ε''。现在已有较完善的数字化低频阻抗分析仪，测量的参数可达10余个，使用十分方便。

(3) 谐振电路法。

频率范围到达10～100MHz时，用普通的电桥法测量介电常数就有一定困难，因为高频会使杂散电容的效应增加，从而显著地影响测量结果的精确性。在高频测量中往往使用谐振电路法。用Q表测量便是谐振电路法的一种典型方法。现在较好的高频数字化阻抗分

析仪的频率范围已高达 10GHz。

(4) 传输线法(测量线法)。

在超高频范围(100～1 000MHz)以上时，由于辐射效应和趋肤效应，调谐电路技术就不好应用了。这时就要使用分布电路，通常多采用传输线(同轴线)和波导，还有可以采用带状线(微带)等。波导测量宜在高频率(微波)，否则尺寸太大；而且每一种波导只能在平均波长两侧的 20%～25%范围内传输电磁波，不能覆盖整个频段，要扩大频率范围，还必须建立一系列装置。同轴线测量的频率范围为 100～6 000MHz，它能覆盖宽广得多的频段，300～3 000MHz 只需用一条测量线就能实现。这个频段正是用同轴线测量介质最适宜的区域。

根据电磁波与物质相互作用的原理，传输线又分为驻波场法、反射波法和透射波法三种。

(5) 微波法。

微波频段的介电常数测量可使用波导或谐振腔技术。波导传播的电磁波可以是高阶型的。若测量固体电介质，具体的测量方法取决于被测材料的性质与数量。如果有足够大尺寸的材料，就可用波导法；如果材料的尺寸很小，可用谐振腔法。

5.4.2 电介质介电强度的测定

介电强度是绝缘材料的一个重要性能指标，由于其数值受多种因素的影响，为便于比较，必须在特定的条件下进行。国家标准规定了固体电工材料工频击穿电压、击穿场强和耐电压的实验方法。对试样的尺寸、电极形状、加压方式等都作出了规定，其中，击穿电压采用“连续均匀升压法”或“一分钟逐级升压法”，电压由低至高，使试样被击穿的电压即为击穿电压 $V_{穿}$，击穿强度为 $E_{穿}$，可由式(5-87)求出。

连续升压：试验电压从零开始，按规定的速度连续匀速上升，直至试样被击穿得到击穿电压值。逐级升压：按连续升压所测得试样击穿电压值的 50%作为起始电压，停留 1min 后如试样未被击穿，则按规定的电压值逐级升压，并在两级电压停留 1min，直至试样被击穿为止。若在升压过程中发生击穿，应读取前一级的电压值。若击穿发生在保持不变的电压级上，则以该级电压作为击穿电压。

5.4.3 电介质的铁电性和电滞回线的测量

各种固体电介质中，只有属于 10 种点群对称性的物质才具有铁电性和热电性。电滞回线是铁电体的主要特征之一，往往通过电滞回线的测量去检验物质是否为铁电体、反铁电体或顺电体。在较强的交变电场作用下，铁电材料的极化强度随外电场呈非线性变化，而且在一定的温度范围内，极化强度表现为电场强度 E 的双值函数，呈现出滞后现象，形成了如图 5.36 所示的极化强度与电场强度 E 的关系曲线，通常称为电滞回线。

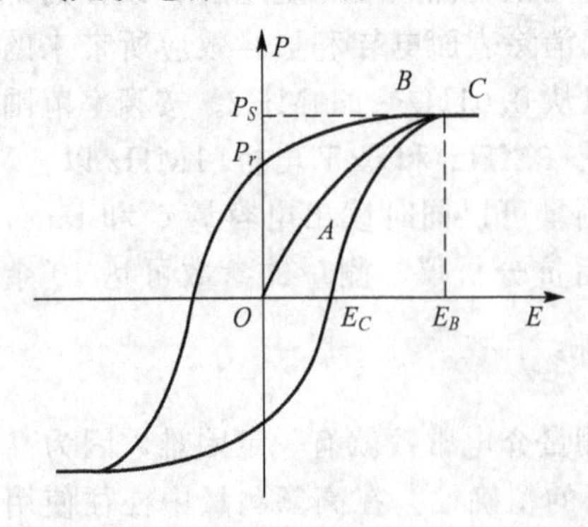

图 5.36　铁电体的电滞回线

国标 GB/T 6426—1999 给出了铁电陶瓷材料电滞回线的准静态测试方法。测量电滞回线的基本电路是 Sawyer - Tower 电路，测试电滞回线时，交变电场由超低频高压源供给，电滞回线用 X-Y 函数记录仪记录，并由测得的电滞回线，再测定铁电体的矫顽

电场强度 E_C、剩余极化强度 P_r 和自发极化强度 P_S。

测试条件如下。

(1) 环境条件。测量电滞回线时试样必须浸入硅油中，根据不同的材料和要求可在不同的温度下测量。当需要升温时，试样应在该温度下保温，时间不少于1h。

(2) 试样尺寸及要求。试样为未极化的薄片，厚度 t 不大于1mm。两主平面全部被覆上金属层作为电极。试样应保持清洁、干燥。

(3) 测试信号要求。测试信号采用频率不高于0.1Hz的正弦波。

*5.5 拓展阅读 可设计的高介电陶瓷材料

自然界大部分材料是广义的复合材料，即具有一定显微结构特征的非均匀或均质材料，也称为多尺度材料或多层次结构材料。它们的宏观性能不是结构中不同组元(相、颗粒、畴等)性能的简单加和平均，有时其宏观性能完全不同于组元的性能。更为重要的是，材料宏观性能可以根据要求(通过改变组分、显微结构的几何和拓扑)加以调节，即可通过改变组成物质的种类和组合方式(显微结构)来改变所产生的材料的性能，因此，可利用已有的物质来发现和设计新材料。这里介绍一种设计新材料的途径，即利用非常规复合效应产生新型材料，其中之一是“1+1>2”复合效应。这个效应意味着两种不同的常规物质的组合/复合可导致其复合材料性能显著增强，远远大于原常规物质的性能。下面举例：通过合理地选择组成物质及组合方式来获得显著增强的介电性能。

高介电材料作为用于制备重要的电容器、存储器等的材料，在微电子器件中扮演着重要的角色。钙钛矿结构材料(如弛豫铁电氧化物 $PbMg_{1/3}Nb_{2/3}O_3$)具有高介电常数，是目前主流高介电材料。随着微电子元器件的微型化，进一步增强材料的介电常数是非常重要的。利用已有的介电常数获得更大的介电性，可以通过金属(导体)-介电体(绝缘体)的合理组合产生的“1+1>2”复合效应来实现，图5.37显示了3种能显著增强介电性的金属(导体)-介电体(绝缘体)组合。

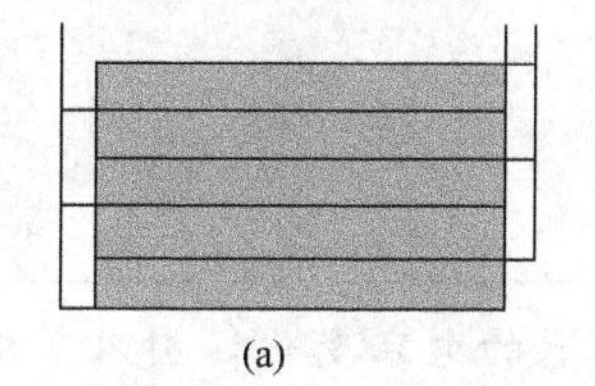

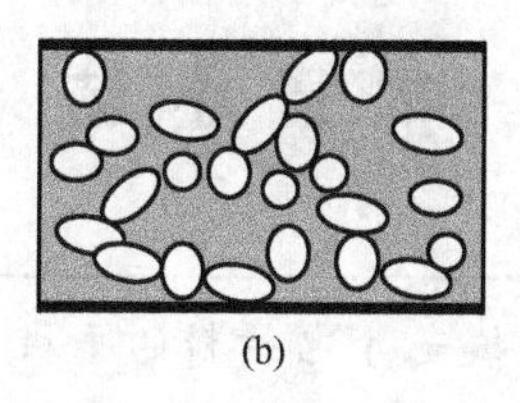

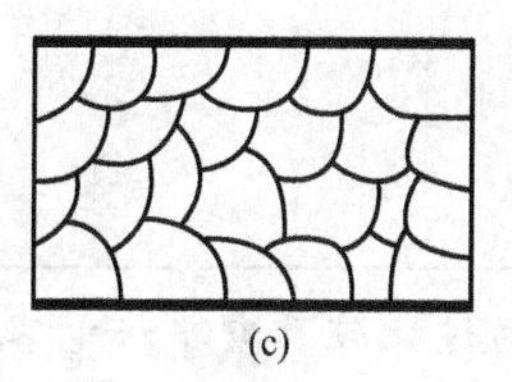

图5.37 具有显著增强电容的金属(导体)-绝缘体复合的示意图

(a) 由 N 层介电质和金属内电极构成的多层陶瓷电容器(MLCC)，它的电容可比相同尺寸的陶瓷电容器的电容增大 N 倍以上，N 可高达数百；(b) 由导电颗粒(如金属)弥散在电介质基体构成的渗流型电容器(PC)，它的电容可远远超出其电介质基体的电容；(c) 由导电或半导颗粒核和绝缘边界层构成的边界层电容器(BLC)

目前广泛研究和获得成功应用的独石多层电容器(MLC)是一种由陶瓷介电层和金属内电极层交替的2-2型叠层组合［图5.37(a)］。对于MLC，宏观介电常数 ε 可表示为

$$\varepsilon \propto \varepsilon_c \frac{L}{t} \propto \varepsilon_c N$$

式中，L 为 MLC 的厚度；ε_c、t 和 N 分别为陶瓷层的介电常数、单层厚度和层数。现在，可以制备包含 $N>100$ 的陶瓷层的 MLC，因此，同单纯的陶瓷相比，MLC 的介电性可被增强 10^2 数量级以上。根据这个间接关系，通过减少陶瓷介电层厚度、增加层数来获得显著的介电强度，已成为这类 MLC 目前一个重要的发展趋势。但随着电介质厚度的降低，其他问题(如机械强度，包括制备技术问题)变得尤为突出，故不可能将其做得太薄。另一个比较切实可行的办法就是尽可能地提高介电层材料的介电常数。

介电常数的提高可以进一步利用金属(导体)-介电体(绝缘体)的其他结合形式来达到。研究最多的是如图 5.37(b)所示的 0－3 组合，即把导体颗粒弥散在电介质中。这种组合方式导致一个重要的金属-绝缘体的转变，即随着金属颗粒含量的增加，在一临界金属体积分数(渗流阈值)处发生渗流转变。这种渗流转变的一个特别有意义的特征是复合材料的介电常数在渗流阈值 f_c 处发散，即

$$\varepsilon \propto \varepsilon_c (f_c - f)^{-s}$$

式中，f 是金属颗粒的体积分数；$s \approx 1$ 是介电临界指数。在 f_c 附近，这种复合材料异常大，远远大于介电基体的介电常数 ε_c。这种非常规复合效应是由于在渗流阈值附近许许多多金属颗粒被薄的介电层所隔离，形成了许多微电容，从而导致材料在宏观上的高介电性。因此，在渗流阈值附近的金属—绝缘体组合可以成为具有优异电荷储存功能的电容器。

当导体颗粒的体积分数趋近于 1，但每个颗粒仍被一层非常薄的介电边界层所隔离[图 5.37 (c)]，这样便形成了像 $BaTiO_3$ 基陶瓷电容器那样的边界层电容器。在这种情况下，有效介电常数为

$$\varepsilon \propto \varepsilon_c \frac{d}{t}$$

式中，d 为颗粒尺寸；t 为边界层厚度；通常，$d/t \gg 1$。例如，当 $d=10\mu m$，$t=10nm$ 时，则 $d/t=1\,000$，这意味着介电常数增强了 1 000 倍。根据这个“1＋1＞2”非常规复合效应，新近发现的一种新型高介电 NiO 基陶瓷，与目前已知的最好的高介电钙钛矿结构陶瓷相比，NiO 基陶瓷是非钙钛矿的、非铁电的、无铅的、具有简单结构的陶瓷。在这种新型高介电 NiO 基陶瓷中，Li 掺杂的 NiO 颗粒内核是半导体，而边界层是电介质，它们构成了 BLC(多层电容器)组合结构，赋予了这种材料宏观上的高介电特性。

本 章 小 结

通过比较真空平板电容器和填充介电材料的平板电容器的电容变化，引入了极化和介电常数的概念，注意与极化相关的物理量，分析极化的微观机制。克劳修斯一莫索堤方程把微观的极化率和宏观的极化强度联系起来，指出了提高介电常数的途径。

同样，通过理想平板电容器和填充介电材料的平板电容器的电流-电压矢量的比较，引入了电介质在交变电场下性能表征参数：复介电常数、电介质损耗以及对外场 E 响应的极化德拜弛豫方程。

高聚物作为绝缘和介电材料是陶瓷等无机非金属材料的有力竞争者，其主要优点是质量轻，具有优异的介电性能，一般在常温下，绝缘电阻高于陶瓷材料，其不足之处是持久经受的温度低，且易老化。

介电击穿强度是绝缘材料和介电材料的重要指标之一。电介质材料实际发生击穿的原因十分复杂。在研究提高材料的击穿强度方法的同时，应注意电场作用下构件和电极设计的合理性。

习　题

5.1　解释下列名词：电极化、偶极子、电偶极矩、质点的极化率、局部电场、极化强度、电介质的电极化率、介电强度、击穿强度、绝缘强度。

5.2　什么叫极化强度？写出它的几种表达式及其物理意义。

5.3　一平行板真空电容器，极板上的电荷面密度 $\sigma=1.77\times10^{-6}\ C/m^2$。现充以 $\varepsilon_r=9$ 的介质，若极板上的自由电荷保持不变，计算真空和介质中的 E、P、D 各为多少，束缚电荷产生的场强是多少？

5.4　边长为10mm、厚度为1mm的方形平板电容器的电介质相对介电系数为2 000，计算相应的电容量。若在平板上外加200V的电压，计算：①电介质中的电场；②每个平板上的总电量；③电介质的极化强度；④储存在介质电容器中的能量。

5.5　电介质的极化机制有哪些，分别在什么频率范围响应？

5.6　如果A原子的原子半径为B原子的两倍，那么在其他条件都相同的情况下，原子A的电子极化率大约是B原子的多少倍？

5.7　在交变电场的作用下，实际电介质的介电常数为什么要用复介电系数来描述？

5.8　测量高频陶瓷介质的 ε 及 $\tan\delta$ 的原理及条件是什么，要测量哪些数据？写出计算 ε 及 $\tan\delta$ 的公式及式中各量的物理意义。

5.9　一个厚度 $d=0.025$cm，直径为2cm的滑石瓷圆片，经测定发现电容 $C=7.2\mu F$，损耗因子 $\tan\delta=72$。试计算：①介电常数；②电损耗因子；③电极化率。

5.10　固体电介质热击穿的原因是什么，固体电介质热击穿电压与哪些因素有关，关系如何，如何提高固体电介质的热击穿电压？

第6章 铁电物理与性能

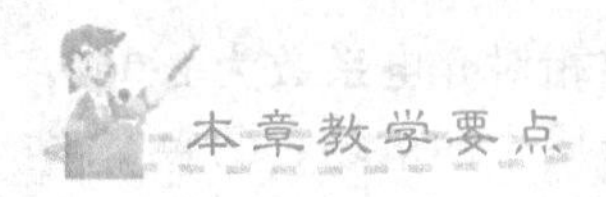

知识要点	掌握程度	相关知识	应用方向
铁电体基本特性	重点掌握	自发极化的现象及其电畴、电场作用下铁电体的极化机制、电滞回线及宏观极化强度与微观极化率的关系	材料性能研究
铁电相变	熟悉	铁电相变类型和各自的物理本质以及温度对晶体结构变化的影响	铁电相变理论
铁电体物理效应	掌握	压电常数在不同压电方程中表示的物理意义；热释电常数的物理意义、热释电方程；电致伸缩系数的不同表示方法；二阶光学非线性常数和二次电光常数表示的物理意义	材料性能研究与应用
	熟悉	常见的压电材料和应用；常见的热释电材料和应用；常见电致伸缩材料和应用；常见铁电光学材料和应用	
铁电体实验测量研究	掌握	电滞回线的测量，压电常数的测定	铁电性的测试
拓展阅读	了解	铁电体的历史及现阶段铁电体研究进展	材料性能研究的应用

导入案例

红外线的发现在物理学发展史上有着重要意义，目前红外技术已在军事及国民经济的各个领域得到广泛的应用。例如，热成像红外制导导弹和红外测温仪等。热成像系统摄取目标和景物发射出的红外辐射，将其转换成图像。在该系统中核心部分就是光学系统探测器，探测器中的关键部分是热释电元件，它将景物发出的红外光波通过探测器的采集转换为电信号，电信号再经过放大电路处理最终实现成像。热释电效应是铁电体物理效应之一，利用铁电体的其他物理效应制备的元器件在各行各业也有着广泛的用途。

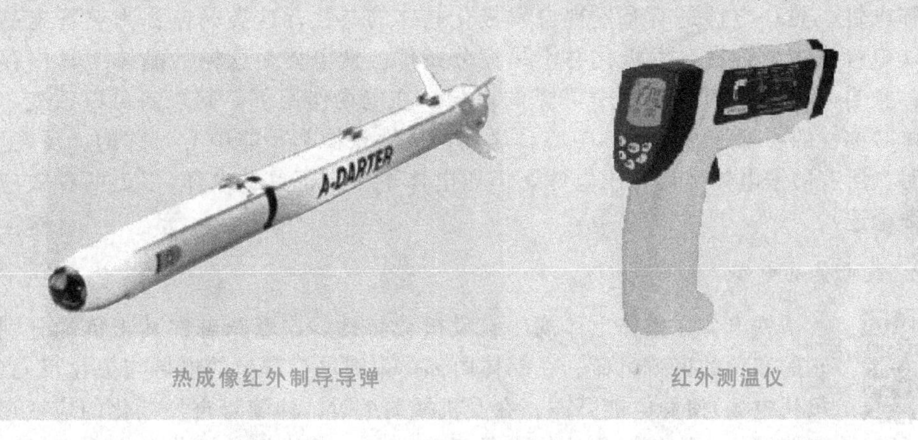

热成像红外制导导弹　　　　红外测温仪

6.1 铁电物理的基本概念

6.1.1 铁电体的定义

铁电体是指在某一温度范围内具有自发极化特性且极化强度可以因外电场的作用而反向的晶体。极化是一种极性矢量，自发极化的出现在晶体中造成了一个特殊方向。每个晶胞中原子的构型使正负电荷重心沿该方向发生相对位移，形成电偶极矩，整个晶体在该方向上呈现极性，一端为正，一端为负。另外，也可以根据铁电体具有电滞回线和具有许多电畴的特点进行定义，即凡具有电畴和电滞回线的介电材料都称为铁电体。所谓电畴或畴就是指晶体中的若干个小区域，在每个小区域内部永久偶极矩的取向都一致，在不同区域内的永久偶极矩的取向不一致，而电畴的边界也叫畴壁。其实铁电体晶体中并不含铁，铁电体又常被称作息格毁特晶体，这是因为第一个铁电体(罗息盐)是在1672年由罗息的药剂师息格毁特制备出来的。

6.1.2 铁电体的特性

1. 铁电体的自发极化

许多电介质只有在电场下才会发生极化。电场去除后，极化强度迅速衰减到零。对于液体和无定形的固体，由于分子排列的无序性，当外电场为零时，其表现出的宏观极化强度仍然为零。对于晶体而言，如果某些晶体中每个晶胞中原子的构型使正负电荷重心不重合或者在某个方向存在相对位移，形成电偶极矩，那么整个晶体在该方向上呈现极性，一端为正，一端为负，导致晶体处于高度的极化状态，而这种极化状态是在外电场为零时建立起来的，因此称之为自发极化。自发极化的出现在晶体中造成了一个特殊方向。因此，该方向与晶体的其他任何方向都不是对称等效的，称为特殊极性方向，即晶胞具有极性。换言之，特殊极性方向是在晶体所属点群的任何对称操作下都保持不动的方向。显然，这对晶体的点群对称性加以限制。事实上，在 32 个晶体点群中，有 10 个含有单一对称轴的点群可以发生自发极化，它们是：1，1m，2，2m，3，3m，4，4mm，6，6mm。

因为原子的构型是温度的函数，所以极化状态将随温度的变化而变化，这种性质称为热释电性。热释电性是所有呈现自发极化晶体的共性，这类晶体称为热释电晶体。但对于铁电性来说，存在自发极化并不是充分条件。铁电体是这样的晶体：其中存在自发极化，且自发极化有两个或多个可能的取向，在电场作用下，其取向可以改变。压电性对晶体对称性的要求是没有对称中心。显然，极性点群都是非中心对称的，反之则不然。这表明，所有的铁电体都具有压电性，但压电体不一定都是铁电体(以上两种效应将在后面详细论述)。

2. 铁电体的电畴

【铁电畴】

铁电体在整体上体现出自发极化特性，这意味着在其正负端分别有一层正的和负的束缚电荷。在晶体内部，束缚电荷产生的电场与极化反向(称为退极化电场)使静电能升高。在受机械约束时，伴随着自发极化的应变还将使应变能增加，均匀极化的状态是不稳定的，晶体将分成若干个小区域，每个小区域内部电偶极子具有同一方向，但各个小区域之间电偶极子方向有可能不同，这些小区域称为电畴或畴，畴的间界叫畴壁。畴的出现使晶体的静电能和应变能降低，但畴壁的存在引入了畴壁能。总自由能取极小值的条件决定了电畴的稳定构型。当无外电场时，电畴无规则，所以净极化强度为零。而当施加外电场时，与电场方向一致的电畴长大，而其他电畴变小，因此，极化强度随电场强度的变大而变大。

铁电体的电畴结构按照相邻电畴自发极化强度之间的夹角可分为反平行电畴和互相垂直的电畴，如图 6.1 所示，还有除此之外的其他夹角。例如，在钛酸钡三方铁电相中，则有 70°和 109°。铁电体的畴结构是很复杂的，各种类型的电畴往往同时并存。实际晶体中的畴结构取决于一系列复杂的因素，例如晶体的对称性、晶体中的杂质和缺陷、晶体的电导率、晶体的弹性和自发极化的数值等，此外，畴结构还受到晶体制备过程中的热处理、机械加工以及样品几何形状等因素的影响。

铁电体在外加电场的作用下自发极化可以反转，在此过程中，晶体的电畴结构也要发生相应的变化，这种电畴结构在外电场的作用下发生改变的过程称为电畴运动。电畴运动的过程也就是新畴的形核和长大的过程。

3. 铁电体与外加电场形成的电滞回线

铁电体的极化随外电场的变化而变化，其重新定向并不是连续发生的，而是在外电场超过某一临界电场强度时发生的，极化和电场之间呈非线性关系，这和一般电介质的电场与极化强度呈线性关系不同。电场的周期变化导致了极化强度 P 与外加电场 E 形成了电滞回线，如图 6.2 所示。

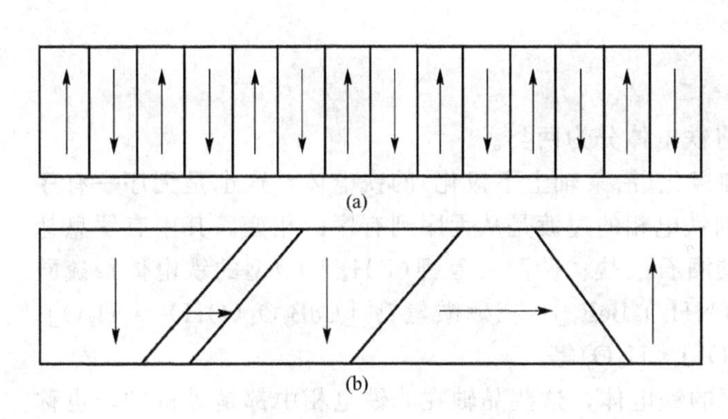

图 6.1 钛酸钡晶体中的电畴结构

(a) 反平行 180°电畴；(b) 相互垂直的 90°电畴

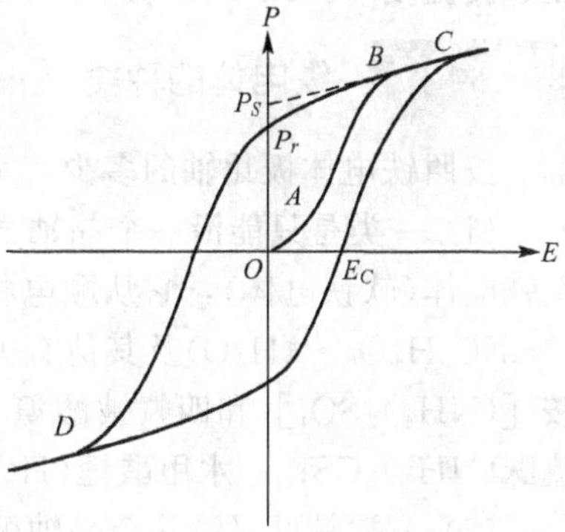

图 6.2 铁电体的电滞回线

假设试验铁电体在外电场为零时，晶体中的电畴互相补偿，对外宏观极化强度为零，此时晶体状态处在 O 点。当外电场 E 增加时，极化强度 P 按 $OABC$ 增加，增至 C 时，电畴变成单一取向电畴(和 E 取向一致)，此时 P 达到饱和状态。当 E 下降时，P 按 CBD 曲线下降，到 $E=0$ 时，$P=P_r$，P_r称为剩余极化。而当 $P=0$ 时，$E=-E_C$，E_C称为矫顽电场强度，到 D 时达到饱和。再增加 E，P 按 DC 线增加而形成 CBD 回线，即 P 和 E 有滞后效应。C 点处的切线和 P 轴的交点 P_S称为饱和极化强度。是相当于 $E=0$ 时单畴的自发极化强度，P_SBC 相当于 P 与 E 呈线性关系时的 $P-E$ 曲线。

4. 铁电相和顺电相转变温度

晶体的铁电性通常只存在于一定的范围之内，居里温度 T_C是铁电相与顺电相的相转变温度，当铁电体温度 $T>T_C$时，铁电现象消失，处于顺电相。当 $T<T_C$时，铁电体处于铁电相。当 $T=T_C$时发生铁电相与顺电相的转变，称为铁电相变。铁电相是极化有序状态，顺电相则是极化无序状态，T_C称为居里点。由于铁电性的出现或消失总伴随着晶格结构的改变，所以这是个相变过程。当晶体从非铁电相向铁电相过渡时，晶体的许多物理性质都有反常现象。对于一级相变，伴随有潜热发生，对于二级相变，则出现比热的突变。铁电相中，自发极化强度是和晶体的自发电致形变相关的，所以铁电相晶格结构的对称性要比非铁电相低。如果晶体具有两个或多个铁电相，表征顺电相与铁电相之间的一个相变温度才是居里点，而把铁电体发生相变时的另一个温度称为过渡温度或转变温度。

5. 介电系数 ε

由于极化的非线性，铁电体的介电常数不是常数，而是依赖于外加电场。一般以 OA 曲线在原点的斜率来表示介电常数，即在测量介电常数 ε 时，所加的外电场很小。铁电体在发生相变的过渡温度附近时，介电常数 ε 具有很大的值，数量将达到 $10^4\sim10^5$。当 $T>T_C$时，介电常数随温度变化的关系遵守居里-外斯定律

$$\varepsilon=\frac{C}{T-\Theta}+\varepsilon_\infty \tag{6-1}$$

式中，Θ 为特征温度，一般低于居里点；C 为居里常数；ε_∞ 为电子极化对介电常数的贡献，

在过渡温度时，ε_∞可以忽略不计。

6.1.3 铁电体的种类

按照铁电体极化轴的多少，可将铁电体分为两类。

(1) 一类是只能沿一个晶轴方向极化(沿某轴上下极化)的铁电体，这也是无序—有序型铁电体(软铁电体)，它从顺电相到铁电相的过渡是从无序到有序的相变。其中有罗息盐($NaKC_4H_4O_6 \cdot 4H_2O$)及其他有关的酒石酸盐；磷酸二氢钾(KH_2PO_4)型的铁电体；硫酸铵［$(NH_4)_2SO_4$］和四氟铍酸氨［$(NH_4)_2BeF_4$］；三硼酸氢钙［$CaB_3O_4(OH)_3 \cdot H_2O$］；硫脲$(NH_2)_2CS$；一水甲酸锂($HCOOLi \cdot H_2O$)等。

(2) 一类是可以沿几个晶轴极化的铁电体，这些晶轴在非铁电相中都是等价的，也称为位移型铁电体(硬铁电体)。这类铁电体以钛酸钡为代表($BaTiO_3$)，还有铌酸盐($LiNbO_3$，$KNbO_3$)和钽酸盐($LiTaO_3$、$KTaO_3$)以及SbSI(锑—硫—碘)等。从顺电相到铁电相的过渡是两个子晶格之间发生位移。

6.2 铁电相变

当晶体的温度高于铁电体的居里点时，晶体的铁电性消失，晶格结构同时也发生相应的变化。由于铁电性的出现或消失总是伴随着晶格结构的改变，因此这是个相变的过程。下面我们就根据铁电体分类中的无序—有序型相变铁电体和位移型相变铁电体来讨论其相变时结构变化的特点，以及相变对自发极化和铁电性的关系。

6.2.1 无序—有序型相变铁电体

6.1节已经了解了常见的无序—有序铁电体。KDP为磷酸二氢钾的简称，其居里温度为123K。室温下为顺电相，属于四方晶系42m点群。低于居里温度，其转变为正交晶系mm^2点群，它的极化轴沿着原四方晶系的c轴。KDP是这类晶体中结构比较简单、研究的较为透彻的铁电体材料。

KDP在室温下的结构如图6.3所示，其结构可以看成是由2套磷酸根四面体组成的体心四方点阵和2套钾离子阵心四方点阵套构在一起形成的。2套磷酸根点阵的套构关系为沿着c轴错开$c/4$，沿着a轴错开$a/2$。2套钾离子点阵的套构关系和磷酸根点阵相同。而磷酸根点阵与钾离子点阵则沿着c轴方向错开$c/2$。按照这种方式结合，磷酸根四面体呈层状排列，每一层内磷酸根排成正方形，层间距离为$c/4$。磷酸根中4个O^{2-}在四面体的顶角上，P^{5+}在四面体的中心。沿着c轴观察时，2个氧在上，2个氧在下。这样，每个磷酸根四面体又与上层和下层的各2个磷酸根四面体通过顶角上的氧离子借氢键联结起来。所以每个磷酸根又在其他4个磷酸根所形成的四面体的中心。联结2个氧的氢键几乎垂直于c轴，每个磷酸根的4个顶角上存在4个氢键，中心磷酸根上部的2个氧与上层相邻2个磷酸根下部的2个氧由氢键相连。中心磷酸根下部的2个氧则与下层相邻2个磷酸根上部的2个氧以氢键相联结。因此，平均来说，每个磷酸根拥有2个质子H^+，形成$(H_2PO_4)^-$，而形成$(H_2PO_4)^{2-}$和(H_2PO_4)所需要的能量很大，因此可以认为出现这两种构型的概率很小，无需考虑。

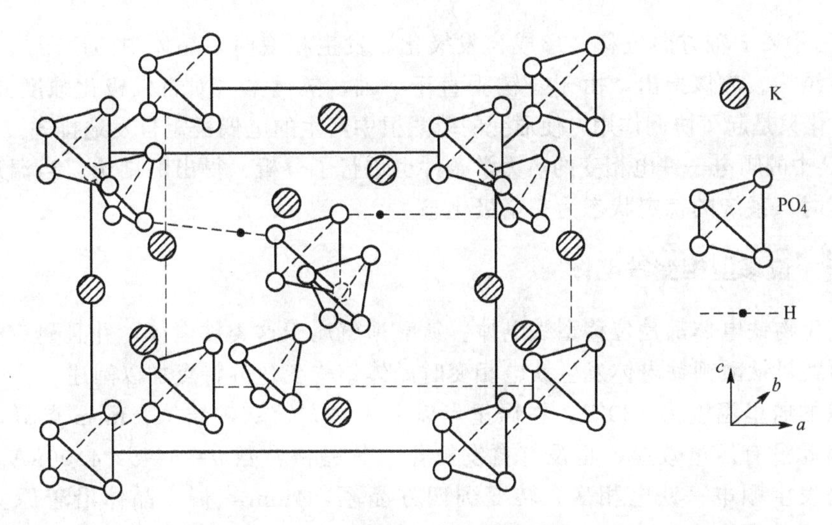

图 6.3 KDP 的晶体结构

斯莱特(Slater)认为，KDP 的铁电性是由质子的有序化造成的。他假定氢键中的质子在两个氧离子的连续之间具有两个平衡位置。因此，一个磷酸根吸引两个 H^+ 质子形成 $(H_2PO_4)^-$，可能有 6 种方式，其中两种方式是两个质子同时靠近磷酸根的上部和下部，如图 6.4 中的 1 和 2 所示，这时四面体中心的 P^{5+} 便沿 c 轴下移或上移，使 $(H_2PO_4)^-$ 产生平行于 c 轴的电偶极矩。另外 4 种方式是一个 H^+ 质子靠近磷酸根的上部，另一个 H^+ 质子则在磷酸根的下部，这时产生的电偶极矩垂直于 c 轴，如图 6.4 中的 3～6 所示。

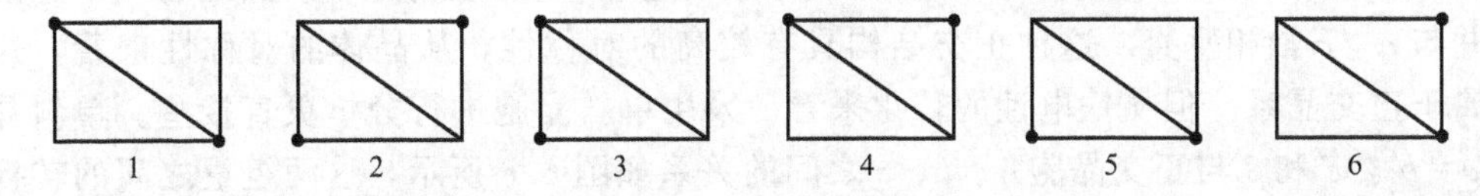

图 6.4 (・)表示 $(H_2PO_4)^-$ 中的两个质子在磷酸根 $(PO_4)^{3-}$ 四面体四周的排列方式

质子的这 6 种排列方式在能量上是不等价的。斯莱特假设，当两个质子同时靠近上部或下部的两个氧时，这两种结构的能量相同，可将其归一化为零能量(图 6.4 中的 4 和 5)；其余一上一下 4 种排列方式能量较高。在高温顺电相中，质子在氧连线上的两个平衡位置之间运动。在某一瞬间，氢与一个氧以氢键相连，另一瞬间则与另一氧以氢键相连，对平均时间来说，氢分布在两个氧连线的中间。就某一瞬间而言，质子的分布是无序的。在低温铁电相中，氢键中的质子总是偏向于两个氧中的一个，氢与一个氧以氢键相连，与另一个氧以静电相连。就整体而言，质子的分布取能量最低的方式，即按图 6.5 的方式形成有序的排列，因而使磷酸根中的

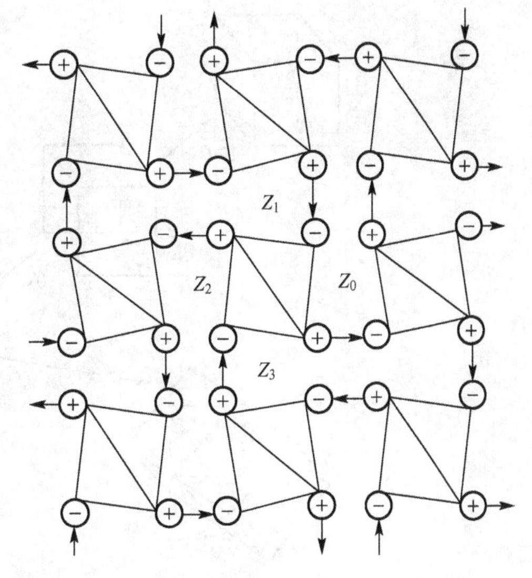

图 6.5 KDP 晶体中与 c 轴垂直平面内质子的运动方向

P^{5+}离子同时沿着c轴方向位移，形成自发极化。发生相变时，晶体中的质子从无序结构转变为有序结构。应该指出，由于氢键垂直于c轴，氢键本身对自发极化强度并无贡献，质子的有序化只是起了协调作用，使形变的磷酸根中产生的电偶极矩自发地排齐。另外，斯莱特对 KDP 中的顺电—铁电相变的热力学条件也进行了分析，得出的结论：当温度低于居里转变温度时，系统的稳定状态为完全极化态。

6.2.2 位移型相变铁电体

许多氧化物铁电体都是位移型铁电体。钛酸钡就属于这类铁电体，并且研究得也比较透彻。下面就对钛酸钡铁电体发生铁电相变时晶体结构变化的特点加以阐述。

钛酸钡的居里温度为120℃，在居里点以上为立方钙钛矿结构，m^3m点群，具有对称中心，因此没有压电效应，也没有自发极化，其晶格常数$a=b=c=4.009$Å。钛酸钡在居里点处发生顺电—铁电相变，转变到四方晶系，4mm 点群。晶体沿着原立方体的〔001〕方向产生了自发极化，室温时的自发极化强度为$0.26C/m^2$。产生自发极化时，晶体沿着自发极化轴方向伸长，而在垂直方向上缩短。晶格常数$a=b<c$，c/a约为1.01。钛酸钡晶体在居里点以下还发生多次顺电—铁电相变，在0℃±5℃时，晶体结构转变为正交晶系，mm^2点群，自发极化方向由原立方晶体的〔001〕方向转为〔011〕方向。晶体同样也在自发极化方向上伸长，这相当于原顺电相的立方晶胞在两个轴向上同时产生了自发极化，因而晶胞沿着原对角线方向伸长，形成单斜格子。但是在这种单斜格子中选取体积两倍于单斜晶胞的新晶胞，这个新晶胞具有3个互相垂直的轴a、b、c。通常把a轴取在自发极化方向上，b轴与a轴垂直，c轴仍为原单斜晶胞的一个边的方向，并与a、b轴相垂直。这种正交结构具有较高的对称性，从晶体的对称性来看，这种构造属于正交晶系。但从铁电性的转化来看，采用单斜晶胞进行分析更直接些。单斜晶胞参数$a=b'$，c'和β与正交晶胞a、b、c之间的关系如图6.6所示，这两组量之间的转换关系为

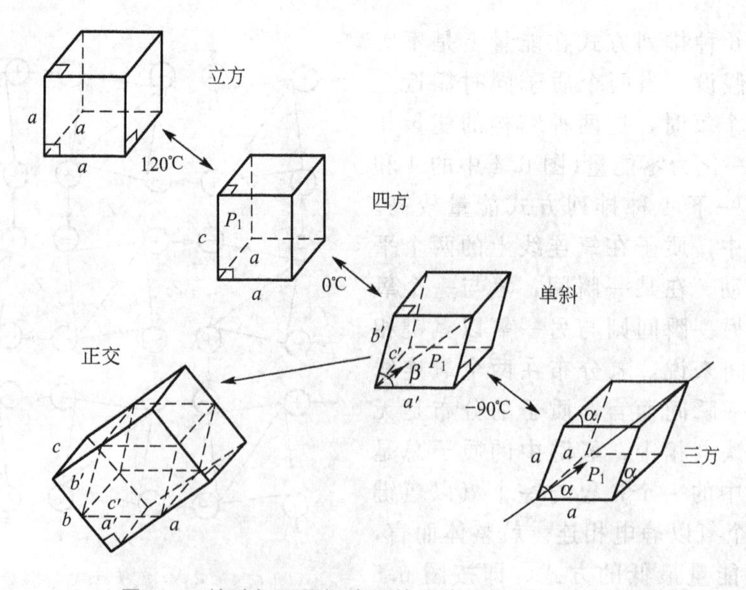

图6.6 钛酸钡不同温度下的晶胞结构变化示意图

$$\left.\begin{aligned} a&=2a'\sin(\beta/2) \\ b&=2a'\cos(\beta/2) \\ c&=c' \end{aligned}\right\} \tag{6-2}$$

当温度继续下降到-90℃± 9℃时，晶体结构转变为三方晶系，3m点群。自发极化方向转向原立晶胞的〔111〕方向，这相当于原顺电相的立方晶胞沿着3个轴向都同时产生了自发极化，晶胞沿着体对角线方向伸长，三方晶胞的3个边$a=b=c$，各边之间的夹角$\alpha=89°52'$。上述晶格结构的变化还可以通过晶格常数随温度变化曲线看出，介电常数随温度变化曲线以及自发极化随温度变化的曲线得到证实。

上面我们对钛酸钡在不同温度下的晶胞结构有了一些认识，其晶胞示意图如图6.7所示。根据结构分析，目前的研究普遍认为，钛酸钡的自发极化是由晶胞中钛离子的位移造成的。如图6.7所示在晶胞中Ti^{4+}离子处在由6个氧组成的氧八面体的中心。根据X射线衍射测定的结果，在稍高于居里点时，立方钛酸钡的晶格常数$a=0.401$nm，注意到氧离子和钛离子的半径分别为$r_O=0.132$nm，$r_{Ti}=0.064$nm，其半径之和为0.196nm，要比钛和氧离子间的距离0.200 5nm小0.004 5nm，即晶体中氧八面体内部的空隙要比钛离子大，钛离子在其中运动时所受到的恢复力很小。在居里点以上，钛离子的平均热运动能量比较大，足以克服钛离子位移后形成的内电场对钛离子的定向作用，因此，钛离子向周围6个氧离子靠近的概率是相等的。按照平均时间来说，钛离子仍位于氧八面体的中心，不会稳定地偏向某一氧离子，整个晶胞的等效电偶极矩为零，所以不出现自发极化。

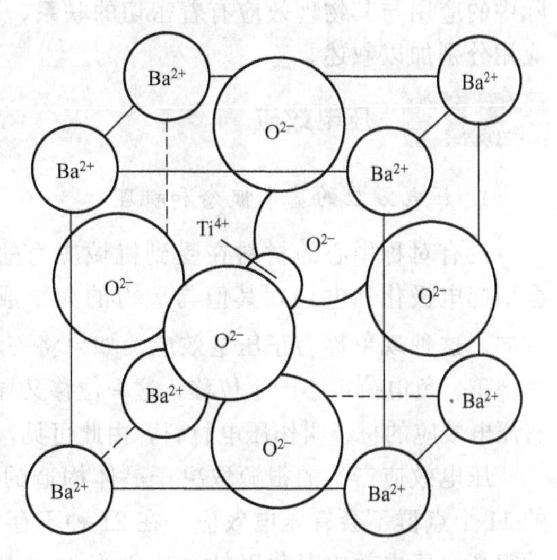

图6.7 钛酸钡晶胞结构示意图

但是，当温度较低时，钛离子的平均热运动能量下降，那些由热涨落所形成的势运动能量特别低的钛离子，就不足以克服钛离子位移后因钛氧离子间的相互作用所形成的内电场，因此就向着某一个氧离子，例如，〔001〕方向的氧离子靠近，产生自发位移，从而使这个晶胞出现电偶极矩。这时如果周围晶胞中钛离子的热运动能量也比较低，这种自发位移便能波及周围晶胞中的所有钛离子，使它们同时都沿着同一方向发生位移，因而形成一个自发极化的小区域，这就是电畴。与此同时，晶胞的形状发生了畸变，晶胞沿着钛离子移动的方向伸长，在其他两个垂直方向上缩短，从而转变成四方晶系结构。由于晶体中热运动能量特别低的钛离子是随机产生的，同一晶体中可能出现好几个电畴中心，因此晶体从高温冷却通过居里点时通常都将形成多畴结构。此外，由于氧八面体中的6个氧离子位于互相垂直的3个轴上，因此钛离子的自发位移方向只能是反平行的180°和正交的90°两类电畴。

上述分析也可以通过试验证明，试验结果表明：在居里温度以下，不仅钛离子发生了位移，晶体中的其他离子也发生了位移。斯莱特的钛—氧强耦合理论定性的说明了钛离子的位移形成的电偶极矩使氧离子的电子云发生强烈的畸变，发生了电子位移极化；而氧离子的电子位移极化又反馈回来促使钛离子发生强烈的位移。这种强烈的耦合导致了自发极化的形成。

6.3 铁电体的物理效应

铁电体的本质特征是具有自发极化特性和自动控制且自发极化可在电场作用下转向。据此，研究人员开发出许多在实际中得到广泛应用的产品。例如，信号处理，存储显示，接收发射和用于计测的产品等，都是利用铁电体的压电特性研制成功的；根据热释电性能制成的单个探测器和矩阵，在红外探测和热成像系统中得到了广泛的应用。利用铁电陶瓷材料具有较强的电致伸缩效应制成的微位移计，在精密机械、光学显微镜和天文望远镜等方面有着重要的用途。除此之外，铁电体作为光学材料也得到了广泛的应用。铁电体在实际中的应用与其物理效应有着密切的联系，下面针对其各自效应的基本概念和实际产品的应用分别加以叙述。

6.3.1 压电效应

【正压电效应和逆压电效应原理示意图】

1. 压电效应的基本概念和机理

没有对称中心的材料在受到机械应力的作用发生变形时，材料内部会引起电极化和电场，其值与应力的大小成比例，其符号取决于应力的方向，这种现象称为正压电效应。如果将一块晶体置于外电场中，由于电场的作用，晶体内部正、负电荷重心产生位移，这一位移又导致晶体发生变形，这个效应叫逆压电效应。具有压电效应的材料叫作压电材料，由此可见，通过压电材料可将机械能和电能相互转换。

压电效应产生的根源取决于晶体构造的对称性。在晶体 32 种点群中，具有对称中心的 11 个点群不会有压电效应。在 21 种不存在对称中心的点群中，除了 432 点群因其对称性很高，压电效应退化以外，其余的 20 个点群都有可能产生压电效应。另外，复杂对称性居里点群中的 3 种材料可能产生压电效应，他们分别是：∞m、∞2 和∞。

图 6.8 所示为产生压电效应的示意图。当不存在应变时电荷在晶格位置上的分布是对称的，所以其内部电场为零。但是当给晶体施加应力则电荷发生位移，如果电荷分布不再保持对称就会出现净极化，并将产生一电场，这个电场就表现为压电效应。

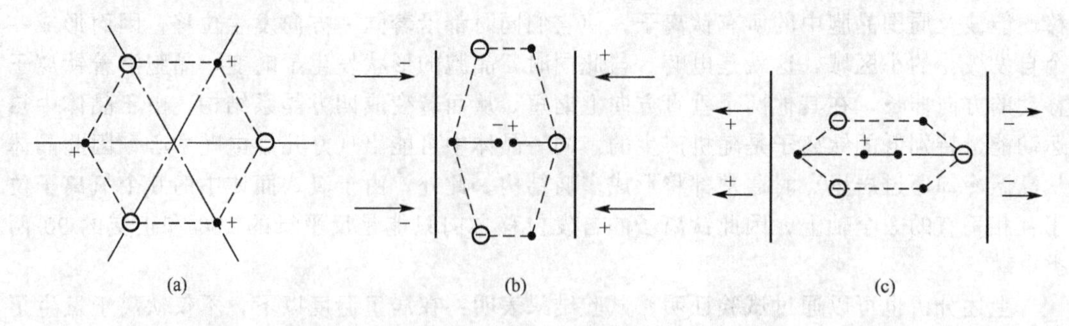

图 6.8 晶体受外应力产生的压电效应示意图

(a) 没有外力的原始状态；(b) 受压应力晶体内部电荷的变化；(c) 受拉应力晶体内部电荷的变化

所有晶体在铁电态下都具有压电性，即对晶体施加应力，将改变晶体的电极化。但是压电晶体不一定都具有铁电性。石英是压电晶体，但并非铁电体；而钛酸钡既是压电晶体又是铁电体。

2. 压电材料的特征值

(1) 压电晶体的刚度、柔度矩阵。

压电晶体是弹性体，服从胡克定律：在弹性限度内，应力与应变成正比。在晶体内设想有一个小立方体，如图 6.9 所示。共有 9 个应力张量，但只有 6 个独立的张量元，即 σ_{xx}、σ_{yy}、σ_{zz}、σ_{yz}、σ_{zx}、σ_{yx}。用矩阵表示时常用 X_i 代替 σ。由于应变的 SI 制符号与压电常数或介电常数的符号相同，此处用 x_i 表示应变。

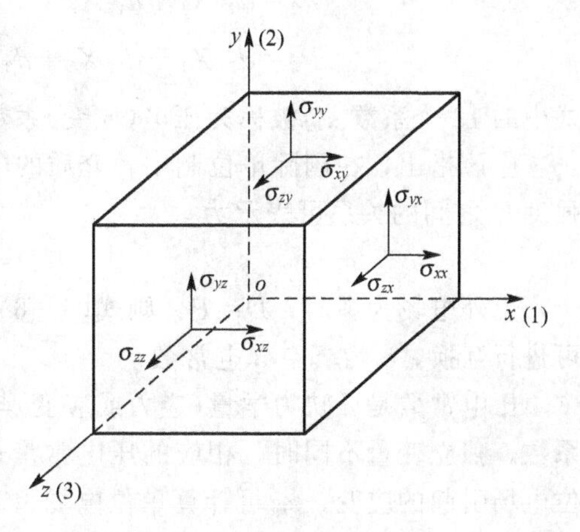

图 6.9 晶体内微六面体受力图

若 X_1、X_2、X_3 和 x_1、x_2、x_3 为沿 x、y、z 轴的应力和应变，X_4、X_5、X_6 和 x_4、x_5、x_6 为沿 x、y、z 轴的切应力和切应变，则对于一片各向异性的压电晶体材料，胡克定律的表达式为

$$\left.\begin{aligned}
X_1&=c_{11}x_1+c_{12}x_2+c_{13}x_3+c_{14}x_4+c_{15}x_5+c_{16}x_6\\
X_2&=c_{21}x_1+c_{22}x_2+c_{23}x_3+c_{24}x_4+c_{25}x_5+c_{26}x_6\\
X_3&=c_{31}x_1+c_{32}x_2+c_{33}x_3+c_{34}x_4+c_{35}x_5+c_{36}x_6\\
X_4&=c_{41}x_1+c_{42}x_2+c_{43}x_3+c_{44}x_4+c_{45}x_5+c_{46}x_6\\
X_5&=c_{51}x_1+c_{52}x_2+c_{53}x_3+c_{54}x_4+c_{55}x_5+c_{56}x_6\\
X_6&=c_{61}x_1+c_{62}x_2+c_{63}x_3+c_{64}x_4+c_{65}x_5+c_{66}x_6
\end{aligned}\right\}\tag{6-3}$$

式中，系数矩阵为压电体的刚度矩阵，c_{ij} 为压电体的弹性模量，由于压电效应的影响，在不同的电学条件下，弹性模量不相同。根据应力应变的换算关系，刚度矩阵的逆矩阵为顺度矩阵，即如果应力是自变量，那么应变可以通过顺度矩阵来求解。弹性刚度和弹性顺度之间有如下关系

$$c_{ij}=\frac{(-1)^{i+j}\Delta_{ij}}{\Delta}\tag{6-4}$$

式中，Δ 代表顺度矩阵的行列式；Δ_{ij} 是去掉第 i 行和第 j 列后的余子式。

(2) 压电常数。

当压电材料产生正压电效应时，施加应力将产生额外电荷，发生极化，其极化强度 P 和应变之间的关系表示如下

$$\left.\begin{aligned}
P_1&=e_{11}x_1+e_{12}x_2+e_{13}x_3+e_{14}x_4+e_{15}x_5+e_{16}x_6\\
P_2&=e_{21}x_1+e_{22}x_2+e_{23}x_3+e_{24}x_4+e_{25}x_5+e_{26}x_6\\
P_3&=e_{31}x_1+e_{32}x_2+e_{33}x_3+e_{34}x_4+e_{35}x_5+e_{36}x_6
\end{aligned}\right\}\tag{6-5}$$

式中的 18 个系数 e_{mi} 被称为压电(应力)常数。

在正压电效应中，电荷和应力是成正比的，也可以用介质的极化强度和应力表示的方程来表达

$$\left.\begin{aligned}P_1&=d_{11}X_1+d_{12}X_2+d_{13}X_3+d_{14}X_4+d_{15}X_5+d_{16}X_6\\P_2&=d_{21}X_1+d_{22}X_2+d_{23}X_3+d_{24}X_4+d_{25}X_5+d_{26}X_6\\P_3&=d_{31}X_1+d_{32}X_2+d_{33}X_3+d_{34}X_4+d_{35}X_5+d_{36}X_6\end{aligned}\right\}\qquad(6-6)$$

式中的 18 个系数 d_{mi} 被称为压电(应变)系数。

应该指出，在国际单位制中，介质的电位移 D(单位面积的电荷)，极化强度 P 和电场强度 E 之间的关系可表示为

$$D=\varepsilon_0 E+P\qquad(6-7)$$

当外电场为零时，$D=P$，则式(6－6)各压电系数表示式中的电位移 D，极化强度 P 可进行互换，ε_0 为真空介电常数。

压电常数是反映力学量(应力或应变)与电学量(电位移或电场)间相互耦合的线性相应系数。独立变量不同时，相应的压电常量也不同。实用中，除了上述涉及的 d_{mi} 可计算单位电场引起的应变，e_{mi} 可计算单位电场引起的应力外，还有表示单位应力引起的电压的压电常数 g_{mi} 和造成单位应变所需的电场的压电刚度常数 h_{mi}。上面谈到的 4 个压电常数都是表示压电效应的重要特征值。它们之间有如下关系

$$\left.\begin{aligned}e_{mi}&=d_{mj}c_{ji}^{E}\\g_{mi}&=h_{mj}s_{ji}^{D}\\h_{mi}&=g_{mj}c_{ji}^{D}\\d_{mi}&=e_{mj}s_{ji}^{E}\end{aligned}\right\}\qquad(6-8)$$

式中，c_{ji}^{E}、c_{ji}^{D}、s_{ji}^{E}、s_{ji}^{D} 分别为电场弹性刚度、电位移弹性刚度、电场弹性顺度和电位移弹性顺度。

下面根据压电陶瓷的压电方程简化计算过程进行讨论。

根据压电常数下标表示的含义，分别对压电陶瓷在单独受力 X_i 时进行压电常数计算。假设极化轴只存在 z 轴方向也就是轴 3 方向，另外两个方向不产生极化，如图 6.9 所示，当只有 X_3 作用时，假设电场为恒量，此时的压电方程表示为

$$\left.\begin{aligned}D_3&=d_{33}X_3\\D_1&=d_{13}X_3=0\\D_2&=d_{23}X_3=0\end{aligned}\right\}\qquad(6-9)$$

因此，$d_{13}=d_{23}=0$

同理，也可以推导出只有 X_2 时的压电方程

$$\left.\begin{aligned}D_3&=d_{32}X_2=0\\D_1&=D_2=0\end{aligned}\right\}\qquad(6-10)$$

则 $d_{12}=d_{22}=0$

只有 X_1 作用时的压电方程为

$$\left.\begin{aligned}D_3&=d_{31}X_1=0\\D_1&=D_2=0\end{aligned}\right\}\qquad(6-11)$$

则 $d_{11}=d_{21}=0$

再考虑到压电陶瓷的对称性，X_1和 X_2作用效果是一致的，则 $d_{31}=d_{32}$。

当切应力作用于压电陶瓷时，需要考虑极化强度的偏转，此时假如不考虑正应力的作用，亦即，当有 X_4作用时(与轴 1 法线方向的平面产生的切应力)，轴 2 方向将会出现极化分量 P_2，压电方程表示为

$$\left.\begin{aligned} D_2&=d_{24}X_4 \\ D_1&=D_3=0 \end{aligned}\right\} \tag{6-12}$$

则 $d_{14}=d_{34}=0$

同理，X_5作用时压电方程表达为

$$\left.\begin{aligned} D_1&=d_{15}X_5 \\ D_2&=D_3=0 \end{aligned}\right\} \tag{6-13}$$

则 $d_{25}=d_{35}=0$

由于 X_4和 X_5作用效果相似，因此有 $d_{24}=d_{15}=0$。

考虑切应力 X_6的作用时，在轴 3 方向极化强度没有发生变化，且 1、2 轴向极化分量都为零，压电方程表示为

$$D_1=D_2=D_3=0 \tag{6-14}$$

则 $d_{16}=d_{26}=d_{36}=0$

综上所述，对于压电陶瓷的压电常数实际上只有 3 个独立的参量，即 d_{31}、d_{33}、d_{15}，因此，简化的压电方程可以表达为

$$\left.\begin{aligned} D_1&=d_{15}X_5 \\ D_2&=d_{15}X_4 \\ D_3&=d_{31}X_1+d_{31}X_2+d_{33}X_3 \end{aligned}\right\} \tag{6-15}$$

压电常数矩阵也可以简化为

$$\begin{bmatrix} 0 & 0 & 0 & 0 & d_{15} & 0 \\ 0 & 0 & 0 & d_{24} & 0 & 0 \\ d_{31} & d_{32} & d_{33} & 0 & 0 & 0 \end{bmatrix}$$

这个简化的压电方程对求解压电陶瓷的压电常数有着重要的意义。

对于逆压电效应，在外加力为零和在晶体上施加电场 E 的条件下，可表达为

$$\left.\begin{aligned} X_1&=e'_{11}E_1+e'_{21}E_2+e'_{31}E_3 \\ X_2&=e'_{12}E_1+e'_{22}E_2+e'_{32}E_3 \\ X_3&=e'_{13}E_1+e'_{23}E_2+e'_{33}E_3 \\ X_4&=e'_{14}E_1+e'_{24}E_2+e'_{34}E_3 \\ X_5&=e'_{15}E_1+e'_{25}E_2+e'_{35}E_3 \\ X_6&=e'_{16}E_1+e'_{26}E_2+e'_{36}E_3 \end{aligned}\right\} \tag{6-16}$$

式中，E_1、E_2和 E_3分别为加在 x、y 和 z 方向上的电场值。

这里需要说明，逆压电效应与电致伸缩效应不同，一般电致伸缩效应是液、固、气电介质都具有的性质，而逆压电效应只存在于不具有对称中心的点群的晶体中。此外，电致

伸缩效应的形变与电场方向无关，与电场强度的平方成正比，而逆压电效应的形变随电场的反向而反号，与电场强度的一次方成正比。

(3) 介电常数。

介电常数反映了材料的介电性质(或极化性质)，通常用 ε 表示。当压电材料的电行为用电场强度 $\boldsymbol{E}$ 和电位移 $\boldsymbol{D}$ 作为变量来描述时，有

$$\boldsymbol{D}=\boldsymbol{\varepsilon}\cdot\boldsymbol{E} \tag{6-17}$$

考虑到均为矢量，在直角坐标系中，式(6-7)可以表示为以下的矩阵形式

$$\begin{pmatrix} D_1 \\ D_2 \\ D_3 \end{pmatrix}=\begin{pmatrix} \varepsilon_{11} & \varepsilon_{12} & \varepsilon_{13} \\ \varepsilon_{21} & \varepsilon_{22} & \varepsilon_{23} \\ \varepsilon_{31} & \varepsilon_{32} & \varepsilon_{33} \end{pmatrix}\begin{pmatrix} E_1 \\ E_2 \\ E_3 \end{pmatrix} \tag{6-18}$$

由于对称关系，介电常数 ε_{ij} 的 9 个分量中最多只有 6 个是独立的，其中 $\varepsilon_{12}=\varepsilon_{21}$，$\varepsilon_{13}=\varepsilon_{31}$，$\varepsilon_{23}=\varepsilon_{32}$。其单位是 F/m。有时也使用相对介电常数 ε_r，它与介电常数的关系为 $\varepsilon_r=\varepsilon_{ij}/\varepsilon_0$，$\varepsilon_0$ 为真空介电常数，其值为 8.85×10^{-12} F/m。

3. 压电振子

在使用和测量压电材料时，常常要将其作成压电振子，压电振子是被覆有电极的压电体。当施加其上的激励电信号频率等于其固有谐振频率时，逆压电效应使之发生机械谐振，后者又借助于正压电效应，使之输出电信号。这里通过分析一种简单的压电振子——横向长度伸缩振子来认识压电振子的特性和有关参量。

图 6.10 所示为所讨论的压电振子。它的长度为 l，宽度为 w，厚度为 t，并满足 $l\gg w\gg t$，上下主表面被覆有电极以施加并输出电信号。当电信号频率适当时，振子沿长度方向振动。因为振动方向与施加电信号的方向垂直，故称为横向长度伸缩振动。从压电振子尺寸特点来看，所讨论的长度伸缩振动实际上可以认为是个一维问题，即只有一个方向上的应力和应变不为零。电场施加在 3 方向上，电位移也只有在此方向上存在分量。

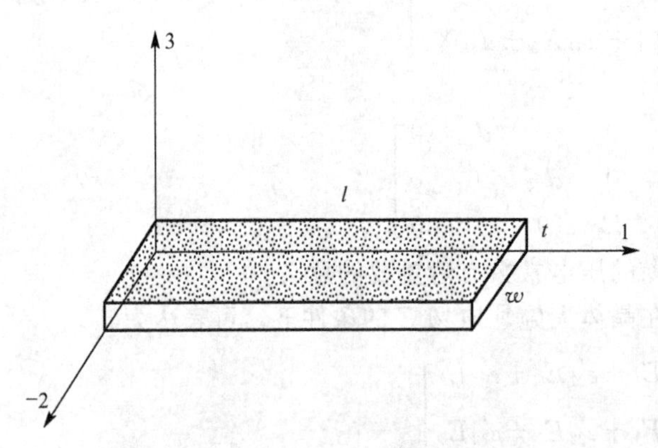

图 6.10　横向长度伸缩压电振子

表征压电振子的参数有谐振频率、反谐振频率、频率常数和机电耦合系数。

(1) 谐振频率和反谐振频率。

若压电振子是具有固有振动频率 f_r 的弹性体，当施加于压电振子的激励信号频率等于 f_r 时，压电振子由于逆压电效应产生机械谐振，这种机械谐振又借助于正压电效应而输出电信号。根据谐振理论和阻抗特性可确定压电振子的谐振和反谐振频率，亦即，阻抗为零的频率为谐振频率，阻抗为无穷大的频率为反谐振频率 f_a。根据谐振电路理论，压电振子在受激励时，可以画出其等效电路，这里不再讲述。

(2) 频率常数。

压电元件的谐振频率与沿振动方向的长度之积为一常数，称为频率常数 N(kHz·m)。频率常数与该方向上的声速 v 成正比。例如，横向长度伸缩振子的谐振频率 $f_r=[2l(\rho s_{11}^E)^{1/2}]^{-1}$，$f_r l=v/2$，在实用中根据频率常量和工作频率来确定振子尺寸。

(3) 机电耦合系数。

机电耦合系数 k 是一个无量纲的物理量，是综合反映压电晶体机械性能与电能之间耦合的物理量，所以它是衡量压电材性能的一个重要参数。其定义为

$$k^2=\frac{\text{转化的机械能}}{\text{静电场下输入的电能}} \tag{6-19}$$

或

$$k^2=\frac{\text{机械能转变的电能}}{\text{输入的机械能}} \tag{6-20}$$

下面给出几种模式压电振子的机电耦合系数，这些公式将在以后通过实验求解压电常数时起着非常重要的作用。

横向长度伸缩振动

$$k_{31}^2=\frac{d_{31}^2}{\varepsilon_{33}^X s_{11}^E} \tag{6-21}$$

纵向长度伸缩振动

$$k_{33}^2=\frac{d_{33}^2}{\varepsilon_{33}^X s_{33}^E} \tag{6-22}$$

径向伸缩振动

$$k_p^2=\frac{2d_{31}^2}{\varepsilon_{33}^X (s_{11}^E-s_{12}^E)} \tag{6-23}$$

厚度伸缩振动

$$k_t^2=\frac{h_{33}^2}{\lambda_{33}^X c_{33}^D} \tag{6-24}$$

4. 压电材料的种类

(1) 晶体。

自从第一个铁电体罗息盐被发现以后，铁电体就作为重要的压电材料得到了广泛的应用。虽然非铁电性的压电晶体 α 石英以其高稳定、低损耗特性在频率选择和控制方面占很大优势，但从总体来看，实用的压电材料大部分是铁电体，尤其压电陶瓷的用量最大，具有铁电性的晶体很多，其分类如下。

① 一类以磷酸二氢钾 KH_2PO_4(简称 KDP)为代表，具有氢键，它们从顺电相过渡到铁电相是无序到有序的相变。以 KDP 为代表的氢键型铁晶体管，其中子绕射的数据显示，在居里温度以上，质子沿氢键的分布是成对称沿展的形状。在低于居里温度时，质子的分布较集中且与邻近的离子不对称，质子会比较靠近氢键的一端。

② 另一类则以钛酸钡为代表，它们从顺电相到铁电相的过渡是由于其中两个子晶格发生相对位移。对于以钛酸钡为代表的钙钛矿型铁电体，绕射实验证明，自发极化的出现是由于正离子的子晶格与负离子的子晶格发生相对位移引起的。

③ 作为压电材料，大量使用的铁电单晶主要是 $LiNbO_3$ 和 $LiTaO_3$，用定向凝固法可

以生长出大尺寸的光学质量单晶。作为压电材料，它们的特点之一是机电耦合因数大。

(2) 压电陶瓷。

① 钛酸钡陶瓷。钛酸钡陶瓷是第一个被发现可以制成陶瓷的铁电体。在弱场下 X_x-E_x 有线性关系，在强电场下 X_x-E_x 有滞后现象。其在温度高于120℃时为立方结构，属于顺电相；在温度低于120℃时为四方晶系，属于铁电相。钛酸钡陶瓷可以通过在其化学组成中用其他离子置换以形成固溶体的方法来改性。

② 锆钛酸铅陶瓷。它是 $PbTiO_3$ 与 $PbZrO_3$ 的二元固溶体。其改性主要是通过离子置换形成固溶体或添加少量杂质实现的，以获得所要求的电学性能和压电性能。它在压电陶瓷领域应用很广。

③ 薄膜。体材料压电器件因受尺寸限制频率一般不超过数百兆赫，压电薄膜可大大提高工作频率，并为压电器件的微型化和集成化创造条件。虽然迄今使用较多的压电薄膜是ZnO等非铁电材料，但比铁电薄膜的压电效应强得多，是非铁电材料不可替代的。例如，在SrTiO的(100)基底上用离子刻蚀形成一些沟槽，在沟槽内沉积 R 膜，再在 Pt 膜上用射频磁控溅射沉积 $PbTiO_3$ 膜，当膜厚超出沟槽以后，侧向生长得到的是外延膜，根据膜的阻抗特性得知，其机电耦合因数 k 达0.8，这是非铁电体所不能达到的。

④ 铁电聚合物。人们早已发现，以聚偏氟乙烯(PVDF)为代表的一些聚合物有压电性和热电性，但对于它们是否是铁电体，长期以来就有争论。20世纪70年代以后，已有确切的证据，衍射红外吸收和电滞回线表明，PVDF是铁电体，即具有自发极化。而且自发极化可在电场作用下转向，另外一类已由电滞回线等确证为铁电体的聚合物是奇数尼龙1-1，如尼龙-11，尼龙-9，尼龙-7和尼龙-5自熔体淬火并经拉伸后，这些尼龙与PVDF相似。

5. 压电材料的应用

压电材料已广泛应用于电子学(信号处理、存储显示、接收发射及信号发生器等)和传感器(压敏、声敏、热敏及光敏等)领域。石英、铌酸锂、钽酸锂、钛酸钡、锆钛酸铅(PZT)、PCM[$PbZrO_3-PbTiO_3-Pb(Mg_{1/3}Nb_{2/3})O_3$]、PMS[$Pb(Mn_{1/3}Sb_{2/3})O_3-PbZrO_3-PbTiO_3$]和PVDF用得最多。另外，铁电材料可用来制造声波换能器，如高分子薄膜、聚双氟亚乙烯(简称PVF2或PVDF)和氧化锂铌($LiNbO_3$)。聚双氟亚乙烯经拉伸及加高直流电压后呈强压电性，它具有许多优点：其声波特性阻抗和水很近，阻抗自然匹配，容易获得宽带操作，适合非破坏检测、医学诊断及声呐与水中听音器使用，尤其是它具有很高的声波接收系数，用来制作被动式声呐之水听器数组。除此之外，它还具柔软性，又可耐高电压(其崩溃电压比PZT高约100倍)。氧化锂铌单晶具有高机电耦合及极低的声波衰减系数，容易激发高频表面声波，是用来制作表面声波(简称SAW)组件的最佳材料。这些组件在信号处理系统与通信系统中具有不可取代的地位。下面以压电点火器和压电加速度计来说明压电效应在实际中的应用。

压电点火器种类繁多，目前流行的一次性塑料打火机，有相当一部分就是采用压电陶瓷器件来打火的。现以家用灶具压电点火器为例来说明它的结构和工作原理，如图6.11所示，转动凸轮开关1，利用凸轮凸出部分推动冲击块3，并压缩冲击块后面的弹簧2，当凸轮凸出部分脱离冲击块后，由于弹簧弹力的作用，冲击块给陶瓷压电元件4一个冲击力，便在压电元件两端产生高压，并从中间电极5输出高压，产生电火花点燃气体。

压电加速度计是一种重要的计测仪器，图 6.12 为其示意图。当被测物体加速运动时，位于上部的质量为 m 的质量块对中间夹的压电陶瓷片产生压力 F，由于压电效应，在陶瓷片的上下电极有电压输出，此电压与应力成正比，而应力又与加速度(即被测物体的加速度)成正比，因而可以测得输出电压进而求得运动物体的加速度。

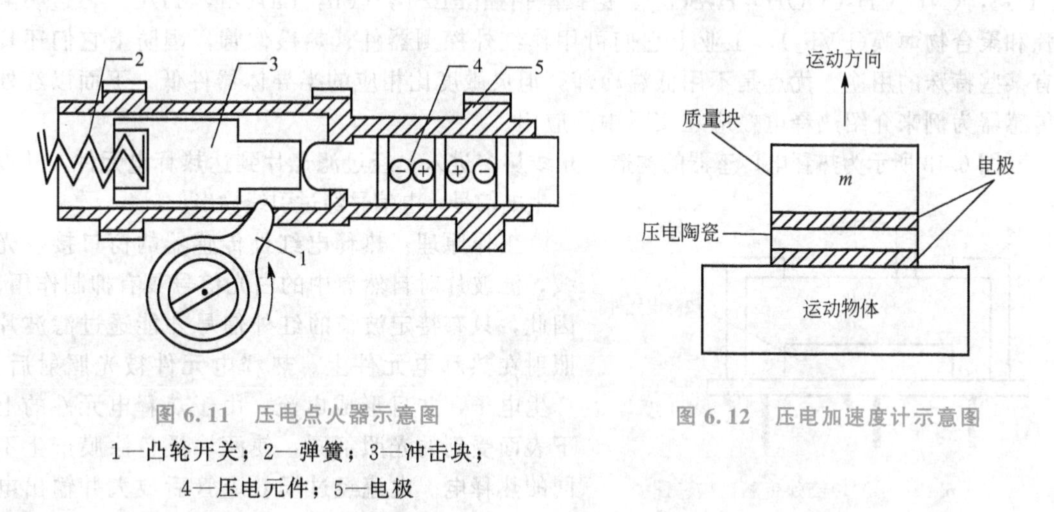

图 6.11 压电点火器示意图

1—凸轮开关；2—弹簧；3—冲击块；
4—压电元件；5—电极

图 6.12 压电加速度计示意图

6.3.2 热释电效应

1. 热释电效应基本概念

热释电效应是指当某些晶体受温度变化的影响时，由于自发极化的相应变化而在晶体的一定方向上产生表面电荷，这一效应称为热释电效应。它是不具有对称中心的晶体。晶体受热时，膨胀是在各个方向同时发生的，所以只有那些具有与其他方向不同的唯一的极轴的晶体，才有热释电性。热释电效应反映了晶体的电量与温度之间的关系，可用下式简单地表达

$$dP_i = p_i dT \quad (i=1,\ 2,\ 3) \tag{6-25}$$

式中，P_i为自发极化强度；p_i为热释电常数，$C/m^2 \cdot K$；dT 为温度的变化。

这里需要说明的是，晶体的热释电效应存在的前提是具有自发极化特性，那些具有对称中心的晶体不可能具有热释电效应，这点与压电晶体是一致的，但压电晶体不一定都具有自发极化特性。晶体的热释电效应也可以这样来理解，即在热释电材料受到热辐射后，晶体的自发极化强度随温度的变化而变化，因此材料的表面电荷也发生变化。如果在晶体材料的两端连接一负载电阻，则会产生电位差 ΔV，这样，热和电的转换关系就建立起来了。

2. 热释电材料的特征值

(1) 热释电系数$\dfrac{dP_i}{dT}$。

热释电系数反映热释电材料受到热辐射后产生自发极化的强度随温度变化的大小。热释电系数越大越好。

(2) 吸热流量 Φ。

代表单位时间内吸热的多少，热释电的 Φ 要大。

(3) 居里点或矫顽场。

热释电材料有一大类是铁氧体，对于这类热释电材料，居里点要高或矫顽场要大。

3. 热释电材料的应用

具有热释电效应的材料约有上千种，但广泛应用的不过十几种，主要有硫酸三甘肽[TGS，$(NH_2CH_2COOH)_3H_2SO_4$]、锆钛酸铅镧[PL2T，(Pb，La)(Zr，Ti)O_3]、透明陶瓷和聚合物薄膜(PVF_2)，工业上它们可用作红外探测器件、热摄像管，国防上它们还具有某些特殊的用途。优点是不用低温冷却，但灵敏度比相应的半导体器件低。下面以红外传感器为例来介绍热释电效应在实际中的应用。

图 6.13 所示为热释电传感器的构造，光线从窗进入，经过滤光片到达热释电元件，从而产生电信号，电信号经过引线输出。

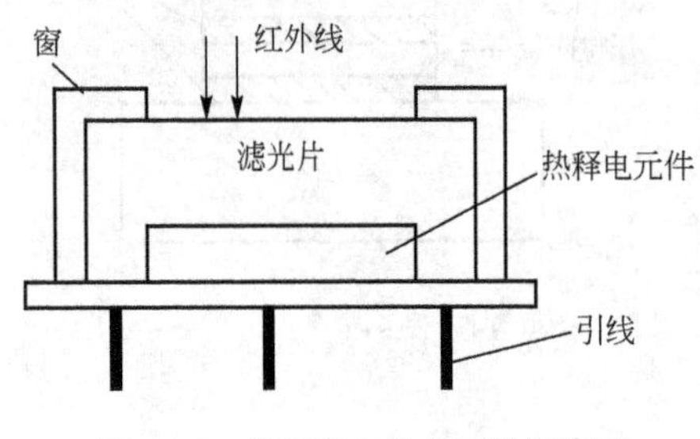

图 6.13 热释电红外传感器构造图

工作原理：热释电红外传感器的窗口接收光线，滤波片对自然界中的白光信号具有抑制作用，因此，只有特定波长的红外信号才能透过滤波片照射在热释电元件上。热释电元件被光照射后，产生电子，并且形成电流，由于热释电元件的上下表面受到的光照不同，使两块黑色涂膜产生不同的热释电。电流经过场效应管后放大并输出电压信号。

热释电红外传感器的波长灵敏度特性在 0.2～20μm 几乎稳定不变。也就是说，钛酸钡红外传感器对光敏感的区域相当宽，为了对某些特定的光进行捕获以防止干扰，必须加上滤光片，把不需要的光谱滤掉。假设要捕获人的红外光线，根据人体正常体温为 36～37℃(309～310K)，便可获知从人体中辐射出的红外光线波长为 9～10μm。因此要使用一块带通滤光片，波长范围是 8～11μm，从而可以确保把不需要的光谱滤掉。同理，如果选择不同的带通滤波片，就可以检测不同的对象，实现不同的目的，比如监测火源，安全检查，防盗防窃以及在军事上的应用。

6.3.3 电致伸缩效应

1. 电解质在电场中产生的体积力

电解质受到外电场的作用时，微观上结构的各个单元将出现电偶极矩，这个电偶极矩将受到在此微观区域内微观电场的作用，反映到宏观上可以表达为下式

$$f=P\cdot\nabla E \tag{6-26}$$

式中，P 为介质的极化强度；∇E 为宏观上的电场梯度。

在实际应用中，如果考虑到电介质的可压缩性，介电常数 ε 将不再是一个常数，它是密度 ρ 的函数，那么电场产生的体积力可表达为

$$f=\frac{1}{2}\varepsilon_0\nabla\left(E^2\frac{\partial\varepsilon}{\partial\rho}\rho\right)-\frac{1}{2}\varepsilon_0E^2\nabla\varepsilon \tag{6-27}$$

由于体积力和应力之间可以相互转换，式(6-26)则表明任何电介质在受到电场的作用时都会出现应力，这个应力将使电介质产生相应的应变。由式(6-27)可见，这个应力

与电场的平方成正比，根据应力和应变之间的关系，产生的应变也与电场的平方成正比，这种在外电场作用下电介质所产生的与场强二次方成正比的应变，称为电致伸缩。这种效应是由电场中电介质的极化引起的，并可以发生在所有的电介质中。其特征是应变的正负与外电场的方向无关。在压电体中，外电场还可以引起另一种类型的应变，其大小与场强成比例，当外电场反向时应变的正负亦反号。但后者是压电效应的逆效应，不是电致伸缩。外电场所引起的压电体的总应变为逆压电效应与电致伸缩效应之和。

2. 电致伸缩系数

对于没有压电效应的晶体，如果将应力 X_i 和应变看成是外加电场 E 的函数，可以得到下式

$$\left.\begin{aligned} X_i &= c_{ij}^E x_j + m_{i\alpha\beta} E_\alpha E_\beta \\ X_j &= s_{ij}^E x_j + M_{i\alpha\beta} E_\alpha E_\beta \end{aligned}\right\} \tag{6-28}$$

如果取电极化强度 P 为自变量，则类似的有

$$\left.\begin{aligned} X_i &= c_{ij}^P x_j + q_{i\alpha\beta} P_\alpha P_\beta \\ X_j &= s_{ij}^P x_j + Q_{i\alpha\beta} P_\alpha P_\beta \end{aligned}\right\} \tag{6-29}$$

式(6-28)和式(6-29)中的 m、M、q、Q 都称为电致伸缩系数。在实际测量中，样品一般处于自由状态，亦即 $X_j=0$，用系数 $Q_{i\alpha\beta}$ 表示电致伸缩也比较方便，因此极化强度引起的应变可以用下式表示

$$X_j = Q_{i\alpha\beta} P_\alpha P_\beta \tag{6-30}$$

这里的 c_{ij}^E 和 s_{ij}^E 分别表示电场弹性刚度和电场弹性柔度，c_{ij}^P 和 s_{ij}^P 分别表示极化弹性刚度和极化弹性顺度。

式(6-30)中的电致伸缩系数可以用36个参数来表征。实际上，当晶体具有对称中心时，电致伸缩系数的非零独立量只有3个，即 Q_{11}、Q_{12}、Q_{44}。

针对只有一个电场(E_1)方向的作用时，未经人工极化的铁电晶体或压电陶瓷，由电场引起的应变表达式为

$$x_1 = M_{11} E_1^2,\quad x_2 = x_3 = M_{12} E_1^2 \tag{6-31}$$

或

$$x_1 = Q_{11} P_1^2,\quad x_2 = x_3 = Q_{12} P_1^2 \tag{6-32}$$

3. 常用铁电体电致伸缩材料及应用

除铁电体中钛酸钡、锆钛酸铅(PZT)及其复合物等少数晶态材料外，一般电致伸缩效应是很小的。利用这种效应做成的微位移计在精密机械、光学显微镜、天文望远镜和自动控制等方面有着重要的用途。下面以 WTDS-Ⅰ型微位移器的工作原理为例来说明电致伸缩效应产生微位移的原理。在实际应用中，电致伸缩微位移器有梁式和层叠式两种结构，为了获得较大的变形量和良好的输出特性，一般多选择层叠式结构，即将许多陶瓷片叠起来使用，机械上串联、电路上并联层叠式电致伸缩微位移器的总伸缩量可按下式求出

$$L = nMU^2/h \tag{6-33}$$

式中，L 为点致伸缩材料的总伸缩量；n 为陶瓷片数；M 为电致伸缩系数；U 为外加控制电压；h 为每片陶瓷厚度。

对于外加控制电压来说，每片陶瓷相当于一只平行板电容器，因此，电致伸缩微位移器相当于一个电容性元件。

图 6.14 为微位移执行器充电过程的简化模型，U_i为输入电压，U_o为实际作用电压，C为执行器的等效电容，R_c为电压放大电路的等效充放电电阻。根据以上条件可以建立微位移和电压的关系式

$$X=K_m U_o^2 \tag{6-34}$$

式中，K_m为微位移执行器的电压-位移转换系数。

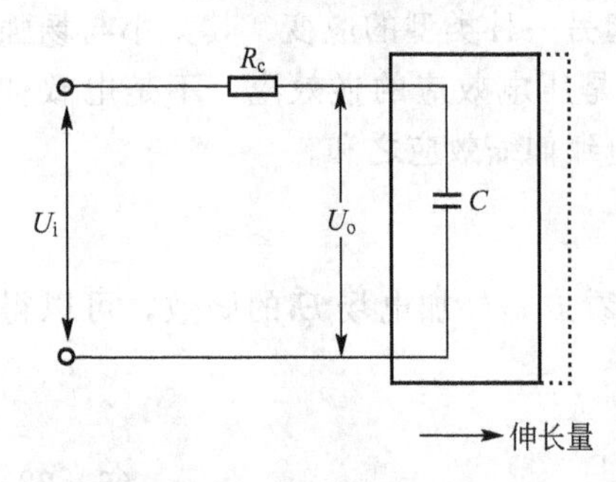

图 6.14　微位移器示意图

上述原理在实际工作中其响应速度慢，一般为数毫秒到数十毫秒，电致伸缩微位移器要达到的性能指标是提高其响应速度，为提高其响应速度、改善其动态特性可以采用数字 PD 调节器校正方法来改善电致伸缩微位移动态特性。

6.3.4 光学效应

在强的光频电场或低频(直流)电场的作用下，铁电体显示出一系列有趣的现象。即电光效应、非线性光学效应、反常光生伏特效应和光折变效应。这些效应的发现和研究不但加深了对铁电体中极化机制和电子运动过程的了解，而且使铁电体在非线性光学等新的科技领域得到了重要的应用。本节主要介绍上述光学效应的基本概念，以及常用的铁电体光学材料及其应用。

1. 电光效应

晶体在外加电场作用下，介质折射率发生变化的现象称为电光效应，具有电光效应的介质称为电光材料。产生电光效应的实质是在外电场作用下，构成物质的分子产生了极化，使分子的固有电矩发生变化，从而使介质的折射率发生了改变。

设外加偏置电场为E，介质折射率为n，它们之间的关系一般可以展开为级数形式

$$n-n'=aE+bE^2+\cdots \tag{6-35}$$

式中，a、b为常数；n'为$E=0$时的折射率；aE为一次项，由此项引起折射率的变化称为一级电光效应或称泡克尔斯效应，一级电光效应只能出现在不具有中心对称的一类材料中，如 KDP 和 $LiNbO_3$；bE^2引起的电光效应称为二级电光效应或称克尔效应，二级电光效应发生在一些各向异性的介质中，如硝基苯等有机液体。泡克尔斯效应在具体应用时精确表示折射率的公式为

$$\Delta n=n_0-n_e=n_0^3\gamma E \tag{6-36}$$

式中，n_0为常光的折射率；n_e为非常光的折射率(施加电场后的折射率)；γ为介质的电光系数；E为电场强度。

对于克尔效应，由于晶体的各向异性，这里只考虑介质与外加电场方向平行和垂直的两束偏振光的折射率的变化，公式为

$$\Delta n=n_1-n_2=KE \tag{6-37}$$

式中，n_1、n_2分别为与电场方向平行和垂直的偏振光的折射率；K为介质的电光系数；E为电场强度。

2. 非线性光学效应

(1) 非线性光学效应的基本概念和原理。

非线性光学效应是指介质在强相干光的作用下，显示二次以上非线性光学性质的现象。

在激光问世之前，人们基本上只研究弱光束在介质中的传播，确定介质光学性质的折射率或极化率是与光强无关的常量，介质的极化强度与光波的电场强度成正比，光波叠加时遵守线性叠加原理，在上述条件下研究的光学问题称为线性光学。对于很强的激光，例如当光波的电场强度可与原子内部的库仑场相比拟时，光与介质的相互作用将产生非线性效应，反映介质性质的物理量(如极化强度等)不仅与场强 E 的一次方有关，而且还决定于 E 的更高幂次项，从而导致在线性光学中存在不明显的许多新现象。非线性光学效应起源于介质的极化。透明介质材料在一般光线的作用下，折射率与光强无关。光是一种电磁波，普通光的电场强度约为 10^2V/m。当光电场 E 较弱时，诱导的极化强度 P 表示为

$$P=\chi E \tag{6-38}$$

式中，χ 为物质的线性光学极化率；E 为外加电场强度。

当采用高功率激光强电场时，其电场强度可达 $10^6 \sim 10^9$ V/m 以上，则某些物质的折射率便不再是常数了。材料中的束缚电子在激光的高强电场作用下，将产生很大的非线性，物质的极化强度将不再与电场强度成正比，所诱导的极化可以用式(6-39)表示。

$$\boldsymbol{P}=\boldsymbol{\chi E}+\boldsymbol{\chi}^2\boldsymbol{E}^2+\boldsymbol{\chi}^3\boldsymbol{E}^3+\cdots+\boldsymbol{\chi}^{(n)}\boldsymbol{E}^{(n)} \tag{6-39}$$

式中，χ^2 为物质的二阶非线性极化率；χ^3 为物质的三阶非线性极化率；$\chi^{(n)}$ 为物质的 n 阶非线性极化率。$\boldsymbol{E}$、$\boldsymbol{P}$ 为矢量；$\boldsymbol{\chi}^{(n)}$ 为 $n+1$ 阶张量。

式中的第一项是线性极化项，第二项以后是非线性极化项。把含有 $\chi^{(n)}$ 项($n\geqslant 2$)的效应称为 n 阶非线性光学效应。目前式(6-39)中的第二项代表的二阶非线性效应研究得比较透彻、应用也比较广泛，二阶非线性光学材料是一类具有大的二阶非线性极化率、能产生强的二阶非线性光学效应的材料，它在激光频率变换等实际应用中占有十分重要的地位，下面对其相关术语和具体材料及其应用进行简单介绍。

(2) 二阶非线性光学材料的特征值。

① 二阶非线性光学系数 d_{il}。根据方程(6-21)，在三维空间情况下，光电场 E 在直角坐标系中每一个分量 E_j $[j=(x、y、z)]$ 在 3 个坐标轴方向均产生感应极化。所以，介质极化强度的 3 个分量 P_i $[i=(x、y、z)]$ 是由光电场的各个分量 E_j 产生的极化所组成的。三维空间的二次极化率可表达为

$$P_i=\sum_{jk}\chi_{ijk}E_jE_k \tag{6-40}$$

式中，j、k 为求和指标。

例如，在 x 方向上的极化分量可表达为

$$P_{xi}=\chi_{xxx}E_xE_x+\chi_{xyy}E_yE_y+\chi_{xzz}E_zE_z+2\chi_{xzy}E_zE_y+2\chi_{xzx}E_zE_x+2\chi_{xyx}E_yE_x \tag{6-41}$$

二次极化率 χ_{ijk} 是一组数的集合，共有 27 个分量。式(6-40)中 χ_{ijk} 和 χ_{ikj} 表示的是同一个内容，故通常可用同一个脚标 l 来代替 j、k，即用 d_{il} 代替 χ_{ijk}，并把 d_{il} 称为二阶非线性光学系数，它们之间的关系表示如下

$$\left.\begin{aligned}&\chi_{ixx},\ \chi_{iyy},\ \chi_{izz}=d_{i1},\ d_{i2},\ d_{i3}\\&\chi_{iyz}=\chi_{izy}=d_{i4}\\&\chi_{izx}=\chi_{ixz}=d_{i5}\\&\chi_{ixy}=\chi_{iyx}=d_{i6}\quad i=1,\ 2,\ 3\end{aligned}\right\}\tag{6-42}$$

二阶非线性光学系数 d_{il} 由晶体材料所属晶系和均匀性决定。在非线性光学材料中，不同的光波(如基频光波与倍频光波)的相互影响和能量转移是通过 d_{il} 来耦合的，d_{il} 值越大，它们之间的耦合作用就越强。

② 二次谐波的倍频效率 η_{SHG}。当两个入射光波场的频率相同时，它们和频率作用将产生一频率为两倍于入射波场的电磁波，这就是倍频效应，入射波称为基波，产生的倍频波称为二次谐波。在倍频技术中，倍频光输出功率 $P^{2\omega}$ 与基频光输入功率 P^{ω} 之比称为二次谐波的倍频效率 η_{SHG}，即

$$\eta_{SHG}=\frac{P^{2\omega}}{P^{\omega}}\tag{6-43}$$

倍频效率是表征非线性光学介质中能量转换特性的一个重要物理量，又称为二次谐波的转换效率，它可以通过解光波在非线性介质中传播的耦合方程来表达

$$\eta_{SHG}=\frac{P^{2\omega}}{P^{\omega}}=\frac{512\pi^5L^2d^2P\omega}{(n^{\omega})^2(n^{2\omega})^2(\lambda^{2\omega})^2Ac}\left(\frac{\sin L\Delta k/2}{L\Delta k/2}\right)^2\tag{6-44}$$

式中，P^{ω} 为频率为 ω 时入射光的功率(W)；$P^{2\omega}$ 为频率为 2ω 时倍频光输出的功率(W)；L 为非线性晶体长度(cm)；d 为非线性光学系数(pm/V)；$\lambda^{2\omega}$ 为倍频光波长(cm)；A 为入射光的截面积(cm^2)；n^{ω}、$n^{2\omega}$ 分别为介质对基频光和倍频光的折射率；c 为真空中的光速(cm/s)；k 为波矢量，$|k|=\frac{2\pi}{\lambda}\cdot n=\frac{\omega}{c}\cdot n$；$\Delta k$ 为倍频光与基频光在介质中经过某一点时的相位差，即 $\Delta k=k^{2\omega}-2k^{\omega}$。

③ 相位匹配因子和相位匹配。

a. 相位匹配因子：如前所述，式(6-44)中的 $\left(\frac{\sin L\Delta k/2}{L\Delta k/2}\right)^2$ 称为相位匹配因子。对于一定的介质，在一定的基频光频率下，影响 η_{SHG} 的因素还应考虑相位匹配因子的取值条件。

当 $\Delta k=0$ 时，$\left(\frac{\sin L\Delta k/2}{L\Delta k/2}\right)^2=1$，$\eta_{SHG}$ 达到最大值。

当 $\Delta k\neq 0$ 时，η_{SHG} 由最大值下降 $\left(\frac{\sin L\Delta k/2}{L\Delta k/2}\right)^2$ 倍。

当 $\Delta k=\frac{2\pi}{L}$，即 $\frac{L\Delta k}{2}=\pi$ 时，$\left(\frac{\sin L\Delta k/2}{L\Delta k/2}\right)^2=0$，故 $\eta_{SHG}=0$，这时无倍频光输出。

b. 相位匹配：相位匹配是指光在介质中传播引起介质极化所发射的非线性倍频波的相位匹配，是光的加强，而不引起干涉，否则就不能有效地辐射出倍频光。

3. 反常光生伏特效应

非极性晶体受到光照射时产生的光生伏特效应早已被人们所熟知。在均匀介质中，沿某方向的强烈光被吸收时，该方向将出现一个电场这就是 Dember 效应。在宏观非均匀的材料(如 P—N 结或金属—半导体整流接触区)中，均匀吸收入射光时将产生非平衡载流子并在结合区或金属—半导体接触区出现一电动势。在这些情况下，单一元件两端的光生伏

特电压都不会超过电子能隙与电子电荷之比(一般为几伏)。

在研究铁电体的光电子学性质时，人们发现了另类性质不同的光生伏特效应。其主要特点是：均匀的铁电晶体受到波长在晶体本征吸收区或杂质吸收区的光均匀照射时，若晶体处于短路状态，在晶体和外电路中将出现稳态电流，即晶体成为光生伏特电动势源；若晶体处于开路状态，晶体两端将产生相当高的光生伏特电压，此电压不受晶体电子能隙的限制，可比电子能隙大2～4个数量级；光生伏特电压的值正比于所测方向上晶体的厚度。因而它是一种体效应；光生伏特电流的大小和符号与入射光的频率及偏振方向有关。这些特点表明，铁电体中的光生伏特效应完全不同于已知的光生伏特效应。人们把这种物理现象称为反常光生伏特效应。

4. 光折变效应

1965年，Asbkin等人发现，当强激光通过$LiNbO_3$，或$LiTaO_3$晶体时，光的波前发生畸变，光束不再准直。并伴随有较强的光散射。这种现象限制了材料在强光方面的应用，被称为光损伤。然而，这一效应与通常情况下强光导致的永久性破坏不同，将晶体加热到适当的温度(如约200℃)，又可恢复到原先的状态。这种光引起双折射变化的现象被称为光折变效应或光致折射效应。

继$LiNbO_3$或$LiTaO_3$之后，在许多其他晶体中也发现了这种现象，例如$BaTiO_3$、$KnbO_3$、SBN、$Bi_{12}SiO_{20}$、$Bi_{12}GeO_{20}$和PLZT等。1991年以来，人们还发现了有机聚合物中的光折变效应。目前，光折变效应已被认为是电光材料的通性，所观测到的折射率改变主要是非常光折射率的改变。在有些铁电体($LiNbO_3$或$LiTaO_3$)中，双折射的变化可大到10^{-4}～10^{-3}。

虽然光折变对晶体的某些光学应用造成了限制，但人们又发现这种效应可能有许多重要的应用。因此，光折变效应的研究在实用上和理论上都受到了高度的重视，人们已经提出并经实验验证的重要应用包括：光信息存储、动态全息、光相位共轭消除光束畸变，借助二波耦合实现全光学图像处理等，不过迄今尚无商品化的光折变器件。目前，其主要研究方向是：①深入了解光折变效应的微观机制；②改进和研制高性能的光折变材料；③发现与光折变效应相关的非线性光学和电光过程；④利用光折变效应研制新器件。

5. 常用的铁电体光学材料及其应用

常用的铁电体电光材料包括KDP(KH_2PO_4)、KDP(KD_2PO_4)、KDA(KH_2AsO_4)、$BaTiO_3$、$LiNbO_3$、$LiTaO_3$等。电光材料主要应用于激光技术中的激光调制器、扫描器和激光Q开关以产生巨脉冲激光。另外，电光材料在大屏幕激光显示、汉字信息处理以及光通信方面具有良好的应用前景。常见的二阶非线性铁电体材料有磷酸二氢钾(KDP)、磷酸二氢氨(ADP)、砷酸二氢铷(RAD)等，这类材料非线性光学系数大、能量转换效率高；另外，铌酸锂($LiNbO_3$)、铌酸钡钠(BNN)等晶体与上述晶体比较，其d_{il}约高一个数量级。在实际应用方面，二阶非线性光学材料可作为激光频率转换材料，除此之外还可以作为光调制材料，即利用外加的电场、磁场、力场或直接利用透过光波的电磁场来产生二阶非线性光学相互作用，实现对透过光波的强度、波长和相位的调制。常见的反常光生伏特效应铁电材料有$LiNbO_3$、Fe和PLZT等。光折变效应首先是在$LiNbO_3$晶体上发现的，$LiNbO_3$及其同型晶体是迄今研究的最多的光折变晶体，从中获得了大量关于光折变机制的信息，对光折变的基础研究和应用研究都起到了重要的作用。除此之外，$LiNbO_3$、Fe

也是优良的光折变材料，它们的光电导较小，反常光的伏特效应很强；$BaTiO_3$ 的光电系数特别大，并且光折变灵敏度高于 $LiNbO_3$；PLZT 陶瓷的光折变效应比较弱，但是在离子注入后其效应可以大幅度提高。

下面就以掺镧锆钛酸铅电光材料在光学相控阵中的应用为例给予机理上的分析。

光学相控阵是一种使光束波面的光相位产生周期性调制的光学器件。目前光学相控阵的研究主要采用液晶、电光晶体(如 $LiTaO_3$)，半导体波导和电光陶瓷掺镧锆钛酸铅(PLZT)等材料。其中掺镧锆钛酸铅是一种具有电光效应的透明陶瓷，它具有大的电光系数、宽的透射光谱、低的损耗和便宜的价格，因此被广泛应用于光学相控阵中。图 6.15 为基于电光材料的光学相控阵光束扫描器的基本原理示意图。它是由多个等周期的独立调相阵列单元组成的。一束波前为平面的光束入射到光学相控阵器件的前端面上，经过不同调相单元的光束在电光效应的作用下获得不同的相移，其出射的相位面将变为台阶状，其包络形状取决于在不同调相单元上施加电压的分布情况。通过外加电压的控制使光束整体相位面呈现为线性分布的台阶。这一分布等价于相位面的偏转，从而可以实现光束的扫描。

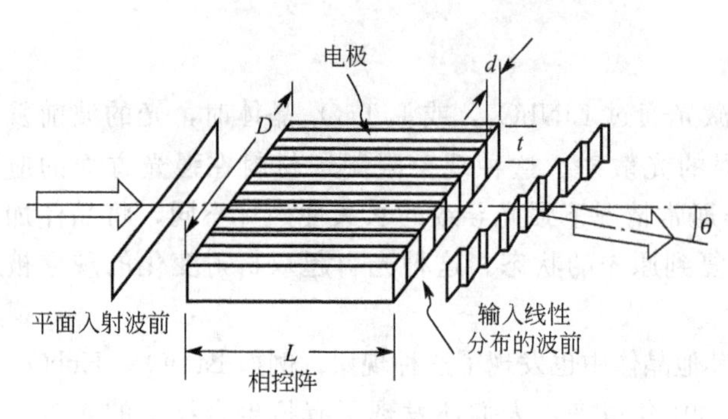

图 6.15 光学相控阵示意图

6.4 铁电性基本参数和压电系数的实验研究

6.4.1 铁电性基本参数的实验研究

1. 电滞回线的测量

电滞回线是铁电性的一个最重要的标志，通过对电滞回线的测量可以检验物质是否为铁电体、反铁电体或者顺电体，同时也可以测定铁电体的剩余极化强度、自发极化强度以及矫顽电场。图 6.2 是一个铁电材料的典型电滞回线，在 6.1.2 小节中描述了电滞回线的形成机理，根据这一机理可以实现对铁电体电滞回线的测量。

测量电滞回线的基本电路是 Sawyer-Tower 电路，经 Diamant 等人改进之后，其基本电路原理如图 6.16 所示。C_F 是待测样品(铁电晶体)的电容，它与一个已知的电容 C_0 串联，$C_0 \gg C_F$。加在示波管垂直偏转板上的电压正比于样品的极化强度 P，加在水平偏转板上的电压正比于加在样品上的电场 E。$V_1=\dfrac{Q}{C_0}=\dfrac{AP}{C_0}$($A$ 为样品电极面积)，而 $V_2 \propto V \propto \dfrac{V}{d}=E$。电容 C_0 用来收集样品电极释放出来的电荷，故这种方法也称为“电容积分法”。通常由于铁电体的电阻并不是无穷大，故要用一个相移电阻 r 来做补偿。交流电源可用正弦波或三角波，每变化一周，便在示波管荧光屏上显现出如图 6.2 所示的电滞回线。如果频率足够低，也可以用 X－Y 记录仪直接记录电滞回线。

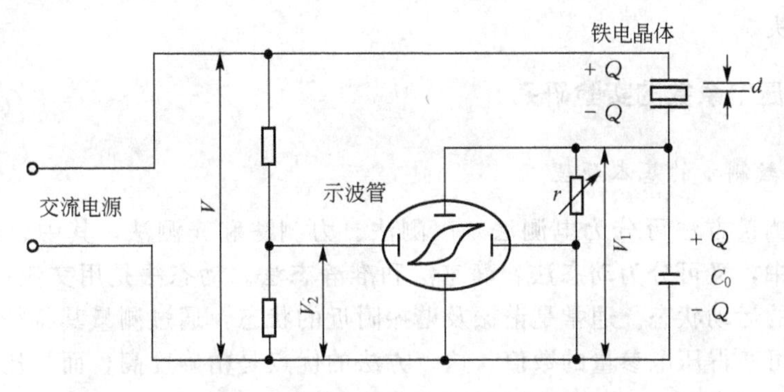

图 6.16 测量电滞回线电路原理示意图

Sawyer-Tower 电路经过多年的发展和科学研究工作者对它的改进，测量的精确性也不断提高。其中一方面的改进是测量的频率已由 50Hz 向低频方向发展，原因是铁电体会因介电损耗而发热，测得的回线便不能反映真实的温度关系，若想测到第一次施加电场时的起始回线，这需要十分缓慢地扫描才能记录到。目前回线的频率已可以低至 0.05Hz 以下。图 6.17 所示为由 0.04Hz 的三角波电压扫描所记录到的 KNSBN 铁电晶体的起始回线和以后几周的蜕化现象。另一方面的改进是考虑到铁电体的微分电容 $C_F(E)$ 事实上相当大，往往不能保证 $C_0 \gg C_F$。改进的方法是将 C_0 去掉，只留 r，并将 r 固定为一个很小的值，r 两端输出的电压大约为零点几伏，可以精确地测出，然后用计算机按照一定的程序进行修正，便可得出精确的电滞回线。

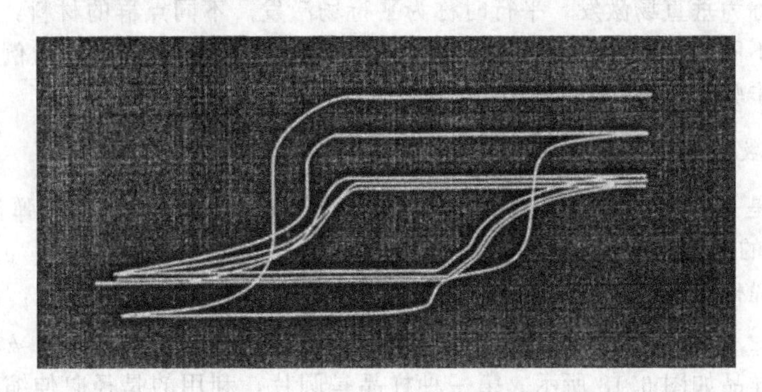

图 6.17 KNSBN 单晶起始和蜕化电滞回线

2. 铁电体居里温度的测定

铁电体从低温升到高温，当到达某个特定的温度时，便会发生结构相变，由对称性较低的铁电相变为对称性较高的顺电相。该特定温度称为该铁电体的居里温度 T_C。铁电体在 T_C 附近会出现各种物理性质的反常，如介电常数、弹性系数、比热容、光学双折射等的突变；自发极化趋于零；以及由顺电相转变为铁电相时某种晶格振动模式的频率趋于零等。因此，从原则上说，利用铁电体的物理性质突变的现象可以确定居里温度。通常，最普遍的是由介电常数的突变点和比热容的突变点来确定 T_C。介电常数、比热容以及其他一些物理量的测量，往往都只需要用常规方法来进行测量即可。除此之外，铁电相变也可以通过上节所述的电滞回线的测量方法来进行研究。当升温达到居里温度点时，铁电相转变为顺电相，电滞回线消失。如果是扩散相变类型，电滞回线就不会在介电常数峰值所对应的温度下消失。

6.4.2 压电系数的实验研究

1. 压电系数测量的基本原理

压电性的测量方法可分为电测法、声测法、力测法和光测法，其中以电测法最为普遍。在电测法中，又可分为动态法、静态法和准静态法。动态法是用交流信号激励样品，使之处于特定的运动状态。通常是谐振及谐振附近的状态，通过测量其特征频率、并进行适当的计算便可获得压电参量的数值。这个方法的优点是精确度高，而且比较简单，这里仅对动态法作一下介绍。

对于电容率，通常是把样品制成一个平板电容器，在远低于样品最低固有谐振频率下测其电容，算出自由(恒应力)电容率；在远高于样品最高固有谐振频率下测其电容，算出夹持(恒应变)电容率。对于弹性模量，通常是把样品制成一个薄片，通电激发其某一振动模式，测量谐振频率，根据谐振频率与弹性模量的关系算出弹性模量。对于机电耦合因数，要根据振动模式选择样品，通电激发其某一振动模式，测出两个特征频率，算出相应的因数。对于压电常量，可利用已测得的机电耦合因数、弹性模量和电容率求算出来。

在测量时，需要把材料制成若干个所谓的标准样品。“标准”的含义是指样品的取向、形状、尺寸和电极的配置都符合理论要求。因为在测量和计算中用到的关系式是求解压电振动方程的结果，所以只有在一定的边界条件下才能成立，当激励电场的方向垂直于样品的主平面时，称为垂直场激发，平行时称为平行场激发。不同点群的材料，它们的压电参量的独立分量不同，测量方法也随之不同。下面我们以 6mm 点群材料为例说明压电系数的测量和推算步骤。

2. 压电系数的测量步骤

压电陶瓷是一大类铁电性压电材料。它们的电容率、压电系数和弹性系数矩阵与 6mm 点群晶体的相同。需要测定的压电参量如下。压电系数：e_{mi}、d_{mi}、g_{mi}、h_{mi}，$mi=$ 15、11、13；弹性系数：c_{ij}^{D}、c_{ij}^{E}、s_{ij}^{D}、s_{ij}^{E}，$ij=11$、12、13、33、44、46；电容率和介电隔离率：ε_{mn}^{x}、ε_{mn}^{X}、λ_{mn}^{x}、λ_{mn}^{X}，$mn=11$、33；机电耦合系数：k_l、k_{15}、k_{31}、k_{33}、k_p。

测量用的样品如图 6.18 所示。第一种样品是圆片，利用的是径向伸缩振动和厚度伸缩振动，要求直径远大于厚度。第二种样品是细长棒，利用的是纵向长度伸缩振动，要求长度远大于宽度和厚度。第三种样品是薄板，利用的是厚度切变振动，要求长度远大于宽度，宽度远大于厚度。图中箭头代表六重轴或压电陶瓷的剩余极化轴，阴影区代表电极。晶体物理坐标轴与晶轴的关系是：z 轴(3 轴)平行于 c 轴，x 轴(1 轴)平行于 a 轴，y 轴(2 轴)由已知的 x 轴和 z 轴根据右手法则确定。具体测量步骤如下。

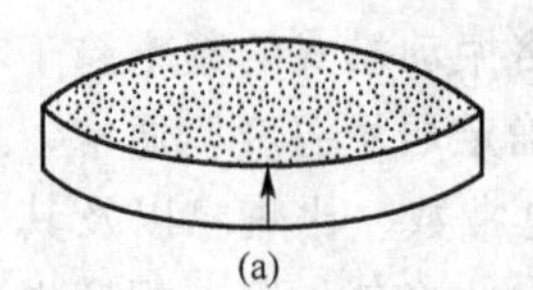

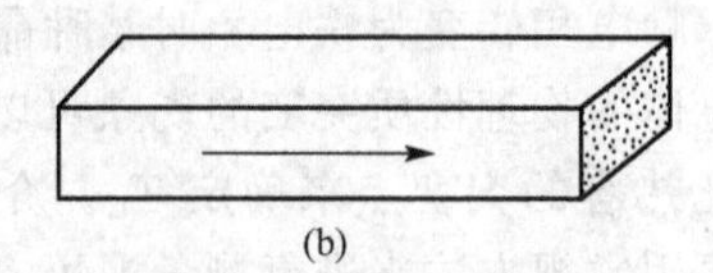

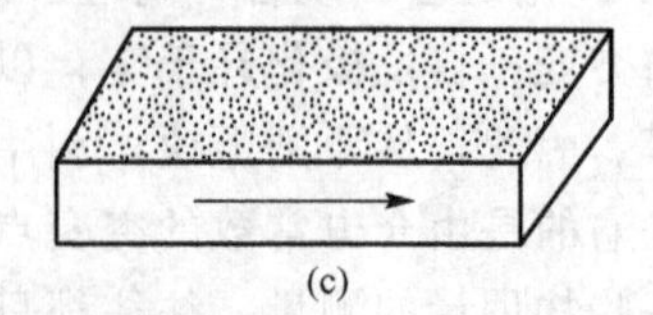

图 6.18 测量压电常数标准样品示意图

(a) 圆片；(b) 长棒；(c) 薄板

(1) 对于第一个样品，根据激发径向伸缩振动可计算出基音和一次泛音的谐振频率，求出 s_{11}^E；然后再测出径向伸缩模的基音反谐振频率，求出平面机电耦合系数 k_p；最后激发厚度伸缩模，根据测得的反谐振频率计算出 c_{33}^D；机电耦合系数 k_l 一般不容易计算，可通过查现成的表格得出。

(2) 对于第二个样品，根据激发纵向长度伸缩模可计算出反谐振频率，求出 s_{33}^D；然后再利用伸缩模的基音反谐振频率，求出纵向长度机电耦合系数 k_{33}。

(3) 对于第三种样品，激发厚度切变模，测出其反谐振频率，求出 s_{44}^D；对于这种切变模，可通过查表得出厚度切变机电耦合系数 k_{15}。

(4) 对于第一和第三种样品，在很低和很高的频率下测量其电容，根据测量结果可计算出相应的电容率 ε_{11}^x、ε_{33}^x、ε_{11}^X、ε_{33}^X，然后根据介电隔离率和电容率之间的换算关系可以求出相应的介电隔离率 λ_{11}^x、λ_{33}^x、λ_{11}^X、λ_{33}^X。

(5) 根据压电系数之间的换算关系以及其他换算关系可以求出压电系数。

$$\left.\begin{aligned} d_{15} &= k_{15}(\varepsilon_{11}^x s_{44}^E)^{1/2} \\ d_{31} &= k_{31}(\varepsilon_{33}^X s_{11}^E)^{1/2} \\ d_{33} &= k_{33}(\varepsilon_{33}^X s_{33}^E)^{1/2} \end{aligned}\right\} \tag{6-45}$$

$$\left.\begin{aligned} g_{15} &= d_{15}/\varepsilon_{11}^X \\ g_{33} &= d_{33}/\varepsilon_{33}^X \\ g_{31} &= d_{31}/\varepsilon_{33}^X \end{aligned}\right\} \tag{6-46}$$

$$\left.\begin{aligned} e_{15} &= d_{15}c_{44}^E \\ e_{31} &= d_{31}(c_{11}^E + c_{12}^E) + d_{33}c_{13}^E \\ e_{33} &= 2d_{31}c_{13}^E + d_{33}c_{13}^E \end{aligned}\right\} \tag{6-47}$$

$$\left.\begin{aligned} h_{15} &= e_{15}\lambda_{11}^x \\ h_{31} &= e_{13}\lambda_{33}^x \\ h_{33} &= e_{33}\lambda_{33}^x \end{aligned}\right\} \tag{6-48}$$

(6) 弹性系数的求解。

$$\left.\begin{aligned} s_{12}^E &= -\sigma^E s_{11}^E \\ s_{13}^E &= \left[\frac{s_{33}^E(s_{11}^E + s_{12}^E)}{2} - \frac{s_{11}^E + s_{12}^E}{2c_{33}^E}\right]^{1/2} \\ s_{33}^E &= s_{33}^D/(1-k_{33}^2) \\ s_{44}^E &= s_{44}^D/(1-k_{15}^2) \\ s_{66}^E &= 2(s_{11}^E - s_{12}^E) \end{aligned}\right\} \tag{6-49}$$

$$\left.\begin{aligned} s_{11}^D &= s_{11}^E/(1-k_{31}^2) \\ s_{12}^D &= s_{12}^E - d_{31}g_{31} \\ s_{13}^D &= s_{13}^E - d_{33}g_{31} \\ s_{66}^D &= s_{66}^E \end{aligned}\right\} \tag{6-50}$$

分别将 s_{ij}^D，s_{ij}^E 带入式(6-4)即可求得相应的 c_{ij}^D 和 c_{ij}^E。

$$\left.\begin{aligned}
c_{11}^E &= \frac{s_{11}^E s_{33}^E - (s_{13}^E)^2}{(s_{11}^E - s_{13}^E)[s_{33}^E(s_{11}^E + s_{12}^E) - 2(s_{13}^E)^2]} \\
c_{12}^E &= -\frac{[s_{12}^E s_{33}^E + (s_{13}^E)^2]}{(s_{11}^E - s_{13}^E)[s_{33}^E(s_{11}^E + s_{12}^E) - 2(s_{13}^E)^2]} \\
c_{33}^E &= c_{33}^D(1-k_l^2) \\
c_{44}^E &= 1/s_{44}^E \\
c_{66}^E &= 1/s_{66}^E
\end{aligned}\right\} \tag{6-51}$$

$$\left.\begin{aligned}
c_{11}^D &= h_{31}e_{31} + c_{11}^E \\
c_{13}^D &= h_{31}e_{33} + c_{13}^E \\
c_{12}^D &= h_{31}e_{31} + c_{12}^E \\
c_{44}^D &= h_{15}e_{15} + c_{44}^E \\
c_{66}^D &= c_{66}^E
\end{aligned}\right\} \tag{6-52}$$

(7) 机电耦合系数的求解。

$$k_{31}^2 = d_{31}^2/(s_{11}^E \varepsilon_{33}^X) \tag{6-53}$$

以上就是测量压电参数的具体步骤。其他点群材料压电系数的测定方法，类似于上述例子，也可一一导出。推导的依据是压电振动理论。应该指出的是，以上例子中给出的测量方法也并不是唯一的。一般来说，应使用尽可能少的样品，以减小样品不一致造成误差的可能性。但对于同一点群的材料，样品种类少则直接测量的参数减少，计算的参数增多。有的计算公式可能对计算结果带来严重的误差，如遇到这种情况，则宁可增加样品。样品用量的选择应以保证测量结果的准确度和精密度为原则。

*6.5 拓展阅读 铁电物理导读

一般认为，铁电体的研究始于1920年，1920年法国人Valasek发现了罗息盐特异的介电性能，导致了“铁电性”概念的出现，但近年来G. Busch提出，铁电性的历史应该以罗息盐的问世为开端。这比Valasek的发现早200多年，因为罗息盐是法国人Seignette在1665年前后首次试制成功的。

关于铁电研究的历史，近年来许多杂志陆续发表了不少文章，其中，有的是系统的论述，有的是对某个阶段或某个重大发展的回顾。这些文章读来饶有兴味，颇多启发。迄今，铁电研究大体可分为4个阶段。第一阶段是1920—1939年，在这一阶段发现了两种铁电结构，即罗息盐和KH_2PO_4系列。第二阶段是1940—1958年，铁电唯象理论开始建立，并趋于成熟。第三阶段是1959年到20世纪70年代，这是铁电软模理论出现和基本完善的时期，称为软模阶段。第四阶段是20世纪80年代至今，主要研究各种非均匀系统。

20世纪50年代以来，铁电体的总数急剧增加，现在已知的铁电体已达200多种(每种化合物或固溶体只算一种，以掺杂或取代改变成分者不算新铁电体)。铁电研究论文数目逐年呈指数上升，目前每年论文数都在3 000篇以上。国际上定期召开的主要学术会议有国际铁电会议(IMF)、欧洲铁电会议(EMF)、铁电应用国际讨论会(ISAF)、集成铁电体国际讨论会(ISIF)和亚洲铁电会议(AMF)等。专业杂志有*Ferroelectrics*、*Ferroelectrics Letters*、*Integrated Ferroe-*

lectrics、*IEEE Transaction On Ultrasonics*、*Ferroelectrics and Frequency Control* 等。

从物理学的角度看，对铁电研究起到最重要作用的有3种理论，即德文希尔(Devonshire)等的热力学理论、Slater 的模型理论、Cochran 和 Anderson 的软模理论。

Mueller 首先把热力学理论应用于铁电体，基本思想是将自由能写成极化和应变的各次幂之和，在不同的温度下求自由能极小值，从而确定相变温度。Ginzburg 和德文希尔进一步发展了这种处理方法，特别是德文希尔的一系列论文使之得以完善。德文希尔等人的热力学理论是朗道(Landau)相变理论在铁电体上的应用和发展，所以也称为朗道-德文希尔理论。直到今天它仍是处理铁电体问题的一种有效的方法。

微观理论方面，在软模理论出现以前，人们针对各种铁电体提出过多种模型理论。大多数后来已被淡忘，但 Slater 提出的两个模型对后来的发展起到了重要的作用。关于 KH_2PO_4 铁电性的起源，Slater 认为是氢键中质子的有序化。虽然他不能说明自发极化为什么会与氢键所在的平面相垂直，但他首先提出了质子有序化的观点，后来证明是完全正确的。关于 $BaTiO_3$ 的铁电性，Slater 认为是起源于长程偶极力。局域作用力倾向于高对称构型，长程库仑力倾向于低对称构型，后者使 Ti 离子偏离高对称性位置。这一模型体现了位移型铁电体的基本特征。

软模理论是 Cochran 和 Anderson 几乎同时各自独立地提出来的，Cochran 对这一理论作了充分的发挥。根据软模理论，铁电相变和反铁电相变都应该在普遍的结构相变理论框架内进行研究，人们不再依赖于只适用于个别铁电体的特殊模型。位移型铁电体中软化的是晶格振动光学横模，有序无序型铁电体中软化的是赝自旋波。软模理论无疑是铁电微观理论的重大突破，因此在铁电理论中占有最重要的地位。

近年来，铁电体的研究取得了不少新的进展，其中最重要的有以下几方面。

(1) 第一性原理的计算。对真正追求铁电性起因的物理学家来说，现在仍然有许多没有解决的问题。例如，为什么 $BaTiO_3$ 和 $PbTiO_3$ 都有铁电性，而在晶体结构和化学方面看来都与它们相同的 $SrTiO_3$ 却没有铁电性？对固体这样一个由原子核和电子组成的多体系统，如果能从第一性原理出发进行计算，则有可能得到解答。这种计算难度很大，现代能带结构方法和高速计算机的发展才使之有了可能。近年来，*Phy. Rev.*，*B* 等杂志发表了一系列关于铁电体第一性原理计算的论文，1990、1992 和 1994 年连续举行了3次《铁电体第一性原理计算》国际讨论会，*Ferroelectrics* 杂志以专集的形式发表了讨论会的论文(如1990年的第111卷和1992年的第136卷)。通过第一性原理的计算，对 $BaTiO_3$、$PbTiO_3$、$KNbO_3$ 和 $LiTaO_3$ 等铁电体，得出了电子密度分布、软模位移和自发极化等重要结果，对阐明铁电性的微观机制有重要的作用。

(2) 尺寸效应的研究。随着铁电薄膜和铁电超微粉的发展，铁电尺寸效应成为一个迫切需要研究的实际问题。近年来，人们从实验方面、宏观理论和微观理论方面开展了深入的研究。从理论上预言了自发极化、相变温度和介电极化率等随尺寸变化的规律，并计算了典型铁电体的铁电临界尺寸。这些结果得到了实验的证实，它们不但对集成铁电器件和精细复合材料的设计有指导作用，而且是铁电理论在有限尺寸条件下的发展。

(3) 铁电液晶和铁电聚合物的基础和应用研究。在液晶中寻找铁电性的努力长期都没有获得成功，因为大多数液晶结构对称性不够低，偶极相互作用小于热能，或者形成了与偶极子反平行排列的二聚物使有效偶极矩等于零。1975 年 Meyer 发现，由分子组成的倾斜的层状 *C* 相液晶具有铁电性。后来从制备、结构和相变等方面开展了研究，明确指出它属于赝正规铁电体，在居里点以上电容率符合居里-外斯定律，由光散射可以观测到软模。在性能方面，铁电液晶在电光显示和非线性光学方面很有吸引力，电光显示基于极化反转，其响应速度比普通丝状相液晶快几个数量级。非线性光学方面，其二次谐波发生效率已不低于常用的无机非线性光学晶体。

聚合物的铁电性也是在20世纪70年代末期才得到确证的。虽然PVDF的热电性和压电性早已被发现，但它由晶态和非晶态组成，且具有多种晶形，压电性和热电性都是经直流电场处理后才出现的，人们难以确定其中的极化是电场注入的电荷被陷获造成的亚稳极化，还是由晶体结构的非对称性决定的自发极化。这个问题在20世纪70代末期得到解决。现在人们不但证实了PVDF的铁电性，而且发现了一些新的铁电聚合物，如奇数尼龙(尼龙-11，尼龙-7和尼龙-5等)聚合物组分繁多，结构多样化，预期从中可发掘出更多的铁电体，从而扩展铁电体物理学的研究领域，并开发新的应用。

(4) 集成铁电体的研究。铁电薄膜与半导体的集成称为集成铁电体，以铁电存储器等实际应用为目标，近年来广泛开展了铁电薄膜及其与半导体集成的研究。铁电存储器的基本形式是铁电随机存取存储器(FRAM)，其中铁电元件的$\pm P_r$状态分别代表二进制数字系统中的“1”和“0”，所以是基于极化反转的一种应用。人们早在20世纪50年代就以$BaTiO_3$为主要对象进行过研究。当时由于三个原因未能实现：一是块体材料要求反转电压太高；二是电滞回线矩形度不好，使元件发生误写误读；三是疲劳显著，经多次反转后，可反转的极化减小。20世纪80年代以来，由于铁电薄膜制造技术的进步和材料的改进，铁电存储器的研究重新活跃起来，而且在1988年出现了实用的FRMA。与20世纪五六十年代比较，目前的材料和技术解决了几个重要问题。一是采用薄膜，极化反转电压易于减小到5V或更低，可以和标准的硅CMOS或GaAs电路集成；二是在提高电滞回线矩形度的同时，在电路设计上采取措施，防止误写误读；三是疲劳特性大有改善，现已制备出反转5×10^{12}次仍不显示任何疲劳的铁电薄膜，并用它制成了工作电压低于3V、反转时间仅100ns的256KB存储器。

铁电体的本质特征是具有自发极化，且自发极化可在电场作用下转向，因此，狭义地说，只有基于极化反转的应用才真正属于铁电性的应用。多年来，能实现这种应用的只有透明铁电陶瓷光阀等极个别器件，形成了铁电研究工作者很不愿接受的现实。现在看来，以铁电薄膜存储器为代表，这方面的重大应用有可能在铁电薄膜上最终实现，这反过来又将推动铁电研究和提出新的研究课题。铁电薄膜在存储器中的应用不限于FRAM，还有铁电场效应晶体管(FFET)和铁电动态随机存取存储器(FDRAM)。在FEET中，铁电薄膜作为源极和漏极之间的栅极材料，其极化状态($\pm P_r$)使源极—漏极之间的电流明显变化，故可由源极—漏极间的电流读出所存储的信息，而无需使栅极材料的极化反转。这种非破坏性读出特别适合于可以用电擦除的可编程只读存储器(EEPROM)。DRAM是基于电荷积累的半导体存储器，在FDRAM中，采用高电容率的铁电薄膜超小型电容器使存储容量得以大幅度提高。除存储器外，集成铁电体还可用于红外探测与成像器件，超声与声表面波器件以及光电子器件等。正是在这些实际应用的推动下，集成铁电体的研究成为铁电研究中最重要的热点和前沿。可将块状铁电材料向铁电薄膜的转移跟半导体分立器件向集成电路的转移相类比，从中可以看出，集成薄膜器件在铁电体中的位置和作用是极为重要的，而且其应用前景也是不可估量的。

在铁电体物理学中，当前的研究方向主要有两个：一是铁电体的低维特性；二是铁电体的调制结构。

铁电体低维特性的研究首先是薄膜铁电元件提出的要求。铁电体的尺寸效应早已引起人们的注意，但只有在薄膜等低维系统中，尺寸效应才变得不可忽略。深入了解尺寸效应需要研究表面的晶体结构、电子结构和偶极相互作用。极化在表面处的不均匀分布将产生退极化场，对整个系统的极化状态产生影响。表面区域内的偶极相互作用与体内的不同，将导致居里温度随膜厚而变化。薄膜中还不可避免地存在界面效应，这包括铁电膜与基底间的界面、铁电膜与电极间的界面以及晶粒间界。薄膜厚度变化时，矫顽场、电容率和自发极化都随之变化，需要探明其变化规律并从微观机制上加以解释，以指导材料和器件的设计，另外极化反转的疲劳的起因和改进方法，更是理论和实用上的重要问题。目前，铁电薄膜理论的宏观方法主要是在自由能中引入表面能项，仿照对体材料的研究方法求自由能极小值。微观方法则主要是在横场 Ising 模型中引入不同于体内的表面层赝自旋相互作用系数和表面层隧道贯穿频率。该方法本身虽与膜厚无关，但计算表明，它仅对超薄膜才给出有重要意义的结果。

除薄膜外，铁电超微粉(ultrafine particles)也很有吸引力。在这种三维尺寸都有限的系统中，块体材料中那种导致铁电相变的布里渊区中心振模可能无法维持，也许全部声子色散关系都要改变。长程库仑作用显然将随尺寸减小而减弱，当它不能平衡短程力的作用时，铁电有序将不能建立。随着尺寸的减小，预期将顺序呈现铁电性、超顺电性和顺电性。目前，关于铁电微粉相变尺寸效应的实验研究和理论研究都在迅速地取得进展。实验工作中采用了包括 X 射线衍射、Raman 散射、比热，二次谐波发生等多种手段，理论方法主要是在自由能中加入表面项，并计入表面自旋配位数和外推长度对尺寸的依赖关系。

铁电体的调制结构包括人工调制结构和相变形成的调制结构。

相变形成的调制结构有“偶极玻璃(dipole glass)”和无公度相。偶极玻璃包括多种材料，其共同特点是，在一个基本上正规的晶格中偶极矩的取向仅有短程有序而无长程有序。$KTaO_3$ 是一种“先兆性铁电体”，低温电容率显示类似居里—外斯定律的行为，但直到 0K 仍无铁电性。$LiTaO_3$ 和 $KNbO_3$ 则是熟知的铁电体。因此，$K_{1-x}LiTaO_3$ 和 $KTa_{1-x}NbO_3$ 的相变行为很令人感兴趣。当取代量在一定的范围时，得到的是局域偶极子无规则分布的偶极玻璃。铁电体 KH_2PO_4 和反铁电体 $(NH_4)H_2PO_4$ 的混合晶体也呈现局域偶极子无规则分布。这些系统的共同特征之一是在温度 T_m 呈现电容率极大值而 T_m 本身随测试频率升高而升高，在 T_m 并不发生对称破缺。当晶体在电场中冷却时在 T_m 以下可诱发与温度有关的极化。普遍接受的模型是在 T_m 以下“冻结”的相互作用的偶极子形成尺寸为几个纳米的团簇(cluster)，它们无规则取向，如果在电场中冷却，这些团簇可以整齐排列，但随后并不能由电场重取向。这种图像实际上是自旋玻璃的图像，与真正的铁电性相去甚远。

相似的行为在一些复合离子占相同晶格位置的化合物或固溶体中也观测到了。例如，$BaTi_{1-x}S_{mx}O_3$ 在 T_m 附近出现极性团簇。不过这些化合物或固溶体与前述的一些系统不同，即电场可导致长程有序，所以发生的是实际的相变，只是相变的弥散性很高。它们很接近普通的铁电性，这类材料就是广为研究的弛豫铁电体。可以说，当偶极子稀少时形成偶极玻璃，偶子浓度增大时呈现弥散性铁电相变。$KTa_{1-x}Nb_xO_3$ 在 $x>0.02$ 时有铁电相变，$x<0.02$ 时则呈现玻璃式的行为。$K_{1-x}Li_xTaO_3$ 在 $0<x\leqslant 0.063$ 范围内的场致二次谐波表明，x 小时近于偶极玻璃，x 大时近于铁电体。温度是另一个重要的参量，值得注意的是，在某些系统(如 PLZT)中，在高于铁电相变温度 T_c 数百度时就开始出现尺寸为几个晶胞常数的局域极性团簇，这可从 T_c 以上折射率的温度依赖性推断出来。研究偶极玻璃和弛豫铁电体的意义在于，一方面它们有一些可实用的性质，另一方面有助于揭示铁电有序的演化过程。

这里应该提及非晶态铁电性的问题。“偶极玻璃”这个名词是与自旋玻璃类比而来的，实际上并不是传统意义上的玻璃，所以即使在其中出现类似铁电性的行为或铁电性，也不是非晶态的铁电性。事实上有人早已指出，最好不要称它们为偶极玻璃。理论分析认为，如果位置无序的偶极子之间有适当的长程相互作用，则非晶态可以有铁电性。但在实验上要确证非晶态的铁电性(即观测到的铁电性的确是来自非晶态)却远非易事。虽然有的实验似乎提供了非晶态铁电性的迹象，但暂时还是只把它看成一种可能性较妥当。

无公度相也是相变形成的调制结构。具有无公度相的铁电体，其自由能中包含序参量空间的各向异性项，这可说明在无公度相的低温侧出现正规或非正规的铁电相。在接近锁定相变时，无公度相的一部分出现规则的结构，可看成是被“畴壁”分开的极化交替取向的一些铁电层的排列，与普通铁电体不同，这里的畴壁是序参量空间的相孤子，其能量为负。现在已知不少铁电体具有无公度相，如 $NaNO_2$，$SC(NH_2)_2$ 和 A_2BX_4 系列化合物。在 A_2BX_4 化合物中已确定了描述类似电畴的无公度织构的参量。Rb_2ZnCl_4 的类似电畴的无公度织构中，极化 P_S 的值与普通非正规铁电体的相近，当很靠近锁定相变温度时，其周期约为 10nm。

第二类调制结构是人工的规则织构，制备这种织构是以应用为背景的。如果在铁电体中形成周期性畴结构，且周期与介质中光或声过程的特征长度相适应，则在光或声过程中将出现特别有趣并有用的现象。例如，在准相位匹配条件下实现激光倍频等。近年来已在 $LiNbO_3$ 等晶体中实现了周期性畴结构，并对其结构和性能进行了深入的研究，在这些畴结构中，典型的调制周期是微米数量级，所以也称为微米超晶格。调制周期更短(纳米数量级)的铁电超晶格也在实验和理论方面已开展了一些探索性的工作。

另一种人工规则织构的材料是以铁电体为活性组元的复合材料。通常，其中的铁电体是陶瓷(如 PZT)，已实用化的该类复合材料中的特征线度是 100μm 以上。为了在亚微米甚至纳米尺度上实现极化的调制结构，人们正致力于精细复合功能材料的研究。周期在此范围内的极化调制结构预期将呈现出有趣的电光和非线性光学现象。

本章小结

本章首先用两种方式对铁电体进行定义：第一种是通过其内在的秉性来定义的，即铁电体是指在某温度范围内具有自发极化且极化强度可以因外场的作用而反向的晶体；第二种是利用铁电体微观和宏观表现出的特性来定义的，即凡具有电畴和电滞回线的介电材料就称为铁电体。通过上述定义对铁电体自发极化、电畴、电滞回线和相变温度(居里温度)进行了讲解。

其次利用热力学唯相理论对铁电相变进行了解释，论述了铁电相变时晶格结构的变化特点，指出了铁电相变的类型，即无序—有序型相变和位移型相变。

然后介绍了铁电体具有的物理效应，即压电效应、电致伸缩效应、热释电效应和光学效应等，并且详细论述了上述效应的相关内容。在此基础上还介绍了各种效应常用的铁电体以及他们在实际中的具体应用范例。

另外，还介绍了铁电体电滞回线的观测、居里温度点的测定和压电效应的试验研究。

最后通过拓展阅读介绍了铁电体的历史，及现阶段铁电体研究的进展以及一些高技术含量铁电体。

6.1 什么是铁电体，铁电体一定含有铁原子吗？

6.2 绘出铁电体电滞回线的示意图，说明其形成过程，在图中标出自发极化强度、剩余极化强度和矫顽电场强度。

6.3 铁电相变可分为哪两种？指出这两种相变的本质区别是什么。

6.4 铁电体压电效应中的压电常数有几种表示方法？说明这些常数的本质含义。

6.5 逆压电效应和电致伸缩的区别是什么？

6.6 说明“电子警察”的工作原理。

第7章 磁性物理与性能

知识要点	掌握程度	相关知识	应用方向
材料的磁性与磁化	重点掌握	磁性材料的基本概念以及材料形成磁性的微观机理；磁场作用下磁性材料的磁化曲线和磁滞回线；磁性材料的分类	材料性能研究
抗磁性和顺磁性	重点掌握	材料抗磁性和顺磁性的物理本质以及磁场和温度对其的影响	材料性能研究
铁磁性、亚铁磁性和反铁磁性	重点掌握	铁磁性、亚铁磁性和反铁磁性物质及其基本特征；铁磁性体中的磁晶各向异性、磁致伸缩效应和磁畴结构	材料性能研究与应用
	熟悉	铁磁性、亚铁磁性的分子场理论	分子场理论
磁性的实验测量研究	掌握	磁滞回线的测量及相关参数的测定	材料性能研究与应用
拓展阅读	了解	新型磁性材料现阶段研究进展	材料性能研究的应用

导入案例

磁悬浮列车是利用磁学性质中磁—力和电—磁效应制造出的高科技交通工具。排斥力使列车悬起来，吸引力让列车开动。磁悬浮列车车厢上装有超导磁铁，铁路底部安装线圈。通电后，地面线圈产生的磁场极性与车厢的电磁体极性总保持相同，两者“同性相斥”。排斥力使列车悬浮起来，常规机车的动力来自于机车头，磁悬浮列车的动力来自于轨道。轨道两侧装有线圈，交流电使线圈变为电磁体，它与列车上的磁铁相互作用。列车行驶时，车头的磁铁(N极)被轨道上靠前一点的电磁体(S极)吸引，同时被轨道上稍后一点的电磁体(N极)排斥，结果是前面“拉”，后面“推”，使列车前进。

磁悬浮列车分为超导型和常导型两大类。简单地说，从内部技术而言，两者在系统上存在是利用磁斥力、还是利用磁吸力的区别。从外部表象而言，两者存在速度上的区别：超导型磁悬浮列车最高时速可达500km以上(高速轮轨列车的最高时速一般为300～350km)，在1 000～1 500km的距离内堪与航空竞争；而常导型磁悬浮列车时速为400～500km，它的中低速则比较适合于城市间的长距离快速运输。

磁性是物质的一种基本属性，从微观粒子到宏观物体，乃至宇宙天体，都具有某种程度的磁性。宏观物体的磁性有多种形式，从弱磁性质的抗磁性、顺磁性和反铁磁性到强磁性质的铁磁性和亚铁磁性，它们具有不同的形成机理。研究物质的磁性及其形成机理是现代物理学的一项重要内容。此外，物质的磁性在工农业生产、日常生活和现代科学技术各个领域中都有着重要的应用，磁性材料已经成为功能材料的一个重要分支。因此，从研究物质磁性及其形成原理出发，探讨提高磁性材料性能的途径、开拓磁性材料新的应用领域已经成为当代磁学的主要研究方法和内容。众所周知，宏观物质由原子组成，原子由原子核及核外电子组成，由于电子及组成原子核的质子和中子都有一定的磁矩，因此宏观物质毫无例外的都是磁性物质。本节针对磁性的相关概念及物质形成磁性加以介绍。

7.1 磁学基础

7.1.1 磁学基本概念

1. 磁场

和重力场一样，磁场既看不见也摸不着。对于地球重力场来说，我们可以通过引力直接感知其存在。而对于磁场，只有当它作用于一些磁性物体(如某些被磁化的金属、天然磁石或者通电的线圈)时，我们才能确定其存在。例如，把一个磁化的针头放在漂于水面的软木塞上，它会缓慢地指向其周围的磁场方向。再比如，通电的线圈会产生磁场，从而引起其附近的磁针转动。磁场的概念正是根据这些现象建立起来的。电流能够产生磁场，因此，可以借助于电场来定义由其产生的磁场。图 7.1(a)展示了当导线通以电流 i 时，其四周铁屑分布的情形。根据右手法则，右手的大拇指指向电流方向(即正方向，与电子流动方向相反)，其他成环状的四指则指示了相应的磁场方向，如图 7.1(b)所示。

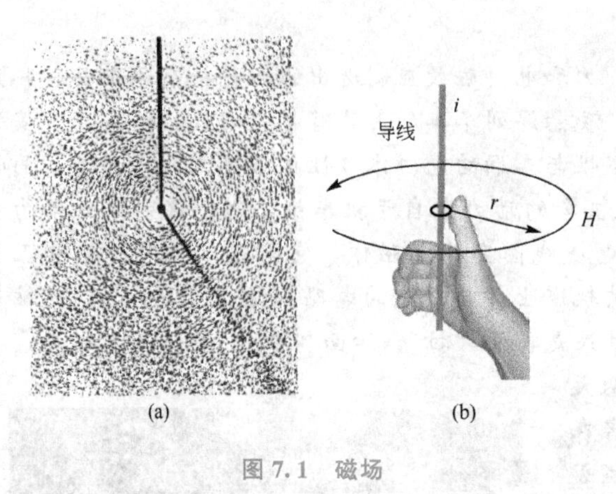

图 7.1　磁场

(a) 在一个通有电流 i 的导线周围铁屑的分布情况；(b) 对于一根直导线，通过的电流与其产生的磁场的关系图

2. 磁矩

描述载流线圈或微观粒子磁性的物理量称为磁矩。

在原子中，电子因绕原子核运动而具有轨道磁矩；电子还因自旋具有自旋磁矩；原子核、质子、中子以及其他基本粒子也都具有各自的自旋磁矩。我们已知电流在其四周会产生环绕的磁场。如果把通电导线圈成一个面积为 πr^2 的圆环，如图 7.2(a)所示，其周围的铁屑则展示了其产生的磁场的形态。这个磁场等效于一个磁矩为 m 的磁铁产生的磁场，如图 7.2(b)所示。由电流 i 产生的磁场，其强度和圆环的面积相关(圆环越大，磁矩就越大)，由 n 个圆环产生的总磁矩是由这些单一圆环产生的磁矩的叠加，即

$$m = ni\pi r^2 \tag{7-1}$$

磁矩 m 的单位为 $A \cdot m^2$。

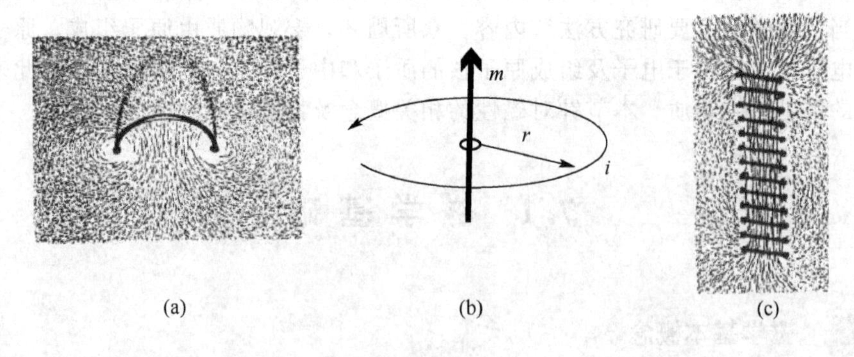

图 7.2　磁矩

(a) 铁屑显示了由环状电流产生的磁场形态；(b) 由一个电流强度为 i，面积为 πr^2 的圆环产生的磁场等效于一个磁矩为 m 的磁铁产生的磁场；(c) 由多个圆环产生的总磁场等于所有单个圆环产生磁场的叠加

3. *磁偶极子*

所谓磁偶极子是指强度相等、极性相反并且其距离无限接近的一对“磁荷”。如果以$+m$表示正磁荷的强度，以$-m$表示负磁荷的强度，以l表示两个磁荷间的长度矢量(从负磁荷指向正磁荷)，则该元磁偶极子可用磁偶极矩矢量j来表示。

$$j=ml \tag{7-2}$$

j的方向从$-m$到$+m$。在对磁偶极子相互作用的研究中，提出了磁场的概念，即认为磁偶极子间的作用是通过磁场进行的。一个磁偶极矩为j，当取磁偶极子的中点为坐标原点时，在距原点r处($|r|$远大于磁偶极子的长度l)产生的磁场强度H为

$$H=\frac{1}{4\pi\mu_0}\left[-\frac{j}{r^3}+\frac{3(j\cdot r)r}{r^5}\right] \tag{7-3}$$

式中，$\mu_0=4\pi\times10^{-7}$ H/m，为真空磁导率；H的单位为A/m。

1820—1825年安培在完成了他的电流与电流、电流与磁体、磁体与磁体相互作用的研究后，提出了磁偶极子与电流回路元在磁性上的相当性原理，并且根据这一原理提出了宏观物体的磁性起源于“分子电流”的假说。根据“相当性原理”，电流回路元的磁矩$\mu=iA$(其中，i为电流强度，A为电流回路元的面积，A的方向按电流流动方向的右手螺旋法则确定)等效于磁偶极子的磁偶极矩。

7.1.2 磁学基本量

1. *磁化强度* $\boldsymbol{M}$

磁化强度是描述宏观磁性体磁性强弱的物理量。如果在磁性体内取一个宏观体积元ΔV，在这个体积元内包含了大量的磁偶极矩或磁矩，分别用$\sum j_{\mathrm{m}}$和$\sum \mu_{\mathrm{m}}$来表示；定义单位体积内具有的磁偶极矩矢量和为磁极化强度，用$\boldsymbol{J}$表示；单位体积内具有的磁矩矢量和称为磁化强度，用$\boldsymbol{M}$表示，即

$$\boldsymbol{J}=\frac{\sum j_{\mathrm{m}}}{\Delta V} \tag{7-4}$$

和

$$\boldsymbol{M}=\frac{\sum \mu_{\mathrm{m}}}{\Delta V} \tag{7-5}$$

两者之间存在以下关系。

$$\boldsymbol{J}=\mu_0\boldsymbol{M} \tag{7-6}$$

$\boldsymbol{J}$和$\boldsymbol{M}$都是矢量，数值上两者之间相差μ_0，物理意义上都是用来描述磁体被磁化的方向和强度。当磁场很大时，磁化方向可以和磁场方向一致，一般情况下不一定一致。

2. *磁场强度* $\boldsymbol{H}$ *和磁感应强度* $\boldsymbol{B}$

实验证明，导体中的电流或一块永磁体都会产生磁场，符号$\boldsymbol{H}$和$\boldsymbol{B}$都是描述空间任一点的磁场参量。按照历史习惯，$\boldsymbol{H}$称为磁场强度，$\boldsymbol{B}$称为磁感应强度。它们都是矢量，

有大小和方向。依照静电学，静磁学定义磁场强度 $\boldsymbol{H}$ 等于单位点磁荷在该处所受的磁场力的大小，其方向与正磁荷在该处所受磁场力的方向一致。设试探磁极的点磁荷为 m，它在磁场中某处受力为 $\boldsymbol{F}$，则该处的磁场强度矢量 $\boldsymbol{H}$ 为

$$\boldsymbol{H}=\boldsymbol{F}/m \tag{7-7}$$

式中，F 由磁的库仑定律决定，即两个点磁荷之间的相互作用力沿着它们之间连线方向，与它们之间距离的平方成反比，与每个磁荷的数量(磁极强度 m)m_1 和 m_2 成正比，即

$$F=k\frac{m_1 \cdot m_2}{r^2} \tag{7-8}$$

式中，比例系数 k 与磁荷周围介质和式中各量的单位有关。设点磁荷处于真空中，F 的单位为 N，k 的选择如下。

$$k=\frac{1}{4\pi\mu_0} \tag{7-9}$$

式中，μ_0 为真空磁导率。

实际应用中，常常由电流来产生磁场，并用稳定电流在空间产生的磁场的强度来规定磁场强度的单位。在 ST 制中，用电流 $I=1\text{A}$ 通过直导线，在距导线为 $r=1/2\pi\text{m}$ 处得到的磁场强度规定为磁场强度的单位，即 A/m。电流产生磁场最常见的几种形式如下。

(1) 无限长载流直导线的磁场强度 $\boldsymbol{H}$。

$$H=\frac{I}{2\pi r} \tag{7-10}$$

式中，I 为通过直导线的电流；r 为计算点至导线的距离；$\boldsymbol{H}$ 的方向是切于与导线垂直且以导线为轴的圆周。

(2) 载流环形线圈圆心上的磁场强度 $\boldsymbol{H}$。

$$H=\frac{I}{2r} \tag{7-11}$$

式中，I 为流经环形线圈的电流；r 为环形线线圈的半径；$\boldsymbol{H}$ 的方向按右手螺旋法则确定。

(3) 无限长载流螺线管的磁场强度 $\boldsymbol{H}$。

$$H=nI \tag{7-12}$$

式中，I 为流经环形线圈的电流；n 为螺线管上单位长度的线圈匝数；$\boldsymbol{H}$ 的方向为沿螺线管的轴线方向。

$\boldsymbol{B}$ 和 $\boldsymbol{H}$ 的确切关系为

$$\boldsymbol{B}=\mu_0(\boldsymbol{H}+\boldsymbol{M}) \tag{7-13}$$

3. 磁导率 μ 和磁化率 χ

磁导率 μ 和磁化率 χ 是反映物质磁性强弱的物理量，它们反映的是磁场强度、磁感应强度和磁化强度的关系，即

$$\mu=\frac{\boldsymbol{B}}{\boldsymbol{H}} \tag{7-14}$$

$$\chi=\frac{\boldsymbol{M}}{\boldsymbol{H}} \tag{7-15}$$

从应用的角度考虑，人们对具有大的磁感应强度和大的磁化强度的材料感兴趣。

7.2 磁性的微观解释

组成磁介质的最小结构单元称为分子。事实上，分子环流磁矩是分子内原子中电子的各种轨道运动磁矩和自旋磁矩的总效果。下面针对两种效果加以描述。

7.2.1 电子轨道磁矩

以电子的圆周运动为例(电子的运动轨道一般为椭圆)。设原子核带电 Ze，电子带$-e$，如图7.3所示。根据经典理论，电子在半径为 r 的圆周上运动，其向心力由库仑力提供。

$$f_e=\frac{1}{4\pi\varepsilon_0}\cdot\frac{Ze^2}{r^2} \tag{7-16}$$

电子的轨道运动角速度由下式解出。

$$f_e=m\omega^2 r \tag{7-17}$$

$$\omega=\left(\frac{Ze^2}{4\pi\varepsilon_0 mr^3}\right)^{1/2} \tag{7-18}$$

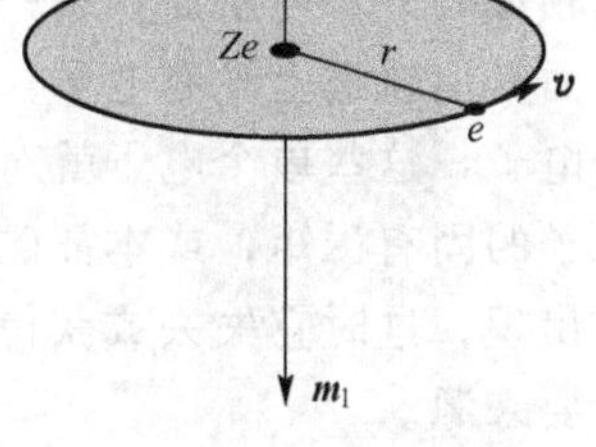

图7.3 电子轨道磁矩示意图

电子轨道运动的周期为

$$T=\frac{2\pi}{\omega} \tag{7-19}$$

而轨道运动形成的环形电流强度为

$$I=\frac{-e}{T}=\frac{-e\omega}{2\pi} \tag{7-20}$$

轨道环流的面积为

$$S=\pi r^2 \tag{7-21}$$

电子轨道环流的磁矩为

$$m_1=IS=\frac{-e\omega}{2\pi}\cdot\pi r^2=-\frac{er^2}{2}\omega \tag{7-22}$$

或矢量表示为

$$\boldsymbol{m}_1=-\frac{er^2}{2}\boldsymbol{\omega} \tag{7-23}$$

因为磁矩 $\boldsymbol{m}_1$ 的方向与正电流成右手螺旋关系，而 $\boldsymbol{\omega}$ 与电子旋转方向成右手螺旋关系，因此，$\boldsymbol{m}_1$ 和 $\boldsymbol{\omega}$ 的方向相反。

轨道角动量 $\boldsymbol{L}$ 可表示为

$$\boldsymbol{L}=\boldsymbol{r}\times\boldsymbol{P}=m\boldsymbol{r}\times\boldsymbol{v} \tag{7-24}$$

式中，m 为电子的质量，在圆周运动的情况下

$$\boldsymbol{L}=mr^2\boldsymbol{\omega} \tag{7-25}$$

与式(7-23)比较可知

$$m_l = -\frac{e}{2m}L \tag{7-26}$$

即电子的轨道磁矩和轨道角动量方向相反，参看图 7.3，说明了绕轨道旋转的电子将产生一个 m_l 的磁矩。

7.2.2 电子自旋磁矩

电子自旋运动是量子力学效应，在宏观物体中还找不出一种运动与之对应。实验和量子力学已经证明电子在做轨道运动的同时还绕自身的轴做自旋运动，自旋运动产生的磁矩为

$$m_s = -\frac{e}{m}S \tag{7-27}$$

式中，S 是电子的自旋角动量，可由实验得出 $S=\frac{3}{4}\eta$，$\eta=\frac{h}{2\pi}$，而 $h=6.626\times10^{-34}$(J·s)

综上所述，原子的总磁矩是原子内所有电子的轨道磁矩和自旋磁矩的矢量和。按照原子物理的理论，原子核外每一个电子轨道上都可以，也最多只能容纳轨道运动方向和自旋方向相反的一对电子。如果一种元素它的原子轨道上所有电子的轨道都被成对的电子占满，而其他轨道上没有电子，这种元素的原子总磁矩必然为零。反之，若原子轨道上具有单个电子，这些单个电子就对原子的总磁矩有贡献，即原子的总磁矩不为零。这个磁矩称为原子的固有磁矩，或本征磁矩。有些原子没有本征磁矩，但在组成晶体时它们以离子的形式出现，这时它失去或获得电子，因而也就有了本征磁矩，因此，本征磁矩是物质磁性的主要来源。

7.3 材料的磁化

7.3.1 磁化的相关概念

1. 自发磁化和磁畴

磁有序物质在无外加磁场的情况下，由于近邻原子间电子的交换作用或其他相互作用，使物质中各原子的磁矩在一定空间范围内呈现有序排列而达到的磁化，称为自发磁化，自发磁化的小区域称为磁畴。

2. 磁化过程

磁化过程是指处于磁中性状态的强磁性体在外磁场的作用下，其磁化状态随外磁场发生变化的过程。反磁化过程是指强磁性体沿一个方向磁化饱和后，当外磁场逐渐减小或沿相反方向逐渐增加时，其磁化状态随外磁场发生变化的过程。对磁化过程的宏观描述是磁化曲线，对反磁化过程的宏观描述是磁滞回线。磁化曲线和磁滞回线代表了磁性材料在外磁场中的基本特性。根据对磁性材料的不同用途，通常对磁性材料的性能提出不同要求，从而对磁化曲线和磁滞回线的形状提出不同要求。施加磁场于磁性体，当磁场的值逐渐增大时磁性体的磁化强度随之增大的过程称为磁化过程。当磁场做准静态变化时称为静态磁

化过程；当磁场做动态变化时称为动态磁化过程。静态磁化包括技术磁化和内禀磁化。所谓技术磁化是指施加准静态变化磁场于强磁体(含铁磁体与亚铁磁体)，使其自发磁化的方向通过磁化矢量的转动或畴壁移动而指向磁场方向的过程。

7.3.2 磁化曲线的基本特征

磁性体从磁中性状态开始，受到一个从零起单调增加的磁场作用时，其磁化强度 $\boldsymbol{M}$(或磁感应强度 $\boldsymbol{B}$)随外磁场强度 $\boldsymbol{H}$ 变化的曲线称为起(初)始磁化曲线，通常简称为磁化曲线，写成 $\boldsymbol{M}=f(\boldsymbol{H})$ 的函数形式。抗磁性、顺磁性和反铁磁性磁体的磁化曲线为一直线；铁磁性、亚铁磁性磁体的磁化曲线显示复杂的函数关系，如图 7.4 所示。有两种方法可以获得磁体的磁中性状态：①交流退磁法，即在没有直流磁场情况下，对磁体施加一个强交变磁场，将其振幅逐渐地减小到零；②热退磁法，即将磁体加热到居里点以上，然后在无磁场情况下冷却下来，磁化曲线可以分为 5 个特征区域。

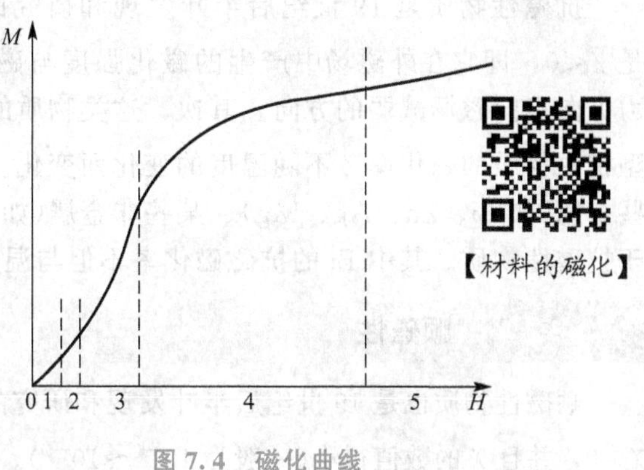

【材料的磁化】

图 7.4 磁化曲线

(1) 起始或可逆区域(磁场很弱；图中的 1 区)。

磁化强度(或磁感应强度)与外磁场保持线性关系，磁化过程是可逆的。

(2) 瑞利(Rayleigh)区域(磁场略强；图中的 2 区)。

$\boldsymbol{M}$(或 $\boldsymbol{B}$)与 $\boldsymbol{H}$ 不再保持线性关系，磁化开始出现不可逆过程，$\boldsymbol{M}$(或 $\boldsymbol{B}$)之间有如下规律。

$$\boldsymbol{M}=\chi_i\boldsymbol{H}+b\boldsymbol{H}^2 \tag{7-28}$$

式中，b 称为瑞利常数；χ_i 称为起始磁化率。

(3) 最大磁导率区域(中等磁场；图中的 3 区)。

磁化强度 $\boldsymbol{M}$ 和磁感应强度 $\boldsymbol{B}$ 急速地增加，磁化率或磁导率经过其最大值 χ_m，在这区域里可能出现剧烈的不可逆畴壁位移过程。

(4) 趋近饱和区域(强磁场；图中的 4 区)。

磁化曲线缓慢地升高，最后趋近于一水平线(技术饱和)。这一段过程具有比较普遍的规律性，称为趋近饱和定律(对多晶铁磁体而言)。

(5) 顺磁区域(更强磁场；图中的 5 区)。

技术磁化饱和后，进一步增加磁场，铁磁体的自发磁化强度本身变大。由于外磁场远小于分子磁场，因此，自发磁化强度随外磁场的增加是极其有限的，与之对应的顺磁磁化率一般都很小。顺磁区域之前的 4 个磁化阶段称为技术磁化过程。关于磁滞回线将在 7.4 节讨论。

7.3.3 磁性的分类

【铁磁性反铁磁性亚铁磁性和顺磁性示意图】

磁学把物质的磁性按磁化率的大小分为抗磁性、顺磁性、反铁磁性、铁磁性和亚铁磁性等不同的磁性，在后续的章节中将详细进行描述。

7.4 抗磁性与顺磁性

7.4.1 抗磁性

抗磁性物质是19世纪后半叶发现和研究的一类弱磁性物质。这类物质的主要特点是$\chi<0$，即它在外磁场中产生的磁化强度与磁场反向。如果磁场不均匀，这类物质的受力方向指向磁场减弱的方向。其次，这类物质的磁化率绝对值非常小，为$10^{-7}\sim10^{-6}$。典型抗磁物质的磁化率χ不随温度的变化而变化。惰性气体(如He、Ne、Ar、Kr、Xe)、某些金属(如Bi、Zn、Ag、Mg)、某些非金属(如Si、P、S)、水以及许多有机化合物等都属于抗磁性物质。其中Bi的抗磁磁化率不但与温度有关，还与状态有关。

7.4.2 顺磁性

顺磁性物质也是19世纪后半叶发现和研究的一类弱磁性物质。这类物质的主要特点是$\chi>0$，并且χ的数值很小(一般为$10^{-6}\sim10^{-5}$)。多数顺磁性物质的磁化率χ随温度升高而下降。某些铁族金属(如Sc、Ti、Ba、Cr)、某些稀土金属(如La、Ce、Pr、Nd、Sm)、某些过渡族元素的化合物(如$MnSO_4\cdot4H_2O$)、金属Pa、金属Pt以及某些气体(如O_2、NO、NO_2)等都属于顺磁性物质。一些碱金属（如Li、Na、K等）也属于顺磁性物质，但其χ值比一般顺磁性物质小且基本与温度无关。它们产生顺磁性的机理和前者不同。

7.4.3 抗磁性与顺磁性的物理本质

抗磁性是由于电子的轨道运动速度在外磁场作用下发生变化而产生感应附加磁矩的一种效应。考虑在一个圆形轨道上有两个运动方向相反的电子(图7.5)，在无外场时，这两个电子的轨道总磁矩为零。设每个电子轨道运动的角速度和轨道磁矩分别为ω_0和$\boldsymbol{m}_1$。在加入磁场$\boldsymbol{B}$的瞬间，空间要产生涡旋电场$\boldsymbol{E}_{旋}$，在涡旋电场的作用下，电子的转动速度发生变化。这一变化对应着一个附加磁矩的产生，通过下面的分析看出，这个附加磁矩$\Delta\boldsymbol{m}$总是与外加磁场的方向相反。

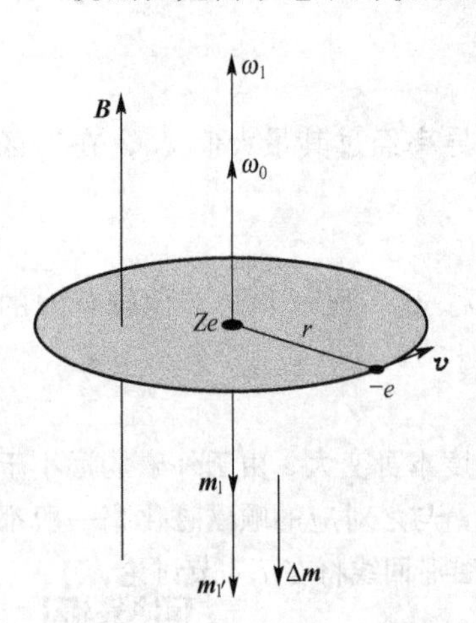

图7.5 抗磁效应示意图

设沿电子轨道的法线方向加入一均匀磁场$\boldsymbol{B}(\boldsymbol{H})$，在图7.3的情况下，涡旋电场的方向与电子运动方向相同，电子的运动速度将减小(电子带负电，受力方向与$\boldsymbol{E}_{旋}$相反)。这意味着电子的轨道角速度和轨道磁矩$\boldsymbol{m}_1$都要减小，变为ω_1和$\boldsymbol{m}_1'$，附加磁矩$\Delta\boldsymbol{m}=\boldsymbol{m}'-\boldsymbol{m}$与外场$\boldsymbol{B}(\boldsymbol{H})$方向相反，这就是抗磁效应。在图7.5的情况下具有同样的效应。这时电子的速度和轨道磁矩要增加，附加磁矩仍然与外磁场$\boldsymbol{B}(\boldsymbol{H})$方向相反。

以上分析说明了抗磁性物质的机理，一般情况下抗磁性物质磁化率的绝对值很小，并且与磁场和温度无关。

对于顺磁性材料来说，顺磁性物质的原子具有本征磁矩。顺磁性物质磁化时、原子的本征磁矩(或由原子组成的分子的本征磁矩)在磁场中取向排列，磁化强度矢量 $\boldsymbol{M}=\chi_m\boldsymbol{H}$ 与磁场强度的方向 $\boldsymbol{H}$ 一致，磁化率 $\chi_m>0$。顺磁质的另一个特点是在磁化过程中，当磁场 $\boldsymbol{H}$ 减小到零时，介质中的磁化强度 $\boldsymbol{M}$ 和磁感应强度 $\boldsymbol{B}$ 也减小到零，即顺磁性材料没有剩余磁化现象。一般情况下顺磁性物质的磁化强度随磁场变化的磁化曲线是直线。

磁介质的磁化率 $\chi_m=\dfrac{\boldsymbol{M}}{\boldsymbol{H}}$，代表施加单位磁场时，在单位体积中产生的净余磁矩。它与每一个原子(或分子)本征磁矩的大小，原子(分子)浓度以及介质温度都有关系，朗之万利用经典理论推导出了 χ_m 与上述物理量之间的关系。

$$\chi_m=\frac{nm_{\text{分子}}^2}{3kT} \tag{7-29}$$

式中，n 为分子浓度；k 为玻尔兹曼常数；T 为绝对温度。

式(7-29)对于一般的顺磁物质都能很好地与实验符合。但对于一些简单的金属，磁化率与温度无关，而且顺磁性非常微弱，最明显的例子就是碱金属。这是因为这些金属没有轨道磁矩，只有自旋磁矩对 $\boldsymbol{M}$ 有贡献的缘故。另外，考虑到电子的轨道磁矩和自旋磁矩在空间取向的量子化效应，式(7-29)应做一些修正，但与温度成反比的性质对一般介质仍然成立。

7.5 反铁磁性

7.5.1 反铁磁性材料性质

在反铁磁性材料中，近邻离子自旋反平行排列，它们的磁矩相互抵消，因此，反铁磁体不产生自发磁化磁矩，只显现微弱的磁性。反铁磁的相对磁化率 χ 的数值为 $10^{-5}\sim10^{-3}$。与顺磁性不同的是自旋结构的有序化，图7.6所示为MnO晶体结构和磁结构，由图中可以看出，Mn^{2+} 离子之间存在反平行自旋结构。

当施加外磁场时，由于自旋间反平行耦合的作用，正负自旋转向磁场方向的转矩很小，因而，磁化率比顺磁磁化率小。随着温度升高，有序的自旋结构逐渐被破坏，磁化率增加，这与正常顺磁体的情况相反。然而在某个临界温度以上，自旋有序结构完全消失，反铁磁体变成通常的顺磁体。

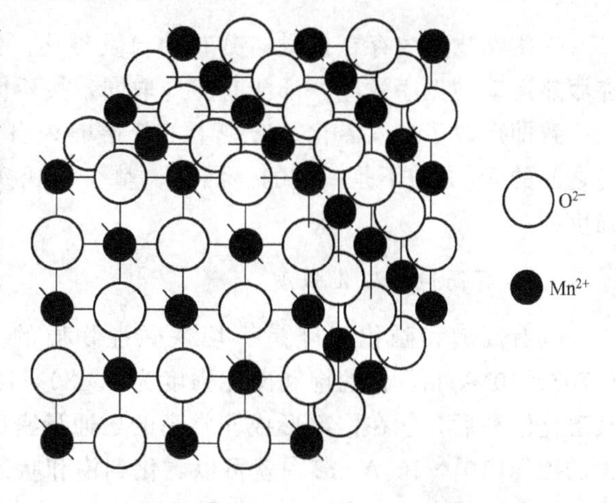

图7.6 MnO晶体结构和磁结构

过渡金属的氧化物、卤化物和硫化物(如 MnO、FeO、CoO、NiO、Cr_2O_3、MnF_2、FeF_2、$FeCl_2$、$NiCl_2$、MnS 等)均属于反铁磁物质。

7.5.2 反铁磁性材料特征

(1) 存在着临界温度，称为奈尔温度 T_N。当 $T>T_N$时，反铁磁性转变为顺磁性，磁化率服从居里—外斯定律，多数反铁磁性物质的顺磁奈尔温度为正值，也有的为负值。

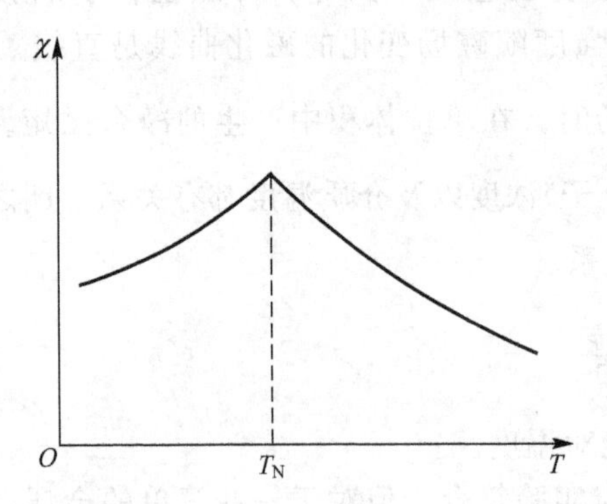

图 7.7 反铁磁性材料磁化率和温度之间的关系

(2) 当 $T<T_N$时，表现为反铁磁性。最大特征是磁化率随温度降低反而减小。因此在 T_N点 χ 具有极大值，如图 7.7 所示。

(3) 在 T_N点附近，除磁化率 χ 的反常变化外，比热和热膨胀系数也将出现反常高峰，某些物质的杨氏模量也将发生反常变化，这表明 T_N是二级相变温度。

(4) 存在磁晶各向异性。当样品为单晶时，沿不同晶轴方向测量的磁化率明显不同。

7.6 铁 磁 性

7.6.1 铁磁性的基本特征

铁磁性物质是最早研究并得到应用的一类强磁性物质。早在 18 世纪 50 年代就有人做过磁化钢针的实验，19 世纪末居里完成了对铁磁物质的磁性随温度变化的测量。这类物质的主要特点是 $\chi>0$，并且 χ 的数值很大，一般为 $10\sim10^6$。金属 Fe、Co、Ni、Cd 以及这些金属与其他元素的合金(如 Fe - Si 合金)，少数铁族元素的化合物(如 CrO_2、$CrBr_3$ 等)，少数稀土元素的化合物(如 EuO、$GdCl_3$ 等)均属于铁磁性物质。在宏观磁性上，铁磁性物质具有以下特征。

1. 具有自发磁化

铁磁性物质内存在按磁畴分布的自发磁化。铁磁性物质内的原子磁矩通过某种作用，克服热运动的无序效应，都能有序地取向，按不同的小区域分布。磁畴内的各原子磁矩取向一致即形成了自发磁化。宏观上一个磁畴内自发磁化强度的平均值以 M_S来表示。各磁畴之间的 M_S方向不是一致的。因而，整个宏观铁磁体在无外磁场作用下是不表现出磁化强度的。

2. 具有高饱和磁化强度

具有高饱和磁化强度是一切铁磁性物质的共同特点。例如，铁的饱和磁化强度为 1.707×10^6 A/m，钴的饱和磁化强度为 1.430×10^6 A/m。正因为饱和磁化强度高，所以当其磁化饱和后，能在内部形成非常高的磁通量密度。对于大多数铁磁性物质来说，在不太强的磁场($10^3\sim10^4$ A/m)中就可以磁化到饱和状态(技术饱和状态)，但也有一些铁磁性物质的饱和磁场高达 10^6 A/m，此即所谓的永磁性材料。

3. *存在铁磁性消失的温度——居里温度*

所有铁磁性物质都存在着铁磁性消失的温度，称为居里温度，以 T_C 表示。当温度低于 T_C 时，它呈现铁磁性；当温度高于 T_C 时，则呈现顺磁性。居里温度是铁磁性物质由铁磁性转变为顺磁性的临界温度。进一步研究表明，当温度通过居里点时，某些物理量表现出反常行为，如比热突变、热膨胀系数突变、电阻的温度系数突变等。按照相变分类，上述变化属于二级相变，居里点则为二级相变点。

4. *存在磁滞现象*

铁磁性物质的磁化强度与磁场强度之间不是单值函数关系，显示磁滞现象，具有剩余磁化强度，其磁化率都是磁场强度的函数。铁磁性物质的磁化曲线和磁滞回线见 7.6.5 节。

5. *饱和磁化强度与温度的关系*

随温度的升高，饱和磁化强度减小，其变化如图 7.8 所示，该图为 Ni 的 M_s 变化曲线。当温度升高时，最初变化缓慢，不久就降低得很快，最后与横轴相接近将曲线末端延长，与横轴相交，其交点即为铁磁居里点 T_C。

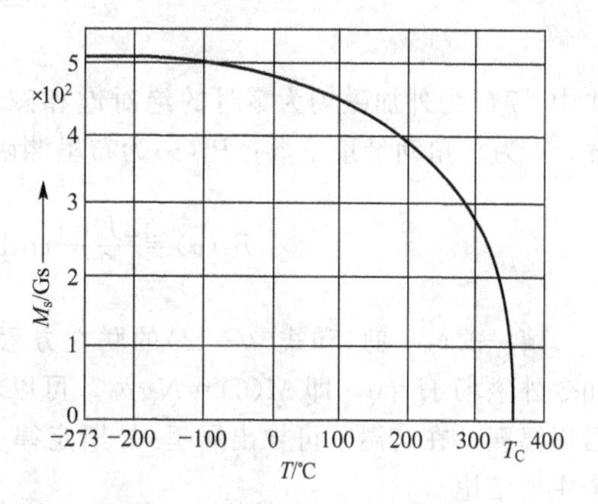

图 7.8 Ni 的饱和磁化强度 M_s 和温度 T 的关系

6. *磁晶各向异性和磁致伸缩现象*

铁磁性物质在磁化过程中表现出磁晶各向异性和磁致伸缩现象。

7.6.2 外斯“分子场”理论

外斯(P. Weiss)在 1907 年首先提出“分子场”理论，为了说明铁磁性物质的基本特性，特别是在弱磁场中容易达到饱和磁化的特性，外斯提出了两个理论假说。

(1)“分子场”假说。铁磁性物质内部存在着强大的“分子场”，约 10^9 A/m，因此，即使无外加磁场，其内部各区域也已经自发地被磁化。外磁场的作用是把各区域磁矩的方向调整到外磁场的方向。因此，在较弱外磁场下即可达到磁化饱和。

可以用以下事实估计“分子场”的大小：在居里温度时，一个电子自旋的热能 $k_B T_C$ 可以抵消分子场 H_m 加于电子自旋的磁场能使其失去铁磁性，故有

$$H_m \approx \frac{k_B T_C}{\mu_B} \approx \frac{1.38\times10^{-23}\times10^3\,\mathrm{J}}{1.17\times10^{-29}\times\mathrm{Wb\cdot m}} \approx 10^9\,\mathrm{A/m}$$

这一磁场是实验室内目前无法达到的静磁场。

(2) 磁畴假说。铁磁体内部的自发磁化分为若干区域(磁畴)，每个区域都自发磁化到饱和。未加磁场时，各区域磁矩的方向紊乱分布，互相抵消，所以在宏观上不显示磁性。

外斯的这两个理论假说为后来研究铁磁性奠定了基础。有关磁畴的理论将在 7.6.4 节中介绍，下面用“分子场”假说说明自发磁化的形成。

按照外斯的“分子场”假说，在铁磁体内部存在“分子场”，而“分子场” H_m 的大小与铁磁体内磁化强度 M 成比例，即

$$H_m = WM \tag{7-30}$$

式中，W 为“分子场”常数，设单位体积内的磁性原子数为 N，当外加磁场强度为 H 时，铁磁体内原子磁矩实际受到的磁场为 $H+WM$，借助于朗之万的顺磁理论，可得

$$M = NgJ\mu_B B_J(\alpha) = M_0 B_J(\alpha) \tag{7-31}$$

$$\alpha = \frac{gJ\mu_B(H+WM)}{k_B T} \tag{7-32}$$

式中，M_0 为外加磁场为零时的绝对饱和磁化强度；k_B为玻尔兹曼常数；g 为磁力比例常数；J 为总角动量量子数；$B_J(\alpha)$为布里渊函数，其形式为

$$B_J(\alpha) = \frac{2J+1}{2J}\coth\frac{2J+1}{2J}\alpha - \frac{1}{2J}\coth\frac{\alpha}{2J} \tag{7-33}$$

解：式(7-31)和式(7-32)的联立方程，可以求出在一定磁场和温度下的磁化强度。如令外磁场 $H=0$，即 $M(0)=Ng\mu_B$，可以求出在一定温度下的自发极化强度，并可算出居里温度，在高温下可导出居里-外斯定律。通过求解上述的联立方程，可以得出以下三个主要结论。

① 在 $T<T_C$的任何温度下，自发极化总是存在的，因此材料表现出铁磁性；当 $T>0$K时，温度升高，自发极化强度逐渐降低。在 $T>T_C$时，自发极化强度为零，材料表现出顺磁性。这个临界温度就是居里温度 T_C。

② 当 $T\geqslant T_C$后，材料的磁化率服从居里-外斯定律，即 $\chi=\dfrac{C}{T-\theta_p}$，$C$ 是居里常数，θ_p为居里温度。$T=\theta_p$时，铁磁性转变为顺磁性，这些结果与实验结果符合得很好。

③ 交换积分常数 A 与居里温度成正比，即

$$T_C = \frac{2ZAJ(J+1)}{3k_B} \tag{7-34}$$

式中，Z 是一个原子的近邻原子数；A 是交换积分常数，和“分子场”系数成正比，其物理意义为：A 越大，交换作用越强，要破坏原子磁矩的整齐排列所需要的热能就越大，因而居里温度也越高。

以上就是外斯“分子场”的理论，它定性地描述了铁磁体的自发极化，但该理论还没有说明“分子场”的本质。关于“分子场”本质来源于相邻原子间电子自旋的交换作用理论，这里不再进行描述，读者可参考相关的资料。

7.6.3 磁晶各向异性、磁致伸缩

1. 相互作用能

在铁磁体内表现为 5 种主要的相互作用，分别是交换能 F_{ex}(电子自旋间的交换相互作用产生的能量)、磁晶各向异性能 F_k与磁弹性能、应力能 F_σ、退磁场能 F_d(铁磁体与其自身的退磁场之间的相互作用能)和外磁场能 F_H(铁磁体与外磁场之间的相互作用能)。

(1) 外磁场能。

磁体在外磁场中的受力分析如图7.9所示。在外磁场作用下磁体由于本身的磁偶极矩J_m与H间的相互作用，产生一力矩

$$L=-Fl\sin\theta(\text{逆时针方向为正}) \quad (7-35)$$

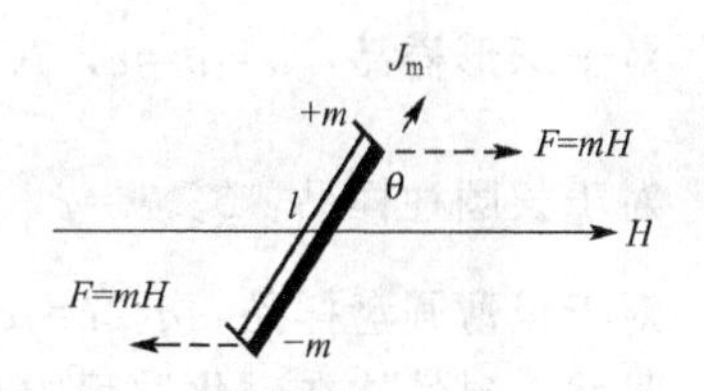

图7.9 磁体在外磁场中的受力分析

$\theta=0$，L最小，处于稳定状态；$\theta\neq0$，不稳定，会使磁体转到与H方向一致，这就要做功，相当于使磁体在H中位能降低。设磁体在L的作用下转角为$d\theta$，所做的功为u，则有

$$u=-\int L d\theta \quad (7-36)$$

因此磁体在磁场中位能为

$$u=-mlH\cos\theta=-j_m H\cos\theta \quad (7-37)$$

当引入磁化强度M时，上述公式变为磁体在外磁场作用下的单位体积的外磁场能

$$F_H=-\mu_0 J_m H\cos\theta \quad (7-38)$$

由上式可知，外场对磁化强度的取向有重要作用，所以外磁场能是各向异性的。$H=0$时，$F=0$，铁磁体处于宏观退磁状态，对外不显示磁性，此时铁磁体内部的M分布完全受其他能量，如磁晶各向异性能、应力各向异性能、交换能以及退磁场能的最小值条件决定。当$H\neq0$时，铁磁体被磁化，宏观上显示出磁性，所以外磁场是铁磁体磁化的动力。

(2) 退磁场能。

被磁化的非闭合磁体将在磁体两端产生磁荷，如果磁性体内部磁化不均匀，还将产生体磁荷，面磁荷和体磁荷都会在磁性体内部产生磁场，其方向和磁化强度方向相反，有减弱磁化的作用，我们称这一磁场为退磁场H_d，如图7.10所示。

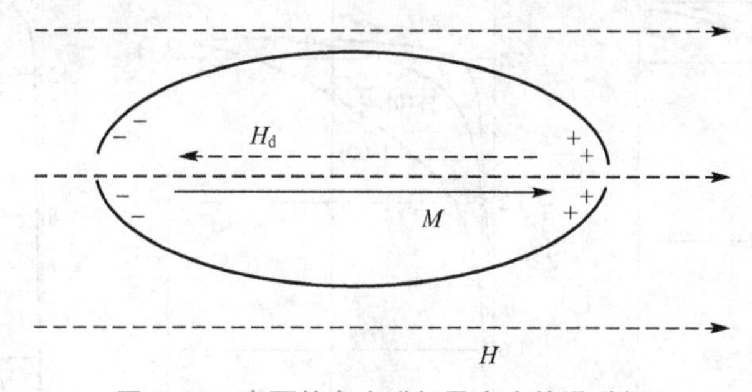

图7.10 表面的自由磁极及产生的退磁场

若磁性体磁化是均匀的，则退磁场也是均匀的，可以表示为

$$H_d=-NM \quad (7-39)$$

式中，N为退磁因子，它的大小与M无关，只依赖于样品的几何形状和大小。

对于形状规则的样品，N由样品的几何形状和大小来决定。对于一个椭球样品，在直角坐标系中，磁化强度在3个主轴方向上的分量为M_x、M_y、M_z，则H_d在3个主轴方向上的分量可表示为

$$\begin{cases}H_{dx}=-N_x M_x\\H_{dy}=-N_y M_y\\H_{dz}=-N_z M_z\end{cases}$$

则退磁因子 N 有如下关系：　　　　$N_x+N_y+N_z=1$

对于球形样品：$a=b=c$，$N_x=N_y=N_z=N_0=\frac{1}{3}$

对于长圆柱样品：$a\geqslant b=c$，$N_x=0$，$N_y=N_z=\frac{1}{2}$

对于极薄圆盘样品：$a\leqslant b=c$，$N_x=1$，$N_y=N_z=0$

显然，磁性体在磁化过程中，也将受到自身退磁场的作用，产生退磁场能，它是在磁化强度逐步增加的过程中逐步积累起来的，单位体积内退磁场能

$$F_d=-\int_0^M \mu_0 H_d \mathrm{d}M=\frac{\mu_0 NM^2}{2} \qquad (7-40)$$

对于上式，应说明以下几点。

① 适用条件：材料内部均匀一致，在均匀外场中被均匀磁化。

② 形状不同，N 不同，F_d也不同，则 F_d是形状各向异性。

③ 对磁化均匀的磁体，若已知 N 和 M，就可求出 F_d。

2. *磁晶各向异性*

(1) 磁晶各向异性的宏观描述。

Fe、Co、Ni单晶的磁化曲线如图 7.11、图 7.12 和图 7.13 所示。3 种单晶体沿不同晶轴方向磁化可以得到不同的磁化曲线，这是铁磁体单晶的一种普遍属性，而且沿不同的晶轴方向磁化到饱和的难易程度相差甚大。实际上在磁性材料中，自发磁化强度总是处于一个或几个特定方向，该方向称为易轴。当施加外场时，磁化强度才能从易轴方向转出，此现象称为磁晶各向异性。

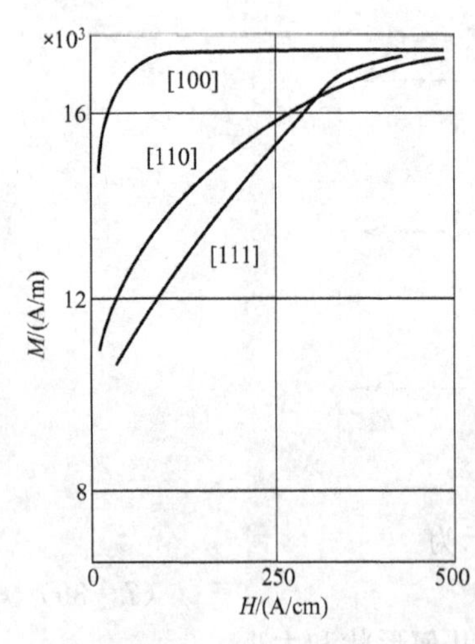

图 7.11　Fe 单晶的磁化曲线

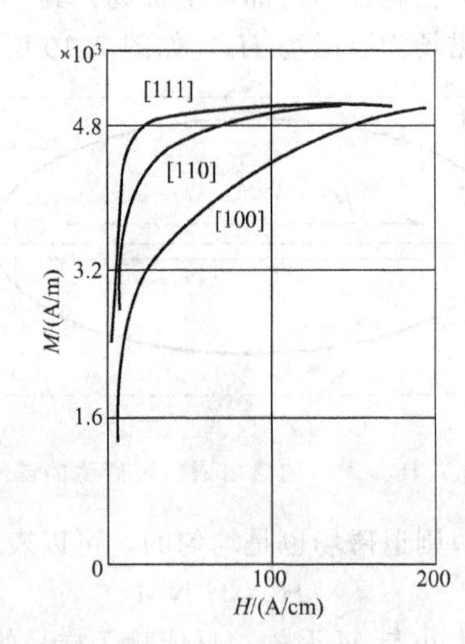

图 7.12　Ni 单晶的磁化曲线

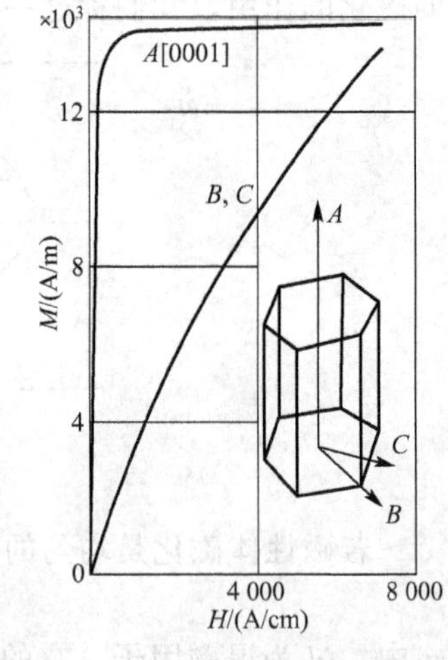

图 7.13　Co 单晶的磁化曲线

易磁化方向与难磁化方向：易磁化方向是能量最低的方向，所以自发磁化形成磁畴的磁矩取这些方向，在较弱的 H 下，磁化就很强甚至饱和。

易磁化轴与难磁化轴：

Fe：易轴 [100]，难轴 [111]

Ni：易轴 [111]，难轴 [100]

Co：易轴［0001］，难轴［1010］

(2) 磁晶各向异性能。

饱和磁化强度矢量在铁磁体中取不同方向而改变的能称为磁晶各向异性能。它只与磁化强度矢量在晶体中相对的取向有关。在易磁化轴上，磁晶各向异性能最小。

磁晶各向异性常数用以表示单晶体磁各向异性的强弱。对于立方晶体，定义为：单位体积的铁磁体沿［111］轴与沿［100］轴饱和磁化所耗费的能量差。

1933年，阿库诺夫首先从晶体的对称性出发将磁晶各向异性能用磁化矢量的方向余弦表示出来。

$$F_k = f(\alpha_i) \tag{7-41}$$

由于晶体的宏观对称性，当 M_s 处于晶体对称位置时 α_i 可能改变符号，但 F_k 在对称位置不变。设 α_1、α_2 和 α_3 分别是磁化强度与立方晶体的3个晶轴方向的余弦，如图7.14所示，即 $\alpha_1=\cos\theta_1$、$\alpha_2=\cos\theta_2$ 和 $\alpha_3=\cos\theta_3$，将立方晶体(Fe、Ni尖晶石)的磁晶各向异性能按泰勒级数展开，并用晶体的对称性和三角函数的关系式演算，可得磁晶各向异性能 F_k 表达式为

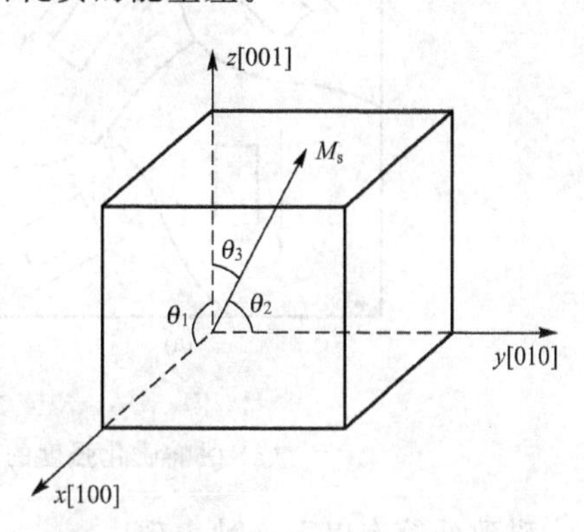

图7.14 立方晶体中 M_s 相对于晶轴的取向

$$F_k = K_1(\alpha_1^2\alpha_2^2+\alpha_2^2\alpha_3^2+\alpha_3^2\alpha_1^2)+K_2(\alpha_1^2\alpha_2^2\alpha_3^2) \tag{7-42}$$

式中，K_1、K_2 为磁晶各向异性常数，是磁性材料特性参数之一，其大小表征磁性材料沿不同方向磁化至饱和时磁化功的差异。通过上式就可以求出几个特征方向的各向异性能。

［100］：$\alpha_1=1 \quad \alpha_2=\alpha_3=0 \quad F_k=0$

［110］：$\alpha_1=0 \quad \alpha_2=\alpha_3=\dfrac{1}{\sqrt{2}} \quad F_k=\dfrac{K_1}{4}$

［111］：$\alpha_1=\alpha_2=\alpha_3=\dfrac{1}{\sqrt{3}} \quad F_k=\dfrac{K_1}{3}+\dfrac{2K_2}{27}$

例如：Fe：$K_1=4.72\times10^4\,\text{J/m}^3$， $K_2=7.5\times10^2\,\text{J/m}^3$

Ni：$K_1=5.7\times10^3\,\text{J/m}^3$， $K_2=2.3\times10^3\,\text{J/m}^3$

所以对于铁来说［100］是易极化方向；对于镍来说［111］是易极化方向。

3. *磁致伸缩*

铁磁性物质的形状在磁化过程中发生改变的现象叫磁致伸缩。通常用磁致伸缩系数 $\lambda=\dfrac{\delta\cdot l}{l}$ 来描述铁磁体尺寸大小的相对变化，它的取值一般比较小，范围在 $10^{-6}\sim10^{-5}$ 之间。虽然磁致伸缩引起的形变比较小，但它在控制磁畴结构和技术磁化过程中，仍是一个很重要的因素。

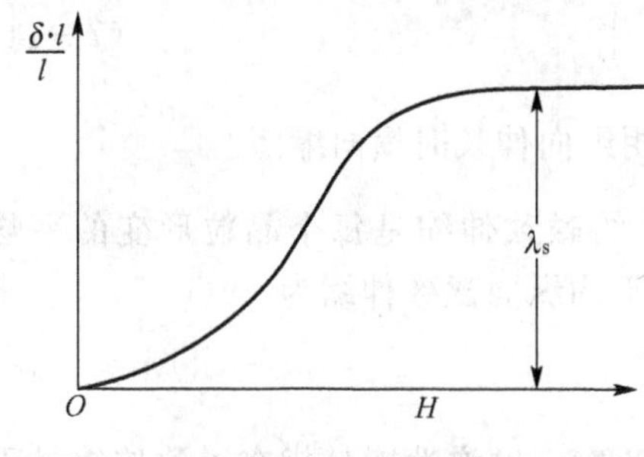

图7.15 磁致伸缩与外加磁场的关系

磁致伸缩系数 $\lambda=\dfrac{\delta\cdot l}{l}$ 随外磁场增加而变化，最终达到饱和，这时的磁致伸缩系数称为饱和磁致伸缩系数 λ_s，如图7.15所示。产生这种行为的原

因是材料中磁畴在外场作用下发生了变化。每个磁畴内的晶格沿磁畴的磁化强度方向产生自发的形变，且应变轴随着磁畴磁化强度的转动而转动，从而导致样品整体上的形变，如图 7.16 所示。

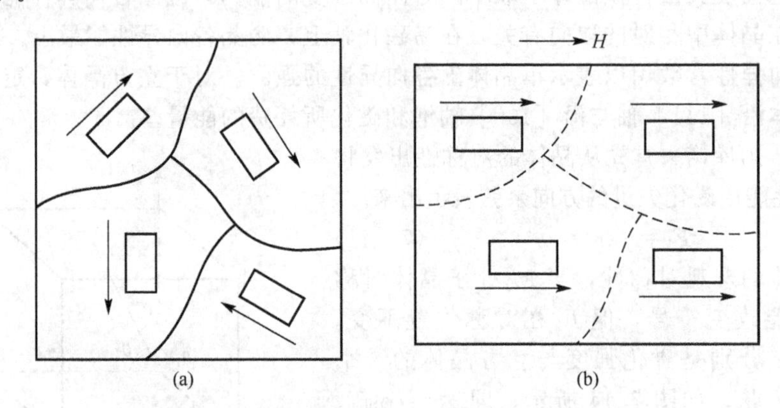

图 7.16　应变轴随磁畴磁化强度的转动而转动

(a) 磁畴磁化强度的转动；(b) 伴随着自发应变轴的转动

磁致伸缩有以下 3 种表现。

沿外磁场方向(磁化方向)磁体尺寸的相对变化称为纵向磁致伸缩。垂直于外磁场方向磁体尺寸的相对变化称为横向磁致伸缩。磁体磁化时其体积的相对变化$\frac{\Delta V}{V}$称为体积磁致伸缩，在磁化过程中体积磁致伸缩一般很小，约为 10^{-10}，可以忽略。

纵向和横向磁致伸缩又称为线性磁致伸缩，只是磁化过程中的线度变化。除特别说明以外，我们讨论的磁致伸缩是指线性磁致伸缩。

反过来，通过对材料施加拉应力或压缩应力，材料尺寸的变化也会引起材料磁性能的变化，即所谓压磁效应。它是磁致伸缩的逆效应。

根据单晶体的各向异性和对称性，可以得出立方晶系的磁致伸缩系数的表达式。

$$\lambda_s=\frac{3}{2}\lambda_{100}\left(\alpha_1^2\beta_1^2+\alpha_2^2\beta_2^2+\alpha_3^2\beta_3^2-\frac{1}{3}\right)+3\lambda_{111}(\alpha_1\alpha_2\beta_1\beta_2+\alpha_2\alpha_3\beta_2\beta_3+\alpha_3\alpha_1\beta_3\beta_1) \tag{7-43}$$

式中，磁化强度方向(α_1、α_2、α_3)，测量方向(β_1、β_2、β_3)分别是与晶体 3 个晶轴夹角的方向余弦；λ_{100}和 λ_{111}分别是沿［100］和［111］晶轴方向的饱和磁致伸缩系数。

在各向同性或者多晶情形下，令测量方向和磁化方向夹角为 θ 时，$\lambda_{100}=\lambda_{111}=\lambda_0$，式(7-43)可以表示为

$$\lambda_s=\lambda_0\frac{3}{2}\left(\cos^2\theta-\frac{1}{3}\right) \tag{7-44}$$

例如：当 $\theta=0$，$\lambda_s=\lambda_0$；$\theta=\frac{\pi}{2}$，$\lambda_s=-\lambda_0/2$，说明纵向伸长时横向缩短。

对于多晶材料的磁致伸缩是各向同性的，因为总的磁致伸缩是每个晶粒形变的平均值。即使 $\lambda_{100}\neq\lambda_{111}$，对不同晶粒取向求平均，也可得平均纵向磁致伸缩为

$$\bar{\lambda}=\frac{2}{5}\lambda_{100}+\frac{3}{5}\lambda_{111} \tag{7-45}$$

除此之外，铁磁体在磁化过程中还会有磁弹性能产生，磁弹性能是指在磁致伸缩过程中磁性与弹性之间的耦合作用能。分析表明，计入磁致伸缩后，在对形变张量只取线性项

的近似情况下，磁晶各向异性能的形式并未发生变化，所变化的仅是各向异性常数的数值。

当铁磁晶体受到外应力作用或其内部存在内应力时，还将产生由应力引起的形变，从而出现应力能 F_σ，立方晶系磁致伸缩各向同性的情形，应力能 F_σ 为

$$F_\sigma = -\frac{3}{2}\lambda_s\sigma\cos^2\theta \tag{7-46}$$

式中，σ 是应力；θ 是磁化方向和应力方向的夹角。

需要指出，应力能比磁弹性能大得多，在计算磁体总能量的过程中，式(7-45)经常要用到，对于张力(拉力)，σ 取正值，对于压力，σ 取负值。

7.6.4 畴壁与磁畴结构

铁磁性物质的基本特征是物质内部存在自发磁化与磁畴结构。1907年，Weiss 在“分子场”理论的假设中，最早提出磁畴的假说，而磁畴结构的理论是 Landon—Lifshits 在1935年考虑了静磁能的相互作用后首先提出的。磁畴理论已成为现代磁化理论的主要理论基础。

1. 磁畴形成的原因

7.6.3小节中已经谈到铁磁体内有5种相互作用能：F_H、F_d、F_{ex}、F_k 和 F_σ，根据热力学平衡原理，稳定的磁状态其总自由能必定极小。产生磁畴也就是 M_s 平衡分布要满足此条件的结果。

若无外磁场与应力作用时，M_s 应分布在由 F_d、F_{ex} 和 F_k 三者所决定的总自由能极小的方向。F_{ex} 使磁体内自发磁化至饱和，而自发磁化的方向是由 F_k 决定的最易磁化方向。由此可见 F_{ex} 和 F_k 只是决定了磁畴内 M_s 矢量的大小以及磁畴在磁体内的分布取向，而不是形成磁畴的原因。由于铁磁体有一定的几何尺寸，M_s 的一致均匀分布必将导致表面磁极的出现而产生 H_d，从而使总能量增大，不再处于能量极小的状态，因此必须降低 F_d。只有改变其 M_s 矢量分布方向形成多磁畴才能使 F_d 降低，因此，F_d 才是使有限尺寸的磁体形成多畴结构的最根本原因。例如，对一个单轴各向异性的钴单晶，图7.17(a)中整个晶体均匀磁化，退磁场能最大[如果设 $M_s \approx 10^3$ Gs(10^4 Gs$=1$T)，则退磁场能$\approx 10^6$ erg/cm^3 (1erg/cm^3$=0.1$J/m^3)]；从能量的观点出发，分为两个或4个平行反向的自发磁化的区域，

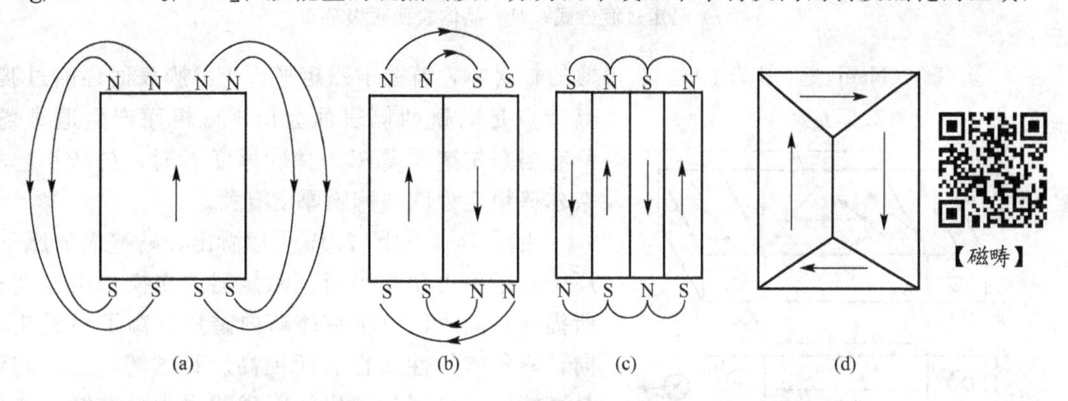

图7.17 单轴晶体磁畴的形成

(a) 整个晶体均匀磁化；(b) 两个平行反向的自发磁化区域；(c) 4个平行反向的自发磁化区域；(d) 封闭畴

如图 7.17 (b)、图 7.17(c)所示，这可以大大减少退磁场能；如果分为 n 个区域(即 n 个磁畴)，能量约可减少 $1/n$，但是两个相邻磁畴间畴壁的存在又增加了一部分畴壁能。因此，自发磁化区域(磁畴)的形成不可能是无限的，而是以畴壁能与退磁场能之和达到极小值为条件。形成图 7.17(d)所示的封闭畴，进一步降低退磁能，但是，封闭畴中的磁化强度方向垂直单轴各向异性方向，这样将增加各向异性能。因此，产生的磁畴决定了整个系统自由能最小。

2. *磁畴壁*

(1) 按畴壁两侧磁矩方向的差别分。

① 磁体中每一个易磁化轴上有两个相反的易磁化方向，若相邻二磁畴的磁化方向恰好相反，则其之间的畴壁即为 180°畴壁。

② 立方晶体中 $K_1>0$，易磁化方向相互垂直，相邻磁畴的磁化方向也可能垂直，这样的结构为 90°畴壁。$K_1<0$，易磁化方向在 [111] 方向，两个这样的方向相交 109°或 71°，此时，两个相邻磁畴的方向可能相差 109°或 71°(与 90°相差不远)，这样的畴壁也称为 90°畴壁。

(2) 按畴壁中磁矩转向的方式分。

① 布洛赫(Bloch)壁(图 7.18)。磁矩过渡方式始终保持平行于畴壁平面，其特点是在畴壁面上无自由磁极出现，故畴壁上不会产生 H_d，也能保持畴壁能密度 γ_ω(畴壁单位面积的能量)极小，晶体上下表面却会出现磁极。对大块晶体材料而言，因尺寸大，表面 F_d 极小。

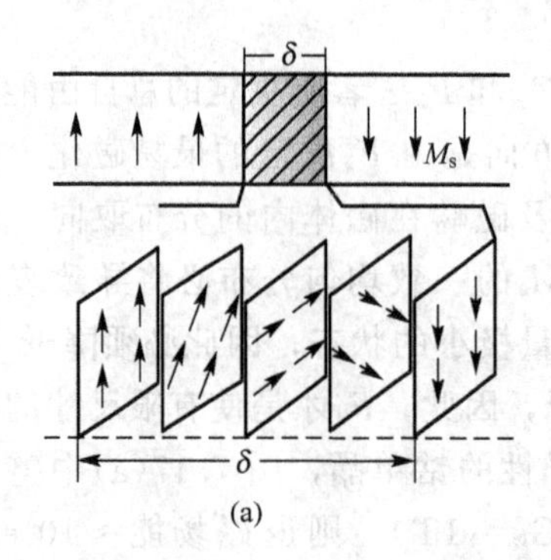

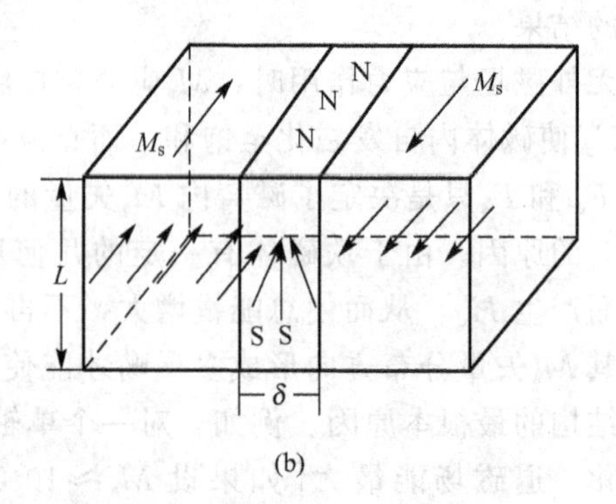

图 7.18 布洛赫(Bloch)壁

(a) 磁矩过渡方式；(b) 晶体表面磁极分布

② 奈尔(Neel)壁(图 7.19)。在很薄的材料中，畴壁中磁矩平行于薄膜表面逐渐过渡。其特点是畴壁两侧表面会出现磁极而产生退磁场，只有当奈尔壁厚度 $\delta \gg$ 薄膜厚度 L 时，F_d 较小。故奈尔壁稳定程度与薄膜厚度有关。

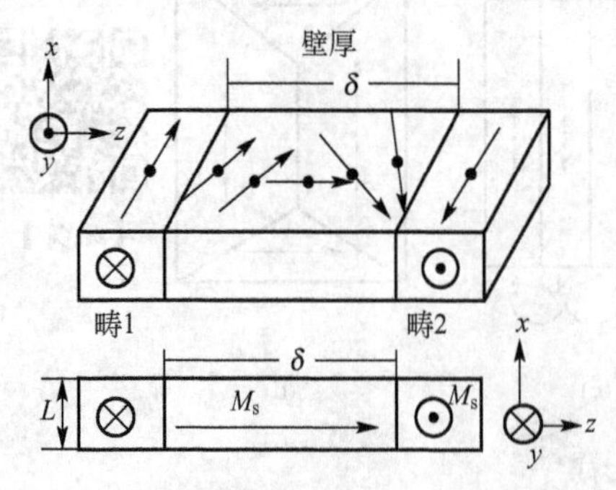

图 7.19 奈尔壁中磁矩过渡方式

由图 7.18 和图 7.19 可以看出，畴壁内的原子、原子磁矩不再相互平行，磁矩间的交换作用能就有所提高；同时，由于在磁畴内磁矩偏离了易磁化方向，磁各向异性能也有所提高。和磁畴内比，畴壁是高能区，这部分高出的能量称之为畴壁能。如果把交换作用能、应力各向异性和磁晶各向异性一起考虑，可以得出总能量最小时的畴壁能 γ_ω 和畴壁厚度 δ 的表达式。

$$\gamma_\omega = 2\pi\sqrt{A_1\left(K_1 + \frac{3}{2}\lambda_s\sigma\right)} \tag{7-47}$$

$$\delta = \pi\sqrt{\frac{A_1}{K_1 + \frac{3}{2}\lambda_s\sigma}} \tag{7-48}$$

式中，$A_1 = \frac{AS^2}{a}$，a 为点阵常数，S 为相邻原子间的自旋角动量。

3. 磁畴结构

(1) 均匀铁磁体的磁畴结构。

完整的理想晶体称为均匀铁磁体，其内部磁畴结构通常表现为排列整齐且均匀分布于晶体内各个易磁化轴的方向上。

磁畴结构：片型畴、封闭畴(闭流畴)、表面畴。

① 片型畴：样品内的磁畴为片型，相邻两畴的 M_s 成180°角，如图7.17(b)、图7.17(c)所示。

② 封闭畴：样品端面上出现了三角形磁畴，封闭了主畴的两端，如图7.17(d)所示。

③ 表面畴：为降低晶体表面总的退磁场能，将会在晶体表面出现各种各样的表面精细畴结构或附加次级畴。表面畴的形成与分布和晶体表面取向有关，故其形式较为复杂。

(2) 非均匀铁磁体的磁畴结构。

非均匀铁磁体的磁结构受材料内部存在的不均匀性分布及其引起的内部退磁场作用的影响，其主畴结构虽然与均匀体一样也与样品形状有关，但主要还是受不均匀性的影响。

① 掺杂与空隙(空穴)对畴壁的影响。

可以通过计算图7.20和图7.21两种情况下产生退磁场能的大小来分析其稳定状态。很明显，两种情况下磁畴经过掺杂物或空隙的面积小于磁畴在掺杂物或空隙附近的面积，所以前者的退磁场能小于后者，亦即前者的能量处于更稳定的状态。要将畴壁从横跨掺杂物或空隙位置挪开必须外磁场做功，所以材料总掺杂物或空隙越多，畴壁磁化越困难，材料磁导率 μ 越低(比如铁氧体的 μ 很大程度上取决于内部结构的均匀性、掺杂物与空隙的多少)。

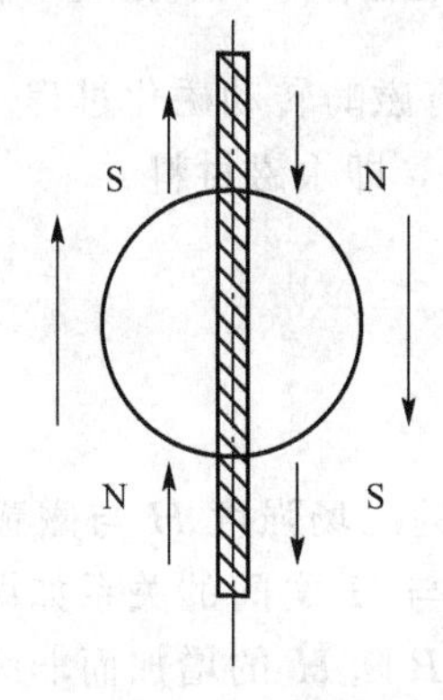

图7.20 畴壁经过掺杂物或空隙

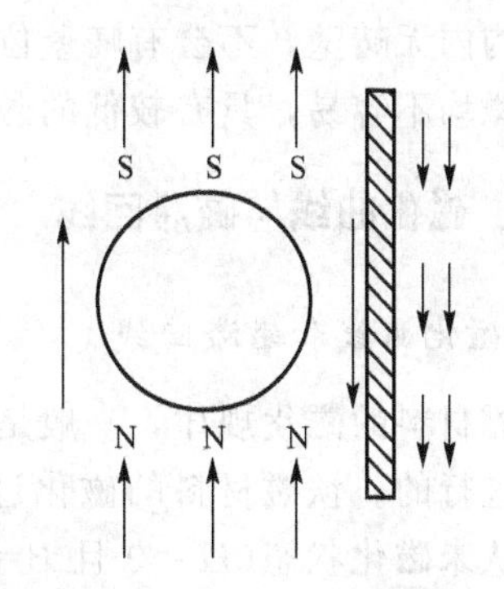

图7.21 畴壁在掺杂物或空隙附近

② 多晶体的磁畴结构。

多晶体中，晶粒的方向是杂乱的，通常每一晶粒中有多个磁畴(也有一个磁畴跨越两个晶粒的)，他们的大小与结构同晶粒的大小有关。在同一晶粒内，各磁畴的磁化方向有一定关系，但在不同晶粒之间由于易磁化轴方向的不同，磁畴的磁化方向就没有一定的关系。就整块材料而言，磁畴有各种方向，材料对外显示各向同性。

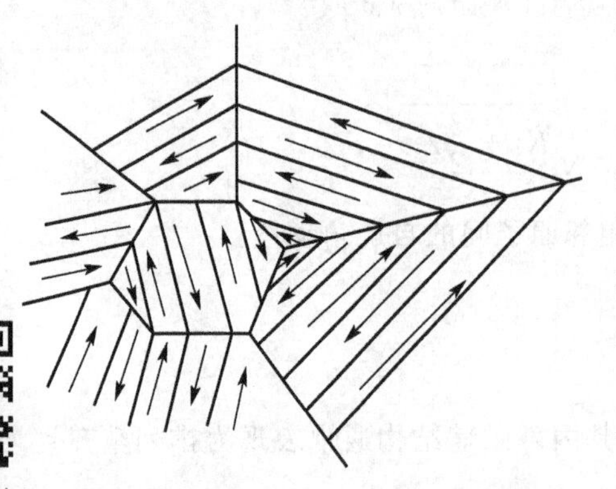

【多晶中磁畴的分布】

图 7.22　多晶中磁畴的分布

多晶体中磁畴结构的稳定状态是相邻晶粒中磁畴取向尽可能使晶界面上少出现自由磁荷，使退磁场能极小(图 7.22)。由图可见，跨过晶粒边界时，磁化方向虽转了一个角度，磁力线大多仍是连续的，这样晶粒边界上出现的磁荷极少。

(3) 单磁结构。

有些材料是由很小的颗粒组成的。若颗粒足够小，整个颗粒可以在一个方向自发磁化到饱和，成为一个磁畴，这样的小颗粒称为单畴结构。对于不同的材料有不同的临界值，在临界值以上的颗粒出现多畴，在临界值以下的颗粒出现单畴。临界尺寸是单畴与其他畴结构的分界点。因此，这个尺寸的能量既可按单畴结构计算，如图 7.23(a)所示，也可按图 7.23(b)、图 7.23(c)之一来计算，只是在临界尺寸时，两种结构的能量应该相等，由此可推算出球形颗粒的临界半径。

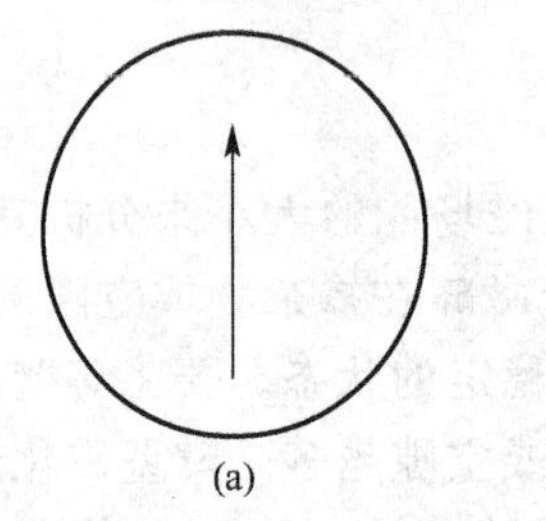

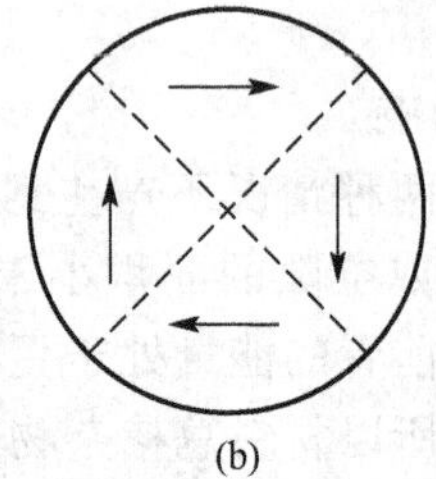

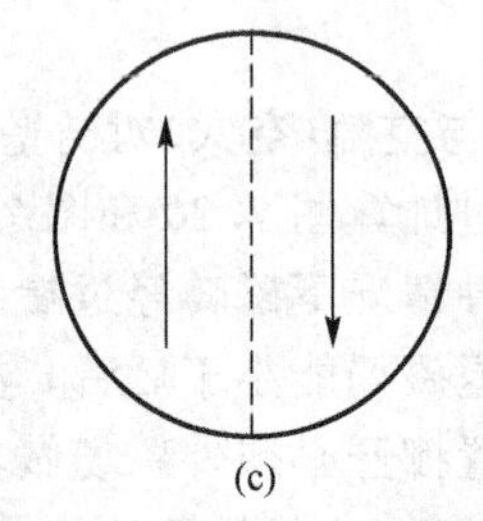

图 7.23　立方单晶铁磁体球状颗粒

(a) 单畴结构；(b) 磁晶各向异性较强的立方晶体；(c) 磁晶各向异性较强的单轴晶体

单畴结构内无畴壁，不会有畴壁位移磁化过程，只有磁畴转动磁化过程。这样的材料其磁化与退磁均不容易，具有较低的磁导率与较高的 H_d，即永磁材料。

7.6.5　磁化曲线与磁滞回线

1. 初始磁化曲线和磁滞回线

研究铁磁材料的磁化规律，一般是通过测量磁化场的磁场强度 H 与磁感应强度 B 之间的关系来进行的。铁磁材料的磁化过程非常复杂，B 与 H 之间的关系如图 7.24 所示。当铁磁材料从未磁化状态($H=0$ 且 $B=0$)开始磁化时，B 随 H 的增加而非线性增加。当 H 增大到一定值 H_m后，B 增加十分缓慢或基本不再增加，这时磁化达到饱和状态，称为

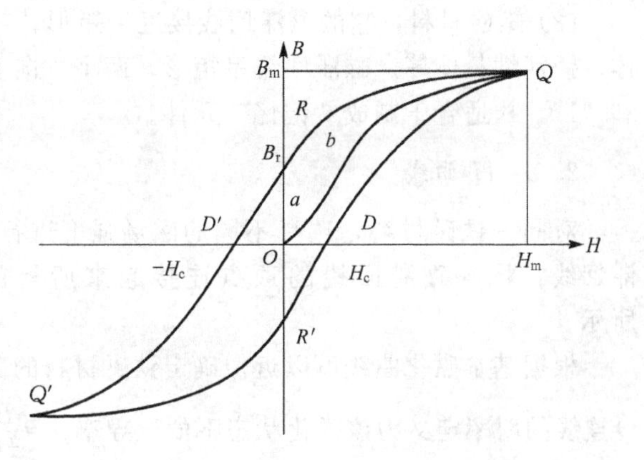

图 7.24 初始磁化曲线和磁滞回线

磁饱和。达到磁饱和时的 H_m 和 B_m 分别称为饱和磁场强度和饱和磁感应强度(对应图 7.24 中的 Q 点)。$B-H$ 曲线 $OabQ$ 称为初始磁化曲线。当 H 从 Q 点减小时，B 也随之减小，但不沿原曲线返回，而是沿另一曲线 QRD' 下降。当 H 逐步较小至 0 时，B 不为 0，而是 B_r，说明铁磁材料中仍然保留一定的磁性，这种现象称为磁滞效应。B_r 称为剩余磁感应强度，简称剩磁。要消除剩磁，必须加一反向的磁场，直到反向磁场强度 $H=-H_c$，B 才恢复为 0，H_c 称为矫顽力。继续反向增加 H，曲线达到反向饱和(Q' 点)，对应的饱和磁场强度为 $-H_m$，饱和磁感应强度为 $-B_m$。再正向增大 H，曲线经过 D 点回到起点 Q。从铁磁材料的磁化过程可知，当磁化场 H 按 $H_m \to 0 \to -H_c \to -H_m \to 0 \to H_c \to H_m$ 依次变化时，B 所经历的相应变化依次为 $B_m \to B_r \to 0 \to -B_m \to -B_r \to 0 \to B_m$，这一过程形成的闭合 $B-H$ 曲线称为磁滞回线。采用直流励磁电流产生磁化场对材料样品反复磁化测出的磁滞回线称为静态(直流)磁滞回线；采用交变励磁电流产生磁化场对材料样品反复磁化测出的磁滞回线称为动态(交流)磁滞回线。

不同的铁磁材料具有不同形状的磁滞回线，按矫顽力的大小，铁磁材料可分为以下几种。

(1) 软磁材料：μ_r 大，易磁化、易退磁(起始磁化率大)，饱和磁感应强度大，矫顽力(H_c)小，磁滞回线的面积窄而长，损耗小($H\mathrm{d}B$ 面积小)，如图 7.25(a)所示，如纯铁、硅钢、坡莫合金(Fe，Ni)和铁氧体等，适用于继电器、电机以及各种高频电磁元件的磁芯、磁棒。矫顽磁力很小，适合于做变压器、电动机中的铁心等。

(2) 硬磁材料：矫顽力(H_c)大(大于 10^2 A/m)，剩磁 B_r 大，磁滞回线的面积大，损耗大，如图 7.25(b)所示，如钨钢、碳钢、铝镍钴合金等。磁滞回线宽肥，磁化后可长久保持很强的磁性，适于制成磁电式电表中的永磁铁、耳机中的永久磁铁、永磁扬声器等，用在电表、收音机、扬声器中，矫顽磁力很大，常用做永磁体。

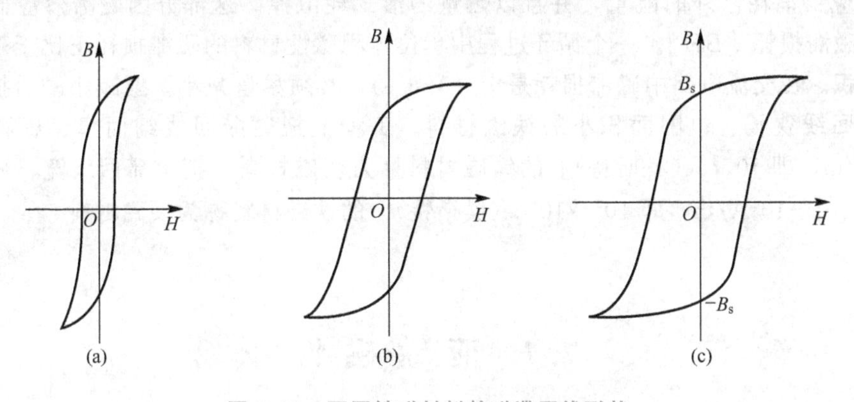

图 7.25 不同铁磁材料的磁滞回线形状

(a) 软磁材料；(b) 硬磁材料；(c) 矩磁材料

(3) 矩磁材料：它的磁滞回线接近于矩形，H_c不大，如图 7.25(c)所示，如锰镁铁氧体、锂锰铁氧体等。磁滞回线呈矩形，两个方向上的剩磁可用于表示计算机二进制的“0”和“1”，故适合于制成“记忆”元件。

2. $\mu-H$ 曲线

对同一铁磁材料，选择不同的磁场强度进行反复磁化，可得到一系列大小不同的磁滞回线，将各磁滞回线的顶点连接起来所得的曲线称为基本磁化曲线，如图 7.26 所示。

根据基本磁化曲线可以近似确定铁磁材料的磁导率 μ。从基本磁化曲线上一点到原点 O 连线的斜率定义为该磁化状态下的磁导率 $\mu=\frac{B}{H}$。由于磁化曲线不是线性的，当 H 由 0 开始增加时，μ 也逐步增加，然后达到一最大值。当 H 再增加时，由于磁感应强度达到饱和，μ 开始急剧减小。μ 随 H 的变化曲线如图 7.27 所示。磁导率 μ 非常高是铁磁材料的主要特性，也是铁磁材料用途广泛的主要原因之一。

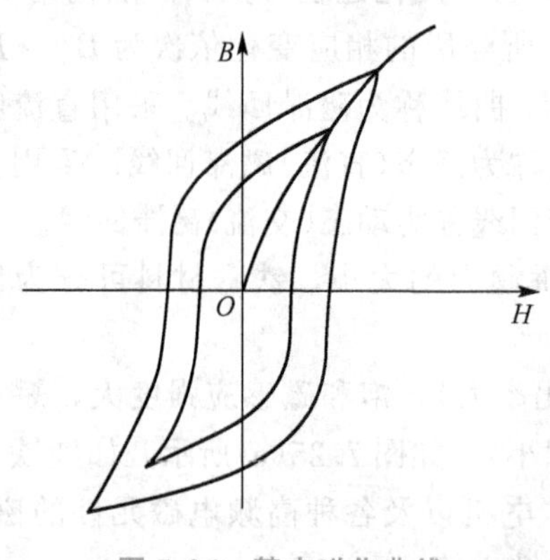

图 7.26 基本磁化曲线

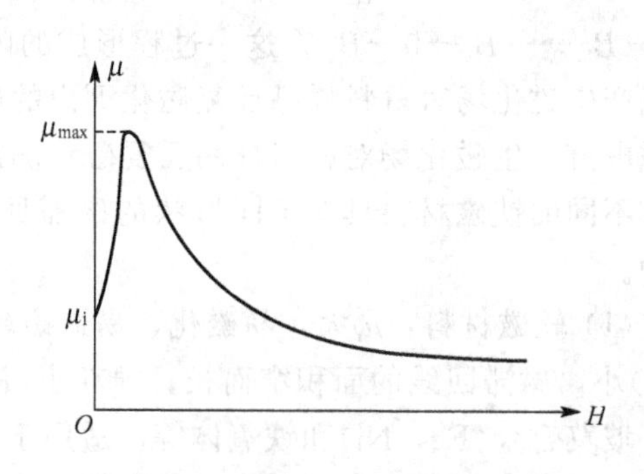

图 7.27 μ 与 H 的关系曲线

3. 磁滞损耗

当铁磁材料沿着磁滞回线经历磁化→去磁→反向磁化→反向去磁的循环过程中，由于磁滞效应要消耗额外的能量，并且以热量的形式耗散掉。这部分因磁滞效应而消耗的能量叫作磁滞损耗 [BH]。一个循环过程中单位体积磁性材料的磁滞损耗正比于磁滞回线所围的面积。在交流电路中磁滞损耗是十分有害的，必须尽量减小。要减小磁滞损耗就应选择磁滞回线狭长、包围面积小的铁磁材料。工程上把磁滞回线细而窄、矫顽力很小 [$H_c=1$A/m，即 10^{-2}oe(奥斯特)] 的铁磁材料称为软磁材料；把磁滞回线宽、矫顽力很大 [$H_c=10^4\sim10^6$A/m，即 $10^2\sim10^4$oe(奥斯特)] 的铁磁材料称为硬磁材料。

7.7 亚铁磁性

亚铁磁性材料是在 1930—1940 年被集中研究并加以应用的一类强磁性物质。科研人员为了寻找电阻率高的强磁体，陆续发现一些氧化物中也具有类似铁磁性的宏观表现(通称铁氧体)，但是却不能用铁磁性的结构模型及相关理论来解释。这些氧化物具有尖晶石结构，其分子式为$MO \cdot Fe_2O_3$，其中M代表某种二价金属，如Zn、Cd、Fe、Ni、Co和Mn等。以Fe_3O_4为例，它具有铁磁性磁化率高的特征，但其分子磁矩只有$4\mu_B$而不是预期的$14\mu_B$。除此之外，在居里温度以上，磁化率倒数随温度的变化也不同于铁磁性，具有沿温度轴方向凹下的双曲线形式，此双曲线从高温起的渐近线同温度轴相交于负的绝对温度值。

7.7.1 亚铁磁性的基本特征

亚铁磁性物质在宏观磁性上$\chi>0$，χ的数值为$1\sim10^3$。如果两组或多组次晶格的离子磁矩反平行排列，但由于离子磁矩的大小不同或磁矩反向的离子数目不同而未能使两者完全抵消，其余磁矩便不为零，因而存在自发磁化，奈尔称这种磁性为亚铁磁性。从微观磁结构上看，亚铁磁性类似于反铁磁性。从宏观磁性上看，亚铁磁性又类似于铁磁性。表现为：①$\chi>0$，并且χ的数值较大；②χ是H和T的函数并与磁化历史有关；③存在临界温度——居里温度(T_C)，当$T<T_C$时为亚铁磁性，当$T>T_C$时为顺磁性。在磁结构上，又类似于反铁磁性：近邻离子的磁矩反向。所不同的是，近邻离子的磁矩大小不同。各种类型的铁氧体材料均属于亚铁磁性物质，其中常见的有以下几种。

(1) 尖晶石型铁氧体，如Fe_3O_4、$NiFe_2O_4$等。

(2) 磁铅石型铁氧体，如$BaFe_{12}O_{19}$、$SrFe_{12}O_{19}$等。

(3) 石榴石型铁氧体，如$Y_3Fe_5O_{12}$、$Sm_3Fe_5O_{12}$等。

(4) 钙钛石型铁氧体，如$LaFeO_3$等。

7.7.2 尖晶石铁氧体的晶体结构

下面以尖晶石$MgAl_2O_4$来分析尖晶石铁氧体的晶体结构。

图7.28表示的是尖晶石$MgAl_2O_4$的晶体结构，它属于立方晶系。一个晶胞中含有8个$MgAl_2O_4$分子，共含有32个氧离子O^{2-}，16个铝离子Al^{3+}，8个镁离子Mg^{2+}。

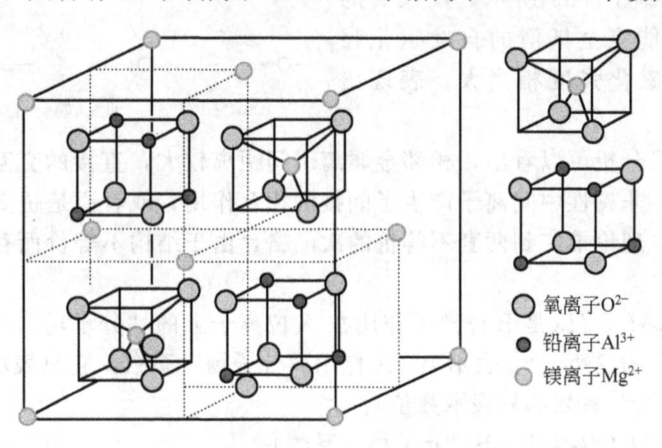

图7.28 $MgAl_2O_4$的晶体结构

尖晶石中的原子分布：一个晶胞可以分成两组 8 个小单位，相间排列，图 7.29 更清楚地表现出尖晶石中存在着两种不同的阳原子位置，32 个氧离子构成的 64 个四面体间隙(A 位)和 32 个八面体间隙(B 位)。

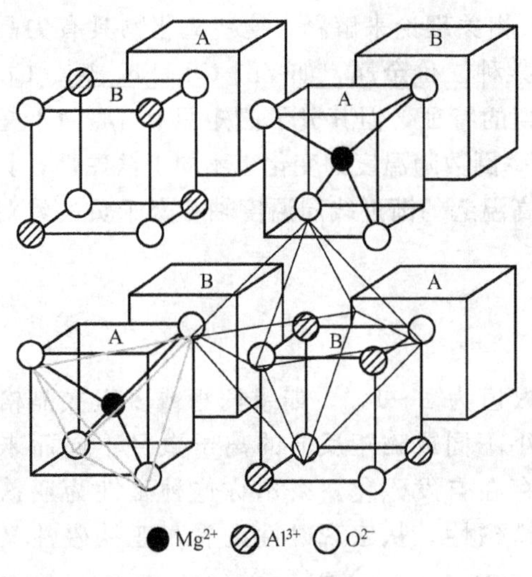

图 7.29　尖晶石铁氧体的晶体结构中的四面体和八面体(只画出前面 4 个单位的原子位置)

正尖晶石和反尖晶石结构如下。

正如上面所分析的 $MgAl_2O_4$ 尖晶石中，Mg^{2+} 和 Al^{3+} 分别占据四面体和八面体的位置，这种金属离子的分布一般可表示为：(Mg)[Al_2]O_4，式中圆括号表示 A 位，方括号表示 B 位。这种分布形式称为正尖晶石结构。还有一种形式就是，如果用 D 表示一个 +2 价的金属离子，T 表示一个 +3 价的金属离子，则有表达式：(T)[DT]O_4，这种分布形式称为反尖晶石结构。例如 Fe_3O_4 的分布是 2+ 铁离子占据了 B 位。

一般来说，正尖晶石结构的铁氧体不具有亚铁磁性。很多铁氧体是具有反尖晶石结构的磁性氧化物，其化学式可以表示为：$MO \cdot Fe_2O_3$，其中 M 代表二价阳离子，一般是 Zn、Cd、Fe、Ni、Cu、Co 和 Mg 等，例如 $MnFe_2O_4$、$FeFe_2O_4$、$CoFe_2O_4$、$NiFe_2O_4$ 和 $CuFe_2O_4$ 等。

7.7.3　奈尔亚铁磁性“分子场”理论

1948 年，奈尔根据反铁磁性“分子场”理论提出了亚铁磁性“分子场”理论，用来分析尖晶石铁氧体的自发磁化强度及其与温度的关系。在亚铁磁体中，A 和 B 次晶格由不同的磁性原子占据，而且有时由不同数目的原子占据，A 和 B 位中的磁性原子成反平行耦合，如图 7.30 所示。反铁磁的自旋排列导致未能完全抵消的自发磁化强度，这个自发的磁化强度相当大，表现出强磁性。

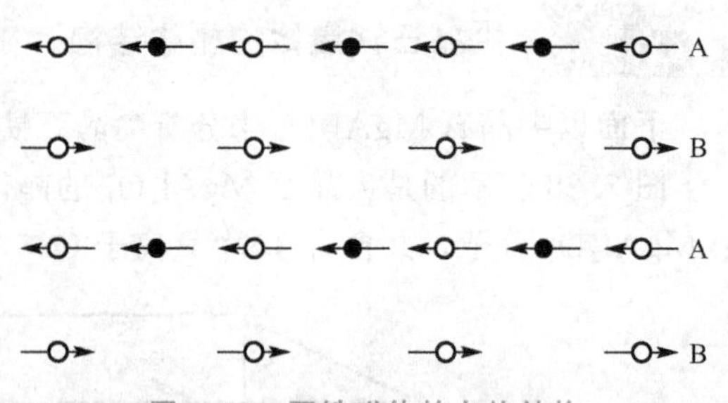

图 7.30　亚铁磁体的自旋结构

从铁氧体晶格分析可以看出，相邻金属离子间距离较大，直接的交互作用较小。相邻原子间通过氧这一非磁性中间离子产生了间接的相互作用，或者说是超交互作用。

把“分子场”理论推广到两套不等价的次晶格，由于结构不等价而存在 4 种不同的分子场。

(1) $H_{ab}=\gamma_{AB}M_b$，H_{ab} 是 B 位离子作用在 A 位离子上的“分子场”，M_b 是 B 位上一克分子磁性离子具有的磁矩，γ_{AB} 表示 B－A 作用“分子场”系数，它只表示大小而不计入方向(以下的“分子场”系数都只表示数值)。

(2) $H_{bb}=\gamma_{BB}M_b$(γ_{BB} 为 B－B“分子场”系数)。

(3) $H_{aa}=\gamma_{AA}M_a$(γ_{AA} 为 A－A“分子场”系数，M_a 为 A 位上一克分子磁性离子具

有的磁矩)。

(4) $H_{ba}=\gamma_{BA}M_a$(γ_{BA}为A-B"分子场"系数)。

由于大多数情况下,A和B位离子磁矩是反平行的,A和B位的"分子场"可表示为

$$\begin{cases}H_a=H+\gamma_{AA}M_A-\gamma_{AB}M_b\\H_b=H+\gamma_{BB}M_B-\gamma_{AB}M_a\end{cases}\tag{7-49}$$

$$令\begin{cases}\alpha=\dfrac{\gamma_{AA}}{\gamma_{AB}}\\\beta=\dfrac{\gamma_{BB}}{\gamma_{AB}}\end{cases}\tag{7-50}$$

则"分子场"可写成

$$\begin{cases}H_a=H+\gamma_{AB}(\alpha\lambda M_a-\mu M_b)\\H_b=H+\gamma_{AB}(\beta\mu M_b-\lambda M_a)\end{cases}\tag{7-51}$$

式中,λ和μ分别表示A位和B位磁性离子的比例,$\lambda+\mu=1$。式(7-50)对于$T<T_C$和$T>T_C$都适用。

1. 温度高于居里温度 $T>T_C$

在温度高于居里温度时,$\alpha\ll1$,布里渊函数展开成级数,并取第一项

$$B(\alpha)=\frac{J+1}{3J}\alpha\tag{7-52}$$

由此,式(7-51)变形为

$$\begin{cases}H_a=\dfrac{Ng^2J(J+1)\mu_B^2}{3k_BT}H_a=\dfrac{C}{T}H_a=\dfrac{C}{T}[H+\gamma_{AB}(\alpha\lambda M_a-\mu M_b)]\\H_b=\dfrac{Ng^2J(J+1)\mu_B^2}{3k_BT}H_b=\dfrac{C}{T}H_b=\dfrac{C}{T}[H+\gamma_{AB}(\beta\mu M_b-\lambda M_a)]\end{cases}\tag{7-53}$$

式中,$C=\dfrac{Ng^2J(J+1)\mu_B^2}{3k_B}$为居里常数。

当角量子数J用被自旋量子数S代替时,总磁化强度M_H可以用下式表达。

$$M_H=\lambda M_a+\mu M_b\tag{7-54}$$

因此,磁化率的表达式χ为

$$\chi_m=\frac{M}{H}=\lambda\frac{M_a}{H}+\mu\frac{M_b}{H}\tag{7-55}$$

通过运算,可以得到高于居里温度下亚铁磁性磁化率

$$\frac{1}{\chi_m}=\frac{T}{C}+\frac{1}{\chi_0}-\frac{\xi}{T-\theta}\tag{7-56}$$

式中,$\dfrac{1}{\chi_0}=C\gamma_{AB}(2\lambda\mu-\alpha\lambda^2-\beta\mu^2)$

$\theta=C\gamma_{AB}\lambda\mu(2+\alpha+\beta)$

$\zeta=C\gamma_{AB}^2\lambda\mu[\lambda(\alpha+1)-\mu(\beta+1)]^2$

这是一双曲函数,如图7.31所示,其渐近线是$\dfrac{1}{\chi_m}=\dfrac{T}{C}+\dfrac{1}{\chi_0}$,它与温度轴的交点在$\theta_p'=-\dfrac{C}{\chi_0}$处,当在高温时,式(7-56)中的最后一项可以忽略,该式还原成居里-外斯定

律，即

$$\chi_m=\frac{C}{T-\theta'_p} \tag{7-57}$$

从图 7.31 中可以看出明显的弯曲形式，在顺磁性居里温度(或亚铁磁性居里温度)θ_p处，$\frac{1}{\chi_m}=0$，说明温度由高温降至 θ_p后出现自发磁化，这也反映了与铁磁性的不同。由此，奈尔明确指出这是一类不同于铁磁性的另一类新磁性，命名为亚铁磁性。或者说 T 高于某临界值时亚铁磁性转变为顺磁性。$\frac{1}{\chi}\sim T$ 之间的关系除在居里点附近以外，亚铁磁性物质的实验结果与理论基本相符。

2. *温度低于居里温度 $T<T_C$*

根据奈尔"分子场"理论，亚铁磁性区域内，A、B 次晶格相互作用是主要的，在 0K 时，A、B 位上所有的离子磁矩 M_A与 M_B分别各自平行，但 M_A与 M_B方向相反，数量不等。

$$M=|M_A|-|M_B|$$

考虑到自发极化强度是在外场为零时的结果，亦即将式(7-52)代入式(7-30)和式(7-31)，就可以得到 A 位和 B 位两个次晶格的自发磁化强度。

$$M_{SA}=NgJ\mu_B B_J(\alpha)=M_0 B_J(\alpha_A) \tag{7-58}$$

$$M_{SB}=NgJ\mu_B B_J(\alpha)=M_0 B_J(\alpha_B) \tag{7-59}$$

$$\alpha_A=\frac{gJ\mu_B\gamma_{AB}(\alpha\lambda M_a-\mu M_b)}{k_B T} \tag{7-60}$$

$$\alpha_B=\frac{gJ\mu_B\gamma_{AB}(\beta\mu M_b-\lambda M_a)}{k_B T} \tag{7-61}$$

低于居里温度的自发磁化情况与铁磁性情况相类似，我们可以通过作图法求出两个方程一般的求解结果，如图 7.32 所示。

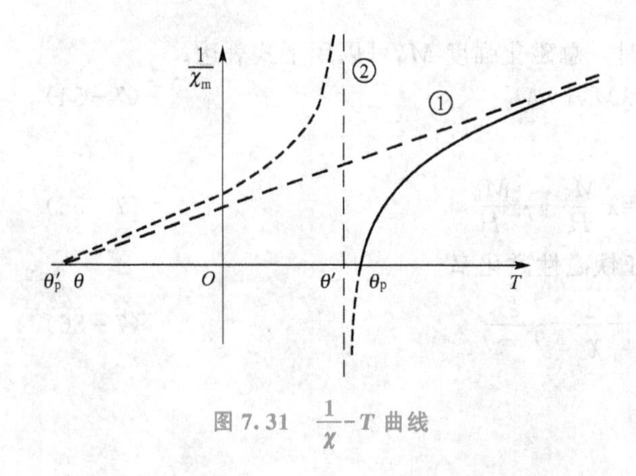

图 7.31 $\frac{1}{\chi}$-T 曲线

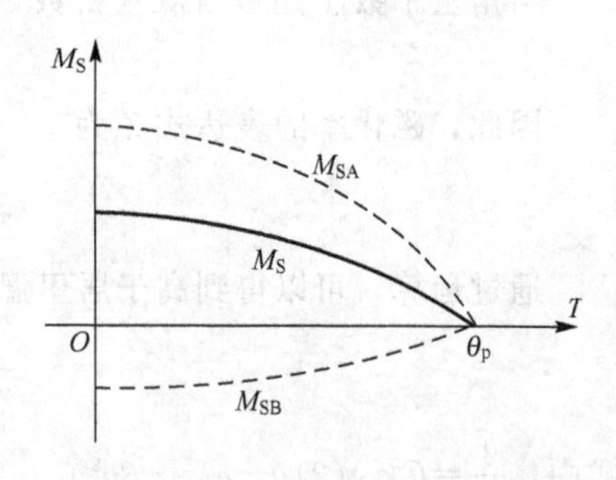

图 7.32 低于居里温度时的自发极化强度随温度变化特性

通过求解过程和求解结果可以得出以下结论。

(1) 两个次晶格有相同的居里点，即图中的 θ_p。

(2) M_S-T 曲线的类型与 γ_{AA}、γ_{BB}、λ 和 μ 有关。

(3) 亚铁磁性呈现与铁磁性相似的宏观磁性，但其自发磁化强度低。

7.8 磁性材料的应用

1. 磁性位移传感器

位移传感器由两部分组成：一部分是套有活动磁铁的测量杆；另一部分是位于测量杆上的测量电路。磁致伸缩位移传感器结构如图7.33所示。图中磁致伸缩位移传感器主要包括以下几部分：波导丝、波导管套、移动磁铁、电路板部分。测量管是整个传感器的核心部分，这一部分又包括偏置磁铁、波导丝、波导管套、末端衰减阻尼装置、非接触磁环和转换器输出等。

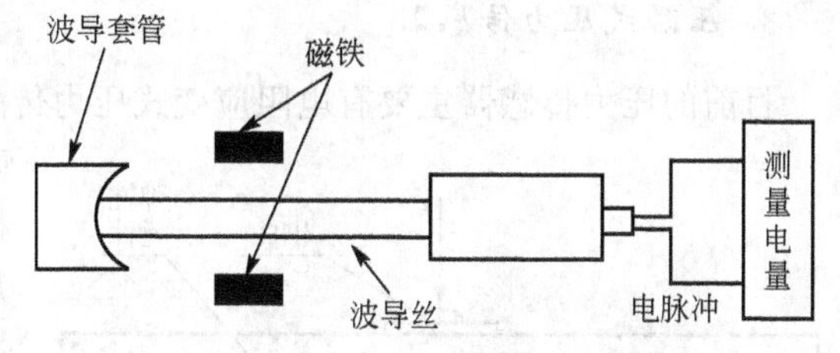

图7.33 磁致伸缩缩位移传感器结构图

磁致伸缩位移传感器的敏感元件是利用某些铁磁性物质(如Fe和Ni)在磁场作用下具有伸缩能力的特性设计而成的。通常铁镍合金的磁致伸缩效果是非常微弱的，铁镍合金磁致伸缩系数约为30，在其中掺杂稀土元素可使磁致伸缩效果有效提升。敏感元件的研制是开发传感器的关键所在。

磁致伸缩位移传感器基本结构由信号检测系统、波导套管、磁致伸缩波导丝以及内含磁铁的浮子组成。

工作时，传感头中的脉冲发生器首先在磁致伸缩波导丝上施加一个电脉冲信号，根据电磁场理论，此电脉冲同时伴随一个环型磁场以光速沿磁致伸缩波导丝向下传递。当该环形磁场遇到浮子中磁铁产生的纵向磁场时，将与之进行矢量叠加，形成一个螺旋形的磁场。当磁致伸缩材料所处的磁场发生变化时，磁致伸缩材料本身的物理尺寸也会跟着发生变化。因此当合成磁场发生变化形成螺旋形磁场时，磁致伸缩波导丝会产生伸缩变形，而沿螺旋形磁场的伸缩将导致波导丝产生扭曲形变，从而激发扭转波。该扭转波沿波导丝以超声波的形式回传到信号检测系统中的感应线圈时，将转换成横向应力。根据发射脉冲与回波信号的时间差计算活动磁铁的位置，就可得到目标位置的位移量。

2. 磁光调制器

磁光调制器利用偏振光通过磁光介质发生偏振面旋转来调制光束。磁光调制器有广泛的应用，可作为红外检测器的斩波器，可制成红外辐射高温计和高灵敏度偏振计，还可用于显示电视信号的传输、测距装置以及各种光学检测和传输系统。

磁光调制器的原理如图7.34所示，在没有调制信号时磁光材料中无外场，输出的光

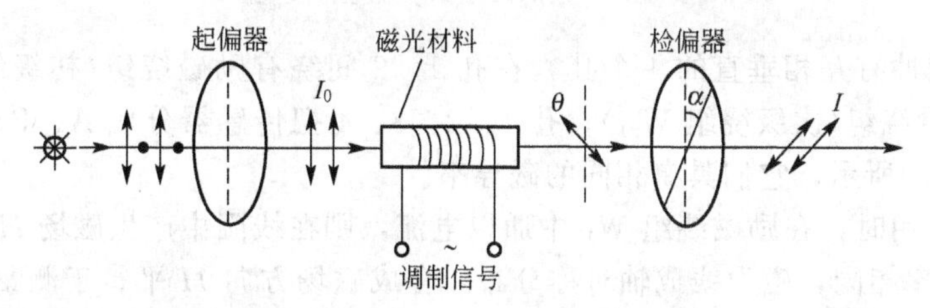

图7.34 磁光调制器原理图

强随起偏器与检偏器光轴之间的夹角 α 变化。在磁光材料外的磁化线圈加上调制的交流信号时，由此而产生的交变磁场使光的振动面发生交变旋转。由于法拉第效应，信号电流使光振动面的旋转转化成光的强度调制，出射光以强度变化的形式携带调制信息。调制信号，如转变成电信号的声音信号，经磁光调制，声信息便载于光束上，光束沿光导纤维传到远处，再经光电转换器，把光强变化转变为电信号，再经电声转换器(如扬声器)还原成声信号。

3. 压磁式压力传感器

目前的压力传感器主要有电阻应变式压力传感器和压电式压力传感器。对压磁式压力传感器的研究和开发较少。但压磁式压力传感器与上述两种压力传感器相比具有输出功率大、抗干扰能力强、寿命长、维护方便、适应恶劣工作环境等优点，特别是寿命长运行条件要求低的优点，与一般传感器相比显得更为突出。在工业领域的自动化控制系统中，压磁式压力传感器有着良好的应用前景。

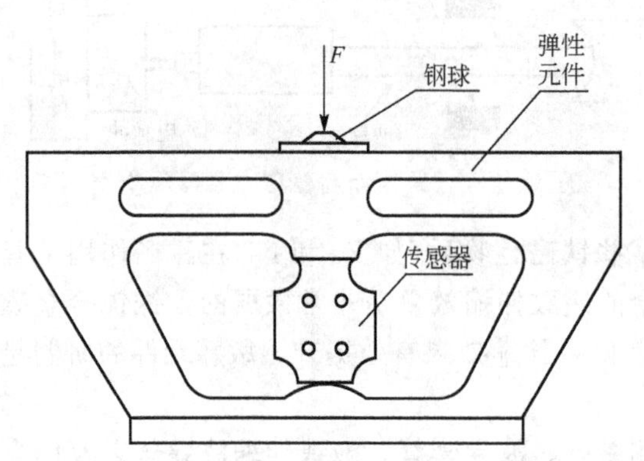

图 7.35 压磁式压力传感器的结构图

对于压磁式压力传感器，为了保证传感器具有长期稳定性和良好的重复性，必须具有合理的机械结构，图 7.35 为一种典型的压磁式压力传感器的结构图。

压磁元件是由磁性材料构成产生压磁效应的元件，目前主要采用正磁致伸缩特性的硅钢片粘叠而成，如图 7.36 所示。

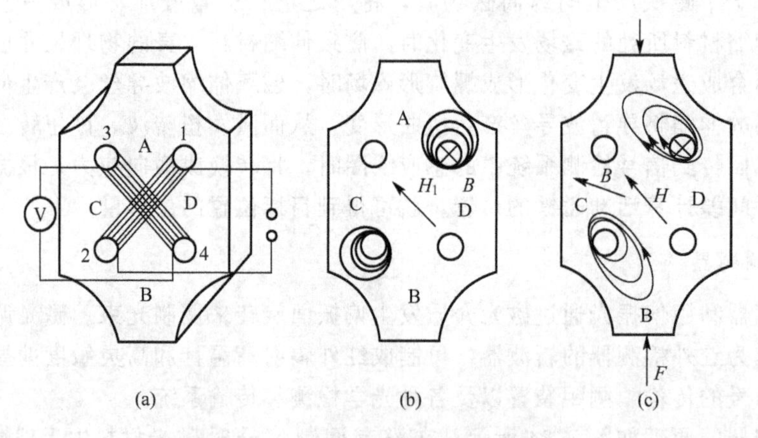

图 7.36 压磁式压力传感器原理图

在硅钢片上冲有互相垂直的 4 个孔，在孔 1、2 间绕有励磁绕组(初级绕组 W_{12})，孔 3、4 间绕有测量绕组(次级绕组 W_{34})；孔 1、2、3、4 把传感器分成 A、B、C、D 4 个部分，如图 7.36(a)所示，它们具有相同的磁导率。

在无外力作用时，在励磁绕组 W_{12} 中通以电流，则在线圈中产生磁场 H。因为 A、B、C、D 各处磁导率相同，磁力线成轴对称分布，合成磁场方向 H 平行于测量线圈绕组 W_{34} 的平面，如图 7.36(b)所示，在磁场作用下磁导体沿 H 方向磁化，磁通密度 B 与 H 取向相同，此时测量绕组无磁通通过，故不产生感应电动势。

在有外力作用时，如对传感器施加作用力 F，如图 7.36(c)所示在 A、B 区将产生很大的压应力 σ，而在 C、D 区基本处于自由状态。对于磁致伸缩材料，压应力 σ 使其磁化方向转向垂直于压力的方向，因此 A、B 区的磁导率下降，磁阻增大，而与应力垂直方向的 μ 值上升，磁阻减小，使磁通密度 B 偏向水平方向与测量绕组 W_{34} 交连，W_{34} 中将产生感应电动势 ϕ。作用力 F 越大，W_{34} 交连的磁通越多，感应电动势 ϕ 也就越大。经变换处理后，即能用电流或电压来表示被测力 F 的大小。

弹性元件由弹簧钢制成，弹性体两边的形状使力垂直作用于压磁元件上，并且要求弹性体与压磁元件的接触面有一定的平面度和表面粗糙度，同时保证给压磁元件施加一定的预压力。这样弹性体基本不承力，从而保证在长期使用过程中压磁元件的受力点作用位置不变。钢球用来保证被测力能垂直集中的作用于传感器上并具有良好的复现性。

*7.9 拓展阅读 磁性材料

1. 非晶态磁性材料

非晶态合金是指内部原子排列不存在长程有序的金属和合金，也称为金属玻璃或玻璃态合金。非晶态磁性合金指的是原子呈无长程有序排布并具有优异磁特性的合金。

所谓非晶态是相对于晶态而言的，在晶体材料中，当磁晶各向异性常数 K 和磁致伸缩系数 λ 同时趋近于零时，能得到非常大的磁导率。在非晶态合金材料中，不存在磁晶各向异性的问题，因此，只要把材料的磁致伸缩系数做到零，就可以得到高磁导率的材料。这样，只要找到那些磁致伸缩系数 λ 接近零的成分就可以获得优良的磁特性，确切地说是软磁特性。

非晶态磁性合金的关键技术是制备工艺。液态金属中的原子处于无序状态，只要将此无序状态保存到固体状态，就可获得非晶态合金。在制备时，为防止合金的有序化过程发生，往往在合金中加入能阻止晶化的元素，通常加入类金属元素 B、Si、C、P 等，其质量分数在 0.2 左右。

非晶态磁性合金有如下特性。

(1) 磁导率和矫顽力与铁镍合金基本相同，在某些情况下，其中一些指标优于铁镍合金。

(2) 电阻率比一般软磁合金材料大。

(3) 磁致伸缩特性好。

(4) 具有良好的抗腐蚀特性，机械抗拉强度好，韧性好。

(5) 容易得到比铁镍合金还要薄的薄膜。

非晶态磁性合金的问题是温度对磁的不稳定性影响比较大，高磁导率性能只是停留在铁镍合金的水平上，饱和磁感应强度比硅钢低等。

在技术上得到重要应用的非晶态磁性合金主要有过渡金属与类金属合金、稀土元素与过渡金属合金及过渡金属与过渡金属合金 3 类。

过渡金属与类金属合金由 80%的 Fe、Co 或 Ni 和 20%的 B、C、Si、P 等类金属元素所组成。按性能分为高磁导率和高饱和磁感型合金。高饱和磁感型合金主要是铁基合金，典型成分有Fe81B13.5Si3.5C2、Fe78B13Si9和Fe67Co18B14Si等，它们的磁饱和值B_s分别为1.61T、1.56T和1.80T，略低于取向硅钢片，但其铁心损耗值仅为硅钢的1/3～1/5。高磁导率型合金主要是钴基合金和铁镍基合金，典型成分有Fe40Ni38Mo4B18、Fe3.5Co71.5Mn2Si14B9和Co66Fe4Mo30等。这类合金的磁导率和矫顽力可与坡莫合金媲美，如Fe40Ni38Mo4B18的最大磁导率为939mH/m，矫顽力为0.56A/m，而电阻率和硬度则优于坡莫合金。

稀土元素与过渡族合金主要由稀土元素Gd、Tb、Dy和Co、Fe、Ni等过渡金属所组成。这类材料室温下呈现亚铁磁性，应用时多以薄膜形式出现。

过渡金属与过渡金属合金是指Fe-Zr、Co-Zr等二元合金。这类材料磁性较弱，但添加B等元素后，可以扩展非晶态的形成范围，而且呈现强铁磁性。

非晶态磁性合金的一个很重要的特征值是饱和磁致伸缩系数。所谓磁致伸缩就是磁性材料磁化时发生线度的变化，饱和磁致伸缩系数是该变化程度的量度。一般来说饱和磁致伸缩系数越小，非晶态合金的磁性能越好。例如，对过渡金属与类金属合金而言，铁基非晶态合金的饱和磁致伸缩系数值都较高，而且为正值。用镍置换铁后，饱和磁致伸缩系数值下降。钴基非晶态合金的饱和磁致伸缩系数值为负值，通过添加Fe、Mn、Ti、Cr等可以达到零值。但合金成分、饱和磁感应强度、居里温度和饱和磁致伸缩系数之间有着密切关系。如过多的镍置换铁基非晶态合金中的铁后，由于镍含量较高，居里温度和饱和磁致伸缩系数下降过多，使材料失去磁性质。

非晶态磁性合金的应用，目前在国内外都有较快的进展。根据非晶态磁性合金磁性能的不同，其可以广泛应用于电力供应、磁芯、电感元件、传感器、磁屏蔽等诸多方面。例如，用非晶态合金制作的电机可使铁心损耗降低90%左右；用非晶态合金制作的开关电源，其重量和体积可大大减小。

2. *压磁效应*

压磁效应是力学变形和磁性状态之间存在的机械能和磁能之间的转换效应，其逆效应称为磁致伸缩效应。具有此种效应的材料称为压磁材料和磁致伸缩材料。这类似于压电材料或电致伸缩材料。磁致伸缩效应早在19世纪30年代就被发现了，随着磁学研究和高技术的进展，压磁材料的种类和应用也有了很大的发展，利用压磁材料的磁致伸缩效应、磁致弹性模量变化效应、温度变化引起的热膨胀效应和弹性模量变化效应可分别制成热膨胀系数接近于零的不胀型材料和恒弹性材料。

压磁材料的主要特征值如下。

(1) 饱和磁致伸缩系数：磁场强度加到一定数值后，材料不再继续伸长或缩短时的伸缩比。

(2) 灵敏度常数：在恒定压力下单位磁场产生的磁致伸缩，或在恒定磁场作用下，单位应力产生的磁感应强度的变化。

(3) 压磁耦合系数：通常压磁耦合系数的平方表示能够转换为机械能的磁能与材料总能量之比。

目前常用的压磁材料有以下几类。

(1) 铁氧体压磁材料：主要有(Ni、M)Fe_2O_4系，(Co、M)Fe_2O_4系和(Ni、Co)

Fe_2O_4 系铁氧体等(M 为代换金属)。铁氧体压磁材料的优点是电阻率高、频率响应好、电声效率高，其缺点是因为存在一定的空隙率，使得材料不能承受高的辐射功率，要比金属压磁材料低一个数量级。

(2) 金属压磁材料：主要有 Fe－Co－V 系、Fe－Al 系、Fe－Ni 系和 Ni－Co 系等合金。金属压磁材料的特点是饱和磁化强度较高，可承受大功率，但电阻低，不适用于高频率。

(3) 非晶态合金压磁材料：主要有 Fe－B 系非晶态磁膜和 Er－Fe－B 系非晶态合金。

压磁材料主要应用于超声和水声器件、电子计算机和自动控制器件、电讯器件、测量器件和微波器件，近年来又应用于智能系统中。

3. 高性能磁性材料

(1) 超薄晶粒取向硅钢片：用三步轧制法制得的厚度为 100μm、[110]、[001] 取向、3%Si 的硅钢片，其 B_s(H：800A/m)达到 1.9T，H_C＜4A/m，1.5T、50Hz 时的铁损 W(15/50)为 0.53W/kg(外加张力 20MPa 时)，这比 300μm 晶粒取向硅钢片降低 37%～50%，而且其具有显著的磁电阻抗效应，在 100Hz 频率下，其磁电阻抗率可高达 360%。

(2) 巨磁致伸缩材料。巨磁致伸缩效应最早是在 $TbFe_2$ 系稀土材料中发现的，其磁致伸缩系数可高达 10^{-4}～10^{-3}，最近又在(Tb、Dy)Zn 系中观察到，$Tb_{0.6}Dy_{0.4}Zn$ 单晶体在 77K 的磁致伸缩系数为 5×10^{-3}，在 13.8 ～50MPa 压力下都具有高的磁-弹特性。

(3) 磁流变体。磁流变体(缩写为 MFR)是由磁性微粒分散于绝缘载液中形成的随外磁场变化而具有可控流变特性的非胶状悬浮液体。磁流变体的表观黏度在中等强度磁场作用下可升高两个数量级以上，在强磁场作用下会变成“类固体”，流动性会消失。但去掉磁场后，又可逆地变为可流动的液体。如将 1μm 粒度的羰基铁粉加入到油酸和硅油(体积比为 1：32)中，使羰基铁粉的体积分数为 0.327，球磨 60h(转速为 200r/min)，制成的 MRF 在无外磁场时为非牛顿流体，其表观黏度随剪切率增大而降低，即呈现剪切稀化现象。加入外磁场 [$(BH)_{max}=160kJ/m^3$] 后，表观黏度从几帕斯卡・秒上升到几百帕斯卡・秒，其屈服极限为 94.7Pa。磁流变体的性质类似于电流变体，但其剪切应力比电流变体大一个数量级，不需要高电压操作，其安全性和温度稳定性均比电流变体要好，因而可能成为智能系统所选用的材料。

(4) 磁性高分子微球。磁性高分子微球是把磁性物质和直径小于 1μm 的高分子微球结合起来的材料。目前研究的有 3 类，A：核为高分子，壳为有机物；B：核为无机物，壳为高分子；C：内核为高分子，中间层为无机物，外壳又为高分子。A 型如(P－19)Ni、(P－11)NiCo、(P－21)NiCo、(PS)$\gamma\cdot Fe_2O_3$、(PS)RuO_2 等，其中(P－21) NiCo 的矫顽力为 24.669A/m。在标准录音带要求范围(23.873～27.852A/m)内，P－11 为 $H_2C=CHCONH_2$、$H_2C=CHCOOCH_2CH_2N(CH_3)_2$ 和 $(HC_2=CHCONH_2)_2CH_2$ 的共聚物；P－19 为 $H_2C=CHCOOH$、$H_2C-CHCN$ 和 $H_2C=CCl_2$ 的共聚物；P－21 为 $CH_2=CH-Ph-CH=CH_2$、$CH_2=CH-Ph$ 和 $CH_2=CH-Ph-CH_2-N(CH_3)_3Cl$ 的共聚物。B 型如 Fe_3O_4 -(PS)等，C 型如(PS)- Fe_2O_3 -(PS)等。磁性高分子微球由于其结构组成和性能的特殊性，在光电池、吸波材料、催化剂、磁记录材料、油漆、化妆品、生物和医药等方面都得到了应用。

4. 多功能磁性材料

(1) 铁电-铁磁材料。

这是一种兼有铁电材料高介电常数ε和铁磁材料高磁导率μ的多功能材料，这就要求材料中的电矩自发铁电成序和磁矩自发铁磁成序两个条件同时满足，这是很难的。目前用同结构的铁电体和铁磁体制成复合化合物，如$BiFeO_3$-(Ba，Pb)(Ti，Zr)O_3非晶膜，只能得到弱铁电-铁磁材料，尚未达到应有的指标。

(2) 磁性半导体。

这种材料正从无机物和有机物两方面展开研究。但从理论上和制造上看都很困难，尽管有很多人研究，也取得一些进展，如EuX(X=O、S、Se、Te)、ACr_2X_4(A=Zn、Cd、Hg；X=S、Se)两类无机磁性半导体，但因其载流子迁移率为10^{-1}～10cm/(s·V)，远低于一般半导体，尚难得到实际应用。在有机磁性分子导体方面，也有不少报道，主要集中在研究四硫代富瓦烯(TTF)及其衍生物、四氰代对苯醌二甲烷(TCNQ)及其衍生物或金属-双(二硫醇盐)及其衍生物同杂多酸阴离子(如MoO_{19}^{2-}、$W_6O_{19}^{2-}$、$PMo_{12}O_{40}^{3-}$、$SiMo_{12}O_{40}^{4-}$等)或六氰合金阴离子$M(CN)_6^{-3}$($M=Cr^{3+}$、Fe^{3+})的电荷转移复合物，但是尚未制得强磁性分子导体。

(3) 超导磁有序体。

长期以来，一直认为超导性和磁有序性是矛盾的，因而不能共存于一个物质中。这是因为磁有序体中的成序强磁场会破坏超导性，但是在无机物方面，在20世纪80年代后期观测到Ga-Ba-Cu-O系、La-Sr-Cu-O系和Y-Ba-Cu-O系超导体中有磁有序和超导共存的现象。在有机物方面，有人对TI′F类分子导体的能带进行了计算，认为其电导主要来源于给体分子之间的π轨道相互作用和给体分子上s原子的轨道交叠，给体与受体之间极少有电子相互作用存在，从而预言可能找到给体层呈超导性、受体层中发生磁相互作用的电荷转移复合物。最近，国内外几乎同时报道了制得含有不同磁性阴离子的BEDT-TT(Se)F类分子超导体。这些都为进一步研究超导磁有序体打下了基础。

5. 纳米磁性材料

(1) 纳米磁粉材料。

粒度小于100nm的纳米磁粉已研究的有Fe、Co、Ni等金属粉，铁氧体粉和非晶态纳米粉。它们表现出和块状磁性材料不同的磁性质，如粒度小于2nm的铁粉的饱和磁化强度比块状铁粉要高，Fe-B纳米粉的矫顽力和单轴磁各向异性常数要远高于Fe-B带材。

(2) 超晶格磁膜。

利用两种或多种磁性不同的、厚度为1～100nm膜相互重叠而成的多层磁性膜也有独特的磁性能，如Fe、Co或Ni与Si形成的超晶格膜，其每层厚度分别为0.8nm、1.4nm或3nm时，它的铁磁性消失。又如在稀土元素超晶格磁膜中发现有螺旋磁结构，这类膜可能在微波和光学新技术中应用。

(3) 纳米复合磁性材料。

把软磁和硬磁纳米材料复合形成的纳米复合磁性材料，由于发生交换耦合作用能得到高的磁能积，且保持相当的矫顽力，同时由于加入了相当的软磁材料如α-Fe、Fe_3B等，使成本大大降低，且可提高稳定性。国内外报道了许多纳米磁性复合材料，主要是

$Nd_2Fe_{14}B/\alpha-Fe$ 系、$Nd_2Fe_{14}B/Fe_3B$ 系和 $Sm_2Fe_{17}N_3/\alpha-Fe$ 系材料。有人预言对 Nd-Fe-B-α-Fe 系，α-Fe 体积增加至50%而不引起矫顽力的明显下降，并且有一种均匀晶粒结构可抑制反磁化而使矫顽力增加30%，其磁能积可增加到 400kJ/m^3，目前还没有达到。最好的是 $Fe_{7.5}Nd_8B_{4.5}$，其平均粒度为15～25nm，α-Fe 体积含量为30%，最大磁能积 186.4kJ/m^3。

本章小结

(1) 磁学的基本概念：磁场、磁矩、磁偶极子、磁化强度、磁场强度、磁感应强度、磁导率、磁化率、自发磁化和磁畴等基本概念。

(2) 物质磁性的微观理论和磁性材料按照磁化率的分类：抗磁性物质、顺磁性物质、铁磁性物质、亚铁磁性物质和反铁磁性物质。

(3) 具有不同磁性物质的定义以及它们各自的特征，同时介绍了部分常用磁性材料。

(4) 分子场理论解释铁磁性物质产生的自发磁化以及磁性物质的能量，即交换能 F_{ex}(电子自旋间的交换相互作用产生的能量)、磁晶各向异性能 F_k、磁应力能 F_σ、退磁场能 F_d 和外磁场能 F_H。磁滞回线中的相关概念和磁畴结构的描述。

(5) 尖晶石铁氧体晶体结构特点，分子理论对亚铁磁性物质特性进行了描述，即温度高于居里温度点和低于居里温度点亚铁磁性的特征。

(6) 介绍了铁磁性物质电滞回线的观测。

(7) 通过拓展阅读介绍了磁性材料现阶段的研究进展以及一些高技术含量的磁性材料。

7.1 物质宏观磁性如何分类？如何从磁化率数值及其和温度关系上来区分物质磁性的类别？

7.2 自发磁化的物理本质是什么？物质具备铁磁性需要满足什么条件？

7.3 铁磁性物质的基本特征有哪些？

7.4 外斯分子场理论的核心是什么？

7.5 铁磁性物质自发磁化强度和温度之间的关系如何？

7.6 磁化曲线在其磁化过程中可以分为几个阶段？

7.7 绘出磁滞回线，图中包括哪些特殊点？并说明其含义。

7.8 描述布洛赫(Bloch)型畴壁和奈尔(Neel)型畴壁的各自特点。

7.9 单畴粒子临界尺寸如何估算？

7.10 磁化状态下磁体中的能量有哪些？写出外磁场作用能 E 和退磁能。

7.11 说明压磁传感器的工作原理。

第8章 非晶态物理

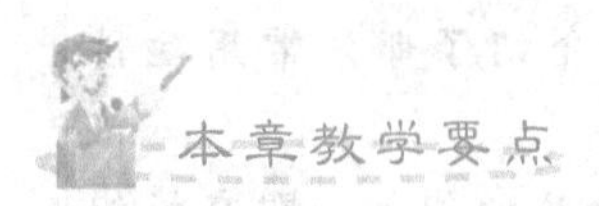

知识要点	掌握程度	相关知识	应用方向
非晶态结构	重点掌握	非晶态与熔体、晶体、准晶、液晶等结构的差异；径向分布函数(RDF)	非晶态结构的理论架构
非晶态固体的形成	熟悉	动力学条件；热力学条件	指导非晶态材料制备工艺
非晶态固体结构模型	掌握	微晶模型；无规则网络模型；无序密堆硬球模型	对一些实验结果进行解释
非晶态材料的研究现状	了解	非晶态材料的制备方法；非晶态合金的制备；非晶态半导体的制备；玻璃陶瓷的制备等	非晶态材料设计、工艺开发和制备
拓展阅读	了解	块体非晶合金制备	块体非晶合金的制备、性能和应用

导入案例

某玻璃厂采用非晶合金变压器更新了一台1 250kVA和两台1 600kVA的S7变压器，使用非晶合金变压器的投资比过去使用的S7配电变压器的投资增加9.39万元，但每年可节电9.89万kW·h，节省电费5.93万元(电价按0.6元/kW·h计)，投资回收期为0.6年。

各种非晶合金变压器

非晶态变压器是20世纪90年代末期才出现的第四代变压器产品，在我国处于起步阶段，非晶态变压器产品的出现是变压器技术进步第三次飞跃。非晶态变压器空载损耗较S7系列下降80%，负载损耗下降50%。非晶合金铁心变压器是利用铁、硼、硅和碳四种元素合成的非晶合金作铁心材料而制作成的变压器。非晶合金是将合金金属经过高温而后急冷，再经过高速旋转喷射而成的非晶带状薄膜(约0.02mm)。这种带材是非磁性材料，它可以根据不同用途进行磁化后达到所需要的磁密。非晶合金变压器的铁心是由不间断的非晶合金带材卷绕而成，没有间隙，所以铁磁损耗极少。

本章主要在了解晶体结构的基础上讲解液晶、准晶、非晶等知识，重点讲解长程无序和短程有序的非晶态物质的理论模型、描述方法以及非晶态固体的形成和非晶态材料的研究现状。

8.1 非晶态物理概述

自然界中物质的存在状态一般可以分为固态、液态、气态三种形式。从组成物质的原子角度又可以分为有序结构和无序结构两大类。晶体是有序结构的典型代表，而液体、气体和非晶态固体则属于无序结构。所以，固体材料就存在着晶态和非晶态两种不同的物理状态。

非晶态固体与晶体相比有两个最基本的区别。其一，非晶态固体中原子的取向和位置不具有长程有序而具有短程有序；其二，非晶态固体属于热力学亚稳态。就是说，凡是非晶态固体都具有相同的结构特征——有序的缺乏和热力学上的亚稳定性。

非晶态固体中，由于原子间的相互关联作用，在1～2nm范围内，原子分布有一定的配位关系，原子间距离和成键的键角等都有一定的特征，即保持着某些有序的特征，存在短程有序。正因为具有短程有序，非晶态固体具有许多与相同组成的晶态固体相似的物理、化学性质，但又由于不具有晶体结构的周期性而显示出其特有的优异性能。

非晶态固体形成后在热力学上属于亚稳态，亚稳相容易在外界条件(如加热)影响下发生微观结构的各种变化，如相分离、结构弛豫和非晶态晶化等。这些结构上的变化必然导致性能的改变。例如，非晶态的结构弛豫过程以及由亚稳态向晶态的转化都会影响材料的稳定性和使用寿命。因此，对任何有应用价值的非晶态材料，都必须研究其稳定性。

非晶态固体与晶体也有着内在联系。从结构上看，非晶态固体具有短程有序，这种短程有序一般与晶体中的短程结构相似。在非晶态固体的形成过程中，可以看作是成核率很小、晶体生长速度极慢的过程，因此，晶体生长的理论可直接用于对非晶态固体形成和晶化的研究。从性能上看，非晶态固体具有许多与相同组成的晶体相似的物理、化学性质。

通过连续的转变，可以从气态或液态获得非晶态固体。例如，一般氧化物玻璃可以从其熔体中以较低的冷却速率(10^{-4}～10^{-1}K/s)冷却形成；金属玻璃则是从其熔体中以极高的冷却速率($\geqslant 10^6$K/s)淬冷形成；利用激光玻璃化技术制备非晶态固体，其冷却速率高达10^{10}～10^{12}K/s；通常的非晶硅是用气相沉积的方法来制备的；溶液反应经过前驱体结构(例如凝胶)也能用来制造玻璃等。

非晶态固体(无定形材料、玻璃、非晶态半导体、非晶态金属、非晶态高分子聚合物等)在科学研究、现代技术和工业中起着越来越重要的作用。传统的普通玻璃是当代经济建设中不可缺少的材料，在建筑、运输、照明、环境调节等方面被广泛应用。除此之外，还有大量的玻璃、无定形材料等非晶态材料已进入尖端的应用领域，如光学、微电子学、光电子学、生物技术、光纤通信等。

非晶态固体的种类很多，一般可以分为如下三类：①氧化物和非氧化物玻璃；②普通低分子非晶态固体，它以非晶态半导体和非晶态金属为主；③非晶态高分子聚合物。

非晶态物理所涉及的问题和领域十分广泛，本章只是简要介绍其中的一些物理基础内容，包括所涉及的准晶、液晶和非晶态的结构、非晶态固体的形成、非晶态材料的研究现状等。

8.2 准晶、液晶和非晶态的结构

固体材料中原子排列方式除以前学过的晶体结构外，还有准晶结构与非晶态结构；而有些液体中原子也有着独特的规则排列，如液晶。下面将分别做简要介绍。

8.2.1 准晶

晶体不可能具有5次对称性以及8次、10次和12次等大于6次的旋转对称性，但在1974年，英国数学家彭罗斯(Penrose)设计出了一种拼图，其基本单元是锐内角分别为36°和72°的平行四边形。按一定的规则，彭罗斯将其拼成了天衣无缝的二维平面(图8.1)，称为彭罗斯拼图。20世纪80年代初，晶体学家麦凯(Mackay)将彭罗斯拼图引入晶体学，获得了5次对称的傅里叶变换图谱，并提出了准点阵的概念(图8.2)。1984年以色列科学家谢切曼(Shechtman)等人在用快速冷却方法制备的Al-Mn合金的电子衍射图中发现了这种具有5次对称的斑点分布(图8.3)。这一发现带来了传统晶体学的革命，随后人们又陆续在其他合金系中发现了这种现象。这些合金系大多是Al基合金。Ti系合金是仅次于Al系的具有准晶结构的第二大合金系。另外，对称性也扩展到8次、10次和12次，表明这是一类具有特殊结构的固体材料，人们将其称为准晶体(quasicrystal)。概括地说准晶是同时具有长程准周期平移性和非晶体学旋转对称性的固态有序相。准周期性和非晶体学对称性构成了准晶结构的核心特征。

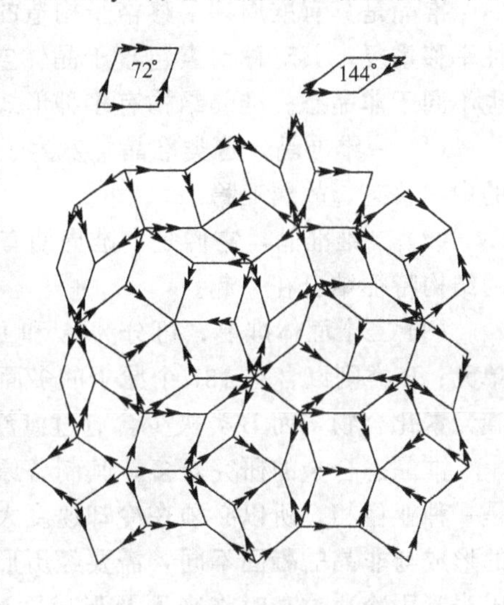

图8.1 彭罗斯拼图

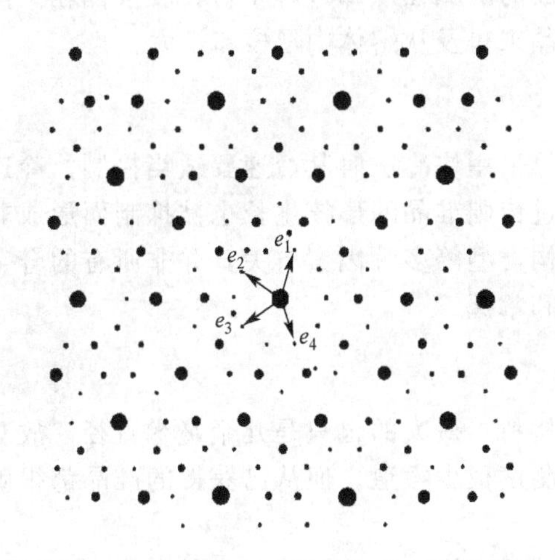

图8.2 彭罗斯拼图的傅里叶变换花样

图8.3 具有5次对称的AlMn的电子衍射图

准晶和超导体曾经一起被列为20世纪80年代凝聚态物理的两大进展，经过近30年的研究，人们已经基本了解了该材料的结构、制备方法和相关性能，初步认识到其具有很好的应用潜力，如法国学者研制出准晶不粘锅，近期的研究成果又揭示出准晶作为隔热、储氢和吸收太阳能材料的前景。关于准晶制备，除了急冷外，目前还开展了用真空镀膜、离子注入、激光处理、电子轰击、电镀等方法制备准晶膜的研究。

【钛-镁-锌十二面体准晶】

目前在准晶的研究方面，我国的水平几乎与国外同步。1984 年中科院沈阳金属研究所郭可信院士领导的研究小组在 $Ti_2(Ni, V)$急冷合金中就发现了二十面体准晶，这是首例非 Al 基准晶相。随后，又发现了一系列新准晶种类，如 Ti_2Fe 二十面体准晶、硅化物准晶等。

1. 准晶的结构

准晶是具有准周期平移格子构造的固体，其中的原子常呈定向有序排列，但不做周期性平移重复，其对称要素包含于晶体空间格子不相容的对称。准晶的结构既不同于晶体、也不同于非晶态。准晶结构有多种形式，就目前所知可分成下列几种类型。

(1) 一维准晶，这类准晶常发生于二十面体相或十面体相与结晶相之间发生相互转变的中间状态，故属亚稳态。

(2) 二维准晶，它们是由准周期有序的原子层周期地堆垛而构成的，将准晶态和晶态的结构特征结合在一起。

(3) 二十面体准晶，可分为 A 和 B 两类。A 类以含有 54 个原子的二十面体作为结构单元；B 类则以含有 137 个原子的多面体作为结构单元；A 类二十面体多数是铝——过渡族元素化合物，而 B 类极少含有过渡族元素。

准晶态合金的研究较多，其制备原理：从凝固速率与准晶形成的关系来看，由于准晶是一种亚稳相，所以必须在冷却速度大于一定的临界速度时才有可能形成准晶。同时准晶的形成与非晶的凝固不同，需要经历形核和长大过程，而这都是受原子的扩散控制的，所以当凝固冷速过高时将来不及形成而凝固成非晶。准晶形成时的凝固冷却速度应该足够大，以便抑制净态相的形成或者避免已经凝固形成的准晶在冷却过程中再转变成晶相。同时准晶形成时的冷却速度又应该足够小，以便准晶来得及从熔体中形核和长大。

2. 准晶的形成

准晶的形成过程包括形核和生长两个过程，故采用快冷法时其冷速要适当控制，冷速过慢则不能抑制结晶过程而会形成结晶相；冷速过快则准晶的形核生长也被抑制而形成非晶态。此外，其形成条件还与合金成分、晶体结构类型等多种因素有关，并非所有的合金都能形成准晶，这方面的规律还有待进一步探索和掌握。

3. 准晶的性能

到目前为止，人们尚难以制成大块的准晶态材料，最大的也只是几个毫米直径，故对准晶的研究多集中在其结构方面，对性能的研究测试很少报道。但从已获得的准晶都很脆的特点来看，作为结构材料使用尚无前景。

准晶的密度低于其晶态时的密度，这是由于其原子排列的规则性不及晶态严密，但其密度高于非晶态，说明其准周期性排列仍是较密集的。准晶的比热容比晶态大，准晶合金的电阻率高而电阻温度系数很小，其电阻随温度的变化规律也各不相同。

8.2.2 液晶

【液晶显示屏】

在数字石英表、小型计算器、手机、电视、计算机、MP3、MP4 等的显示上，大家都看到了液晶显示屏。那么，什么是液晶呢？简言之，液晶是液态的晶体。也就是说，物质的液晶态是介于三维有序晶态与无序晶态之间的一种中间态。在热力学上是稳定的，它既具有液体的易流动性，又具有晶体的双折射等各向异性的特征。处于液晶态的物质，其分子排列存在位置上的无序性，但在取向上仍有一维或二维的长程有序性，因此液晶又可称为“位置无序晶体”或“取向有序液体”。液晶材料都是有机化合物，有小分子也有高分子，其数量已近万种，通常将其分为两大类：热致液晶和溶致液晶。热致液晶只在一定温度范围内呈现液晶态，即这种物质的晶体在加热熔化形成各向同性的液体之前形成液晶相。热致液晶又有许多类型，主要有向列型、近晶型和胆甾型(图 8.4)。

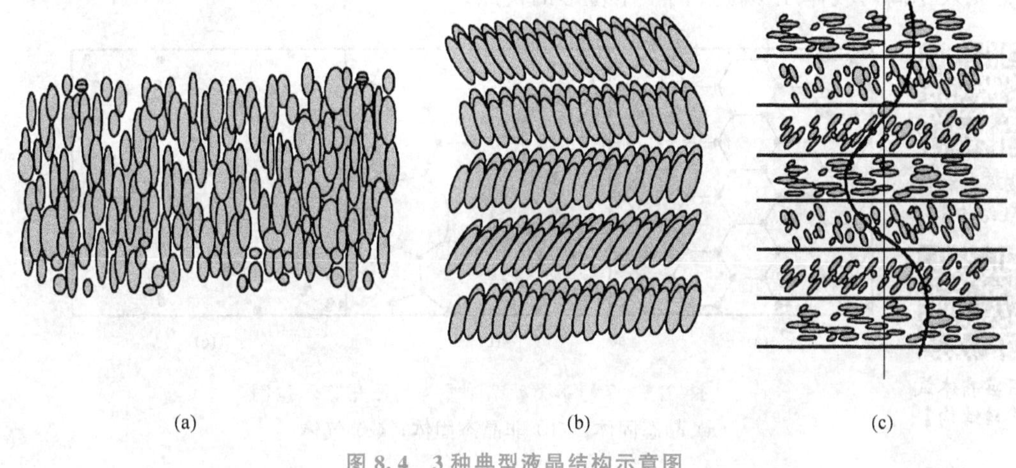

图 8.4　3种典型液晶结构示意图

(a) 向列型；(b) 近晶型；(c) 胆甾型

向列型液晶也称丝状液晶，其分子是刚性的棒状，这种棒状分子沿同一方向取向，但各分子重心的分布无长程有序性。

近晶型液晶也称层状液晶，其分子也为刚性棒状，其分子排列除了取向有序外，还有由分子重心组成的层状结构，分子是二维有序排列。由于层内分子的排布不同还可分为A、B、C 等若干种，其中 A 型为各层分子的取向方向与层面垂直；B 型中有些分子在各层中呈六角形排布；C 型中分子的轴向与每一层的法线方向之间有一定的倾斜等。

胆甾型液晶具有扭转分子层结构。在每一分子平面上分子以向列型方向排列，有取向有序而无位置有序，而各分子层又按周期扭转或螺旋的方式上下重叠在一起，使相邻各层分子取向方向之间形成一定的夹角。

溶致液晶是一种只有在溶于某种溶剂时才呈现液晶态的物质。

液晶最显著的特征是其结构及性质的各向异性，并且其结构会随外场(电、磁、热、力等)的变化而变化，从而导致其各向异性性质的变化。

液晶材料中的高分子液晶又可分为天然高分子液晶和合成高分子液晶。溶致液晶广泛存在于生物体内，液晶态结构的变化对生命现象有重大影响。另外，肥皂水溶液也是一种溶致液晶。芳香族聚酰胺纤维就是合成高分子液晶制成的。

8.2.3　非晶态

非晶态固体，特别是近年来发展的一些非晶材料，显示出了不少新的特性和优异性能，有必要对它们进行深入的研究，非晶态固体的结构研究是最重要的基础研究课题之一。然而，非晶态固体的结构比晶体的要复杂得多。虽然经过多年研究，对非晶态固体的结构有一定的了解，也取得了可喜的成果，但就目前而言，对它的认识还很局限，许多问题尚待深入研究。

1. 非晶态固体的结构特点

对于非晶态固体，采用“长程无序”“短程有序”来概括其结构共性，这是非晶态固体结构的基本特征。为直观起见，图 8.5 示出了二维晶体、玻璃和气体的原子排列示意图。图 8.5(a)和图 8.5(b)中的实心圆点表示这些原子振动的平衡位置，而图 8.5(c)中的圆点则表示瞬时气体原子位置的一个位形的快照。

【玻璃态氧化硅结构】

【石英晶体氧化硅结构】

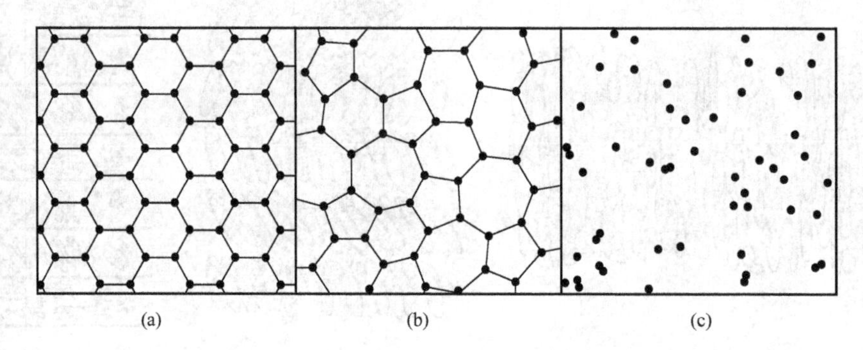

图 8.5　3 种不同状态物质中原子排列示意图

(a) 晶态固体；(b) 非晶态固体；(c) 气体

比较图 8.5(a)与图 8.5(b)可以看出，非晶态固体在结构上与晶体本质的区别是不存在长程有序，没有平移对称性。这样，研究晶体时所使用的许多基本概念，诸如用阵点、原胞、点群、空间群等概念来描写晶体结构，在非晶态固体中讨论其结构就不适用了。

另一方面，玻璃中原子位置空间分布不是完全无规则的，在图 8.5(b)中可以看到一种高度的局域关联性。每个原子有 3 个与其距离几乎相等的最近邻原子，并且键角也几乎是相等的。所以，玻璃和晶体在短程上是一样的，即都存在短程有序。而图 8.5(c)中所示的气体则没有这种局域有序性，气体原子排列是一个真正的无序排列，并且会随时间而改变。因此，在图 8.5(a)和图 8.5(b)中，原子围绕它们的平衡位置做短距离的振动，而在图 8.5(c)中，原子可以自由地做长距离不停地平移运动。

非晶态固体的结构特征还可以通过气体、液体、非晶态固体和晶体这 4 种状态物质的双体相关函数做进一步说明。图 8.6 给出了气体、液体、非晶态固体和晶体的双体相关函数 $g(R)$及它们相对应于某一时刻的原子分布状态。可以看出，晶体的 $g(R)$是敏锐的峰，而气体是平坦的直线；非晶态固体和液体则介于其间，在短程范围内是振荡式的，到长程范围就趋于平坦。晶体的原子都位于晶格的格点上，形成周期性排列的长程有序，如图 8.6(d′)所示。气体的原子(或分子)分布完全无序，平均自由程很大，如图 8.6(a′)所示。液体中原子的分布仍处于无序运动状态，平均自由程较短，原子间相互作用较强(相当于气体而言)，如图 8.6(b′)所示。非晶态固体中的原子只能在平衡位置附近做热运动，不像液体中的原子那样可以在较大范围内自由运动，如图 8.6(c′)所示。

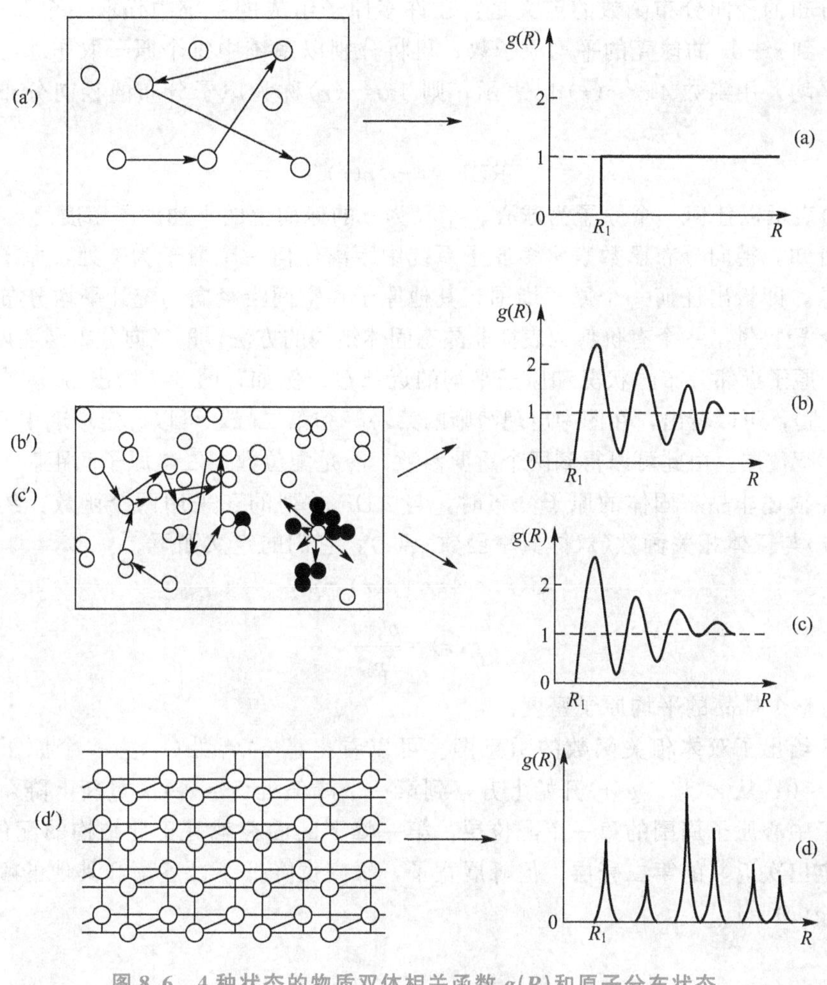

图 8.6　4 种状态的物质双体相关函数 $g(R)$ 和原子分布状态

(a) 气体；(b) 液体；(c) 非晶态固体；(d) 晶体

(a′)，(b′)，(c′)和(d′)分别为它们对应于某时刻的原子分布状态

2. 非晶态固体结构的描述

在理想完整的单晶体中，原子和分子具有周期性的排布规律，形成了晶体结构。就是说，晶体结构的基本性质是原子排布具有平移对称性。描述晶体，只要给出单个晶胞中原子的位置，以及 3 个平移矢量，重复应用这些矢量，就可以由晶胞得出全部结构。由于非晶态固体的原子排列缺乏周期性，因而对其进行类似于晶体那样的完全描述是不可能的。对非晶态固体结构的描述必须满足于对点阵的不完整性，一般具有统计特征的信息，通常是采用如下几种方式：径向分布函数(Radial Distribution Function，RDF)；短程有序结构参数，包括配位数、近邻距 r_i(即中心原子与第一近邻原子的键长)、键角；中程有序参数。

(1) 径向分布函数。

在非晶态固体中，原子分布不存在周期性，描述其微观结构的方法，最常用的是借用统计物理学中的分布函数，即用原子分布的径向分布函数来描述。

原子分布的径向分布函数的定义是：在许多原子组成的系统中任取一个原子为球心，求半径为r到$r+dr$的球壳的平均原子数；再将分别以系统中每个原子取作球心时所得的结果进行平均，用函数$4\pi r^2\rho(r)dr$表示，则$4\pi r^2\rho(r)$称为原子分布的径向分布函数，记为RDF。

$$\mathrm{RDF}=4\pi r^2\rho(r) \tag{8-1}$$

式中，$\rho(r)$表示以任何一个原子为球心、半径为r的球面上的平均原子密度。

由此可知，径向分布函数表示多原子系统中距离任何一个原子为r处，原子分布状态的平均图像，即给出任何一个原子周围，其他原子在空间沿径向的统计平均分布。

RDF无疑提供了一个有价值的表征非晶态固体结构的方法，即径向分布函数可以给出非晶态固体中原子近邻分布的状况和原子平均的近邻数。例如，图8.7给出SiO_2玻璃的RDF曲线(实验值)，可以看出，在图中出现清晰的第一峰和第二峰，可以确定玻璃中原子的最近邻和次近邻配位层。由此可以得到两个重要参数，一是配位数，二是原子间距。

通常在描述非晶态固体的原子分布时，与RDF并列的还采用两个函数：约化径向分布函数$G(r)$与双体相关函数(双体概率函数)$g(r)$，它们的定义如下。

$$G(r)=4\pi r^2[\rho(r)-\rho_0] \tag{8-2}$$

$$g(r)=\frac{\rho(r)}{\rho_0} \tag{8-3}$$

式中，ρ_0为整个样品的平均原子密度。

图8.8给出了双体相关函数的示意图。可以看出，$r<r_0$处(r_0为一个原子的硬球直径)，$g(r)=0$；从r_0起，$g(r)$开始上升，到第一个峰值处($r=r_1$)又重新下降，$g(r)$的第一峰对应于中心原子周围的第一个配位层，第一峰下的面积就等于此结构的配位数z。类似地可以定出次近邻的第二壳层，但峰展宽了，峰高也降低了，逐渐和其他的峰合并，在$r\to\infty$处，$g(r)=1$。

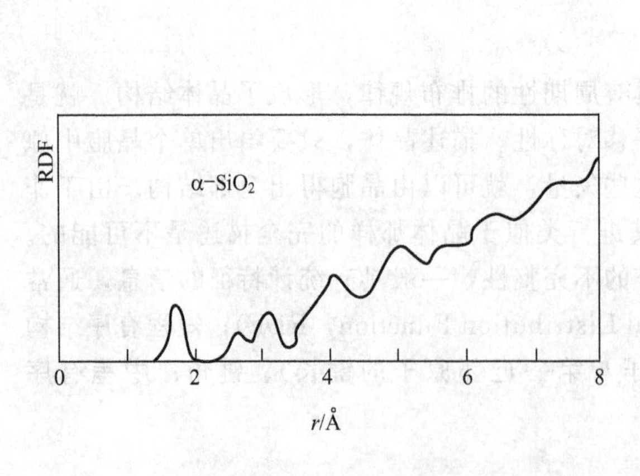

图8.7 SiO_2玻璃的RDF曲线

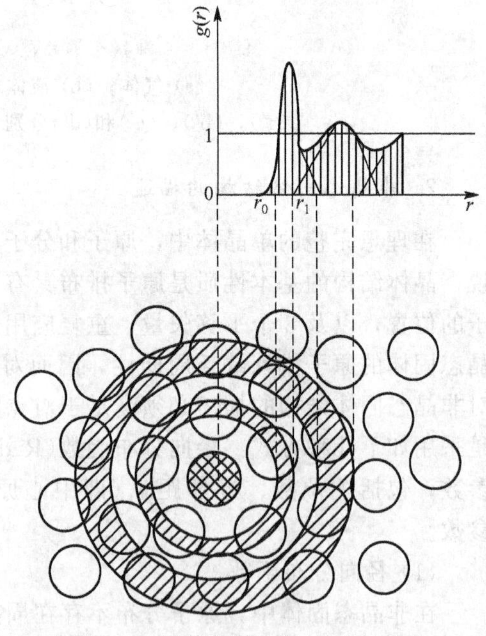

图8.8 双体相关函数$g(r)$示意图

由式(8-1)RDF 的定义可以看出，RDF 具有如下的基本性质：统计性和球对称性。RDF 的统计性是表征每个原子周围分布的统计平均状况，但没有指出某一个原子周围的状况。RDF 的球对称性可以把三维空间的原子分布组态压缩到一维空间，但它不能给出原子角分布的信息。因此，一方面，RDF 的统计性和球对称性使得它能给出的有关非晶态固体结构的信息十分有限；但是另一方面，RDF 又是目前为止人们能够由实验中获得的最直接、最主要的有关非晶态固体结构的信息。例如，当采用模型化方法进一步深入了解非晶态固体结构时，模型是否合理的必要条件之一就是由模型计算出的径向分布函数(RDF)应与实验中获得的结果基本相符。

(2) 短程有序结构参量。

在非晶态固体中，在一个原子附近的几个原子间距范围内，原子分布具有某种规律性，称为短程有序。RDF 只是描述了非晶态固体结构的总的特征，而对于非晶态固体短程有序结构的精确描述，需要给出如下几个短程有序结构参量。

① 配位数 z_i：第 i 配位层上的原子数。

② 近邻原子间的键角 β：表示任何一个原子的两个最近邻原子之间的相对取向。其定义为：两个最近邻原子分别与中心原子连线之间的夹角。

③ 近邻距 r_i：以任何一个原子为球心，将其周围的原子划分为不同的配位球层 i。r_i 表示中心原子与第 i 配位层上的原子之间的平均距离，尤其是中心原子与第一近邻原子的键长 r_1。

④ 近邻原子的类别：多元体系需要指示近邻原子的类别，并对每一类别的原子分别给出上述 3 个参量的相应值。

(3) 中程有序结构参量。

中程有序结构是非晶态固体结构研究中十分重要的问题，近年来受到人们极大的关注。

中程有序结构的范围，大致对应于原子间距由第 3 近邻距到 2nm 左右。这个范围正是涉及非晶态固体中最近邻或次近邻的结构单元之间如何联结及其较大范围内原子排列的有序与不断变化的情况。无疑，这是深入认识非晶态固体结构的关键。高分辨电子显微镜实验技术的发展，提供了研究非晶态固体中程有序结构的有效手段。例如，由连续无规则网络结构模型描述非晶态半导体的结构时，需要两大类结构参量：一类是局域原子团，由短程有序结构参量确定；另一类结构参量应当表征局域原子团相互联结以致形成网络的拓扑学特点。这类参量包括：平均二面角的数值以及二面角的分布，结构中存在的原子环类型(最可能的是 6 原子环，其他可能的有 5、7 和 8 原子环)或原子链的形状，原子环或原子链在相互连接时的特点(相互独立或相互交叉)等。这一类参量就是描述非晶态固体中有序的结构参量。

8.3 非晶态固体的形成

研究材料都必须研究材料的性能与制备条件的关系，以及研究材料在不同外界条件下的稳定性。非晶态固体其形成过程十分复杂，其制备过程也有多种途径。除传统从熔体冷凝的方法外，还可采用气相沉积、电沉积、真空蒸发、溅射以及凝胶烧结等方法。熔体冷凝法是通过对熔体冷却速率的控制，使晶核的产生和长大受到限制，过冷而成为非晶态固体。氧化物、氟化物、硫化物、硒化物等无机非金属玻璃都可用这种方法来制造。此外，还有采用快冷技术制得非晶态合金(金属玻璃)。气相沉积法可以达到很大的冷却速率，能使物质迅速地冷凝到玻璃转变温度(T_g 点)以下而形成非晶态固体。可用真空蒸发、溅射、辉光放电等方法制备各种非晶态薄膜。石英晶体经中子辐射或冲击波的作用转变成石英玻璃。聚丙烯腈高温裂解生成玻璃碳。SiO_2 干凝胶烧结成石英玻璃等则是用固相转变制备非晶态固体的例子。

8.3.1 结晶与非晶态的形成

非晶态固体在热力学上属于亚稳态，其自由能比相应晶体的要高，并且在一定条件下，有转变成为晶体的可能。非晶态固体的形成问题，实质上是物质在冷凝过程中如何不转变成为晶体的问题。为了弄清非晶态固体的形成，首先了解一下结晶过程的特点。

1. 结晶过程

晶体可以用多种方法形成，如从熔体中冷凝结晶、气相沉积、水溶液中生长及从各种溶剂中结晶等。从相变角度看，结晶过程有以下的特点。

(1) 结晶是从亚稳相向稳定相的转变。

从晶体生长的理论可知，结晶过程分为晶核形成和晶体生长两个阶段。当从熔体中结晶时，把过热状态的熔体逐渐冷却，当熔体温度降低到达熔点时，固液相达到平衡点，熔体温度低于熔点，成为过冷状态。$\Delta T=T_m-T$，称为过冷度(其中 T_m 为熔点，T 为熔体温度)。过冷熔体为亚稳相。这时，体系中 1mol 液体的吉布斯自由能与晶体的吉布斯自由能之差为

$$\Delta G=\frac{(T_m-T)\Delta H_m}{T_m}\quad(当\ \Delta T=T_m-T\ 不大时)\tag{8-4}$$

式中，ΔH_m 为摩尔相变潜热，即焓变。

当熔体处于过冷状态时即处于亚稳态，有 $\Delta T=T_m-T>0$，这时，$\Delta G>0$，ΔG 称为由过冷熔体向晶体发生相变时的相变驱动力。因此，$\Delta G>0$ 是发生结晶的必要条件之一。由过冷熔体向晶体发生转变的过程是从亚稳相向稳定相的转变过程，即为结晶过程。

过热熔体(稳定相)→过冷熔体(亚稳相)→晶体(稳定相)

当然，结晶是否发生取决于成核和生长两个阶段。这里可以从结晶过程中关于晶核形成和晶体生长速率的公式入手，根据相变动力学的形式理论，求出熔体形成非晶态固体所需要的最小冷却速率。

① 成核速率。

在存在杂质的情况下，总的成核速率 I_v 应等于均相成核速率 I'_v 与非均相成核速率 I''_v 之和。

$$I_v=I'_v+I''_v\tag{8-5}$$

而

$$I'_v=N_v^0\nu\exp\left(-\frac{1.229}{\Delta T_r^2T_r^3}\right)\tag{8-6}$$

式中，N_v^0 为单位体积的分子数；$T_r=\frac{T}{T_m}$；$\Delta T_r=\frac{\Delta T}{T_m}$；$\nu=\frac{k_BT}{3\pi a_0^3\eta}$，为频率因子；$a_0$ 为分子

直径；η 为熔体黏度。

$$I''_v = A_V N_S^0 \nu \exp\left[\left(-\frac{1.229}{\Delta T_r^2 T_r^3}\right) f(\theta)\right] \tag{8-7}$$

式中，A_V为单位体积杂质所具有的比表面积；N_S^0 为单位面积基质上的分子数；$f(\theta)$可表示为

$$f(\theta) = \frac{2-3\cos\theta+\cos^3\theta}{4} \quad (\theta\text{为接触角}) \tag{8-8}$$

$$\cos\theta = \frac{\gamma_{HC}-\gamma_{HL}}{\gamma_{CL}} \tag{8-9}$$

式中，γ_{CL}、γ_{HC}、γ_{HL}分别为晶体-液体、杂质-液体和杂质-晶体的界面能。

② 晶体生长速率。

若熔体结晶前后的组成、密度不变，则晶体生长速率 I_u为

$$I_u = b\nu a_0\left[1-\exp\left(-\frac{\Delta H_{fm}\Delta T_r}{RT}\right)\right] \tag{8-10}$$

式中，b 为界面上生长点与总质点之比；ΔH_{fm}为摩尔熔化热。

有了成核速率 I_v和晶体生长速率 I_u，就可以利用下式算出 t 时间内结晶的体积率$\frac{V_c}{V}$。

$$\frac{V_c}{V} = \frac{\pi}{3} I_v I_u^3 t^4 \tag{8-11}$$

取$\frac{V_c}{V}=10^{-6}$，即认为达到此值，析出的晶体就可以被检测出来，将 I_v和 I_u值代入式(8-11)，就可得到析出指定数量的晶体的温度与时间的关系式，利用这个关系式，只要知道一些数据，就可作出所谓时间、温度、转变的 3T 曲线，图 8.9 所示为析晶体积分数为 10^{-6}时具有不同熔点物质的 3T 曲线，从而可估算出为避免析出指定数量晶体所需要的冷却速率。

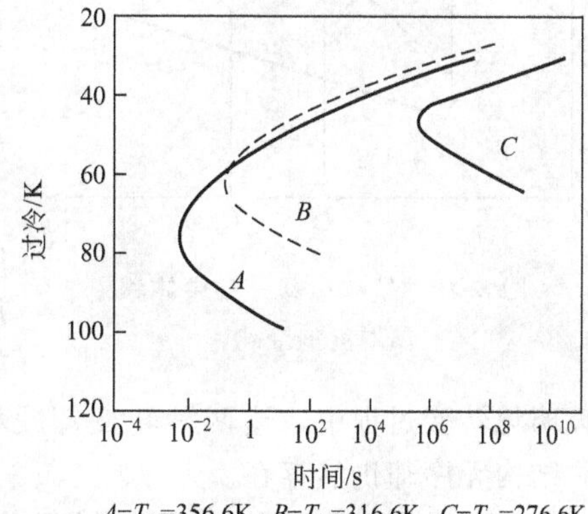

图 8.9 析晶体积分数为 10^{-6} 时具有不同熔点物质的 3T 曲线

(2) 结晶是一级相变。

在结晶时，体系的吉布斯自由能的一阶偏导数发生了不连续的变化，所以是一级相变，即

$$S = -\left(\frac{\partial G}{\partial T}\right)_p \tag{8-12}$$

$$V = \left(\frac{\partial G}{\partial p}\right)_T \tag{8-13}$$

可知熵 S 和体积 V 也发生了不连续的变化。

体积的变化，有的物质结晶时收缩，如铜、铁等；有的物质结晶时膨胀，如水、半导体硅材料等。熵的变化表现为结晶时放出热量。

2. 非晶态固体形成过程

与结晶过程相比，非晶态固体的形成过程有以下特点：当熔体冷却时，不同材料发生结晶的过程差别很大，而形成非晶态固体，其冷却速率差别也很大。有的物质，易于发生

结晶，如一般金属。若要形成非晶态合金(金属玻璃)，需要很高的冷却速率。有的物质，当熔体冷却时，不易发生结晶，如 SiO_2，其在熔化之后冷却时，熔体黏度逐渐增大，最后固化，形成石英玻璃，而不易结晶形成 $\alpha-SiO_2$ 晶体。形成石英玻璃只需一般的冷却速率即可。从相变的角度看，从熔体中形成非晶态固体的过程是：过热熔体(稳定相)→过冷熔体(亚稳相)→非晶态固体(亚稳相)。也就是说，非晶态固体的形成是亚稳相之间的转变。

形成非晶固相后，也可能发生非晶固相的晶化。同时，非晶固相之间也会发生转化，即发生相分离或结构弛豫。

8.3.2 玻璃化转变

图 8.10 是熔体冷却过程中体积随温度的变化关系曲线，从图中可以看出结晶和玻璃化过程的差异。前者在凝固时体积有一跃变(正好相反于晶态熔化时的体积变化)，而后者的体积变化则是连续的，但在体积连续变化过程中在温度 T_g 处斜率产生了明显的转折，这一转折称为玻璃化转变，对应于过冷熔体转变为玻璃态。

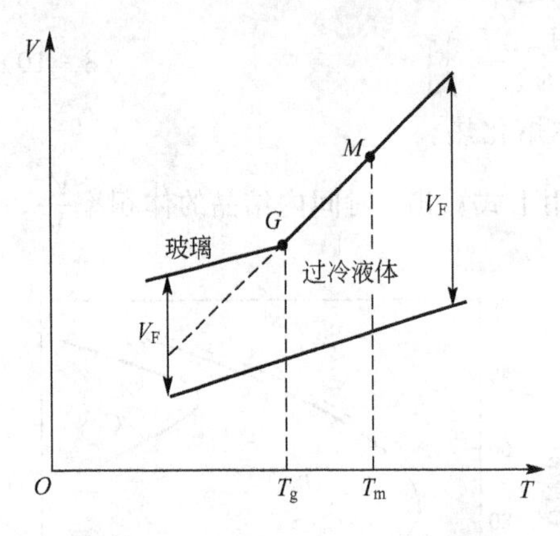

图 8.10 熔体冷却过程中体积随温度的变化

晶体在结构上是有序的，原子停留在晶格格点位置附近，具有定域性。而熔体具有流动性，在结构上是无序的，原子是非定域的。原子的定域性是固体的特征。玻璃化转变对应于熔体原子非定域性的丧失，原子被冻结在无序结构中，这就是玻璃化转变的实质，即结构无序的熔体变成了结构无序的固体。这个过程和结晶过程是不同的。熔体结晶过程存在两种类型的转变：结构无序向结构有序的转变和原子非定域化向定域化的转变，这两种转变是耦合在一起同时实现的。而在玻璃化转变过程中，这两种转变却脱耦了，只实现了原子非定域化向原子定域化的转变，结构无序却仍然存在。

玻璃化转变造成了黏性系数的急剧变化。在 T_g 附近黏性系数急剧上升超过 10^{12} Pa·s。黏性系数的急剧上升使熔体流动性丧失，从而转变成为非晶态固体。

8.4 非晶态固体结构模型

通过对径向分布函数的直接分析，可以获得一些有关非晶态固体短程结构的知识，但是这并未给出非晶态固体中原子组态，如无法确定短程有序结构单元之间如何相互联系，如何充满整个物体所占有的空间等。不仅如此，人们还应了解非晶态固体结构能够用什么样的参量加以描述，并进一步进行合理的分类。

对于晶体，抓住晶体结构的对称性，即原子周期性排布这一基本特点，用点群、空间群来描述晶体结构，并对晶体结构可以进行合理的分类。而对于非晶态固体，要比研究晶体困难得多。模型化方法是了解非晶态固体原子结构构型的重要方法。模型化方法是人们根据从实验中获得的径向分布函数、密度以及其他实验数据，用手工或计算机构造出原子集团的一种组态以用来模拟真实非晶态固体中原子的微观结构的一种方法。然后，对模型进行分析，通过模型可以计算出它的许多性质，如干涉函数、径向分布函数、密度等，并与实验测出的数据相比。如果两者不符，再对结构模型进行修正，当从模型计算出的数值与实验值基本相符时，就获得了一个能表示非晶态固体微观原子组态的合理的结构模型。这种模型，为研究非晶态固体结构提供了一个具体的图像。通过对不同类型非晶态固体的结构模型分析、对此，就有可能总结、归纳出非晶态固体结构的理论。

相对于晶体而言，非晶态固体是亚稳态，从熔体或蒸气通过快速淬冷的方法能够得到非晶态固体。上述的这些简单的实验事实有助于改善人们的一些关于结构的观点。非晶态也许可以被认为是一种近似于晶体的状态，或者作为一种对液体状态的偏离。非晶态固体的极限模型——微观模型或无序堆积模型(包括无序密堆硬球模型和无规则网络结构模型)——就分别对应于这两种看法。本节就微晶模型、无规则网络结构模型和无序密堆硬球模型做一简要介绍。

8.4.1 微晶模型

苏联学者列别捷夫在1921年提出晶子学说。他曾对硅酸盐玻璃进行加热和冷却，并分别测出不同温度下玻璃的折射率。结果如图8.11所示。由图看出，无论是加热还是冷却，玻璃的折射率在573℃左右都会发生急剧变化。而573℃正是α石英与β石英的晶型转变温度。这种现象对不同玻璃都有一定的普遍性。因此，他认为玻璃结构中有高分散的石英微晶体(晶子)。

在较低温度范围内，测量玻璃折射率时也发生若干突变。将SiO_2含量高于70%的$Na_2O\cdot SiO_2$与$K_2O\cdot SiO_2$系统的玻璃，在50～300℃范围内加热并测定折射率时，观察到85～120℃、145～165℃和180～210℃温度范围内折射率有明显的变化(图8.12)。这些温度恰巧与鳞石英及方石英的多晶转变温度相符合，且折射率变化的幅度与玻璃中SiO_2含量有关。根据这些实验数据，进一步证明在玻璃中含有多种“晶子”。以后又有很多学者借助X射线分析法和其他方法为晶子学说取得了新的数据。

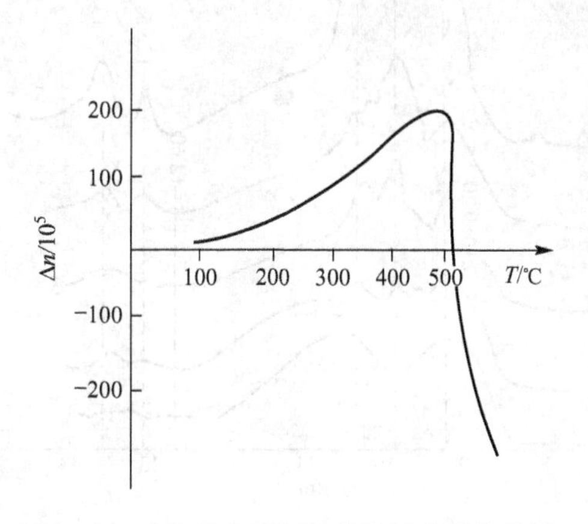

图8.11 硅酸盐玻璃折射率随温度变化曲线

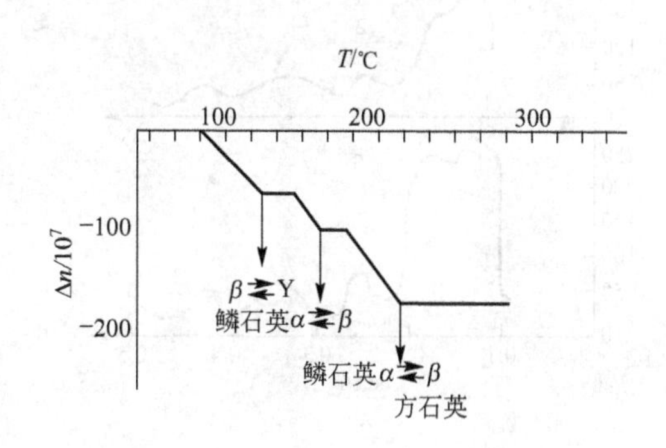

图8.12 一种钠硅酸盐玻璃(SiO_2含量76.4%)的折射率随温度的变化曲线

瓦连可夫和波拉依-柯希茨研究了成分递变的钠硅双组分玻璃的X射线强度曲线。他们发现第一峰石英玻璃衍射线的主峰与石英晶体的特征峰相符。第二峰$Na_2O\cdot SiO_2$玻璃的衍射线主峰与偏硅酸钠晶体的特征峰一致。在钠硅玻璃中上述两个峰均同时出现。随着钠硅玻璃中 SiO_2 含量增加，第一峰越来越明显，而第二峰越来越模糊。他们认为，钠硅玻璃中同时存在方石英晶子和偏硅酸钠晶子，这是X射线强度曲线上有两个极大值的原因。他们又研究了升温到400～800℃再淬火、退火和保温几小时的玻璃。结果表明，玻璃X射线衍射图不仅与成分有关，而且与玻璃制备条件有关。提高温度，延长加热时间，主峰陡度增加，衍射图也越清晰(图8.13)，他们认为这是晶子长大所造成的。由实验数据推论，普通石英玻璃中的方石英晶子尺寸平均为1.0nm。

结晶物质和相应玻璃态物质虽然强度曲线极大值的位置大体相似，但不一致的地方也是明显的。许多学者认为这是玻璃中晶子点阵图有变形所导致的。并估计玻璃中方石英晶子的固定点阵比方石英晶体的固定点阵大6.6%。

马托西等研究了结晶氧化硅和玻璃态氧化硅在3～26μm波长范围内的红外反射光谱。结果表明，玻璃态石英和晶态石英的反射光谱在12.4μm处具有同样的最大值。这种现象可以解释为反射物质结构相同。

弗洛林斯卡妮的研究表明，在许多情况下观察到玻璃和析晶时，析出晶体的红外反射和吸收光谱极大值是一致的。这就是说，玻璃中有局部不均匀区，该区原子排列与相应晶体的原子排列大体一致。图8.14比较了 $Na_2O \cdot SiO_2$ 系统在原始玻璃态和析晶态的红外反射光谱。研究结果得出，结构的不均匀性和有序性是所有硅酸盐玻璃的共性，这是晶子学说的成功之处。但是晶子学说尚有一系列重要的原则问题未得到解决。晶子理论的首倡者列别捷夫承认，由于有序区尺寸太小，晶格变形严重，采用X射线、电子射线和中子射线衍射法未能取得令人信服的结果。除晶子尺寸外，还有晶子含量、晶子的化学组成等都还未得到合理的确定。

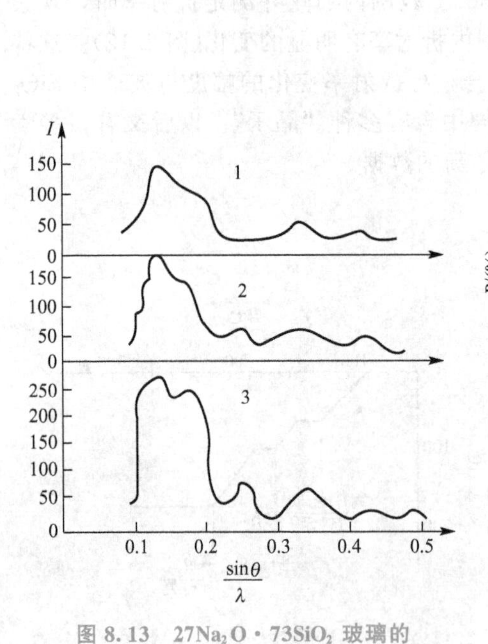

图8.13 $27Na_2O \cdot 73SiO_2$ 玻璃的X射线强度曲线

1—未加热；2—在618℃保温1h；3—在800℃保温10min和670℃保温20h

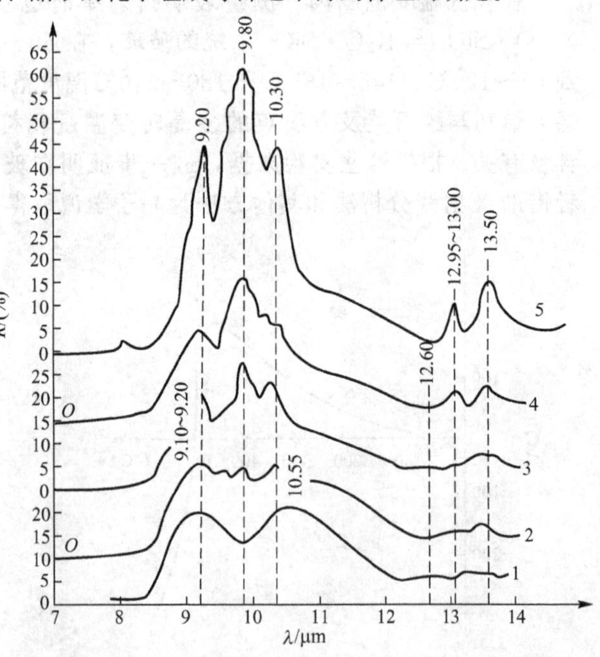

图8.14 $33.3Na_2O \cdot 66.7SiO_2$ 玻璃的反射光谱

1—原始玻璃；2—玻璃表层部分，在620℃保温1h；3—玻璃表面有间断薄雾析晶，保温3h；4—连续薄雾析晶，保温3h；5—析晶玻璃，保温6h

晶子学说的要点主要有：玻璃结构是一种不连续的原子结合体，即无数“晶子”分散在无定形介质中；“晶子”的化学性质和数量取决于玻璃的化学组成，可以是独立原子团或一定组成的化合物和固溶体等微观多相体，与该玻璃物系的相平衡有关；“晶子”不同于一般微晶，而是带有晶格极度变形的微小有序区域，在“晶子”中心质点排列较有规律，越远离中心则变形程度越大；从“晶子”部分到无定形部分的过渡是逐步完成的，两者之间并无明显界限。

8.4.2 无规则网络结构模型

1932 年德国学者查哈里阿生基于玻璃与同组成晶体的机械强度的相似性，应用晶体化学的成就，提出了无规则网络学说，并且慢慢发展成为玻璃结构理论的一种学派。

查哈里阿生认为，玻璃的结构与相应的晶体结构相似，同样形成连续的三维空间网络结构，但玻璃的网络与晶体的网络不同，玻璃的网络是不规则的、非周期的，因此，玻璃的内能比晶体的内能要大。由于玻璃的强度与晶体的强度属于同一个数量级。玻璃的内能与相应晶体的内能相差并不多，因此它们的结构单元(四面体或三角体)应是相同的，不同之处在于排列的周期性。

如石英玻璃和石英晶体的基本结构单元都是硅氧四面体［SiO_4］。各硅氧四面体［SiO_4］都通过顶点连接成为三维空间网络，但在石英晶体中硅氧四面体［SiO_4］有着严格的规则排列，如图 8.15(a)所示；而在石英玻璃中，硅氧四面体［SiO_4］的排列是无序的，缺乏对称性和周期性的重复，如图 8.15(b)所示。

在无机氧化物所组成的玻璃中，网络是由氧离子多面体构筑起来的。多面体中心总是被多电荷离子——网络形成离子(Si^{4+}、B^{3+}、P^{5+})所占有。氧离子有两种类型，凡属两个多面体的称为桥氧离子，凡属一个多面体的称为非桥氧离子。网络中过剩的负电荷则由处于网络间隙中的网络变性离子来补偿。这些离子一般都是低正电荷、半径大的金属离子(如 Na^+、K^+、Ca^{2+}等)。无机氧化物玻璃结构的二度空间示意图如图 8.16 所示。显然，多面体的结合程度甚至整个网络结合程度都取决于桥氧离子的百分数，而网络变性离子均匀而无序地分布在四面体骨架空隙中。

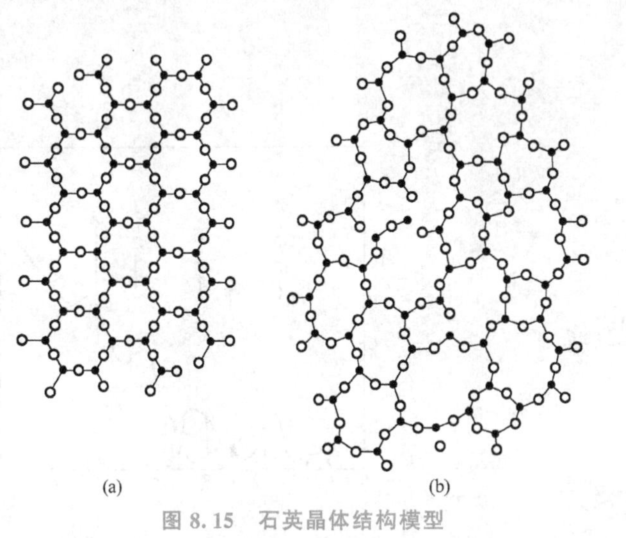

图 8.15 石英晶体结构模型

(a) 和石英玻璃结构模型；(b) 示意图

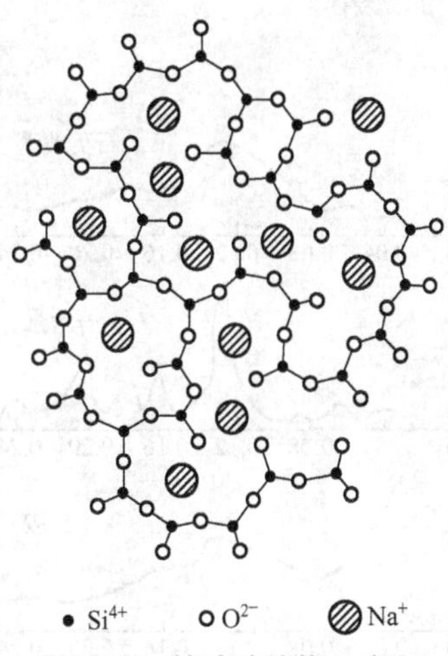

图 8.16 钠玻璃结构示意图

查哈里阿生认为玻璃和其相应的晶体具有相似的内能，并提出形成氧化物玻璃的 4 条规则：①每个氧离子最多与两个网络形成离子相连；②多面体中阳离子的配位数必须是小的，即为 4 或更小；③氧多面体相互共角而不共棱或共面；④形成连续的空间结构网要求每个多面体至少有 3 个角是与相邻多面体公共的。

瓦伦对玻璃的 X 射线衍射光谱的一系列卓越的研究，使查哈里阿生的理论获得有力的实验证明。瓦伦的石英玻璃、方石英玻璃和硅胶的 X 射线示于图 8.17。玻璃的衍射线和方石英的特征谱线重合，这使一些学者把石英玻璃联想为含有极小的方石英晶体，同时将漫射归结于晶体的微小尺寸。然而瓦伦认为这只能说明石英玻璃和方石英中原子间的距离大体上是一致的。他按强度-角度曲线半高处的宽度计算出石英玻璃内如有晶体，其大小也只有 0.77nm。这与方石英单位晶胞尺寸 0.70nm 相似。晶体必须是由晶胞在空间有规则地重复，因此，"晶子"此名称在石英玻璃中失去了其意义。由图 8.17 还可看出，硅胶有明显的小角度散射，而玻璃中没有。这是由于硅胶是由尺寸为 1.0～10.0nm 不连续的粒子组成。粒子间有间距和空隙，强烈的散射是由于物质具有不均匀性的缘故。但石英玻璃小角度没有散射，这说明玻璃是一种密实体，其中没有不连续的粒子或粒子之间没有很大空隙。这个结果与晶子学说的微不均匀性又有矛盾。

瓦伦又用傅里叶分析法将实验获得的玻璃衍射强度曲线在傅里叶积分公式基础上换算成围绕某一原子的径向分布曲线，再利用该物质的晶体结构数据，即可以得到近距离内原子排列的大致图形。在原子径向分布曲线上第一个极大值是该原子与近邻原子间的距离，而极大值曲线下的面积是该原子的配位数。图 8.18 表示出 SiO_2 玻璃径向原子分布曲线。第一个极大值表示出 Si—O 距离为 0.162nm，这与结晶硅酸盐中发现的 SiO_2 平均间距 (0.160nm)非常符合。按第一个极大值曲线下的面积计算得出配位数为 4.3，接近硅原子数 4。因此，X 射线分析的结果直接指出，在石英玻璃中的每一个硅原子，平均约为 4 个氧原子以大致 0.162nm 的距离所围绕。利用傅里叶法，瓦伦研究了 Na_2O-SiO_2，K_2O-SiO_2，$Na_2O-B_2O_3$，$K_2O-B_2O_3$ 等系统的玻璃结构。随着原子径向距离的增加，分布曲线中极大值逐渐模糊。从瓦伦数据得出，玻璃结构有序部分距离在 1.0～1.2nm 附近即接近晶胞大小。

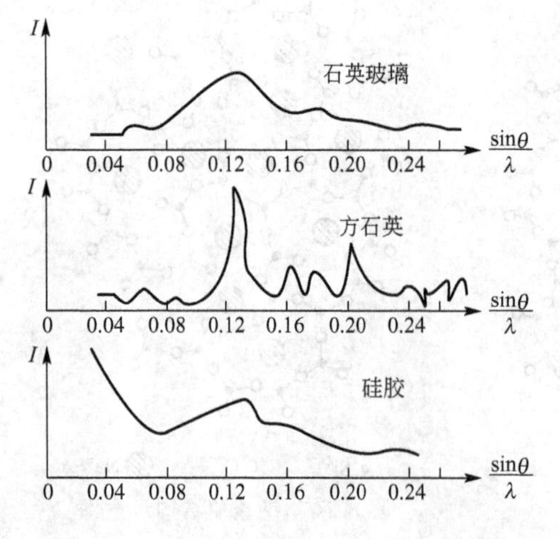

图 8.17　石英等物质的 X 射线衍射图

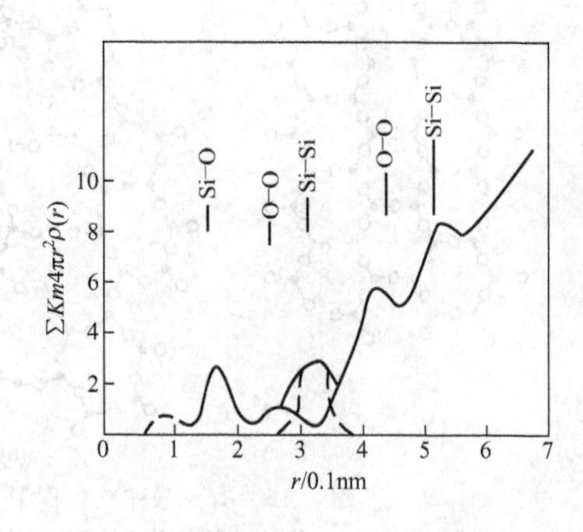

图 8.18　石英玻璃的径向分布函数

综上所述，瓦伦的实验证明，玻璃物质的主要部分不可能以方石英晶体的形式存在，而每个原子的周围原子配位，对玻璃和方石英来说都是一样的。

8.4.3 无序密堆积硬球模型

金属键无方向性，原子具有密堆积的倾向。金属原子间相互作用的这种特点是决定其近程结构的本质因素。目前公认的非晶态金属和合金的结构模型中，效果较好的是无序密堆积硬球模型。将无序密堆积硬球模型的计算结果和实验获得的分布函数作比较，在不少系统，特别是金属一类非晶态合金上得到了很好的一致性。有人根据这个模型计算的分布数与 Ni－P 非晶态合金由散射实验所获得的结果比较，两者具有较好的一致性。

在无序密堆积硬球模型中，把原子看作是具有一定直径不可压缩的钢球，“无序”是指在这种堆积中不存在晶格那样的长程有序，“密堆”则是指在这样一种排列中不存在足以容纳一个硬球那样大的间隙。这一模型最早是由贝尔纳(Bernal)提出，用来研究液态金属结构的。贝尔纳早期实验是将堆积的滚珠轴承放在橡胶软壳模子中，从表面看去，滚珠轴承不呈现规则的周期排列。贝尔纳提出，非晶态聚集体能够通过限制外表成为不规则形状而得到。那么，原子间的排列组合可以通过 5 种三角多面体来分析。如图 8.19 所示，多面体的顶点就是球心位置，其外表面是一些等边三角形，各多面体靠这些三角形互相连接。这些多面体互相连接而填充空间时，允许各边长与理想值有少许偏离。这 5 种多面体是：①四面体；②正八面体；③带 3 个半八面体的三角棱柱；④带两个半八面体的阿基米德反棱柱；⑤四角十二面体。

建立该模型的做法是在一定容器中装入钢球，用石蜡类物质固定钢球之间的相对位置，然后测量出各球心的坐标，确定堆积密度，由此建立了硬球无规堆积模型。其特征如下。

(1) 各向同性相互作用的同种离子在二维空间紧密排列时，总是得到规则排列的“晶体”，只有在三维空间中才能做无规排列，其具有极大的短程密度。

(2) 无规密堆模型可以看作是由四面体、八面体、三角柱(可附三个半八面体)、Archimedes 反棱柱(可附两个半八面体)以及四角十二面体(常称 Bernal 多面体)等组成。如果计算其组成中的四面体和八面体，四面体多(86.2%)、八面体少(15.8%)，这是非晶态结构的重要特征。

(3) 非晶态结构中四面体有错列型和相掩型两种排列方式，据此进行的理论计算与实验测得的径向分布函数非常接近。

图 8.19 给出了 Bernal 多面体及两种四面体错列型和相掩型排列方式。

非晶态金属或合金的结构模型接近于贝尔纳的无序密堆积硬球模型，模型的分布函数基本上与实验结果一致，密度也是合理的。几何图像具体，研究方便，这些都是它的优点。其缺点是工作量大，有些因素(如器壁影响、实现高密度的条件等)不易掌握，而且把原子视为硬球，这当然是一个粗糙的假设，在这方面对真实的硬球模型做改进也是困难的。20 世纪 70 年代以来，由于电子计算机的技术的飞速发展，所以用计算机模拟建造模型的工作越来越受到重视。图 8.20 所示为计算机研究得到的无序密堆积的漂亮图像。

通过对模型的考察和非晶态结构测定技术的发展，人们已经对非晶态结构的主要特征和概貌有了初步的了解。但是对非晶态结构细节的描述、各类的差别等方面还有大量工作要做。

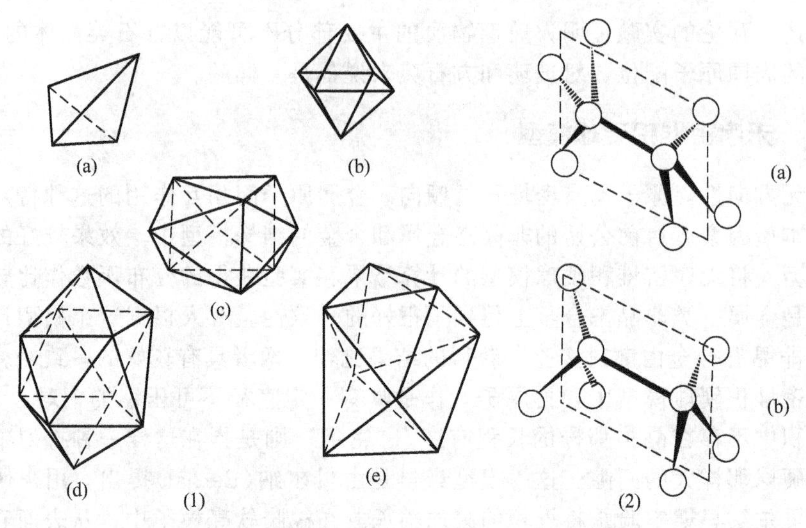

图 8.19 Bernal 多面体及四面体错列型和相掩型排列方式

(1) Bernal 多面体；(2) 四面体错列型和相掩型

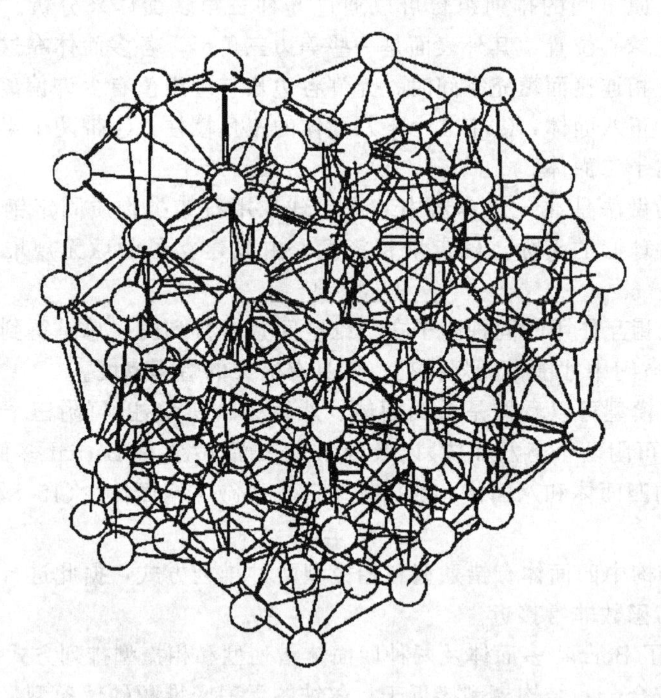

图 8.20 计算机作出的 100 个原子的无序密堆积图形

8.5 非晶态材料

“非晶态”的概念在人们的头脑里是相对于“晶态”而言的。金属和很多固体，它们的结构状态是按一定的几何图形、有规则地周期排列而成，就是曾定义的“有序结构”。而在非晶态材料的结构中，它只有在一定的小范围内，原子才形成一定的几何图形排列，近邻的原子间距、键长才具有一定的规律性。例如，非晶合金，在1.5～2nm范围内，它们的原子排列成四面体的结构，每个原子就占据在四面体棱柱的交点上。但是，在大于2nm的范围内，原子成为各种无规则的堆积，不能形成有规则的几何图形排列。因此，这类材料具有独特的物理、化学性能，有些非晶合金的某些性能要比晶态更为优异。

在人类发展史上，非晶态物质如树脂、矿物胶脂等，早在几千年前的远古时代就已被人类的祖先所利用。在我国，玻璃制造至少已有两千年的历史。近半个世纪以来，人们几乎全部致力于理想的晶态物质及其超高纯度、高均匀方面的研究，而忽略了非晶态物质的开发。20世纪30年代，克拉默尔用气相沉积法获得了第一个非晶态合金。20世纪50年代中期，科洛密兹等人首先发现了非晶态半导体具有特殊的电子特性。1958年，安德森提出："组成材料的几何图形(晶格)混乱、无规则地堆积到一定程度，固体中的电子扩散运动几乎停止，导致非晶态材料具有特殊的电、磁、光、热等特性。"这就引起了科学家们的极大兴趣。但是，当时如何制造能够应用的非晶态材料的方法尚未解决，金属、合金的生产仍沿用传统的炼金术。

1960年，美国加州理工学院杜威兹教授领导的研究小组发明了用急冷技术制作出进行工业生产的非晶合金的办法。采用这种方法，可以制备出各种宽度的非晶合金条带，条带的带宽已达150mm以上。另外，这种方法还可制备非晶态的粉末，其粉末粒度直径可达1μm左右。这种方法也可制备非晶合金丝。此方法在冶金工业生产工序上节省了多道工序，节省了大量能源消耗，被称为冶金工艺的一次革命，也就是"炼金术"的革命。

非晶固体的研究结果已发现的非晶态材料包括非晶态金属及其合金、非晶态半导体、非晶态超导体、非晶态电介质、非晶态离子导体、非晶态高分子及传统的氧化物玻璃等。可见非晶态材料是一个包罗万象、极为富有的材料家族，它已广泛应用于航空、航天、电机、电子工业、化工以及高科技各领域并取得了显著效果，而且，还继续显示着它的不竭功能。非晶态金属比一般金属具有更高的强度，如非晶态合金$Fe_{80}B_{20}$。

8.5.1 非晶态固体的结构特征

非晶态材料具有卓越的物理、化学、力学性能，近20多年来已成为高新技术领域的关键材料之一。国际上许多发达国家都先后投入巨资发展非晶态材料产业，尤其是非晶态合金。我国也将千吨级非晶带材及其制品开发列为"九五"重点攻关项目。

非晶态(amorphous)又称玻璃态。1960年，P. Duwez将熔融的Au-Si合金喷射到冷的铜板上，以大约每秒一百万摄氏度以上的降温速度快速冷却，使液态合金来不及结晶就凝固，首次获得非晶态合金。不过，这样得到的非晶态合金形状不规则、厚薄不均匀，没有实际应用价值。后来发现，除快速冷却外，再加一定量的B、C、Si、P、S、Ga、Ge、As等元素可以阻止晶化，得到尺寸均匀的条带、细丝和粉末。

非晶态物质的结构特点是短程有序。原子排列既不具备晶态物质那种长程有序性，又不像气体中的原子那样混乱无序，而是在每个原子周围零点几个纳米内，最近邻原子数及化学键的键长、键角与晶态固体相似。

在短程有序的前提下，对非晶态物质的结构又提出了不同的模型，常见的两种是前面介绍的无规网络和微晶粒模型：①无规网络模型认为非晶态材料中的原子完全无规排列堆积，呈现混乱性和随机性，没有任何小区有序的部分；②微晶粒模型则认为非晶态材料由纳米量级的微晶(几个到几十个原子间距)组成，在微晶内部的小范围内具有晶态性质，但各个微晶无规取向，不存在长程有序性。

长程无序的特点使得非晶态产生的X射线衍射图由较宽的晕和弥散的环组成，对研究结构作用非常有限。一种有力手段是广延X射线吸收精细结构技术，能够定出非晶态材料中各种元素的原子周围近邻和次近邻的位置。不过，对非晶态结构的测定，仍远不及晶态那样准确。

8.5.2 非晶态合金

20世纪60年代出现的一种新型材料——非晶态合金，也称金属玻璃，外观与金属晶体没有区别，密度略低于相同成分的金属晶体，具有比晶态合金优越得多的机械、物理性能，这方面的研究正引起人们愈来愈大的兴趣和重视。

一般的金属和合金，其原子在空间作周期排列，均以结晶态出现。但早在1947年就有用化学沉积法及电解沉积法获得了Ni-P及Co-P(24%～30%mol的P)的非晶态薄膜的报导。1960年杜威士(P. Duwez)开始发展了从液态合金快冷技术得到$Au_{70}Si_{30}$非晶态合金，1970年以后又发展了直接从液态金属获得线材及条材的工艺，并发现了非晶态合金的许多突出优异的性能。于是，关于非晶态合金的材料科学的研究就迅速开展起来了。

当前制造非晶态合金的方法很多，但概括起来可分为两大类：①液态合金快冷的工艺。目前生产上比较感兴趣的工艺是离心铸造法(旋转圆筒法)及轧辊淬火法(液体轧制法)。前者是将金属在末端带有直径0.2～0.5mm小孔的石英管内熔融，然后通过气体吹到高速旋转的圆筒内壁，圆筒内壁的转速一般在5 000r/min和10 000r/min之间(图8.21)。后者是把熔融的合金直接喂入两个轧辊中间，经过轧辊快冷之后便成为厚度在10～100μm之间的非晶态条带，故亦称为液体轧制法。这两种方法的冷却速度均可达10^6℃/s左右。用这种工艺可制成贵金属或过渡金属与B、C、Si、P等元素的非晶态合金。②包括原子沉积过程在内的各种工艺。有真空蒸发、等离子体喷射及快速溅射等方法。这些方法都是使金属或合金从气态快速冷却，沉积在低温基片上形成非晶态薄膜。沉积速率和基片温度是决定非晶态形成的条件。沉积速率高、基片温度低有利于非晶态的形成。

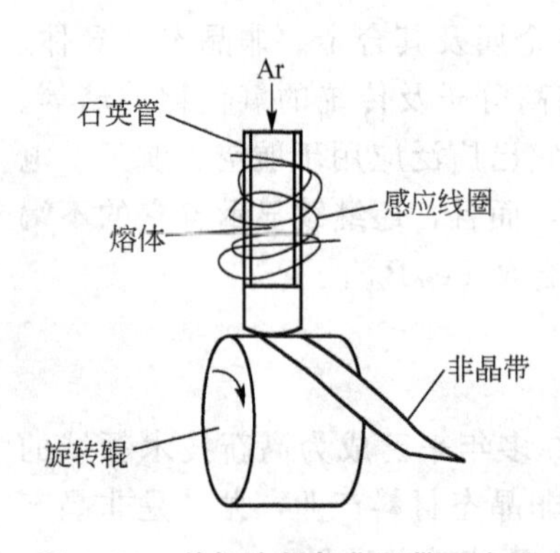

图8.21 单辊法制备非晶带示意图

非晶态合金的制造工艺还是比较简单、经济的。不像晶态合金往往需要经过非常复杂的工序才能得到良好的特性。但非晶态合金的性能却可与晶态合金相比拟，有的性能还远优于现在的晶态合金。例如，$Fe_{80}B_{20}$非晶态合金，屈服强度可高达3 500N/mm²，远远超过常用的超高强度马氏体时效钢(2 000N/mm²左右)，硬度HV达1 100，高于超高硬度工具钢的硬度值。有些非晶态合金还具有极高的耐腐蚀性，例如把非晶态$FeCr_{10}P_{13}C_7$合金和晶态18Cr-SNi不锈钢共同放在盐酸溶液中浸渍168h以后作比较，利用微量天平未检测出非晶态$FeCr_{10}P_{13}C_7$合金有重量变化，而不锈钢的腐蚀速度约为每年10mm。非晶态合金的电磁性能也引起人们很大注意，其电阻率为相应的晶态合金的数倍，因此作为电磁元件应用时可以降低损耗和提高使用频率。还发现许多种非晶态合金的软磁特性都可与目前使用的最好的晶态合金相当。总之，非晶态合金的潜在应用是十分广泛的。

非晶态金属为什么具有比晶态金属更优良的性能呢？这可能与非晶态结构的特点有

关。在非晶态合金中，合金成分的分布及结构是无规则的，因而也是十分均匀的，没有偏析、晶界、位错等缺陷，是一种完全各向同性的材料。Fe－Cr 系非晶态合金所以具有很高的耐蚀性还与合金表面有一层耐蚀性很高而均匀稳定的钝化膜有关。据分析这层膜中几乎完全是氧化铬，而耐蚀性差的铁几乎没有，试验表明 Cr 含量小于 5%mol 时，耐腐蚀性就迅速降低。

非晶态合金形成条件是个有待深入研究的问题。正如前面已指出过的那样，液态冷却速度对于非晶态形成有决定性影响。在急冷过程中，温度急剧下降，与温度成指数关系的黏度陡然上升，原子扩散运动受到阻碍，使熔体中晶核形成及长大受到抑制。但是对单原子纯金属液体在实践中未能急冷形成玻璃。有人试验过，即使冷却速度高达 10^{10}℃/s，也必须有微量氧存在时才能获得部分的非晶态镍箔。以 10^6℃/s 冷却速度获得的非晶态金属大都为靠近共晶组成的过渡金属(Pe、Co、Ni、Pd、Pt、Rh)及贵金属(Au、Ag、Cu)与15%～30%类金属(B、Si、P、C、N)的合金。对此有一种解释，可用图 8.22 来简单地说明，这是一个典型的二元系共晶相图的示意图，其中 E 点为相 A 及相 B 的共晶点。在连续冷却过程中液体就会过冷，凝固将在低于液相线的温度下进行，也就相当于液相线降低了。冷却速度越快，过冷度越大，液相线降低的也就越多。制造非晶态金属时冷却速度极快，过冷度很大，液相线成了图中虚线的样子。超速冷却的液体在一特定转变温度 T_g 时会发生凝固，这时液相线与 T_g 线交于 C、D 两点，显然与 C、D 对应的 P、Q 之间的成分，在这样的冷却速度下没有任何其他相生成，而是形成“过冷的液体”——非晶态金属。除了 P、Q 之间的成分以外的其他合金在这样的冷却速度下都要形成结晶相。

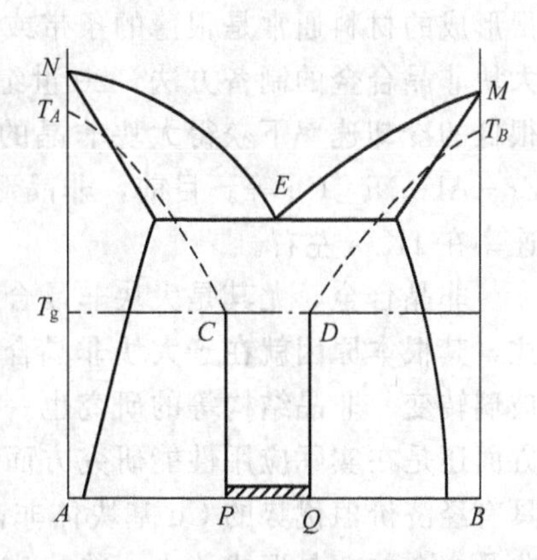

图 8.22 晶态形成示意图

按这个观点制造非晶态合金需要很高的冷却速度和适当的合金成分这两个条件。显然，如果合金的熔点 T_m 较低而 T_g 较高时就容易形成非晶态。也有人提出可用对比熔点 τ_m 来作为非晶态合金形成条件的定性判据。$\tau_m = kT_m/H_v$，这里 k 是玻尔兹曼常数，T_m 为熔点，H_v 是蒸发热，τ_m 越小越有利于非晶态的形成。

上面的解释与现在大部分非晶态合金成分都是在共晶成分附近这个事实相符。但这不是必要条件，因为很多不处于共晶成分的二元系，如 Co－Zr、Au－Pb、Cu_3Zr_2 等同样可以形成非晶态。因此又有人提出合金组元的原子半径差别 $\Delta R/R_1>10\%$是必要条件，实际上还是有很多 $\Delta R/R_1>10\%$的系统如 Au－Ge、Pd－Si、Pt－Si 等也能形成非晶态。我国科学工作者也曾用键参数方法对现有二元系非晶态合金的资料进行归纳总结，认为二元系中非晶态形成条件与两种原子间的相互作用有关。总之，从 20 世纪 60 年代以来，虽然在非晶态合金形成条件上做了大量的研究工作，但至今还不能认为这个问题已经有了满意的解答。

金属玻璃具有高磁导率、高磁致伸缩、高磁积能、低居里温度、低铁损、低矫顽力的特性，使它在磁传感器、高性能长寿命记录磁头、磁屏蔽材料等方面的应用成为重要研究课题。以 Fe、Co、Ni 为基质的金属玻璃有优越的软磁特性，用于制造变压器远优于硅钢片，总能量损耗可减少 40%～60%。据一些文献报道，美国 20 世纪 80 年代每年的配电变压器损失能量达 7 亿多美元，若用非晶态铁心变压器每年的经济效益约为 4 亿美元，同时

降低发电燃料消耗，减少 CO_2、SO_2、NO_x 等有害气体排放量。因此，非晶态合金又被誉为绿色环保材料。

我国的能源消费增长很快，国家非常重视非晶铁心应用开发技术。目前，美国能生产最大宽度达 217mm 的非晶带材，我国的千吨级非晶带材生产线成功喷出了 220mm 宽的带材。

普通的晶态合金电阻温度系数为正，电阻率随温度升高而升高，而金属玻璃有高电阻、低温度系数的电学性能，且电阻温度系数有从正到负的变化。此外，已发现 15 种非晶态急冷超导合金，虽然超导转变温度低于晶态超导体，但耐辐射能力远比晶态为强，因为非晶态本身就是长程无序结构。

非晶态材料也有不足之处。首先，它在热力学上是一种亚稳态，有向晶态转化的趋势(尽管由于动力学原因，转化可能很慢)，这将导致非晶态的许多特性严重受损。所以，非晶态材料必须在低于晶化温度下使用。其次，制备非晶态材料所需的苛刻的冷却速率，使得形成的材料通常是很薄的条带或细丝状，限制了研究和开发利用。科学家们一直在探索大块非晶合金的制备方法，20 世纪 90 年代以来，终于取得突破性进展，发现了一些能在很低的冷却速率下获得大块非晶的合金体系，如 Mg－Y－(Cu－Ni)、La－Al－Ni－Cu、Zr－Al－Ni－Cu 等。目前，非晶形成能力最好的是 Zr－Ti－Ni－Cu－Be 合金体系，冷却速率在 1K/s 左右。

非晶合金，尤其是大块非晶合金，自被发现以来就一直受到材料和物理学家的广泛关注，其根本原因就在于大块非晶合金不仅具有广阔的应用前景，而且在基础研究方面，对玻璃转变、非晶结构等的研究也一直是凝聚态物理研究中的热点。无论是在基础理论研究方面还是在实际应用性能研究方面，目前研究比较深入的主要是 Zr 基大块非晶合金体系，具有经济价值优势的 Cu 基块体非晶合金的研究相对滞后，因此近年来，关于 Cu 基大块非晶合金的非晶形成能力、热稳定性和机械性能备受人们关注。纵观文献报道，尽管 Cu 基大块非晶合金的研究已取得可喜的成果，但仍存在许多未知现象和应用领域有待深入研究，特别是微合金化对其化学性能和电学性能的影响等有待探索，对其形成和机械性能的影响有待深化和系统化。

8.5.3 非晶态半导体

非晶态半导体在太阳电池、复印材料、存储器件等方面都有广泛应用。非晶态半导体优异的防辐射性能使之可用于宇航、核反应堆和受控热核聚变等场合。目前研究最多的是非晶态太阳能电池，因为非晶硅制备工艺简单，易制成大面积器件，薄膜厚度只需约 1μm，对阳光吸收效率高。非晶硅场效应晶体管用于液晶显示和集成电路也在试验之中。

目前，非晶态半导体的理论和应用研究都在快速发展。已发现的非晶态半导体大致可以分为 3 大类：①非晶态单质材料，如锗、硅、碲、硫和硼；②共价键的非晶态半导体，其中有代表性的是硫系玻璃，所谓硫系玻璃就是以第Ⅴ主族元素硫、硒、碲为基的玻璃；③离子键的非晶态半导体，如 Al_2O_3、Ta_2O_5 等为代表的氧化物。

非晶态材料的制备常常比晶态材料要容易和经济，晶态半导体生长需要极精细的技术，尺寸也不可能很大，如目前利用晶态硅太阳电池来取得电能，就比火力发电要贵数十倍。这样，大量使用就受到限制。而最近发现的在硅烷(SiH_4)气体中利用辉光放电法制得的非晶态硅，有可能成为廉价和有效的太阳电池材料。

非晶态半导体中研究得最多的是硫系玻璃(如 85Te - 15Ge)，这是因为在这种玻璃中发现了两种新的开关现象。一种叫作阈值开关，即在这种玻璃中加的电压超过一定大小(即阈值)之后，玻璃的电导可以增加 10^6 个数量级，当外加电压去除以后，玻璃又从低阻态回到高阻态。产生这个开关特性的原因究竟是电效应还是热效应还没有弄得十分清楚，但看来电效应的可能性大些。另一种开关现象叫作存储开关，它与阈值开关的区别是当外加电压去除以后，低阻态可以仍然保持，只有再加上一个强脉冲电流后才能恢复到高阻态。一般认为产生这种存储的机理是由于相变而造成的，即电能引起的非晶态和晶态的可逆转变过程构成了硫系玻璃的记忆过程。例如，曾经对 $Te_{81}Ge_{15}Sb_2S_2$ 玻璃制成的器件进行研究，发现该材料中可能包括低阻态 Te 晶体及高阻态的玻璃体两相。当电压超过阈值电压时，器件内部产生了温度分布，局部地区的温度上升到了析晶温度 T_c 以上，如图 8.23(a)所示，此时 $Te_{81}Ge_{15}Sb_2S_2$ 组分中的 Te 晶体会呈树枝状向外生长，若从这个温度快冷下来晶体生长就不完全，而慢冷下来析晶就比较完全。如生长完全，低阻态的 Te 晶体会使器件导通，如图 8.23(b)所示。这就是在超过阈值电压时变成低阻态的原因，这种转变称为置位。而后在电流脉冲作用下，由于时间短，电能使局部地区到达熔融温度 T_m [图 8.23(c)]，但器件内部不同部位温差大，因此冷却较快，细小的 Te 晶体只能断断续续地分布在玻璃态基体中，因而复位而变为高阻态 [图 8.23(d)]。非晶态半导体的这种特性已作为存储元件在主读存储器中得到应用。

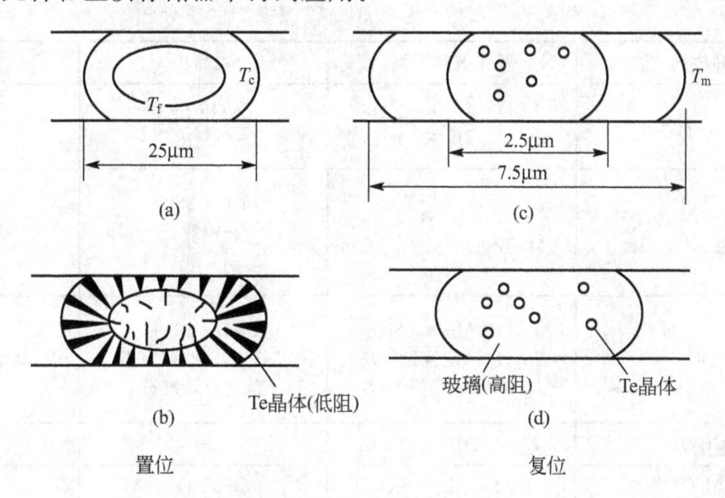

图 8.23 硫系半导体的析晶变化及存储特性示意图

(a) 在高阻态的器件上加上阈值电压后的温度分布区，T_f 为晶体生长温度，T_c 为析晶温度；(b) 慢冷后树枝状 Te 晶体得到较完善的生长形成低阻态；(c) 加上电脉冲后的温度分布区，T_m 为熔融温度；(d) 复位后的结构，Te 晶体分散在玻璃基体上又成为高阻态

8.5.4 玻璃陶瓷

玻璃陶瓷(又称微晶玻璃)是 20 世纪 60 年代发展起来的新产品，在它出现以前，若玻璃中出现结晶现象就要导致玻璃透明度的降低，这种现象称为失透或退玻璃化，在传统的玻璃工业中是要尽力防止这种现象发生的。而微晶玻璃恰好利用这一现象生产出具有比各种玻璃及传统陶瓷的机械物理性能优越得多的产品。这种产品是在玻璃成型基础上获得

的，玻璃的熔融成型比起通常的陶瓷成型的方法有很多有利条件，因而工艺上比陶瓷要简单。微晶玻璃的特点是结构非常致密，基本上无气孔，在玻璃相的基体上存在着很多非常细小的弥散结晶。它是通过控制玻璃的结晶而生产出来的多晶陶瓷。

微晶玻璃的制造工艺除了与一般玻璃工艺一样要经过原料调配—玻璃熔融—成型等工序外，还要进行两个阶段的热处理。首先在有利于成核的温度下使之产生大量的晶核，然后再缓慢加热到有利于结晶长大的温度下保温，使晶核得以长大，最后冷却。这样所得的产品除了结晶相外还有剩余的玻璃相。工艺过程要注意防止微裂纹、畸变及过分的晶粒长大。微晶玻璃中的晶粒尺寸约为1μm，最小可到0.02μm(一般无机多晶材料晶粒为2～20μm)。

由于比普通陶瓷晶粒小得多，所以称为微晶玻璃，以区别于普通玻璃和陶瓷。微晶玻璃的成分和普通的玻璃在成分上也有所不同，它析晶的趋向比普通玻璃要大。为了促使微晶形成在配料中常常加入各种不同的成核剂。

最早的微晶玻璃是从光敏玻璃发展起来的，这种玻璃的配料中含有0.001%～1%的金、铜或银，弥散在玻璃基体中，然后用紫外线或X射线照射后再进行热处理，以这些金属胶体为晶核剂析晶。后来发现不必用紫外线辐射就可有一系列玻璃的组成及晶核剂能形成微晶玻璃，表8-1列了几种微晶玻璃及其晶核剂的成分。

表8-1　某些微晶玻璃及其晶核剂的成分

	晶核剂	基体玻璃举例	主晶相	特征
1	Au、Ag、Cu	$Li_2O-Al_2O_3-SiO_2$ (Na_2O、K_2O)	$Li_2O \cdot SiO_2$ $Li_2O \cdot 2SiO_2$	需要进行紫外线照射
2	铂类(Pt、Ru、Rh、Pd、Os、Ir)	Li_2O-SiO_2 $Li_2O-MgO-Al_2O_3-SiO_2$	$Li_2O \cdot 2SiO_2$ β-锂辉石 $LiAl[Si_2O_6]$	—
3	TiO_2	$Li_2O-Al_2O_3-SiO_2$ $MgO-Al_2O_3-SiO_2$ $Na_2O-Al_2O_3-SiO_2$	$Li_2O \cdot 2SiO_2$ β-石英，β-锂辉石 堇青石，霞石	低膨胀 高绝缘，低损耗 釉增强用
4	Cr_2O_3	$Li_2O-Al_2O_3-SiO_2$	—	—
5	Al_2O_3	$PbO-TiO_2-SiO_2$	$PbTiO_3$	强介电性

由于新晶相粒子很细，而且它与剩余玻璃相间折射率不同，因而引起界面散射，玻璃就不再透明。微晶玻璃在热处理时体积变化约为3%，变化很小。不同组成的微晶玻璃的热膨胀系数可以在很大范围(10^{-7}～10^{-5}℃)内控制，这样有利于与金属部件的匹配，甚至可做成膨胀系数为负的微晶玻璃。微晶玻璃的热导率也较高。另外它的软化点可以有很大的提高，差不多从普通玻璃的500℃提高到1 000℃左右。

电性能也有很大变化，一般来说是提高了绝缘性能而且降低了介质损耗。机械性能的变化尤为突出，断裂强度可以比同种玻璃增加一倍以上，即从$7\times10^3 N/cm^2$增加到$1.4\times10^4 N/cm^2$或更高，抗热振性及莫氏硬度也得到很大改善。

由于微晶玻璃在广泛范围内可以调节性能的特点及大量生产的有利条件，从餐具到电子元件等各领域都将得到越来越广泛的应用。

*8.6 拓展阅读 块体非晶合金材料的研究

非晶态合金又称金属玻璃，较晶态合金具有许多优异性能，如高硬度、高强度、高电阻、耐蚀及耐磨等。块体非晶合金材料的迅速发展，为材料科研工作者和工业界研究开发高性能的功能材料和结构材料提供了十分重要的机会和巨大的开拓空间。

1960 年，美国人首次采用快速凝固的方法得到了 $Au_{70}Si_{30}$ 非晶合金薄带。此后，人们主要通过提高冷却速度的方法来获得非晶态结构，由于受很高的临界冷却速率的限制，只能获得片、丝或粉末状非晶金属或合金。1969 年陈鹤寿等将含有贵金属元素 Pd 的具有较高非晶形成能力的合金(Pd-Au-Si，Pd-Ag-Si 等)，通过 B_2O_3 反复除杂精炼，得到了直径 1mm 的球状非晶合金样品。1989 年日本东北大学通过水淬法和铜模铸造法制备出毫米级的 La-Al-Ni 大块非晶合金，随后 Zr 基非晶合金体系也相继问世。20 世纪 90 年代以来，人们在大块非晶合金制备方面取得了突破性进展，成功地制备了 Mg-Y-(Cu，Ni)、La-Al-Ni-Cu、Zr-Al-Ni-Cu 等非晶形成能力很高，直径为 1～10mm 的棒、条状大块非晶态合金。目前已开发出 La 基、Zr 基、Mg 基、Al 基、Ti 基、Pd 基、Fe 基、Cu 基、Ce 基等块体非晶合金材料。

目前，块体非晶合金的研究方向主要集中在制备、性能和稳定性等方面。性能研究主要包括块体非晶材料的力学性能、磁性能及物理性能等。力学性能主要有强度、塑性、材料失效机理等方面；磁性能主要包括软磁、硬磁、磁光性能等，其中软磁非晶材料已经进入工业化应用，主要用于变压器和标签上。硬磁非晶材料的研究目前陷入困境，由于非晶结构的无序性，使得剩磁较小，基本不具有实际应用前景；磁光等新型磁应用材料仅处于探索阶段。稳定性研究主要包括非晶形成能力、非晶热稳定性、非晶晶化转变热力学及动力学等。

早期非晶材料的制备中，采用快速凝固法制备非晶粉末，然后用粉末冶金方法将粉末压制或黏结成型。20 世纪 90 年代初发现了具有极低临界冷却速率的合金系列，可以直接从液相获得块体非晶固体。目前，块体非晶合金的制备方法主要有以下几种方法。

(1) 直接凝固法。直接凝固法包括：水淬法、铜模铸造法、吸入铸造法、高压铸造法、磁悬浮熔炼法、单向熔化法等。此法可以制得 Mg 基、Al 基、Fe 基、Zr 基、La 基、Ti 基、Cu 基等大块非晶合金。

(2) 水淬法。水淬法将合金置于石英管中，合金熔化后连同石英管一起淬入流动的水中，以实现快速冷却，形成大块非晶合金。这种方法可以达到较高的冷却速度，有利于大块非晶合金的形成。但石英管和合金可能发生反应，造成污染。另外，反应物的生成既影响水淬时液态合金的冷却速度，又容易造成非均匀形核，以致影响大块非晶合金的形成。因此，这种方法具有很大的局限性。

(3) 铜模铸造法。该方法把熔体注入内腔呈各种形状的铜制模具中，可形成外部轮廓与模具内腔相同的块体非晶合金。该工艺所能获得的冷却速度与水淬法相近，为 10^2～10^3K/s，关键是要尽量抑制在铜模内壁上生成不均匀晶核并保持良好的液流状态。熔体的熔炼次数对所能获得的临界冷却速度影响很大，重复熔炼数次后，临界冷却速度将明显下降，这是因为反复熔炼提高了熔体的纯度，消除了非均匀形核点。

(4) 吸入铸造法。利用非自耗的电弧加热预合金化的铸锭，待其完全熔化后，利用油

缸、气缸等的吸力驱动活塞以1～50mm/s的速度快速移动，由此在熔化室与铸造室之间产生压力差把熔体快速吸入铜模，使其得到强制冷却，形成非晶合金。由于该工艺的控制因素比较少(熔体温度、活塞直径、吸入速度等)，所以能相对简便地制备出块体非晶合金。

(5) 高压铸造法。高压铸造是一种利用50～200MPa的高压使熔体快速注入铜模的工艺。其主要特点是：整个铸造过程只需几毫秒即可完成，因而冷却速度快并且生产效率高；高压使熔体与铜模紧密接触，增大了两者界面处的热流和热导率，从而提高了熔体的冷却速度并且可以形成近终形合金；可减少在凝固过程中因熔体收缩而造成缩孔之类的铸造缺陷；使熔体的黏度很高，能直接从液态制成复杂的形状；产生高压所需要的设备体积大，结构较复杂，维修费用高。

(6) 单向熔化法。该方法把原料合金放入呈凹状的水冷铜模内，利用高能量热源使合金熔化。由于铜模和热源至少有一方移动(移动速度大于10mm/s)，所以加热后形成的固态区之间产生大的温度梯度和大的固/液界面移动速度V，从而获得高的冷却速度，使熔体快速固化，形成连续的块体非晶合金。

(7) 粉末固结成型法。该方法利用非晶合金特有的在过冷液相区间的超塑成型能力，将非晶粉末加压固结成型，是一种极有前途的块体非晶合金的制备方法。进行非晶粉末固结成型的粉末冶金技术通常有热压烧结(HP)、热等静压烧结(HIP)等。除传统的粉末冶金技术外，最近有报道利用放电等离子烧结(Spark Plasma Sintering，SPS)技术将非晶粉末致密化制备块体非晶合金材料。SPS技术是利用外加脉冲强电流形成的电场清洁粉末颗粒表面氧化物和吸附的气体，并活化粉末颗粒表面，提高颗粒表面的扩散能力，再在外加压力下利用强电流短时加热粉体进行快速烧结致密化，其消耗的电能仅为传统烧结工艺的1/5～1/3。SPS技术具有烧结温度低、烧结时间短、单件能耗低、烧结体密度高，显微组织均匀、操作简单等优点，是一种近净成型技术。SPS技术作为一种迅速发展的新兴快速烧结技术，是一种很有前途的非晶粉末固结技术。SPS技术还可以应用于制备需要抑制晶化形核的非晶块体材料。其烧结机理是在极短的时间内粉末间放电，快速熔化，在压力作用下非晶粉末还没来得及晶化就已经发生烧结，而后通过很快的冷却速度，非晶态结构被保存下来，从而得到致密的块体非晶态合金。有人利用SPS技术制备出了直径为20mm、厚度为5mm的$Fe_{65}Co_{10}Ga_{5}P_{12}C_{4}B_{4}$大块铁基非晶合金，其相对密度高达99.7%，且具有良好的软磁性能。

与晶态合金相比，非晶态合金在物理性能(力、热、电、磁)和化学性能等方面都发生了显著的变化。非晶合金的力学性能及应用非晶合金与普通钢铁材料相比，有相当突出的高强度、高韧性和高耐磨性。根据这些特点利用非晶态材料和其他材料可以制备成优良的复合材料，也可以单独制成高强度耐磨器件。在日常生活中接触的非晶态材料已有很多，如用非晶态合金制作的高耐磨音频视频磁头在高档录音、录像机中的广泛使用；把块体非晶合金应用于高尔夫球击球拍头和微型齿轮中；采用非晶丝复合强化的高尔夫球杆、钓鱼竿已经面市。非晶合金材料已广泛用于轻工业、重工业、军工和航空航天业，在材料表面、特殊部件和结构零件等方面也都得到了较广泛的应用。

一般非晶态金属的电阻率较同种的普通金属材料要高，在变压器铁心材料中利用这一特点可降低铁损。在某些特定的温度环境下，非晶的电阻率会急剧下降，利用这一特点可设计特殊用途的功能开关。还可利用其低温超导现象开发非晶超导材料。目前，人们对非晶态合金电学性能及其应用方面的了解相对较少，有待进一步深入研究。

非晶合金具有优异的磁学性能，在非晶的诸多特性中，目前对这方面的研究相对深入。与传统的晶态合金磁性材料相比，其电阻率高，具有高的磁导率，是优良的软磁材料。根据铁基非晶态合金具有高饱和磁感应强度和低损耗的特点，现代工业多用它制造配电变压器，铁心的空载损耗与硅钢铁心的空载损耗相比降低60%～80%，具有显著的节能效果。非晶态合金铁心还广泛地应用在各种高频功率器件和传感器件上，用非晶态合金铁心变压器制造的高频逆变焊机，大大提高了电源工作频率和效率，焊机的体积成倍减小。如今，电力电子器件正朝着高效、节能、小型化的方向发展，新的科技发展方向对磁性材料也提出了新的要求。一种体积小、质量轻的非晶态软磁材料以损耗低、导磁高的优异特性正逐步代替一部分传统的硅钢、坡莫合金和铁氧体材料，成为目前越来越引人注目的新型功能材料之一。

非晶合金还具有优异的化学性能。研究表明，非晶态合金对某些化学反应具有明显的催化作用，可以用作化工催化剂。某些非晶态合金通过化学反应可以吸收和释放出氢，可以用作储氢材料。非晶态合金比晶态合金更加耐腐蚀，因此，它可以成为化工、海洋等一些易腐蚀的环境中应用设备的首选材料。

本章小结

本章简要阐述非晶态物理基础，准晶、液晶和非晶的结构，主要从非晶态的结构入手讲述了非晶态材料微观结构的理论模型和描述方法，对材料的性质作出一定的解释。非晶态固体的微观结构模型主要有微晶模型、无序密堆积硬球模型和无规则网络结构模型等。各种结构视需要而有不同的描述方法，常用的描述非晶态固体结构的方法是借用统计物理学中的分布函数RDF来描述。

本章也介绍了非晶态固体的形成。从介绍晶体结晶过程中成核速率和晶体生长速率公式入手，着重讨论了非晶态固体形成过程的特点和玻璃化转变。

本章在进一步阐述非晶态固体及其结构特征的基础上，介绍了非晶态合金、非晶态半导体和微晶玻璃的研究现状及其发展趋势。拓展阅读部分较为详细地介绍块体非晶合金的研究现状及目前块体非晶合金的制备方法及其特点，还总结了非晶合金的性能特征和应用现状。

8.1 比较液体、晶体和非晶态固体的异同。

8.2 试述径向分布函数(RDF)的定义及特点。

8.3 说明无规则网络结构模型和微晶结构模型的异同。

8.4 简述非晶态固体形成过程的特点。

8.5 简要说明非晶态合金的制备方法有哪些。

8.6 简述什么是微晶玻璃。

第9章 高分子物理

知识要点	掌握程度	相关知识	应用方向
高分子链的结构	重点掌握	高分子链一级结构(一根高分子链的典型结构、构型等); 高分子链二级结构(高分子链构象、柔性等)	高分子材料设计、开发、加工
高分子聚集态结构	熟悉	高分子结晶与非结晶结构及其结构模型; 影响高分子结晶能力的因素; 高分子取向结构	高分子制品质量控制
高分子力学性能	掌握	高分子分子量、玻璃化温度 T_g 和熔融温度 T_m 与性能的关系; 高分子的高弹性与黏弹性特征; 高分子拉伸过程中的应力-应变曲线; 影响高分子力学强度的结构因素及增强增韧的途径	高分子成型加工条件的调控
高分子电光、热性能	熟悉	高分子的介电性质; 高分子的光折射和非光学性质; 高分子的耐热性与分子结构的关系	高分子材料功能化
拓展阅读	了解	高分子链的缠结研究	高分子材料性能的应用研究

导入案例

高分子又称为聚合物，它是由大量相同的化学单元重复链接而形成的分子量很大(1万以上，直至百万不等)的长链分子，如同一连串珠子(每串珠子的数目从数百到数百万不等)串成的长链。基于长链这一特点，高分子材料具有一系列在物理、化学及力学性能等方面不同于金属材料、陶瓷材料等其他材料的性能，这使其高分子材料(如橡胶、纤维、塑料等)在工业、农业及航空、航天、医用等领域都得到了极其广泛的应用。如人们利用高分子材料的记忆特性开发出形状记忆高分子材料，这种高分子材料在一定温度下变形，并能在室温固定形变且长期存放，当再升温至某一特定温度时制品能很快恢复到变形前形状。右图是某种形状记忆骨科高分子材料骨定板，与传统的石膏绷带相比有着以下优点：

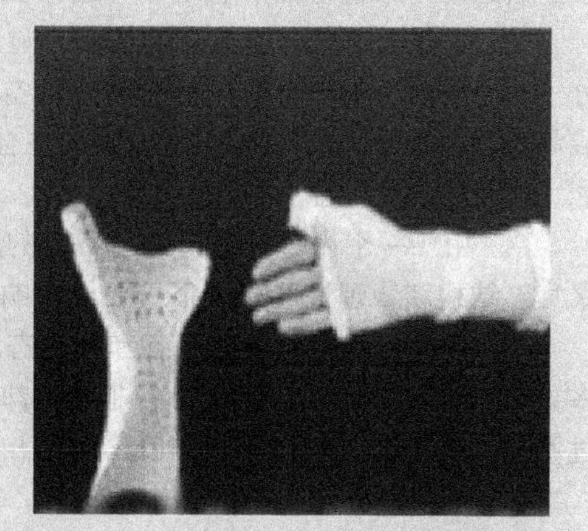

(1) 强度高：在骨折固定时强度高于石膏绷带数倍，并具有极高的韧性，不会断裂。

(2) 质量轻、薄：质量仅为普通石膏的1/8左右，轻便，有利于病人肢体功能的恢复；厚度仅为1.6～3.2mm，骨折的病人冬天可以和正常人一样穿衣，易于保暖；夏天可随时洗澡，保持清洁。

(3) 透气性强：有高达50%的网眼，克服了因石膏不透气导致皮肤红肿、瘙痒等缺陷。

(4) 可塑性强：65℃时即可完全软化，可随意成型，并可适当拉伸做成任何形状，极易操作。

(5) 良好的记忆功能：可反复塑型，并可重复使用以降低成本。

(6) 100%X射线透射率：便于随时作放射检查及治疗。

高分子科学是以高分子材料(如木材、橡胶、皮革，纤维等)为研究对象基础兼应用性的自然科学学科。自20世纪20年代施陶丁格(H. Staudinger)建立高分子学说至今，高分子科学已发展成为多种学科综合的一门学科。高分子物理学是它的研究主要内容之一。

材料的物理性能是分子运动的反映，而结构是了解分子运动的基础，以分子运动的观点研究高分子的结构、性能及其相互关系，是高分子物理的基本内容。而高分子的分子运动，除了具有小分子物质相类似的运动形式之外，还有特殊的运动形式，这是由高分子本身的结构特点所决定的。因此，对高分子的物理和性能的认识，必须研究其分子运动，进而研究结构与性能之间的内在联系及其基本规律。

高分子物理学包括高分子的结构、分子运动、物理和力学性能及其他性能等4个部分。本章主要围绕高分子结构，高分子的力学性能，高分子的电、光、和热性能3部分进行讨论，为高分子材料的成型加工提供理论基础。

与低分子物质比较，高分子结构是较复杂的，其主要特点如下。

(1) 高分子是由很大数目(10^3～10^5)的结构单元组成的。每一个结构单元相当于一个小分子，这些结构单元可以是一种(均聚物)，也可以是几种(共聚物)，它们以共价键相连接，形成线性分子、支化分子、网状分子等。

(2) 一般高分子主链都有一定的内旋自由度，可以使主链弯曲而具有柔性，并由于分子的热运动，柔性链的形状可以不断改变。

(3) 高分子结构的不均一性是一个显著特点。即使是在相同条件下的反应产物，各个分子的分子量、单体单元的键合顺序、空间构型的规整性、支化度、交联度及共聚物的组成等都存在差异。结构的不均一性往往会影响到聚合物的加工及其高分子制品的力学性能、电性能和热性能等。

(4) 由于一个高分子主链包括很多的重复结构单元，因此结构单元间的相互作用对其聚集态结构和物理性能有着很重要的影响。

(5) 高分子的聚集态有晶态和非晶态之分，高分子的晶态比小分子晶态有序程度差很多，存在很多缺陷。但高聚物的非晶态却比小分子非晶态的有序程度高。同一种高分子通过不同加工工艺，获得不同的凝聚态结构，具有不同的性能。

(6) 要使高分子加工成有用的材料，需要加入填料、各种助剂等。有时用两种或两种以上的高分子共混改性，这些添加物与高分子之间以及不同的高分子之间是如何堆砌成整块高分子材料的，又存在织态结构问题。织态结构也是决定高分子材料性能的主要因素。

9.1 高分子的分子结构

高分子结构可分为链结构和聚集态结构两个组成部分。链结构包括一级结构(近程结构)和二级结构(远程结构)，即高分子链的组成、构造、构型、分子大小和尺寸、构象和形态。聚集(或凝聚)态结构是由高分子链聚在一起形成的高分子材料内部结构。高分子结构内容汇集如图9.1所示。

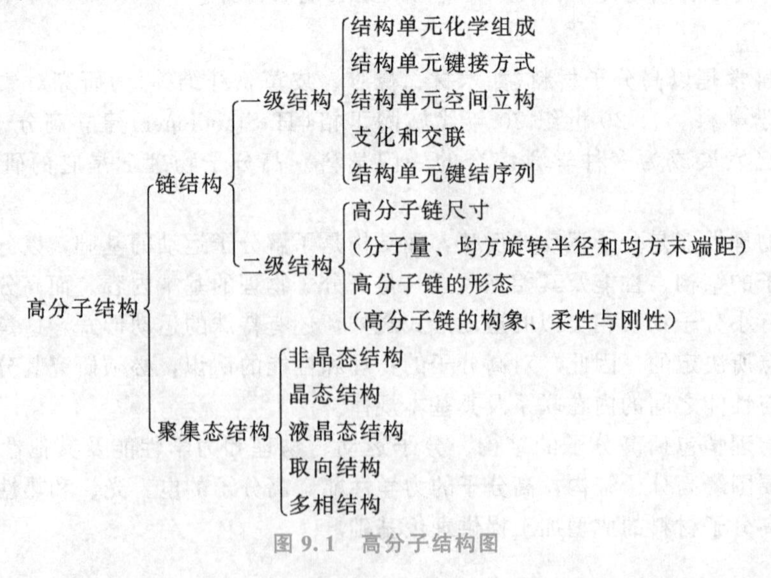

图9.1 高分子结构图

9.1.1 高分子链的结构

高分子链的结构可分为一级结构(近程结构)和二级结构(远程结构)，它是决定聚合物结构与性能的基本因素。

1. 高分子链的一级结构(近程结构)

(1) 高分子基本结构术语。

高分子也称聚合物(或高聚物)，但两者稍有差别，高分子有时可指一个大分子，而聚合物则指许多高分子。高分子作为材料来使用，一般来说相对分子量高达 10^4～10^5，一个大分子往往由许多简单的结构单元通过共价键重复连接而成。实践证明，绝大多数合成聚合物均为长链型，所以习惯上将聚合物的分子称为分子链或高分子链，如常见的聚乙烯—CH_2—CH_2—CH_2—CH_2—CH_2—CH_2—CH_2—CH_2—或—$(CH_2)_n$—，在这里—CH_2—为重复结构单元，重复结构单元是通过共价键连接，n 是一个聚乙烯分子链中所含重复结构单元 CH_2 的数目(又称聚合度)，n 值通常在 100～20 000。

聚合物可以取自自然界，也可人工合成，目前绝大多数常用聚合物都属于合成聚合物。形成聚合物之前的小分子称为单体，如聚乙烯的单体是乙烯。将单体相互转化为聚合物的化学过程称为聚合。单体转变为聚合物的过程属于高分子化学内容的研究范畴。

【聚乙烯结构示意图】

单体是聚合物分子中重复结构单元的前身，聚合前单体与聚合后重复单元的化学组成可以相同，也可以有微小的变化，取决于聚合过程。参与聚合的单体可以是一种，也可以是两种或两种以上。由一种单体聚合而成的聚合物称为均聚物，如聚氯乙烯和聚苯乙烯。两种或两种以上单体形成的聚合物称为共聚物，如丁苯橡胶由单体苯乙烯与丁二烯聚合而成，ABS 塑料由 3 种单体(苯乙烯、丁二烯和丙烯腈)聚合而成。不同单体经过聚合过程在分子链中形成不同的重复结构单元。与聚合前单体相对应的重复结构单元又称为链节。

一根高分子链的典型结构如图 9.2 所示。这种形状既像树木的枝干也像动物的骨骼。图中的粗线部分类似脊椎，于是把这根脊椎称为主链。附在主链上的分支称为侧基，或称为支链。侧基一一随单体聚合带入分子链，如聚氯乙烯上的氯原子。支链可以随单体聚合引入，也可以在聚合反应中生成。通常，将与主链化学结构相似者称为支链，不同于主链者称为侧基。主链或支链末端的基团称为端基。

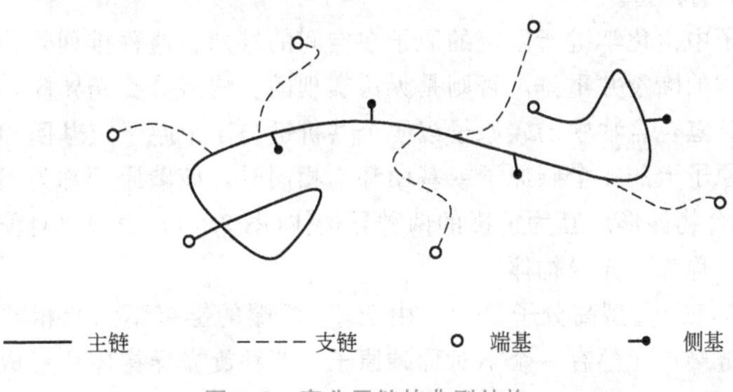

图 9.2 高分子链的典型结构

（2）高分子链的化学组成。

高分子主链上都是由碳原子以共价键连接而成的高分子，称为碳链高分子(图 9.3)，如聚苯乙烯(PS)、聚氯乙烯(PVC)、聚丙烯(PP)和聚丙烯腈(PAN)。这类高分子可塑性强、易加工，但易燃、耐老化性能差。主链上除了碳原子以外，还包含氧、氮、硫、磷等其他原子的分子链，称为杂链高分子(图 9.4)，如聚酯、聚酰胺等，这类高分子一般易水解、醇解或酸解。分子主链上不含碳原子，而是由硅、氧、磷、氮等原子通过共价键相连而成，称为元素高分子，如聚二甲基硅氧烷、聚氯化磷腈等。这类高分子一般具有无机物的热稳定性和有机物的弹性和塑性(图 9.5)。

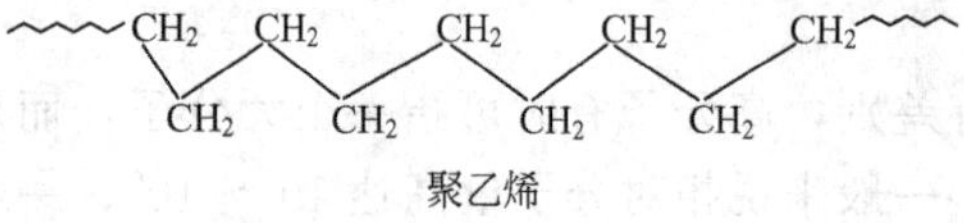

聚乙烯

图 9.3　碳链高分子

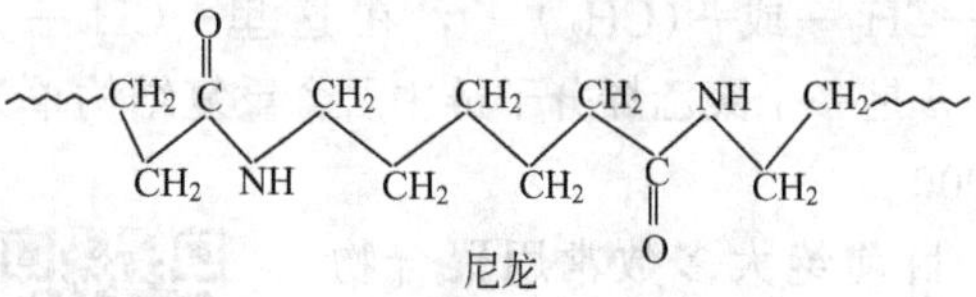

尼龙

图 9.4　杂链高分子

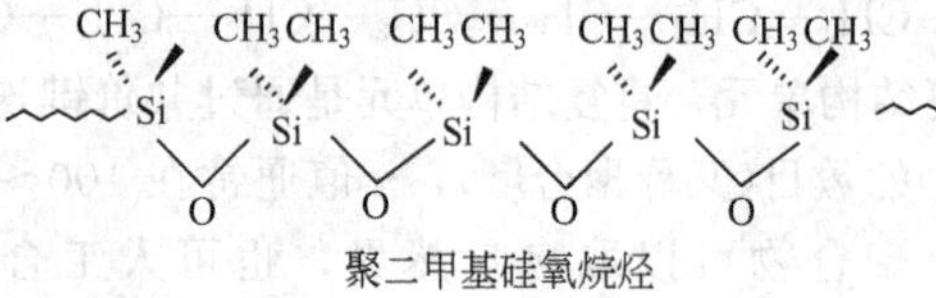

聚二甲基硅氧烷烃

图 9.5　元素高分子

（3）高分子链结构单元的键接方式。

在合成高分子中，高分子链结构单元的化学结构是已知的。但因高分子链结构单元相互之间的键接方式不同，造成有相同结构单元的高聚物的结晶能力不同。一般来说，缩聚过程中缩聚单元的键接方式是明确的，但加聚过程中单体的键接可能有不同的方式。

单取代的链烃化合物 $CH_2=CH(R)$，通常把有取代基的碳原子称为头，把没有取代基的碳原子称为尾。这类化合物进行加聚反应的过程中就可能有头-尾和头-头(或尾-尾)两种键接方式，如图 9.6 所示。

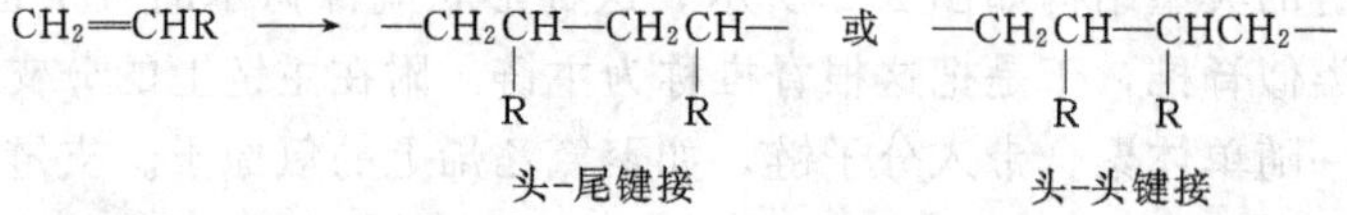

$CH_2=CHR \longrightarrow -CH_2CH(R)-CH_2CH(R)-$ 或 $-CH_2CH(R)-CH(R)CH_2-$

头-尾键接　　　头-头键接

图 9.6　高分子链结构单元键接方式示意图

（4）高分子链的构型。

构型是指分子中由化学键所固定的原子在空间的排列。这种排列是稳定的，要改变构型必须通过化学键的断裂并重排，否则是无法实现的。构型分旋光异构和几何异构。

旋光异构是碳氢化合物中的碳原子以 4 个共价键与 4 个原子或基团相结合形成一个锥形四面体。当碳原子上的 4 个碳原子或基团都不相同时，该碳原子称为不对称碳原子，以 C^* 表示。这种化合物能形成互为镜影的两种异构体(图 9.7)，表现出对偏振光的不同方向旋转，即旋光性，称为旋光异构体。

在 $\text{-}[CH_2-C^*HR]_n\text{-}$ 型高分子链中，由于 C^* 两端的链接不完全相同，它就是不对称的碳原子。每个链接单元都有一个不对称碳原子，两种旋光异构体所形成的高分子链便由于两种旋光异构单元不同的排列方式而存在 3 种不同构型(图 9.8)。

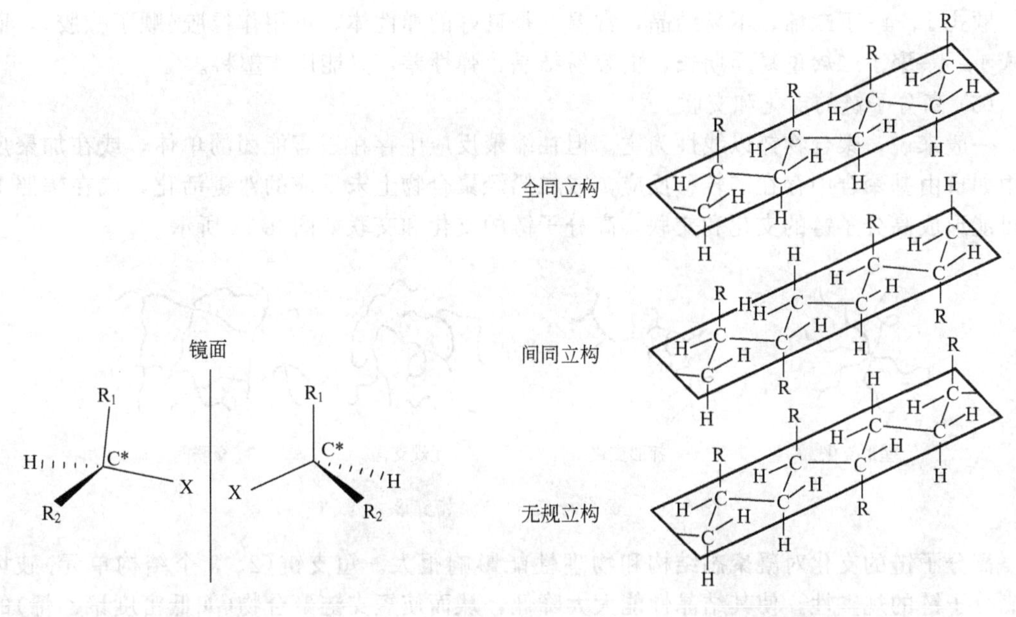

图 9.7 旋光结构示意图　　图 9.8 高分子链构型示意图

① 全同立构：高分子链全部由一种旋光异构的结构单元键接组成。如果把该高分子链拉成平面的锯齿状，每一结构单元的取代基 R 可以全部位于平面的一侧。

② 间同立构：高分子链由两种旋光异构单元交替键接而成。该高分子链被拉直时，取代基 R 将交替出现在主链平面的两侧。

③ 无规立构：高分链由两种旋光异构单元无规律地键接而成。该高分子链被拉直时，取代基 R 将无规律地分布在主链平面的两侧。

全同立构和间同立构聚合物称为有规立构聚合物，有规立构的程度可用聚合物中全同立构和间同立构的总的百分含量表示，称为立构规整度或等规度。

高分子链的 3 种不同构型对聚合物材料的物理性能有很大的影响，如无规立构聚丙烯是呈橡胶状的弹性体，力学性能差，基本上无使用价值，而全同立构或间同立构聚丙烯易结晶，熔点较高，可纺丝成纤维，亦可用作塑料。

几何异构是指 1，4 -加聚的双烯类聚合物主链上含有不能内旋转的双键，双键上的取代基在双键两侧的不同排列方式而形成顺式和反式构型，称为几何异构体。顺式构型与反式构型也往往对聚合物材料的物理性能有较大的影响。

以丁二烯 1，4 -加聚为例，可形成顺式 1，4 -丁二烯，如图 9.9 所示。

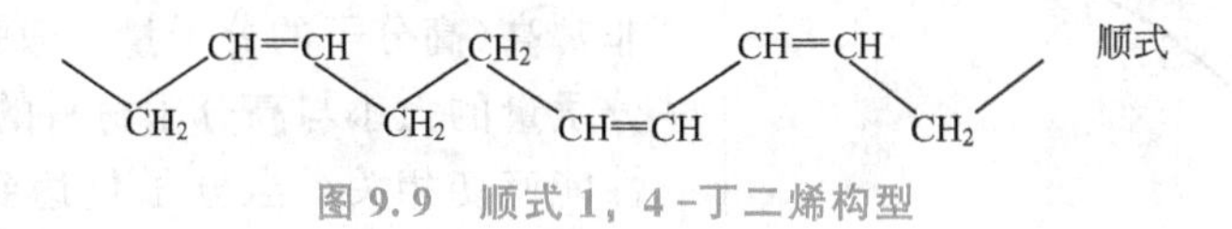

图 9.9 顺式 1，4 -丁二烯构型

也可形成反式 1，4 -丁二烯，如图 9.10 所示。

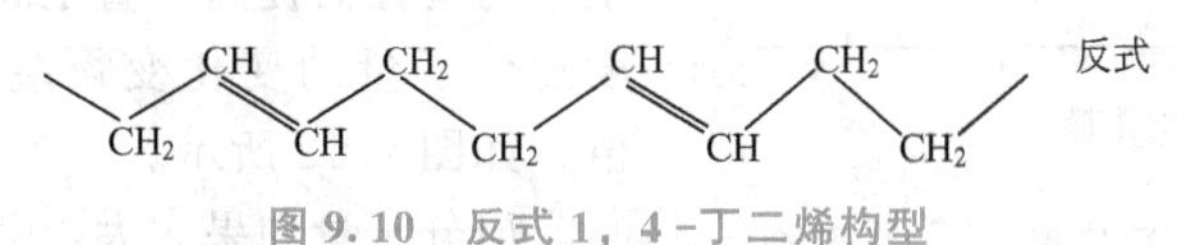

图 9.10 反式 1，4 -丁二烯构型

顺式 1，4 -丁二烯，不易结晶，常温下是良好的弹性体，可用作橡胶(顺丁橡胶)，而反式 1，4 -聚丁二烯重复周期长，更容易结晶，弹性差，只能用作塑料。

(5) 高分子链的支化和交联。

一般来说，聚合物链以线性为主。但在缩聚反应中存在三官能团的单体，或在加聚反应中如自由基聚合中存在链转移反应，或二烯烃聚合物上未反应的双键活化，或在辐照下都可能形成高分子链的支化和交联。高分子链的支化和交联如图 9.11 所示。

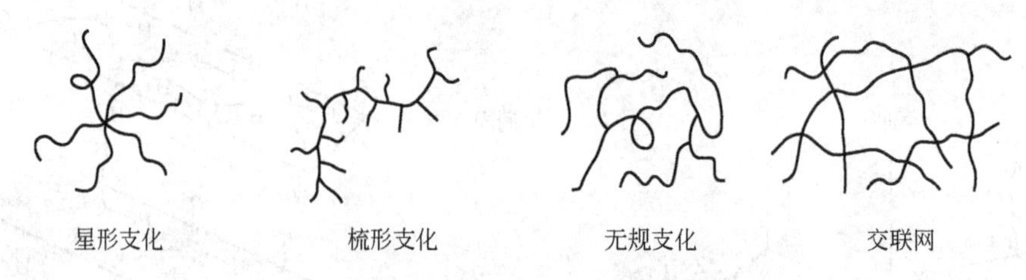

图 9.11 高分子链的支化和交联示意图

高分子链的支化对凝聚态结构和物理性能影响很大。短支链(2、3 个结构单元)破坏了高分子链的规整性，使其结晶性能大大降低，从而使短支链聚合物(如低密度聚乙烯)的结晶度、密度、熔点、硬度和拉伸强度都较线性聚合物(如高密度聚乙烯)的低。长支链(可与主链长度相近)对高分子链的结晶性能影响不大，主要是影响聚合物熔体的流动性和高分子链的溶液性质。

交联是高分子链之间通过化学键键接而形成三维空间网状结构。犹如被五花大绑似的，高分子链不能动弹。因而不溶解也不熔融，当交联度不大时只能在溶剂中溶胀。热固性塑料(如酚醛树脂、环氧树脂)和硫化橡胶及辐射交联聚乙烯都是交联高分子。交联高分子不溶不熔，因此交联可提高分子材料的耐溶性、耐热性和拉伸强度。交联程度的高低通常用单位体积高分子中交联点的数目来表示，即交联度。

另外，高分子链还有更复杂的交联结构，如由一种线性高分子链与另一种交联高分子互相贯穿形成的半互穿网络，以及由两种或两种以上交联高分子相互贯穿形成的互穿网络。这些结构的高分子能体现各分子链网络的特点，以提高聚合物材料的综合性能。

2. 高分子链的二级结构(远程结构)

高分子链的二级结构又称为高分子链的远程结构，主要是指高分子的分子量大小、分子尺寸、高分子形态(高分子的构象、柔性)。

(1) 高分子的分子量及其分布。

高分子有别于小分子的特征之一是分子量非常高(高分子的分子量一般是 $10^4 \sim 10^7$)。其分子量的大小与高分子材料的力学性能和加工性能密切相关，当分子量达到一定临界值时，高分子材料才具有适当的机械强度，并随高分子量的增大而提高，直至高分子材料的力学强度随分子量的变化变得缓慢，趋于一定极限值，如图 9.12 所示。

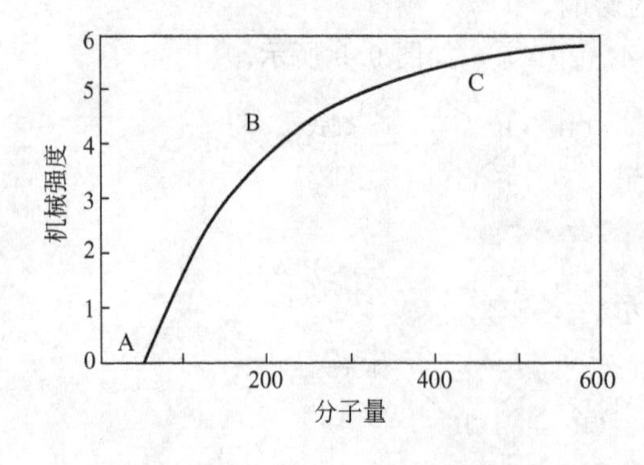

图 9.12 聚合物机械强度-分子量关系

但分子量如果太大，会给高分子材料的加

工带来困难，因此高分子的分子量需要适当控制，同时考虑强度和加工两方面的因素。

通常，人们所提及的高分子的分子量是具有统计意义上的平均分子量，即不是一个高分子链的精确分子量。因为对合成高分子而言，由于每个高分子链上的重复结构单元数目难以在合成的过程中精确控制，因此所得到的聚合物分子量不是单一的分子量，而是不同分子量的同系物组成的混合物，即高分子的分子量具有多分散性。除极少数蛋白质天然高分子外，其他高分子的分子量都是不均一的。高分子分子量的多分散性对高聚物的强度和加工性能也有着不同的影响。

高分子分子量的多分散性通常用分布指数或分子量分布曲线来表示。下面是几种常用的统计平均分子量及其分子量分布指数的定义。

① 数均分子量$\overline{M_n}$：某体系的总质量 W 为分子总数所平均。

$$\overline{M_n} = \frac{W}{\sum N_i} = \frac{\sum N_i M_i}{\sum N_i} = \frac{\sum W_i}{\sum (W_i/M_i)} = \sum \underline{N_i} M_i \tag{9-1}$$

式中，N_i、W_i、M_i分别代表体系中 i -聚体的分子数、重量和分子量，对所有大小的分子数，即从 $i=1$ 到 $i=\infty$ 作总和；$\underline{N_i}$代表 i -聚体的分子分率，低分子量部分对数均分子量有较大贡献。

② 重均分子量：其定义如下。

$$\overline{M_w} = \frac{\sum W_i M_i}{\sum W_i} = \frac{\sum N_i M_i^2}{\sum N_i M_i} = \sum \underline{W_i} M_i \tag{9-2}$$

高分子量对重均分子量有较大贡献。

除上述两种平均分子量外，还有 Z 均分子量$\overline{M_Z}$和黏均分子量$\overline{M_\eta}$。

同一聚合物试样，几种平均分子量的关系为$\overline{M_Z} \geqslant \overline{M_W} \geqslant \overline{M_\eta} \geqslant \overline{M_n}$。

分子量分布指数为重均分子量($\overline{M_w}$)/数均分子量($\overline{M_n}$)的比值，简称分布指数。对于分子量均一的体系，分布指数为 1。不同方法制得的聚合物，分布指数在 1.5～2 和 20～50 之间波动。比值愈大，表明分布愈宽。低分子部分将使聚合物强度降低，分子量过高的部分使成型加工时塑化困难。不同聚合物材料应有合适的分子量分布。合成纤维的分子量分布宜窄，而合成橡胶的分布则不妨较宽。

(2) 高分子链的构象。

对于一根很长的线性高分子链，其分子链由许多 C—C 单键键接而成，这些 C—C 单键是电子云分布对称的 δ 键。δ 键的轴对称可使得以 δ 键相连的两个原子可相对旋转而不影响 δ 键的电子云分布。为了和整个分子的转动相互区别，把这种关于 δ 键的转动称为分子内旋转。高分子链上的单键内旋转必然改变其他键的空间取向从而改变键结构单元的空间位置。高分子链的构象就是指高分子链上的化学键的不同取向引起的结构单元在空间的不同排布。这种排布状态的改变，不改变分子链的化学结构，只需键的旋转角发生变化即可实现，所需能量较小，这也是与高分子构型的根本区别。由于分子的热运动，高分子及其链段每时每刻都在运动着，即所谓微布朗运动。假设一个高分子链有 n 个单键，每个单键可取 M 个不同的旋转角，则该分子可能的构象为 M^n 个。

在高分子链众多的构象中，有 5 种基本构象，即无规线团、伸直链、折叠链、螺旋链和锯齿形链(图 9.13)。其中，无规线团是高分子链最可几的构象，即绝大部分的高分子链形态是以无规线团的构象存在。线形高分子在溶液和熔体中主要以无规线团形态存在。这种无规形态可以想象为煮熟的面条或一团乱毛线。锯齿形链指的是更细节的形状，由碳链形成的锯齿形状可以组成伸直链，也可以组成折叠链，因而有时也不把锯齿形链看成一种单独的构象。

伸直链

折叠链

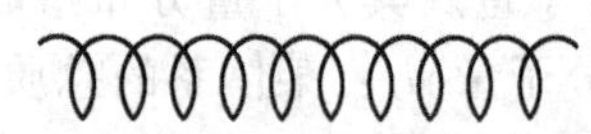

图 9.13　高分子链的几种常见构象示意图(高分子链的二级结构)

(3) 高分子链的柔性。

高分子链通过单键内旋转而改变其构象的性质，称为柔性。高分子材料之所以有高弹性，是高分子的长链结构决定了其有数目庞大的构象数，而这恰恰是高分子链柔性的体现。从分子运动的角度理解，构象的改变是通过高分子链中的内旋转这种运动形式所实现，直接影响高聚物的物理力学性能。构象是时间的函数，随时间而改变。因而柔性分静态柔顺性和动态柔顺性。静态柔顺性是指高分子链处于稳定状态时的蜷曲程度。动态柔顺性是高分子链从一种平衡态构象转变成另一种平衡态构象的难易程度。构象转变越容易，转变速率越快，则称高分子链的动态柔顺性越好。影响高分子链的柔顺性主要因素是高分子的分子结构，即高分子的主链结构、侧基、规整性及其他。

① 主链结构。对于碳链高分子，分子间的相互作用较弱，分子很容易发生内旋转，即分子的构象改变很容易，因而大多具有较大的柔顺性，如聚乙烯是典型的柔性高分子。

主链含有碳碳双键的分子链，双键在主链中有两种可能存在的状态。一种是双键在主链上形成共轭结构 $\mathrm{[C=C-C=C]}_n$ 不能内旋转，使分子链的柔性显著降低。如聚乙炔 $\mathrm{[-C=C-]}_n$、聚苯 $\ast\mathrm{[C_6H_4]}_n\ast$ 等是刚性棒状高分子的典型。另一种情况是主链含有孤立的双键，双键本身尽管不能旋转，但由于组成双键的碳原子上都减少了一个基团，使非近邻原子间的距离增大，相互作用的排斥力减弱，使与双键相邻的单键内旋转更加容易。

在杂链高分子中，C—O，C—N，C—Si 等高分子，其分子链中的相连单元很容易发生内旋转，从而赋予高分子链以柔性。如聚醚、聚酯、聚酰胺、聚氨酯等聚合物通常都为柔性高分子。

环状结构可使高分子链的刚性增加(即柔顺性降低)，如聚醚砜、聚醚醚酮等主链上具有芳环结构的高分子，即使在高温下链段也难运动，是耐温等级较高的工程塑料。然而，主链上芳环太多的高分子链柔性变差，也会给加工造成困难。

② 侧基。侧基对高分子链柔性的影响有以下几点。主链上存在极性侧基，使分子内和分子间的相互作用增强，极性越大，则非键合原子之间的相互作用就越大，从而链的柔

顺性随之降低。

侧基的存在一方面增加了单键内旋转的空间位阻效应，使内旋转困难，链的柔顺性降低；另一方面，也使分子链之间的距离增大，削弱了分子间的作用力，使内旋转容易，柔顺性增加。如聚乙烯、聚丙烯和苯乙烯，分子链的柔顺性随侧基体积的增大而降低。

③ 高分子链的规整性。单根分子链柔顺性很高，如聚乙烯，但分子链规整性很高，很易形成结晶，而使材料表现出刚性，只能用作塑料材料使用。分子链结构越规整则高分子链越容易产生规则堆砌而形成结晶，晶格中的高分子链构象被固定，失去柔顺性，只有晶格破坏后分子链才实现构象转变而体现出柔顺性，再如等规聚丙烯。

④ 其他因素。交联一般使高分子链柔顺性下降，交联密度较大时，形成网状高聚物，则柔顺性完全丧失。如果高分子的分子内和分子间有强烈的相互作用，如存在分子内或分子间的氢键，则使分子运动受阻，链刚性增加，聚己二酸己二胺由于分子间氢键的原因比聚己二酸己二酯柔顺性要差得多。纤维素分子由于内氢键的存在而变得刚硬。

9.1.2 高分子的聚集态结构

分子的聚集态结构是指平衡态时分子与分子之间的几何排列。按照排列的有序程度，小分子的聚集态结构有3种基本类型。

① 晶态：分子(或原子、离子)间的几何排列具有三维远程有序。

② 液态：分子间的几何排列只有近程有序(即在一、二层分子范围内具有一定结构的有序)，而无远程有序。

③ 气态：分子间的几何排列既无近程有序，也无远程有序。

此外还有一些过渡态，如玻璃态：它既像固体一样具有一定的形状和体积，又像液体一样分子间的几何排列只有近程有序而无远程有序，它实际上是一种过冷液体，只是由于黏度太大，不易表现出它的流动性而已；液晶态：它即能流动，分子间的排列又具有相当程度的有序，这是一类刚性棒状分子组成的物质，从各向异性的晶态过渡到各向同性的液态中所经历的“各向异性-液态”的过渡状态。

就高分子材料而言，它是由许多高分子链依靠分子间作用力(范德华力和氢键)的相互作用而凝聚在一起，形成平时为我们所用的高分子材料。这些高分子的凝聚态结构除了不存在气态外，同样存在晶态结构、非晶态结构、液晶态结构和取向结构以及更高层次的织态结构。但由于高分子链既有高度的几何不对称性又有柔性，其聚集态结构比小分子的要复杂得多。如长而柔的高分子链要排列成像小分子晶体那样严格的规整结构是相当困难的；又细又长的高分子链在空间取向排列必然会带来一系列特殊的性能。此外，实际应用中还常将几种高分子混合起来，形成所谓的高分子合金，这时，各组分本身的聚集态结构和组分之间相互交织的织态结构必然更加复杂。

高聚物在加工成型中形成的分子聚集态结构是决定高聚物制品性能的主要因素。链结构相同的高聚物，由于加工成型条件(如温度、应力等)不同，制品的性能可能有很大的差别。因而，研究高分子聚集态结构的特征、形成条件以及对制品性能的影响是控制产品质量和设计新材料的重要理论依据。

1. 结晶与非结晶(又称非定形态)

聚合物处于结晶态时，分子链被组织在三维有序的周期性阵列中。链轴之间相互平行，取代基也被安排在具有规律性的位置上。聚合物处于非晶态时(无定形态)，分子链的方向与间距没有一定的规则，取代基的位置也是随机的，即分子链处于无序状态。

结晶高分子的一个显著特征是半结晶。半结晶的含义：①只有部分分子链处于三维有序的阵列中，另一部分则处于无定形态；②一根分子链上只有部分段落处于三维有序的阵列中，其余部分处于无定形态。因此，所谓结晶聚合物是结晶区域与无定形区域的结合体，既有不同凝聚状态的分子链的结合，也有同一分子链中不同凝集状态段落间的结合。

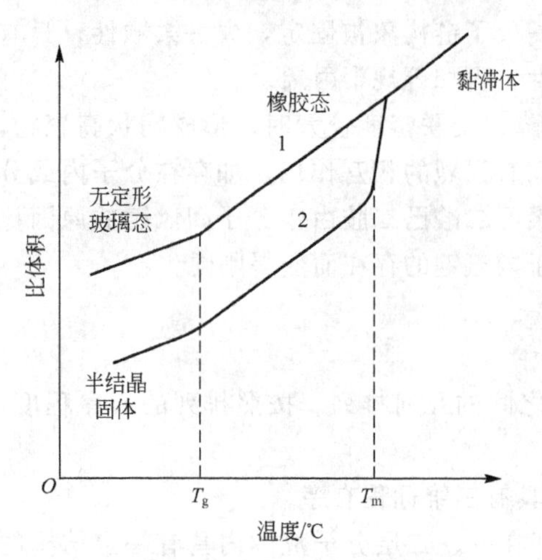

图 9.14　高聚物比容-温度曲线

晶体部分所占的百分比称为结晶度。聚合物因结构不同、冷却方式不同导致结晶度不同。聚乙烯的结晶度可达 95%，而聚氯乙烯的结晶度只有 5%。所谓结晶聚合物与非晶聚合物之间并无严格的界限。一般称结晶度较高(≥40%)的聚合物为结晶聚合物。

聚合物从熔体降温结晶时或从固体加热熔融时，体积(比容)的变化十分显著，故可以从比容-温度曲线清楚地观察到凝聚态的变化(图 9.14)。比容-温度曲线采用体膨胀计测得。以升温过程为例，将聚合物固体颗粒装入充满水银的样品池中，通过油浴以一定的速率升温，以水银在毛细管中的高度变化记录聚合物体积(比容)随温度的变化，就得到比容-温度曲线。

无定形聚合物加热到某一个温度时，由坚硬的固体转变为柔韧的弹性体，比容变化的斜率增大。这个转变为玻璃化转变，转变温度为玻璃化温度(T_g)。继续升温就会转变为黏稠的液体。结晶聚合物在加热时，其中的无定形区也会发生玻璃化转变。如果结晶温度很高，往往观察不到玻璃化转变。加热到熔点附近时，比容尖锐上升，随后转变为黏稠的液体。

由于聚合物液体黏度高，流动性差，与小分子液体在外观上有显著不同，故称为熔体，以区别于小分子液体。聚合物熔体都处于无定形态，分子链之间只有近程有序而无远程有序。对于交联聚合物，无论如何提高温度也不会转变为液体，在分解之前总是保持某种固体凝聚状态。

2. 高聚物的晶态结构

依据高聚物的结晶条件不同，高聚物可形成多种形态的晶体：单晶、球晶、伸直链晶片、纤维状晶片和串晶。

(1) 单晶。

高聚物的单晶一般只能从极稀的高聚物溶液(浓度小于 0.01%)中缓慢结晶得到。高聚物的单晶是具有一般规则外形的薄片状晶体，厚度约 10nm，长度与宽度约为几微米到几十微米。例如聚乙烯(PE)单晶是菱形片晶，如图 9.15 所示。研究表明，凡是具有结晶能力的高聚物在适宜的条件下都可以形成单晶体。电子衍射数据证明，片晶中的分子链垂直于片晶平面。由于高分子链通常长达几十个纳米，因此认为片晶中的高分子链是折叠起来排列的，这种片晶为折叠链晶片，其模型如图 9.16 所示。

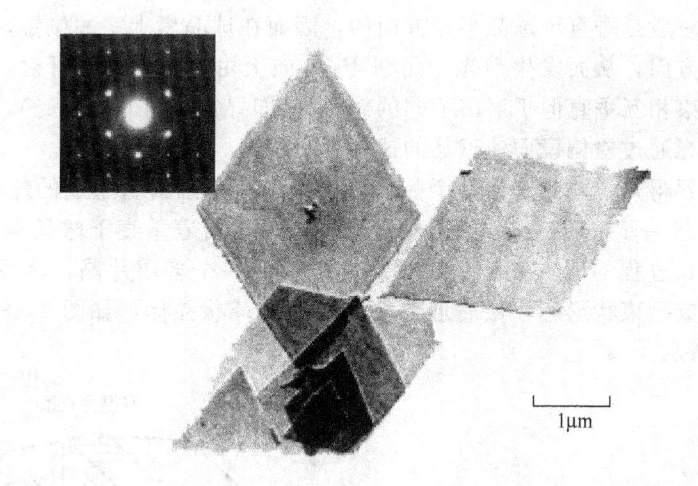

图9.15 聚乙烯单晶的投射电镜照片，左上角为电子衍射图

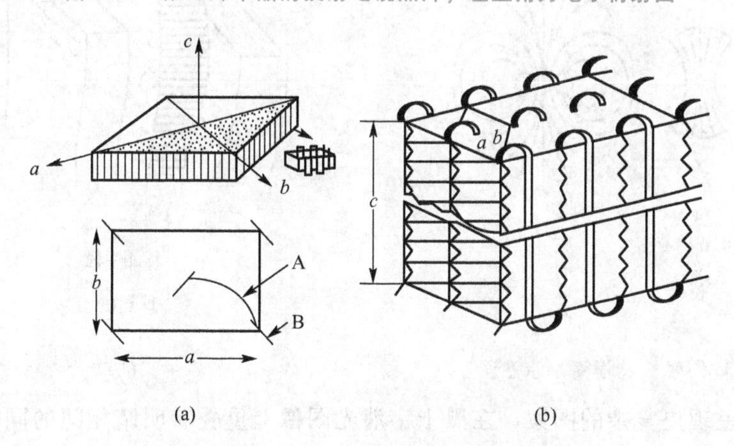

图9.16 聚乙烯单晶中分子的排列示意图

(a) 晶胞(沿 c 轴方向看)，B为分子链的锯齿形平面，
A表示该平面的方向发生变化；(b) 单晶中分子链折叠的示意图

(2) 球晶。

球晶是高聚物结晶的一种最常见的形态。当结晶性高聚物从浓溶液中析出或从熔体冷却时，在不存在应力或流动的情况下，都倾向于生成这种更为复杂的晶体结构。球晶呈圆球形，直径通常在0.5～100μm之间，大的甚至达厘米量级。例如，聚乙烯等规聚丙烯薄膜，未拉伸前的结晶形态是球晶；尼龙纤维卷绕丝中都不同程度存在大小不等的球晶；不少结晶聚合物的挤出或注射制件的最终结晶形态也是球晶。

图9.17 聚丙烯球晶的偏光显微镜照片

在正交偏光显微镜下，球晶呈现特有的黑十字(即马耳他十字，Maltese Cross)消光图像，如图9.17所示。黑十字消光图像是聚合物球晶的双折射性质和对称性的反映。简单地说，由于分

子链的排列方向一般是垂直于球晶半径方向的，因而在球晶黑十字的位置，分子链平行于起偏方向或检偏方向，从而发生消光。而在45°方向上由于晶片的双折射，经起偏后的偏振光波分解成两束相互垂直但折射率不同的偏振光(即寻常光与非寻常光)，它们发生干涉作用，有一部分光通过检偏镜而使球晶的这一方向变亮。

从实验中观察得知，球晶是由一个晶核开始，由片晶辐射状生成的球状多晶聚集体。微束X射线图像进一步证明，结晶聚合物分子链通常是沿着垂直于球晶半径方向排列的。大量关于球晶生长过程的研究表明，成核初期先形成一个多层片晶，然后逐渐外张开生长，不断分叉形成捆束状形态，最后形成填满空间的球状晶体，如图9.18所示，晶片的细节如图9.19所示。

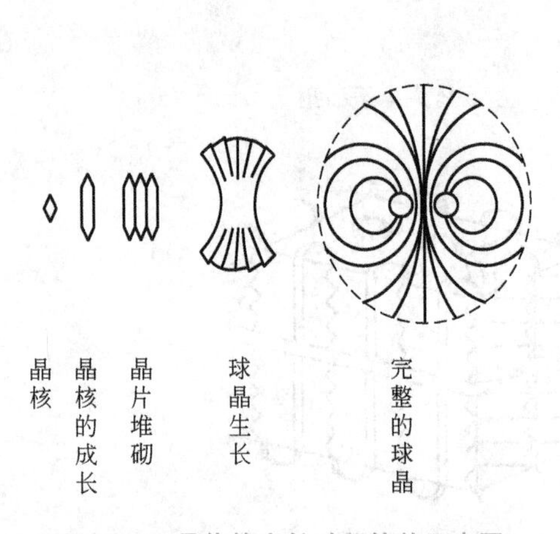

图9.18 晶体的生长过程简单示意图

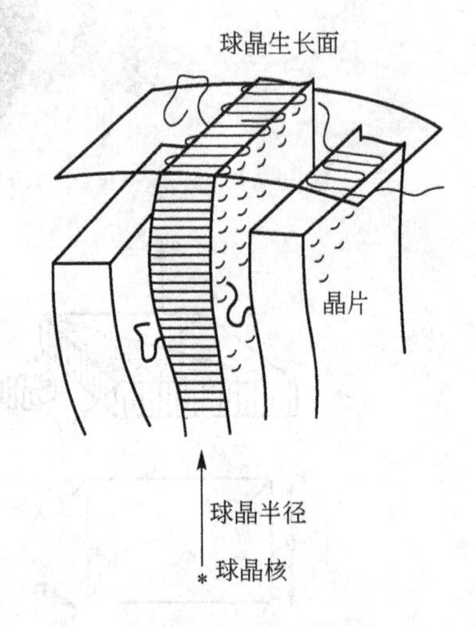

图9.19 从熔体生长的球晶内晶片的示意图

有时球晶呈现更复杂的图案，在黑十字消光图像上重叠着明暗相间的同心消光环，称为环带球晶[图9.20(a)]。环带球晶的形成是由于微纤(即晶片)发生了周期性的扭曲。用比显微镜有更高放大倍数、分辨率和景深的扫描电子显微镜(SEM)能观察到这些扭曲的微纤更有立体感的细节[图9.20(b)]。

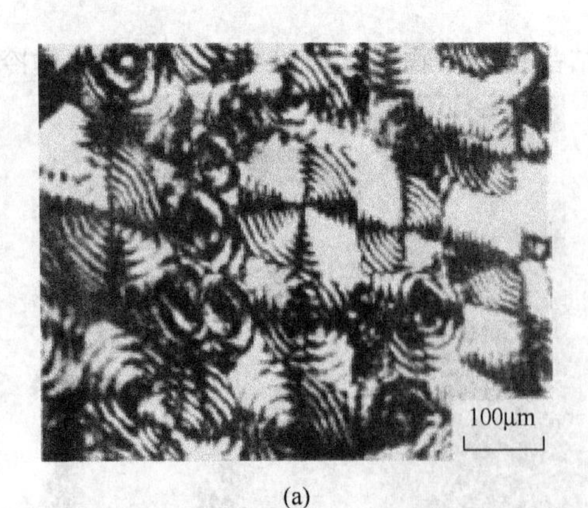

(a)

(b)

图9.20 聚乙烯的环带球晶

(a) 正交偏光显微镜照片；(b) 扫描电子显微镜照片

(3) 串晶和伸直链晶体。

除了上述球晶和折叠链单晶外，高聚物还有纤维状晶、串晶、树枝状晶和伸直链晶体等多种多样的结晶形态。串晶和伸直链晶体都是在外力下形成的。当高聚物在高压下(0.3GPa 以上)结晶，能得到完全伸直链的晶体，例如聚乙烯在 0.5GPa 下，25℃等温结晶 2h，得到的晶体长度约 1μm，与伸直分子链的长度相当(图 9.21)。这是一种热力学上最稳定的高分子晶体，其熔点 140℃，接近于聚乙烯的热力学平衡熔点 144℃，结晶度 97%(其余为结晶缺陷)。

图 9.21 聚乙烯的伸直链晶体

高分子溶液受搅拌剪切，以及纺丝或塑料成型时受挤出应力时，高分子所受的应力还不足以形成伸直链晶体，但能形成纤维状晶或串晶。纤维状晶由完全伸直的分子链组成，晶体总长度可大大超过分子链的平均长度，分子平行但交错排列。串晶是以纤维状晶为脊纤维，上面附加许多片晶而成。这是由于溶液在搅拌应力作用下，一部分高分子链伸直取向聚集成分子束。当停止搅拌后，这些经过取向的分子束成为结晶中心继续外延生成折叠链晶片(图 9.22)。例如，将聚乙烯溶在热二甲苯中配成 0.1%溶液，搅拌后冷却，就得到串晶［图 9.23(a)］。用甲苯/苯蒸气可以溶解掉晶片，留下的纤维状晶［图 9.23(b)］的熔点与伸直链晶体相同。

图 9.22 串晶的结构模型

(a)

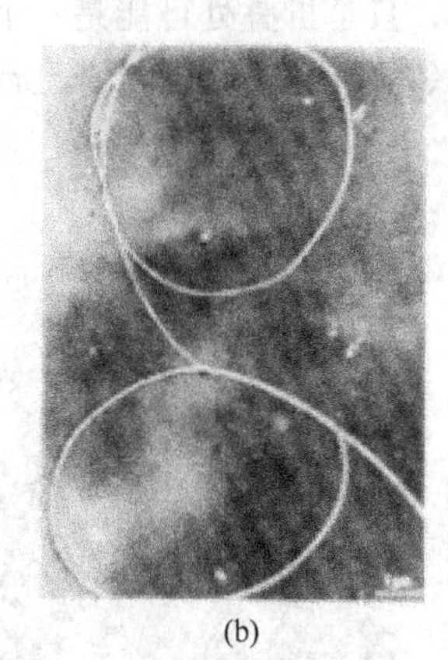
(b)

图 9.23 串晶的结构
(a) 串晶；(b) 纤维状晶

3. 结晶高聚物的结构模型

随着人们对聚合物结晶认识的逐渐深入，提出了不同的结晶结构模型，试图解释观察到的各种实验现象，探讨结构与性能的关系。下面介绍常用的几种模型。

(1) 缨状微束模型。

这个模型是在 20 世纪 40 年代提出的。此模型认为结晶高聚物中，晶区与非晶区相互穿插、同时存在。在晶区中，分子链相互平行排列形成规整的结构，但晶区尺寸很小，一根分子链可以同时穿过几个晶区和非晶区，晶区在通常情况下是无规取向的；而在非晶区中，分子链的堆砌是完全无序的。这个模型有时也称为两相模型，如图 9.24 所示。这个模型解释了 X 射线衍射和许多其他实验观察的结果，例如，聚合物的宏观密度比晶胞密度小是由于晶区与非晶区的共存；聚合物拉伸后 X 射线衍射图上出现圆弧性是由于微晶的取向；结晶聚合物熔融时有一定大小的熔限是由于微晶的大小不同；拉伸聚合物的光学双折射现象是由于非晶区中分子链取向的结果；对化学反应和物理作用的不均匀性是因为非晶区有比较大的可渗入性等。因此当时这种模型被广泛接受。

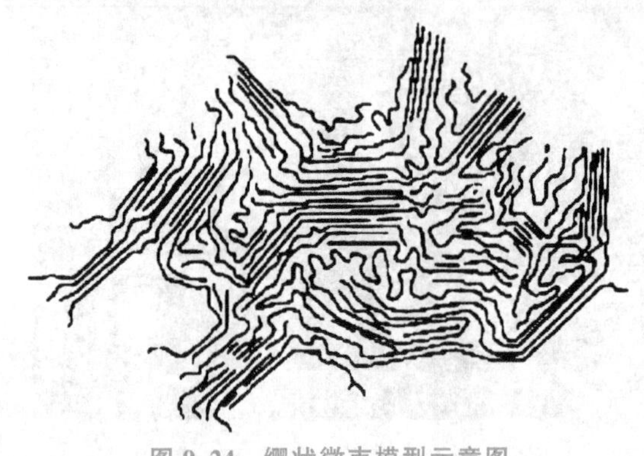

图 9.24　缨状微束模型示意图

(2) 折叠链模型。

由于片晶、单晶和球晶的发现，提出了以折叠链为晶体基本结构形态的模型，即 R. Hosemann 模型。这个模型体现了高聚物晶体中存在结晶部分和无定形部分，如图 9.25 所示。

(3) 松散折叠链模型。

继规整折叠模型之后，为了解释一些实验现象，Fischer 提出了近邻松散折叠链模型，因为即使是单晶，其表面在一定程度上也是无序的，分子链不可能像折叠链模型所描述的那样规整地折叠。Fischer 认为在结晶高聚物的晶片中，仍以折叠的分子链为基本结构单元，只是折叠处可能是一个环圈，松散而不规则，而在晶片中，分子链的相连链段仍然是相邻排列的，如图 9.26 所示。

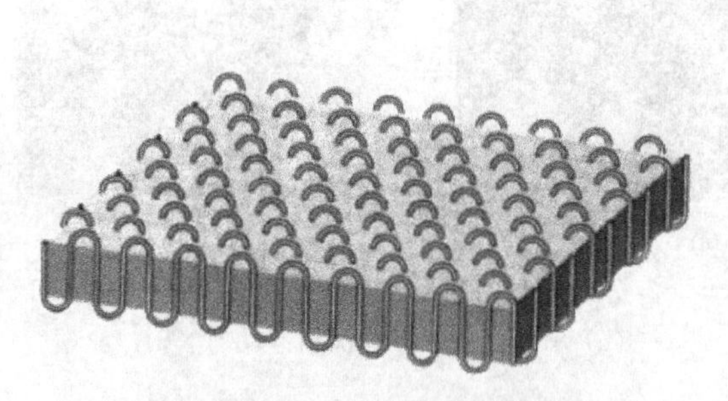

图 9.25　折叠链模型示意图

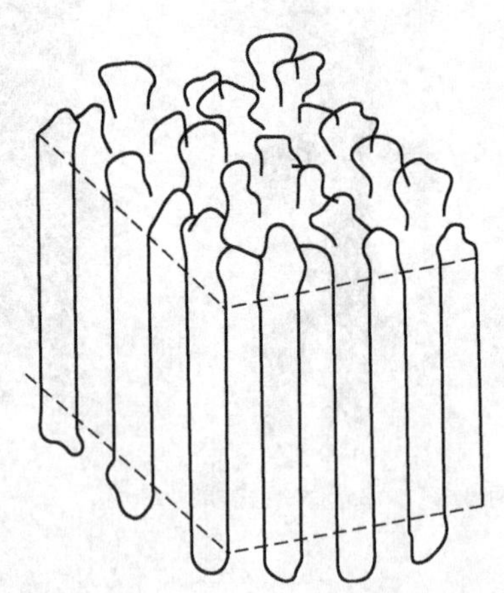

图 9.26　松散折叠链模型示意图

(4) 插线板模型。

P. J. Flory 从他的高分子无规线团形态的概念出发，认为高聚物结晶时分子链做近邻规整折叠的可能性是很小的。他以聚乙烯的熔体结晶为例，进行了半定量的推算，证明由于聚乙烯分子线团在熔体中的松弛时间太长，而实验观察到聚乙烯的结晶速度又很快，结晶时分子链根本来不及做规整地折叠，只能对局部链段做必要的调整，以便排入晶格，即分子链是完全无规进入晶片的。就近一层片晶而言，其中分子链的排列方式与老式电话交换台的插线板相似，晶片表面上的分子链就像插头电线那样毫无规则，也不紧凑，构成非晶区。通常 Flory 模型称为插线板模型，如图 9.27 所示。

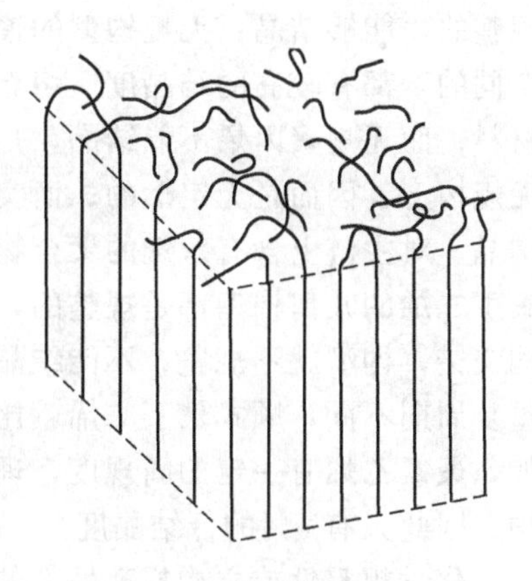

图 9.27 插线板模型示意图

(5) 隧道——折叠链模型。

鉴于实际高聚物结晶大多是晶相与非晶相共存的，而各种结晶模型都有其片面性，R. Hosemann 综合了各种结晶模型，提出了一种折中的模型，称为隧道——折叠链模型。这个模型综合了在高聚物晶态结构中所可能存在的各种形态，如图 9.28 所示。

图 9.28 隧道——折叠链模型示意图

4. 影响结晶能力的结构因素

一般结构规整的聚合物分子链在适当条件下都可以结晶。但结晶度的高低则取决于分子链规整的程度以及外部条件。所谓的结构规整性包括化学规整性和立体结构规整性(简称立构规整性)。

化学规整性是指链的化学结构和构造的规整性。从组成的角度看均聚物是规整的，而共聚物是不规整的；从构造的角度看线性是规整的，支化结构是不规整的。例如，具有高密度线性的聚乙烯具有很高的结晶度，往往高达85％以上；而长链支化的低密度聚乙烯的结晶度低于40％。

立构规整性是指立体结构的规整性。对乙烯基类单体而言，全同与间同旋光异构型是规整的，能够结晶；无规构型的聚合物只有少数能够结晶。如工业上使用的聚丙烯多数是全同的，都有较高的结晶度，熔点在160℃以上，是制造电冰箱、洗衣机、汽车保险杠的材料；而无规聚丙烯不能结晶，是一种黏稠的液体。日常使用的聚苯乙烯和有机玻璃都是无规构型，因而是无定形的；而实验室中专门制备的全同聚苯乙烯和全同有机玻璃就能够结晶。对主链上含有双键的聚合物而言，结晶需要具备几何构型的规整性。如顺式与反式聚丁二烯的几何构型都是规整的，在一定条件下可以结晶。如果在分子链上顺式与反式结构交错，构型就不规整，不能结晶。尽管顺、反式聚丁二烯在构型上都是规整的，但由于重复周期不同，顺式聚丁二烯就比反式的结晶困难大。头尾异构也影响聚合物的结晶。例如，聚氯乙烯有一定的间规度，理应有较高的结晶度，但由于它含有一些头-头或尾-尾结构，因此只有5%的低结晶度。

化学规整性或立构规整性低的聚合物不能结晶的原因是与氢原子相比侧基尺寸太大。聚合物结晶对侧基的空间位置有比较严格的要求，如果侧基尺寸较小，即与氢原子的尺寸相当时，即使不具备化学规整性或立构规整性也可以结晶。除氢以外只含OH、F、C=O等基团的聚合物一般都能够结晶。例如，聚乙烯醇(PVA)是无规聚合物，因为OH尺寸小而可以结晶。聚乙烯是结晶的，全同聚丙烯是结晶的，而由于乙烯与丙烯无规共聚制成的乙丙橡胶就不能结晶，这是因为化学规整性被破坏了。

除了规整性以外，分子链的运动能力(刚性或柔性)也影响聚合物的结晶。刚性高分子如聚砜(图9.29)，因运动能力太差，规律性堆砌需要很长的时间，故在普通加工条件下不结晶。

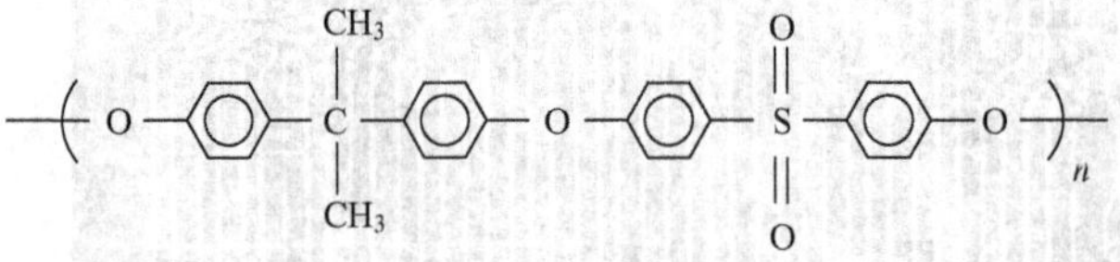

聚砜

图9.29　聚砜的构型

5. 聚合物的非晶态结构

高分子的非晶态结构是一个比晶态更为普遍存在的聚集形态，不仅有大量完全非晶态的聚合物，而且即使在晶态聚合物中也存在非晶区。

非晶态结构包括玻璃态、橡胶态、黏流态(或熔融态)及结晶聚合物中的非晶区。

由于对非晶态结构的研究比对晶态结构的研究要困难得多，因而对非晶态结构的认识还较粗浅。目前主要有两种理论模型，即两相球粒模型(图9.30)和无规线团模型(图9.31)，两者尚存争议，无定论。

两相球粒模型包括两部分，其一为由高分子链折叠组成的粒子相，在粒子相中分子链相互平行排列的部分形成了有序区，尺寸为2～4nm，当然这种排列的规整性比晶态结构要差得多，另外在有序区周围有1～2nm的粒界区，它由折叠的弯曲部分、链端、缠结点和连接链组成。其二为粒子与粒子之间的部分称为粒子相，它是完全无规的，由分子量较低的分子链、分子链端和连接链组成，其大小在1～1.5nm。并且该模型认为一个分子链可以穿过几个粒子相和粒间相，用这样的结构模型可以解释，为什么非晶态聚合物的密度比完全无规的同系物的密度高，以及聚合物的结晶过程非常迅速的实验事实。

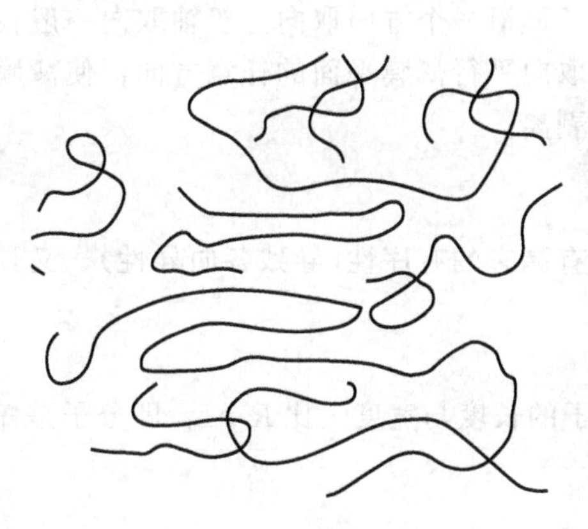

图 9.30 两相球粒模型

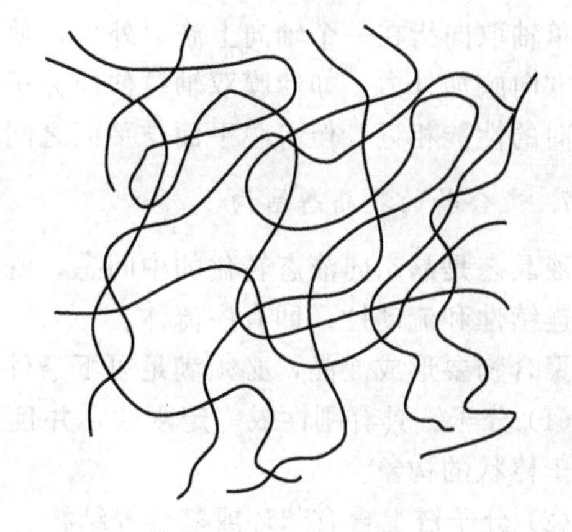

图 9.31 无规线团模型

无规线团模型这种观点以 Flory 为代表，他一直认为线性非晶态聚合物是无规则缠结的线团，或称为无规线团。在这种模型中，高分子链相互缠结，每一条高分子链都处于许多相同的高分子链包围中，分子内与分子间的相互作用的概率及作用力大小是相同的。20 世纪 70 年代发展起来的小角中子散射技术及其在非晶态聚合物中的应用，有力地支持了 Flory 学派的无规线团模型。不管是对非晶态聚合物本体和溶液中分子链旋转半径的测定结果，还是测定不同分子量聚合物试样在本体和溶液中分子链的旋转半径和分子量的关系的结果，都证明了非晶态高分子的形态是无规线团。

6. 聚合物的取向结构

线形高分子长链具有显著的几何不对称性，其长度一般为其宽度的几百倍甚至几万倍。在外场作用下，分子链将沿着外场方向排列，这一过程称为取向。取向结构对材料的力学、光学、热性能都影响显著。例如，在尼龙等合成纤维生产中，广泛采用牵伸工艺来大幅度提高其拉伸强度；取向使摄影胶片片基、录音录像磁带等薄膜材料实际使用强度和耐折性大大提高，存放时不会发生不均匀收缩。取向通常还使材料的玻璃化转变温度提高。对于晶态聚合物，其密度和结晶度提高，材料的使用温度提高。

高聚物的取向现象包括分子链、链段、晶片和微纤等沿外场方向的择优排列。取向结构与结晶结构不同，它是一维或二维有序结构。一般而言，高聚物的取向可分为单轴取向和双轴取向两类，用简单的模型表示如图 9.32 所示。

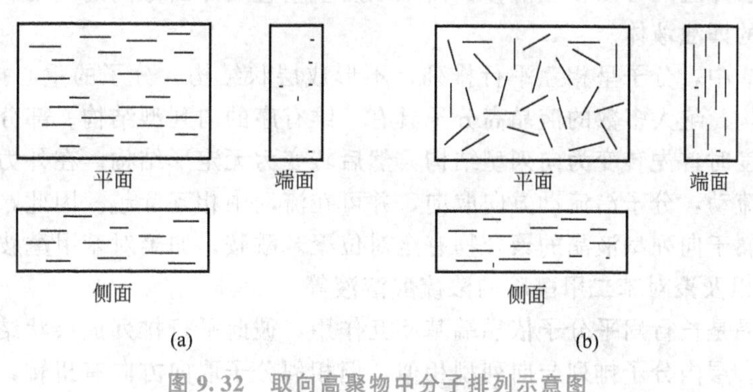

图 9.32 取向高聚物中分子排列示意图

(a) 单轴取向；(b) 双轴取向

单轴取向指在一个轴向上施以外力，使分子链沿一个方向取向。双轴取向一般在两个垂直方向施加外力。如薄膜双轴拉伸使分子链取向平行薄膜平面的任意方向，使薄膜平面各方向的性能相近，但薄膜平面与平面之间易剥离。

7. 聚合物的液晶态结构

液晶态是晶态向液态转化的中间态，既具有晶态的有序性(导致各向异性)，又具有液态的连续性和流动性，即有序流体。

聚合物要形成液晶，必须满足以下条件。

(1) 分子链具有刚性或一定刚性，并且分子的长度与宽度之比 $R \gg 1$，即分子是棒状或接近于棒状的构象。

(2) 分子链上含有苯环或氢键等结构。

(3) 若形成胆甾型液晶还必须含有不对称碳原子。

根据分子结构的不同排列形式，液晶可分为近晶型、向列型和胆甾型 3 种不同的结构类型，它们的分子排列方式如图 9.33 所示。

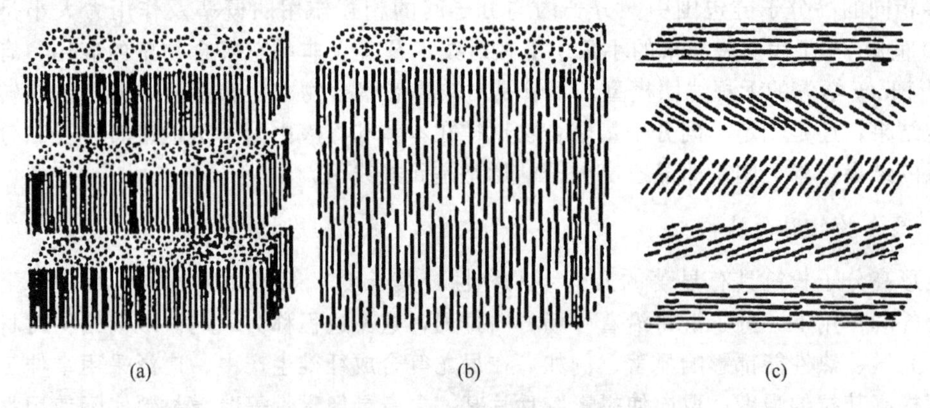

图 9.33　3 类液晶的结构示意图

(a) 近晶型结构；(b) 向列型结构；(c) 胆甾型结构

近晶型液晶的结构在 3 类晶体中最接近晶体的结构。依靠强的分子间相互作用，分子平行排列成层状结构，分子轴方向与层片平面垂直。分子在层内的排列保持着相当的二维有序性。分子在层内可以移动，但不能在层间滑动。因此，层内分子的排列间隔可以是无规的，并且层片之间可以相互滑移，而难以发生垂直层片面方向的流动。近晶型液晶的外观是高黏性的浑浊液体。

向列型液晶中，分子呈相互平行排列，不形成层状结构，分子的重心排列是无序的，呈一维有序结构。绝大多数的液晶高分子具有一维有序的向列型结构。部分近晶型液晶高分子在升高温度时首先转变为向列型结构，然后转变为无定形结构。在外力的作用下，向列型液晶发生流动，分子沿流动方向取向，并可在流动中相互穿越。因此，这类液晶的流动性相当大，属于向列型液晶的聚合物有全对位聚苯酰胺，如聚对苯甲酰胺的二甲基乙酰胺-LiCL 溶液以及聚对苯二甲酰胺的浓硫酸溶液等。

胆甾型液晶是长行扁平分子依靠端基相互作用，彼此平行排列成层状结构，分子长轴在层片平面上。层内分子排列与向列型相似，但相邻分子取向方向有扭转，层层累加形成分子取向螺旋面结构。

3类液晶在偏光显微镜下会出现具有特征的图案，称为织构。向列型液晶的典型织构是纹影织构(4黑刷或两黑刷)，近晶型液晶是扇形织构，胆甾型液晶是指纹状织构(图9.34)。织构是由于分子的连续取向出现缺陷(称为向错)而引起的。

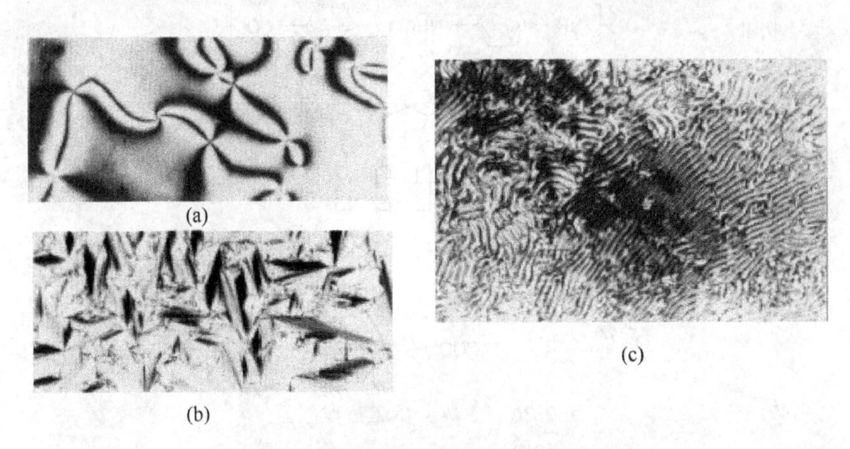

图9.34　3类液晶的典型织构

(a) 纹影织构；(b) 扇形织构；(c) 指纹状织构

另一方面，大多数液晶高分子(无论哪种类型)在受到剪切力作用时，会形成一种所谓“条带织构”的黑白相间的规则图案［图9.35(a)］，条带方向与剪切方向垂直。这是由于分子链被取向后，在停止剪切时回缩，形成一种波浪形或锯齿形结构［图9.35(b)］，它们在偏光显微镜下发生规则的消光而引起的。因而出现条带织构也往往作为高分子形成液晶的证据。

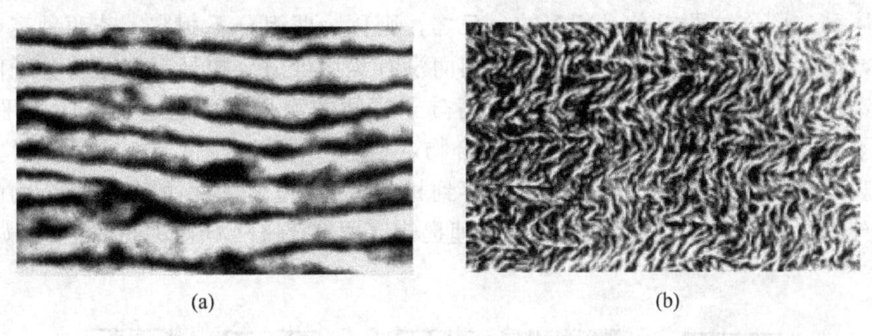

图9.35　聚芳酯液晶的条带织构

(a) 偏光纤维镜照片；(b) 样品经过刻蚀后的电子显微镜照片

从分子结构来说，只有刚性或半刚性分子链才能形成液晶。刚性或半刚性分子链可以看成由棒状的基本结构单元(即液晶基元)单独或与柔性单元共同组成。因而按液晶基元在分子链中的位置，高分子液晶又可分为主链型和侧链型两种(图9.36)。

主链型液晶获得实际应用的代表物是一些共聚酯，如对羟基苯甲酸、对苯二甲酸和联苯酚的共聚物，这类液晶聚合物分子的有序排列已被成功地用来制造高性能的塑料，具有高强度、冲击韧性和耐热性，以及被用来制造高强度、高模量的纤维。

侧链型液晶的主链通常是柔性高分子链，侧链含有刚性的液晶基元。

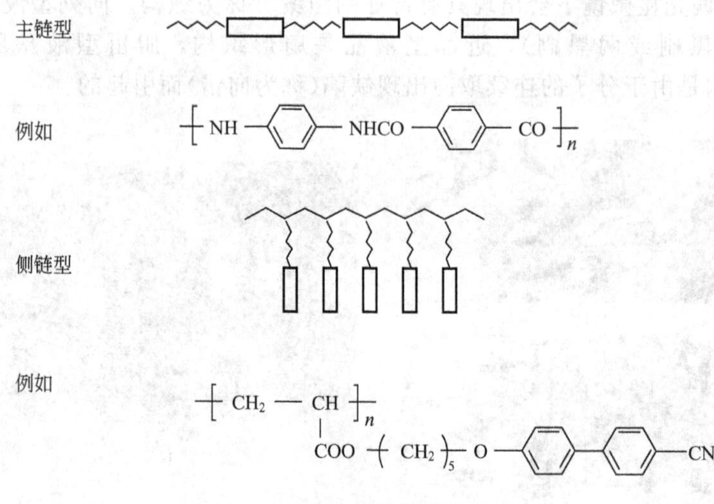

图 9.36 主链型和侧链型液晶

8. 高分子共混物的形态结构

尽管现在高分子品种越来越多，但大约近 10 种通用聚合物的产量就占了高分子总产量的80%以上。可见实际应用的聚合物品种是屈指可数的。高聚物的一种重要的改性方向就是将不同品种的聚合物用物理的或机械的办法混合在一起，这种混合物称为高分子共混物。共混物常具有某些性能方面的优越性。由于共混与合金有很多相似之处，因而人们也形象地称高分子共混物为高分子合金。决定高分子合金的结构和性能的一个重要因素是其组分的相容性。在共混聚合物中，如果两个组分能在分子水平上混合，形成热力学上的均相体系，则称这两组分是相容的；反之，则称为两组分不相容。若两种高分子间相容性太差，混合后会发生宏观的相分离，因而没有实用价值。相当一部分高分子间能有一定相容性，可以形成共混物。但绝大多数高分子之间的混合物不能达到分子水平的混合，也就是说不是均相混合物，而是非均相混合物，俗称“两相结构”或“海岛结构”，也就是说在宏观上不发生相分离，但微观上观察到相分离结构。非均相的共混聚合物的形态结构与各组分的含量有关，按照紧密堆积原理提出了共混聚合物形态结构模型，如图 9.37 所示。

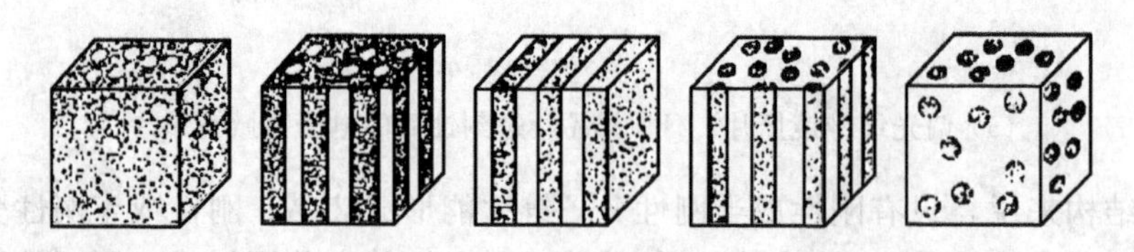

图 9.37 非均相多组分聚合物的形态结构模型组分

组分 A 增加，组分 B 减少

组分 A：白色；组分 B：黑色

图 9.38 是用 5%顺丁橡胶的苯乙烯溶液在搅拌下聚合而成的高抗冲聚苯乙烯(HIPS)的海岛结构。其中颗粒状的“岛”是橡胶相，分散在连续的聚苯乙烯塑料相之“海洋”中。从较大的橡胶颗粒内部还可能观察到包藏着许多聚苯乙烯。

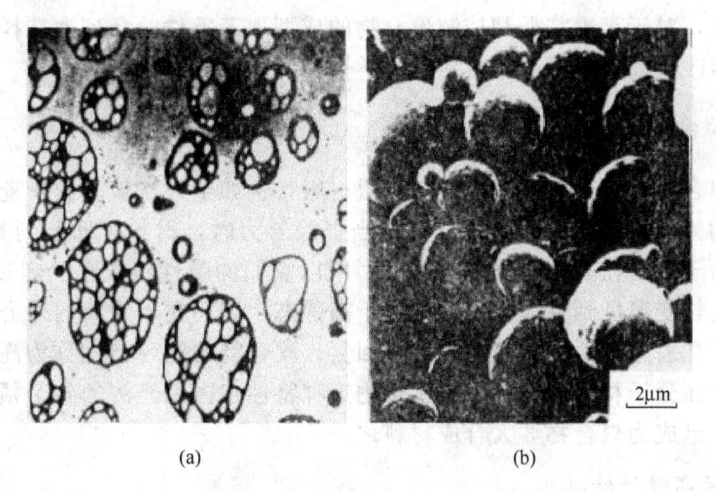

图 9.38 高抗冲聚苯乙烯的形态

(a) 透射电子显微镜照片，显示分散的黑色橡胶颗粒(直径约为 2μm)，橡胶颗粒中包含白色聚苯乙烯；(b) 扫描电子显微镜照片，聚苯乙烯本体溶解后留下的橡胶颗粒

HIPS的性能特点与其两相结构密切相关，聚苯乙烯作为连续相使整体材料的模量、拉伸强度和玻璃化转变温度等下降不多，仍基本保持普通聚苯乙烯的这些性能，而顺丁橡胶作为分散相能帮助分散和吸收冲击能量，从而提高整体材料的冲击强度，并且橡胶颗粒中包含的聚苯乙烯又提高了橡胶的模量，增加了橡胶分散相的实际体积分数。

9.2 高分子的力学性能

材料的性能是指材料在外部各种刺激作用下的响应特性。在各种性能中，最基本和最重要的是力学性能，即材料在外力作用下的抵抗形变和破坏的能力。

与其他材料比较，高分子材料具有独特的、适应范围宽的力学特性，如高弹性，橡胶能在不太大的外力作用下成倍的伸长，具有低分子化合物所没有的弹性。高分子材料还具有显著的黏弹性，这反映高分子材料在外力作用下兼有弹性固体和黏性液体的形变特性。

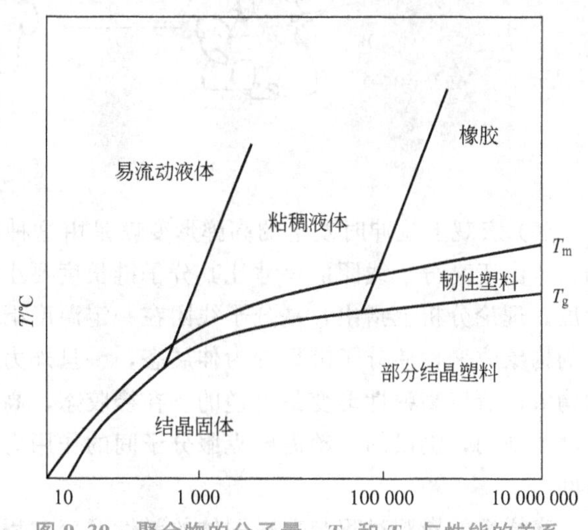

图 9.39 聚合物的分子量、T_g 和 T_m 与性能的关系

高分子材料力学性能是与聚合物的结构和分子运动密切相关的。图 9.39 是聚合物的玻璃化温度、熔点和黏度与分子量的关系。由于分子量和温度不同，在各个区域内分别呈现典型的塑料、橡胶和黏性流体等不同的性能。

了解聚合物力学性能的一般规律性以及它们与聚合物结构和分子运动

特性之间的关系，对于正确掌握和控制聚合物的成型加工条件、合理地选择和使用聚合物材料以及进一步改进和提高聚合物材料的力学性能都是很重要的。

9.2.1 聚合物的高弹性

高弹性是聚合物所特有的一个性质。一般材料，例如金属、玻璃和陶瓷等材料在受力时仅呈现有限的弹性区。在这一弹性区里，当去除外力时，材料可回复到其原来的尺寸。这时的形变是由于原子在其平衡位置的移动，所以它们的弹性极限很少超过1%。非晶态聚合物在玻璃化转变温度到黏流温度之间处于高弹态，因而在不太大的外力作用下可以产生很大的形变，在去除外力后形变几乎完全回复。聚合物的这种特性称为高弹性，处于室温附近高弹态的高分子材料称为橡胶。聚合物这种特性在国民经济的各个领域具有广泛的应用，合成橡胶已成为聚合物3大合成材料之一。

1. 聚合物的高弹性特征

聚合物的高弹性具有明显的不同于其他材料的特性，主要表现如下。

(1) 形变大，橡胶态聚合物在不太大的外力作用下，可以产生很大的形变，达到100%以上甚至超过1 000%的形变而不断裂，在去除外力后几乎能完全回复。

(2) 弹性模量低，通常固体的弹性模量为$10^9 \sim 10^{11}$ N/m^2，橡胶的弹性模量约为10^6 N/m^2，橡胶的弹性模量随着温度的升高而增高，而一般固体材料的模量是随着温度的升高而下降。

(3) 拉伸的橡胶具有热弹性效应，在拉伸时放出热量，具有负的膨胀系数，即拉伸的橡胶试样在受热时缩短，体积几乎不变。

(4) 具有明显的松弛特性。聚合物的高弹性是由高分子的结构和分子运动所决定的。非晶态聚合物中分子链呈线团状相互贯穿，在玻璃化温度(T_g)以下，高分子链段的运动是冻结的；但在玻璃化温度以上，在外力作用下，链段能克服分子间的相互作用产生链段运动，使高分子线团伸展开来，图9.40所示是在拉力作用下一个高分子线团的变化。

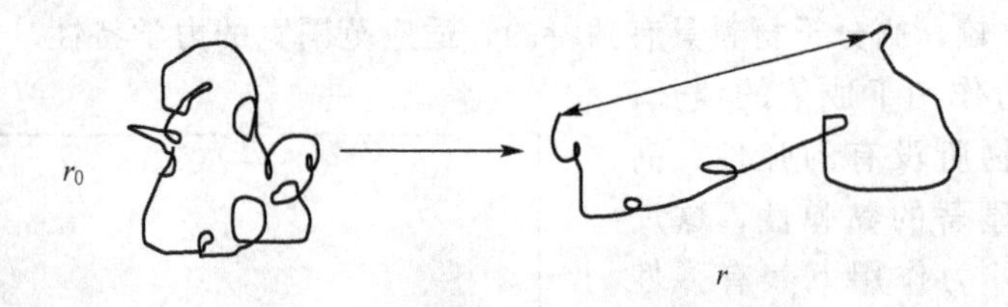

图9.40 外力作用下高分子线团的伸展

(5) 宏观上拉伸时发生的高弹形变就是由这种微观高分子线团沿外力作用方向伸展的结果。由于高分子线团的尺寸比其分子链长度要小得多，因而高弹形变可以发展到很大的程度。理论分析上指出，高分子线团在一定温度下具有最可几构象，在外力作用下，高分子的构象改变，使分子链呈现为伸展态，一旦外力的作用除去，分子链又要回复到最可几的构象，所以高弹性形变是可逆的。在橡胶态，高分子构象的伸展和回复过程是通过链段运动实现的，链段的运动需要克服分子间的作用力和摩擦力，因此形变及回复过程都需要时间。

高弹性的微观过程与普通固体的弹性形变过程是不同的，前者是高分子链沿外力方向的卷曲到伸展，外力所克服的是链段热运动回复到最可几构象的力，后者是键角的扩张、价键的伸长，它需要的能量比高分子链的伸长要大得多。因此橡胶的弹性模量要比普通固体的模量低4～5个数量级。温度升高以后，链段的热运动更趋剧烈，对抗外力的回缩力就增大，形变相对减小。因此橡胶的模量随着温度的升高而增高。

2. 高弹性的高分子结构特征

高弹性是高分子独有的特性，高分子的长链结构是聚合物具有高弹性的最基本条件，然而还不是充分的条件，下面讨论橡胶高弹性的分子结构特征。

(1) 分子链的柔性。

由高弹形变的微观过程可知，分子量足够高的柔性链才具有良好的高弹性。因此，橡胶态聚合物都是内旋转比较容易、位垒低的柔性高分子。如聚有机硅氧烷，分子链的内旋转容易，具有良好的柔性，也可作为橡胶使用。刚性分子链，如纤维素，分子间作用力很强，容易相互取向紧密排列，分子链的刚性很高。再如聚苯撑整个大分子链十分刚硬，内旋转十分困难，因此在常温下不具有高弹性，甚至达到分解温度时还没有能进入高弹态。

(2) 分子链间的相互作用力。

高分子链上极性基团过多，极性过强，高分子间存在强烈的范德华力或存在氢键，都会增强高分子间的相互作用，这不仅不易发生形变，而且即使形变后，又会产生新的氢键或范德华力，不利于形变的恢复，使回弹性不良。因此，若常温下获得橡胶弹性，应选择那些分子间作用力较小的非极性聚合物。事实上，一些通用橡胶(天然橡胶、顺丁苯橡胶等)就属于这一类。或者，同聚氯乙烯那样加入一定量的增塑剂，降低其分子间的作用力，制成软质制品，也可在常温下呈高弹性。

(3) 分子链间的交联。

分子间作用力比较小的聚合物，在形变过程中，高分子会产生相对滑移，呈黏性流动，产生永久形变。为了防止这种永久形变，橡胶需要进行硫化，使大分子链之间相互交联，形成疏松的网络。高分子链间的交联密度决定了高弹性的大小，随着交联密度的提高，交联点之间的链段的活动性变小，聚合物逐渐变硬。通常所谓的硬橡胶就是交联密度高的橡胶，对于高聚物材料获得适宜的高弹性是十分重要的。

一些嵌段共聚物，例如苯乙烯-丁二烯-苯乙烯三嵌段共聚物(SBS)，在常温下由于苯乙烯段的玻璃态微区固定着高分子中弹性的丁二烯嵌段，可制止高分子链间的相对滑移，起着类似物理交联的作用，使材料呈现高弹性。

然而在成型温度下，苯乙烯的玻璃态转变为黏流态，整个嵌段共聚物分子链可以相对移动，形成永久形变，加工成所需形状的制品。成型后的制品在常温下又恢复高弹性，这类聚合物称为热塑性弹性体。由于没有化学交联，因此可以使用热塑性聚合物成型加工的方法，反复加工成型。

(4) 结晶与结晶度。

柔性链聚合物并非都有高弹性，只有在常温下不易结晶的柔性大分子链才具有橡胶弹性。如聚乙烯、聚甲醛等，虽然它们的 T_g 都低于常温，但在常温下它们极易结晶，结晶度又较高，在晶体的束缚下链段难以运动，因而不呈现高弹性。再如，天然橡胶与古塔波胶的化学组成相同，都是由异戊二烯按1，4-加成聚合得到的聚异戊二烯，但由于前者具有顺式结构，在室温下不易结晶，具有优良的高弹性能，是一种综合性能优良的橡胶；而后者具有反式结构，容易结晶，是没有弹性的树脂状物质。

结晶度高的聚合物，在熔点以下不会具有良好的弹性，但还有少量结晶的聚合物仍具有良好的弹性，其中的结晶部分起物理交联点的作用，可制止永久形变的产生。

(5) 聚合物的分子量。

当高分子的链段开始运动，而整个高分子链尚不能运动时，聚合物成高弹性。非晶态聚合物高弹性的温度范围在玻璃化转变温度(T_g)和黏流温度(T_f)之间，T_g 和 T_f 的温度范围通常随高分子量的增加而逐渐加宽。如果聚合物分子量过低，当链段开始运动时，整个高分子也已经能够运动，则聚合物直接从玻璃态进入黏流态，其力学行为与低分子化合物差不多，不可能出现高弹性。

T_g 和 T_f 范围决定了橡胶的使用温度。T_g 是橡胶的使用下限温度，T_f 是橡胶的使用上限温度。玻璃化温度太高，橡胶制品的低温使用范围就要缩小，黏流温度太低，其高温使用范围也要缩小。因此要求在低温下使用的橡胶总是尽量降低其 T_g，反之，在高温下使用的橡胶总要求它具有较高的 T_f。表 9－1 列出了一些橡胶的使用温度范围。

表 9－1　一些橡胶的使用温度范围

名　称	玻璃化温度/℃	使用温度/℃
顺式 1，4－异戊二烯烃	－73	－50～120
顺式聚 1，4－丁二烯	－105	－70～140
丁苯共聚物(75/25)	－60	－50～140
聚异丁烯	－70	－50～150
丁腈共聚物(70/30)	－41	－35～175
乙丙共聚物(50/50)	－60	－40～150
聚二甲基硅氧烷	－120	－70～275
偏氟乙烯-全氟丙烯共聚物	－55	－50～300

9.2.2 聚合物的黏弹性

在研究材料的性能时，人们定义了两类理想的材料，即理想弹性固体和理想弹性液体。理想弹性固体具有一定的形状，在外力作用下，发生形变到一新的平衡的形状，在除去外力时，它又完全回复到起始的形状，即固体把外力在形变时所做的功完全储存起来了，当去除外力时，这个能量使它完全回复到原始的形状，而且这种形变和回复过程都是瞬时完成的，与时间无关。如图 9.41 所示，图中 t_1 和 t_2 分别为施加和去除应力的时间。

理想弹性固体的力学行为可以用胡克定律来描述，因此也称胡克体。

$$\delta = E\varepsilon \tag{9-3}$$

式中，δ 为应力；ε 为形变；E 为材料的弹性模量(杨氏模量)。

理想黏性液体没有一定的形状，在外力作用下发生不可逆的流动，形变随时间的增加而增加，外力所做的功以热的形式散失掉，如图 9.41(b)所示。

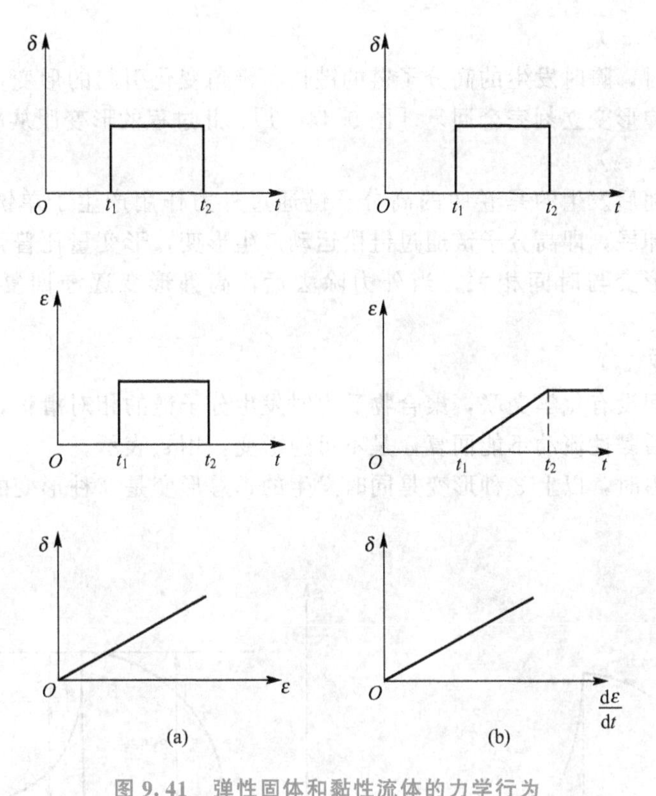

图 9.41 弹性固体和黏性流体的力学行为

(a) 弹性固体的力学行为；(b) 黏性流体的力学行为

理想黏性液体的力学行为可以用牛顿定律来描述，常称为牛顿流体。

$$\delta = \eta \mathrm{d}\varepsilon / \mathrm{d}t \tag{9-4}$$

式中，η 为液体的黏性系数，简称黏度。

然而，高分子材料的形变与时间有关，并介于理想固体和理想液体之间，既具有固体的弹性又具有液体的黏性。具有显著的黏弹性是高分子材料除高弹性外的又一个重要特性。

由于高分子材料的黏弹性与时间有关，被称为高分子材料的力学松弛，主要表现为蠕变、应力松弛、滞后和内耗现象。这些特性对高分子材料的加工和应用性能都具有重要的影响。

聚合物的黏弹性与高分子的结构及其分子运动特征相关联，黏弹性的研究对于了解高分子的结构以及分子运动的规律也是很重要的。

1. 蠕变

蠕变是指材料在一定温度下，受到较小恒定的外力作用，材料形变随时间的增加而逐渐增加的现象。如将一塑料薄膜试条上端固定，下端悬一重物，可以观察到试条随时间慢慢地伸长，产生蠕变。去除重物后，形变随时间而慢慢回复(图 9.42)，称为蠕变回复。

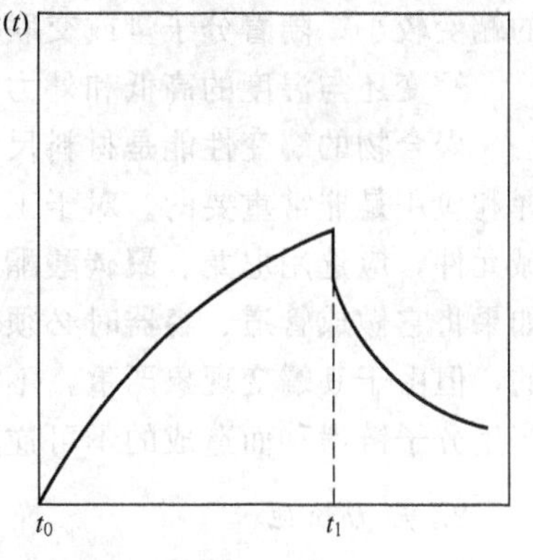

图 9.42 蠕变曲线

t_1，t_2—施加和去除应力的时刻

从高分子运动和内部结构变化来看，蠕变过程包含以下 3 种形变。

(1) 普弹形变(ε_1)。

聚合物受力时，瞬时发生的高分子链的键长、键角变化引起的形变，形变量较小，当外力除去时，普弹形变立刻完全回复［图 9.44(a)］。此过程的形变服从胡克定律。

(2) 高弹形变(ε_2)。

蠕变过程中随后发生的是卷曲的高分子链通过外力作用产生了单键内旋转和构象变化，分子链逐渐伸展，即高分子链通过链段运动产生形变，形变量比普弹形变大得多，但不是瞬间完成，形变与时间相关。当外力除去后，高弹形变逐渐回复，用 ε_2 表示，如图 9.43 所示。

(3) 永久形变(ε_3)。

当高分子链间没有化学交联，聚合物受力时发生分子链的相对滑移，即黏性流动。这种形变除去外力后黏性流动不能回复，是不可逆形变，用 ε_3 表示。

当聚合物受力时，以上 3 种形变是同时发生的，总形变是 3 种形变的和，其综合结果如图 9.44 所示。

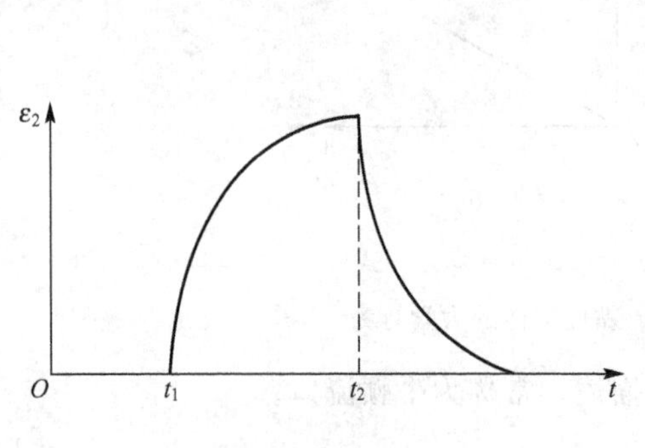

图 9.43 高弹形变示意图

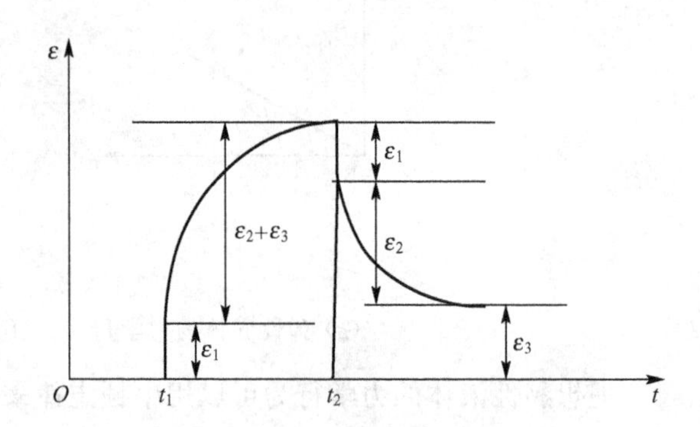

图 9.44 聚合物的蠕变和回复曲线

$$\varepsilon=\varepsilon_1+\varepsilon_2+\varepsilon_3 \tag{9-5}$$

在 t_1 时，对聚合物施加一外力，此时形变随着时间发展，首先产生普弹形变 ε_1，然后是高弹形变 ε_2 和永久变形 ε_3，在 t_2 除去外力时，首先回复的是 ε_1，而后是 ε_2 逐渐回复，留下不能回复的永久变形 ε_3。

聚合物的蠕变行为与其结构关系密切，柔性链聚合物的蠕变较显著，而刚性链聚合物的蠕变较小。随着分子量或交联程度的增加，蠕变都会减弱。

蠕变还与温度的高低和外力的大小有关，增加温度和增大外力都会使蠕变增大。

聚合物的蠕变性能是材料尺寸稳定性的反映，了解聚合物材料的蠕变现象对材料的选择和应用是非常重要的。对于工程塑料，要求蠕变越小越好。如制作齿轮或精密仪器的机械元件，应选用尼龙、聚碳酸酯等含芳杂环的刚性链聚合物。硬聚氯乙烯是容易蠕变的，如果将它做成管道、容器时必须增加支架以防止蠕变。聚四氟乙烯是塑料中摩擦系数最小的，但由于其蠕变现象严重，不能做成机械零件。橡胶则采用硫化橡胶的方法来防止蠕变产生分子链滑移而造成的不可逆形变。

2. 应力松弛

应力松弛是指材料在一定温度和保持恒定的形变时，材料内部的应力随时间的增加而逐渐衰减的现象。如将橡胶试条拉伸至一定长度后，保持形变恒定，橡胶试条的应力随时间而逐渐减小。实验测得聚合物的应力松弛线如图 9.45 所示。

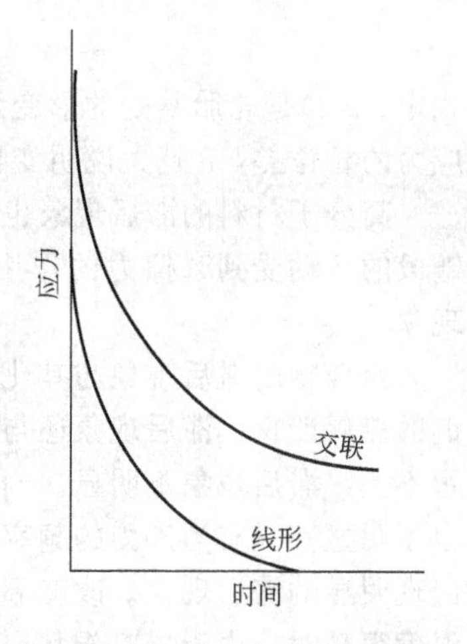

图 9.45 线形聚合物和交联聚合物的应力松弛曲线

应力松弛和蠕变一样，都是由于高分子在外力作用下分子运动的结果。在应力松弛过程中，受力高分子材料中的分子链段顺着外力作用方向运动，从而使应力逐渐下降。对于线性聚合物，随着时间而发展的黏性流动使高分子链的高弹形变和普弹形变都不断下降，如果时间足够长，应力可降到零。对于交联高聚物，高分子链不能相对滑移，应力下降到一定值后维持不变。

由于应力松弛是通过分子的运动完成的，因此与温度有密切的关系。如果温度很高，在玻璃化温度以上(如常温下的橡胶)，链段运动受到的内摩擦阻力很小，应力松弛得很快，几乎觉察不到；如温度比玻璃化温度低(如常温下的塑料)，链段受到很大应力，但由于内摩擦阻力很大，链段运动的能力很弱，应力松弛极慢，很不容易观察出来。实验证明，只有在玻璃态向高弹态过渡的区域内，应力松弛才最为明显。

了解应力松弛原理，对于聚合物的成型加工和材料选用都具有实际意义。如作为结构材料的聚合物，希望应力松弛小一些。塑料成型过程中，常由于制品内应力而使制品发生翘曲、变形或开裂，故需采用升温退火以消除内应力。橡胶成型加工中，半成品的胶料常常需要停放一段时间，其目的就是消除在前面的加工中产生的内应力。

3. 滞后现象

高分子材料在实际应用中，常常受到周期变化的交变应力的作用，如滚动的轮胎、传动的皮带、吸收震动的减震材料等，高分子材料在这种交变应力下的力学行为称为动态力学性能。

例如，自行车行驶时橡胶轮胎的某一部分一会儿着地，一会儿离地，因而受到的是一个交变力(图 9.46)。在这个交变力作用下，轮胎的形变也是一会儿大一会儿小的变化。形变总是落后于应力的变化，这种现象称为滞后。滞后现象的发生是由于链段在运动时要受到内摩擦力的作用。当外力变化时，链段的运动跟不上外力的变化，所以落后于应力，有一个相位差 δ。相位差越大，说明链段运动越困难。将轮胎的应力和形变随时间的变化记录下来，可以得到两条正弦曲线，如图 9.47 所示。图中应变与时间的关系曲线用数学表达式可写成

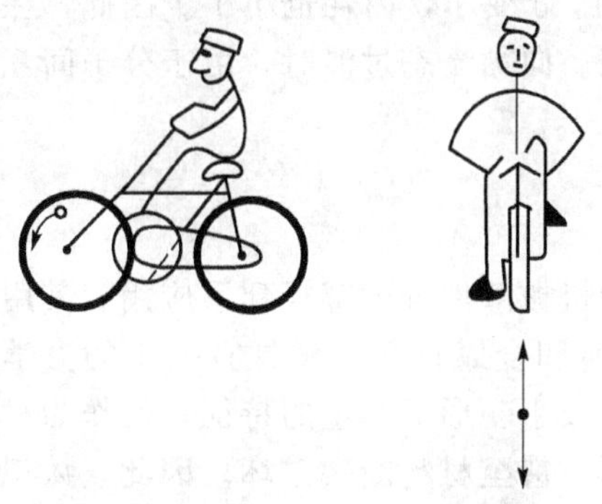

图 9.46 自行车轮胎受力情况示意图

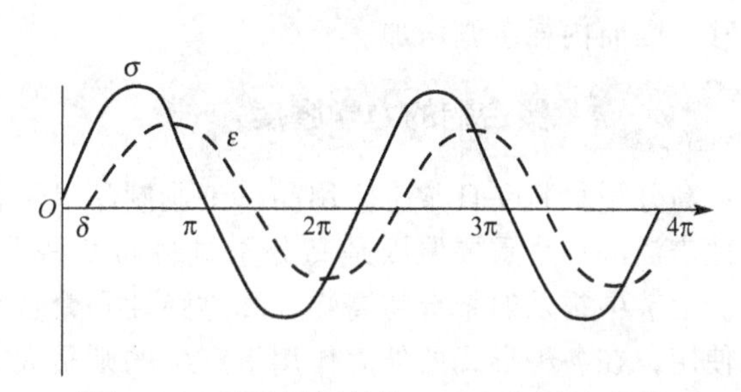

图 9.47 黏弹性材料的正弦应力-应变曲线

$$\varepsilon(t)=\varepsilon_0\sin(\omega t-\delta) \tag{9-6}$$

式中，$\varepsilon(t)$是轮胎某处的形变随时间t的变化；ε_0是轮胎该处的最大形变；δ是形变落后于应力的相位差，δ越大说明变形落后于应力越多。

高分子材料的滞后现象也是松弛过程。由于高分子形变是高分子链段运动的结果，而链段的运动受到摩擦力的作用，是一个时间过程，因而导致形变落后于应力，出现滞后现象。

聚合物的滞后现象与其化学结构有关，一般而言，刚性分子链的滞后较小，柔性分子链的滞后严重。滞后现象还与外力作用频率、温度等有关。当外力频率很高，链段的运动跟不上，滞后现象不明显。当外力的频率低到链段的运动完全跟上外力的变化，滞后现象也不明显。只有当外力的频率不太高时，链段运动可以发生但又不能同步跟上，这时才会出现明显的滞后现象。改变温度也会发生类似的影响，在外力作用频率一定的情况下，当温度很高时，由于提高温度使链段的运动加快，形变不落后于应力的变化；当温度很低时，链段运动的速度很慢，完全跟不上应力的变化，也无所谓滞后。只有在一定的温度范围内，链段能运动，但又不完全能跟得上应力的变化，这时滞后现象较明显。因此，增加外力频率和降低温度对高分子材料的滞后有着重要的影响。

当应力的变化和形变的变化频率相一致时，没有滞后现象，每次变形所做的功等于恢复原状时取得的功，没有能量的消耗。如果形变的变化落后于应力的变化，发生滞后现象，则在每一循环中就要消耗功，称为力学损耗或内耗，这种消耗功实际上转变成热能释放出来，由于聚合物是热的不良导体，热量不易散发出去，会导致聚合物本身温度的升高，影响材料的使用寿命。

内耗的大小与聚合物本身的结构有关。一些常见的橡胶品种的内耗和回弹性能的优劣可以从其分子结构上找到定性的解释。顺丁橡胶内耗较小，因为它的分子链上没有取代基团，链段运动的内摩擦力较小；丁苯橡胶和丁腈橡胶的内耗比较大，因为丁苯胶有庞大的侧苯基，丁腈胶有极性强的侧氰基。因而它们的链段运动时内摩擦阻力较大。丁基橡胶的侧甲基虽没有苯基大，也没有氰基极性强，但是它的侧基数目比丁苯、丁腈的多，所以内耗比丁苯、丁腈还要大。内耗较大的橡胶吸收冲击能量较大，回弹性就较差。

聚合物的内耗与温度的关系，在T_g以下，聚合物受外力作用形变很小，这种形变主要由键长和键角的改变引起，速度很快，几乎完全跟得上应力的变化，δ很小，所以内耗很小。温度升高，向高弹态过渡时，由于链段开始运动，而体系的黏度还很大，链段运动时受到摩擦阻力比较大，因此高弹形变显著落后于应力的变化，δ较大，内耗也大。当温度进一步升高时，虽然形变大，但链段运动比较自由，δ变小，内耗也小了。因此，在玻璃化转变区域将出现一个内耗的极大值，称为内耗峰。向黏流态过渡时，由于分子间互相滑移，因而内耗急剧增加。

9.2.3 聚合物的力学强度

高分子材料在日常生活用品、工业制品以及各种机械部件等中都得到了应用。其用途如此广泛的一个重要原因是高分子材料与某些非金属和金属材料一样具有一定的力学强度。上节中提及的聚合物高弹性和黏弹性是聚合物在较小变形下产生的特征，而作为材料来使用，在各种形式的外力作用下产生的则是大变形，甚至材料断裂破坏。因此，认识和掌握聚合物强度和破坏的内在规律，有利于判断与区分高分子材料的强弱、硬软、韧脆，还可以作为合理选用材料的依据，而且对设计和开发新型的高强度、高模量的高分子材料具有重要的指导意义。

1. 聚合物的拉伸强度和拉伸过程

聚合物的力学强度是指在外力作用下，聚合物抵抗形变和破坏的能力。外力作用的形式不同，衡量强度的指标不一样，有拉伸强度、压缩强度、弯曲强度、剪切强度和冲击强度等，而最常使用的是拉伸强度和冲击强度。

玻璃态聚合物在拉伸时典型的应力-应变关系如图 9.48 所示。应力-应变曲线可以分为 5 个阶段。

(1) 弹性形变。在 Y 点之前应力随应变正比地增加，从直线的斜率可以求出杨氏模量 E。从分子机理看来，这一阶段的普弹行为主要是由高分子的键长和键角变化引起的。

(2) 屈服应力。应力在 Y 点达到极大值，这一点叫屈服点，其应力 σ_Y 为屈服应力。

(3) 强迫高弹形变(又称大形变)。过了 Y 点应力反而降低，这是由于此时在大的外力帮助下，玻璃态聚合物本来被冻结的链段开始运动，高分子链的伸展提供了材料的大的形变。这种运动本质上与橡胶的高弹形变一样，只不过是在外力作用下发生的，为了与普通的高弹形变相区别，通常称为强迫高弹形变。这一阶段加热可以恢复。

(4) 应变硬化。继续拉伸时，由于分子链取向排列，使硬度提高，从而需要更大的力才能发生形变。

(5) 断裂。达到 B 点时材料断裂，断裂时的应力 σ_B 即是抗张强度 σ_t；断裂时的应变 ε_B 又称为断裂伸长率。直至断裂，整条曲线所包围的面积 S 相当于断裂功。

从应力-应变曲线上可以得到以下重要力学指标。E 越大，说明材料越硬，相反则越软；σ_B 或 σ_Y 越大，说材料越强，相反则越弱；ε_B 或 S 越大，说明材料越韧，相反则越脆。

实际聚合物材料通常只是上述应力-应变曲线的一部分或其变异，图 9.49 示出 5 类典型的聚合物应力-应变曲线，它们的特点分别是：软而弱、硬而脆、硬而强、软而韧和硬而韧。其代表性聚合物是：软而弱——聚合物凝胶；硬而脆——聚苯乙烯、聚甲基丙烯酸甲酯、酚醛塑料；硬而强——硬聚氯乙烯；软而韧——橡胶、增塑聚氯乙烯、聚乙烯、聚四氟乙烯；硬而韧——尼龙、聚碳酸酯、聚丙烯、醋酸纤维素。

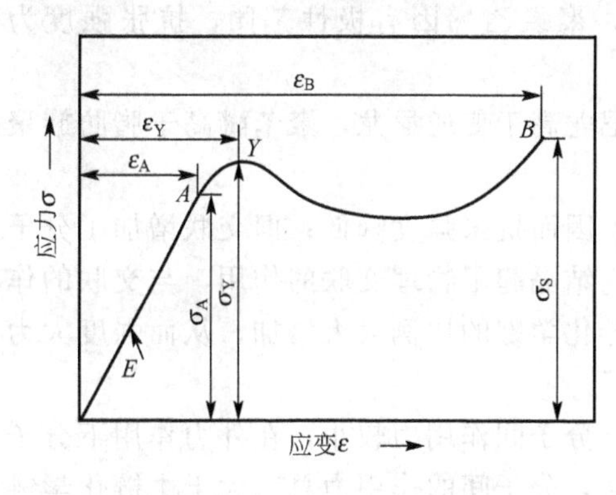

图 9.48 聚合物应力-应变曲线类型

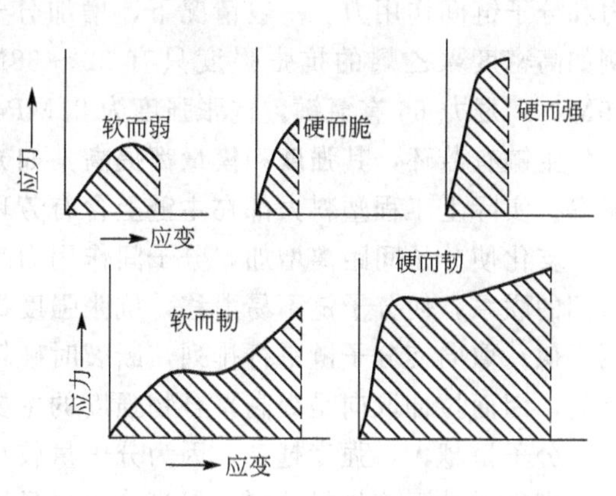

图 9.49 玻璃态聚合物拉伸时的应力-应变曲线示意图

晶态聚合物拉伸时的应力-应变曲线，也同样经历了5个阶段(图9.50)。除了E和σ_t都较大外，其主要特点是细颈化和冷拉。所谓细颈化是指试样在一处或几处薄弱环节首先变细，此后细颈部分不断扩展，非细颈部分逐渐缩短，直至整个试样变细为止。这一阶段应力不变，应变可达500%以上。由于是在较低温度下出现的不均匀拉伸(注：玻璃态聚合物试样在拉伸时横截面是均匀收缩的)，所以又称为冷拉。

细颈化和冷拉的产生原因是结晶形态的变化，在弹性形变阶段球晶只是发生仿射形变(即球晶的伸长率与试样伸长率相同)成为椭球形，继而在球晶的薄弱环节处发生破坏，组成球晶的晶片被拉出来，分子链发生重排，取向和再结晶成纤维状晶(图9.51)。这一阶段如同毛线从线团中不断被抽出，无需多少力，所以应力维持不变。

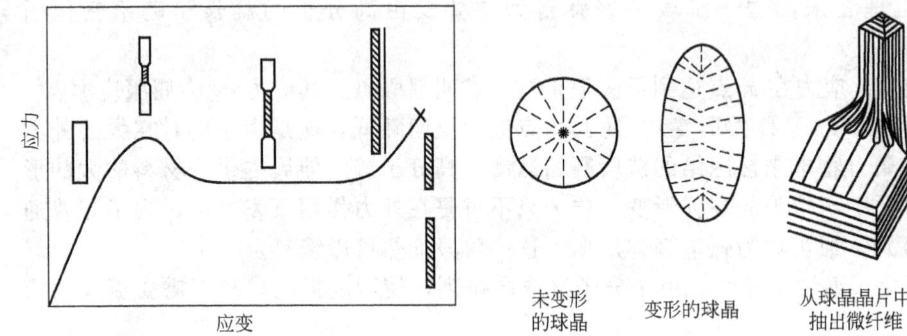

图9.50 结晶态聚合物拉伸时应力-应变曲线　　图9.51 结晶态聚合物拉伸时构象变化示意图

冲击强度是衡量材料韧性的一种强度指标，表征材料抵抗冲击负荷破坏的能力，通常为试样受冲击载荷而折断时单位面积上消耗的能量。由于材料缺口对冲击强度的敏感性，实验常在带缺口的试样上进行。

2. 影响聚合物强度的结构因素和增强增韧的途径

聚合物断裂的机理是首先局部范德华力或氢键力等分子间作用力被破坏，然后应力集中在取向的主链上，使这些主链的共价键断裂。因而聚合物的强度上限取决于主链化学键力和分子链间作用力。一般情况下，增加分子间作用力如增加极性或氢键可以提高强度。例如高密度聚乙烯的抗张强度只有22～38MPa，聚氯乙烯因有极性基团，抗张强度为49MPa，尼龙66有氢键，抗张强度为81MPa。

主链有芳环，其强度和模量都提高，如芳香尼龙高于普通尼龙，聚苯醚高于脂肪族聚醚等。实际上工程塑料大都在主链上含有芳环。

支化使分子间距离增加，分子间作用力减少，因而抗张强度降低；但交联增加了分子链间的联系，使分子链不易滑移，抗张强度提高；结晶起了物理交联的作用，与交联的作用类似；取向使分子链平行排列，断裂时破坏主链化学键的比例大大增加，从而强度大为提高，因而拉伸取向是提高聚合物强度的主要途径。

分子量越大，强度越高。因为分子量较小时，分子间作用力较小，在外力作用下分子间会产生滑动而使材料开裂。但当分子量足够大时，分子间的作用力总和大于主链化学链力，材料更多地发生主价键的断裂，也就是说达到临界值后，抗张强度达到恒定值(但冲击强度不存在临界值)。

以上讨论主要是对于抗张强度，对于冲击强度，除了上述结构因素外还与自由体积有关。总的来说，自由体积越大，冲击强度越高。结晶时体积收缩，自由体积减小，因而结晶度太高时材料变脆。支化使自由体积增加，因而冲击强度较高。

聚合物的增强除了根据上述原理改变结构外，还可以添加增强剂。增强剂主要是碳纤维、玻璃纤维等纤维状的物质，以及木粉、炭黑等活性填料。前者所形成的复合材料有很高的强度，如玻璃纤维增强的环氧树脂的比强度超过了高级合金钢，所以又称为环氧玻璃钢。后者不同于一般只为了降低成本的增量型填料，如在天然橡胶中加入20％的炭黑，抗张强度从150MPa提高到260MPa，这种作用称为对橡胶的补强作用。

如果脆性塑料中加入一些橡胶共混，可以达到提高冲击强度的效果，又称为增韧。增韧的机理是橡胶粒子作为应力集中物，在应力下会诱导大量银纹，从而吸收大量冲击能。所谓银纹是PS(聚苯乙烯)、PMMA(聚甲基丙烯酸甲酯)等聚合物在受力时会在垂直于应力方向上出现一些肉眼可见的小裂纹，由于光的散射和折射而闪闪发光，因而得名银纹(图9.52)，银纹不等于裂缝，它还保留有50％左右的密度，残留的分子链沿应力方向取向，所以它仍然有一定强度。在橡胶增韧塑料中银纹产生自一个橡胶粒子，又终止于另一个橡胶粒子，从而不发展成裂缝而导致断裂。

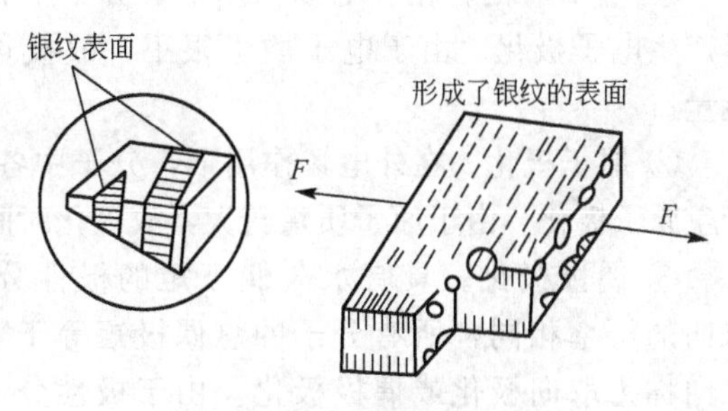

图9.52 银纹结构示意图

9.3 高分子的电、光和热性能

9.3.1 高分子的电学性能

大多数高分子材料具有优良的电绝缘性能：低电导率、低介电损耗、高击穿强度，加之其他优良而独特的物理、化学性能和加工性能，长期以来在电子和电工技术领域中作为绝缘体得到了广泛的应用。从日常的电线、电缆绝缘材料到电子附件的绝缘包封材料均得到广泛应用，其体积电阻率范围达26个数量级，所耐电压由不到一伏至几百万伏，使用的电场频率可达百万兆周以上，使用的温度范围在短时间内可由－269℃达到300℃以上。此外，对高分子半导体、导体、超导体、光导体和驻极体的研究也取得了不同程度的进展，不断满足科学技术各个领域对高分子材料电性能日益增长的需求。

高分子的电性能是指聚合物在外加电场作用下的行为，包括在交变电场中的介电性能，在弱电场中的导电性能，在强电场中的电击穿及聚合物表面的抗静电现象。

介电性能是研究聚合物在外加交流电压时电能的储存和损耗，它对聚合物绝缘材料和电容器材料的应用是十分重要的。高分子的介电性能与高分子的动态力学行为很相似，它反映了在正弦交变电场作用下偶极的运动，也是与大分子链段有关的一个松弛过程。在研究电学松弛过程中，由于可以在很宽的频率范围下进行观察，因此能非常灵敏地反映聚合物结构变化和分子运动状态，电学性质的表征也是研究聚合物的结构和分子运动的一个重要手段，可以用力学松弛来研究。

导电性通常是指在直流电场下导电的难易程度，它是高分子材料的一个重要性能指标，而且往往与高电压下的绝缘破坏击穿有关。在导电性高分子材料的研究中，了解导电性与结构之间的关系，对导电性材料的研究与开发有重要的意义。

1．聚合物的介电性质

聚合物材料的介电性质是指聚合物材料在电场作用下表现出的对静电能的储存和损耗的性质。常用介电常数和介电损耗两个重要指标来衡量。

（1）介电常数。

在通常情况下，不管是极性聚合物还是非极性聚合物，都是电中性的。在外加电场作用下聚合物分子中的电荷发生变化，表现出使分子的偶极矩增大的现象称为极化。聚合物在电场作用下可能发生以下极化。

① 电子极化。在外电场作用下，分子中各原子的价电子发生位移，使电子云发生变形产生电子极化。由于电子质量很小，故极化时间极短，为 $10^{-14} \sim 10^{-13}$ s，几乎不消耗能量。

② 原子极化。在外电场作用下，分子中各原子核发生位移使分子的电荷分布发生变形产生原子极化。由于原子质量较大，故极化时间较长，约为 10^{-13} s，并有微量能量的消耗。

③ 偶极极化。具有永久偶极矩的极性分子，由于分子的热运动，偶极矩在各方向取向的概率相同，所有分子的总偶极矩等于零。在外电场作用下，产生分子取向，这种取向称为取向极化或偶极极化。由于极性分子中偶极矩沿电场方向的取向需要克服其本身的惯性和旋转阻力，因此偶极矩极化所需要的时间较长，$10^{-12} \sim 10^{-9}$ s，并消耗一定的能量(图 9.53)。

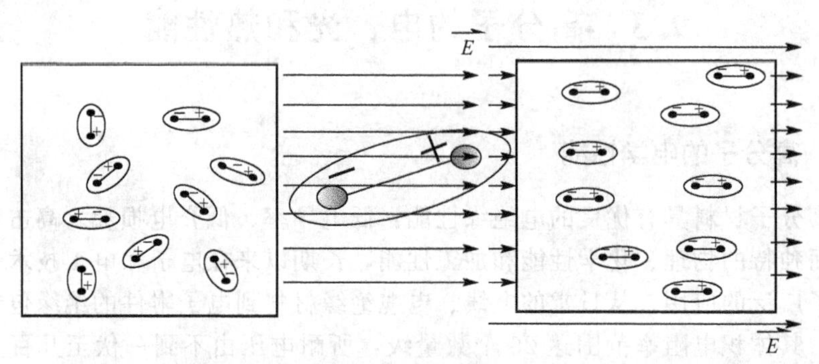

图 9.53 极性分子的取向极化

④ 界面极化。对于非均相体系的聚合物共混物，在外电场作用下，电子或离子在两相界面上聚集而发生极化，称为界面极化。界面极化所需要时间较长，从几分之一秒到几秒，甚至更长。

聚合物的极化程度用介电常数 ε 表示。它定义为电容器的极板间充满电介质时的电容与极板间为真空时的电容之比值，其介电常数 ε 可按下式计算。

$$\varepsilon=\frac{C}{C_0}=\frac{Q/V}{Q_0/V}=\frac{Q}{Q_0}=\frac{Q+Q'}{Q_0} \tag{9-7}$$

式中，V 为直流电压；Q_0、Q 分别为真空电容器和介质电容器的两极板上产生的电荷；Q' 为由于介质极化而在极板上感应的电荷。

聚合物的介电常数越大，表明极化程度越大，绝缘性能越差。而影响聚合物介电常数的主要因素是高分子的极性，高分子极性越强，极化程度越大，则介电常数就越高。因此随偶极矩的增大，聚合物的介电常数逐渐增大。表 9-2 中列出了常见聚合物的介电常数。

表 9-2 常见聚合物的介电常数

聚合物	ε	聚合物	ε
聚四氟乙烯	2.0	聚对苯二甲酸乙二醇酯	3.0～4.4
聚丙烯	2.2	聚氯乙烯	3.2～3.6
聚乙烯	2.3～2.4	聚甲基丙烯酸甲酯	3.3～3.9
聚苯乙烯	2.5～3.1	尼龙	3.8～4.0
聚碳酸酯	3.0～3.1	酚醛树脂	5.0～6.5

除高分子的极性对介电常数的影响外，一些结构因素，如分子结构的对称性、支化、交联和取向等也会影响介电常数。一般而言，对称性越高，介电常数越小。对于同一种聚合物其全同立构的介电常数高，间同立构的介电常数低，而无规立构介于两者之间。柔性极性侧基因其活动性较大，使介电常数增大。交联和取向使极性基团取向困难，因而降低了介电常数。相反，支化则使分子间的相互作用减弱，介电常数高。

一般来说，高分子的介电常数在 2.0～2.8 之间的为优良绝缘体，如聚乙烯、聚四氟乙烯、天然橡胶等。但介电常数小于 10 的仍可作为绝缘体，如聚甲基丙烯酸甲酯、聚酰胺等。

(2) 介电损耗。

聚合物在交变电场中取向极化时，伴随着能量损耗，使介质本身发热，这种现象称为聚合物的介电损耗。通常用介电损耗角正切 $\tan\delta$ 来表示介电损耗。

高分子极性的大小和极性基团的密度是决定介电损耗大小的根本因素，聚合物分子的极性越大，极性极团的密度越大，则介电损耗越大。一般高聚物的介电损耗是非常小的，$\tan\delta=10^{-4}\sim10^{-3}$。此外，分子的活动性也会影响聚合物的电性能，如交联、结晶和取向等常常会阻碍偶极取向，从而影响介电损耗。

当聚合物用作绝缘材料或电容器材料时，希望介电常数大而介电损耗小，以免发热消耗电能，引起老化。但作为聚合物的高频焊接，又希望有较大的介电损耗。

因介电损耗主要是取向极化引起的，因而通常 ε 越大的因素也越会导致较大的介电损耗。非极性聚合物理论上讲没有取向极化，应当没有介电损耗，但实际上总是有杂质(水、增塑剂等)存在，其中极性杂质会引起漏导电流，而使部分电能转变为热能，称电导损耗。

与力学损耗相似，介电损耗也用来研究聚合物的玻璃化转变和次级松弛，所得谱图称为聚合物的介电松弛谱(温度谱或频率谱)。图 9.54 是聚四氟乙烯介电损耗的温度谱。

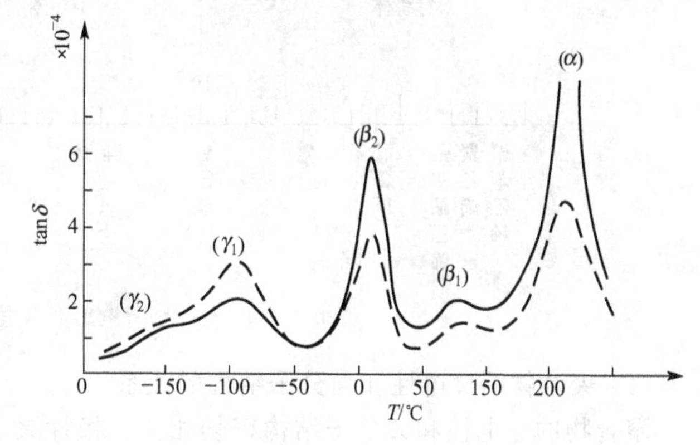

图 9.54 两种聚四氟乙烯试样的介电谱(1kHz)
结晶度：——90%；---40%

2. 聚合物的导电性

(1) 聚合物的导电特征。

材料的导电性是由于物质内部存在能传递电流的自由电荷，这种自由电荷常被称为载流子。载流子可以是电子、空穴，也可以是正负离子。这种载流子在外加电场作用下，在物质内部作定向移动，便形成电流并通过材料的表面和内部，形成高分子材料表面和内部的导电性，分别采用表面电阻率 ρ_s 和体积电阻率 ρ_V 来表示。电阻率 ρ 的物理意义是单位厚度和单位面积试样的电阻值。电导是电阻的倒数，电导率是单位厚度、单位面积试样的电导值。电阻与电导均与试样的几何尺寸有关，不是材料导电性的特征物理量，而电阻率与电导率与试样的尺寸无关，只与材料的性质有关，它们互为倒数，可表征材料的导电性能。

当电介质的试样为平板状，在均匀电场下的体积电阻率 ρ_V 按下式计算。

$$\rho_V = R_V \frac{S}{h} \tag{9-8}$$

式中，R_V 为试样的体积电阻(Ω)；S 为电极的面积(cm^2)；h 为试样的厚度(cm)。

同样,表面电阻率可按下式计算。

$$\rho_s = R_s \frac{l}{b} \tag{9-9}$$

式中,R_s 为试样的表面电阻(Ω)；l 为电极长度(cm)；b 为两个平行电极的距离(cm)。

一般高聚物主要是离子电导。有强极性原子或基团的高聚物在电场下产生本征解离，可产生导电离子。而非极性高聚物本应不导电，它的理论计算的比体积电阻为 $10^{25}\,\Omega\cdot cm$，但实际上要小好几个数量级，原因是杂质带来的。这些杂质是少量没有反应的单体，残留的催化剂、助剂以及水分都能在电场下离解而成为导电的主要载流子。

高分子材料按其体积电阻率或电导率的大小，分为绝缘体、半导体、导体和超导体。绝缘体的体积电阻率在 $10^8 \sim 10^{18}\,\Omega\cdot cm$，导体的体积电阻率在 $10^{-2}\,\Omega\cdot cm$ 以下，半导体则处于导体和绝缘体之间，超导体为电阻等于零的材料。图 9.55 为几种典型材料的电导率。

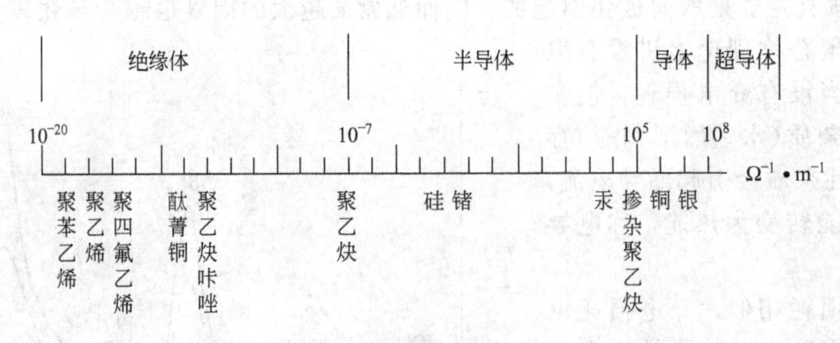

图 9.55 典型材料的电导率/($\Omega^{-1}\cdot cm^{-1}$)

(2) 聚合物的导电性和高分子结构的关系。

聚合物的导电性和大分子结构密切相关。极性聚合物的导电性要好于非极性聚合物；存在共轭体系的，导电性好；分子量增大能使电子电导增大，但离子电导减小。结晶度增大可使电子电导增大，而离子电导减小；聚合物残留的导电性杂质(如催化剂、导电性填料、水分等)含量越大，则导电性越好。其中水对极性聚合物影响大，但对非极性聚合物影响很小。另外，温度升高，聚合物导电性急剧增强。

9.3.2 高分子的光学性能

光学性能反映了光和物质的相互作用。通常，当光线照射到物质的表面时，一部分反射，另一部分进入到物质的内部。进入物质内部的光一部分吸收、散射，另一部分透过。吸收的光转变为热。

与电学性能一样，光学性能也与物质的化学结构有关，大的结构单元在长波区显示出各种效应，而影响短波长的可见光的因素主要是电子密度和运动性，从这个意义上说，光学性能和电学性能是相关的。

典型的金属晶体中存在着非常容易运动的电子云，入射光部分被反射。正是由于这种强烈的反射，金属呈现特有的光泽。且由于进入金属内部的少量光被迅速吸收，因此金属通常是不透明的。而在金属键以外的主价键，即离子键、共价键和配位键的结晶里，电子的运动非常困难，可见光不能使电子流动，只使其在平衡位置的周围发生振动，光的反射和吸收都非常少，具有透明性。这样，光最容易通过电绝缘体，即所谓透明的物质是不导电的，而导电体则是不透明的。

高分子材料通常具有良好的透明性，耐冲击性高，加工方便，容易制成软质和硬质的各种制品，在光学、电子电器、汽车、建筑、包装材料等领域都获得了广泛的应用。

1. 光折射与非线性光学性质

当光由空气入射到透明介质中时，光由于在两种不同介质中的传播速度不同，光路要发生变化，即所谓的光折射现象。表征光折射的是折射率。折射率的大小与介质的极化率有关。一般来说，光频区的分子极化是电子极化与原子极化，极化率增大，使介电常数增大，同时又使折射率增大。极化率的大小与极化基团及其所处的微观环境有关，因此从试验测得的数据是其平均值。折射率是平均极化率与分子堆砌紧密程度的函数。从分子链的化学组成上看，折射率一般按下例顺序增大。

$$—CF_2—,\ —O—,\ —\underset{\underset{O}{\|}}{C}—,\ —CH_2—,\ —C_6H_4—,\ —CCl_2—,\ —CBr_2—$$

由于高分子链是高度不对称的，其极化作用具有方向性。分子的轴向和横向存在不同的极化率，从而折射率也不相同，这种现象称为光的双折射。无定形聚合物的分子链段呈无规分布，光的传播速度不会因传播方向的改变而变化，只有一个折射率，宏观上没有双折射现象，表现为光学各向同性。但因取向、结晶与聚合物宏观上的结构不对称性，也表现出双折射效应。如高分子球晶在正交偏振片中因双折射而呈现出消光黑十字，即发生了双折射效应。

非线性光学材料的早期研究主要集中于无机材料和小分子有机晶体。高聚物非线性光学材料因其有许多优点而引起人们的广泛关注，可望在光电调制、信号处理等许多方面获得应用。高聚物二阶非线性光学材料的制备主要是把具有不对称性的共轭结构单元键接到高分子链侧旁或直接与高分子材料掺杂。如将下面结构的高分子与高分子链键接或复合，通过电晕放电或直流电将其制成驻极体从而使整快材料具有宏观不对称性，即得到二阶非线性光学材料。

$$NC-C_6H_4-N=N-C_6H_4-N(CH_2COOCH_3)_2$$

$$O_2N-C_6H_4-CH=CH-C_6H_4-N(CH_3)_2$$

三阶非线性系数对电结构对称性无要求，关键是设计分子结构使其电子易流动和具有很大程度的极化。聚双炔是目前研究得较广泛的一类聚合物。二阶、三阶非线性聚合物光学材料可能应用的领域见表 9-3。

表 9-3 二阶、三阶非线性聚合物光学材料应用的领域

聚合物	可能的应用	
$X^{(2)}$聚合物	通信	调节器、多路驱动器、中继器
	光信号处理	神经网络、空间光调制器件
$X^{(3)}$聚合物	数字式光计算	光开关、光双稳态
	全光过程	并行信号处理、串行信号处理

2. 光的吸收与反射

当光从物质中透过时，会导致物质的价电子跃迁或使原子振动，从而一部分光能转变成热能，造成光的衰减，这一现象称为光的吸收。聚合物的颜色与其自身结构、表面特征及其所含其他物质有关。聚合物的玻璃态通常是无色透明的。部分结晶聚合物含有结晶和非晶两相，由于光散射减弱了投射光的强度，使其透明性下降而呈乳白色。聚合物材料的颜色一般是由所加染料、颜料或含有的某些杂质造成的。对于非晶聚合物，如果加入与基体树脂相容性好的材料，可得到有色透明的材料；加入不相容的颜料，则成为有色不透明的材料。非晶共混物的透光性同聚合物的相容性有关。一些主要光学塑料的性能见表 9-4。

表 9-4 一些主要光学塑料的光学性能

高聚物	缩写	折光指数	透光率/(%)	色散系数
聚甲基丙烯酸甲酯	PMMA	1.49	92	57.5
聚苯乙烯	PS	1.59	88～92	30.8
聚碳酸酯	PC	1.586	80～90	29.9
苯乙烯-丙烯酸酯共聚物	NAS	1.533	80～86	42.4
聚 4-甲基戊烯-1	TPX	1.465	90	56.2
烯丙基二甘醇聚碳酸酯	CR-39	1.504	92	57.8

当光线入射到样品表面时，一部分反射，另一部分折射。若样品的折射率大于空气的折射率，且光线从样品向空气折射时，入射角小于折射角。依据物理学中的全反射原理，当光线以一定角度入射到试样时，在符合全反射的条件下，光线将沿着试样的一端传播到另一端，称为光导材料(如图 9.56 所示的光导纤维的光学原理)。工业上常使用聚甲基丙烯酸甲酯涂上部分氟化的聚合物作为可见光的光导材料，采用高纯硅玻璃涂上四氟乙烯-六氟丙烯共聚物作为紫外光的光导材料。

光导材料已成功地用在汽车尾灯，制作发光图案、文字上。在医学上，使用光导纤维可以观察、检查内脏器官的疾病。

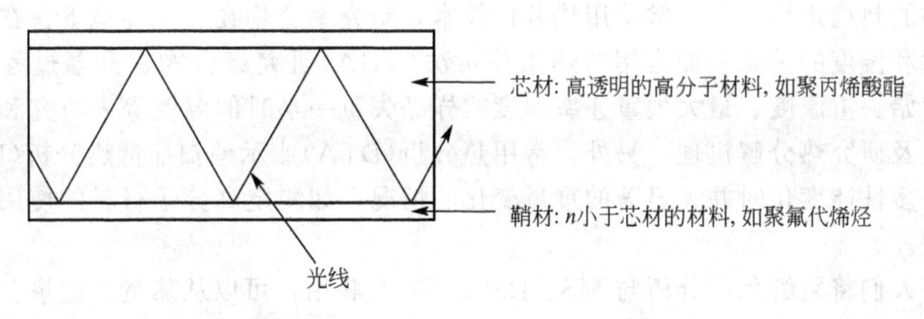

图 9.56 光导纤维的光学原理

9.3.3 高分子的热学性能

高分子材料的热学行为与金属或非金属材料不同，金属材料是电的良导体，也是热的良导体，然而高分子材料的导电和导热能力都很低，是电和热的绝缘体，如聚苯乙烯和聚氨酯泡沫塑料以及橡胶等都是优良的热绝缘材料。但聚合物的软化温度低，分解温度低，容易燃烧和老化，这使聚合物的应用领域受到极大的限制。虽然聚合物的长期耐高温性远不如金属，但在短期耐高温方面金属反不如高分子材料，如导弹和宇宙飞船返回地面时，在几秒至数分钟内经受 11 000～16 700℃的高温，这时任何金属都熔化，但一种特殊的高分子烧蚀材料在如此高温下，仅在表面一层受到烧蚀，而飞行器内仍完好无损。随着高分子材料的应用领域不断拓宽，提高聚合物的热稳定性和耐热性是开发高性能高分子材料的一个重要指标。

1. 聚合物的耐热性

聚合物在升温过程中首先发生软化和熔融，当温度进一步升高时将出现热分解现象。聚合物在受热过程中产生两类变化：软化、熔融等物理变化和降解、交联、分解、氧化、水解等化学变化。这些物理和化学变化是聚合物受热后性能变化的主要原因。

聚合物的耐热性是指聚合物在环境下的热变形和热稳定性。因此一个耐热聚合物应具有较高的抗热变形能力，并且在各种物理和化学的刺激下能保持良好的结构和性能的稳定性。

从材料的使用角度考虑，一个耐热的聚合物首先具有高熔点或软化点，即在高温下不发生熔化和软化，并保持材料的刚性和强度；而且在外力作用下的蠕变速度缓慢，具有良好的尺寸稳定性，即在高温下不发生热分解反应，也不失重；同时还要求聚合物具有高的耐化学试剂性。

除上述 3 个要求外，耐热聚合物能否适合实际应用还要求适宜的加工性，因为耐高温聚合物往往难熔、难溶，甚至不熔、不溶，给聚合物的加工成型带来困难，甚至不可能加工成型。实际应用中往往牺牲一些耐热性以改善加工性。

聚合物耐热性的评价有热稳定性能和物理性能两方面。

物性评价是研究聚合物性能(包括力学、电学、光学等，性能)受温度影响而变化的关系，特别是力学性能在高温下的保持情况，如在高温下的强度变化。聚合物的物理性能变化有时间依赖性，这是由于高分子从一个状态过渡到另一个状态的松弛时间往往很长。一个聚合物在某一使用温度下，在短时间内可能呈现很高的稳定性，而在长时间后可能由于蠕变产生永久形变，或出现严重的降解，使物理性能下降。

聚合物的热稳定性的评价常采用热分析技术，研究聚合物在一定环境下、在加热过程中的热行为和温度的关系。如常用的热重分析法(TGA)研究聚合物在升温过程中的重量变化，以起始失重温度、最大失重速率温度或样品失重一半时的温度等来研究和评价聚合物的耐热性及研究热分解机理。另外，常用热分析(DTA)或示差扫描量热分析(DSC)的方法来研究许多性能变化时并无显著的重量变化的情况，如测定高分子材料的使用温度、使用极限温度。

至今，人们将裂解色谱分析与MS、DSC、TGA联用，可以从热量、重量、分解产物3方面同时了解聚合物热分解过程，这样对聚合物受热过程中各种变化的本质认识更为深刻。

2. 聚合物的耐热性与分子结构的关系

聚合物的耐热性与它的物质状态转变特征温度即玻璃化温度、熔点、流动温度和热分解温度是直接相关的。这些特征温度又是聚合物的各种类型分子运动的结果，与聚合物的分子结构有密切关系。因此，凡能束缚聚合物分子运动的各种因素都能提高聚合物的耐热性。

按照马克三角形原理，影响聚合物耐热性能的主要结构因素为高分子链的刚性、结晶度和交联度，因此如果要提高聚合物的耐热性要从以下3方面着手。

(1) 提高聚合物链的刚性。

聚合物分子主链上引入芳香环或芳杂环及减少单键，使分子链的内旋转变得困难，将大大提高分子链的刚性，使链段的运动受到阻碍，从而提高了玻璃化温度、熔点和热稳定性。如聚苯硫醚、聚醚砜、聚芳砜和聚酰胺等耐高温聚合物就是成功的例子。

(2) 提高结晶度。

结晶聚合物具有明显的熔点、高的模量，而且耐溶解，因此结晶聚合物的物理和化学稳定性都较高。通常采用定向聚合或引入极性基团来提高聚合物的规整度、对称性和极性，以此获得结晶聚合物及高结晶度聚合物，从而提高聚合物的耐热性。

(3) 进行交联。

交联使聚合物分子形成三维网络，聚合物的玻璃化温度随交联密度的增加而提高，力学性能也同时提高，溶剂和其他试剂的溶胀或渗透力却降低。因此具有交联结构的热固性塑料一般都具有较好的耐热性，如环氧树脂、酚醛树脂、脲醛树脂等。

3. 耐热聚合物的结构

聚合物结构对耐热性能的影响起关键的作用，虽然结构是在化学合成和材料加工成型中建立的，并尽量达到完美，但一般聚合物的耐热性能并不理想，在200～400℃开始热分解，因此允许的使用温度不高。通用的热塑性塑料的连续使用温度一般都在100℃以下，工程塑料的使用温度多数在100～150℃之间，只有少数特种工程塑料的使用温度可超过200℃，交联的热固性塑料的使用温度在150～200℃之间。

随着航空航天等高新技术的发展，人们期待着能开发出耐热300～400℃的聚合物。对耐热聚合物的探索工作主要从结构上考虑，一是从提高聚合物主链的化学键能着手，合成比C—C键能高的元素有机高分子和无机高分子，以提高耐热性。但是这些材料或是力学性能差、加工性能差，或是水解稳定性差，可工业化的材料并不多。二是在主链上引入芳香环或芳杂环以提高聚合物分子链的刚性，从而提高聚合物的热稳定性，取得了较有成效的结果。

目前，耐热高分子材料按结构可分为①芳环聚合物类，如聚亚苯基、聚对二甲苯、聚芳醚、聚芳酯、芳香族聚酰胺等；②杂环聚合物类，如聚酰亚胺、聚苯并咪唑、聚喹啉等；③梯形聚合物类，如聚吡咯、石墨型梯形聚合物、菲绕啉类梯形聚合物、喹啉类梯形聚合物等；④元素有机聚合物类，如主链含硅、磷、硼的有机聚合物和其他有机金属聚合物；⑤无机聚合物类。

刚性链聚合物具有高的耐热性，这类聚合物主链上通常引进了具有共轭体系、对称性好的芳香环或芳杂环，构成芳杂环聚合物。如聚苯的分子量在 5 000～10 000 时，T_m＞530℃，不溶于有机溶剂，只溶于浓硫酸，聚合物有很高的热稳定性，在 500℃ 空气中失重 5.0％，到 900℃ 也仅有 20％～30％的失重。热降解从 500～550℃ 开始。然而，这种聚合物的溶解性差，加工困难，难以成纤、成膜而得到成型制品。

在芳杂环耐热高分子材料中，聚酰亚胺和芳香族聚酰胺这两类聚合物发展最快，并已实现相当规模的工业化生产。聚酰亚胺在 315℃ 的空气中，能耐 1 000h，其高温机械性能仍然良好，且耐磨、耐辐射、耐燃性能优异，短期能经受 482℃ 的高温处理。聚酰亚胺的产品已系列化，有薄膜、层压材料、塑料、纤维、涂料、胶粘剂、浸渍漆、分离膜、泡沫塑料、光致抗蚀剂、半导体器件用绝缘涂层等各种形式，因而在航天、电气、电子等许多工业部门中都得到了越来越广泛的应用。芳香族聚酰胺已被广泛用作高强度和高模量的有机纤维、抗燃纤维、反渗透膜、耐热电气绝缘材料等。各国为了解决石棉产品引起的环境公害问题，正在使用芳香族聚酰胺纤维作为石棉的替代品之一，并用于高性能复合材料方面。

4. 聚合物的导热性

材料导热性能取决于材料的热扩散系数、热导率、比定压热容 3 个参数，3 个参数的相互关系为

$$\alpha=\frac{\lambda}{c_p \cdot \rho} \tag{9-10}$$

式中，α 为热扩散系数；λ 为热导率；c_p 为比定压热容；ρ 为密度。

由式 9-10 可看出，热导率越大，材料内热传导越快；比定压热容越小，升高温度所需热量也越小。热导率大、比定压热容小的材料，热扩散系数大，材料的加热就快。一般来说，高分子材料的热导率很小，是优良的绝热保温材料。

5. 聚合物的热膨胀性

热膨胀是由于温度变化而引起的材料尺寸的变化。从微观上来讲，热膨胀性依赖于原子间的相互作用力随着温度的变化。在共价键中，原子间的作用力是大的，而在次价键中是小的。如在石英中，所有原子形成三维有序的晶格，热膨胀系数很低。在液体中，只是分子间的作用力，热膨胀系数很高。在聚合物中，链原子在一个方向是以共价键结合起来的，而在其他两个方向只有分子间作用力，因此聚合物的热膨胀性介于液体与石英或金属之间。

各种材料的膨胀系数均随温度的增高而增大，聚合物在玻璃化转变时，膨胀系数发生很大的变化。因此，在使用高分子材料及加工高分子材料中，必须要考虑高分子材料的热膨胀性能。表 9-5 是一些材料在常温下的热物理性能。

表 9-5 一些材料的热物理性能(常温)

材料	热扩散系数 /($10^4 cm^2 \cdot s^{-1}$)	热导率 /10^{-3}W(m·K)	比热容 /(J·g^{-1}·K^{-1})	热膨胀系数 /(10^{-6}·cm^{-3}·℃$^{-1}$)
聚苯乙烯	10	12.6	13.3	50～83
ABS	11	20.9	15.9	60～130
硬聚氯乙烯	15	20.9	10	50～100
软聚氯乙烯	60～8.5	12.6～16.7	12.5～20.5	70～250
低密度聚乙烯	16	33.5	23	100～220
高密度聚乙烯	18.5	48.1	23	59～110
聚丙烯	8	13.8	19.3	81～100
聚酰胺	12	23	16.4	80
聚碳酸酯	13	19.3	12.6	68
聚甲醛	11	23	14.7	61～113
聚砜	16	26	12.6	56
聚甲基丙烯酸甲酯		29.3	14.7	50～90
聚三氟氯乙烯		20.9	9.21	36～70
聚四氟乙烯		25.1	11.7	99
羧酸纤维素	12	25.1	16.7	80～180
酚醛塑料(木粉填充)	11	23	14.7	30～45
酚醛塑料(矿物填充)	22	50.2	12.6	30～40
脲醛塑料	14	35.6	16.7	22～36
铜	1 200	418 680	3.8	17.6
钢	950	4 605	4.6	13.3
玻璃	37	83.7	8.4	4.8

*9.4 拓展阅读 高分子链的缠结研究

高分子链的缠结是高聚物凝聚态的重要结构特征之一。缠结是指高分子链之间形成的物理交联点，它遍布高聚物整体，使分子链构成网络结构，如图 9.57 所示。图中用黑点形象地表示高分子链相互穿越、勾缠而形成的物理交联点(或缠结点)。缠结使分子链的运动受到周围分子的羁绊与限制，对分子链的长程运动造成了阻碍，因而对高聚物的性能产生重要影响。

根据缠结点的结构可分为拓扑缠结 [图 9.58(a)] 和凝聚缠结 [图 9.58(b)]。图中虚线圆圈表示缠结点的场所。拓扑缠结是广为接受的经典缠结概念，也是被广泛应用的概念；凝聚缠结是由中国高分子科学家钱人元先生提出的概念，也已得到愈来愈多学者的承认。现分别对两种缠结给予阐述。

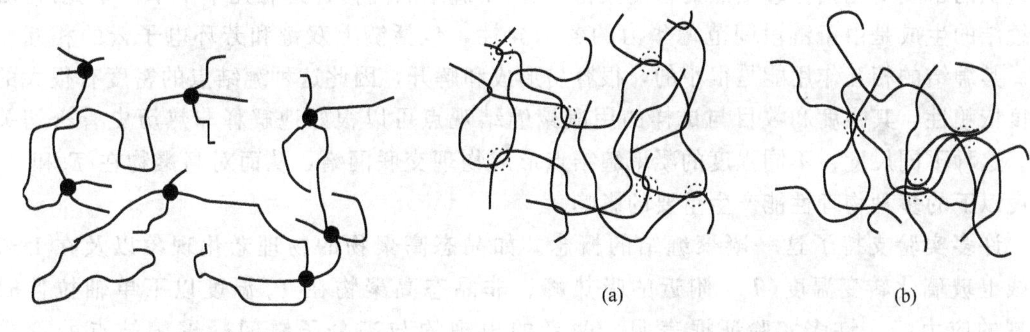

图 9.57　分子链间缠结示意图

图 9.58　拓扑缠结和凝聚缠结
(a) 拓扑缠结；(b) 凝聚缠结

(1) 拓扑缠结。

拓扑缠结是指高分子链相互穿越、勾缠，链之间不能横穿移动，运动受到限制。这种缠结点在分子链上的线性密度是很低的，其平均间隔在 100～300 个单体单元之间，而且缠结点密度的温度依赖性很小，对处于高弹态和黏流态温度下的高聚物性质有重要的影响。拓扑缠结效应对于任何长链高分子都存在，只有当相对分子质量低到几万以下并低于临界缠结分子量 9 倍时，这种链间缠结才不能发生。因此，这种缠结是长链高分子间特有的拓扑本质的相互作用。

目前尚没有关于分子链拓扑缠结的直接微观结构观察，但其对高聚物熔体的流变行为和力学性质的影响却十分显著，可以归纳如下。

① 硫化橡胶的模量大于来自化学交联点单独的贡献，说明还有缠结网络对模量的贡献。

② 熔体在零切变速率下的黏度对相对分子质量有明显的依赖性。即相对分子质量小的时候，黏度正比于相对分子质量的一次方；而在相对分子质量范围内(几万以上)，黏度与相对分子质量的 3.4 次方成正比，即

$$\eta_0 \propto M \quad (M < M_e) \tag{9-11}$$

$$\eta_0 \propto M^{3.4} \quad (M \geqslant M_e) \tag{9-12}$$

式中，M_e 称为临界缠结相对分子质量。即当 M 小于 M_e 时，可以认为这时分子链之间没有缠结。当 M 大于 M_e 时，分子链间就有了缠结，相互穿透的无规线团已经形成交联网络，这时黏度与相对分子质量的 3.4 次方成正比。一般缠结点间的相对分子质量为 1 万～2 万。

③ 高聚物熔体在较高的剪切速率下黏度和弹性均变小，反映缠结网络在剪切时被解开，使缠结点密度降低。

上述实验事实客观地证明了拓扑缠结的存在，但对高分子拓扑缠结的微观图像的观察和分子动力学模拟仍需有新的突破。

(2) 凝聚缠结。

高分子链凝聚缠结的概念是钱人元在大量实验的基础上以别于通常所说的分子链拓扑缠结提出的。凝聚缠结由于局部相邻分子链间的相互作用，使局部链段接近平行堆砌，形成物理交联点，其示意图如图 9.58(b)所示。这种链缠结的局部尺度很小，可能仅限于 2、3 条相邻分子链上几个单体单元组成的局部链段的链间平行堆砌，而这种凝聚缠结点在分

子链上的密度要比拓扑缠结点的密度大得多(两个缠结点间估计约有几十个单体单元)。凝聚缠结的生成是由于链段间范德华力的各向异性，包括链上双键和芳环电子云的相互作用。其缠结的相互作用能是很小的，很容易形成和解开，因此这种缠结点的密度有很大的温度依赖性，其强度和数目与试样的用凝聚缠结观点可以很好地解释非热历史有密切关系。这种不同尺度、不同强度的凝聚缠结点形成物理交联网络，从而对高聚物在 T_g 和 T_g 温度以下的多种物理性能产生重要的影响。

许多实验支持了这一凝聚缠结的概念。如晶态高聚物的物理老化现象以及在DSC曲线上玻璃化转变温度(T_g) 附近的吸热峰、非晶态高聚物在 T_g 温度以下单轴拉伸时出现的应力峰。许多实验证据表明，两者的出现均与高分子链间凝聚缠结点的形成有关。

本章小结

材料的物理性能是分子运动的反映，而结构是分子运动的基础，因而掌握和了解高分子所特有的结构和性能间的内在联系是加工、改善高分子材料及其制品性能的基础。

本章首先介绍了高分子结构的内容，高分子结构的内容分为两个部分。

(1) 高分子链的结构(一级结构和二级结构)，链结构是单个高分子的结构和形态，论述了高分子链的组成、高分子链的构型、高分子的构象及柔性等。

(2) 高分子的聚集态，聚集态是指高分子链之间的堆砌方式，它反映了高分子材料整体的内部结构，论述了晶态结构、非晶态结构、取向结构、液晶态结构及其相关结构模型。

其次，对高分子材料性能中最基本、最重要的力学性能给了一定的介绍，力学性能如橡胶高弹性(橡胶高弹性是高分子材料所特有的一个特性)、黏弹性(与其他材料相比有着显著的黏弹性)。高分子材料的黏弹性主要表现在蠕变、应力松弛、滞后和内耗现象。

最后，简单介绍了高分子的电、光和热性能。

习　题

9.1 高分子的构型和构象有什么不同？等规聚丙烯晶体中的螺旋链属于构型范畴还是构象范畴？如果聚丙烯的规整度不高，能否通过单键内旋转来改变构象而提高其规整度？为什么？

9.2 试从分子结构分析比较下列各组聚合物的柔顺性的大小。

(1) 聚乙烯；聚丙烯；聚丙烯腈。

(2) 聚氯乙烯；1，4-聚-2-氯丁二烯；1，4-聚丁二烯。

(3) 聚苯；聚苯醚；聚环氧戊烷。

(4) 聚氯乙烯；聚偏二氯乙烯。

9.3 结晶或无定形对高聚物的性能有何影响？

9.4 在橡胶下悬一砝码，保持外界不变，升温时会发生什么现象？

9.5 高分子的弹性有哪些特征？

9.6 图 9.59(a)至图 9.59(d)为 4 种不同高分子材料拉伸时的应力-应变曲线。试分析这 4 种聚合物力学性能的特征、结构特点和使用范围。

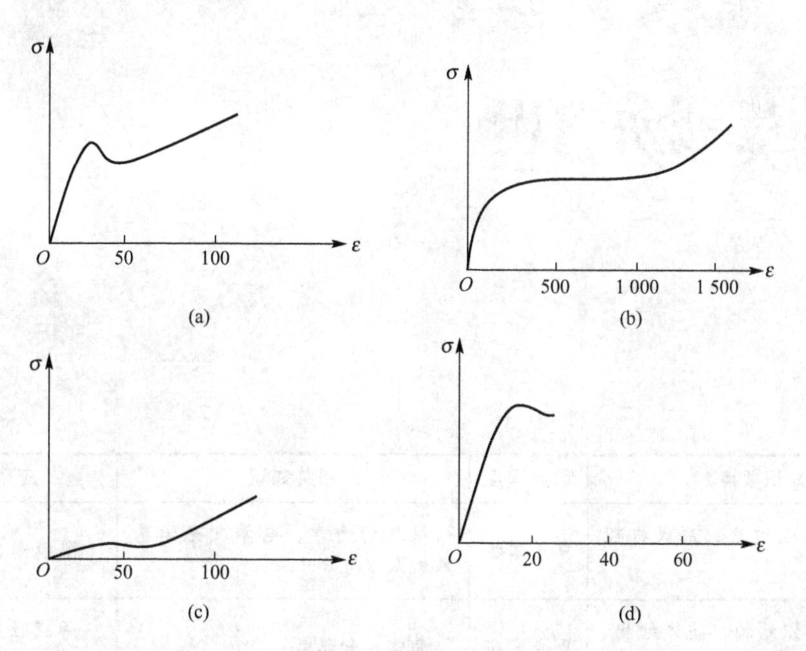

图 9.59 习题 9.6 图

9.7 试讨论聚合物耐热性与结构的关系。

第10章 薄膜物理

知识要点	掌握程度	相关知识	应用方向
薄膜的生长过程、形成机理及相关应用	重点掌握	材料的力学、电学及光学基本概念	薄膜制备研究
薄膜的组织结构、晶体结构、表面结构及薄膜的缺陷	重点掌握	晶体学知识	薄膜性能与结构的关系研究
薄膜的尺寸效应概念，金属薄膜的尺寸效应，薄膜中铁电相变的尺寸效应	掌握	电学及相变基本概念及相关知识	金属薄膜的电学尺寸效应，薄膜的铁电相变尺寸效应
薄膜和基片的附着及附着力	掌握	力的物理本质基本知识	薄膜制备与实际应用问题
纳米薄膜的测试与表征	掌握	测试设备相关知识	纳米薄膜
拓展阅读	了解	纳米薄膜的分类及性能等，基本概念及相关知识	纳米薄膜

导入案例

随着薄膜技术的飞速发展，各种材料的薄膜化已经成为一种普遍趋势。现今，薄膜在材料领域占据着越来越重要的地位，大量不同功能的薄膜已经得到了广泛的应用，其中一个重要的应用领域就是在太阳能光伏系统中的应用。

太阳能光伏系统中的核心—太阳电池可分为硅太阳电池、多元化合物薄膜太阳电池、聚合物多层修饰电极型太阳电池、纳米晶太阳电池和有机太阳电池，而各类太阳电池都是由不同特性的薄膜组装而成的，如光电薄膜、半导体薄膜等。目前，硅太阳电池是发展最成熟的，在应用中居主导地位。尤其可以分散地在边远地区、高山、沙漠、海岛和农村使用，以节省造价很贵的输电线路。其工作寿命长，结构简单而紧凑，运行方便可靠，不需运行和维修费用。

“绿色奥运”是2008年北京奥运会的主题之一。各个奥运场馆所安装的电器类产品也是世界关注的一个重要环节，在各种节能环保技术中，太阳能是最值得关注的。鸟巢的屋顶和南立面的玻璃幕墙安装了100kW的太阳能光伏发电系统。奥运后，这里的电能可并入普通电网，可为普通市民家庭供电。奥运村拥有6 000m^{2}的太阳能光热系统，在奥运会期间保证了为1.6万名运动员和官员提供洗浴热水，奥运会后也可以满足附近2 000户居民的生活热水需求。整个建设过程采用的全部是我国自主研发的技术，展现了我国强大的科研实力。

一千多年前，出现了电镀金属膜和金箔，但直到18世纪以后才开始从科学和物理学的角度研究薄膜。19世纪中期，随着真空蒸镀法、化学反应法等制备技术问世，固体薄膜的制造技术才逐渐形成，20世纪中期形成的溅射镀膜技术促进了薄膜的发展。薄膜作为一种物质形态，薄膜材料使用非常广泛，可以是单质元素或化合物，也可以是无机材料或有机材料，其微结构与块体材料一样，可以是非晶态、多晶态以及单晶态。如今，薄膜无论在学术上还是实际应用中都取得了丰硕的成果，如半导体集成电路、电阻器、电容器、激光器、磁记录、光学器件等领域都存在广泛的薄膜应用。通常材料物理性能的研究主要是针对三维情况而言，也就是说，材料的特征性质一般是指它的单位体积具有的性质，一旦三维中的某一个尺度变得很小，导致表面与体积的比值大大增加，也就是所谓的薄膜，此时材料的物理特性也会发生相应的变化，不再遵循三维情况下的规律。因此，研究薄膜的各种物理特性对于新材料开发及应用具有重要意义。

10.1 薄膜的形成

薄膜的宏观概念是两个几何平行平面间所夹的物质。对于实际的固体薄膜，完全保持几何学平行平面的物体是不存在的。一般来说，通过肉眼判断，所研究的对象可以看作是平行平面就可以称为薄膜。严格意义上说，一般规定厚度为 1μm 的膜称为薄膜，但实际上常常把更薄的膜(如几千埃)以及更厚的膜(如几十微米)也称作薄膜。

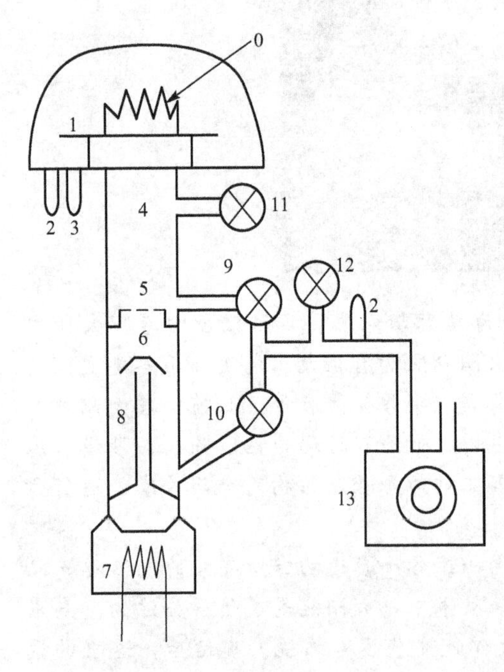

图 10.1 真空蒸发系统示意图

0—蒸发器；1—真空蒸发室；2—热偶规管；3—电离规管；4—过渡管道；5—扩散泵阀；6—反油挡板；7—电炉；8—油扩散泵；9—阀门Ⅰ；10—阀门Ⅱ；11—真空室放气阀；12—机械泵放气阀；13—机械泵

10.1.1 薄膜生长过程及其分类

制备薄膜有许多方法，如蒸发镀膜、溅射镀膜、化学气相沉积、分子束外延等物理方法，也有溶胶-凝胶法等化学方法。虽然薄膜的制备方法很多，薄膜的形成机制各不相同，但在很多方面，仍然具有许多共性，这里以蒸发镀膜为例加以讨论。图 10.1 是蒸发镀膜系统示意图，由机械泵和油扩散泵组成的抽气系统给蒸发镀膜室抽气，通过热偶规管和电离规管检测蒸发室内的真空度，经过蒸发器将膜材蒸发，蒸发后的原子会在放置在蒸发室内的基底上形成薄膜，完成镀膜过程。在镀膜时，基底可以平放，也可以立放。

在利用镀膜装置制膜时，蒸发出的原子(分子或基团)将会碰撞到衬底基片上，这些原子(分子或基团)要最终凝聚附着在衬底基片上，需要经过一个短暂的物理化学过程。要实现原子在衬底基片上的凝聚并最终形成薄膜，需要一定数目的原子和特定的衬底温度(临界温度)，如果衬底的温度高于临界温度则不能形成薄膜。入射原子数与基片临界温度具有如下关系。

$$n_c = 4.7\times 10^{22}\exp\left(-\frac{2\ 840}{T_C}\right) \qquad (10-1)$$

式中，n_c 为临界入射原子密度[mole(原子数目)/(cm^2·s)]；T_c 是基片的临界温度(K)。当基片温度 T_c 一定时，如果蒸发或溅射的原子密度小于式(10-1)中的 n_c，则无法成膜，同样的，当原子密度 n_c 一定时，如果基片温度高于 T_c，也无法成膜。

在讨论薄膜生长过程中常采用的物理量有凝结系数 α、黏附系数和热适应系数，其中

凝结系数 α 等于基片上凝聚的原子与入射原子数之比，因此 $\alpha \leqslant 1$。在薄膜制造工艺中 α 并非常数，与所蒸发物质、入射原子密度、基片温度、膜的平均厚度等因素有密切的关系。表 10-1 给出了一些蒸发物质的 α 值。

表 10-1 凝结系数随各种因素的变化

蒸发物	入射密度	基片温度/℃	膜厚/Å	凝结系数 α
Sb	$n=6.55\times10^{9}$ mole/(cm^2 · s)	玻璃 25	1.3 13.6 132.3	0.31 0.40 0.77
		Cu 25	1.9 22.7	0.40 0.47
		Al 25	6.6 23.5 393.5	0.26 0.42 0.64
Cd	$n=1.15\times10^{16}$ mole/(cm^2 · s)	Cu 25	0.8 4.9 6.0 42.4	0.037 0.26 0.24 0.602
Au	1 400℃	玻璃 Al Cu 25	—	0.90～0.99
		Cu 350	1.5	0.84
		玻璃 360	0.92	0.50
		Al 345	1.7	0.37
Ag	$p_1/p_2=2.25\times10^{14}$	玻璃 192	1.7 11 50	0.2 0.41 0.66
	$p_1/p_2=1.43\times10^{13}\sim2.25\times10^{14}$	Au 192	15～110	1.0

此外，蒸发原子在基片上停留的时间也是影响成膜的因素，这是因为停留时间直接影响凝聚核的形成。一般情况下，达到基片的原子在沿着表面移动时，部分会被吸附在基片上，还有一部分会离开基片再次蒸发到空间，如图 10.2 所示。原子在基片上移动，实质是一种扩散现象，扩散距离满足扩散方程。

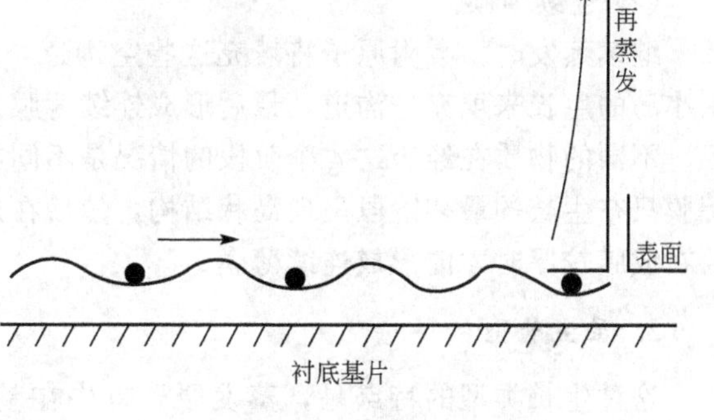

图 10.2 原子沿基片移动后再蒸发

薄膜的形成从生长过程来看，主要分为 3 类：核生长型(Volmer - Weber)，层生长型(Frank - van ber Merwe)以及层核生长型(Straski - Krastanov)。

1. 核生长型

核生长型的过程特点是原子到达基片上后首先发生凝聚成为核，后续到达的原子聚集在核附近并不断成长，最后形成薄膜，过程如图 10.3 所示。一般大部分的薄膜形成过程都属于此类型。

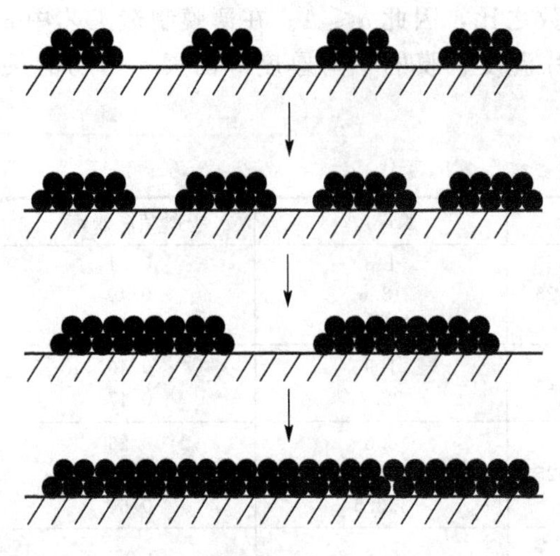

图 10.3　核生长型过程示意图

从图 10.3 可以看出，核生长型的过程一般分为成核阶段、小岛阶段、网络阶段和连续薄膜 4 个过程。

(1) 成核阶段。

碰撞到基片上的原子，其中一部分与基片原子交换的能量较少，仍具有相当大的能量，所以能返回汽相。而另一部分则被吸附在基片表面，这种吸附主要是物理吸附，原子将在基片表面停留一定时间。由于原子本身仍具有一定的能量，同时还可以从基片得到热能，因此原子有可能在表面进行迁移或扩散。在这一过程中，原子有可能再蒸发，也可能与基片发生化学作用而形成化学吸附，还可能遇到其他的蒸发原子而形成原子对或原子团，发生后两种情况时，原子再蒸发与迁移的可能性极小，从而逐渐成为稳定的凝聚核。

(2) 小岛阶段。

当凝聚晶核达到一定的浓度以后，继续蒸发就不再形成新的晶核。新蒸发来的吸附原子通过表面迁移将集聚在已有的晶核上，使晶核生长并形成小岛，这些小岛通常是三维结构，并多数已具有该种物质的晶体结构，即已形成微晶粒。

(3) 网络阶段。

随着小岛的生长，相邻的小岛会互相接触并彼此结合，结合的过程有些类似两个小液滴结合成一个大液滴的情况。这时由于小岛在结合时释放出一定的能量，这些能量足以使相接触的微晶状小岛瞬间熔化。在结合以后，由于温度下降新生成的岛将重新结晶。电子衍射结果发现，尺寸和结晶取向不同的两个岛相结合时，得到的微晶的结晶取向与原来小岛的结晶取向相同。随着小岛的不断结合，将形成一些具有沟道的网络状薄膜。

(4) 连续薄膜。

继续蒸发时，吸附原子将填充这些空沟道，此时也有可能在空沟道中形成新的小岛，由小岛的生长来填充空沟道，最后形成连续薄膜。

不同的物质在经历这 4 个阶段的情况是不同的。如铝膜和银膜都是核生长型的，但是铝膜只在生长的最初阶段呈现岛状结构，然后在成膜很薄时就能形成连续薄膜，而银膜则要在成膜较厚时才能形成连续薄膜。

2. 层生长型

这种生长类型的特点是，蒸发原子首先在基底表面以单原子层的形式均匀地覆盖一层，然后再在三维方向上生长第二层、第三层……。这种生长方式发生在基底原子与蒸发原子间的结合能接近于蒸发原子间的结合能的情况下。如在 Au 单晶基片上生长 Pd，在 PbS 单晶基片上生长 PbSe，在 Fe 单晶基片上生长 Cu 薄膜等，最典型的例子则是同质外延生长及分子束外延。

层状生长的过程大致如下：入射到基片表面的原子，经过表面扩散并与其他原子碰撞后形成二维的核，二维核捕捉周围的吸附原子便生长为二维小岛。这类材料在表面上形成的小岛浓度大体是饱和浓度，即小岛间的距离大体上等于吸附原子的平均扩散距离。在小岛成长过程中，小岛的半径均小于平均扩散距离，因此，到达小岛上的吸附原子在岛上扩散以后都被小岛边缘所捕获。在小岛表面上吸附原子浓度很低，不容易在三维方向上生长。也就是说，只有在第 n 层的小岛已长到足够大，甚至小岛已经互相结合，第 n 层已接近完全形成时，第 $n+1$ 层的二维晶核或二维小岛才有可能形成，因此薄膜是以层状的形式生长的，具体生长过程如图 10.4 所示。

层状生长时，靠近基体的薄膜其晶状结构通常类似于基体的结构，只是到一定的厚度时才逐渐由这种类似刃型位错状态过渡到该材料固有的晶体结构。

3. 层核生长型

在基体和薄膜原子相互作用特别强的情况下，才容易出现层核生长型，具体的生长过程如图 10.5 所示。首先在基片表面生长 1、2 层单原子层，这种二维结构强烈地受基片晶格的影响，晶格常数有较大的畸变。然后在这个原子层上吸附入射原子，并以核生长的方式生成小岛，最终形成薄膜。在半导体表面上形成金属薄膜时，常常是层核生长型，如在 Ge 的表面蒸发 Cd，在 Si 的表面蒸发 Bi、Ag 等都属于这种类型。

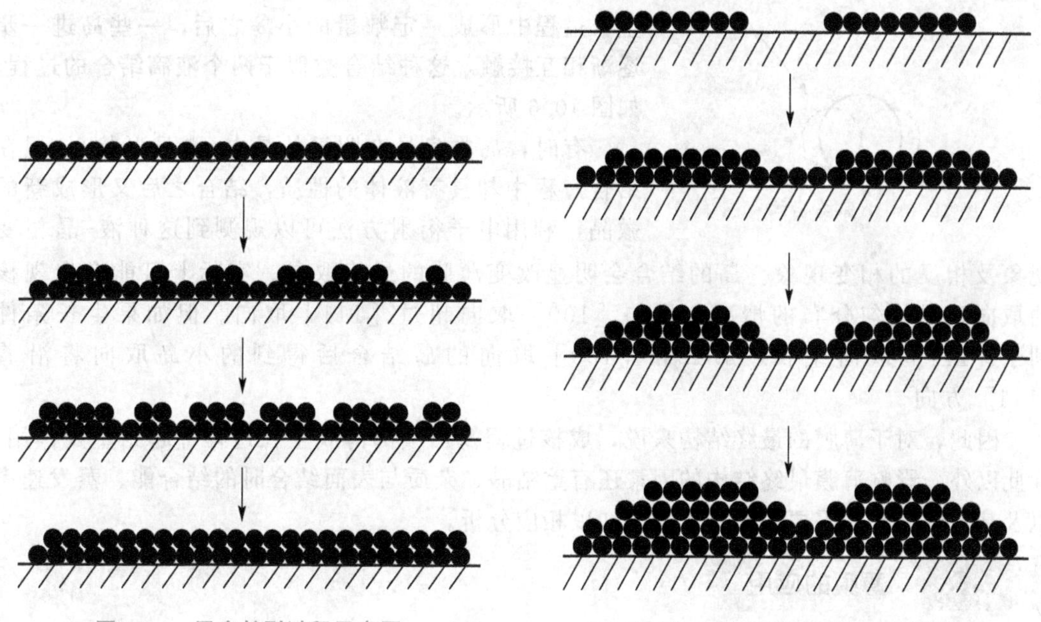

图 10.4　层生长型过程示意图

图 10.5　层核生长型过程示意图

对于这种生长类型的判断，必须在生长初期进行，但是只有 1、2 层的层状往往是难以判断的。随着近年来表面分析技术的发展，这种生长类型才被确认。目前对它的研究还不够深入。

薄膜的生长过程究竟属于上述哪种类型，可以利用电子显微镜、俄歇电子能谱仪等进行判断。

10.1.2 薄膜的形成理论

关于薄膜生长过程的理论研究，分为核生长阶段和后期生长阶段。对于核生长阶段来说，目前探讨最多的是核生长型。薄膜的成核生长过程和结构不仅决定于材料和基底，还要受到蒸发源的温度、沉积速率、过饱和度、原子和离子的能量及状态、基底温度等多种因素的影响。因此针对核生长型需要根据不同的情况进行区别研究，在成核理论中，主要有界面能量理论和原子团理论。

蒸发薄膜的形成过程与水蒸气在固体表面形成水滴的现象类似。因此界面能量理论的思路是，设某个原子团的总自由能为G，当给这个原子团附加新的原子时，用G是增加还是减少来讨论原子团的生长情况。

界面能量理论的前提是假设原子团体积较大，但是实际上很多薄膜材料的临界核很小，只有几个原子，此时界面能量理论就不再适用。Walton 为此提出原子团理论，假设临界核的体积非常小，只需要考虑原子团中原子之间或原子与基底之间的相互作用能就可以了。

不论是界面能量理论还是原子团理论，都在一定程度上得到了实验的验证，但在具体情况下还需要相应的修正。

对于薄膜的最终结构来说，后期生长阶段也十分重要，也就是单个岛的生长，尤其是它们的聚结。岛的生长主要是通过吸附原子的表面扩散以及它们合并到已经存在凝聚核的表面发生的。当生长过程中形成一定数量的小岛之后，一些岛进一步逐渐相互接触，这种结合类似于两个液滴结合的过程，如图 10.6 所示。

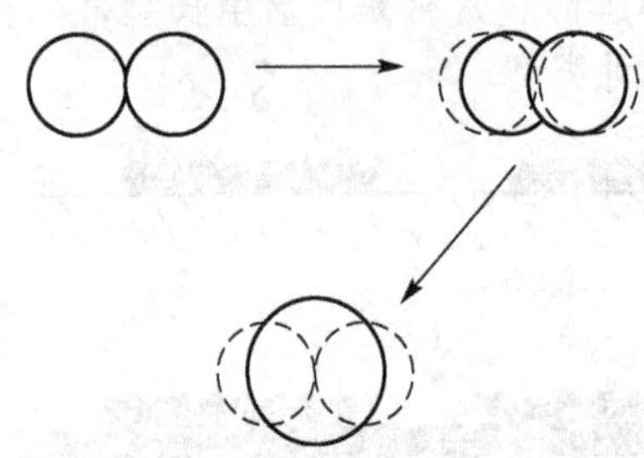
图 10.6　小岛结合示意图

有时，岛本身具有明显的晶向(微晶形状)，但在结合过程中却具有液体的性质，结合之后又形成新的微晶，利用电子衍射方法可以观测到这种液-晶相变现象及相反的相变现象。岛的结合会明显改变薄膜的最终取向。实际上可能会出现核的取向不是均匀分布的情况，比如［100］取向超过［111］取向。但如果生长条件利于［111］取向生长，那么和［100］取向的岛结合后得到的小岛取向将沿着［111］方向。

因此，对于薄膜的最终结构来说，成核过程及后续的薄膜生长过程都起到重要作用。除此以外，影响薄膜最终结构的因素还有重结晶、杂质与表面结合时的结合能、蒸发速率以及基底温度等，需要根据具体情况加以相应分析。

10.1.3　薄膜的应用

随着薄膜技术的飞速发展，各种材料的薄膜化已经成为一种普遍趋势。现今，薄膜在材料领域占据着越来越重要的地位，大量不同功能的薄膜已经得到了广泛的应用。薄膜材料种类繁多，目前常用的薄膜有：超导薄膜、导电薄膜、电阻薄膜、半导体薄膜、介质薄膜、绝缘薄膜、钝化及保护薄膜、压电/铁电薄膜、光电薄膜、磁电薄膜、磁光薄膜等。目前很受人们瞩目的主要有以下几种薄膜。

1. 金刚石薄膜

金刚石薄膜具有较宽的禁带、大的电阻率和热导率，其载流子迁移率高、介电常数小、击穿电压高，是一种性能优异的电子薄膜功能材料，因此金刚石薄膜的应用前景十分广阔。

金刚石薄膜的制备方法很多，主要有离子束沉积法、磁控溅射法、热致化学气相沉积法、等离子体化学气相沉积法等，利用这些方法已经成功获得了生长速率快、具有较高质量的膜材料，使金刚石薄膜具备了商业应用的可能。金刚石薄膜属于立方晶系，面心立方晶胞，每个晶胞具有 8 个 C 原子。每个 C 原子采取 sp^3 杂化与周围 4 个 C 原子形成共价键，牢固的共价键和空间网状结构是金刚石硬度很高的原因。同时，金刚石薄膜具有很多优异的性质：硬度高、耐磨性好、摩擦系数小、化学稳定性高、热导率高、热膨胀系数小，是性能优良的绝缘体。利用金刚石薄膜热导率高的特性，可以将薄膜直接沉积在 Si 材料上制成散热性能良好的绝缘薄膜，可用于频微波器件，并作为超大规模集成电路中理想的散热材料。利用大电阻率的特性，可以制备在高温下工作的二极管、微波振荡器件、耐高温高压的晶体管以及毫米波功率器件等。除此之外，金刚石薄膜的许多优良性能仍有待进一步开发。我国已将金刚石薄膜的研究纳入 863 新材料专题进行研究并取得了很大进展。

金刚石薄膜制备的常用方法分为物理方法(PVD)和化学方法(CVD)，PVD 方法主要有离子束沉积(IBD)、磁控溅射沉积、过滤真空阴极电弧等离子体沉积(CVA)、脉冲激光沉积(PLD)以及等离子体离子注入(PSII)等；CVD 法主要有光化学气相沉积、微波电子回旋共振化学气相沉积(ECR－CVD)、等离子体增强化学气相沉积(PECVD)、空心阴极喷射、电化学沉积、热丝法等。每一种制备方法都有自身的优点，当然也具有相应的不足，因此在选择金刚石薄膜的制备方法时，需要根据所制备薄膜的相关特性加以选择，必要时还可能对两种或两种以上的方法进行有机组合来制备薄膜。

2. 铁电薄膜

铁电薄膜的制备技术和半导体集成技术的快速发展，推动了铁电薄膜及其集成器件的实用化。1665 年前后，法国人 Pieerre de la Seignette 最早试制成功罗息盐(RS，酒石酸甲钠 $NaKC_4H_4O_6 \cdot 4H_2O$)；1920 年法国人 Valasek 发现罗息盐特异的非线性介电性能，导致了“铁电性”的出现，因此 1920 年成为铁电物理学研究开始的象征。目前，世界上存在 200 多种铁电体。铁电体的晶体结构是 ABO_3(ABF_3)，如钙钛矿(ABO_3)型铁电体是为数最多的一类铁电体。铁电体具有以下功能效应。

(1) 压电效应：在某些多晶体的特定方向施加压力，相应的表面上出现正或负的电荷，而且电荷密度与压力大小成正比。

(2) 热电效应：极化随温度改变的现象。

(3) 非线性光学效应。

(4) 电光效应。

(5) 光折变效应。

目前，对于铁电块体材料与铁电薄膜材料，相关研究内容主要有以下几方面。

(1) 核心问题：自发极化问题的研究。

(2) 自发极化是怎样产生的。

(3) 自发极化与晶体结构和电子结构之间的关系。

(4) 在各种外界条件下极化状态的变化。

(5) 特殊的物理性质及应用。

铁电体的研究主要经历了以下五个阶段。

第一阶段(1920—1939年)：两种铁电结构材料的研究，即罗息盐和KH_2PO_4。

第二阶段(1940—1958年)：Landau铁电唯象(Phenomenological)理论开始建立并趋向于成熟。

第三阶段(1959年—20世纪70年代)：铁电软模(Soft-Mode)理论出现和基本完善。

第四阶段(20世纪80年代至今)：主要研究各种非均匀系统。

第五阶段：20世纪90年代中期开始出现铁电薄膜和铁电薄膜器件。

目前铁电材料已经广泛地应用于铁电动态随机存储器(FDRAM)、铁电场效应管(FEET)、铁电随机存储器(FFRAM)、IC卡、红外探测与成像器件、超声与声表面波器件以及光电子器件等领域。

铁电薄膜的制备方法一般采用溶胶-凝胶法(Sol-Gel)、离子束溅射法、有机金属化学蒸汽沉积法、准分子激光烧蚀技术等。常见的铁电薄膜主要有：铌酸锂、铌酸钾、钛酸铅、钛酸钡、钛酸锶、氧化铌、锆钛酸铅以及大量的铁电陶瓷薄膜材料。目前，关于铁电薄膜的研究有理论研究也有实用化研究，主要有以下几方面。

(1) 第一性原理的计算：如$BaTiO_3$和$PbTiO_3$都有铁电性，晶体结构和化学方面都与它们相同的$SrTiO_3$却没有铁电性。

(2) 尺寸效应的研究：自发极化、相变温度和介电极化率等随尺寸变化的规律，铁电体的铁电临界尺寸研究。

(3) 铁电液晶和铁电聚合物的基础和应用研究，手性分子组成的倾斜的层状C相(SC*相)液晶具有铁电性，铁电液晶在电光显示和非线性光学方面有很大吸引力。

(4) 集成铁电体的研究：铁电薄膜与半导体的集成、铁电随机存取存储器(FRAM)、铁电场效应晶体管(FFET)、铁电动态随机存取存储器(FDRAM)、红外探测与成像器件、超声与声表面波器件以及光电子器件等、铁电薄膜传感器和弛豫型铁电传感器。

3. 氮化碳薄膜

1985年美国伯克利大学物理系的M. L. Cohen教授以$b-Si_3N_4$晶体结构为基础，预言了一种新的C-N化合物$b-C_3N_4$。Cohen计算出$b-C_3N_4$是一种晶体结构类似于$b-Si_3N_4$、具有非常短的共价键的C-N化合物。其理论模量为4.27Mbars，接近于金刚石的模量4.43Mbars。随后，不同的计算方法显示$b-C_3N_4$具有比金刚石还高的硬度。不仅如此，$b-C_3N_4$还具有一系列特殊的性质，从而引起了科学界的高度重视。目前世界上许多著名的研究机构都集中研究这一新型物质。$b-C_3N_4$的制备方法主要有激光烧蚀法、溅射法、高压合成、等离子体增强化学气相沉积、真空电弧沉积、离子注入法等多种方法。在CN_X膜的诸多性能中，最吸引人的是其可能超过金刚石的硬度，尽管现在还没有制备出可以直接测量其硬度的CN_X晶体，但对CN_X膜硬度的研究已有许多报道。

4. 半导体薄膜复合材料

20世纪80年代科学家们成功研制出了绝缘层上形成半导体(如Si)单晶层组成复合薄膜材料的技术。这一新技术的实现，对材料器件的研制起到了关键的推动作用，不但大大节省了单晶材料，更重要的是使半导体集成电路达到高速化、高密度化，也提高了性能，同时为微电子工业中的三维集成电路的设想提供了实施的可能性。这类半导体薄膜复合材料，特别是Si薄膜复合材料已开始应用于低功耗、低噪声的大规模集成电路中，以减小误差，提高电路的抗辐射能力。

5. 超晶格薄膜材料

随着半导体薄膜层制备技术的提高，当前半导体超晶格材料的种类已由原来的砷化镓(GaAs)、镓铝砷扩展到铟砷、镓锑、铟铝砷、铟镓砷、碲镉、碲汞、锑铁、锑铟碲等多种。组成材料的种类也由半导体扩展到锗、硅等元素半导体，特别是近年来发展起来的硅、锗硅应变超晶格，由于它可与当前硅的前道工艺兼容和集成，格外受到重视，甚至被誉为新一代硅材料。半导体超晶格结构不仅给材料物理带来了新面貌，而且促进了新一代半导体器件的产生，除上面提到的可制备高电子迁移率晶体管、高效激光器、红外探测器以外，还能制备调制掺杂的场效应管、先进的雪崩型光电探测器和实空间的电子转移器件，并正在设计微分负阻效应器件、隧道热电子效应器件等，它们将被广泛应用于雷达、电子对抗、空间技术等领域。

6. 多层薄膜材料

多层薄膜材料已成为新材料领域中的一支新军。所谓多层薄膜材料，就是在一层厚度只有纳米级的材料上再铺上一层或多层性质不同的其他薄层材料，最后形成多层固态涂层。由于各层材料的电、磁及化学性质各不相同，多层薄膜材料会拥有一些奇异的性质。目前，这种制造工艺简单的新型材料正受到各国的关注，已从实验室研究进入商业化阶段，可以广泛应用于防腐涂层、燃料电池以及生物医学移植等领域。1991 年，法国特拉斯·博斯卡大学的 Decher 首先提出由带正电的聚合物和带负电的聚合物组成两层薄膜材料的设想，由于静电的作用，在一层材料上添加另外一层材料非常容易，此后，多层薄膜的研究工作有了较快的进展。通常，研究人员将带负电的天然基底材料如玻璃等浸入含有大分子的带正电物质的溶液，然后冲洗、干燥，再采用含有带负电物质的溶液，不断重复上述过程，每一次产生的薄膜材料厚度仅为几纳米或更薄。由于多层薄膜材料的制造可以采用重复性工艺，人们可利用机器人来完成，因此这种自动化工艺很容易实现商业化。目前，研究人员已经或即将开发的多层薄膜材料主要有以下几种。

(1) 制造具有珍珠母强度的材料。

(2) 新型防腐蚀材料。

(3) 可使燃料电池在高温下工作的多层薄膜材料。

7. 磁性薄膜

磁性薄膜为人类社会生产和生活带来重大影响，磁性薄膜的应用十分广泛，如录音、录像、计算机数据存储等。磁性薄膜的主要成分有 $\gamma-Fe_2O_3$、Co－Cr、Co－Ni、Co－Ni－P 等，目前制备磁性薄膜的主要方法有化学反应、溅射、涂覆等技术，其中，溅射方法由于工艺简单、质量可靠、成品率高的优点，是制备此类薄膜最常用的方法。

10.2 薄膜的结构与缺陷

薄膜不是块体材料，因此薄膜结构与缺陷也不能等同于块体材料。薄膜的各种性质受其结构及缺陷的影响，因此研究薄膜的结构和缺陷是非常重要的。

10.2.1 薄膜的组织结构

所谓的组织结构也就是结晶形态，薄膜的组织结构分为无定形结构、多晶结构、纤维结构以及单晶结构。

1. 无定形结构

无定形结构是一种短程有序的结构，其有序范围为2～3个原子距离，当大于这个距离时其排列将变得无序。这种结构区别于晶体结构，有时也称为非晶态或玻璃态。例如在玻璃的 SiO_2 分子中，一个Si原子与4个O原子以共价键结合，形成一个四面体，这些共价键之间形成109.5°的角度，表现出一种短程有序，如图10.7所示。无定形结构还有一个特点，其自由能比同种材料晶态的自由能高，处于一种亚稳态，有向平衡态转变的趋势，但是从亚稳态转变到自由能最低的平衡态必须克服一定的势垒，因此，无定形结构具有相对稳定性。

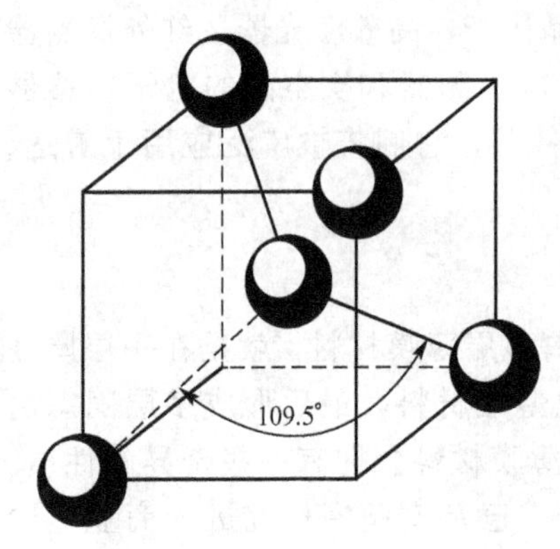

图10.7 共价键的方向

一般来说，无定形结构薄膜主要有两类，氧化物薄膜、元素半导体薄膜、硫化物薄膜的无定形结构主要是具有不规则网络结构(玻璃态)，合金薄膜的无定形结构主要具有随机密堆积结构。

2. 多晶结构

多晶结构是指由不同尺寸晶粒组成的结构。多晶结构中不同晶粒间的界面称为晶粒间界(晶界)，薄膜形成过程中生成的小岛本身具有晶体的特性，众多小岛聚集生长最终形成多晶结构薄膜。蒸发方法、阴极溅射法制备的薄膜一般都具有多晶结构。晶粒间界的存在是由于晶粒的晶格方位不同所致，如图10.8所示。

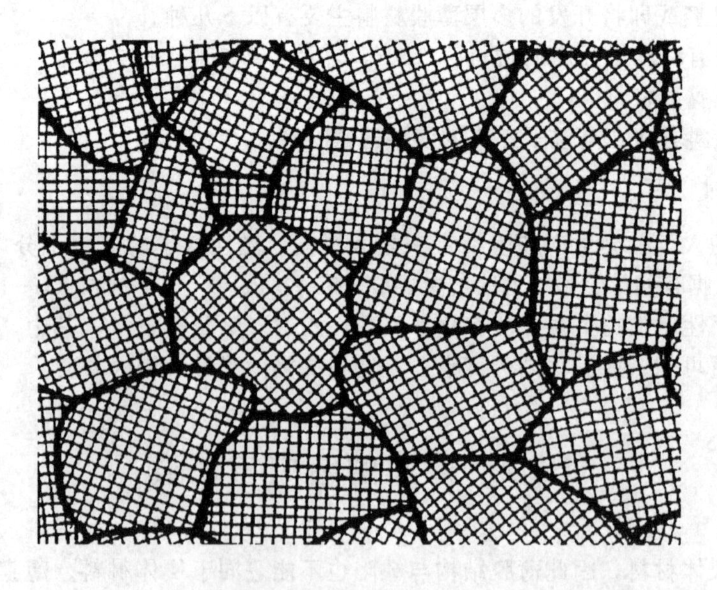

图10.8 晶粒与晶粒的界面——晶界示意图

晶粒间界对薄膜的性能有重要影响，由于晶界的存在，在晶界处的原子结构和成分与晶粒内部有显著差异，因此，在晶界处存在电荷和势垒。由于势垒的存在将影响薄膜的能带结构和导电特性，因此，在研究多晶结构薄膜的特性时，需要考虑晶界的影响。大多数氧化物和硫化物的晶粒间界与晶粒体内的性质都有所不同，通常呈现非欧姆性，是高阻层，这是由于晶粒之间存在势垒，对薄膜的电导和光电导等性质有重要影响。同时，晶粒间界的具体结构也会直接影响势垒的形状和作用。

此外，多晶结构中，有关对晶粒间界处的原子扩散问题的研究也是非常重要的。当晶粒中有微量杂质时，由于晶界中原子排列不规则、有空位，微量杂质要填入晶界中的空位，由于杂质原子沿晶界扩散要比穿过晶粒容易得多，所以微量杂质原子一般都聚集在晶界处。

需要指出的是，所谓的微晶结构是介于非晶与多晶之间的一种状态，有时没有明显的界定来进行区分，当多晶结构中的晶粒尺寸非常小时，就会出现微晶结构，这种结构在特性上来讲可能兼具非晶和多晶结构的特点。

3. 纤维结构

当薄膜中的晶粒具有明显择优取向时，认为薄膜具有纤维结构。纤维结构又分为单重纤维结构及双重纤维结构(也分别称为一维取向薄膜及二维取向薄膜)。其中单重纤维结构是指薄膜中的各个晶粒(微晶)只在一个方向上具有择优取向，双重纤维结构则指各个晶粒在两个方向上具有择优取向。

大多数在非晶态基底上的多晶薄膜都明显显示出择优取向，比如玻璃基体上的 ZnO 压电薄膜就是纤维结构薄膜的典型代表，其优良的压电性能就与择优取向有关。这一类薄膜中，属于六方晶系的微晶 C 轴都是垂直于膜面或基体表面择优取向的。具有纤维结构的压电薄膜典型特性见表 10－2。

表 10－2 典型纤维结构压电薄膜的择优取向特性

压电薄膜	基底	微晶晶粒晶型	择优取向
ZnO	玻璃	六方晶系	垂直于膜面
	玻璃	六方晶系	倾斜于膜面
	玻璃	六方晶系	平行于膜面
ZnS	玻璃	立方晶系	[111] 方向垂直于膜面
	玻璃	六方晶系	垂直于膜面
AlN	玻璃	六方晶系	垂直于膜面
	玻璃	六方晶系	平行于膜面

4. 单晶结构

单晶结构薄膜一般需要用外延技术制备得到。由于薄膜的晶体结构与取向都和基底的结构和取向有关，所以当基底与薄膜的材质相同时，称为同质外延，反之称为异质外延。

基底的晶体结构对于外延薄膜的结构和取向有重要影响，同质外延情况下，两者的结构一样，当为异质外延时，两者结构也有密切关系。比如在 NaCl 上生长 Au，形成的薄膜是面心立方结构，指向 [100]、[110] 和 [111] 方向。影响外延生长的因素主要有 3 个，一是基底温度，也叫外延生长温度，指基底与薄膜之间发生外延生长的最低温度；二是基底与薄膜材料的结晶相容性，常用晶格失配数 m 来表示。

$$m=\frac{b-n}{a} \tag{10-2}$$

式中，a 为基底的晶格常数；b 为薄膜的晶格常数。一般来说 m 越小，外延生长越容易发生。影响外延生长的第 3 个因素就是基底表面的性能，基底表面越清洁光滑、化学稳定性越好，外延生长越容易发生。

10.2.2 薄膜的晶体结构

薄膜的晶体结构指薄膜中各晶粒的晶型状况。

在大多数情况下，薄膜中晶粒的晶格结构与块状晶体是相同的，比如多晶薄膜或单晶薄膜，只是晶粒取向和晶粒尺寸与块状晶体不同。对于多晶薄膜或单晶薄膜，它们的晶格常数常常不同于块体材料，产生这种现象的原因有两个：一是薄膜材料的晶格常数与基底的晶格常数不匹配；二是薄膜中有较大的内应力和表面张力。由于晶格常数不匹配，在薄膜与基底的界面处晶粒的晶格发生畸变形成一种新的晶格结构以便和基底相匹配。如果薄膜与基底的结合能很大，晶格常数相差的百分比 $(b-a)/a$ 近似等于 2%时，薄膜界面处畸变层的厚度可达几埃；当相差百分比为 4%左右时，畸变层厚度可达到几百埃，当相差百分比进一步增加到 12%时，靠晶格畸变已经达不到匹配，只有靠刃位错（棱位错）来进行调节。

下面说明表面张力对晶格常数的影响。设在基底表面有一个半球形晶粒，半径为 r，单位面积的表面自由能为 σ。由于表面张力作用，对这个晶粒产生的压力为 $f=2\pi r\cdot\sigma$，承受此力的面积是 $S=\pi r^2$，所以压强为

$$P=2\pi r\cdot\sigma/\pi r^2 \tag{10-3}$$

由胡克定律得到

$$\Delta V/V=3\Delta a/a=-\frac{1}{E_V}\cdot P \tag{10-4}$$

因此晶格常数的变化比为

$$\frac{\Delta a}{a}=-\frac{2\sigma}{3E_V r} \tag{10-5}$$

可以看出，晶格常数的变化比(应变)与晶粒半径成反比，即晶粒越小晶格常数变化比越大，也就是说薄膜中微晶的晶格常数不同于块体材料中的晶格常数，可能差别较大。

由于微晶的熔点比块体材料的熔点低，是块体材料熔点的 2/3 左右，因此薄膜的熔点一般远低于相应块体材料的熔点。

10.2.3 表面结构

根据热力学能量理论分析，理想的平面状态应具有最低的表面能，因此应该具有最小的表面积。实际上这种具有理想平面的薄膜是无法得到的。薄膜表面的平滑程度取决于成核、生长和外来原子迁移率等统计过程。比如在低的基底温度下蒸积薄膜，由于原子迁移率很小，因此薄膜将比较粗糙。以蒸发或阴极溅射法为例，在薄膜形成的过程中，到达基底表面的原子是没有规律的，因此薄膜表面具有一定的粗糙度，设入射原子沉积到基底表面后在原处不动，形成的薄膜厚度在各处也是不均匀的。设薄膜的平均厚度为 d，薄膜的

厚度按无规则变量的泊松概率分布，薄膜的表面粗糙度或平均偏离为 $\Delta d=\sqrt{d}$，即薄膜的表面积随着厚度的平方根增大而增加。

当基底温度较高时，外来原子的表面迁移率增加，凝结优先发生在表面低凹处或沿着某晶面优先生长。因为各向异性和表面粗糙度都会增加表面能，所以薄膜在生长过程中倾向于使表面光滑。但是在表面原子扩散作用下，生长最快的晶面将消耗生长较慢的晶面，从而导致薄膜表面粗糙度又进一步增大。

当基底温度较低时，会增加薄膜表面的粗糙度。吸附原子在表面上横向扩散运动的能量较小，因此表面面积较大。随着膜厚的增加，薄膜表面面积将线性增大。例如蒸积的厚度为 300～850Å 的 Cu 薄膜，在低温下薄膜为多孔结构，甚至有气体被吸附在薄膜的底层。这种多孔内表面积很大，可以延续到最底层。

如果沉积薄膜时真空度较低，由于残余气体气压过高，入射的汽相原子与残余气体的分子会相互碰撞，因此汽相原子将首先在气相中形成团聚再到达基底表面形成薄膜，所以这种情况下形成的薄膜也将是多孔性的。

薄膜的表面结构与构成薄膜整体的微观局部形态有密切关系，对于大多数蒸积薄膜具有以下特点。

(1) 呈现柱状颗粒和空位组合结构。

(2) 柱状体几乎垂直于基体表面生长，同时上下两端尺寸基本相同。

(3) 平行于基体表面的层-层之间具有明显的界面，上层柱状体和下层柱状体并不完全连续生长。

10.2.4 薄膜的缺陷

通常薄膜中的缺陷远比相应块体材料中的缺陷要多，因此缺陷的存在影响着薄膜的各种特性，这里主要讨论点缺陷、位错和晶粒间界这 3 种典型的缺陷。

1. 点缺陷

薄膜形成过程中，当发生蒸发、凝结一类剧烈的变化过程时，会在薄膜中产生很多缺陷。比如金属薄膜蒸发沉积时，如果沉积速率很快，到达基底表面的原子形成的原子层还没有和基底达到热平衡就被后面的原子层覆盖，薄膜中因此会产生许多原子空位(缺陷)，这些缺陷将对薄膜的性能产生重大影响。

材料中典型的点缺陷机制有两类：空位和填隙原子。在薄膜中主要考虑的是原子空位。原子空位效应在宏观上表现在晶体的体积和密度上。一个空位会使晶体体积减小约 1/2 的原子体积。蒸发沉积的薄膜中空位浓度高于平衡浓度，因此薄膜的密度小于块体材料的密度；同时空位浓度随时间增加而减小，因此薄膜的厚度也随之减小。因此可以利用这种现象来研究薄膜中的缺陷分布。

通过测定薄膜电阻率随时间的变化关系来研究缺陷浓度分布。当薄膜中的点缺陷大于平衡浓度时，由于扩散等原因，将导致电阻率不可逆减小，减小的程度随温度升高而增加。

设在某时刻 t，点缺陷形成的能量在 $E\sim E+\mathrm{d}E$ 之间，点缺陷浓度为 $N(E, t)$，随着 N 变化的有关电阻率为 ρ_N，此电阻率就是随时间变化等原因而引起缺陷消失贡献的电阻率；不随时间变化的电阻率为 ρ_0，由马希森定律得到薄膜的电阻率

$$\rho_t=\rho_0+\rho_i \tag{10-6}$$

通过测量薄膜电阻率 ρ_t 和长时间变化后的电阻率 ρ_0，确定出 ρ_i。

设一个形成能量为 E 的点缺陷引起的电阻率为 $r(E)$，那么

$$\rho_i(t)=\int_0^{\infty} r(E)N(E,t)\mathrm{d}E \tag{10-7}$$

当温度 T 不变时，$\rho_i(t)$ 的变化仅由 $N(E,t)$ 的变化引起，而 $N(E,t)$ 随时间的变化为

$$\frac{\mathrm{d}N(E,t)}{\mathrm{d}t}=-CN(E,T)\mathrm{e}^{-E/(kT)} \tag{10-8}$$

式中，C 是德拜温度下与晶格振动频率有关的常数。

实际上如果 T 恒定时，缺陷消失需要的时间较长，因此不能很快测得 ρ_0。所以一般采用升温方法，以一定的升温速度 $1/a$ 对薄膜进行加热，所以 $t=a(T-T_0)$，式中 a 是温度升高 1℃需要的时间，代入式(10-8)中进行积分可以得到

$$r(E)N(E,T_0)=-\frac{1}{KU}\frac{\mathrm{d}\rho_i}{\mathrm{d}T} \tag{10-9}$$

式中，$U=u\dfrac{u+2}{u+1}$，$u=\dfrac{E}{kT}$。因此，当温度 T 确定后，可以求出 U，测定出 $\mathrm{d}\rho_i/\mathrm{d}t$，只要知道 $r(E)$ 就可以求出缺陷浓度的分布规律。一般情况下 $r(E)$ 是未知的，但对面心立方金属(如 Ag)，1%的原子空位引起的电阻率为 $1\times10^{-9}\sim2\times10^{-9}\,\Omega\cdot\mathrm{cm}$。如果忽略 $r(E)$ 与 E 的关系，就可得到 $N(E,t)$。比如 Ag 薄膜利用上述方法可以得到 N 和 E 的关系曲线，在 120℃附近电阻率有明显的不可逆变化区域，缺陷能量分布在 1.2eV 附近出现峰值，说明造成电阻率不可逆变化的原因是薄膜中的缺陷主要是原子空位。

2. 位错

薄膜中最常遇到的缺陷还有位错，位错是一种“线型”不完整结构，薄膜中的位错大部分从薄膜表面延伸向基底表面，同时在位错周边产生一定畸变。位错密度通常可达 $10^{10}\sim10^{11}\,\mathrm{cm}^{-2}$；而在发生强烈塑性形变的块状晶体中，位错密度为 $10^{10}\sim10^{12}\,\mathrm{cm}^{-2}$，可以看出两者密度数量级相近。薄膜中之所以产生如此多的位错缺陷主要由以下原因引起。

(1) 基底引起的位错。基底表面的位错在晶核形成过程中可能会延伸到薄膜之中；此外如果基底和薄膜间存在晶格失配，那么在生长薄膜的过程中就会产生位错。一般情况下基底的位错密度本身非常小。

(2) 小岛聚合时产生位错。这是引起薄膜位错缺陷的主要原因，当取向不同的小岛发生合并聚合时，会产生以位错形式形成的小倾斜角晶粒间界。如果小岛尺寸很小，那么还可以通过稍微移动或旋转消除取向差异；但若小岛尺寸较大时，位错就不可避免。研究表明，在大尺寸小岛聚合的最后阶段，位错线的数目增加很多。

(3) 薄膜内应力产生的位错。当小岛开始聚合时，在薄膜内会有很强的内应力产生，应力集中在空位的边缘从而很容易产生位错。

除了位错以外，还有堆垛层错、孪晶等其他类型的缺陷，这些缺陷的密度一般在薄膜覆盖率为 50%时达到最大，之后会随着薄膜的生长逐渐减少，当形成连续性薄膜时会逐渐消失。可以对薄膜样品进行后期热处理以减少此类缺陷。

3. 晶粒间界

由于薄膜中含有小尺寸晶粒较多，一般来说薄膜中的晶粒间界面积远远大于相应块状材

料的晶界面积。薄膜的电阻率比相应块体材料电阻率大，主要是因为薄膜中的晶界较多所致。晶界面积取决于晶粒尺寸的大小，晶粒尺寸与沉积工艺有关，如沉积条件、热处理温度等。如果用薄膜厚度作为沉积变量，晶粒尺寸随着薄膜厚度的增加会逐渐变化，并最终达到饱和晶粒尺寸值，这说明当薄膜厚度达到一定值后，在旧晶粒上又出现了新的晶粒。

提高基底温度或提高热处理温度也可以使晶粒尺寸向着一定的饱和值靠近，这是因为升温会使基底原子的迁移率增加，易于形成大尺寸晶粒。例如，退火温度越高，晶粒尺寸越大，对于较厚的薄膜效果尤为明显。如果沉积过程中基底温度较低，一般获得的薄膜只能具有很小尺寸的晶粒，或者甚至得到的薄膜结构是无定形结构。

晶粒尺寸和沉积速率的变化关系则不太明显。当沉积速率较快时，存在一个临界沉积速率，如果沉积速率小于临界沉积速率，晶粒尺寸主要受基底温度影响；如果沉积速率大于临界沉积速率，随着沉积速率的增大晶粒尺寸反而会减小。

如果金属薄膜中含有大量杂质原子，杂质主要聚集在晶粒间界处，这些杂质会引起势垒的变化，一方面阻止晶粒的长大，另一方面也会阻碍电子在薄膜中的运动，从而使薄膜电阻率增大。

总之，薄膜中的缺陷是多种多样的，各类缺陷的形成机制也各有不同，对于各类缺陷的形成机制和围绕缺陷展开的研究仍然是目前深入研究的课题之一。

10.3 薄膜的尺寸效应

10.3.1 尺寸效应

与块体材料相比，薄膜是二维平面的材料，因此其几何尺寸对薄膜的性能将会产生影响。这种影响主要有以下几方面。

(1) 熔点降低。由于薄膜有表面能的影响，使薄膜比块体材料的熔点要低，一般来说薄膜越薄，熔点越低。

(2) 干涉效应。薄膜对光有干涉效应，会引起光的选择性透射及反射。

(3) 表面散射。薄膜表面存在电子的非弹性散射，会导致薄膜电阻率的变化。

(4) 表面能级。薄膜表面存在表面能级，因此会影响薄膜内部的电子输运性能。

(5) 量子尺寸效应。薄膜中由于电子波的干涉，与薄膜平面垂直方向有关的电子运动的能量被量子化，因此能带中出现亚能级，从而对电子输运现象产生影响。

这里首先讨论薄膜几何尺寸对薄膜导电特性的影响，当薄膜的厚度与电子平均自由程相近时，电子的运动和平均自由程有效值会受到薄膜表面和界面的影响。在这里用金属薄膜与块体材料为例加以说明。

材料中的导电电子受到晶格、杂质原子以及缺陷散射而产生电阻。在电子的平均自由程与薄膜厚度可比拟的情况下，电子的表面散射将对薄膜电阻产生影响；只有在漫散射时，电阻率才会受到影响。如果仅仅是镜面反射，那么很容易知道在电场方向电子速度分量并不会受到影响，也就是说散射不影响薄膜的电阻率。

如果假设金属是各向同性，在满足稳态的条件下，当电场仅沿 x 方向分布时，根据描述电子输运现象的基本方程(即玻尔兹曼方程)可以得到电子的分布函数为

$$f=f_0+eE_x\tau\frac{\partial f}{\partial p_x} \tag{10-10}$$

式中，f_0 为平衡条件下电子的分布函数；p_x为电子的动量分量。根据式(10－10)可以进一步求出电流密度，并最终得到块状金属的电阻率表达式为

$$\sigma=\frac{N_e e^2}{m}\tau(k_r) \tag{10-11}$$

式中，N_e 是导电电子的有效质量；$\tau(k_r)$是费米面电子弛豫时间。

对于薄膜，根据玻尔兹曼方程得到的电子分布函数的形式与块体材料不同。由于垂直于薄膜表面的电子分布受到表面散射的影响，因此可以知道，虽然电子的分布函数在 x 和 y 方向的变化 $\partial f/\partial x$、$\partial f/\partial y$ 可能等于 0，但必须设 f 在膜厚方向上是位置的函数，也就是 $\partial f/\partial z$ 不为零而是一个有限值，因此，在考虑稳态情况下(只在 x 方向存在外加电场)，最终可以得到

$$f_1=eE\tau\frac{\partial f_0}{\partial p_x}[1-\exp(-z/\tau V_x)] \quad V_x<0$$

$$f_1=eE\tau\frac{\partial f_0}{\partial p_x}\left[1-\exp\left(\frac{d-z}{\tau V_x}\right)\right] \quad V_x>0 \tag{10-12}$$

式中，$f=f_0+f_1$；d 为薄膜厚度。从式(10－12)可以看出，与各向同性的块体金属材料相比，由于薄膜表面漫散射影响，量子态的占据概率减小了，因此能够预期到当薄膜厚度减小时，薄膜的电阻率也会减小。

薄膜的尺寸效应还包括量子尺寸效应。量子理论指出，半金属薄膜在生长方向(z 方向)的厚度如果等于或小于其载流子的德布罗意波长时，在 z 方向导带和价带能级将分裂成量子化的子带能级，即价带中的子带能级将会向下移动，而导带中的子带能级将会向上移动，与其相应的子带能级重叠区域减小。随着薄膜厚度达到或小于某一个临界值，导带和价带不再重叠，将会出现禁带，半金属薄膜进而转变为半导体薄膜，这种现象称为半金属/半导体转变，或称为量子尺寸效应。如在高阻 GaAs［001］衬底上利用分子束外延生长的 Sb 薄膜，在薄膜厚度 d 为 5nm 时，其禁带宽度约为 350meV，厚度为 50nm 时，禁带宽度约为 110meV，但是当厚度达到 100nm 时，已经无法观察到禁带宽度。

此外还有热传导尺寸效应。一般情况下，在一定温度时，如果薄膜厚度 d 远远大于粒子的平均自由程 l，粒子(电子-声子)在薄膜边界散射的概率很小，这种散射效应对热量输运的贡献可忽略，粒子在碰撞过程中的平均自由程可以保持不变，因此热导率将会在一定温度下保持定值，这是建立在宏观经验上的唯象模型中的宏观导热规律。但是如果 d 与平均自由程 l 相当或者 d 小于平均自由程 l 时，粒子在边界散射的概率增大，这种散射效应对热量输运的贡献就必须考虑在内，由于散射效应，使粒子在碰撞过程中的平均自由程减小，最终导致热导率减小。当 $d\ll l$ 时，这种随着薄膜厚度变小而热导率变小的依赖特性将会显著增加，也就是热传导尺寸效应，也称为建立在微观能量输运理论基础上的微观导热规律。当然，薄膜热传导尺寸效应除了导热载流子的边界散射以外，还需要考虑薄膜中的杂质及结构缺陷对导热载流子的散射贡献。

10.3.2 金属薄膜的尺寸效应

如 10.3.1 节所述，金属薄膜的尺寸效应主要是指薄膜厚度对材料电学方面的效应。对于金属薄膜的尺寸效应理论推导常采用 Fuchs 模型和 Cottey 模型，后者与前者相比有

结构简单、可以推广到更普遍情况的优点。利用模型可以得到薄膜的电阻率为

$$\rho_f=\rho_0+\frac{3}{8}\frac{1-\rho}{d}\rho_b\lambda_0 \tag{10-13}$$

式中，右边第二项是外表面散射对薄膜电阻率的贡献。ρ_f 与 ρ_b 具有如下关系。

$$\rho_f/\rho_b=1+\frac{3}{8d/\lambda_0}(1-p) \quad d/\lambda_0\gg 1 \tag{10-14}$$

式中，p 称为镜面参量。比如表面比较光滑时，对电子来说有部分漫散射和部分镜面反射，在这种情况下，从薄膜两面的散射具有与原来速度方向相反的散射量，令其分数为 p，称为镜面参量，是与电子速度方向无关的物理量。镜面参量是衡量金属薄膜电子输运尺寸效应的一个重要物理量，因此在研究金属薄膜电子输运尺寸效应时，需要首先确定镜面参量 p。

很明显，无限厚薄膜的电阻率应该与相应块材的电阻率相同，如果膜厚 d 远远大于电子平均自由程 λ_0，$\rho_f\cdot d$ 与 d 的关系曲线应为一条直线，那么纵坐标截距应该为 $3\rho_b\lambda_0(1-\rho)/8$，但是只用截距值不能区分开 λ_0 和 $(1-\rho)$。一般常常通过实验选择使其满足 $\rho_b\cdot\lambda_0\approx$ 常数，或者画出 ρ_f 与 d^{-1} 关系曲线，根据截距确定出无限厚薄膜的电阻率 ρ_b，再用斜率设法确定出镜面参量 p。一般来说，从斜率求出的物理参量具有较好的精确度。因此，常常采用下述方法进行测量。

(1) 根据 $\rho_f\cdot d$ 和 d 曲线的斜率确定出无限厚薄膜的电阻率 ρ_b。

(2) 由 $\rho_b\cdot\lambda_0\approx$ 常数计算载流子的平均自由程 λ_0。

(3) 从 ρ_f 与 d^{-1} 曲线的斜率计算镜面参量 p，也可以从 $\rho_f\cdot d$ 和 d 的斜率求得。

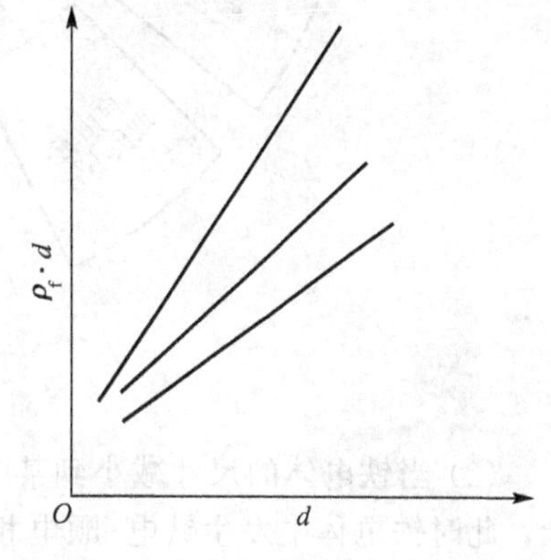

图 10.9 不同基底温度下蒸积 Sb 薄膜的 $\rho_f\cdot d$ 和 d 关系曲线图

比如在不同基底温度下蒸发沉积得到的 Sb 薄膜，其 $\rho_f\cdot d$ 和 d 的关系曲线如图 10.9 所示，根据研究表明，不同基底温度的截距和温度是没有关系的，因此可以认为 $\rho_b\cdot\lambda_0\approx$ 常数。

再如 Au 薄膜，如果其 $\rho_b=2.8\mu\Omega\cdot cm$，取 $\rho_b\cdot\lambda_0=9.27\times10^{-6}\mu\Omega\cdot cm^2$，可以得到镜面参数 $p=0.2$。

10.3.3 薄膜中铁电相变的尺寸效应

近年来，由于铁电薄膜在微电子器件中的应用越来越广泛，铁电薄膜的研究是铁电学研究的热点。铁电体材料的功能效应决定了铁电薄膜的应用，图 10.10 为铁电功能特性示意图。铁电薄膜的厚度一般在亚微米或者更小的量级，同时随着电子器件的微型化，铁电体的尺寸效应相关问题也越来越广泛，其中低维铁电体的铁电相变临界尺寸的问题受到极大关注。

一般情况下，随着尺寸的减小，材料自发极化会变弱，铁电相变温度也会降低。铁电相变的临界尺寸分为两类。

(1) 铁电体由多畴向单畴转变的临界尺寸。比如 $PbTiO_3$ 和 $BaTiO_3$ 颗粒由多畴向单畴转变的临界尺寸分别约为 25nm、100nm。

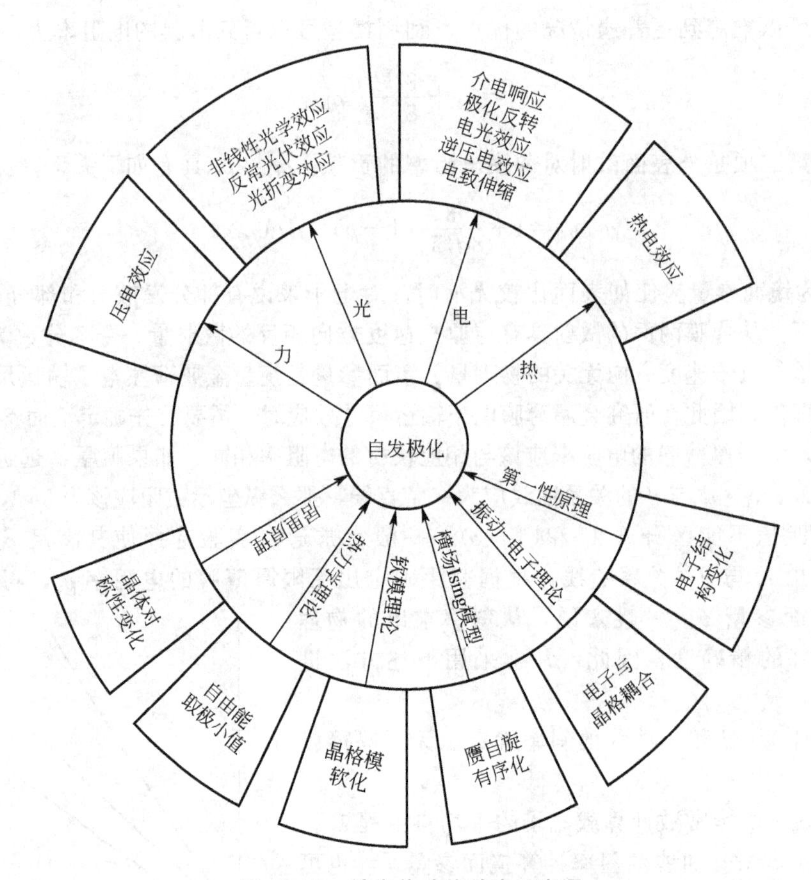

图 10.10 铁电体功能效应示意图

(2) 当铁电体的尺寸减小到某一个临界值时，自发极化将消失，材料不再具有铁电性能，此时铁电体中发生铁电-顺电相变，将这个相变尺寸称为铁电临界尺寸。也可以定义为当铁电体的尺寸减小到某一个临界值时铁电体的相变居里温度降到绝对零度，将这个对应的尺寸称为临界尺寸。这里讨论的临界尺寸是指第二类临界尺寸。

目前关于铁电体薄膜中铁电相变的研究主要是理论研究和实验观测相结合。处理有限尺寸铁电体的理论主要有朗道-德文希尔理论、基于第一性原理的理论模型计算等。

1. 朗道-德文希尔理论

对于尺寸有限的不均匀系统，由于能量密度是位置的函数，所以取顺电相自由能为0，总自由能为

$$g = \int \left[\frac{1}{2}\alpha_0 (T - T_{0\to\infty}) P^2 + \frac{1}{4}\beta P^4 + \frac{1}{6}\gamma P^6 + \frac{1}{2}K(\nabla P)^2 \right] dv + \int \frac{1}{2} K\delta^{-1} P^2 ds \tag{10-15}$$

式中，$T_{0\to\infty}$ 为材料的居里-外斯温度，对于二级相变就是体材料的居里温度 $T_{0\to\infty}$；式中右边的第一项和第二项分别是体内和表面层的总自由能，引入了表面项和极化梯度项；δ 为外推长度，反映了表面与内部的差别，是将表面层的极化外推到零所得到的长度；K 表示极化不均匀对自由能的贡献。

Tilley 和 Zeks 研究了自发极化的厚度分布，研究表明，对于二级相变，当 $\delta>0$ 时，随着温度的升高，P 减小。在同一温度时，P 沿着厚度的分布中心高、两边低，表现出表面层附近铁电相互作用弱的特点。在温度高时，中心与边缘的差别变小，这是由于在接近 T_C 时关联长度发散，外推长度与关联长度相近。当 $\delta<0$ 时，表面层的极化大于内部极化，膜的居里温度高于块体材料的居里温度，当接近居里温度时，表面与内部的差别也是趋于相等。对于一级相变，结果与二级相变近似，Scott 等人的计算结果表明，在 $\delta>0$ 时，表面层极化小于内部极化，相变温度随膜厚度减小而相应降低，$\delta<0$ 时结果相反。但是当 $\delta<0$，且 $T\approx T_{0\to\infty}\left[\frac{3}{4}+\left(\frac{\xi}{\delta}\right)^2\right]$ 时，表面层首先出现自发极化，同时体内仍为顺电相。

2. 第一性原理计算

应用量子力学，借助基本常量和某些合理的近似进行的计算称为第一性原理的计算。第一性原理的计算首先是将固体如实的表征为电子和原子核组成的多粒子系统，然后求出系统的总能量，根据总能量与电子结构和原子核构型的关系，最终确定系统的状态。

退极化场的影响非常关键，一般认为，退极化效应使自发极化减小，相变温度降低，但是随膜厚度的减小，退极化的影响逐渐减弱。在忽略表面效应的前提下，对电导率有限的金属电极间铁电薄膜的研究表明，退极化效应来源于电极的自由能，自由能与电极金属的托马斯-费米屏蔽长度有关，假设屏蔽长度为 0.5～1.0Å(理想导体为 0)，可以预计铁电临界尺寸约为 100nm。

实验中测定的部分铁电薄膜的临界尺寸见表 10－3，表中的"＜"表示这个尺寸可能不是临界尺寸，只是在这个尺寸下观察到铁电特性，因此临界尺寸应该小于该数值。

表 10－3　几种铁电薄膜的临界尺寸 L_c

铁电薄膜材料	$BaTiO_3$	$Pb(Zr_{0.2}Ti_{0.8})O_3$	$Pb(Zr_{0.25}Ti_{0.75})O_3$	$Pb(Zr_{0.53}Ti_{0.47})O_3$	$PbTiO_3$
L_c/nm	12	4	＜10	16	0.8

目前薄膜中的铁电相变尺寸效应的研究在理论与实验之间还存在一些问题需要解决，比如一些基于第一性原理的模拟计算表明，即便在超薄的厚度时也应该存在铁电态，这就意味着临界尺寸并不存在，但是实际中实验却观测到了尺寸效应驱动的铁电-顺电相变。此外对于同一种材料的铁电体薄膜，由于制备方法、观测手段的不同，观测到的临界尺寸也有差别。这一类问题还需要进一步的深入研究。

10.4　薄膜与基底的附着、附着机理与附着力

通常，薄膜的附着性能对薄膜应用的可能性和可靠性起着重要作用，因此在薄膜制备过程中必须首先考虑薄膜的附着。一般对附着力的定义为：基底和薄膜相接触，两者的原子相互之间具有作用力，这种状态就叫作附着。要公正客观的评价附着或测量附着力，必须要对薄膜与基底之间的界面有充分了解。

10.4.1　附着

在制备薄膜时第一个遇到的问题就是附着问题。这是因为制备薄膜首先需要考虑的就

是薄膜能否在基底上牢固附着，如果不能牢固附着，在研究及测量薄膜其他很多性质时就无法进行。对于薄膜在基底上保持的耐久性、耐磨性来说，附着是非常重要的，膜在基底上的附着性能与基底、膜材有着直接的关系。

例如，室温下微晶玻璃上蒸积的金薄膜，膜与基底的附着就比较差，金膜很容易从基底上剥落。但如果首先在一定的基底温度下先蒸积一层 Cr 薄膜，之后再蒸积 Au 薄膜，其附着性能会大大提高。通常来说，易氧化金属薄膜的附着性能要优于难氧化金属薄膜的附着性能。

研究表明，薄膜的附着分为简单附着、扩散附着、利用中间层附着以及宏观效应附着，如图 10.11 所示。

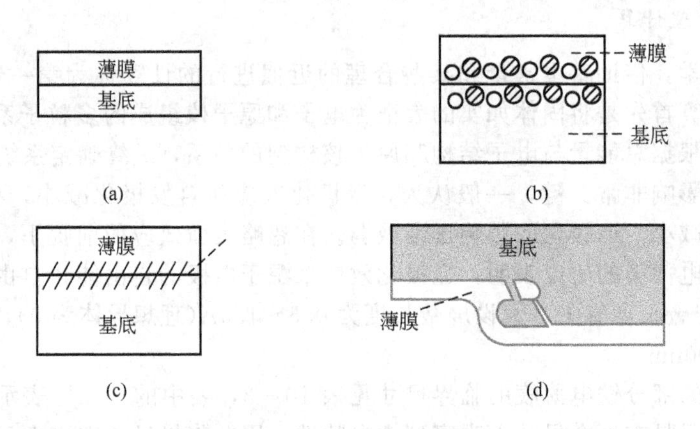

图 10.11　附着的类型

(a) 简单附着；(b) 扩散附着；(c) 利用中间层附着；(d) 通过宏观效应附着

1. 简单附着

基底与薄膜之间存在清晰的界面。简单附着是两个接触面互相吸引引起的。如果两个表面不相似或不兼容，相互接触时很容易形成简单附着。

2. 扩散附着

基底与薄膜之间互相溶解或者相互扩散形成一个渐变的混合层。从薄膜的制备方法来说，利用溅射方法或 CVD 方法制备的薄膜附着性能要优于采用蒸发沉积方法制备的薄膜，主要是由于前两种制备方法中到达基底表面粒子的能量较大，所以相对容易发生与基底的相互扩散或溶解形成渐变混合层。

3. 中间层附着

基底与薄膜之间会生成一层化合物中间层，之后薄膜利用这个中间层与基底形成较为牢固的附着。中间层的成分可以是一种化合物，也可以是多种化合物。其成分可以来自于薄膜与基底材料，也可以来自于沉积环境气氛。因为中间层的存在，基底与薄膜之间没有单纯的界面。

4. 宏观效应附着

基底与薄膜的附着利用机械结构或者引入静电吸引而引起的附着，称为宏观效应附着。当基底表面有很多缺陷或者比较粗糙的情况下，形成薄膜的粒子到达基底表面后会进入到这些缺陷或孔洞中去，等效于利用一种机械锁合结构。静电吸引是指基底和薄膜作为两种材料，其功函数一般不相等，因此会引起基底与薄膜之间发生电子迁移，从而在界面两边形成积累电荷，积累电荷会产生一种类似于范德华吸引的作用力从而引起附着。

10.4.2 附着机理与附着力

1. 附着机理

附着包含两个基本物理概念。

(1) 把单位面积的薄膜从基底上准静态剥离下来所需要的力定义为附着力。

(2) 把上述过程中所需要的能量定义为附着能。

如上节所述，薄膜之所以能够附着在基底表面，是范德华力、扩散附着、机械锁合、静电吸引等综合的作用，如果是利用化合物中间层，则主要是靠化学键的作用。如果从微观方面研究，则认为附着的机理实际就是吸附，根据吸附能的大小，吸附可以分为物理吸附和化学吸附。

① 物理吸附。

范德华力以及静电吸引都属于物理吸附。范德华力是在薄膜原子和基底原子之间普遍存在的一种力，是由两种物质相互极化产生的。根据极化的不同，范德华力又分为定向力、诱导力以及色散力。前两者来源于永久偶极矩，具体来说，定向力来源于永久偶极矩之间的相互作用，诱导力则是因为永久偶极矩的诱导作用而形成的吸引力，而色散力则是由于电子在围绕原子核运动中所产生的瞬间偶极矩而产生的，瞬间偶极矩之间的相互作用会形成一种吸引力就是色散力。一般的基底材料和薄膜材料都没有永久偶极矩的极性分子，所以定向力和诱导力的作用较小，只有色散力。但是极性材料中定向力和诱导力的作用较强，所以在基底与薄膜间的附着一般情况下都是范德华力中的色散力起主要作用。由于范德华力产生的附着是单纯的物理附着，所以薄膜附着中的范德华力一般都很小，附着能范围在0.04～0.4eV。

由于薄膜与基底材料的功函数不同，当相互接触时会引起电荷迁移，从而产生静电吸引。产生的电荷层会起到将基底与薄膜拉近的作用，静电吸引的吸引能为

$$E=\frac{\sigma^2 d}{2\varepsilon\varepsilon_0} \tag{10-16}$$

式中，σ 是单位面积上的电荷量；d 是电荷层的厚度；ε、ε_0 则分别是基底与真空的介电常数。

研究表明，静电吸引能量与范德华力基本相近，只不过范德华力是短程力，如果吸附原子之间的距离略微增大时，范德华力会迅速趋向于零，所以依靠范德华力附着的性能都是比较差的。而静电吸引则不同，静电力是长程力，即使基底与薄膜互相之间有略微移动，静电吸引力也能够保持，因此总体来说虽然静电力量值稍小，但对附着力的贡献却是比较大的。

② 化学吸附。

基底与薄膜之间利用化合层结合主要依赖化学键结合力。化学键的结合有共价键、离子键、金属键。化学键产生的主要原因是一部分价电子不再为原来的原子独有，而是从一

个原子转移到另一个原子。因此化学键力是短程力，但是化学键力的量值远大于范德华力。一般来说，基底与薄膜之间不存在化学吸附，只有当在界面上产生化学键形成化合物的时候才会形成化学键附着。因此，如果要利用化学键的附着提高基底与薄膜的附着性能，就必须促使两者界面上形成化学键。化学键结合的吸附能范围是0.4～10eV。

除了上述的物理吸附和化学吸附以外，扩散附着也是附着的重要形式。扩散附着是在基底和薄膜之间形成一个渐变层，渐变层可以通过基底加热、离子注入、离子轰击等方法来实现原子扩散并最终形成，渐变层使基底与薄膜的接触面积显著增加，所以附着性能也会提高。比如，基底温度为250℃时首先蒸积一薄层Al，之后将基底温度降低至150℃，再次蒸积Al膜，得到的薄膜与基底的附着性能会大大提高。利用离子轰击的具体方法是：首先在基底上沉积一薄层金属膜，再利用高能离子进行轰击以便实现扩散，最后进一步沉积薄膜，也可以使附着性能获得明显提高。

2. 提高附着性能的途径

基于附着机理的研究，就可以采取适当措施提高薄膜的附着性能，一般可以采用下述几种方法。

(1) 基底的清洁。

要提高薄膜的附着性能首先要保证薄膜与基底的直接接触，因此如果基底表面本身有一层污染物，就不能实现直接接触，范德华力会大大减小，扩散附着也无法实现。因此在沉积薄膜之前需要对基底进行严格清洗，如果有更高要求的话，需要在清洗之后利用离子轰击对基底进行进一步清洁；离子轰击在进一步清洁基底的同时，还可以在一定程度上增加表面的微观粗糙程度，进一步提高附着性能。

(2) 提高基底温度。

提高基底温度一定程度上有利于基底与薄膜原子的相互扩散，也有利于加速化学反应，并最终有利于形成扩散附着和化学键吸引力附着。但是基底温度会对薄膜的本身结构产生影响，所以在实际应用中需要综合考虑。

(3) 制作过渡层。

有时基底材料与薄膜材料存在严重的不匹配，也就是薄膜与基底的附着力小于薄膜的内应力，这种情况下附着性能并不好，比如金在微晶玻璃上的附着性能很差，但是在钛、镍等金属上的附着性能却很好。所以有时需要在基底上首先沉积一薄层过渡层，之后再沉积需要的薄膜，同样能够解决附着问题。

(4) 采用溅射等方法沉积。

利用高能量的溅射粒子沉积薄膜，可以有效去除基底表面的其他物质，增加表面活性，促进扩散层的生成，最终提高附着性能，因此在选定基底上沉积同种薄膜时，利用溅射法沉积的薄膜附着性能要明显优于蒸发方法制备的薄膜。

3. 附着力测量

对于附着力的定性估计可以通过Scotch实验来实现，这个实验是利用胶带将薄膜剥离开基底。由于直接测量要求作用力垂直于薄膜表面，超速离心机及超声振动都可以提供这种作用力，但实际应用中结果仍不令人满意。

目前，划痕法是测量附着力的最优测量方法，具体过程是让一磨圆的铬钢针尖在薄膜表面上运动，逐渐增加对针尖的负荷，使薄膜脱离基底的临界负荷值就是附着力的量度。

整个测量过程是在显微镜下进行的。此外，带有碳化钨或金刚石针($r \approx 0.05$mm)的硬度检验仪也可以用于附着力的测量。

对于附着力较差的薄膜，测量中使薄膜脱离所需的负荷一般可以是几克，而附着力较强的薄膜则可达到几百克。

10.5 薄膜的测试与表征

薄膜的表征包括薄膜厚度的测量、组分表征、结构表征以及原子化学键合表征等。薄膜厚度的测量有干涉仪法和探针法；组分表征的常用手段有电镜、卢瑟福背散射法、俄歇电子能谱等；结构表征有X射线衍射仪、电镜(扫描电镜SEM、扫描隧道显微镜STM)等方法；原子化学键合表征主要有拉曼光谱、红外吸收光谱、紫外-可见光谱等方法。纳米薄膜材料的检测手段与薄膜检测手段类似，但由于其结构及性质与普通薄膜存在一定差异，因此需要的检测手段更多，随着科学技术的发展，许多新表征方法相继出现，对纳米薄膜科学发展起到了推动作用。常见的一些表征方法如X射线衍射法、红外吸收光谱法在这里不进行介绍，可以查阅相关资料进行学习，这里结合纳米薄膜简单介绍一下薄膜材料的部分表征手段。

10.5.1 紫外-可见光谱

紫外-可见吸收光谱(Ultraviolet and Visible Spectroscopy，UV - VIS)统称为电子光谱。紫外-可见吸收光谱法是利用某些物质的分子吸收200～800nm光谱区的辐射来进行分析测定的方法。这种分子吸收光谱产生于价电子和分子轨道上的电子在电子能级间的跃迁，广泛用于有机和无机物质的定性和定量测定。

紫外-可见分光光度计由光源、单色器、吸收池(若为固体材料则为固体样品台)、检测器以及数据处理及记录(计算机)等部分组成，如图10.12所示。

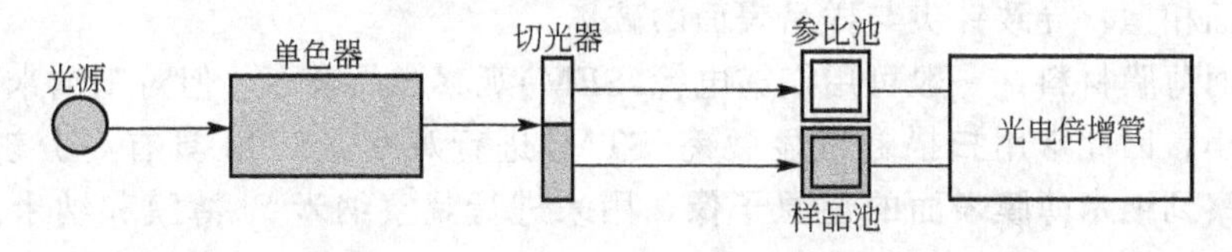

图10.12 紫外-可见分光光度计示意图

通过紫外-可见光谱，可以观察薄膜材料能级结构的变化，通过吸收峰位置变化可以考察能级的变化。

10.5.2 扫描隧道显微镜

扫描隧道显微镜(STM)是利用量子隧道效应工作的。若以金属针尖为一电极，被测固体样品为另一电极，当它们之间的距离小到1nm左右时，就会出现隧道效应，电子从一个电极穿过空间势垒到达另一电极形成电流。

隧道电流与针尖样品间距S成负指数关系，对于间距的变化非常敏感。因此，当针尖在被测样品表面做平面扫描时，即使表面仅有原子尺度的起伏，也会导致隧道电流非常显

著的甚至接近数量级的变化。这样就可以通过测量电流的变化来反映表面上原子尺度的起伏，如图 10.13(b)所示。这就是 STM 的基本工作原理，这种运行模式称为恒高模式(保持针尖高度恒定)。

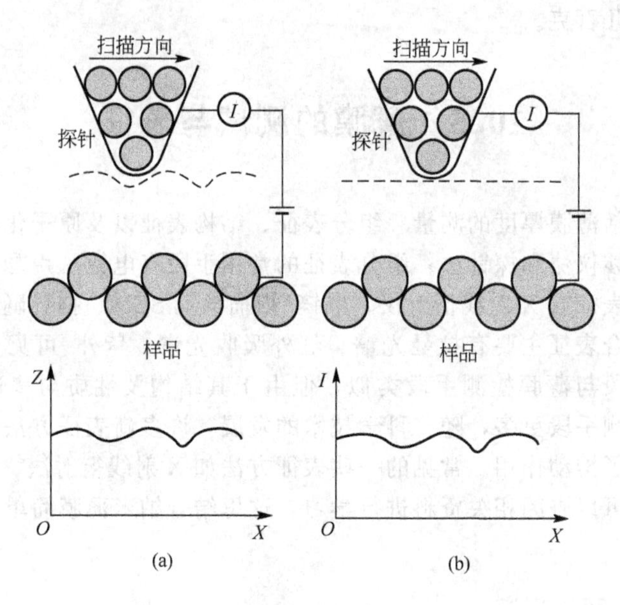

图 10.13 STM 两种工作模式

(a) 恒流模式；(b) 恒高模式

STM 还有另外一种工作模式，称为恒流模式，如图 10.13(a)所示。此时，针尖扫描过程中，通过电子反馈回路保持隧道电流不变。为维持恒定的电流，针尖随样品表面的起伏上下移动，从而记录下针尖上下运动的轨迹，即可给出样品表面的形貌。

恒流模式是 STM 常用的工作模式，而恒高模式仅适于对表面起伏不大的样品进行成像。当样品表面起伏较大时，由于针尖离样品表面非常近，采用恒高模式扫描容易造成针尖与样品表面相撞，导致针尖与样品表面的破坏。

对于普通薄膜材料，一般可用扫描电镜(SEM)观察样品表面，但对于纳米薄膜，由于薄膜颗粒较小，因此常用扫描隧道显微镜(STM)进行观察。STM 具有高分辨率的优点，能够直接观察到纳米薄膜表面的近原子像，用来进行观察纳米 Si 薄膜和纳米晶体的表面等研究工作。

透射电子显微镜(TEM)也常用来观察薄膜的微结构，高分辨 TEM 为直接观察纳米微晶结构，尤其为观察界面原子结构提供了有效手段，可以观察微小颗粒固体外观，相比而言，原子力显微镜(AFM)则更为有效。

10.5.3 光声光谱

光声光谱仪是根据光声效应原理研制的。当物质吸收周期性调制的光能后转变为热能。周期性热流使周围介质热胀冷缩而产生声信号，即为光声信号。不同组分和结构的物质吸收不同波长的光能，因此当照射于物质的光波波长改变时，声信号的变化反映了物质的不同组分或结构。由于光声光谱技术所检测的是样品吸收的光能与物质相互作用后产生的声能，在照射的光强比较弱的情况下，光声效应满足线性关系，即声信号强度与光强成正比，因此光声光谱技术对物质的结构和组分是非常敏感的，且对样品的形状无特殊要求，可以用于气体、固体和液体的微量分析。由于光声光谱对散射光和反射光不敏感，特别适用于颗粒、粉末、污迹和浑浊液体等物质的检测与分析。

另外，由于物质吸收周期性调制的光能后转变为周期性变化的热能，亦称热波，所产生的效应称为光热效应。热波传播速度很慢，且是高衰减波，所以只能传播约一个热波波长的距离。在热波传播的过程中，不同位置的热源产生的声信号具有不同的相位，即光声信号除振幅的变化之外，还有相位的变化。因此，通常光声光谱仪有两个通道输出：振幅输出和相位输出。前者对所测物质的组分(即热源强度)非常敏感，后者则对所测物质的结构(即热源的位置)特别敏感。

相较于其他类型的光谱设备，光声光谱仪由单光路系统组成，系统大为简化，并对辐射光源强度要求降低 50%以上。从功能上可分为以下 3 部分。

(1) 辐射源：包括氙灯系统、单色仪系统、斩光器(也称切光器，用来调整入射光的强度)系统和聚光镜系统。

(2) 光声盒：包括样品池、传声器和前置放大器。

(3) 信号处理和记录：包括锁相放大器和微型计算机。

对纳米薄膜来说，光声光谱能够提供带隙位移及能量变化信息，主要是通过吸收峰位移体现，如超微粒子 Fe_2O_3 的表征。

10.5.4 拉曼光谱

拉曼光谱(Raman Spectra)法的原理是拉曼散射效应。当激发光的光子与作为散射中心的分子相互作用时，大部分光子只是发生改变方向的散射，而光的频率并没有改变，大约有总散射光的 10^{-10}～10^{-6} 的散射，不仅改变了传播方向，也改变了频率。这种频率变化了的散射就称为拉曼散射。

对于拉曼散射来说，分子由基态 E_0 被激发至振动激发态 E_1。光子失去的能量与分子得到的能量相等，都为 ΔE。不同的化学键或基团有不同的振动能级，ΔE 反映了指定能级的变化。因此，与之相对应的光子频率变化也是具有特征性的，根据光子频率变化就可以判断出分子中所含有的化学键或基团。典型的拉曼光谱仪光路结构如图 10.14 所示。

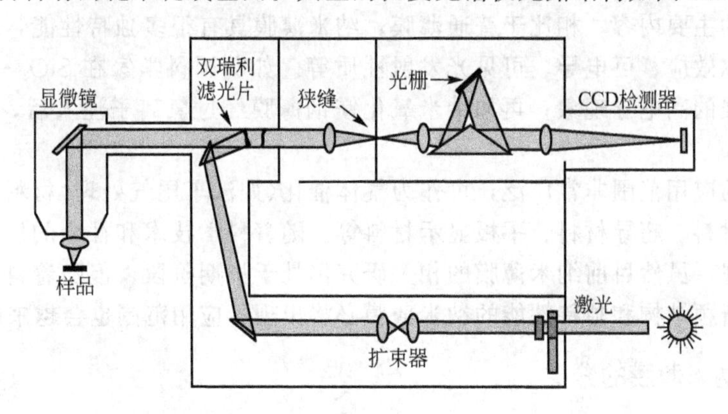

图 10.14 典型拉曼光谱仪光路结构图

拉曼光谱可以解释固体材料中的空位、间隙原子、位错、晶界和相界等方面的关系，提供相应信息，可用作纳米薄膜材料分析，比如 Si 纳米材料的表征。根据纳米固体材料的拉曼光谱进行计算，有望得到纳米表面原子的具体位置。

10.5.5 其他表征手段

1. 傅里叶变换远红外光谱(FT - far - IR)

常用来检验金属离子与非金属离子成键、金属离子的配位等化学环境的情况及变化，而红外、远红外对于分析精细结构也非常有效。

2. 正电子湮没(PAS)

正电子入射到凝聚态物质中，在与周围环境达到热平衡后，就与电子、带有等效负电荷的缺陷或空穴发生埋没，同时放射出γ射线。正电子湮没光谱通过对这种湮没辐射的测量及分析，能够得到有关纳米材料电子结构及缺陷结构的信息。

3. 高分辨X射线粉末衍射

用来获取有关单晶胞内相关物质的元素组成比例、尺寸、离子间距、键长等纳米材料的精细结构数据及信息。

除上述方法以外，表征纳米薄膜材料的方法还有碘吸附法、X射线显微技术、光电子能谱技术、电子回旋共振(ESR)、热重分析、X射线微探针分析、广延X射线吸收精细结构光谱等，可以根据具体需要进行选择，有时也采用多种方法进行表征，以起到相互补充的目的。

*10.6 拓展阅读 纳米薄膜

纳米薄膜是指由尺寸在纳米量级的晶粒(或颗粒)构成的薄膜，此外，将纳米晶粒镶嵌于某种薄膜中构成的复合膜(如Ge镶嵌于SiO_2薄膜中形成的Ge/SiO_2薄膜)也称为纳米薄膜，或者将每层厚度在纳米量级的单层及多层膜也称为纳米晶粒薄膜和纳米多层膜。纳米薄膜的性能强烈依赖于晶粒尺寸、薄膜厚度、表面粗糙度及多层膜结构，这些因素是目前纳米薄膜研究的主要内容。相比于普通薄膜，纳米薄膜具有很多独特性能，如具有巨磁电阻效应、巨霍尔效应、巨电导、可见光发射性质等。如美国科学家在SiO_2 - Au的颗粒薄膜上观察到极强的高电导现象；再如纳米氧化镁铟薄膜经过氢离子注入后，电导将增加8个数量级。

纳米薄膜的应用范围非常广泛，可作为气体催化(如汽车尾气处理)材料、高密度磁记录材料、光敏材料、超导材料、平板显示材料等。随着科学技术和社会的发展，纳米薄膜越来越受到重视，虽然目前纳米薄膜的相关研究仍处于早期阶段，但随着科技的进一步发展，更多具有新颖结构和独特性能的纳米薄膜必将出现，应用范围也会越来越广泛。

10.6.1 纳米薄膜的分类

纳米材料大致可分为零维纳米微粒(纳米粉、纳米颗粒、量子点及原子团簇)，一维纳米纤维(管、线、棒)，二维纳米膜，三维纳米块体等。纳米薄膜属于二维纳米材料，按照其应用性能可分为以下几类：纳米磁性薄膜、纳米气敏薄膜、纳米光学薄膜、纳米滤膜和纳米多孔膜等，此外还有LB(Langmuir Buldgett)膜及SA(分子自组装)膜等有序组装膜，下面就几类薄膜做一个简单的介绍。

1. 纳米磁性薄膜

由于晶体结构的有序和磁性体的形状效应，磁性材料的内能一般与其内部的磁化方向有关，从而造成磁各向异性。与三维块体材料相比，薄膜材料具有单轴磁各向异性，薄膜中只有某个特定方向易于磁化，根据这一特性，磁性薄膜被成功应用于磁记录介质。普通薄膜是平面磁化，而纳米磁性薄膜由于很薄，因此只有薄膜的法向易于磁化，即垂直磁化。所以纳米磁性薄膜能够削弱传统磁记录介质中信息存储密度受到其自运磁效应的限制，又由于其具有巨磁电阻效应，因此在信息存储领域有着广阔的应用前景。

纳米磁性薄膜一般采用多层结构来获得一定的厚度。每两层为一个周期，其中一层为非铁磁材料，另一层为铁磁材料，如Cu/Fe、Co/Pt、Co/Au、钼/塔莫合金等。薄膜的易磁化方向显著依赖于铁磁性材料的厚度。研究表明，对于Au/Fe多层膜，随着Fe层厚度的减小，纳米薄膜更易磁化，垂直磁化的趋势将增强；同时，由于Au/Fe界面活性过渡层的存在，Fe原子的原子磁矩也会随Fe厚度的减小而显著增加。因此纳米多层膜中界面随铁磁性材料厚度的减小会对其性能产生显著影响。

纳米磁性颗粒膜是由强磁性的纳米颗粒镶嵌于不相容的另一组基质中生成的复合材料体系，同时具有超细颗粒和多层膜的双重特性。一般采用共蒸发和共溅射技术进行制备。其中磁性颗粒一般是铁磁元素或合金，基质可以是金属也可以是绝缘体材料。依据基质的不同，可以分为磁性金属-非磁性金属合金型(M－M)及磁性金属-非磁性绝缘体型(M－I)两类。纳米磁性颗粒薄膜的磁学性质和电子输运性质与块体磁性材料有着本质的区别，是目前相关研究的热点。研究表明，对$Fe(SiO_2)_4$磁性颗粒膜，当Fe与SiO_2的原始比例及工艺参数改变时，铁颗粒的大小也会随之改变，因此可以控制薄膜的磁性。研究发现，当铁的体积百分数在29％～60％之间，颗粒膜的矫顽力发生反常增长，当其体积百分比在60％～100％之间时，铁的颗粒将连接成网，薄膜的矫顽力与铁的溅射薄膜矫顽力相近。

2. 纳米气敏薄膜

气敏薄膜在吸附某一种气体之后会引起相关物理参数的变化，利用这一现象可以探测气体。纳米气敏薄膜吸附气体的速率越高、信号传递的速度越快，其灵敏度也越高。一般组成纳米气敏薄膜的颗粒非常小，因此表面原子比例非常大，即表面活性很大，因此在相同体积和相同时间下，纳米气敏薄膜比普通薄膜吸附更多的气体分子。同时，由于纳米气敏薄膜中有很多微小的通道，比表面积大，界面网络非常密集，因此为扩散提供了更多的快速通道，具有高扩散系数和准各向异性，能够进一步提高其反应速度。与普通薄膜相比，纳米气敏薄膜具有更高的选择性、气敏性及稳定性，如SiO_2纳米颗粒气敏薄膜等。

3. 纳米光学薄膜

纳米光学薄膜由于晶粒尺寸减小，晶界显著增多，薄膜表面的粗糙度也会随之变化，因此，表面光的散射与吸收也会发生变化，即薄膜的光学性能发生变化。

作为一种纳米光学薄膜，纳米晶Si薄膜的表面原子数与体内原子数几乎相等，因此其性质也与晶态、非晶态薄膜有显著差异。纳米晶Si薄膜具有良好的热稳定性、强的光

吸收能力、高掺杂效应、室温电导率可在大范围内变化等优点，其应用研究在国内外越来越受到重视。相关研究表明，当 Si 晶粒的平均直径小于 3.5nm 时，紫外光致发光强度将迅速增加；平均颗粒直径为 1.5～2nm 的薄膜则具有更好的发光效果；通过调节基底的温度或薄膜的厚度可以改变薄膜表面状态，并最终调节其光吸收特性。表面微观粗糙度越大，表面散射越强，导致光吸收性能显著提高。由于晶界处的缺陷状态不同，薄膜内部结构对薄膜的吸光特性也产生影响。相比较而言，纳米晶 Si 薄膜的光吸收系数高于单晶和多晶硅薄膜。

4. 纳滤膜

纳滤膜采用纳米材料制备，其作用是分离仅在分子结构上有微小差别的多组分混合物，介于超滤膜和反渗透膜之间，是 20 世纪 80 年代末期发展起来的一种新型分离膜。在渗透过程中，纳滤膜截留率大于 95%的最小分子大小约为 1nm，所以称为“纳滤膜”。其技术特点是具有离子选择性和操作压力低，因此也称作“选择性反渗透”和“低压反渗透”。纳滤膜填补了反渗透和超滤中间的空白，在石化、生化、医药、食品、造纸、纺织印染等很多领域有着广泛的应用。

纳滤膜是一种复合膜，一般由高聚物组成活化层，表面分离层由聚电解质构成，和支撑层的化学组成不同。常见的商品纳滤膜材质有聚酰胺(PA)、聚乙烯醇(PVA)、磺化聚砜(SPS)、磺化聚醚砜(SPES)以及醋酸纤维素(CA)等。荷电纳滤膜能够通过静电斥力排斥溶液中或膜上带有相同电荷的离子，在抗污染、耐压密性、耐酸碱性、透水、选择透过等方面具有其他中性膜不具备的优势。根据所带电荷的不同，荷电滤膜分为荷负电膜、荷正电膜、双极膜、两性膜。

纳滤膜的制备方法有共混法、荷电法、相转化法、复合法等，各有优点和不足。如液-固相转化法制备过程简单，但用来制备性能优越的小孔径膜的材料较少，制备的膜不具有优越的渗透通量。

10.6.2 纳米薄膜的性能

1. 力学性能

由于组成的特殊性，纳米薄膜的性能与常规材料有所不同，特别是超模量、超硬度效应是近年来薄膜研究的热点。在材料理论范围，针对这些热点问题有一些比较合理的解释。其中早期的高强度固体设计理论、后来的量子电子效应、界面应变效应、界面应力效应等，这些理论在不同程度上解释了一些实验现象。目前，纳米薄膜的力学性能主要围绕多层膜硬度、韧性、耐磨性等方面展开。

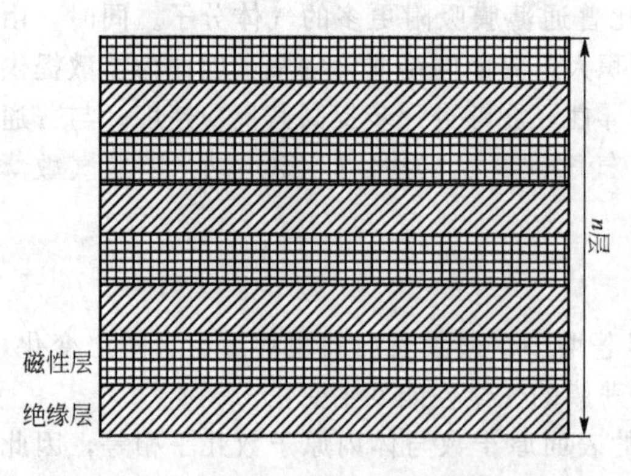

图 10.15 纳米磁性多层膜结构

(1) 纳米多层薄膜的硬度。

纳米多层膜是指在基底上交替沉积膜层，每层的厚度约为数纳米到数十纳米。总层数可达几百层，如纳米磁性薄膜材料就是交替沉积磁性层及绝缘层(常用 SiO_2)，其典型结构如图 10.15 所示。纳米多层薄膜的硬度与材料的组分、相对含量以及薄膜的调制波长有密切关系。

纳米多层薄膜的硬度强烈依赖于材料的成分。在某些材料系统中存在超硬度效应，如TiC/Fe系统中，当单层膜的厚度分别为$d_{TiC}=8nm$、$d_{Fe}=6nm$时，多层薄膜的硬度达到42GPa，远远大于TiC的硬度；但在某些材料系统中则不存在这种效应，如TiC/聚四氟乙烯的硬度就比TiC低得多，大约只有8GPa。

纳米多层膜的硬度还受到组分材料相对含量的影响。一般情况下，机械性能较好的薄膜材料由硬质相(如陶瓷材料)和韧性相(如金属材料)共同构成。若不考虑纳米效应和硬质相对含量较高的影响，薄膜材料的硬度较高，同时与相同材料组成的近似混合薄膜相比，硬度均有所增大。

多数观点认为纳米多层膜的强化机理遵循Hall-Petch关系。

$$\sigma=\sigma_0+(\sigma_z/\Delta)^n \tag{10-17}$$

上式表示纳米多层薄膜的硬度值与调制波长Δ的近似关系，从式(10-17)看出，薄膜硬度值随着调制波长Δ的增大而减小。根据位错理论，材料硬度随晶粒减小而增大，对于纳米多层薄膜，由于界面密度很大，对位错移动等材料变形机制有直接的影响，可以将层间界面的作用类比为与晶界的作用，所以纳米多层薄膜的硬度随调制波长Δ增大而减小。研究发现，如TiC/Cu、TiC/AlN等材料系统的硬度值随Δ的变化规律近似满足Hall-Petch关系，但在TiN/Pt及SiC/W系统中则并非如此，其硬度值与调制波长Δ的关系不是单调上升或下降，而是在某一个Δ处存在一个硬度最大值。

(2) 纳米多层薄膜的韧性。

纳米多层薄膜的韧性依赖于其结构，增韧机制主要有裂纹尖端钝化、裂纹分支、层片拔出、沿界面的界面开裂等。

影响纳米多层薄膜的因素主要是组分材料的相对含量以及调制波长。在陶瓷/金属多层薄膜中，金属作为韧性相，陶瓷作为脆性相。研究发现TiC/Fe、TiC/Al以及TiC/W多层薄膜体系中，若金属含量较低，则韧性基本随金属相含量的增加而上升，但上升到一定程度后会转而下降。对上述现象可以利用界面作用及单层材料的塑性加以简单解释：当调制波长Δ不是很小，多层薄膜中的子层材料仍基本保持本征的材料特点，金属层依然具有良好的塑性变形能力，此时减小调制波长就意味着界面含量增加，将有助于裂纹分支的扩散，从而增加材料韧性；当调制波长非常小时，子层材料的结构有可能发生部分变化，金属层的塑性降低，同时因为子层的厚度太薄，材料的成分变化梯度减小，裂纹穿越不同叠层时很难发生转移及分裂，因此韧性转而降低。

(3) 纳米薄膜的耐磨性。

尽管目前对于纳米薄膜的耐磨性没有系统深入的研究，但从目前的研究结果来看，合理搭配材料能够获得较好的耐磨性。对于纳米薄膜的耐磨性没有确切的理论解释，部分研究利用了晶粒内部、晶粒界面等观点进行分析解释。

从结构上看，纳米多层膜的晶粒很小，存在原子排列造成晶格缺陷的可能性较大，晶粒内晶格点阵畸变及晶格缺陷的增多使晶粒内部的位错滑移阻碍增加；同时晶界长度也比传统晶粒的晶界长得多，进一步使晶界上的位错滑移增加；另外，由于相邻界面结构非常复杂，不同材料位错能的差异也导致界面上的位错滑移阻力增加，最终使纳米多层薄膜发生塑性变形的流变应力增加，这种作用随着调制波长的减小而增强。

2. 光学性能

(1) 蓝移、宽化。

胶体化学制备的纳米 TiO_2/SnO_2 超颗粒及相关复合薄膜具有特殊的紫外-可见光吸收光谱。由于超颗粒的量子尺寸效应使吸收光谱发生蓝移，即吸收峰有向短波长方向移动的现象，纳米薄膜特别是Ⅱ-Ⅵ族半导体 CdS_xSe_{1-x} 及Ⅲ-Ⅴ族半导体 GaAs 薄膜，都具有光吸收带边的蓝移和宽化(吸收峰半高宽显著增大)现象。TiO_2/SnO_2 超颗粒/硬脂酸复合薄膜具有良好的抗紫外线和光学透过性。

(2) 光的线性与非线性。

光学线性效应指介质在光波作用下，当光强较弱时，介质的电极化强度与光波电场的一次方成正比。一般情况下，多层膜的各层膜厚与激子玻尔半径(电子-空穴对的玻尔半径)可比拟或小于玻尔半径时，在光的照射下吸收谱上将会出现激子吸收峰。此现象属于光学效应。如半导体 InCaAlAs 及 InCaAs 组成的多层薄膜通过控制 InCaAs 膜的厚度可以很容易观察到激子吸收峰。

光学非线性是指在强光场作用下，介质的极化强度中会出现与外加电磁场的 2 次、3 次甚至高次方成比例的项。对于纳米材料，宏观量子尺寸效应、小尺寸效应、量子限域效应及激子是引起光学非线性的主要原因。

3. 电磁特性

(1) 电学特性。

当导体的尺寸减小到纳米数量级时，其电学特性会发生较大变化。如 Au/Al_2O_3 的颗粒膜就存在电阻反常现象，随着纳米 Au 颗粒含量的增加，电阻不但不减小，反而会急剧增加。

材料的导电性与材料颗粒的临界尺寸有关，当材料颗粒大于临界尺寸时，遵循常规电阻与温度的关系，当颗粒小于临界尺寸时，可能会发生电学特性的较大改变。

(2) 磁学特性。

研究表明，纳米双相交换耦合多层薄膜 $\alpha-Fe/Nd_zFe_4B$ 永磁体的软磁相或硬磁相的厚度为某临界值时，该交换耦合多层永磁膜的成核场达到最大值。目前，研究报道的纳米交换耦合多层薄膜 $\alpha-Fe/Nd_zFe_4B$ 的磁性能依然不高，因此进一步优化工艺参数是研制理想纳米交换耦合永磁体材料的重要方向。

此外，纳米薄膜还具有巨磁电阻效应(GMR 效应)，可以通过相关教材进行学习。

4. 气敏特性

金属氧化物超微颗粒薄膜由于比表面积大，存在配位不饱和键，表面有许多活性中心，容易吸附各种气体在表面发生反应，因此被用作制备气敏传感器的功能薄膜材料。以 TiO_2 气敏传感器为例，当传感器工作时，电子由一个晶粒运动到另一个晶粒需要克服由于晶粒表面的氧离子吸附形成的表面耗尽层和表面势垒的影响，其模型主要分两种：一是晶界势垒控制模型；二是颈部沟道控制模型。器件响应的灵敏度与晶粒尺寸 D 和德拜长度 L_D 密切相关，当 $D \gg L_D$ 时为晶界控制，灵敏度基本与 D 无关；当 D 接近 $2L_D$ 时为颈部沟道控制，灵敏度与 D 密切相关；当 $D < 2L_D$ 时，每个晶粒内导电电子全部耗尽，器件电阻很大。德拜长度 L_D 可用掺杂金属氧化物的办法来调节，从而可以解决由于高温使晶粒

长大导致灵敏度下降的问题。常见的掺杂金属氧化物有施主掺杂(如 Nb_2O_5、MoO_3、V_2O_5 等)，受主掺杂(如 B_2O_3、Fe_2O_3、Cr_2O_3、La_2O_3、CuO 等)以及其他掺杂(如 SnO_2、CeO_2 等)。

此外金属氧化物还有助于选择性的提高。不同的掺杂物可以提供有利于半导体表面气-气、气-固反应的不同类型活性位置，因而使传感器具有优良的选择性。

本章小结

薄膜材料不同于块体材料，具有特殊的物理性质，在现代科技中有着广泛的应用。本章主要介绍了薄膜的制备、形成、结构特征、尺寸效应以及薄膜的表征方法，详细阐述了国内外该领域的发展动向及趋势。主要内容包括：薄膜的生长过程；形成理论；薄膜的组织结构、晶体结构及表面结构；薄膜的缺陷；金属薄膜的尺寸效应；薄膜中铁电相变的尺寸效应；薄膜与基底的附着和附着力；薄膜的测试与表征；纳米薄膜等。

10.1　从生长过程来看薄膜生长有哪些类型？各种类型的特点是什么？

10.2　薄膜的组织结构有哪些？各自的特点是什么？

10.3　薄膜大致有哪些类型的缺陷？各种缺陷是怎么产生的？试将它们与块体材料的缺陷进行比较。

10.4　什么是薄膜的尺寸效应？都有哪些类型的尺寸效应？

10.5　什么是附着力？附着机理是什么？提高附着性能的方法有哪些？

10.6　目前纳米薄膜的研究主要围绕哪些方面进行？纳米薄膜的力学性能有哪些？

10.7　薄膜表征的手段有哪些？

10.8　查阅相关教材，思考后阐述什么是电子自旋共振效应，怎样由电子自旋共振谱测量薄膜的杂质和缺陷。

参考文献

[1] 关振铎，张中太，焦金生．无机材料物理性能 [M]．北京：清华大学出版社，2000.
[2] 陈騑騢．材料物理性能 [M]．北京：机械工业出版社，2006.
[3] 王瑞生．无机非金属材料实验教程 [M]．北京：冶金工业出版社，2004.
[4] 周永强，吴泽，孙国忠．无机非金属材料专业实验 [M]．哈尔滨：哈尔滨工业大学出版社，2002.
[5] 于伯龄，姜胶东．实用热分析 [M]．北京：纺织工业出版社，1990.
[6] 蔡正千．热分析 [M]．北京：高等教育出版社，1993.
[7] 曹茂盛，关长斌，徐甲强．纳米材料导论 [M]．哈尔滨：哈尔滨工业大学出版社，2002.
[8] 李维芬．纳米材料的性质 [J]．现代化工，1999(6).
[9] 王国梅，万发荣．材料物理 [M]．武汉：武汉理工大学出版社，2004.
[10] 房晓勇，刘竞业，杨会静．固体物理学 [M]．哈尔滨：哈尔滨工业大学出版社，2004.
[11] 赵品，谢辅洲，孙振国．材料科学基础教程 [M]．哈尔滨：哈尔滨工业大学出版社，2004.
[12] 谢希文，过梅丽．材料科学基础 [M]．北京：北京航空航天大学出版社，1999.
[13] 徐恒钧．材料科学基础 [M]．北京：北京工业大学出版社，2001.
[14] 李俊寿．新材料概论 [M]．北京：国防工业出版社，2004.
[15] 史美堂．金属材料及热处理 [M]．上海：上海科学技术出版社，1980.
[16] 冯端．金属物理学 [M]．北京：科学出版社，1987.
[17] 杨尚林，张宇，桂太龙．材料物理导论 [M]．哈尔滨：哈尔滨工业大学出版社，2004.
[18] 方雅珂，桑文斌，闵嘉华．TeO_2 晶体位错腐蚀形貌与晶体对称性 [J]．无机材料学报，2004(6).
[19] 束德林．工程材料力学性能 [M]．北京：机械工业出版社，2003.
[20] 束德林．金属力学性能 [M]．北京：机械工业出版社，1997.
[21] 韦德骏．材料力学性能与应力测试 [M]．长沙：湖南大学出版社，1997.
[22] 王吉会．材料力学性能 [M]．天津：天津大学出版社，2006.
[23] 徐明君．碳纳米管力学性能的研究进展及应用 [J]．北京工商大学学报，2005(4).
[24] 王从曾．材料性能学 [M]．北京：北京工业大学出版社，2001.
[25] 邱成军，王元化，王义杰．材料物理性能 [M]．哈尔滨：哈尔滨工业大学出版社，2003.
[26] 田莳．材料物理性能 [M]．北京：北京航空航天大学出版社，2001.
[27] 方俊鑫，殷之文．电介质物理学 [M]．北京：科学出版社，1989.
[28] 孙目珍．电介质物理基础 [M]．广州：华南理工大学出版社，2002.
[29] 郑冀．材料物理性能 [M]．天津：天津大学出版社，2008.
[30] 贾德昌，宋桂明．无机非金属材料性能 [M]．北京：科学出版社，2008.
[31] 熊兆贤．材料物理导论 [M]．2 版．北京：科学出版社，2007.
[32] 吴其胜，蔡安兰，杨亚群．材料物理性能 [M]．上海：华东理工大学出版社，2006.
[33] 赵新兵，凌国平，钱国栋．材料的性能 [M]．北京：高等教育出版社，2006.
[34] 郝立新，潘炯玺．高分子化学与物理教程 [M]．北京：化学工业出版社，1997.
[35] 倪尔瑚．电介质测量 [M]．北京：科学出版社，1981.
[36] 全国海洋船标准化技术委员会．GB/T 6426—1999 铁电陶瓷材料电滞回线的准静态测试方法 [S]．北京：中国标准出版社，2004.
[37] 全国绝缘材料标准化技术委员会．GB/T 1409—2006 固体绝缘材料在工频、音频、高频(包括

米波长在内)下相对介电常数和介质损耗因数的试验方法 [S]. 北京：中国标准出版社，2006.
[38] 全国绝缘材料标准化技术委员会. GB/T 1408.1—2006/IEC 60243—1：1998 绝缘材料电气强度试验方法 第1部分 工频下试验 [S]. 北京：中国标准出版社，2007.
[39] 全国绝缘材料标准化技术委员会. GB/T 1408.2—2006/IEC 60243—2：200 绝缘材料电气强度试验方法 第2部分 对应用直流电压试验的附加要求 [S]. 北京：中国标准出版社，2007.
[40] 钟维烈. 铁电体物理学 [M]. 北京：科学出版社，1996.
[41] 周馨我. 功能材料学 [M]. 北京：北京理工大学出版社，2002.
[42] 温树林. 现代功能材料导论 [M]. 北京：科学出版社，1993.
[43] 方俊今，陆栋. 固体物理学 [M]. 上海：上海科学技术出版社，1981.
[44] 功能材料及其应用手册编写组. 功能材料及其应用手册 [M]. 北京：机械工业出版社，1991.
[45] 刘梅冬，许镜春. 压电铁电材料与器件 [M]. 武汉：华中理工大学出版社，1990.
[46] 徐廷献. 电子陶瓷材料 [M]. 天津：天津大学出版社，1993.
[47] 曲喜新，过壁君. 薄膜物理 [M]. 北京：电子工业出版社，1994.
[48] 高技术新材料要览编辑委员会. 高技术新材料要览 [M]. 北京：中国科学技术出版社，1993.
[49] 黄维坦，闻建勋. 高技术有机高分子材料进展 [M]. 北京：化学工业出版社，1994.
[50] 孙慷，张福学. 压电学 [M]. 北京：国防工业出版社，1984.
[51] 田中哲郎. 压电内瓷材料 [M]. 陈俊彦，王余君译. 北京：科学技术出版社，1982.
[52] 邱碧秀. 电子陶瓷材料 [M]. 北京：世界图书出版公司，1990.
[53] 张世远，路权，薛荣华. 磁性材料基础 [M]. 北京：科学出版社，1988.
[54] 王会宗. 磁性材料及其应用 [M]. 北京：国防工业出版社，1989.
[55] 卢绍芳译. 结构与性能的关系 [M]. 北京：科学出版社，1983.
[56] 刘代琦. 磁性材料手册 [M]. 北京：机械工业出版社，1987.
[57] 谢希文，过梅丽. 材料科学与工程导论 [M]. 北京：北京航空航天大学出版社，1991.
[58] 黄波. 固体材料及其应用 [M]. 广州：华南理工大学出版社，1994.
[59] 宛德福，马兴隆. 磁性物理学 [M]. 成都：电子科技大学出版社，1994.
[60] 姜寿亭，李卫. 凝聚态磁性物理 [M]. 北京：科学出版社，2003.
[61] 张玉明，戚伯云. 电磁学 [M]. 合肥：中国科学技术大学出版社，2000.
[62] 戴道生. 铁磁学(上册)(凝聚态物理学丛书) [M]. 北京：科学出版社，2000.
[63] 葛世慧. 铁磁性物理 [M]. 兰州：兰州大学出版社，2002.
[64] 黄永杰. 非晶态磁性物理与材料 [M]. 成都：电子科技大学出版社，1991.
[65] R. 泽仑. 非晶态固体物理学 [M]. 黄畇等译. 北京：北京大学出版社，1988.
[66] 宋晓岚，黄学辉. 无机材料科学基础 [M]. 北京：化学工业出版社，2006.
[67] 刘兵. 微合金化对 Cu 基块体非晶合金形成和性能的影响 [D]. 武汉：华中科技大学，2006.
[68] 闫相全，宋晓艳，张久兴. 块体非晶合金材料的研究进展 [J]. 稀有金属材料与工程，2008(5).
[69] 蓝立文. 高分子物理 [M]. 西安：西北工业大学出版社，1993.
[70] 韩哲文. 高分子科学教程 [M]. 上海：华东理工大学出版社，2001.
[71] 励航泉，张晨. 聚合物物理学 [M]. 北京：化学工业出版社，2007.
[72] 何曼君，陈维孝. 高分子物理 [M]. 上海：复旦大学出版社，1990.
[73] 张邦华，朱常英，郭天瑛. 近代高分子科学 [M]. 北京：化学工业出版社，2006.
[74] 杨明波，唐志玉. 中国材料工程大卷(高分子材料工程分卷) [M]. 北京：化学工业出版社，2006.
[75] 沈德言. 高分子凝聚态的若干基本物理问题研究 [J]. 高分子通报，2005(4).
[76] 戎维仁. 高分子链缠结对玻璃化转变的影响 [D]. 上海：复旦大学，2007.
[77] 郑伟涛. 薄膜材料与薄膜技术 [M]. 北京：化学工业出版社，2004.

[78] 陈光华. 新型电子薄膜材料 [M]. 北京：化学工业出版社，2002.
[79] 宋红章，李永祥，殷庆瑞. 铁电体中相变临界尺寸的研究现状 [J]. 无机材料学报，2007(22).
[80] Samyn P，Schoukens G，Quintelier J. Friction，wear and material transfer of sintered polyimides sliding against various steel and diamond-like carbon coated surfaces [J]. Tribology International，2006(39).
[81] 杨邦朝，王文生. 薄膜物理与技术 [M]. 成都：电子科技大学出版社，1997.
[82] 何宇亮，陈光华，张仿清. 非晶态半导体物理学 [M]. 北京：高等教育出版社，1989.